식품안전기사 실기

BM (주)도서출판 성안당

머 | 리 | 말

　　식품기사가 식품안전기사로 개편됨에 따라 실기시험에서 식품안전관리 실무 과목의 HACCP 관련 항목이 대폭 강화될 것으로 예상되었습니다. 2025년 총 3회차 시험을 분석한 결과 HACCP을 실무(실제 작업현장)에 적용시키는 문제가 새롭게 출제되었고 선행요건 등 기존 기출 형태의 문제 비중도 증가하였습니다. 이와 함께 식품관련법규(용어 정의, 식품분석시험, 미생물시험 등) 문제 비중이 늘어났으나, 기존 출제과목인 식품화학 및 미생물학 기출문제도 꾸준히 출제되는 경향을 보였습니다.

　　본서는 새롭게 바뀐 식품안전기사 출제 기조에 맞춰 식품안전관리인증기준(HACCP, 식품화학, 식품공정공학, 식품미생물학, 식품관련법규, 식품시험법(식품공전) 등의 이론과 기출문제를 체계적으로 정리하였습니다.

　　본서의 특징은 다음과 같습니다.

1) 2004년 식품기사 기출문제부터 2025년 식품안전기사 기출문제까지 총 22개년 기출문제를 수록하였습니다.
2) 핵심이론과 기출문제를 한 번에 학습하도록 구성하였습니다. 각 과목별 핵심 개념을 정리하고 매 장마다 기출문제를 삽입함으로써 수험생들이 효과적으로 출제경향을 파악할 수 있도록 하였습니다.
3) 완벽한 답안 작성을 위해 기출문제는 모범답안, 해설 및 참고로 나누어 정리해 두었습니다. 시험에서 실제로 작성해야 할 내용은 「모범답안」에 수록되어 있으며, 답안 작성 시 해당 내용에 대한 이해를 높이기 위해 「해설」을 첨부해 두었습니다. 또한 「참고」란을 통해 기출 유사 형태까지 대비할 수 있도록 구성하였습니다.
4) 개정 사항이 즉시 반영된 문제가 자주 출제됨에 따라 최신 개정 법령을 모두 적용해 두었으며, 관련 법령을 따로 찾아보지 않아도 본서를 통해 한번에 확인할 수 있도록 구성하였습니다.
5) 과학적 원리의 이해를 돕고자 다양한 화학구조식과 그림을 삽입하였습니다. 또한 각종 표와 그래프를 활용하여 이론을 더욱 효과적으로 학습할 수 있도록 하였습니다.

　　본서를 통해 식품안전기사 실기시험의 전체적인 흐름을 빠르게 파악하고, 기사 취득을 위해 전략적으로 공부할 수 있기를 희망합니다. 개념을 잘 이해하고 관련된 문제를 여러 번 숙독하여 완전히 이해하도록 노력하셔야 합니다. 문제에 주어진 수치와 단위 등은 항상 주의하여야 하며, 단위 환산 등 필수적으로 연습해야 하는 사항들도 평소에 잘 준비해 두시기 바랍니다.

　　방대한 식품전공과목 이론 내용과 기출문제를 요약 정리하기 위해 수많은 수정작업을 거쳤으나, 부족한 부분들은 지속적으로 보완·개정해 나가겠습니다. 끝으로 본 수험서의 완성도를 높이기 위해 최선을 다해주신 성안당 편집부 직원분들께도 깊은 감사를 드립니다.

저자 일동

최신 출제기준 반영

최신 출제기준과 개정법령 및 식약처 고시를 완벽하게 반영하였다.

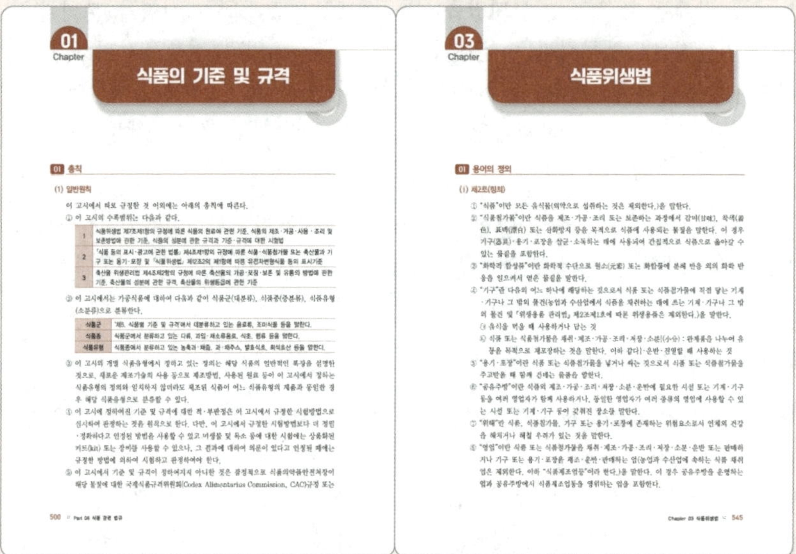

체계적인 이론 학습

방대한 이론을 전략적으로 분석 요약하여 기본 개념부터 실전까지 단기간에 학습 가능하도록 구성하였다.

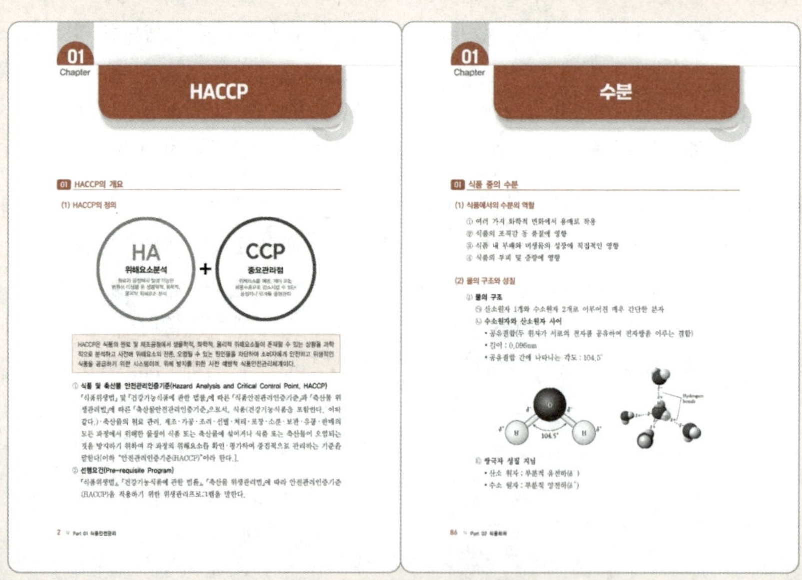

최신 출제경향을 파악할 수 있는 최신 기출문제부터 총 22개년 기출문제를 체계적으로 정리·
수록하여 학습에 도움이 되도록 하였다.

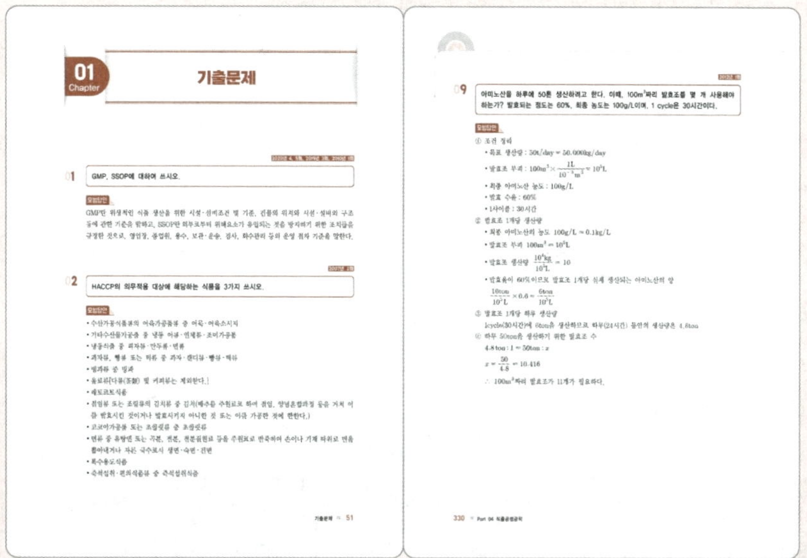

중요 이론에서 다루지 못한 약간 아쉬운 부분은 보충학습을 통하여 이론에 대한 완벽한 이해가
가능하도록 하였다.

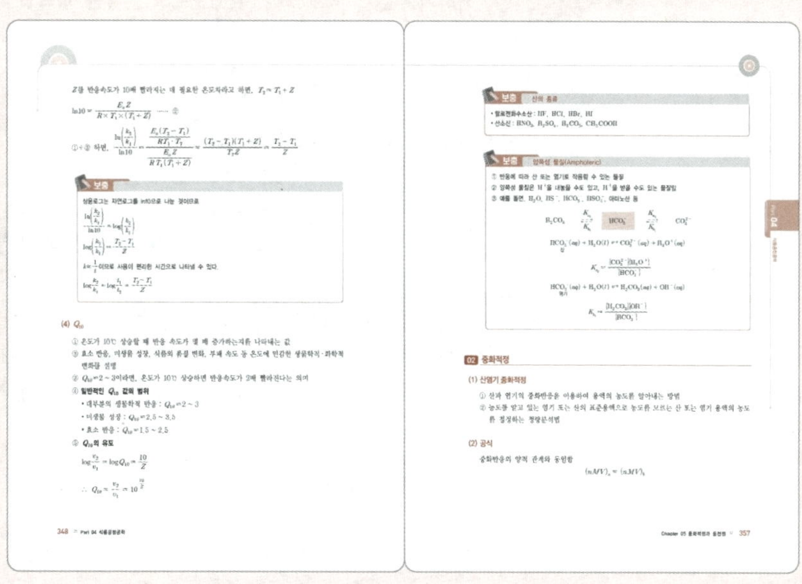

실 기 출 제 기 준

직무 분야	식품 · 가공	중직무 분야	식품	자격 종목	식품안전기사	적용 기간	2025.1.1. ~ 2027.12.31.

★참고★ 2025년부터 "식품안전기사"로 종목명 변경 예정

직무내용 : 식품의 기획, 연구개발, 시험·검사 등의 업무를 담당하며, 식품의 제조·가공, 보존·저장 공정에 대한 품질관리 및 안전관리 업무를 수행하는 직무이다.

수행준거 : 1. 식품안전관리를 위하여 사용하는 원료 및 제조공정의 위해요소를 확인·평가하고 식품의 안전성을 확보할 수 있는 중요한 단계·과정 또는 공정을 결정하여 식품안전관리인증기준을 적용할 수 있다.
2. 제품을 개발하기 위하여 개선점을 파악하고, 실험 설계, 배합비·공정·포장 등의 개발을 할 수 있다.
3. 공장의 모든 활동을 총괄적으로 관리하는 활동으로 공정관리를 계획하고, 적합 여부를 평가할 수 있다.
4. 식품의 품질 및 성분이 일정조건에 맞는지 확인하고 검사 계획, 샘플 준비, 검사, 분석·평가, 결과에 대한 조치를 할 수 있다.
5. 안전관리 계획을 수립하고, 매뉴얼을 작성, 위기관리 대응 훈련을 실시하며, 그 결과를 평가하고 개선 조치할 수 있다.

검정방법	필답형	시험시간	2시간 30분

실기과목명	주요 항목	세부항목	세세항목
식품안전관리 실무	1. 식품안전관리인증 기준 (HACCP)	1. HACCP 준비단계하기	1. HACCP팀을 구성할 수 있다. 2. 제품설명서를 작성하고 용도를 확인할 수 있다. 3. 공정흐름도를 작성할 수 있다. 4. 공정흐름도를 현장에서 확인할 수 있다.
		2. 식품안전 위해요소 이해하기	1. 위해요소를 이해할 수 있다. 2. 위해요소의 종류를 파악할 수 있다. 3. 위해요소의 원인물질을 조사할 수 있다. 4. 위해요소별 예방조치방법을 조사할 수 있다. 5. 위해요소 분석절차를 수립할 수 있다.
		3. 위해 분석·평가하기	1. 잠재적 위해요소를 도출할 수 있다. 2. 위해요소 발생원인을 분석할 수 있다. 3. 위해요소를 평가할 수 있다. 4. 예방조치 및 관리방법을 수립할 수 있다. 5. 위해요소분석 목록을 작성할 수 있다.
		4. 중요관리점 결정·한계 기준 설정하기	1. 중요관리점을 결정할 수 있다. 2. 중요관리점 한계기준을 설정할 수 있다. 3. 중요관리점 한계기준을 평가할 수 있다.
		5. 모니터링·개선조치 수립하기	1. 모니터링 방법을 설정할 수 있다. 2. 모니터링을 할 수 있다. 3. 개선조치 방법을 결정할 수 있다. 4. 개선조치 결과를 확인할 수 있다.

실기과목명	주요 항목	세부항목	세세항목
식품안전관리 실무	1. 식품안전관리인증 기준 (HACCP)	6. 검증·문서화 관리하기	1. 유효성 평가를 할 수 있다. 2. 실행성 검증을 할 수 있다.
	2. 제품개발	1. 시제품 개발하기	공정 개발을 할 수 있다.
		2. 시제품 생산하기	시제품 생산을 할 수 있다.
		3. 시제품 평가하기	관능평가를 할 수 있다.
		4. 제품응용연구하기	식품 트랜드를 분석할 수 있다.
	3. 생산관리	1. 공정 설정하기	생산조건을 설정할 수 있다.
		2. 규격 설정하기	원료·부자재·최종제품 규격을 설정할 수 있다.
		3. 상품성 평가하기	평가 실시·평가결과를 분석할 수 있다.
	4. 품질관리	1. 상품성평가하기	물리적·화학적·생물학적 분석을 할 수 있다.
		2. 입고검사하기	1. 기준규격을 확인할 수 있다. 2. 원·부재료를 검사할 수 있다.
		3. 공정관리하기	공정제품을 검사할 수 있다.
		4. 공정설비 조건관리 하기	설비상태를 점검할 수 있다.
		5. 샘플 및 제품검사관리 하기	1. 샘플링을 할 수 있다. 2. 제품을 검사할 수 있다.
		6. 관능검사하기	관능검사를 할 수 있다.
		7. 협력업체 관리 및 평가 하기	협력업체 관리 및 평가를 할 수 있다.
		8. 식품품질개선하기	품질개선을 할 수 있다.
	5. 안전관리	1. 식품가공연구개발 안전 및 위생관리하기	안전 및 위생관리를 할 수 있다.
		2. 재료안전성검사하기	재료적법성을 확인할 수 있다.
		3. 식품관련 법규관리 하기	법규 모니터링을 할 수 있다.

목차

목차

Part 05 식품미생물학

Part 06 식품 관련 법규

01 Part

식품안전관리

HACCP

01 HACCP의 개요

(1) HACCP의 정의

> HACCP은 식품의 원료 및 제조공정에서 생물학적, 화학적, 물리적 위해요소들이 존재할 수 있는 상황을 과학적으로 분석하고 사전에 위해요소의 잔존, 오염될 수 있는 원인들을 차단하여 소비자에게 안전하고 위생적인 식품을 공급하기 위한 시스템이며, 위해 방지를 위한 사전 예방적 식품안전관리체계이다.

① **식품 및 축산물 안전관리인증기준(Hazard Analysis and Critical Control Point, HACCP)**
「식품위생법」 및 「건강기능식품에 관한 법률」에 따른 「식품안전관리인증기준」과 「축산물 위생관리법」에 따른 「축산물안전관리인증기준」으로서, 식품(건강기능식품을 포함한다. 이하같다.)·축산물의 원료 관리, 제조·가공·조리·선별·처리·포장·소분·보관·유통·판매의 모든 과정에서 위해한 물질이 식품 또는 축산물에 섞이거나 식품 또는 축산물이 오염되는 것을 방지하기 위하여 각 과정의 위해요소를 확인·평가하여 중점적으로 관리하는 기준을 말한다[이하 "안전관리인증기준(HACCP)"이라 한다.].

② **선행요건(Pre-requisite Program)**
「식품위생법」, 「건강기능식품에 관한 법률」, 「축산물 위생관리법」에 따라 안전관리인증기준(HACCP)을 적용하기 위한 위생관리프로그램을 말한다.

(2) HACCP의 역사

1960년대	미우주항공국(NASA) 우주비행사들이 먹을 식품의 개발에 적용
1973년	미국 FDA에 의해 통조림의 우량제조기준(GMP)에 도입
1985년	미국 과학아카데미(NAS)에서 식품생산자의 자주적인 위생 및 품질관리방법으로 도입을 권장
1989년	미국 식품미생물기준자문회의(NACMCF)에서 「HACCP의 7가지 원칙」을 최초로 표준화
1993년	FAO/WHO의 합동 국제식품규격위원회(Codex)가 「HACCP 적용을 위한 지침」을 제시하고 전 세계적인 도입을 권장
1995년	식품위생법 제32조의2 식품위해요소중점관리기준 공포
1996년	식품위해요소중점관리기준(보건복지부 고시) 제정
2014년	식품의약품안전처 식품(축산물)안전관리인증기준으로 개명

(3) HACCP의 구조

기존의 우량제조기준(GMP)과 위생표준운영절차(SSOP)의 기본적 여건 위에서만 효과적으로 작동

식품취급 중 외부로부터 위해요소가 유입되는 것을 방지하기 위한 조치들을 규정한 것(영업장관리, 종업원관리, 용수관리 등의 운영절차 기준)

위생적인 환경에서 식품을 제조해야만 생산된 식품의 안전성과 품질이 보증된다는 전제하에 시설, 장비, 개인위생 및 공정관리의 기준을 설정한 것

(4) HACCP 심벌

사용하고자 하는 자가 사용장소에 맞게 색상 및 크기를 조정할 수 있으나 디자인은 본 견본과 같아야 한다.

HACCP 적용 작업장·업소	자동 기록관리 시스템(스마트 해썹, Smart HACCP) 업체

(1) 「식품위생법」 제48조(식품안전관리인증기준)

① 식품의약품안전처장은 식품의 원료관리 및 제조·가공·조리·소분·유통의 모든 과정에서 위해한 물질이 식품에 섞이거나 식품이 오염되는 것을 방지하기 위하여 각 과정의 위해요소를 확인·평가하여 중점적으로 관리하는 기준(이하 "식품안전관리인증기준"이라 한다.)을 식품별로 정하여 고시할 수 있다.

② 총리령으로 정하는 식품을 제조·가공·조리·소분·유통하는 영업자는 ①에 따라 식품의약품안전처장이 식품별로 고시한 식품안전관리인증기준을 지켜야 한다.

③ 식품의약품안전처장은 ②에 따라 식품안전관리인증기준을 지켜야 하는 영업자와 그 밖에 식품안전관리인증기준을 지키기 원하는 영업자의 업소를 식품별 식품안전관리인증기준 적용업소(이하 "식품안전관리인증기준적용업소"라 한다.)로 인증할 수 있다. 이 경우 식품안전관리인증기준적용업소로 인증을 받은 영업자가 그 인증을 받은 사항 중 총리령으로 정하는 사항을 변경하려는 경우에는 식품의약품안전처장의 변경 인증을 받아야 한다.

④ 식품의약품안전처장은 식품안전관리인증기준적용업소로 인증받은 영업자에게 총리령으로 정하는 바에 따라 그 인증 사실을 증명하는 서류를 발급하여야 한다. ③ 후단에 따라 변경 인증을 받은 경우에도 또한 같다.

⑤ 식품안전관리인증기준적용업소의 영업자와 종업원은 총리령으로 정하는 교육훈련을 받아야 한다.

⑥ 식품의약품안전처장은 ③에 따라 식품안전관리인증기준적용업소의 인증을 받거나 받으려는 영업자에게 위해요소중점관리에 필요한 기술적·경제적 지원을 할 수 있다.

> **식품위생법 시행규칙**
>
> **제65조(식품안전관리인증기준적용업소에 대한 지원 등)**
>
> 식품의약품안전처장은 법 제48조제6항에 따라 식품안전관리인증기준적용업소의 인증을 받거나 받으려는 영업자에게 식품안전관리인증기준에 관한 다음 각 호의 사항을 지원할 수 있다.
>
> 1. 식품안전관리인증기준 적용에 관한 전문적 기술과 교육
> 2. 위해요소 분석 등에 필요한 검사
> 3. 식품안전관리인증기준 적용을 위한 자문 비용
> 4. 식품안전관리인증기준 적용을 위한 시설·설비 등 개수·보수 비용
> 5. 교육훈련 비용

⑦ 식품안전관리인증기준적용업소의 인증요건·인증절차 및 ⑥에 따른 기술적·경제적 지원에 필요한 사항은 총리령으로 정한다.

⑧ 식품의약품안전처장은 식품안전관리인증기준적용업소의 효율적 운영을 위하여 총리령으로 정하는 식품안전관리인증기준의 준수 여부 등에 관한 조사·평가를 할 수 있으며, 그 결과 식품안전관리인증기준적용업소가 다음의 어느 하나에 해당하면 그 인증을 취소하거나 시정을 명할 수 있다. 다만, 식품안전관리인증기준적용업소가 ⓛ 및 ⓒ에 해당할 경우 인증을 취소하여야 한다.

㉠ 식품안전관리인증기준을 지키지 아니한 경우

㉡ 거짓이나 그 밖의 부정한 방법으로 인증을 받은 경우

㉢ 제75조 또는 「식품 등의 표시·광고에 관한 법률」 제16조 제1항·제3항에 따라 영업정지 2개월 이상의 행정처분을 받은 경우

㉣ 영업자와 그 종업원이 ⑤에 따른 교육훈련을 받지 아니한 경우

㉤ 그 밖에 ㉠부터 ㉣까지에 준하는 사항으로서 총리령으로 정하는 사항을 지키지 아니한 경우

식품위생법 시행규칙

제66조(식품안전관리인증기준적용업소에 대한 조사·평가)

① 지방식품의약품안전청장은 법 제48조제8항에 따라 식품안전관리인증기준적용업소로 인증받은 업소에 대하여 식품안전관리인증기준의 준수 여부 등에 관하여 매년 1회 이상 조사·평가할 수 있다.

② 제1항에 따른 조사·평가사항은 다음 각 호와 같다.

　1. 법 제48조제1항에 따른 제조·가공·조리 및 유통에 따른 위해요소분석, 중요관리점 결정 등이 포함된 식품안전관리인증기준의 준수 여부

　2. 제64조에 따른 교육훈련 수료 여부

③ 그 밖에 조사·평가에 관한 세부적인 사항은 식품의약품안전처장이 정한다.

식품 및 축산물 안전관리인증기준

제15조(조사·평가의 범위와 주기 등)

① 지방식품의약품안전청장, 농림축산식품부장관 또는 한국식품안전관리인증원장은 「식품위생법 시행규칙」 제66조 또는 「축산물 위생관리법 시행규칙」 제7조의6에 따라 안전관리인증기준(HACCP) 적용업소로 인증받은 업소에 대하여 안전관리인증기준(HACCP) 준수 여부를 별표 4에 따라 연 1회 이상(인증 유효기간을 연장받은 날이 속한 해당연도는 정기 조사·평가를 생략할 수 있다.) 서류검토 및 현장조사(해당 업소가 자체적으로 조사·평가를 실시하는 경우에는 현장조사를 제외할 수 있다.)의 방법으로 정기 조사·평가할 수 있으며, 조사·평가 당시 신청인이 제출한 자료 등의 신뢰성이 의심되거나 주요안전조항 검증 등에 필요한 경우 수거 및 검사

등을 통해 확인하여 그 결과를 반영할 수 있다. 이 경우 「식품위생법」 제49조제1항, 「건강기능식품에 관한 법률」 제22조의2제1항 또는 「축산물 위생관리법」 제31조의3 제1항에 따라 이력추적관리를 등록한 자에 대하여는 선행요건 중 회수프로그램 관리를 운영한 것으로 평가할 수 있다.

⑤ 제1항에도 불구하고 안전관리인증기준(HACCP) 적용업소의 전년도 정기 조사·평가 점수에 따라 다음 각 호와 같이 차등하여 관리할 수 있다. 다만, 「축산물 위생관리법」 제9조제2항에 따른 축산물작업장과 「축산물 위생관리법」 제9조의2에 따른 연장심사 대상에 해당하고 그 연장심사 결과가 제1호 또는 제2호의 기준 미만이거나 부적합한 경우 자체적인 조사·평가는 적용하지 아니한다.

　1. 전년도 정기 조사·평가 점수의 백분율이 95% 이상인 경우 2년간 정기 조사·평가를 하지 아니할 수 있으며, 해당업소가 자체적으로 조사·평가 실시. 다만, 김치, 즉석섭취식품, 신선편의식품 중 비가열식품은 제외한다.

　2. 전년도 정기 조사·평가 점수의 백분율이 95% 미만에서 90% 이상인 경우 1년간 정기 조사·평가를 하지 아니할 수 있으며, 해당업소가 자체적으로 조사·평가 실시. 다만, 김치, 즉석섭취식품, 신선편의식품 중 비가열식품은 제외한다.

　3. 전년도 정기 조사·평가 점수의 백분율이 90% 미만에서 85% 이상인 경우 연 1회 이상 정기 조사·평가 실시

　4. 전년도 정기 조사·평가 점수의 백분율이 85% 미만에서 70% 이상인 경우 연 1회 이상 정기 조사·평가 및 연 1회 이상 기술지원(이하 "한국식품안전관리인증원에서 실시하는 지원"을 말한다.) 실시. 다만, 학교 집단급식소에 납품하는 경우 연 2회 이상 정기 조사·평가 및 연 1회 이상 기술지원 실시

　5. 전년도 정기 조사·평가 점수의 백분율이 70% 미만인 경우 연 1회 이상 정기 조사·평가 및 연 2회 이상 기술지원 실시. 다만, 학교 집단급식소에 납품하는 경우 연 2회 이상 정기 조사·평가 및 연 2회 이상 기술지원 실시

⑥ 제1항 및 제5항에도 불구하고 안전관리인증기준(HACCP) 적용업소 중 제11조의2 제3항에 따른 자동 기록관리 시스템 적용업소로 등록된 업소[모든 중요관리점(CCP) 중 60% 이상 자동 기록관리 시스템을 적용한 업소에 한함]에 대해서는 정기 조사·평가를 하지 아니할 수 있으며, 이 경우 해당 업소가 자체적으로 조사·평가를 실시하여야 한다.

"중요관리점(CCP) 모니터링 자동 기록관리 시스템"이란 중요관리점(CCP) 모니터링 데이터를 실시간으로 자동 기록·관리 및 확인·저장할 수 있도록 하여 데이터의 위·변조를 방지할 수 있는 시스템(이하 "자동 기록관리 시스템"이라 한다.)을 말하며, 이 시스템을 적용한 안전관리 인증기준을 "스마트해썹"이라 한다.

식품위생법 시행규칙

제67조(식품안전관리인증기준적용업소 인증취소 등)

① 법 제48조제8항제4호에서 "총리령으로 정하는 사항을 지키지 아니한 경우"란 다음 각 호의 경우를 말한다.

　1. 법 제48조제10항을 위반하여 식품안전관리인증기준적용업소의 영업자가 인증받은 식품을 다른 업소에 위탁하여 제조·가공한 경우

　2. 제63조제4항을 위반하여 변경신청을 하지 아니한 경우

② 법 제48조제8항에 따른 식품안전관리인증기준적용업소 인증취소 등의 기준은 별표 20과 같다.

[별표 20] 식품안전관리인증기준적용업소의 인증취소 등의 기준

위반사항	근거 법령	처분기준
1. 식품안전관리인증기준을 지키지 않은 경우로서 다음 각목의 어느 하나에 해당하는 경우	법 제48조 제8항제1호	
가. 원재료·부재료 입고 시 공급업체로부터 식품안전관리인증기준에서 정한 검사성적서를 받지도 않고 식품안전관리인증기준에서 정한 자체검사도 하지 않은 경우		인증취소
나. 식품안전관리인증기준에서 정한 작업장 세척 또는 소독을 하지 않고 식품안전관리인증기준에서 정한 종사자 위생관리도 하지 않은 경우		인증취소
다. 식품안전관리인증기준에서 정한 중요관리점에 대한 모니터링을 하지 않거나 중요관리점에 대한 한계기준의 위반 사실이 있음에도 불구하고 지체 없이 개선조치를 이행하지 않은 경우		인증취소
라. 지하수를 비가열 섭취식품의 원재료·부재료의 세척용수 또는 배합수로 사용하면서 살균 또는 소독을 하지 않은 경우		인증취소
마. 식품안전관리인증기준서에서 정한 제조·가공 방법대로 제조·가공하지 않은 경우		시정명령
바. 신규 제품 또는 추가된 공정에 대해 식품안전관리인증기준에서 정한 위해요소 분석을 전혀 실시하지 않은 경우		인증취소
사. 식품안전관리인증기준적용업소에 대한 법 제48조제8항에 따른 조사·평가 결과 부적합 판정을 받은 경우로서 다음의 어느 하나에 해당하는 경우 1) 선행요건 관리분야에서 만점의 60퍼센트 미만을 받은 경우 2) 식품안전관리인증기준 관리분야에서 만점의 60퍼센트 미만을 받은 경우		인증취소
아. 식품안전관리인증기준적용업소에 대한 법 제48조제8항에 따른 조사·평가 결과 부적합 판정을 받은 경우로서 다음의 어느 하나에 해당하는 경우 1) 선행요건 관리분야에서 만점의 85퍼센트 미만 60퍼센트 이상을 받은 경우		시정명령

위반사항	근거 법령	처분기준
2) 식품안전관리인증기준 관리분야에서 만점의 85퍼센트 미만 60퍼센트 이상을 받은 경우		시정명령
2. 법 제75조 또는 「식품 등의 표시·광고에 관한 법률」 제16조제1항·제3항에 따라 영업정지 2개월 이상의 행정처분을 받은 경우 또는 그에 갈음하여 과징금을 부과받은 경우	법 제48조 제8항제2호	인증취소
3. 영업자 및 종업원이 법 제48조제5항에 따른 교육훈련을 받지 아니한 경우	법 제48조 제8항제3호	시정명령
4. 법 제48조제10항을 위반하여 식품안전관리인증기준적용업소의 영업자가 인증받은 식품을 다른 업소에 위탁하여 제조·가공한 경우	법 제48조 제8항제4호	인증취소
5. 제63조제4항을 위반하여 변경신고를 하지 아니한 경우	법 제48조 제8항제4호	시정명령
6. 위의 제1호마목, 제3호 또는 제5호를 위반하여 2회 이상의 시정명령을 받고도 이를 이행하지 아니한 경우	법 제48조 제8항	인증취소
7. 제1호아목을 위반하여 시정명령을 받고도 이를 이행하지 않은 경우	법 제48조 제8항제1호	인증취소
8. 거짓이나 그 밖의 부정한 방법으로 인증을 받은 경우	법 제48조 제8항제1호의2	인증취소

⑨ 식품안전관리인증기준적용업소가 아닌 업소의 영업자는 식품안전관리인증기준적용업소라는 명칭을 사용하지 못한다.

⑩ 식품안전관리인증기준적용업소의 영업자는 인증받은 식품을 다른 업소에 위탁하여 제조·가공하여서는 아니 된다. 다만, 위탁하려는 식품과 동일한 식품에 대하여 식품안전관리인증기준적용업소로 인증된 업소에 위탁하여 제조·가공하려는 경우 등 대통령령으로 정하는 경우에는 그러하지 아니하다.

⑪ 식품의약품안전처장(대통령령으로 정하는 그 소속 기관의 장을 포함한다.), 시·도지사 또는 시장·군수·구청장은 식품안전관리인증기준적용업소에 대하여 관계 공무원으로 하여금 총리령으로 정하는 일정 기간 동안 제22조에 따른 출입·검사·수거 등을 하지 아니하게 할 수 있으며, 시·도지사 또는 시장·군수·구청장은 제89조제3항제1호에 따른 영업자의 위생관리시설 및 위생설비시설 개선을 위한 융자 사업에 대하여 우선 지원 등을 할 수 있다.

⑫ 식품의약품안전처장은 식품안전관리인증기준적용업소의 공정별·품목별 위해요소의 분석, 기술지원 및 인증 등의 업무를 「한국식품안전관리인증원의 설립 및 운영에 관한 법률」에 따른 한국식품안전관리인증원 등 대통령령으로 정하는 기관에 위탁할 수 있다.

⑬ 식품의약품안전처장은 ⑫에 따른 위탁기관에 대하여 예산의 범위에서 사용경비의 전부 또는 일부를 보조할 수 있다.

⑭ ⑫에 따른 위탁기관의 업무 등에 필요한 사항은 대통령령으로 정한다.

(2) 「식품위생법」 제48조의2(인증 유효기간)

① 제48조 ③에 따른 인증의 유효기간은 인증을 받은 날부터 3년으로 하며, 제48조 ③의 후단에 따른 변경 인증의 유효기간은 당초 인증 유효기간의 남은 기간으로 한다.

② ①에 따른 인증 유효기간을 연장하려는 자는 총리령으로 정하는 바에 따라 식품의약품안전처장에게 연장신청을 하여야 한다.

③ 식품의약품안전처장은 ②에 따른 연장신청을 받았을 때에는 안전관리인증기준에 적합하다고 인정하는 경우 3년의 범위에서 그 기간을 연장할 수 있다.

(3) 「식품위생법」 제48조의3(식품안전관리인증기준적용업소에 대한 조사·평가 등)

① 식품의약품안전처장은 식품안전관리인증기준적용업소로 인증받은 업소에 대하여 식품안전관리인증기준의 준수 여부와 제48조 ⑤에 따른 교육훈련 수료 여부를 연 1회 이상 조사·평가하여야 한다.

② 식품의약품안전처장은 ①에 따른 조사·평가 결과 그 결과가 우수한 식품안전관리인증기준적용업소에 대해서는 ①에 따른 조사·평가를 면제하는 등 행정적·재정적 지원을 할 수 있다. 다만, 식품안전관리인증기준적용업소가 제48조의2 ①에 따른 인증 유효기간 내에 이 법을 위반하여 영업의 정지, 허가 취소 등 행정처분을 받은 경우에는 ①에 따른 조사·평가를 면제하여서는 아니 된다.

③ 그 밖에 조사·평가의 방법 및 절차 등에 필요한 사항은 총리령으로 정한다.

(4) 「식품위생법」 제48조의4(식품안전관리인증기준의 교육훈련기관 지정 등)

① 식품의약품안전처장은 제48조 ⑤에 따른 교육훈련을 전문적으로 수행하기 위하여 식품안전관리인증기준 교육훈련기관(이하 "교육훈련기관"이라 한다.)을 지정하여 교육훈련의 실시를 위탁할 수 있다.

② ①에 따라 교육훈련기관으로 지정받으려는 자는 총리령으로 정하는 지정기준을 갖추어 식품의약품안전처장에게 신청하여야 한다.

③ ①에 따라 교육훈련기관으로 지정받은 자는 지정된 내용 중 총리령으로 정하는 사항이 변경된 경우에는 변경사유가 발생한 날부터 1개월 이내에 식품의약품안전처장에게 신고하여야 한다.

④ 교육훈련기관은 제48조 ⑤에 따른 교육훈련을 수료한 사람에게 교육훈련수료증을 발급하여야 한다.

⑤ 교육훈련기관은 교육훈련에 관한 자료의 보관 등 총리령으로 정하는 사항을 준수하여야 한다.

⑥ 식품의약품안전처장은 지정된 교육훈련기관의 인력·시설·설비 보유현황 및 활용도, 교육·훈련과정 운영실태 및 교육서비스의 적절성·충실성 등을 평가하여 그 평가 내용을 공표할 수 있다.

⑦ 식품의약품안전처장은 ⑥에 따른 평가를 위하여 필요한 경우에는 교육훈련기관에 관련 자료의 제출을 요구할 수 있다.

⑧ 식품의약품안전처장은 교육훈련기관이 다음의 어느 하나에 해당하는 경우에는 기간을 정하여 시정을 명할 수 있다.

　㉠ ③에 따른 변경신고를 하지 아니한 경우

　㉡ ⑤에 따른 교육훈련기관의 준수사항을 위반한 경우

⑨ ①부터 ⑧까지에서 규정한 사항 외에 교육훈련기관의 지정 절차, 교육 내용·시기·방법, 실시 비용 등에 필요한 사항은 총리령으로 정한다.

(5) 「식품위생법」 제48조의5(교육훈련기관의 지정취소 등)

① 식품의약품안전처장은 교육훈련기관이 다음의 어느 하나에 해당하는 경우에는 그 지정을 취소하거나 1년 이내의 범위에서 기간을 정하여 업무의 전부 또는 일부를 정지할 수 있다. 다만, ㉠ 및 ㉣의 경우에는 그 지정을 취소하여야 한다.

　㉠ 거짓 또는 그 밖의 부정한 방법으로 교육훈련기관의 지정을 받은 경우

　㉡ 정당한 사유 없이 1년 이상 계속하여 교육훈련과정을 운영하지 아니하는 경우

　㉢ 제48조의4 ②에 따른 지정기준에 적합하지 아니하게 된 경우

　㉣ 제48조의4 ④에 따른 교육훈련수료증을 거짓 또는 그 밖의 부정한 방법으로 발급한 경우

　㉤ 제48조의4 ⑥에 따른 평가를 실시한 결과 교육훈련실적 및 교육훈련내용이 매우 부실하여 지정 목적을 달성할 수 없다고 인정되는 경우

　㉥ 제48조의4 ⑧에 따른 시정명령을 받고도 정당한 사유 없이 정해진 기간 내에 이를 시정하지 아니하는 경우

② 식품의약품안전처장은 ①에 따라 교육훈련기관의 지정이 취소된 자(법인인 경우 그 대표자를 포함한다.)에 대해서는 지정이 취소된 날부터 3년 이내에 교육훈련기관으로 지정해서는 아니 된다.

③ ①에 따른 지정취소 및 업무정지 처분의 세부기준은 그 위반 행위의 유형과 위반 정도 등을 고려하여 총리령으로 정한다.

(6) 「식품위생법 시행규칙」 제62조(식품안전관리인증기준 대상 식품)

① 법 제48조 ②에서 "총리령으로 정하는 식품"이란 다음의 어느 하나에 해당하는 식품을 말한다.

　㉠ 수산가공식품류의 어육가공품류 중 어묵·어육소시지

　㉡ 기타수산물가공품 중 냉동 어류·연체류·조미가공품

　㉢ 냉동식품 중 피자류·만두류·면류

　㉣ 과자류, 빵류 또는 떡류 중 과자·캔디류·빵류·떡류

ⓜ 빙과류 중 빙과

ⓗ 음료류[다류(茶類) 및 커피류는 제외한다.]

⓼ 레토르트식품

ⓞ 절임류 또는 조림류의 김치류 중 김치(배추를 주원료로 하여 절임, 양념혼합과정 등을 거쳐 이를 발효시킨 것이거나 발효시키지 아니한 것 또는 이를 가공한 것에 한한다.)

ⓩ 코코아가공품 또는 초콜릿류 중 초콜릿류

ⓒ 면류 중 유탕면 또는 곡분, 전분, 전분질원료 등을 주원료로 반죽하여 손이나 기계 따위로 면을 뽑아내거나 자른 국수로서 생면·숙면·건면

ⓚ 특수용도식품

ⓣ 즉석섭취·편의식품류 중 즉석섭취식품

ⓟ 즉석섭취·편의식품류의 즉석조리식품 중 순대

ⓗ 식품제조·가공업의 영업소 중 전년도 총 매출액이 100억 원 이상인 영업소에서 제조·가공하는 식품

② ①에 따른 식품에 대한 식품안전관리인증기준의 적용·운영에 관한 세부적인 사항은 식품의약품안전처장이 정하여 고시한다.

(7) 「식품위생법 시행규칙」 제63조(식품안전관리인증기준적용업소의 인증신청 등)

① 법 제48조 ③에 따라 식품안전관리인증기준적용업소로 인증을 받으려는 자는 별지 제52호 서식의 식품안전관리인증기준적용업소 인증신청서(전자문서로 된 신청서를 포함한다.)에 법 제48조 ①에 따른 식품안전관리인증기준에 따라 작성한 적용대상 식품별 식품안전관리인증계획서(전자문서를 포함한다.)를 첨부하여 법 제48조 ⑫에 따라 해당 업무를 위탁받은 기관(이하 "인증기관"이라 한다.)의 장에게 제출하여야 한다.

② ①에 따라 식품안전관리인증기준적용업소로 인증을 받으려는 자는 다음의 요건을 갖추어야 한다.

ⓗ 선행요건관리기준(식품안전관리인증기준을 적용하기 위하여 미리 갖추어야 하는 시설기준 및 위생관리기준을 말한다.)을 작성하여 운용할 것

ⓛ 식품안전관리인증기준을 작성하여 운용할 것

③ ①에 따른 인증신청을 받은 인증기관의 장은 해당 업소를 식품안전관리인증기준적용업소로 인증한 경우에는 별지 제53호 서식의 식품안전관리인증기준적용업소 인증서를 발급하여야 한다.

④ 법 제48조 ③ 후단에 따라 식품안전관리인증기준적용업소로 인증받은 사항 중 식품의 위해를 방지하거나 제거하여 안전성을 확보할 수 있는 단계 또는 공정(이하 "중요관리점"이라 한다.)을 변경하거나 영업장 소재지를 변경하려는 자는 별지 제54호 서식의 변경신청서(전자문서로 된 신청서를 포함한다.)에 다음의 서류(전자문서를 포함한다.)를 첨부하여 인증기관의 장에게 제출하여야 한다.

㉠ 별지 제53호 서식의 식품안전관리인증기준적용업소 인증서

㉡ 중요관리점의 변경 내용에 대한 설명서

⑤ 인증기관의 장은 ④에 따라 변경신청을 받으면 서류검토 또는 현장실사 등의 방법으로 변경사항을 확인하고 식품안전관리인증기준의 적용에 적합하다고 인정되는 경우에는 별지 제53호 서식의 인증서를 재발급하여야 한다.

⑥ 인증기관의 장은 ③ 또는 ⑤에 따라 인증서를 발급하거나 재발급하였을 때에는 지체 없이 그 사실을 식품의약품안전처장과 관할 지방식품의약품안전청장에게 통보하여야 한다.

(8) 「식품위생법 시행규칙」 제64조(식품안전관리인증기준적용업소의 영업자 및 종업원에 대한 교육훈련)

① 법 제48조 ⑤에 따라 식품안전관리인증기준적용업소의 영업자 및 종업원이 받아야 하는 교육훈련의 종류는 다음과 같다. 다만, 법 제48조 ⑧ 및 이 규칙 제66조에 따른 조사·평가 결과 만점의 95퍼센트 이상을 받은 식품안전관리인증기준적용업소의 종업원에 대하여는 그 다음 연도의 ㉡에 따른 정기교육훈련을 면제한다.

㉠ 영업자 및 종업원에 대한 신규 교육훈련

㉡ 종업원에 대하여 매년 1회(인증받은 연도는 제외한다.) 이상 실시하는 정기교육훈련

㉢ 그 밖에 식품의약품안전처장이 식품위해사고의 발생 및 확산이 우려되어 영업자 및 종업원에게 명하는 교육훈련

② ①에 따른 교육훈련의 시간은 다음과 같다.

㉠ 신규교육훈련 : 영업자의 경우 2시간 이내, 종업원의 경우 16시간 이내

㉡ 정기교육훈련 : 4시간 이내

㉢ ①의 ㉢에 따른 교육훈련 : 8시간 이내

③ ① 및 ③에서 규정한 사항 외에 교육훈련 대상별 교육시간 등에 관한 세부적인 사항은 식품의약품안전처장이 정하여 고시한다.

03 선행요건 관리

식품 및 축산물 안전관리 인증기준

제5조(선행요건 관리)

① 「식품위생법」 및 「건강기능식품에 관한 법률」, 「축산물 위생관리법」에 따른 안전관리인증기준(HACCP) 적용업소(도축장, 농장은 제외한다.)는 다음 각 호와 관련된 별표 1의 선행요건을 준수하여야 한다.

　1. 식품(식품첨가물 포함)제조·가공업소, 건강기능식품제조업소, 집단급식소식품판매업소, 축산물작업장·업소

　가. 영업장 관리

　나. 위생 관리

　다. 제조·가공·조리 시설·설비 관리

　라. 냉장·냉동 시설·설비 관리

　마. 용수 관리

　바. 보관·운송 관리

　사. 검사 관리

　아. 회수 프로그램 관리

2. 집단급식소, 식품접객업소(위탁급식영업), 운반급식(개별 또는 벌크포장)

　가. 영업장 관리

　나. 위생 관리

　다. 제조·가공·조리 시설·설비 관리

　라. 냉장·냉동 시설·설비 관리

　마. 용수 관리

　바. 보관·운송 관리

　사. 검사 관리

　아. 회수 프로그램 관리

(1) 식품(식품첨가물 포함)제조·가공업소, 건강기능식품제조업소, 집단급식소식품판매업소, 축산물 작업장·업소

① 영업장 관리

작업장	1. 작업장은 독립된 건물이거나 식품취급 외의 용도로 사용되는 시설과 분리(벽·층 등에 의하여 별도의 방 또는 공간으로 구별되는 경우를 말한다. 이하 같다.)되어야 한다. 2. 작업장(출입문, 창문, 벽, 천장 등)은 누수, 외부의 오염물질이나 해충·설치류 등의 유입을 차단할 수 있도록 밀폐 가능한 구조이어야 한다. 3. 작업장은 청결구역(식품의 특성에 따라 청결구역은 청결구역과 준청결구역으로 구별할 수 있다.)과 일반구역으로 분리하고, 제품의 특성과 공정에 따라 분리, 구획 또는 구분할 수 있다.

작업장		**[알기쉬운 HACCP 관리]** 1) 작업장은 청정도에 따라 일반구역과 청결구역(필요 시 준청결구역 추가)으로 분리하여 교차오염을 방지할 수 있도록 작업구역을 설정한다. • 작업장 구역설정(※ 자사의 작업 특성에 맞춰 구역을 설정합니다.)

[알기쉬운 HACCP 관리]

1) 작업장은 청정도에 따라 일반구역과 청결구역(필요 시 준청결구역 추가)으로 분리하여 교차오염을 방지할 수 있도록 작업구역을 설정한다.
   • 작업장 구역설정(※ 자사의 작업 특성에 맞춰 구역을 설정합니다.)

구분		작업실
청결 구역	청결구역	건조실, 숙성실, 냉각실, 충진실, 내포장실 등
	준청결구역	성형실, 가열실, 탈수실 등
일반구역		원·부재료 창고, 해동실, 전처리실, 세척실, 폐기물보관장, 외포장실, 제품창고 등

구분	내용
작업장	위 표 참조
건물 바닥, 벽, 천장	4. 원료처리실, 제조·가공실 및 내포장실의 바닥, 벽, 천장, 출입문, 창문 등은 제조·가공하는 식품의 특성에 따라 내수성 또는 내열성 등의 재질을 사용하거나 이러한 처리를 하여야 하고, 바닥은 파여 있거나 갈라진 틈이 없어야 하며, 작업 특성상 필요한 경우를 제외하고는 마른 상태를 유지하여야 한다. 이 경우 바닥, 벽, 천장 등에 타일 등과 같이 홈이 있는 재질을 사용한 때에는 홈에 먼지, 곰팡이, 이물 등이 끼지 아니 하도록 청결하게 관리하여야 한다.
배수 및 배관	5. 작업장은 배수가 잘되어야 하고 배수로에 퇴적물이 쌓이지 아니하여야 하며, 배수구, 배수관 등은 역류가 되지 아니하도록 관리하여야 한다.
출입구	6. 작업장의 출입구에는 구역별 복장 착용 방법을 게시하여야 하고, 개인위생관리를 위한 세척, 건조, 소독 설비 등을 구비하여야 하며, 작업자는 세척 또는 소독 등을 통해 오염가능성 물질 등을 제거한 후 작업에 임하여야 한다.
통로	7. 작업장 내부에는 종업원의 이동경로를 표시하여야 하고 이동경로에는 물건을 적재하거나 다른 용도로 사용하지 아니하여야 한다.
창	8. 창의 유리는 파손 시 유리조각이 작업장 내로 흩어지거나 원·부자재 등으로 혼입되지 아니하도록 하여야 한다.
채광 및 조명	9. 작업실 안은 작업이 용이하도록 자연채광 또는 인공조명장치를 이용하여 밝기는 220룩스 이상을 유지하여야 하고, 특히 선별 및 검사구역 작업장 등은 육안확인이 필요한 조도(540룩스 이상)를 유지하여야 한다. 10. 채광 및 조명시설은 내부식성 재질을 사용하여야 하며, 식품이 노출되거나 내포장 작업을 하는 작업장에는 파손이나 이물 낙하 등에 의한 오염을 방지하기 위한 보호장치를 하여야 한다.
부대 시설	화장실, 탈의실 등

부대시설		
화장실, 탈의실 등		11. 화장실, 탈의실 등은 내부 공기를 외부로 배출할 수 있는 별도의 환기시설을 갖추어야 하며, 화장실 등의 벽과 바닥, 천장, 문은 내수성, 내부식성의 재질을 사용하여야 한다. 또한, 화장실의 출입구에는 세척, 건조, 소독 설비 등을 구비하여야 한다. 12. 탈의실은 외출복장(신발 포함)과 위생복장(신발 포함) 간의 교차오염이 발생하지 아니 하도록 분리 또는 구분·보관하여야 한다.

② **위생관리**

작업 환경 관리	동선계획 및 공정 간 오염 방지	13. 원·부자재의 입고에서부터 출고까지 물류 및 종업원의 이동동선을 설정하고 이를 준수하여야 한다. 14. 원료의 입고에서부터 제조·가공, 보관, 운송에 이르기까지 모든 단계에서 혼입될 수 있는 이물에 대한 관리계획을 수립하고 이를 준수하여야 하며, 필요한 경우 이를 관리할 수 있는 시설·장비를 설치하여야 한다. 15. 청결구역과 일반구역별로 각각 출입, 복장, 세척·소독 기준 등을 포함하는 위생 수칙을 설정하여 관리하여야 한다.
	온도·습도 관리	16. 제조·가공·포장·보관 등 공정별로 온도 관리계획을 수립하고 이를 측정할 수 있는 온도계를 설치하여 관리하여야 한다. 필요한 경우 제품의 안전성 및 적합성을 확보하기 위한 습도관리계획을 수립·운영하여야 한다.
	환기시설 관리	17. 작업장 내에서 발생하는 악취나 이취, 유해가스, 매연, 증기 등을 배출할 수 있는 환기시설을 설치하여야 한다.
	방충·방서 관리	18. 외부로 개방된 흡·배기구 등에는 여과망이나 방충망 등을 부착하여야 한다. 19. 작업장은 방충·방서관리를 위하여 해충이나 설치류 등의 유입이나 번식을 방지할 수 있도록 관리하여야 하고, 유입 여부를 정기적으로 확인하여야 한다. 20. 작업장 내에서 해충이나 설치류 등의 구제를 실시할 경우에는 정해진 위생수칙에 따라 공정이나 식품의 안전성에 영향을 주지 아니하는 범위 내에서 적절한 보호조치를 취한 후 실시하며, 작업 종료 후 식품취급시설 또는 식품에 직·간접적으로 접촉한 부분은 세척 등을 통해 오염물질을 제거하여야 한다.
개인위생 관리		21. 작업장 내에서 작업 중인 종업원 등은 위생복·위생모·위생화 등을 항시 착용하여야 하며, 개인용 장신구 등을 착용하여서는 아니 된다.
폐기물 관리		22. 폐기물·폐수처리시설은 작업장과 격리된 일정장소에 설치·운영하며, 폐기물 등의 처리용기는 밀폐 가능한 구조로 침출수 및 냄새가 누출되지 아니하여야 하고, 관리계획에 따라 폐기물 등을 처리·반출하고, 그 관리기록을 유지하여야 한다.

세척
또는 소독
		23. 영업장에는 기계·설비, 기구·용기 등을 충분히 세척하거나 소독할 수 있는 시설이나 장비를 갖추어야 한다.
		24. 세척·소독 시설에는 종업원에게 잘 보이는 곳에 올바른 손 세척 방법 등에 대한 지침이나 기준을 게시하여야 한다.
		25. 영업자는 다음 각 호의 사항에 대한 세척 또는 소독 기준을 정하여야 한다.
		  • 종업원
		  • 위생복, 위생모, 위생화 등
		  • 작업장 주변
		  • 작업실별 내부
		  • 식품제조시설(이송배관 포함)
		  • 냉장·냉동설비
		  • 용수저장시설
		  • 보관·운반시설
		  • 운송차량, 운반도구 및 용기
		  • 모니터링 및 검사 장비
		  • 환기시설(필터, 방충망 등 포함)
		  • 폐기물 처리용기
		  • 세척, 소독도구

| 세척
또는 소독 | 26. 세척 또는 소독 기준은 다음의 사항을 포함하여야 한다.
  • 세척·소독 대상별 세척·소독 부위
  • 세척·소독 방법 및 주기
  • 세척·소독 책임자
  • 세척·소독 기구의 올바른 사용 방법
  • 세제 및 소독제(일반명칭 및 통용명칭)의 구체적인 사용 방법
27. 세척 및 소독용 기구나 용기는 정해진 장소에 보관·관리되어야 한다.
28. 세척 및 소독의 효과를 확인하고, 정해진 관리계획에 따라 세척 또는 소독을 실시하여야 한다. |

③ 제조·가공 시설·설비 관리

| 제조시설 및
기계·기구류 등
설비관리 | 29. 제조·가공·선별·처리 시설 및 설비 등은 공정 간 또는 취급시설·설비 간 오염이 발생되지 아니하도록 공정의 흐름에 따라 적절히 배치되어야 하며, 이 경우 제조·가공에 사용하는 압축공기, 윤활제 등은 제품에 직접 영향을 주거나 영향을 줄 우려가 있는 경우 관리대책을 마련하여 청결하게 관리하여 위해요인에 의한 오염이 발생하지 아니하여야 한다.
30. 식품과 접촉하는 취급시설·설비는 인체에 무해한 내수성·내부식성 재질로 열탕·증기·살균제 등으로 소독·살균이 가능하여야 하며, 기구 및 용기류는 용도별로 구분하여 사용·보관하여야 한다.
31. 온도를 높이거나 낮추는 처리시설에는 온도변화를 측정·기록하는 장치를 설치·구비하거나 일정한 주기를 정하여 온도를 측정하고, 그 기록을 유지하여야 하며 관리계획에 따른 온도가 유지되어야 한다.
32. 식품취급시설·설비는 정기적으로 점검·정비를 하여야 하고 그 결과를 보관하여야 한다. |

④ 냉장·냉동 시설·설비 관리

| 냉장·냉동
시설·설비 관리 | 33. 냉장시설은 내부의 온도를 10℃ 이하(다만, 신선편의식품, 훈제연어, 가금육은 5℃ 이하 보관 등 보관온도 기준이 별도로 정해져 있는 식품의 경우에는 그 기준을 따른다.), 냉동시설은 −18℃ 이하로 유지하고, 외부에서 온도변화를 관찰할 수 있어야 하며, 온도 감응 장치의 센서는 온도가 가장 높게 측정되는 곳에 위치하도록 한다. |

⑤ 용수관리

| 용수관리 | 34. 식품 제조·가공에 사용되거나, 식품에 접촉할 수 있는 시설·설비, 기구·용기, 종업원 등의 세척에 사용되는 용수는 수돗물이나 「먹는물관리법」 제5조의 규정에 의한 먹는물 수질기준에 적합한 지하수이어야 하며, 지하수를 사용하는 경우, 취수원은 화장실, 폐기물·폐수처리시설, 동물사육장 등 기타 지하수가 오염될 우려가 없도록 관리하여야 하며, 필요한 경우 살균 또는 소독장치를 갖추어야 한다.
35. 식품 제조·가공에 사용되거나, 식품에 접촉할 수 있는 시설·설비, 기구·용기, 종업원 등의 세척에 사용되는 용수는 다음 각 호에 따른 검사를 실시하여야 한다.
  가. 지하수를 사용하는 경우에는 먹는물 수질기준 전 항목에 대하여 연 1회 이상 (음료류 등 직접 마시는 용도의 경우는 반기 1회 이상) 검사를 실시하여야 한다. |

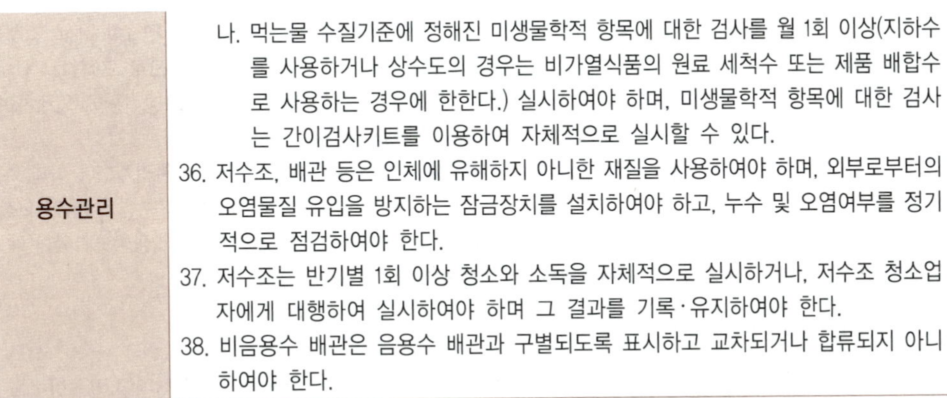

| 용수관리 | 나. 먹는물 수질기준에 정해진 미생물학적 항목에 대한 검사를 월 1회 이상(지하수를 사용하거나 상수도의 경우는 비가열식품의 원료 세척수 또는 제품 배합수로 사용하는 경우에 한한다.) 실시하여야 하며, 미생물학적 항목에 대한 검사는 간이검사키트를 이용하여 자체적으로 실시할 수 있다.
36. 저수조, 배관 등은 인체에 유해하지 아니한 재질을 사용하여야 하며, 외부로부터의 오염물질 유입을 방지하는 잠금장치를 설치하여야 하고, 누수 및 오염여부를 정기적으로 점검하여야 한다.
37. 저수조는 반기별 1회 이상 청소와 소독을 자체적으로 실시하거나, 저수조 청소업자에게 대행하여 실시하여야 하며 그 결과를 기록·유지하여야 한다.
38. 비음용수 배관은 음용수 배관과 구별되도록 표시하고 교차되거나 합류되지 아니하여야 한다. |

⑥ **보관·운송관리**

구입 및 입고	39. 검사성적서로 확인하거나 자체적으로 정한 입고기준 및 규격에 적합한 원·부자재만을 구입하여야 한다.
협력업소 관리	40. 영업자는 원·부자재 공급업소 등 협력업소의 위생관리 상태 등을 점검하고 그 결과를 기록하여야 한다. 다만, 공급업소가 「식품위생법」이나 「축산물위생관리법」에 따른 HACCP 적용업소일 경우에는 이를 생략할 수 있다.
운송	41. 운반 중인 식품·축산물은 비식품·축산물 등과 구분하여 교차오염을 방지하여야 하며, 운송차량(지게차 등 포함)으로 인하여 운송제품이 오염되어서는 아니 된다. 42. 운송차량은 냉장의 경우 10℃ 이하(단, 가금육 −2 ~ 5℃ 운반과 같이 별도로 정해진 경우에는 그 기준을 따른다.), 냉동의 경우 −18℃ 이하를 유지할 수 있어야 하며, 외부에서 온도변화를 확인할 수 있도록 온도 기록 장치를 부착하여야 한다.
보관	43. 원료 및 완제품은 선입선출 원칙에 따라 입고·출고상황을 관리·기록하여야 한다. 44. 원·부자재, 반제품 및 완제품은 구분 관리하고, 바닥이나 벽에 밀착되지 아니하도록 적재·관리하여야 한다. 45. 부적합한 원·부자재, 반제품 및 완제품은 별도의 지정된 장소에 보관하고 명확하게 식별되는 표식을 하여 반송, 폐기 등의 조치를 취한 후 그 결과를 기록·유지하여야 한다. 46. 유독성 물질, 인화성 물질 및 비식용 화학물질은 식품취급 구역으로부터 격리되고, 환기가 잘되는 지정 장소에서 구분하여 보관·취급하여야 한다.

⑦ **검사 관리**

| 제품검사 | 47. 제품검사는 자체 실험실에서 검사계획에 따라 실시하거나 검사기관과의 협약에 의하여 실시하여야 한다.
48. 검사결과에는 다음 내용이 구체적으로 기록되어야 한다.
• 검체명
• 제조년월일 또는 소비기한(품질유지기한)
• 검사 연월일
• 검사항목, 검사기준 및 검사결과
• 판정결과 및 판정연월일
• 검사자 및 판정자의 서명날인
• 기타 필요한 사항 |

| 시설 설비 기구
등 검사 | 49. 냉장·냉동 및 가열처리 시설 등의 온도측정 장치는 연 1회 이상, 검사용 장비 및 기구는 정기적으로 교정하여야 한다. 이 경우 자체적으로 교정검사를 하는 때에는 그 결과를 기록·유지하여야 하고, 외부 공인 국가교정기관에 의뢰하여 교정하는 경우에는 그 결과를 보관하여야 한다.
50. 작업장의 청정도 유지를 위하여 공중낙하세균 등을 관리계획에 따라 측정·관리하여야 한다. 다만, 제조공정의 자동화, 시설·제품의 특수성, 식품이 노출되지 아니하거나, 식품을 포장된 상태로 취급하는 등 작업장의 청정도가 식품에 영향을 줄 가능성이 없는 작업장은 그러하지 아니할 수 있다. |

⑧ 회수 프로그램 관리

| 회수
프로그램
관리 | 51. 부적합품이나 반품된 제품의 회수를 위한 구체적인 회수절차나 방법을 기술한 회수프로그램을 수립·운영하여야 한다.
52. 부적합품의 원인규명이나 확인을 위한 제품별 생산장소, 일시, 제조라인 등 해당시설 내의 필요한 정보를 기록·보관하고 제품추적을 위한 코드표시 또는 로트관리 등의 적절한 확인방법을 강구하여야 한다. |

(2) 집단급식소, 식품접객업소(위탁급식영업) 및 운반급식(개별 또는 벌크 포장)

① 영업장 관리

작업장	1. 영업장은 독립된 건물이거나 해당 영업신고를 한 업종 외의 용도로 사용되는 시설과 분리(벽·층 등에 의하여 별도의 방 또는 공간으로 구별되는 경우를 말한다. 이하 같다.)되어야 한다. 2. 작업장(출입문, 창문, 벽, 천장 등)은 누수, 외부의 오염물질이나 해충·설치류 등의 유입을 차단할 수 있도록 밀폐 가능한 구조이어야 한다. 3. 작업장은 청결구역(식품의 특성에 따라 청결구역은 청결구역과 준청결구역으로 구별할 수 있다.)과 일반구역으로 분리하고, 제품의 특성과 공정에 따라 분리, 구획 또는 구분할 수 있다.
건물 바닥, 벽, 천장	4. 원료처리실, 제조·가공·조리실 및 내포장실의 바닥, 벽, 천장, 출입문, 창문 등은 제조·가공·조리하는 식품의 특성에 따라 내수성 또는 내열성 등의 재질을 사용하거나 이러한 처리를 하여야 하고, 바닥은 파여 있거나 갈라진 틈이 없어야 하며, 작업특성상 필요한 경우를 제외하고는 마른 상태를 유지하여야 한다. 이 경우 바닥, 벽, 천장 등에 타일 등과 같이 홈이 있는 재질을 사용한 때에는 홈에 먼지, 곰팡이, 이물 등이 끼지 아니 하도록 청결하게 관리하여야 한다.
배수 및 배관	5. 작업장은 배수가 잘 되어야 하고 배수로에 퇴적물이 쌓이지 아니하여야 하며, 배수구, 배수관 등은 역류가 되지 아니하도록 관리하여야 한다. 6. 배관과 배관의 연결부위는 인체에 무해한 재질이어야 하며, 응결수가 발생하지 아니하도록 단열재 등으로 보온 처리하거나 이에 상응하는 적절한 조치를 취하여야 한다.
출입구	7. 작업장 외부로 연결되는 출입문에는 먼지나 해충 등의 유입을 방지하기 위한 완충구역이나 방충이중문 등을 설치하여야 한다. 8. 작업장의 출입구에는 구역별 복장 착용 방법을 게시하여야 하고, 개인위생관리를 위한 세척, 건조, 소독 설비 등을 구비하고, 작업자는 세척 또는 소독 등을 통해 오염가능성 물질 등을 제거한 후 작업에 임하여야 한다.

통로	9. 작업장 내부에는 종업원의 이동경로를 표시하여야 하고 이동경로에는 물건을 적재하거나 다른 용도로 사용하지 아니하여야 한다.
창	10. 창의 유리는 파손 시 유리 조각이 작업장 내로 흩어지거나 원·부자재 등으로 혼입되지 아니하도록 하여야 한다.

11. 선별 및 검사구역 작업장 등은 육안확인에 필요한 조도(540룩스 이상)를 유지하여야 한다.

12. 채광 및 조명시설은 내부식성 재질을 사용하여야 하며, 식품이 노출되거나 내포장 작업을하는 작업장에는 파손이나 이물낙하 등에 의한 오염을 방지하기 위한 보호장치를 하여야 한다.

채광 및 조명

[알기쉬운 HACCP관리]

1) 작업장의 조명 등은 작업에 적합한 조도를 유지할 수 있도록 관리한다.
2) 색을 오인할 수 있는 조명은 가급적 사용하지 않는다.
3) 해당 작업에 적합한 조도 기준을 설정하여 관리한다.
   • 조도기준(※ 자사의 작업 특성에 따라 적합한 조도기준을 설정한다.)

구분	조도(Lux)
검수대, 선별작업대 등 육안확인 구역	540 이상
기타 작업공간	220 이상

4) 작업장 조도기준에 따라 정기적으로 조도를 측정하여 온·습도, 조도점검표에 기록, 유지한다.
5) 조도 측정은 검수 및 선별의 경우 검수, 선별 위치에서 작업 중에 측정하고, 이외의 작업장은 바닥에서 80cm 되는 곳(적정 작업 위치)에서 측정한다.
6) 조도 측정 결과 기준에 미달한 경우에는 적정 조도가 유지되도록 개선조치를 실시한다.
7) 채광 및 조명시설은 작업에 오염을 주지 않도록 관리한다.
   ① 내부식성 재질을 사용하여 녹이 슬지 않도록 관리한다.
   ② 파손 등에 의한 오염을 방지하기 위하여 조명 보호장치를 설치한다.
   ③ 이물이나 벌레 등이 집적되지 않도록 청결하게 관리한다.

부대시설	화장실	13. 화장실, 탈의실 등은 내부 공기를 외부로 배출할 수 있는 별도의 환기시설을 갖추어야 하며, 화장실 등의 벽과 바닥, 천장, 문은 내수성, 내부식성의 재질을 사용하여야 한다. 또한, 화장실의 출입구에는 세척, 건조, 소독 설비 등을 구비하여야 한다.
	탈의실, 휴게실 등	14. 탈의실은 외출복장(신발 포함)과 위생복장(신발 포함) 간의 교차오염이 발생하지 아니 하도록 구분·보관하여야 한다.

[알기쉬운 HACCP관리]

1) 화장실
   ① 내부 공기를 외부로 배출할 수 있는 별도의 환기시설을 설치한다.
   ② 환기시설을 정상적으로 작동하여 청결하게 유지한다.
   ③ 벽과 바닥, 천장, 문은 내수성, 내부식성의 재질을 사용한다.
   ④ 바닥과 벽, 천장은 파손된 부위나 틈 등이 없어야 하며 정기적으로 청소를 하여 청결하게 관리한다.

<table>
<tr><td rowspan="2">부
대
시
설</td><td>탈의실,
휴게실
등</td><td>⑤ 출입구에는 세척, 건조, 소독 설비 등을 구비하여 화장실 사용 후 교차오염
을 방지한다.
⑥ 출입구에는 위생화의 교차오염 예방을 위하여 화장실 전용 슬리퍼를 구비
하여 사용한다.
2) 탈의실
① 내부 공기를 외부로 배출할 수 있는 별도의 환기시설을 갖춘다.
② 환기시설을 정상적으로 작동하여 청결하게 유지한다.
③ 옷장 및 신발장은 외출복장(신발 포함)과 위생복장(신발 포함) 간의 교차오
염이 발생하지 않도록 구분·보관하며 청결하게 관리한다.</td></tr>
</table>

② 위생관리

<table>
<tr><td rowspan="2">작업
환경
관리</td><td>동선 계획
및 공정 간
오염방지</td><td>15. 식자재의 반입부터 배식 또는 출하에 이르는 전 과정에서 교차오염 방지를 위하여
물류 및 출입자의 이동 동선을 설정하고 이를 준수하여야 한다.
16. 청결구역과 일반구역별로 각각 출입, 복장, 세척·소독 기준 등을 포함하는 위생 수
칙을 설정하여 관리하여야 한다.</td></tr>
<tr><td>온도
·
습도
관리</td><td>17. 작업장은 제조·가공·조리·보관 등 공정별로 온도관리를 하여야 하고, 이를 측정
할 수 있는 온도계를 설치하여야 한다. 필요한 경우, 제품의 안전성 및 적합성 확보
를 위하여 습도관리를 하여야 한다.</td></tr>
</table>

[알기쉬운 HACCP관리]
1) 작업실은 각 생산 공정의 특성에 따라 위생적인 작업이 이루어질 수 있도록
  적절한 온도 및 습도(필요시 설정)를 유지한다.
  • 온/습도 기준[※ 자사의 작업 중 온도(필요시 습도)관리가 필요한 구역을 공
  정 특성 및 상황에 맞게 설정한다.]

구분		온도기준	습도기준
보관실	냉동보관	-18℃ 이하	–
	냉장보관	0 ~ 10℃	–
	상온보관	20℃ 이하	–
해동실		10℃ 이하	
가열실		25℃ 이하	
내포장실		20℃ 이하	

2) 온도(필요시 습도)관리가 필요한 구역에는 이를 측정할 수 있는 온도계 등을
  설치하고 온/습도, 조도 검검표에 따라 정기적으로 측정하여 결과를 기록, 유
  지한다.
3) 온도(필요시 습도)관리를 위하여 설치한 설비 등의 필터나 망은 정기적으로
  세척, 교환하여 위생적으로 관리한다.

<table>
<tr><td>환기시설
관리</td><td>18. 작업장 내에서 발생하는 악취나 이취, 유해가스, 매연, 증기 등을 배출할 수 있는
환기시설, 후드 등을 설치하여야 한다.
19. 외부로 개방된 흡·배기구, 후드 등에는 여과망이나 방충망, 개폐시설 등을 부착하
고 관리계획에 따라 청소 또는 세척하거나 교체하여야 한다.</td></tr>
</table>

작업 환경 관리	방충 · 방서 관리	20. 작업장의 방충·방서관리를 위하여 해충이나 설치류 등의 유입이나 번식을 방지할 수 있도록 관리하여야 하고, 유입 여부를 정기적으로 확인하여야 한다. 21. 작업장 내에서 해충이나 설치류 등의 구제를 실시할 경우에는 정해진 위생 수칙에 따라 공정이나 식품의 안전성에 영향을 주지 아니하는 범위 내에서 적절한 보호조치를 취한 후 실시하며, 작업 종료 후 식품취급시설 또는 식품에 직·간접적으로 접촉한 부분은 세척 등을 통해 오염물질을 제거하여야 한다.
개인 위생 관리		22. 작업장 내에서 작업 중인 종업원 등은 위생복·위생모·위생화 등을 항시 착용하여야 하며, 개인용 장신구 등을 착용하여서는 아니 된다.
작업 위생 관리	교차오염 의 방지	23. 칼과 도마 등의 조리 기구나 용기, 앞치마, 고무장갑 등은 원료나 조리과정에서의 교차오염을 방지하기 위하여 식재료 특성 또는 구역별로 구분하여 사용하여야 한다. 24. 식품 취급 등의 작업은 바닥으로부터 60cm 이상의 높이에서 실시하여 바닥으로부터의 오염을 방지하여야 한다.
	전처리	25. 해동은 냉장해동(10℃ 이하), 전자레인지 해동, 또는 흐르는 물에서 실시한다. 26. 해동된 식품은 즉시 사용하고 즉시 사용하지 못할 경우 조리 시까지 냉장 보관하여야 하며, 사용 후 남은 부분을 재동결하여서는 아니 된다.
	조리	27. 가열 조리 후 냉각이 필요한 식품은 냉각 중 오염이 일어나지 아니하도록 신속히 냉각하여야 하며, 냉각온도 및 시간기준을 설정·관리하여야 한다. 28. 냉장 식품을 절단 소분 등의 처리를 할 때에는 식품의 온도가 가능한 한 15℃를 넘지 아니하도록 한 번에 소량씩 취급하고 처리 후 냉장고에 보관하는 등의 온도관리를 하여야 한다.
	완제품 관리	29. 조리된 음식은 배식 전까지의 보관온도 및 조리 후 섭취 완료 시까지의 소요시간 기준을 설정·관리하여야 하며, 유통제품의 경우에는 적정한 소비기한 및 보존 조건을 설정·관리하여야 한다. • 28℃ 이하의 경우 : 조리 후 2 ~ 3시간 이내 섭취 완료 • 보온(60℃ 이상) 유지 시 : 조리 후 5시간 이내 섭취 완료 • 제품의 품온을 5℃ 이하 유지 시 : 조리 후 24시간 이내 섭취 완료
	배식	30. 냉장식품과 온장식품에 대한 배식 온도관리기준을 설정·관리하여야 한다. • 냉장보관 : 냉장식품 10℃ 이하(다만, 신선편의식품, 훈제연어는 5℃ 이하 보관 등 보관온도 기준이 별도로 정해져 있는 식품의 경우에는 그 기준을 따른다.) • 온장보관 : 온장식품 60℃ 이상 31. 위생장갑 및 청결한 도구(집게, 국자 등)를 사용하여야 하며, 배식 중인 음식과 조리 완료된 음식을 혼합하여 배식하여서는 아니 된다.
	검식	32. 영양사는 조리된 식품에 대하여 배식하기 직전에 음식의 맛, 온도, 이물, 이취, 조리 상태 등을 확인하기 위한 검식을 실시하여야 한다. 다만, 영양사가 없는 경우 조리사가 검식을 대신할 수 있다.
	보존식	33. 조리한 식품은 소독된 보존식 전용용기 또는 멸균 비닐봉지에 매회 1인분 분량을 −18℃ 이하에서 144시간 이상 보관하여야 한다.
폐기물 관리		34. 폐기물·폐수처리시설은 작업장과 격리된 일정 장소에 설치·운영하여야 하며, 폐기물 등의 처리용기는 밀폐 가능한 구조로 침출수 및 냄새가 누출되지 아니하여야 하고, 관리계획에 따라 폐기물 등을 처리·반출하고, 그 관리기록을 유지하여야 한다.

	35. 영업장에는 기계·설비, 기구·용기 등을 충분히 세척하거나 소독할 수 있는 시설이나 장비를 갖추어야 한다.
	36. 세척·소독 시설에는 종업원에게 잘 보이는 곳에 올바른 손세척 방법 등에 대한 지침이나 기준을 게시하여야 한다.
	37. 영업자는 다음 각 호의 사항에 대한 세척 또는 소독 기준을 정하여야 한다.

- 종업원
- 위생복, 위생모, 위생화 등
- 작업장 주변
- 작업실별 내부
- 칼, 도마 등 조리도구
- 냉장·냉동설비
- 용수저장시설
- 보관·운반시설
- 운송차량, 운반도구 및 용기
- 모니터링 및 검사 장비
- 환기시설(필터, 방충망 등 포함)
- 폐기물 처리용기
- 세척, 소독도구
- 기타 필요사항

38. 세척 또는 소독 기준은 다음의 사항을 포함하여야 한다.

- 세척·소독 대상별 세척·소독 부위
- 세척·소독 방법 및 주기
- 세척·소독 책임자
- 세척·소독 기구의 올바른 사용 방법
- 세제 및 소독제(일반명칭 및 통용명칭)의 구체적인 사용 방법

39. 세제·소독제, 세척 및 소독용 기구나 용기는 정해진 장소에 보관·관리되어야 한다.

40. 세척 및 소독의 효과를 확인하고, 정해진 관리계획에 따라 세척 또는 소독을 실시하여야 한다.

③ 제조·가공·조리 시설·설비 관리

제조·가공·조리 시설·설비 관리	41. 조리장에는 주방용 식기류를 소독하기 위한 자외선 또는 전기살균소독기를 설치하거나 열탕세척 소독시설(식중독을 일으키는 병원성미생물 등이 살균될 수 있는 시설이어야 한다.)을 갖추어야 한다.
	42. 식품과 직접 접촉하는 부분은 내수성 및 내부식성 재질로 세척이 쉽고 열탕·증기·살균제 등으로 소독·살균이 가능한 것이어야 한다.
	43. 모니터링 기구 등은 사용 전후에 지속적인 세척·소독을 실시하여 교차 오염이 발생하지 아니 하여야 한다.
	44. 식품취급시설·설비는 정기적으로 점검·정비를 하여야 하고 그 결과를 보관하여야 한다.

④ 냉장·냉동 시설·설비 관리

냉장·냉동 시설·설비 관리	45. 냉장·냉동·냉각실은 냉장 식재료 보관, 냉동 식재료의 해동, 가열 조리된 식품의 냉각과 냉장보관에 충분한 용량이 되어야 한다. 46. 냉장시설은 내부의 온도를 10℃ 이하(다만, 신선편의식품, 훈제연어는 5℃ 이하 보관 등 보관온도 기준이 별도로 정해져 있는 식품의 경우에는 그 기준을 따른다.), 냉동시설은 −18℃로 유지하여야 하고, 외부에서 온도변화를 관찰할 수 있어야 하며, 온도감응장치의 센서는 온도가 가장 높게 측정되는 곳에 위치하도록 한다.

⑤ 용수관리

용수관리	47. 식품 제조·가공·조리에 사용되거나, 식품에 접촉할 수 있는 시설·설비, 기구·용기, 종업원 등의 세척에 사용되는 용수는 수돗물이나 「먹는물관리법」 제5조의 규정에 의한 먹는물 수질기준에 적합한 지하수 이어야 하며, 지하수를 사용하는 경우 취수원은 화장실, 폐기물·폐수처리시설, 동물사육장 등 기타 지하수가 오염될 우려가 없도록 관리하여야 하며, 필요한 경우 용수 살균 또는 소독장치를 갖추어야 한다. 48. 가공·조리에 사용되거나, 식품에 접촉할 수 있는 시설·설비, 기구·용기, 종업원 등의 세척에 사용되는 용수는 다음 각 호에 따른 검사를 실시하여야 한다. 　가. 지하수를 사용하는 경우에는 먹는물 수질기준 전 항목에 대하여 연 1회 이상 (음료류 등 직접 마시는 용도의 경우는 반기 1회 이상) 검사를 실시하여야 한다. 　나. 먹는물 수질기준에 정해진 미생물학적 항목에 대한 검사를 월 1회 이상 실시하여야 하며, 미생물학적 항목에 대한 검사는 간이검사키트를 이용하여 자체적으로 실시할 수 있다. 49. 저수조, 배관 등은 인체에 유해하지 아니한 재질을 사용하여야 하며, 외부로부터의 오염물질 유입을 방지하는 잠금장치를 설치하여야 하고, 누수 및 오염여부를 정기적으로 점검하여야 한다. 50. 저수조는 반기별 1회 이상 청소와 소독을 자체적으로 실시하거나, 저수조청소업자에게 대행하여 실시하여야 하며 그 결과를 기록·유지하여야 한다. 51. 비음용수 배관은 음용수 배관과 구별되도록 표시하고 교차되거나 합류되지 아니하여야 한다.

⑥ 보관·운송관리

구입 및 입고	52. 검사성적서로 확인하거나 자체적으로 정한 입고기준 및 규격에 적합한 원·부자재만을 구입하여야 한다. 53. 부적합한 원·부자재는 적절한 절차를 정하여 반품 또는 폐기처분 하여야 한다. 54. 입고검사를 위한 검수공간을 확보하고 검수대에는 온도계 등 필요한 장비를 갖추고 청결을 유지하여야 한다. 55. 원·부자재 검수는 납품 시 즉시 실시하여야 하며, 부득이 검수가 늦어질 경우에는 원·부자재별로 정해진 냉장·냉동 온도에서 보관하여야 한다.
운송	56. 운송차량(지게차 등 포함)으로 인하여 제품이 오염되어서는 아니 된다. 57. 운송차량은 냉장의 경우 10℃ 이하, 냉동의 경우 −18℃ 이하를 유지할 수 있어야 하며, 외부에서 온도변화를 확인할 수 있도록 임의조작이 방지된 온도 기록 장치를 부착하여야 한다.

운송	58. 운반 중인 식품은 비식품 등과 구분하여 취급하여 교차오염을 방지하여야 한다. 59. 운송차량, 운반도구 및 용기는 관리계획에 따라 세척·소독을 실시하여야 한다.
보관	60. 원료 및 완제품은 선입선출 원칙에 따라 입고·출고상황을 관리·기록하여야 한다. 61. 원·부자재 및 완제품은 구분 관리하고 바닥이나 벽에 밀착되지 아니 하도록 적재·관리하여야 한다. 62. 원·부자재에는 덮개나 포장을 사용하고, 날 음식과 가열조리 음식을 구분 보관하는 등 교차오염이 발생하지 아니하도록 하여야 한다. 63. 검수기준에 부적합한 원·부자재나 보관 중 소비기한이 경과한 제품, 포장이 손상된 제품 등은 별도의 지정된 장소에 명확하게 식별되는 표식을 하여 보관하고 반송, 폐기 등의 조치를 취한 후 그 결과를 기록·유지하여야 한다. 64. 유독성 물질, 인화성 물질 비식용 화학물질은 식품취급 구역으로부터 격리된 환기가 잘되는 지정된 장소에서 구분하여 보관·취급되어야 한다.

⑦ **검사 관리**

제품검사	65. 제품검사는 자체 실험실에서 검사계획에 따라 실시하거나 검사기관과의 협약에 의하여 실시하여야 한다. 66. 검사결과에는 다음 내용이 구체적으로 기록되어야 한다. • 검체명 • 제조연월일 또는 소비기한(품질유지기한) • 검사연월일 • 검사항목, 검사기준 및 검사결과 • 판정결과 및 판정연월일 • 검사자 및 판정자의 서명날인 • 기타 필요한 사항
시설·설비·기구 등 검사	67. 냉장·냉동 및 가열처리 시설 등의 온도측정 장치는 연 1회 이상, 검사용 장비 및 기구는 정기적으로 교정하여야 한다. 이 경우 자체적으로 교정검사를 하는 때에는 그 결과를 기록·유지하여야 하고, 외부 공인 국가교정기관에 의뢰하여 교정하는 경우에는 그 결과를 보관하여야 한다. 68. 작업장의 청정도 유지를 위하여 공중낙하 세균 등을 관리계획에 따라 측정·관리하여야 한다. 다만, 식품이 노출되지 아니하거나, 식품을 포장된 상태로 취급하는 작업장은 그러하지 아니할 수 있다.

[알기쉬운 HACCP 관리]
공중낙하세균 검사 기준규격

검사 방법	측정 장소 : 위치도를 참조하여 검사한다.
	측정 범위 : 바닥에서 80cm의 높이에서 측정한다.
	측정 시간 : 개방 시간은 15분으로 한다.

	구분	작업장명	기준(cfu/plate 이하)(청소 후)		
			일반세균	대장균군	진균
구분	청결 구역	가열실, 취사실, 내포장실, 건조실	30	음성	10
	준청결 구역	세척실, 숙성실, 건조실, 음식보온고	50	음성	20
	일반 구역	검수실, 전처리실, 외포장실, 식기세척실	100	음성	40
검사 주기	1회/1개월	기록관리	공중낙하세균 검사 성적서		

(시설·설비·기구 등 검사)

⑧ 회수 프로그램 관리(시중에 유통·판매 되는 포장제품에 한함)

회수 프로그램 관리

69. 영업자는 당해제품의 유통 경로, 소비 대상과 판매처의 범위를 파악하여 제품 회수에 필요한 업소명과 연락처 등을 기록·보관하여야 한다.
70. 부적합품이나 반품된 제품의 회수를 위한 구체적인 회수절차나 방법을 기술한 회수프로그램을 수립·운영하여야 한다.
71. 부적합품의 원인규명이나 확인을 위한 제품별 생산장소, 일시, 제조라인 등 해당시설 내의 필요한 정보를 기록·보관하고 제품추적을 위한 코드표시 또는 로트관리 등의 적절한 확인방법을 강구하여야 한다.

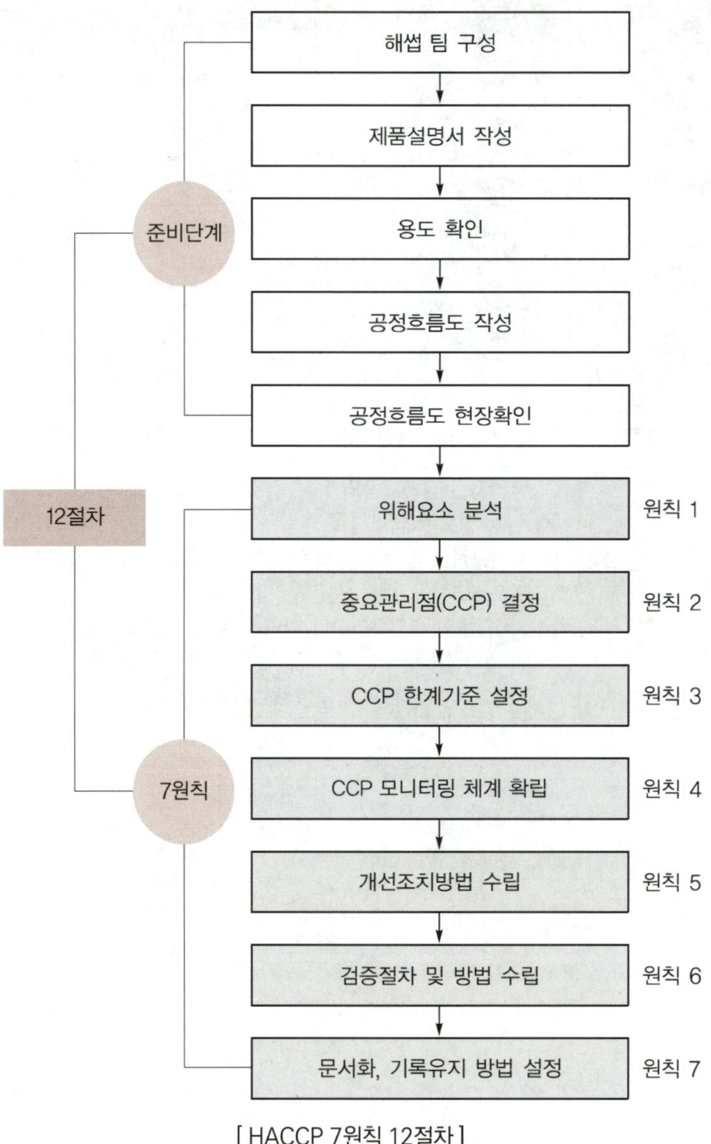

[HACCP 7원칙 12절차]

(1) HACCP 팀 구성

① HACCP 준비단계 1

② **HACCP 팀 구성 요건**

　㉠ 전체 인력(또는 핵심관리인력)으로 팀 구성

　㉡ 모니터링 담당자는 해당공정 현장종사자로 구성

　㉢ HACCP 팀장은 대표자 또는 공장장으로 구성

ⓔ 팀구성원별 책임과 권한 부여 필요

ⓜ 팀별 및 팀원별 교대근무 시 인수·인계 방법 수립 필요

식품 및 축산물 안전관리 인증기준

제9조(안전관리인증기준팀 구성 및 팀장의 책무 등)

① 안전관리인증기준(HACCP) 적용업소의 영업자·농업인은 안전관리인증기준(HACCP) 관리를 효과적으로 수행할 수 있도록 안전관리인증기준(HACCP) 팀장과 팀원으로 구성된 안전관리인증기준(HACCP) 팀을 구성·운영하여야 한다.

② 안전관리인증기준(HACCP) 팀장은 종업원이 맡은 업무를 효과적으로 수행할 수 있도록 선행요건관리 및 안전관리인증기준(HACCP) 관리 등에 관한 교육·훈련 계획을 수립·실시하여야 한다.

③ 안전관리인증기준(HACCP) 팀장은 원·부재료 공급업소 등 협력업소의 위생관리 상태 등을 점검하고 그 결과를 기록·유지하여야 한다. 다만, 공급업소가 「식품위생법」 제48조 또는 「축산물 위생관리법」 제9조에 따른 안전관리인증기준(HACCP) 적용업소일 경우에는 이를 생략할 수 있다.

④ 안전관리인증기준(HACCP) 팀장은 원·부자재 공급원이나 제조·가공·조리·소분·유통 공정 변경 등 안전관리인증기준(HACCP) 관리계획의 재평가 필요성을 수시로 검토하여야 하며, 개정이력 및 개선조치 등 중요 사항에 대한 기록을 보관·유지하여야 한다.

⑤ 도축장의 관리책임자는 별표 3의 안전관리인증기준(HACCP) 적용 도축장의 미생물학적 검사요령에 따라 해당 도축장에 대하여 대장균(Escherichia coli Biotype I) 검사를 실시하고 그 결과에 따라 적절한 조치를 하여야 한다.

제20조(교육훈련 등)

안전관리인증기준(HACCP) 적용업소 교육

식품 「식품위생법 시행규칙」 제64조(식품안전관리인증기준적용업소의 영업자 및 종업원에 대한 교육 훈련)	**안전관리인증기준(HACCP) 적용업소 신규교육** 1) 안전관리인증기준(HACCP) 적용업소 영업자 및 종업원의 신규교육훈련 종류 및 시간(인증일로부터 6개월 이내) ① 영업자 교육 훈련 : 2시간 ② 안전관리인증기준(HACCP) 팀장 교육 훈련 : 16시간 ③ 안전관리인증기준(HACCP) 팀원, 기타 종업원 교육 훈련 : 4시간 ☞ 다만, 영업자가 안전관리인증기준(HACCP) 팀장 교육을 받은 경우에는 영업자 교육을 받은 것으로 본다. ①, ② : 식품의약품안전처장이 지정한 교육훈련기관 ③ : HACCP 팀장이 자체 실시

<table>
<tr><td rowspan="2">식품

「식품위생법
시행규칙」
제64조(식품안전
관리인증기준적
용업소의 영업자
및 종업원에 대한
교육 훈련)</td><td>

안전관리인증기준(HACCP) 적용업소 정기교육(매년 1회 이상)
1) 정기교육훈련 개시일은 영업 개시연도(자체안전관리인증기준을 작성·운영하는 영업자에 한한다.) 또는 인증연도의 다음 연도를 기준으로 하여 실시한다.
2) 정기교육의 종류 및 시간
  ① 안전관리인증기준(HACCP) 팀장 교육 훈련
    – 시행규칙 제64조의 제1항제2호의 규정에 의하여 식품의약품안전처장이 지정한 교육 훈련기관에서 교육 훈련을 받는다. 교육훈련 시간 : 4시간
  ② 안전관리인증기준(HACCP) 팀원, 기타 종업원 교육 훈련
    – 시행규칙 제64조의 제2항에서 규정한 내용이 포함된 교육훈련 계획을 수립하여 안전관리인증기준(HACCP) 팀장이 자체적으로 실시할 수 있다. 교육훈련 시간 : 4시간
3) 조사·평가 결과가 그 총점의 95퍼센트 이상인 경우 다음 연도의 정기 교육훈련을 면제
</td></tr>
</table>

(2) 제품설명서 작성

① HACCP 준비단계 2

② **제품설명서 작성 시 포함되어야 할 사항**

  ㉠ 제품명

  ㉡ 제품유형

  ㉢ 성상

  ㉣ 품목제조보고연월일

  ㉤ 작성자 및 작성연월일

  ㉥ 성분(또는 식자재)배합비율 및 제조(또는 조리)방법

  ㉦ 제조(포장)단위

  ㉧ 완제품의 규격

  ㉨ 제품용도 및 소비(또는 배식)기간

  ㉩ 포장방법 및 재질

  ㉪ 표시사항

  ㉫ 보관 및 유통(또는 배식)상의 주의사항

〈예시〉

제품설명서		
1. 제품명, 제품 유형, 성상	제품명 : 식품안전	
	유형 : 빙과류	
	성상 : 파인애플, 황도, 체리, 팥 등이 곁들여진 팥빙수	
2. 품목제조보고 연월일 및 보고자	2008. 6. 1, 보고자 ○○○	
3. 작성자 및 작성 연월일	작성자 ○○○, 2008. 6. 1	
4. 성분배합 비율(%)	물엿00%, 정백당00%, 고과당00%, 가당연유00%, 유화제00%, 로커스트빈검00%, 잔탄검00%, 정제염00%, 파인애플00%, 황도00%, 팥00%, 체리00%, 분쇄얼음00%, 정제수00%	
5. 포장 단위	100ml	
6. 완제품 규격	법적규격	자사규격
	• 성상 : 고유의 향미를 가지고 이미/이취가 없어야 한다. • 대장균군 : 10CFU/ml • 일반세균 : 3,000CFU/ml 이하	• 성상 : 고유의 향미를 가지고 이미/이취가 없어야 한다. • 대장균군 : 10CFU/ml • 일반세균 : 3,000CFU/ml 이하 • 리스테리아 : 음성 • 황색포도상구균 : 음성 • 이물 : 불검출(단, 금속이물 1.5mm 이상 불검출)
7. 보관·유통 및 주의사항	• 보관 : 제품생산 후 −20℃ 이하 냉동창고 보관 • 운송 : 차량운송 중 −18℃ 이하 냉동차로 운송 • 유통 : 유통과정 중 −18℃ 이하 유지상태로 유통	
8. 제품용도 및 소비기한	• 제품용도 : 일반 건강인, 어린이, 환자, 노약자, 허약자 등의 기호식품(간식용) • 섭취방법 : 제품 그대로 섭취 • 소비기한(또는 제조일자) : 00년 00월까지[또는 제조일로부터 00년(월)까지]	
9. 포장방법 및 재질	• 포장방법 : 개별 용기 포장후, 박스포장 • 재질 : 내포장−용기류(폴리프로필렌−PP), 외포장−골판지	
10. 표시사항	• 내포장지 : 판매원, 제조원, 제품명, 보관방법, 식품첨가물, 용량, 유형, 주원료명, 특정성분, 용기재질, 반품 및 교환장소, 가격, 고객상담팀 전화번호, 환경계도문, 소비자피해보상규정, 분리배출표시, 바코드 • 외포장지 : 제품명, 수량, 가격, 기타 주의사항 등	
11. 기타 필요한 사항	이미 냉동된 바 있으니 해동 후 재냉동시키지 마시길 바랍니다.	

(3) 용도 확인

① HACCP 준비단계 3

② 해당 식품의 의도된 사용방법 및 대상 소비자를 파악하는 것

③ 제품에 포함될 잠재성을 가진 위해물질에 민감한 대상 소비자(예 어린이, 노인, 면역 관련 환자 등)를 파악하는 것

④ 위해평가와 위해요소의 한계기준 결정에 중요한 자료가 됨

(4) 공정흐름도 작성

① HACCP 준비단계 4

② HACCP 팀은 업체에서 직접 관리하는 원료의 입고에서부터 완제품의 출하까지 모든 공정단계들을 파악하여 공정흐름도(flow diagram)를 작성하고 각 공정별 주요 가공조건의 개요를 기재

③ 구체적인 제조공정별 가공방법에 대하여는 일목요연하게 표로 정리하는 것이 바람직

④ 작업특성별 구획, 기계·기구 등의 배치, 제품의 흐름과정, 작업자 이동경로, 세척·소독조 위치, 출입문 및 창문, 공조시설계통도, 용수 및 배수처리 계통도 등을 표시한 작업장 평면도(plant schematic)를 작성

⑤ 작업장 평면도는 각 작업장 가공특성을 반영한 작업장 명칭, 구역명(일반/청결구역) 등이 표시된 도면을 말함. 이 평면도를 바탕으로 작업자, 물류, 배수, 환기 등으로 인한 교차오염의 발생가능성을 파악하고 예방할 수 있는 방안 수립에 사용

⑥ 공정흐름도와 평면도는 원료의 입고에서부터 완제품의 출하에 이르는 해당식품의 공급에 필요한 모든 공정별로 위해요소의 교차오염 또는 2차 오염, 증식 등의 가능성을 파악하는 데 도움을 줌

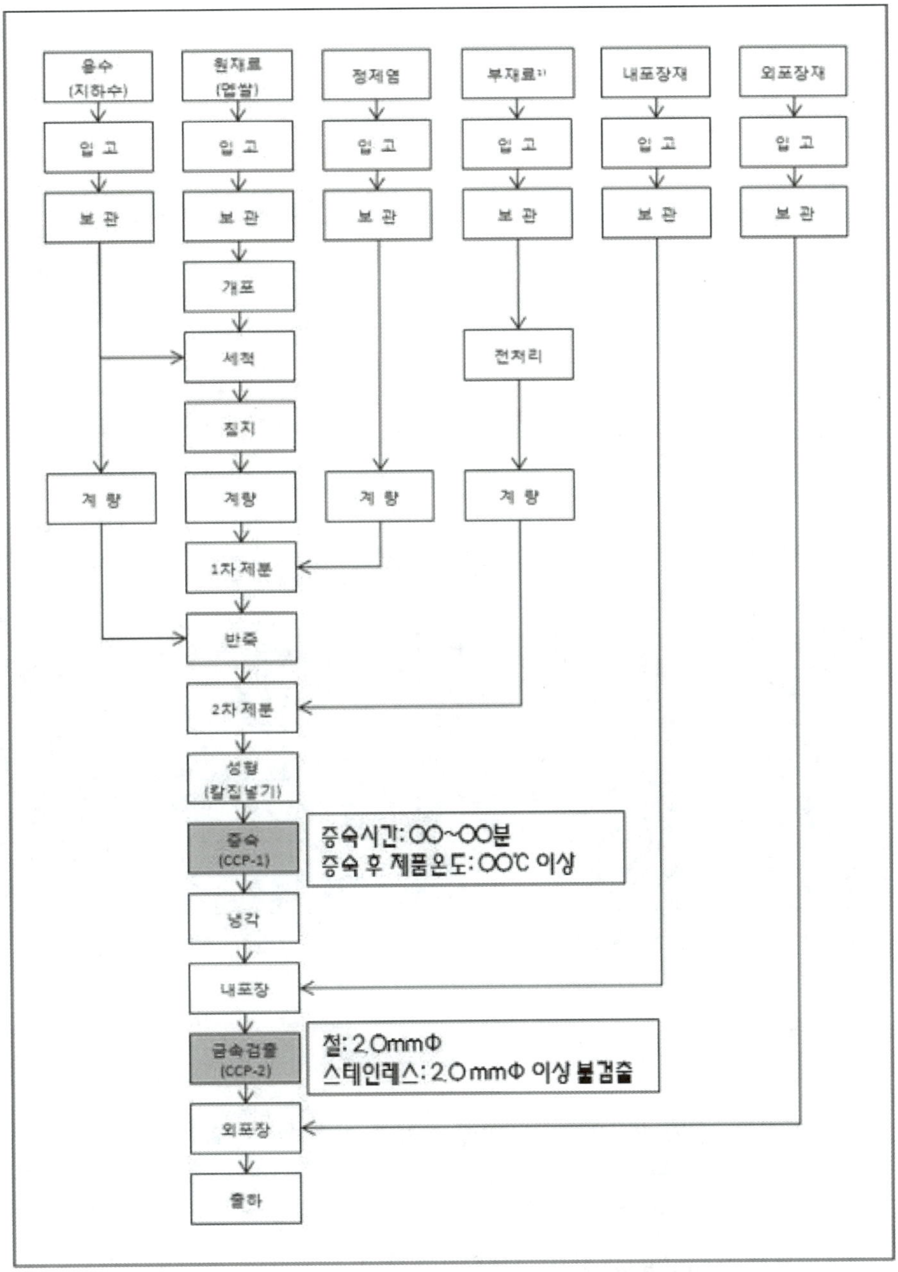

용수 (지하수) / 원재료 (멥쌀) / 정제염 / 부재료[1] / 내포장재 / 외포장재

입고 / 입고 / 입고 / 입고 / 입고 / 입고

보관 / 보관 / 보관 / 보관 / 보관 / 보관

개포

세척

침지

전처리

계량 / 계량 / 계량 / 계량

1차 제분

반죽

2차 제분

성형 (칼집넣기)

증숙 (CCP-1) → 증숙시간: ○○~○○분 / 증숙 후 제품온도: ○○℃ 이상

냉각

내포장

금속검출 (CCP-2) → 철: 2.0mmΦ / 스테인레스: 2.0mmΦ 이상 불검출

외포장

출하

[제조공정도 예시]

일련 번호	공정 단계	공정설명	주요설비	관리방법
1	입고	원·부재료 - 입고 시 차량의 온도 및 청결상태 확인 - 관능검사 - 원산지 증명확인서를 수령하여 확인	저울, 온도계	육안검사, 중량, 온도 측정, 원산지 증명확인서
		포장재 - 시험성적서 확인 - 관능검사 - 유통기한 확인		육안검사 시험성적서
2	보관	원·부재료 - 냉장 0~10℃ 보관 - 파렛트 위에 선입선출/ 품목별 구분 적재 - 적재 시 벽과 10cm정도 이격관리		온도관리 적재상태 선입선출 관리 이격관리
		포장재 - 실온 보관 - 선입선출/ 품목별 구분 보관 - 적재 시 벽과 10cm정도 이격관리		보관상태 선입선출 관리 이격관리
3	외포장 제거	오염원인 박스 등의 외포장재를 제거	가위, 칼, 이물통	육안검사
4	비가식 부위제거	비가식 부위를 제거	가위, 이물통	육안검사
5	선별	사용 기준에 맞게 선별 이물질, 비가식 부위 선별	선별대, 이물통	육안검사

[공정별 가공방법 예시]

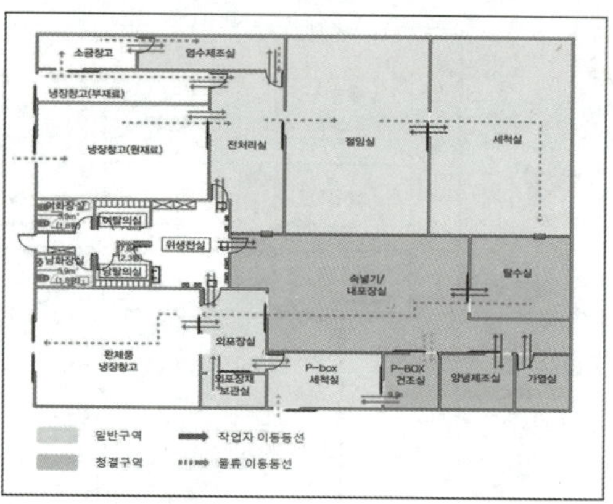

[작업장 평면도 예시-물류/작업자 이동동선]

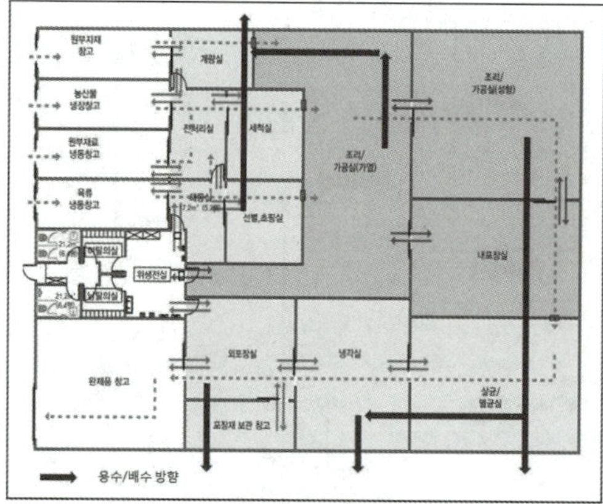

[작업장 평면도 예시-용수/배수 계통동]

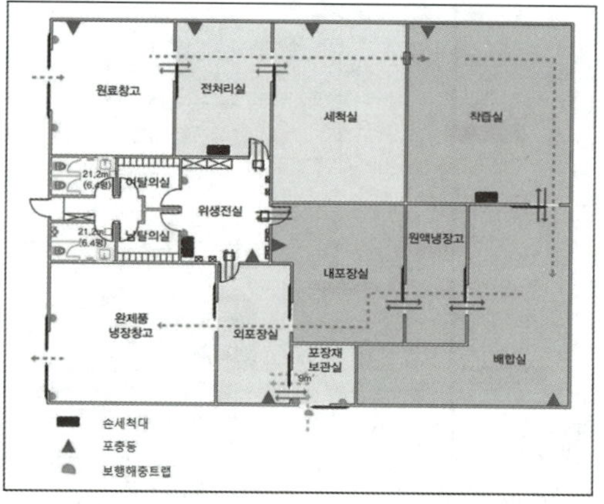

[작업장 평면도 예시-위생설비 배치도]

(5) 공정흐름도 현장확인

① HACCP 준비단계 5

② 작성된 각종 평면도와 계통도가 실제 현장과 일치하는지 확인

③ 변경 시마다 재작성 후 현장확인 실시

(6) 위해요소 분석(hazard analysis) – HACCP 원칙 1

"위해요소(hazard)"라 함은 「식품위생법」 제4조(위해 식품등의 판매 등 금지), 「건강기능식품에 관한 법률」 제23조(위해 건강기능식품 등의 판매 등의 금지) 및 「축산물위생관리법」 제33조(판매 등의 금지)의 규정에서 정하고 있는 인체의 건강을 해할 우려가 있는 생물학적, 화학적 또는 물리적 인자나 조건을 말한다.

"위해요소분석(Hazard Analysis)"이라 함은 식품·축산물 안전에 영향을 줄 수 있는 위해요소와 이를 유발할 수 있는 조건이 존재하는지 여부를 판별하기 위하여 필요한 정보를 수집하고 평가하는 일련의 과정을 말한다.

① HACCP 팀이 수행, 제품설명서에서 파악된 원·부재료별로, 그리고 공정흐름도에서 파악된 공정/단계별로 구분하여 실시

② 이 과정을 통해 원·부재료별 또는 공정/단계별로 발생 가능한 모든 위해요소를 파악하여 목록을 작성하고, 각 위해요소의 유입경로와 이들을 제어할 수 있는 수단(예방수단)을 파악하여 기술

③ 유입경로와 제어수단을 고려하여 위해요소의 발생가능성과 발생 시 그 결과의 심각성을 감안하여 위해(risk)를 평가

④ **위해요소 분석을 위한 단계**

1	원료별·공정별로 생물학적, 화학적, 물리적 위해요소와 발생원인을 모두 파악하여 목록화
2	파악된 잠재적 위해요소(hazard)에 대한 위해(risk)를 평가
3	파악된 잠재적 위해요소의 발생원인과 각 위해요소를 안전한 수준으로 예방하거나 완전히 제어, 또는 허용 가능한 수준까지 감소시킬 수 있는 예방조치 방법이 있는지를 확인하여 기재

⑤ **위해요소 분석 절차**

잠재적 위해요소 도출 및 원인규명 → 위해평가 (심각성, 발생 가능성) → 예방조치 및 관리방법 결정 → 위해요소분석 목록표 작성

⑥ **위해요소 분석표**

일련 번호	원·부자재명/ 공정명	구분	위해요소		위해평가			예방조치 및 관리방법
			명칭	발생원인	심각성	발생가능성	종합평가	
1		B						
		C						
		P						

※ **위해요소의 구분**

▶ B(Biological hazards, 생물학적 위해요소) : 원·부자재, 공정에 내재하면서 인체의 건강을 해할 우려가 있는 *Listeria monocytogenes*, 장출혈성대장균, 대장균, 곰팡이, 기생충, 바이러스 등 생물학적 단위위해요소

▶ C(Chemical hazards, 화학적 위해요소) : 제품에 내재하면서 인체의 건강을 해할 우려가 있는 중금속, 농약, 항생물질, 항균물질, 사용기준 초과 또는 사용 금지된 식품첨가물 등 화학적 단위위해요소

▶ P(Physical hazards, 물리적 위해요소) : 원료와 제품에 내재하면서 인체의 건강을 해할 우려가 있는 인자 중에서 돌조각, 유리조각, 쇳조각, 플라스틱조각, 머리카락 등 단위위해요소

---

⑦ **잠재적 위해요소 도출 및 원인규명**

㉠ 문헌조사

- 식품에서의 농약, 중금속 잔류 관련 자료
- 제품 클레임 및 잠재 클레임 자료

- 관련 연구 및 review 문헌
- 식중독 사고 관련 자료(기사 등)
- 관련 법규 및 규격기준
- 원재료 및 제조환경의 오염실태
- 현장 분석(측정) 자료(실험자료)
- 작업자 인터뷰 및 작업실태의 육안조사
- 제품 보존시험 규격설정시험 등 제품 개발자료
- 기타 필요 자료

ⓛ **현장조사**

- 원료 검토
- 제조공정 검토
- 현장 분석
- 통계 분석

⑧ **위해요소 평가(심각성, 발생가능성)**

㉠ **심각성**

- 도출된 위해요소가 영향을 주는 최종 대상 : 소비자
- 같은 위해요소이면 공정이 다르더라도 심각성 평가는 동일
- 생물학적, 화학적, 물리적 위해요소를 독립적으로 평가
- CODEX, NACMCF, FAO 등 자료를 참고하여 위해요소의 심각성을 높음(3), 보통(2), 낮음(1) 으로 평가

1. CODEX	
높음 : 사망을 포함하여 건강에 중대한 영향을 미침	
B	*Clostridium botulinum* toxin, *Salmonella* (*typhi*), *Shigella dysenteriae*, *Vibrio cholerae*, *Vibrio vulnificus*, Hepatitis A, E virus, *Listeria monocytogenes* (일부), *Escherichia coli* O157:H7
C	화학오염물질, 식품첨가물, 중금속 등에 의한 직접적인 오염
P	금속, 유리조각 등 소비자에게 직접적인 해 또는 상처를 입힐 수 있는 물질
보통 : 잠재적으로 넓은 전염성이 있는 것으로 입원	
B	장내병원성 *Escherichia coli*, *Salmonella* spp., *Shigella* spp., *Vibrio parahaemolyticus*, *Listeria monocytogenes*, Rotavirus, Norwalk virus
C	타르색소, 잔류농약, 잔류용제(톨루엔, 프탈레이트등), 잔류훈증약제 등
P	돌, 나무조각, 플라스틱 등 경질이물

낮음 : 제한적인 전염성이 있는 것으로 개인에 제한된 질병	
B	*Bacillus cereus*, *Clostridium perfringenes*, *Campylobacter jejuni*, *Yersinia enterocolitica*, *Staphylococcus aureus* toxin
C	Somnolence, transitory allergies 등의 증상을 수반하는 화학오염 물질 등
P	머리카락, 비닐 등 연질이물

2. NACMCF

높음(3) : 위해수준이 높음(건강에 치명적인 영향을 미쳐 사망을 일으키는 경우도 많음)	
B	*Clostridium botulinum* type A, B, E 및 F, *Salmonella typhi*; *paratyphi* A, B, *Shigella dysenteriae*, *Vibrio cholerae*, *Vibrio vulnificus*, *Listeria monocytogenes*, *Escherichia coli* O157 :H7, Hepatitis A 및 B, *Brucella abortus* B, *Brucella suis*, *Trichinella spiralis*
C	자연독(패독, 독버섯, 복어독, botulinum toxin 등), 유해 중금속, 유해 화학물질의 오염, 아플라톡신, 환경호르몬 등
P	소비자에게 치명적 위해나 상처를 입힐 수 있는 것(금속, 유리조각)
보통(2) : 위해수준이 중간(잠재적으로 건강에 광범위한 영향 : 입원)	
B	병원성 *Escherichia coli*(예 enterotoxin생성균), *Salmonella* spp., *Shigella* spp., *Cryptosporidium parvum*, Rotavirus, Norwalk virus
C	식품첨가물 오·남용, 제조공정 중 생성되는 화학반응물질, Solanine
P	소비자에게 일반적 위해나 상처를 입히는 물질(돌, 플라스틱 등 경성이물)
낮음(1) : 제한적인 전염성이 있는 것으로 개인에 제한된 질병	
B	*Bacillus cereus*, *Vibrio parahaemolyticus*, *Clostridium perfringenes*, *Campylobacter jejuni*, *Yersinia enterocolitica*, *Staphylococcus aureus*, *Giardia lamblia*
C	toxin(enterotoxin), 졸음 또는 일시적인 allergy를 수반하는 화학오염물질
P	소비자에게 아주 단순한 위해 또는 상처를 입힐 수 있는 물질 또는 건전성에 위배 되는 물질(머리카락, 비닐 등 연성이물)

3. FAO

높음	
B	*Clostridium botulinum*, *Salmonella typhi*, *Listeria monocytogenes*, *Escherichia coli* O157 : H7, *Vibrio cholerae*, *Vibrio vunificus*
C	paralytic shellfish poisoning, amnestic shellfish poisoning
P	유리조각, 금속성이물 등
중간	
B	*Brucella* spp., *Campylobacter* spp., *Salmonella* spp., *Shigella* spp., *Streptococcus* type A, *Yersinia enterocolitica*, Hepatitis A virus
C	곰팡이독, 시가테라독, 잔류농약, 중금속 등
P	돌, 모래, 경질 플라스틱 등 경질이물

낮음	
B	*Bacillus* spp., *Clostridium perfringenes*, *Staphylococcus aureus*, Norwalk virus, 대부분의 기생충
C	히스타민 유사물질, 식품첨가물 등
P	비닐, 머리카락 등 연질이물

   ⓛ **발생가능성**

- 위해요소의 발생빈도 및 발생가능성 평가
- 발생빈도 : 원·부재료/공정의 잠재 클레임 및 제품 클레임 참조
- 발생가능성 : 유사제품 또는 관련 이슈화 사항 참조

[알기쉬운 HACCP관리]

생물학적 위해요소 발생가능성 평가기준(예시)

구분	분류기준	
	빈도평가	가능성평가
높음(3)	해당 위해요소 발생사례 확인 (2회 이상/분기 발생 사례 수집)	해당 위해요소로 식중독 발생
보통(2)	해당 위해요소 발생사례 미확인 (1회 이상/분기 발생사례 수집)	해당 위해요소로 오염 사례확인
낮음(1)	해당 위해요소 연관성 없음 (발생사례 없음/분기)	해당 위해요소 연관성 없음

⑨ **위해평가 활용**

발생 가능성	높음(3)	3	6	9
	보통(2)	2	4	6
	낮음(1)	1	2	3
		낮음(1)	보통(2)	높음(3)
		심각성		

→ 3점 이상 위해요소 : 중요관리점 결정도에 적용(CCP, CP)

⑩ 예방조치 및 관리방법 결정

위해요소의 예방조치방법		
생물학적 위해요소	화학적 위해요소	물리적 위해요소
• 시설 개·보수 • 원료 협력업체로부터 시험성적서 수령 • 입고되는 원료의 검사 • 보관, 가열, 포장 등의 가공조건 (온도, 시간 등) 준수 • 시설·설비, 종업원 등에 대한 적절한 세척·소독 실시 • 공기 중에 식품노출 최소화 • 종업원에 대한 위생교육	• 원료 협력업체로부터 시험성적서 수령 • 입고되는 원료의 검사 • 승인된 화학물질만 사용 • 화학물질의 적절한 식별 표시, 보관 • 화학물질의 사용기준 준수 • 화학물질을 취급하는 종업원의 적절한 훈련	• 시설 개·보수 • 원료 협력업체로부터 시험성적서 수령 • 입고되는 원료의 검사 • 육안선별, 금속검출기 등 이용 • 종업원 훈련

⑪ 위해요소 분석 목록표 작성

원·부재료	구분	위해요소	발생원인	위해평가 심각성	위해평가 발생가능성	위해평가 결과	예방조치 및 관리방법
쇠고기	B	대장균군	• 원료 자체 및 사육과정 관리 부족으로 오염 • 협력업체(생산자) 관리 부족으로 교차오염	2	1	2	• 입고검사 • 협력업체시험성적서확인(입고검사점검표) • 원료사육과정관리 • 협력업체(생산자)점검/교육관리(협력업체점검표)
		황색포도상구균		1	2	2	
		살모넬라		2	1	2	
		바실러스 세레우스		1	1	1	
		리스테리아		3	1	3	
		장출혈성대장균		3	1	3	
		진균		2	2	4	
	C	항생물질	협력업체(생산자)의 관리 부족으로 항생물질 및 농약 등 오염	2	1	2	• 입고검사 • 협력업체시험성적서확인(입고검사점검표) • 협력업체(생산자)점검/교육관리(협력업체점검표)
	P	나사, 못, 칼날	협력업체(생산자)의 관리 부족으로 혼입	3	1	3	• 입고검사 • 협력업체시험성적서확인(입고검사점검표) • 원료사육과정관리 • 협력업체(생산자)점검/교육관리(협력업체점검표)
		돌, 모래, 플라스틱		2	2	4	
		머리카락, 비닐, 지푸라기		1	2	2	

(7) 중요관리점(CCP)결정 – HACCP 원칙 2

> "중요관리점(CriticalControlPoint:CCP)"이라 함은 안전관리인증기준(HACCP)을 적용하여 식품·축산물의 위해요소를 예방·제어하거나 허용수준 이하로 감소시켜 당해 식품·축산물의 안전성을 확보할 수 있는 중요한 단계·과정 또는 공정을 말한다.

① **중요관리점** : 원칙 1에서 파악된 중요 위해(위해평가 3점 이상)를 예방, 제어 또는 허용 가능한 수준까지 감소시킬 수 있는 최종 단계 또는 공정

② **식품의 제조·가공·조리공정에서 중요관리점이 될 수 있는 사례**
   ㉠ 생물학적 위해요소 성장을 최소화할 수 있는 냉각공정
   ㉡ 생물학적 위해요소를 제거할 수 있는 특정 온도에서 가열처리
   ㉢ pH 및 수분활성도의 조절 또는 배지 첨가 같은 제품성분 배합
   ㉣ 캔의 충전 및 밀봉 같은 가공처리
   ㉤ 금속검출기에 의한 금속이물 검출공정, 여과공정 등

③ **중요관리점(CCP) 결정도**

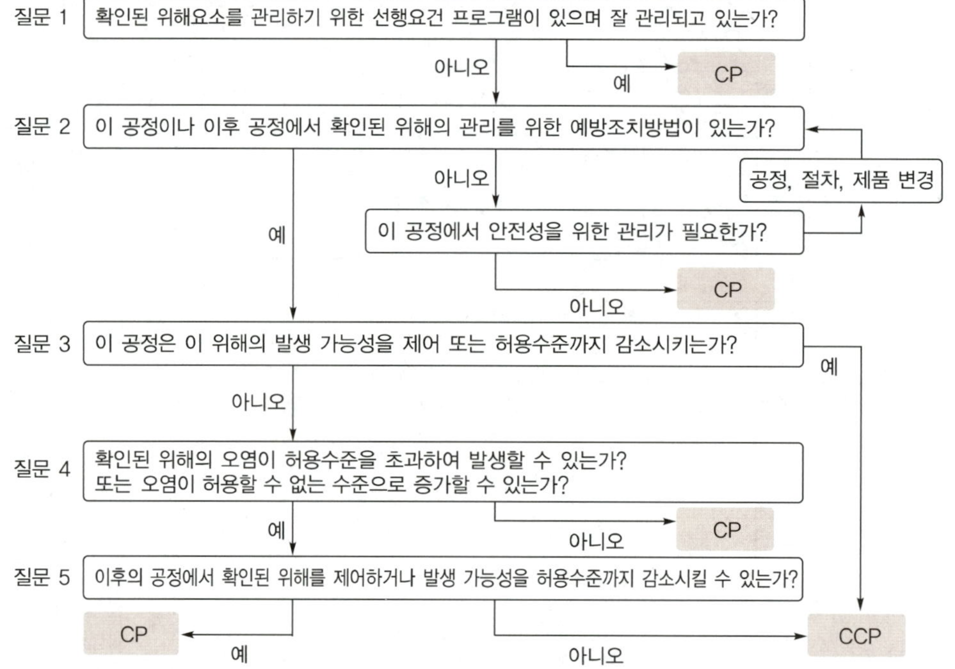

④ **중요관리점(CCP) 결정표**

공정단계	위해요소	질문 1 예 →CCP 아님 아니오 →질문 2	질문 2 예 →질문 3 아니오 →질문 2	질문 2-1 예 →질문 2 아니오 →CCP 아님	질문 3 예 →CCP 아니오 →질문 4	질문 4 예 →질문 5 아니오 →CCP 아님	질문 5 예 →CCP 아님 아니오 →CCP	중요관리점 결정

※ 위해요소 분석 결과 위해평가 활용원칙에 따라 중요관리점(CCP) 결정도에 적용하고 그 결과를 중요관리점(CCP) 결정표에 작성

---

(1) **CCP 결정표의 답변**
① CCP 결정도의 해석방법에 준하여 '예', '아니오'로 답
② 부분적으로 답에 대한 내용이 필요한 경우 해당내용 기입 : 문서명 또는 공정명

(2) **CCP 번호 부여방법**
① CCP No. : CCP – 1BCP
② CCP의 개수 : 여러 개의 위해요소가 나오더라도 같은 공정이면 같은 번호 부여
③ 위해요소의 종류 : 생물학적이면 B, 화학적이면 C, 물리적이면 P로 표시
  ㉠ 첫번째 CCP이고 생물학적 위해요소만 있으면 CCP – 1B
  ㉡ 두번째 CCP이고 생물학적 및 물리적 위해요소가 있으면 CCP – 2BP
  ☞ 실제 생산라인에서 원료, 공정별 위해요소에 대한 실제 공정평가 시험자료 등을 바탕으로 CCP 결정 필요

┃ 중요관리점(CCP) 결정표 예시 ┃

공정단계	구분	위해요소	질문 1 예 →CCP 아님 아니오 →질문 2	질문 2 예 →질문 3 아니오 →질문 2	질문 2-1 예 →질문 2 아니오 →CCP 아님	질문 3 예 →CCP 아니오 →질문 4	질문 4 예 →질문 5 아니오 →CCP 아님	질문 5 예 →CCP 아님 아니오 →CCP	중요관리점 결정
세척	B	리스테리아, 장출혈성 대장균	NO	YES		YES			CCP – 1B
	P	나사, 못, 칼날	NO	YES		NO	YES	YES (금속검출 공정)	CCP 아님
		돌, 모래, 플라스틱	NO	YES		YES			CCP – 1P

공정단계	구분	위해요소	질문 1 예 →CCP 아님 아니오 →질문 2	질문 2 예 →질문 3 아니오 →질문 2	질문 2-1 예 →질문 2 아니오 →CCP 아님	질문 3 예 →CCP 아니오 →질문 4	질문 4 예 →질문 5 아니오 →CCP 아님	질문 5 예 →CCP 아님 아니오 →CCP	중요관리점 결정
소독	B	리스테리아, 장출혈성 대장균	NO	YES		YES			CCP-2B
	P	나사, 못, 칼날	NO	YES		NO	YES	YES (금속검출 공정)	CCP 아님
		돌, 모래, 플라스틱	NO	YES		NO		YES (세척, 여과, X-Ray 검출공정)	CCP 아님

(8) 중요관리점(CCP) 한계기준 설정 – HACCP 원칙 3

> "한계기준(Critical Limit)"이라 함은 중요관리점에서의 위해요소 관리가 허용범위 이내로 충분히 이루어지고 있는지 여부를 판단할 수 있는 기준이나 기준치를 말한다.

① CCP에서 관리되어야 할 생물학적, 화학적 또는 물리적 위해요소를 예방, 제어 또는 허용 가능한 안전한 수준까지 감소시킬 수 있는 최대치 또는 최소치로 안전성을 보장할 수 있는 과학적 근거에 기초하여 설정되어야 함

② 현장에서 쉽게 실행할 수 있도록 가능한 육안관찰이나 간단한 측정으로 확인할 수 있는 수치 또는 특정지표로 나타내어야 함

   ㉠ 온도 및 시간

   ㉡ 수분활성도(A_w) 같은 제품 특성

   ㉢ pH

   ㉣ 관련 서류 확인 등

   ㉤ 습도(수분)

   ㉥ 염소, 염분 농도 같은 화학적 특성

   ㉦ 금속검출기 감도

③ **한계기준 설정 절차**

   ㉠ 결정된 CCP별로 해당식품의 안전성을 보증하기 위하여 어떤 법적 한계기준이 있는지를 확인(법적인 기준 및 규격 확인)

   ㉡ 법적인 한계기준이 없을 경우, 업체에서 위해요소를 관리하기에 적합한 한계기준을 자체적으로 설정하며, 필요시 외부 전문가의 조언을 구함

ⓒ 설정한 한계기준에 관한 과학적문헌 등 근거자료를 유지 보관

※ 한계기준 설정 근거자료
- CCP 공정의 가공조건(시간, 온도, 횟수, 자력, 크기 등의 조건)별 실제 생산라인에서 원료, 공정별 반제품, 완제품을 대상으로 하는 시험자료
- 설정된 한계기준을 뒷받침할 수 있는 과학적 근거(문헌, 논문 등)자료 등

❚ 중요관리점(CCP) 한계기준 설정 예시 ❚

공정명	CCP	위해요소	위해요인	한계기준
가열	CCP – 1B	리스테리아, 장출혈성대장균	가열온도 및 가열시간 미준수로 병원성 미생물 잔존	• 가열온도 : 85 ~ 120℃, • 가열시간 : 3 ~ 5분 (품온 80 ~ 110℃, 품온 유지시간 3 ~ 5분) 등
세척	CCP – 1BCP	리스테리아, 장출혈성대장균, 돌, 흙, 모래, 잔류농약	세척방법 미준수로 병원성 미생물, 잔류농약, 이물 잔존	• 세척횟수 : 3 ~ 6단, • 세척가수량 : 20L/분, • 세척시간 : 5 ~ 10분 등
소독	CCP – 1BC	리스테리아, 장출혈성대장균, 잔류염소	• 소독농도 및 소독시간, 소독수 교체주기 미준수로 병원성 미생물 잔존 • 헹굼방법, 시간 미준수로 소독제 잔류	• 소독농도 : 50 ~ 100ppm • 소독시간 : 1분 ~ 1분30초 • 소독수교체주기 : 10kg당 • 헹굼방법 : 흐르는 물 • 헹굼시간 : 30 ~ 40분 등
최종제품 pH 측정	CCP – 1B	리스테리아, 장출혈성대장균	최종제품 pH 초과로 인한 병원성 미생물 잔존 및 증식	최종제품 pH 4.0 이하
최종제품 수분활성도 측정	CCP – 1B	리스테리아, 장출혈성대장균	최종제품 pH 초과로 인한 병원성 미생물 잔존 및 증식	최종제품수분활성도 0.6 이하
금속검출	CCP – 1P	금속 Fe 2.0mmΦ, STS 2.0mmΦ 이상 불검출	금속검출기 감도 불량으로 이물 잔존	금속 Fe 2.0mmΦ, STS 2.0mmΦ 이상 불검출

(9) 중요관리점(CCP) 모니터링 체계 확립 – HACCP 원칙 4

"모니터링(Monitoring)"이라 함은 중요관리점에 설정된 한계기준을 적절히 관리하고 있는지 여부를 확인하기 위하여 수행하는 일련의 계획된 관찰이나 측정하는 행위 등을 말한다.

① **모니터링** : CCP에 해당되는 공정이 한계기준을 벗어나지 않고 안정적으로 운영되도록 관리하기 위하여 종업원 또는 기계적인 방법으로 수행하는 일련의 관찰 또는 측정수단

② **모니터링 체계를 수립할 경우**

ㄱ 작업과정에서 발생되는 위해요소의 추적이 용이

ㄴ 작업공정 중 CCP에서 발생한 기준이탈(deviation)시점을 확인할 수 있음

ㄷ 문서화된 기록을 제공하여 검증 및 식품사고 발생 시 증빙자료로 활용

③ **주의점**

　㉠ 모니터링 활동을 수행함에 있어서 연속적인 모니터링을 실시해야 함

　㉡ CCP를 모니터링하는 종업원은 해당 CCP에서의 모니터링 항목과 모니터링 방법을 효과적으로 올바르게 수행할 수 있도록 기술적으로 충분히 교육·훈련되어 있어야 함

　㉢ 모니터링 결과에 대한 기록은 예/아니오 또는 적합/부적합 등이 아닌 실제로 모니터링한 결과를 정확한 수치로 기록해야 함

④ **모니터링 체계 확립 순서**

　㉠ 각 원료와 공정별로 가장 적합한 모니터링 절차를 파악

　㉡ 모니터링 항목 결정

　㉢ 모니터링 위치/지점, 방법 결정

　㉣ 모니터링 주기(빈도) 결정

　㉤ 모니터링 결과를 기록할 서식 결정

　㉥ 모니터링 담당자 지정 및 훈련

⑤ **설정된 모니터링 방법이 올바른지 확인하는 질문들**

　㉠ 모든 CCP가 포함되어 있는가?

　㉡ 모니터링의 신뢰성이 평가되었는가?

　㉢ 모니터링 장비의 상태는 양호한가?

　㉣ 작업현장에서 실시하는가?

　㉤ 기록서식은 사용하는 데 편리한가?

　㉥ 기록은 정확히 이루어지는가?

　㉦ 기록은 실시간으로 이루어지는가?

　㉧ 기록이 지속적으로 이루어지는가?

　㉨ 모니터링 주기가 적절한가?

　㉩ 시료채취 계획은 통계적으로 적절한가?

　㉪ 기록결과는 정기적으로 통계 처리하여 분석하는가?

　㉫ 현장기록과 모니터링계획이 일치하는가?

▌중요관리점(CCP) 모니터링 방법 예시▐

공정명	CCP	한계기준	모니터링 방법			
			대상	방법	주기	담당자
가열	CCP－1B	• 가열온도 : 85～120℃, • 가열시간 : 3～5분 (품온 80～110℃, 유지시간 3～5분)	가열 시간, 온도	1. 가열기의 정상작동 유무를 확인한다. 2. 가열기에서 가열온도(품온)와 가열시간(품온 유지시간)을 모니터링 일지에 기록한다. 3. 모니터링 일지를 HACCP 팀장에게 승인받는다.	작업 전후/ 2시간 마다 등	공정담당 (○○○)

공정명	CCP	한계기준	모니터링 방법				
			대상	방법	주기	담당자
세척	CCP – 1BCP	• 3 6단 세척, • 가수량 : 3 ~ 4배 • 세척시간 : 5 ~ 10분	세척 방법	1. 세척기의 정상작동 유무를 확인한다. 2. 세척방법에 따라 시간, 횟수, 가수량 등을 모니터링 일지에 기록한다. 3. 모니터링 일지를 HACCP 팀장에게 승인받는다.	작업 전후/ 2시간 마다 등	공정담당 (OOO)
소독	CCP – 1BC	• 소독농도 : 50 ~ 100ppm • 소독시간 : 1분 ~ 1분30초 • 소독수 교체주기, 헹굼방법, 헹굼시간	소독 농도· 시간, 소독수 교체 주기, 헹굼 방법· 시간	1. 소독기의 정상작동 유무를 확인한다. 2. 소독농도, 소독시간, 소독수 교체주기, 헹굼방법, 헹굼시간을 모니터링 일지에 기록한다. 3. 모니터링 일지를 HACCP 팀장에게 승인받는다.	작업 전후/ 2시간 마다 등	공정담당 (OOO)

(10) 개선조치 방법 수립 – HACCP 원칙 5

"개선조치(CorrectiveAction)"라 함은 모니터링 결과 중요관리점의 한계기준을 이탈할 경우에 취하는 일련의 조치를 말한다.

① 모니터링 결과 한계기준을 벗어날 경우 취해야 할 개선조치방법을 사전에 설정하여 신속한 대응조치가 이루어지도록 하여야 함
② **개선조치 방법 설정 시 체크사항**
  ㉠ 이탈된 제품을 관리하는 책임자는 누구이며, 기준 이탈 시 모니터링 담당자는 누구에게 보고하여야 하는가?
  ㉡ 이탈의 원인이 무엇인지 어떻게 결정할 것인가?
  ㉢ 이탈의 원인이 확인되면 어떤 방법을 통하여 원래의 관리상태로 복원시킬 것인가?
  ㉣ 한계기준이 이탈된 식품(반제품 또는 완제품)은 어떻게 조치할 것인가?
  ㉤ 한계기준 이탈 시 조치해야 할 모든 작업에 대한 기록·유지 책임자는 누구인가?
  ㉥ 개선조치 계획에 책임 있는 사람이 없을 경우 누가 대신할 것인가?
  ㉦ 개선조치는 언제든지 실행 가능한가?
③ **일반적으로 취해야 할 개선조치 사항**
  ㉠ 공정상태의 원상복귀
  ㉡ 한계기준 이탈에 의해 영향을 받은 관련 식품에 대한 조치사항
  ㉢ 이탈에 대한 원인규명 및 재발방지 조치
  ㉣ HACCP 계획의 변경

④ 개선조치 확립 순서

　㉠ 각 CCP별로 가장 적합한 개선조치 절차를 파악

　㉡ CCP별로 위해요소의 심각성에 따라 차등화하여 개선조치방법을 결정

　㉢ 개선조치 결과의 기록서식을 결정

　㉣ 개선조치 담당자를 지정하고 교육·훈련

❚ 개선조치 방법 예시 ❚

공정명	CCP	개선조치 방법
가열	CC P –1B	1. 한계기준[가열온도(품온), 가열시간(품온 유지시간) 등] 이탈 시 • 공정담당자는 즉시 작업을 중지한다. • 해당 제품은 즉시 재가열하고 CCP 모니터링 일지에 이탈사항과 개선조치사항을 기록하고 생산관리팀장, HACCP 팀장에게 보고한다. • 해당 로트 제품을 품질관리 팀장에게 공정품 검사를 의뢰한다. 2. 기기 고장인 경우 • 공정담당자는 즉시 작업을 중지하고 공정품을 보류한 뒤 CCP 모니터링 일지에 이탈사항을 기록하고 공무팀에 수리를 의뢰한다. • 수리 완료 후 공정품은 재가열한다. • CCP 모니터링일지에 개선조치사항을 기록하고 생산관리팀장, HACCP 팀장에게 보고한다. • 해당 로트 제품을 품질관리 팀장에게 공정품 검사를 의뢰한다.
세척	CCP – 1BCP	1. 한계기준(세척횟수, 시간, 가수량 등) 이탈 시 • 공정담당자는 즉시 작업을 중지한다. • 해당 제품은 즉시 재세척하고 CCP 모니터링 일지에 이탈사항과 개선조치사항을 기록하고 생산관리팀장, HACCP 팀장에게 보고한다. • 해당 로트 제품을 품질관리 팀장에게 공정품 검사를 의뢰한다. 2. 기기 고장인 경우 • 공정담당자는 즉시 작업을 중지하고 공정품을 보류한뒤, CCP 모니터링일지에 이탈사항을 기록하고 공무팀에 수리를 의뢰한다. • 수리 완료 후 공정품은 재세척한다. • CCP 모니터링 일지에 개선조치사항을 기록하고 생산관리팀장, HACCP 팀장에게 보고한다. • 해당 로트 제품을 품질관리 팀장에게 공정품 검사를 의뢰한다.

(11) 검증절차 및 방법 수립 – HACCP 원칙 6

> "검증(Verification)"이라 함은 HACCP 관리계획의 유효성(validation)과 실행(implementation) 여부를 정기적으로 평가하는 일련의 활동(적용 방법과 절차, 확인 및 기타 평가 등을 수행하는 행위를 포함한다.)을 말한다.
> • 미국미생물기준자문위원회(NACMCF, National Advisory Committeeon Microbiological Criteriaon Foods) : HACCP Plan의 유효성과 HACCP System이 계획대로 운영되고 있는지를 확인하기 위한 일련의 활동
> • 국제식품규격위원회(CODEX) : HACCP Plan 준수 여부를 확인하기 위하여 적용하는 방법, 절차, 검사 및 기타 평가 행위

① HACCP 팀은 HACCP 시스템이 설정한 안전성 목표를 달성하는 데 효과적인지, HACCP 관리계획에 따라 제대로 실행되는지, HACCP 관리계획의 변경 필요성이 있는지를 확인하기 위한 검증절차를 설정하여야 함

② **검증의 종류**

검증 주체에 따른 분류		
1	내부검증	사내에서 자체적으로 검증원을 구성하여 실시하는 검증
2	외부검증	정부 또는 적격한 제3자가 검증을 실시하는 경우로 식품의약품안전처에서 HACCP 적용업체에 대하여 연 1회 실시하는 정기조사·평가가 이에 포함됨
검증 주기에 따른 분류		
1	최초검증	HACCP 계획을 수립하여 최초로 현장에 적용할 때 실시하는 HACCP 계획의 유효성평가 (validation)
2	일상검증	일상적으로 발생되는 HACCP 기록문서 등에 대하여 검토·확인하는 것
3	특별검증	새로운 위해정보 발생 시, 해당식품의 특성 변경 시, 원료·제조공정 등의 변동 시, HACCP 계획의 문제점 발생 시 실시하는 검증
4	정기검증	정기적으로 HACCP 시스템의 적절성을 재평가하는 검증

③ **검증의 실시 시기**

　㉠ HACCP 관리계획의 최초 실행과정, 즉 해당 계획서가 작성된 이후 현장에 적용하면서 실제로 해당 계획이 효과가 있는지 확인하기 위하여 최초검증(유효성평가)을 반드시 실시

　㉡ HACCP 관리계획은 식품이나 공정상에 실질적인 변경사항이 있는 경우, 또는 기존 계획서가 충분히 효과적이지 못할 수 있음을 나타내는 경우마다 특별검증(재평가)을 실시

　㉢ 특별검증(재평가)을 실시하여야 하는 경우

　　• 해당 식품과 관련된 새로운 안전성 정보가 있을 때

　　• 해당 식품이 식중독, 질병 등과 관련될 때

　　• 설정된 한계기준이 맞지 않을 때

　　• HACCP 계획의 변경 시(신규원료 사용 및 변경, 원료 공급업체의 변경, 제조·조리 공정의 변경, 신규 또는 대체장비 도입, 작업량의 큰 변동, 섭취대상의 변경, 공급체계의 변경, 종업원의 대폭 교체)

　㉣ 일상적으로 발생되는 HACCP 관련 기록들에 대한 일상검증을 주기를 정하여 실시

④ 검증 내용

유효성 평가	수립된 HACCP 계획이 해당 식품이나 제조·조리라인에 적합한지, 즉 HACCP 계획이 올바르게 수립되어 있어 충분한 효과를 가지는지를 확인하는 것
	• 발생 가능한 모든 위해요소를 확인·분석하였는지 여부 • 제품설명서, 공정흐름도의 현장 일치 여부 • CP, CCP 결정의 적절성 여부 • 한계기준이 안전성을 확보하는 데 충분한지 여부 • 모니터링체계가 올바르게 설정되어 있는지 여부
HACCP 계획의 실행성 검증	HACCP 계획이 수립된 대로 효과적으로 이행되고 있는지 여부를 확인하는 것
	• 작업자가 CCP 공정에서 정해진 주기로 측정이나 관찰을 수행하는지 확인하기 위한 현장 관찰 활동 • 한계기준 이탈 시 개선조치를 취하고 있으며, 개선조치가 적절한지 확인하기 위한 기록의 검토 • 개선조치 실제 실행 여부와 개선조치의 적절성 확인을 위하여 기록의 완전성·정확성 등을 자격 있는 사람이 검토하고 있는지 여부 • 검사·모니터링 장비의 주기적인 검·교정 실시 여부

⑤ 검증 활동

기록의 검토	검토되어야 할 기록 • HACCP 계획의 검토 : 위해요소 분석 결과, CCP, 한계기준, 모니터링 방법, 개선조치 방법이 적절하게 설정되어 있으며 충분한 효과를 가지고 있는지 평가하는 것 • 이전에 실시된 검증보고서 검토 : 만성적인 문제점을 파악하는 데 도움 • 모니터링 활동 기록 검토 : 일상적인 기록들은 일상검증을 통해 제대로 모니터링되고 기록유지 및 개선조치가 이루어지고 있는지 검토 • 개선조치 사항 검토 : 모니터링 활동이 누락되었거나, 모니터링 결과 한계기준을 벗어난 모든 사항에 대하여 즉시 개선조치가 시행되고 기록되어 있는지, 이에 상응하는 개선조치가 적절하였는지 확인, 검토

현장
조사
	• 현장조사는 검증의 한 부분인 실행성을 확인할 수 있는 활동일 뿐만 아니라 이를 통하여 HACCP 계획이 효과적으로 운영될 수 있는 수준으로 선행요건 프로그램이 유지되고 있음을 확인할 수 있음
	• 현장조사의 핵심 : 제조·가공·조리공정 흐름도, 작업장 평면도 등이 작성된 기준서와 일치하는지를 확인하고, 모니터링 담당자와의 면담 및 기록 확인을 통하여 모니터링 활동을 제대로 수행하고 있는지를 평가
	• 검증자가 현장조사 시 확인하여야 하는 사항
	   - 설정된 CCP의 유효성
	   - 담당자의 CCP 운영, 한계기준, 모니터링 및 기록관리 활동에 대한 이해
	   - 한계기준 이탈 시 담당자가 취해야 할 조치사항에 대한 숙지상태
	   - 모니터링 담당 종업원의 업무 수행상태 관찰
	   - 공정 중의 모니터링 활동 기록의 일부 확인

시험 · 검사	HACCP 계획의 효율적 운영 여부를 검증하는 방법 : 미생물실험, 이화학적검사 등을 통한 확인검증 → CCP가 적절히 관리되고 있는지 검증하기 위하여 주기적으로 시료를 채취하여 실험분석을 실시

⑥ **HACCP 검증 보고서 작성**

   ㉠ 반드시 문서화되어 영업자에 의해 검토 또는 승인되어야 함

   ㉡ 검증종류, 검증원, 검증일자, 검증결과, 개선·보완내용 및 조치결과를 포함

(12) 문서화 및 기록유지 – HACCP 원칙 7

① HACCP 체계의 필수적인 요소

② **HACCP 체계의 운영과 관련된 기록목록의 예**

원료	• 규격에 적합함을 증빙하는 원료 공급업체의 시험증명서 • 공급업체의 시험성적서를 검증한 업체의 지도·감독 기록 • 온도에 민감하거나 소비기한이 설정된 원료에 대한 보관온도 및 기간기록
공정관리	• CCP와 관련된 모든 모니터링 기록 • 식품 취급과정이 적절하게 지속적으로 운영하는지를 검증한 기록
완제품	• 식품의 안전한 생산을 보장할 수 있는 자료 및 기록 • 제품의 안전한 소비기한을 입증할 수 있는 자료 및 기록 • HACCP 계획의 적합성을 인정한 문서
보관 및 유통	• 보관 및 유통온도 기록 • 소비기한이 경과된 제품이 출고되지 않음을 보여주는 기록
한계기준 일탈 및 개선조치	CCP의 한계기준 이탈 시 취해진 공정이나 제품에 대한 모든 개선조치 기록
검증	HACCP 계획의 설정, 변경 및 재평가 기록
종업원 교육	식품위생 및 HACCP 수행에 관한 교육훈련 기록

안전관리인증기준 관리계획(HACCP Plan)이란 식품·축산물의 원료 구입에서부터 최종 판매에 이르는 전 과정에서 위해가 발생할 우려가 있는 요소를 사전에 확인하여 허용 수준 이하로 감소시키거나 제어 또는 예방할 목적으로 안전관리인증기준(HACCP)에 따라 작성한 제조·가공·조리·선별·처리·포장·소분·보관·유통·판매 공정관리 문서나 도표 또는 계획을 말한다.

공정	CCP	위해 요소	위해 요인	한계 기준	모니터링 방법				개선조치방법
					대상	방법	주기	담당	
가열	CCP - 1B	리스테리아 모노사이토 제니스, 장출혈성 대장균	가열 온도 및 가열 시간 미준수로 병원성 미생물 잔존	85 ~ 120℃, 3 ~ 5분 (품온 80 ~ 110℃, 품온 유지 시간 : 3 ~ 5분)	가열 시간, 온도, 품온	1. 가열기의 정상 작동 유무를 확인한다. 2. 가열기에서 가열 온도와 시간을 모니터링 일지에 기록한다. 3. 모니터링 일지를 HACCP 팀장에게 승인받는다.	매 작업 시	공정 담당	1. 가열온도, 시간 이탈 시 • 공정 담당자는 즉시 작업을 중지한다. • 해당 제품은 즉시 재가열하고 CCP 모니터링 일지에 이탈사항과 개선 조치사항을 기록하고 생산관리팀장, HACCP 팀장에게 보고한다. • 해당 로트 제품을 품질관리 팀장에게 공정품 검사를 의뢰한다.

공정	CCP	위해 요소	위해 요인	한계 기준	모니터링 방법				개선조치방법
					대상	방법	주기	담당	
가열	CCP – 1B	리스테리아 모노사이토 제니스, 장출혈성 대장균	가열 온도 및 가열 시간 미준수로 병원성 미생물 잔존	85 ~ 120℃, 3 ~ 5분 (품온 80 ~ 110℃, 품온 유지 시간 : 3 ~ 5분)	가열 시간, 온도, 품온	1. 가열기의 정상 작 동 유무를 확인 한다. 2. 가열기에서 가열 온도와 시간을 모 니터링 일지에 기 록한다. 3. 모니터링 일지를 HACCP 팀장에게 승인받는다.	매 작업 시	공정 담당	2. 기기 고장인 경우 • 공정 담당자는 즉시 작 업을 중지하고 공정품을 보류한 뒤 CCP 모니터 링 일지에 이탈사항을 기록하고 공무팀에 수리 를 의뢰한다. • 수리 완료 후 공정품은 재가열한다. • CCP 모니터링 일지에 개선조치사항을 기록하고, 생산관리팀장, HACCP 팀장에게 보고한다. • 해당 로트 제품을 품질 관리 팀장에게 공정품 검사를 의뢰한다.
세척	CCP – 1BCP	리스테리아 모노사이토 제니스, 장출혈성 대장균 돌, 흙, 모래, 잔류농약	세척 방법 미준수로 병원성 미생물, 잔류 농약, 이물 잔존	3 ~ 6단 세척, 가수량 3 ~ 4배, 세척 시간 5 ~ 10분	세척 방법	1. 세척기의 정상작 동 유무를 확인 한다. 2. 세척방법에 따라 세척시간, 횟수, 가수량을 모니터 링 일지에 기록 한다. 3. 모니터링 일지를 HACCP 팀장에게 승인받는다.	매 작업 시	공정 담당	1. 세척횟수, 시간, 가수량 이탈 시 • 공정 담당자는 즉시 작 업을 중지한다. • 해당 제품은 즉시 재세 척하고 CCP 모니터링 일지에 이탈사항과 개선 조치사항을 기록하고 생 산관리팀장, HACCP 팀 장에게 보고한다. • 해당 로트 제품을 품질 관리 팀장에게 공정품 검사를 의뢰한다. 2. 기기 고장인 경우 • 공정 담당자는 즉시 작 업을 중지하고 공정품을 보류한 뒤 CCP 모니터 링 일지에 이탈사항을 기록하고 공무팀에 수리 를 의뢰한다. • 수리 완료 후 공정품은 재세척한다. • CCP 모니터링 일지에 개선조치사항을 기록하고, 생산관리팀장, HACCP 팀장에게 보고한다. • 해당 로트 제품을 품질 관리 팀장에게 공정품 검사를 의뢰한다.

식품 및 축산물 안전관리 인증기준

제2조(정의)

15. "글로벌 식품안전관리 시스템"이란 안전관리인증기준(HACCP) 적용업소가 원료에서부터 제조·가공·조리·선별·처리·포장·소분·보관·유통·판매에 이르기까지 모든 과정에서 고의적, 의도적인 식품 안전사고 발생을 예방하기 위하여 안전관리인증기준 관리계획(HACCP Plan)에 식품방어(Food Defense), 식품사기 예방(Food Fraud Prevention), 제품 표시 관리, 알레르기 유발물질 관리, 환경 점검 관리, 품질관리, 비상 대응 관리, 식품안전문화(Food Safety Culture) 및 식품안전경영(Food Safety Management) 등을 포함하여 관리하는 시스템(이하, "글로벌 해썹(Global HACCP)"이라 한다.)을 말한다.

제6조의2(글로벌 해썹 등록 기준)

안전관리인증기준(HACCP) 적용업소 (도축업, 집유업, 농장은 제외한다.) 영업자가 글로벌 해썹(Global HACCP) 적용업소로 등록하고자 하는 경우에는 다음 각 호와 관련된 별표 4의3의 요건을 준수하여야 한다.

1. 글로벌 해썹(Global HACCP) 선행요건
    가. 식품방어 및 식품사기 요인관리
    나. 제품 표시 관리 요건
    다. 알레르기 유발물질 관리 요건
    라. 환경 점검 관리
    마. 품질관리
    바. 비상 대응 관리
2. 글로벌 해썹(Global HACCP) 관리 기준
    가. 글로벌 해썹(Global HACCP)팀 구성
    나. 글로벌 해썹(Global HACCP) 관리 전략
        (1) 식품방어 전략
        (2) 식품사기 완화 전략
        (3) 제품 표시 검증
        (4) 알레르기 유발물질 관리 전략
    다. 식품안전문화
    라. 식품안전경영
        (1) 조직 상황
        (2) 기획
        (3) 경영책임
        (4) 지원
        (5) 성과평가
        (6) 개선

[별표 4의 3] 글로벌 해썹(Global HACCP) 등록 요건(제6조의 2 관련)

1. 목적

   이 기준은 「식품위생법」, 「건강기능식품에 관한 법률」 및 「축산물 위생관리법」에 따라 식품 및 축산물 안전관리인증기준(HACCP) 적용업소로 인증받은 업소 중 글로벌 해썹(Global HACCP)을 적용하기를 원하는 경우 요구사항을 규정하는 것을 목적으로 한다.

2. 용어의 정의

   가. 글로벌 해썹(Global HACCP) 선행요건이란 안전관리인증기준(HACCP) 적용업소가 고의적, 의도적 위협요소를 관리하기 위하여 요구되는 식품방어, 식품사기 예방, 제품 표시, 알레르기 유발물질, 환경 점검, 품질, 비상 대응 등을 위한 관리 요건을 말한다.

   나. 글로벌 해썹(Global HACCP) 관리기준이란 안전관리인증기준(HACCP) 적용업소가 고의적, 의도적 위협요소에 따른 식품안전사고 발생 사전예방을 목적으로 글로벌 해썹(Global HACCP) 선행요건에 대한 관리 전략, 식품안전문화, 식품안전경영 등을 포함하여 관리하는 시스템을 말한다.

   다. 식품방어(food defense) 계획이란 식품 등 원료관리, 제조·가공·조리·선별·처리·포장·소분·보관·유통·판매의 모든 과정에서 의도적인 위해 행위로 인해 식품이 오염되거나 위해를 초래할 위협요소를 방지하기 위한 활동을 말한다.

   라. 식품사기(food fraud) 완화 계획이란 식품 등 원료관리, 제조·가공·조리·선별·처리·포장·소분·보관·유통·판매의 모든 과정에서 경제적 이득을 목적으로 의도적인 위조, 원료 대체, 품질 변조, 허위 표시 등을 포함하는 행위로 식품 소비자들의 신뢰를 저하시킬 수 있는 취약한 요소를 방지하기 위한 활동을 말한다.

   마. 식품안전문화(food safety culture)란 조직 내부 및 전체에 여러 사람들이 식품안전에 대한 사고방식과 행동에 미치는 가치, 신념 및 규범을 말한다.

   바. 식품안전경영(food safety management)이란 조직의 목표 달성을 위한 방침, 목표 수립을 위해 조직의 상호 작용하는 요소를 말한다.

[별표 8] 안전관리인증기준(HACCP) 적용품목 심벌(제27조 관련)

다. 글로벌 해썹(Global HACCP) 심벌

※ 사용하고자 하는 자가 사용 장소에 맞게 색상 및 크기를 조정할 수 있으나 디자인은 본 견본과 같아야 한다.

※ 자동 기록관리 시스템(스마트 해썹, Smart HACCP) 심벌과 병행하여 사용하거나, 단독으로 사용할 수 있다.

2020년 4, 5회, 2019년 3회, 2010년 1회

01 GMP, SSOP에 대하여 쓰시오.

모범답안

GMP란 위생적인 식품 생산을 위한 시설·설비조건 및 기준, 건물의 위치와 시설·설비의 구조 등에 관한 기준을 말하고, SSOP란 외부로부터 위해요소가 유입되는 것을 방지하기 위한 조치들을 규정한 것으로, 영업장, 종업원, 용수, 보관·운송, 검사, 회수관리 등의 운영 절차 기준을 말한다.

2007년 2회

02 HACCP의 의무적용 대상에 해당하는 식품을 3가지 쓰시오.

모범답안

- 수산가공식품류의 어육가공품류 중 어묵·어육소시지
- 기타수산물가공품 중 냉동 어류·연체류·조미가공품
- 냉동식품 중 피자류·만두류·면류
- 과자류, 빵류 또는 떡류 중 과자·캔디류·빵류·떡류
- 빙과류 중 빙과
- 음료류[다류(茶類) 및 커피류는 제외한다.]
- 레토르트식품
- 절임류 또는 조림류의 김치류 중 김치(배추를 주원료로 하여 절임, 양념혼합과정 등을 거쳐 이를 발효시킨 것이거나 발효시키지 아니한 것 또는 이를 가공한 것에 한한다.)
- 코코아가공품 또는 초콜릿류 중 초콜릿류
- 면류 중 유탕면 또는 곡분, 전분, 전분질원료 등을 주원료로 반죽하여 손이나 기계 따위로 면을 뽑아내거나 자른 국수로서 생면·숙면·건면
- 특수용도식품
- 즉석섭취·편의식품류 중 즉석섭취식품

- 즉석섭취·편의식품류의 즉석조리식품 중 순대
- 식품제조·가공업의 영업소 중 전년도 총 매출액이 100억 원 이상인 영업소에서 제조·가공하는 식품

2024년 2회

03 HACCP 선행요건 8가지 중 아래 5가지를 제외한 3가지를 쓰시오.
- **영업장 관리**
- **위생 관리**
- **제조·가공 시설·설비 관리**
- **냉장·냉동 시설·설비 관리**
- **용수 관리**

모범답안

- 보관·운송 관리
- 검사 관리
- 회수 프로그램 관리

2025년 2회

04 HACCP 선행요건 중 회수프로그램 관리를 제외한 5가지를 작성하시오.

모범답안

- 영업장 관리
- 위생 관리
- 제조·가공·조리 시설·설비 관리
- 냉장·냉동 시설·설비 관리
- 용수 관리
- 보관·운송 관리
- 검사관리
- 회수프로그램 관리

05

식품 및 축산물 안전관리인증기준에 따른 식품 제조·가공업소, 건강기능식품제조업소, 집단급식소식품판매업소, 축산물작업장·업소의 영업장 관리 중 작업장 선행요건 3가지를 쓰시오.

모범답안

- 작업장은 독립된 건물이거나 식품취급 외의 용도로 사용되는 시설과 분리(벽·층 등에 의하여 별도의 방 또는 공간으로 구별되는 경우를 말한다.)되어야 한다.
- 작업장(출입문, 창문, 벽, 천장 등)은 누수, 외부의 오염물질이나 해충·설치류 등의 유입을 차단할 수 있도록 밀폐 가능한 구조이어야 한다.
- 작업장은 청결구역(식품의 특성에 따라 청결구역은 청결구역과 준청결구역으로 구분할 수 있다.)과 일반구역으로 분리하고, 제품의 특성과 공정에 따라 분리, 구획 또는 구분할 수 있다.

06

식품 및 축산물 안전관리인증기준(HACCP)의 선행요건에 대한 내용이다. 빈칸에 알맞은 말을 채우시오.

> 작업실 안은 작업이 용이하도록 자연채광 또는 인공조명 장치를 이용하여 밝기는 (   ) 룩스 이상을 유지하여야 하고, 특히 선별 및 검사구역의 작업장 등은 육안확인이 필요한 조도[(   )룩스 이상]를 유지하여야 한다.

모범답안

작업실 안은 작업이 용이하도록 자연채광 또는 인공조명 장치를 이용하여 밝기는 (220)룩스 이상을 유지하여야 하고, 특히 선별 및 검사구역의 작업장 등은 육안확인이 필요한 조도[(540)룩스 이상]를 유지하여야 한다.

➕ 해설

선행요건관리

식품(식품첨가물 포함)제조·가공업소, 건강기능식품제조업소, 집단급식소식품판매업소, 축산물작업장·업소

- 영업장관리

채광 및 조명	9. 작업실 안은 작업이 용이하도록 자연채광 또는 인공조명장치를 이용하여 밝기는 220룩스 이상을 유지하여야 하고, 특히 선별 및 검사구역 작업장 등은 육안확인이 필요한 조도(540룩스 이상)를 유지하여야 한다. 10. 채광 및 조명시설은 내부식성 재질을 사용하여야 하며, 식품이 노출되거나 내포장 작업을 하는 작업장에는 파손이나 이물 낙하 등에 의한 오염을 방지하기 위한 보호장치를 하여야 한다.

07 다음은 식품 및 축산물 안전관리인증기준 선행요건의 개인위생관리 중 일부이다. ①, ②, ③에 알맞은 말을 쓰시오.

작업장 내에서 작업 중인 종업원 등은 (①)·(②)·(③) 등을 항시 착용하여야 하며, 개인용 장신구 등을 착용하여서는 아니 된다.

모범답안

① 위생복
② 위생모
③ 위생화

08 HACCP에서의 냉장온도와 냉동온도를 쓰시오.
- 냉장온도 :
- 냉동온도 :

모범답안

- 냉장온도 : 10℃ 이하
- 냉동온도 : −18℃ 이하

09 식품 및 축산물 안전관리인증기준의 선행요건에 관한 내용이다. 빈칸에 알맞은 단어를 쓰시오.

냉장시설은 내부의 온도를 (가)℃ 이하[단, 신선편의식품, 훈제연어, 가금육은 (나)℃ 이하 등 보관온도 기준이 별도로 정해져 있는 식품의 경우에는 그 기준을 따른다.], 냉동시설은 (다)℃ 이하로 유지하고, 외부에서 온도변화를 관찰할 수 있어야 하며, 온도 감응 장치의 센서는 온도가 가장 높게 측정되는 곳에 위치하도록 한다.

모범답안

가 : 10
나 : 5
다 : −18

10 급식업체에서의 조리 후 섭취완료 시간을 쓰시오.
- 28℃ 이하로 보관할 경우 :
- 보온(60℃ 이상) 유지 시 :
- 제품의 품온을 5℃ 이하 유지 시 :

모범답안

- 28℃ 이하로 보관할 경우 : 조리 후 2~3시간 이내 섭취 완료
- 보온(60℃ 이상) 유지 시 : 조리 후 5시간 이내 섭취 완료
- 제품의 품온을 5℃ 이하 유지 시 : 조리 후 24시간 이내 섭취 완료

➕ 해설

조리된 음식은 배식 전까지의 보관온도 및 조리 후 섭취 완료 시까지의 소요시간기준을 설정·관리하여야 하며, 유통업체의 경우에는 적정한 소비기한 및 보존 조건을 설정·관리하여야 한다. 따라서 보존 온도에 따른 섭취완료 시간을 구분하여 작성해야 한다.

11 식품 및 축산물 안전관리인증기준(HACCP)에 따라 집단급식소, 식품접객업소(위탁급식영업) 및 운반급식(개별 또는 벌크 포장)의 작업위생관리 중 보존식에 대한 기준이다. 빈칸에 알맞은 말을 쓰시오.

> 조리한 식품은 소독된 보존식 전용용기 또는 멸균 비닐봉지에 매회 (   )인분 분량을 (   )℃ 이하에서 (   )시간 이상 보관하여야 한다.

모범답안

조리한 식품은 소독된 보존식 전용용기 또는 멸균 비닐봉지에 매회 (1)인분 분량을 (-18)℃ 이하에서 (144)시간 이상 보관하여야 한다.

12 식품 및 축산물 안전관리인증기준에 따라 집단급식소, 식품접객업소(위탁급식영업) 및 운반급식(개별 또는 벌크 포장)의 작업위생관리 중 보존식에 대한 기준을 분량, 온도, 시간을 포함해서 쓰시오.

조리한 식품은 소독된 보존식 전용용기 또는 멸균 비닐봉지에 매회 1인분 분량을 -18℃ 이하에서 144시간 이상 보관하여야 한다.

13

HACCP 선행요건 중 식품(식품첨가물 포함)제조·가공업소, 건강기능식품제조업소 및 집단급식소식품판매업소, 축산물작업장·업소의 시설·설비·기구 등 검사에 대한 설명이다. 빈칸에 알맞은 말을 쓰시오.

> 작업장의 청정도 유지를 위하여 (　　　　) 등을 관리계획에 따라 측정·관리하여야 한다. 다만, 제조공정의 자동화, 시설·제품의 특수성, 식품이 노출되지 아니하거나, 식품을 포장된 상태로 취급하는 작업장은 그러하지 아니할 수 있다.

공중낙하세균

14

다음은 식품 및 축산물 안전관리인증기준의 선행요건에 따른 온도이다. 괄호를 채우시오.(단, 이하, 이상, 범위 및 기호를 포함하여 기재하시오.)

> 운송차량은 냉장의 경우 (　　　　)[단, 가금육 (　　　　) 운반과 같이 별도로 정해진 경우에는 그 기준을 따른다.], 냉동의 경우 (　　　　)를 유지할 수 있어야 하며, 외부에서 온도변화를 확인할 수 있도록 온도 기록 장치를 부착하여야 한다.

운송차량은 냉장의 경우 (10℃ 이하)[단, 가금육 (-2 ~ 5℃) 운반과 같이 별도로 정해진 경우에는 그 기준을 따른다.], 냉동의 경우 (-18℃)를 유지할 수 있어야 하며, 외부에서 온도변화를 확인할 수 있도록 온도 기록 장치를 부착하여야 한다.

15

HACCP 적용 시 작업장의 공중낙하균 검사를 기준으로 구역을 분리한다. ( ) 안에 알맞은 구역을 쓰시오.

구분	기준(CFU/plate 이하)		
구역	일반세균	대장균균	진균
( )	30	음성	10
( )	50	음성	20
( )	100	음성	40

모범답안

구분	기준(CFU/plate 이하)		
구역	일반세균	대장균균	진균
(청결구역)	30	음성	10
(준청결구역)	50	음성	20
(일반구역)	100	음성	40

＋ 해설

[알기쉬운 HACCP 관리]

공중낙하세균 검사 기준규격

검사방법	측정 장소 : 위치도를 참조하여 검사한다. 측정 범위 : 바닥에서 80cm의 높이에서 측정한다. 측정 시간 : 개방 시간은 15분으로 한다.					
구분	구분	작업장명	기준(cfu/plate 이하)(청소 후)			
			일반세균	대장균군	진균	
	청결구역	가열실, 취사실, 내포장실, 건조실	30	음성	10	
	준청결구역	세척실, 숙성실, 건조실, 음식보온고	50	음성	20	
	일반구역	검수실, 전처리실, 외포장실, 식기세척실	100	음성	40	
검사주기	1회/1개월	기록관리	공중낙하세균 검사 성적서			

16

HACCP 준비단계 절차와 7원칙을 쓰시오.

모범답안

- 준비단계
  - HACCP 팀 구성
  - 제품설명서 작성
  - 용도 확인
  - 공정흐름도 작성
  - 공정흐름도 현장확인
- 7원칙
  - 위해요소 분석
  - 중요관리점(CCP) 결정
  - CCP 한계기준 설정
  - CCP 모니터링 체계 확립
  - 개선조치방법 수립
  - 검증절차 및 방법 수립
  - 문서화, 기록유지 방법 설정

17

HACCP에서 제품설명서와 공정흐름도 작성의 주요 목적과 각각 포함되어야 하는 사항의 예를 2가지씩 쓰시오.

모범답안

- 제품설명서
  - 목적 : 제품의 특성을 정확히 파악함으로써 효과적으로 위해요소분석 및 중요관리점 결정이 가능하도록 하기 위함
  - 예시 : 제품명, 제품유형, 성상, 품목제조보고연월일, 작성자 및 작성연월일, 성분(또는 식자재), 배합비율 및 제조(또는 조리)방법, 제조(포장)단위, 완제품의 규격, 제품용도 및 소비(배식)기간, 포장방법 및 재질, 표시사항, 보관 및 유통(또는 배식)상의 주의사항
- 공정흐름도
  - 목적 : 원료의 입고에서부터 완제품의 출하에 이르는 해당 식품의 공급에 필요한 모든 공정별로 위해요소의 교차오염 또는 2차오염, 증식 등의 가능성을 파악하는 데 도움을 줌
  - 예시 : 작업특성별 구획, 기계·기구 등의 배치, 제품의 흐름과정, 작업자 이동경로, 세척·소독조 위치, 출입문 및 창문, 공조시설계통도, 용수 및 배수처리 계통도 등

18 HACCP에서 "물리적 위해요소"(Physical hazards, P)의 정의와 원인을 쓰시오.

모범답안

- 정의 : 원료와 제품에 내재하면서 인체의 건강을 해할 우려가 있는 인자 중에서 돌조각, 유리조각, 쇳조각, 플라스틱조각, 머리카락 등 단위 위해요소
- 원인 : 원료나 부자재 세척 미흡, 기기 파손, 작업자 부주의에 의한 혼입, 협력업체 관리 부족에 의한 혼입 등

19 식품 및 축산물 안전관리인증기준의 위해요소 분석표이다. 밑의 표를 보고 B, C, P에 대해 각각의 예를 한 개씩 포함하여 설명하시오.

일련 번호	원·부자재명/ 공정명	구분	위해요소		위해평가			예방조치 및 관리방법
			명칭	발생원인	심각성	발생가능성	종합평가	
1		B						
		C						
		P						

모범답안

- B(Biological hazards)는 원·부자재, 공정에 내재하면서 인체의 건강을 해할 우려가 있는 생물학적 위해요소로서 *Listeria monocytogenes*, 장출혈성 대장균, 대장균, 곰팡이, 기생충, 바이러스 등이 있다.
- C(Chemical hazards)는 제품에 내재하면서 인체의 건강을 해할 우려가 있는 화학적 위해요소로서 중금속, 농약, 항생물질, 항균물질, 사용기준초과 또는 사용 금지된 식품첨가물 등이 있다.
- P(Physical hazards)는 원료와 제품에 내재하면서 인체의 건강을 해할 우려가 있는 물리적 위해요소로서 돌조각, 유리조각, 쇳조각, 플라스틱조각, 머리카락 등이 있다.

20 아래는 HACCP의 내용이다. 빈칸에 들어갈 내용을 쓰시오.

> "중요관리점(Critical Control Point : CCP)"이란 안전관리인증기준(HACCP)을 적용하여 식품·축산물의 위해요소를 (A)·(B)하거나 허용 수준 이하로 (C)시켜 당해 식품·축산물의 안전성을 확보할 수 있는 중요한 단계·과정 또는 공정을 말한다.

모범답안

A : 예방
B : 제어
C : 감소

21 다음은 중요관리점(CCP) 결정도이다. CCP가 맞는지 O, X로 표시하시오.

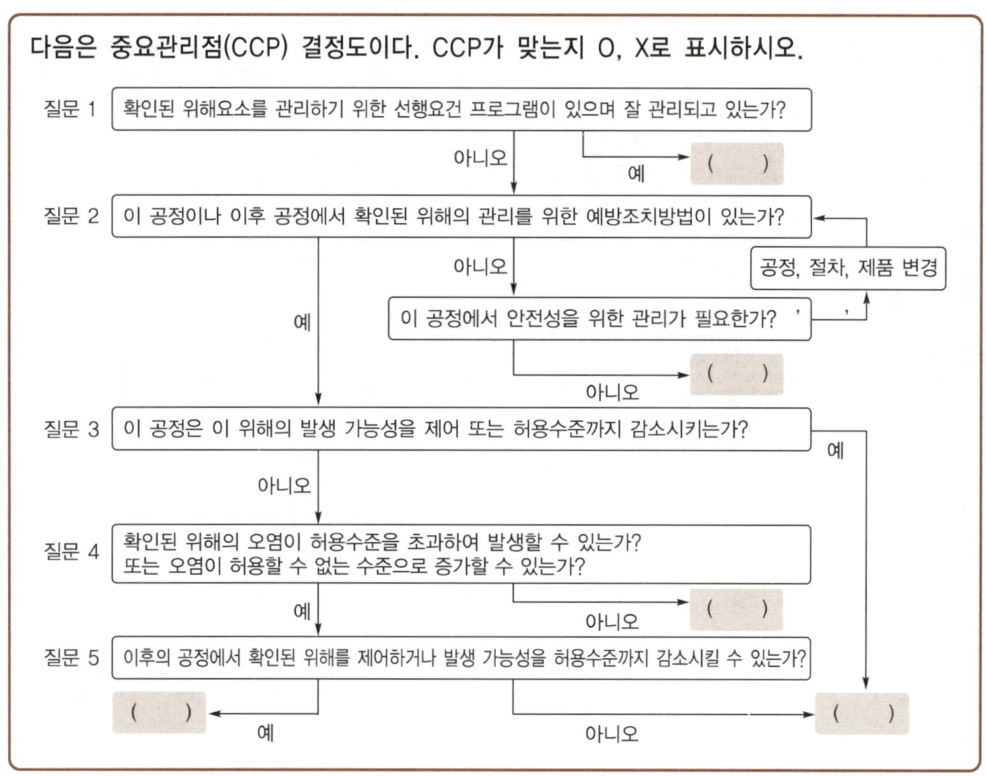

모범답안

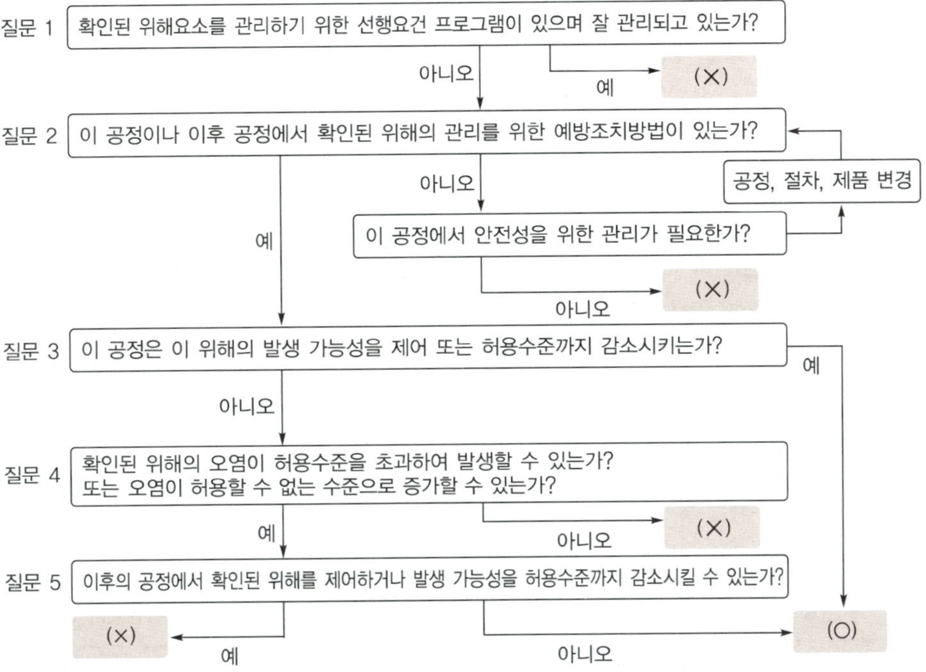

질문 1 확인된 위해요소를 관리하기 위한 선행요건 프로그램이 있으며 잘 관리되고 있는가?
아니오
예
(X)
질문 2 이 공정이나 이후 공정에서 확인된 위해의 관리를 위한 예방조치방법이 있는가?
공정, 절차, 제품 변경
아니오
이 공정에서 안전성을 위한 관리가 필요한가?
예
(X)
아니오
질문 3 이 공정은 이 위해의 발생 가능성을 제어 또는 허용수준까지 감소시키는가?
예
아니오
질문 4 확인된 위해의 오염이 허용수준을 초과하여 발생할 수 있는가?
또는 오염이 허용할 수 없는 수준으로 증가할 수 있는가?
예
아니오
(X)
질문 5 이후의 공정에서 확인된 위해를 제어하거나 발생 가능성을 허용수준까지 감소시킬 수 있는가?
(X)
예
(O)
아니오

해설

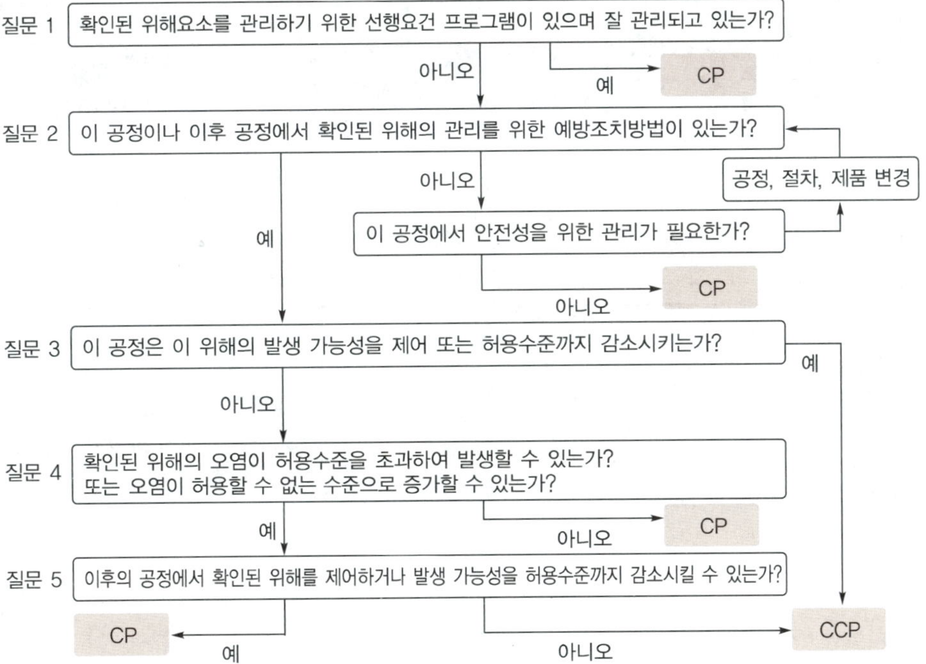

질문 1 확인된 위해요소를 관리하기 위한 선행요건 프로그램이 있으며 잘 관리되고 있는가?
아니오
예
CP
질문 2 이 공정이나 이후 공정에서 확인된 위해의 관리를 위한 예방조치방법이 있는가?
공정, 절차, 제품 변경
아니오
이 공정에서 안전성을 위한 관리가 필요한가?
예
CP
아니오
질문 3 이 공정은 이 위해의 발생 가능성을 제어 또는 허용수준까지 감소시키는가?
예
아니오
질문 4 확인된 위해의 오염이 허용수준을 초과하여 발생할 수 있는가?
또는 오염이 허용할 수 없는 수준으로 증가할 수 있는가?
예
아니오
CP
질문 5 이후의 공정에서 확인된 위해를 제어하거나 발생 가능성을 허용수준까지 감소시킬 수 있는가?
CP
예
CCP
아니오

22 설정된 위해요소와 한계기준을 보고 빈칸을 채우시오.

식품 유형	중요 관리점	위해요인	한계기준
커피	(①)공정	살모넬라, 대장균군, 리스테리아 모노사이토제네스, 장출혈성 대장균	121℃에서 10 ~ 20분
실제 공정 시험 결과			

커피 시료 3개를 121℃에서 10 ~ 20분간 공정처리 결과 잔존하는 병원성 미생물이 확인되지 않았다. 따라서 본 공정은 (②)위해요소를 제어하였다.

모범답안

① 가열
② 생물학적(B)

23 아래는 잘못된 중요관리점을 수정한 내용이다. 그동안 염소계 소독수로 소독공정만 진행하였으나, 수정 이후에는 헹굼과정을 중요관리점에 추가하였다. 헹굼과정을 추가해야 하는 이유를 서술하시오.

구분	잘못된 방식	올바른 방식
CCP 설정	소독(CCP-B)만 설정	소독·헹굼(CCP-BC)으로 설정
한계기준	소독 효과와 연계된 여러 기준 누락	소독 및 헹굼 효과와 연계된 모든 기준 포함
유리잔류염소	4ppm 이하	잔류 없음
...	...	...

모범답안

염소계 소독수를 사용하는 소독공정을 중요관리점으로 운영하는 경우, 식품첨가물의 기준 및 규격에 따라 소독 대상에 소독제가 잔류하지 않아야 하므로 헹굼과정을 중요관리점에 추가해야 한다.

참고

염소계 소독수
• 「식품첨가물의 기준 및 규격」에 따라 식품첨가물로 허가된 식품용 염소계 살균 소독제
• 차아염소산나트륨, 차아염소산수, 차아염소산칼슘

24 HACCP의 중요관리점과 한계기준에 대해 설명하시오.

모범답안

- 중요관리점 : 안전관리인증기준을 적용하여 당해 식품·축산물의 안전성을 확보할 수 있는 중요한 단계·과정 또는 공정
- 한계기준 : 중요관리점에서의 위해요소관리가 허용범위 이내로 충분히 이루어지고 있는지 여부를 판단할 수 있는 기준이나 기준치

25 HACCP 공장에서 CCP가 완제품 냉장보관 공정으로 설정되어 있는데, 경미한(1~2℃) 온도 이탈이 자주 발생한다. 개선조치의 정의와, 제시된 항목이 온도 이탈 시 취해야 할 개선조치로 적합한지의 여부를 판정하시오.(단, 온도계의 고장은 없고 검·교정도 완료된 상태이다.)

(1) 개선조치의 정의
(2) 온도 이탈 시 취해야 할 개선조치로 적합한지 여부 판정

항목	판정 – 적합(○), 부적합(×)
에어커튼이 없는 경우 에어커튼 설치	
작업자의 잦은 문 계폐 최소화 교육	
이탈로 인한 부적합품 발생 여부 검사	

모범답안

(1) 개선조치의 정의

　"개선조치(corrective action)"란 모니터링 결과 중요관리점의 한계기준을 이탈할 경우에 취하는 일련의 조치를 말한다.

(2) 온도 이탈 시 취해야 할 개선조치로 적합한지 여부 판정

항목	판정 – 적합(○), 부적합(×)
에어커튼이 없는 경우 에어커튼 설치	○
작업자의 잦은 문 계폐 최소화 교육	○
이탈로 인한 부적합품 발생 여부 검사	○

26

HACCP에서 개선조치와 검증의 정의를 쓰시오.

모범답안

- 개선조치(corrective Action)란 모니터링 결과 중요관리점의 한계기준을 이탈할 경우에 취하는 일련의 조치를 말한다.
- 검증(verification)이란 안전관리인증기준(HACCP) 관리계획의 유효성(validation)과 실행(implementation) 여부를 정기적으로 평가하는 일련의 활동(적용 방법과 절차, 확인 및 기타 평가 등을 수행하는 행위를 포함한다.)을 말한다.

27

다음은 HACCP과 관련된 용어의 정의이다. 빈칸을 채우시오.

(1) (A)이란, 중요관리점에서 위해요소의 관리가 허용범위 이내로 충분히 이루어지고 있는지의 여부를 판단할 수 있는 기준 또는 기준치
(2) (B)이란, 중요관리점에 설정된 (1)을 적절히 관리하고 있는지의 여부를 확인하기 위하여 수행하는 일련의 계획된 관찰이나 측정하는 행동
(3) (C)란, (2)의 결과, 중요관리점의 (1)을 이탈할 경우 취하는 일련의 조치
(4) (D)이란, HACCP 관리계획의 유효성과 실행 여부를 정기적으로 평가하는 일련의 활동

모범답안

A : 한계기준
B : 모니터링
C : 개선조치
D : 검증

28

식품 및 축산물 안전관리인증기준(HACCP)과 관련된 용어의 정의이다. 빈칸에 알맞은 말을 쓰시오.

- (   )(이)란, 식품·축산물의 위해요소를 예방·제어하거나 허용 수준 이하로 감소시켜 당해 식품·축산물의 안전성을 확보할 수 있는 중요한 단계·과정 또는 공정
- (   )(이)란, 인체의 건강을 해할 우려가 있는 생물학적, 화학적 또는 물리적 인자나 조건
- (   )(이)란, 안전관리인증기준(HACCP) 관리계획의 유효성(validation)과 실행(implementation) 여부를 정기적으로 평가하는 일련의 활동

- (**중요관리점**)(이)란, 식품·축산물의 위해요소를 예방·제어하거나 허용 수준 이하로 감소시켜 당해 식품·축산물의 안전성을 확보할 수 있는 중요한 단계·과정 또는 공정
- (**위해요소**)(이)란, 인체의 건강을 해할 우려가 있는 생물학적, 화학적 또는 물리적 인자나 조건
- (**검증**)(이)란, 안전관리인증기준(HACCP) 관리계획의 유효성(validation)과 실행(implementation) 여부를 정기적으로 평가하는 일련의 활동

2024년 2회

29 공인기관 인정 제도 기관으로서 국가기술표준원 조직이며 법 및 국제표준관련기구에서 정한 국제기준에 의거 교정, 시험, 검사, 표준물질, 메디컬시험, 숙련도시험운영, 제품인증, 생물자원, 타당성평가 및 검증인정제도의 운영, 표준화 관련 국가 간 또는 국제기구와의 협력 및 교류에 관한 사항 등의 업무를 관장하는 기구의 명칭을 쓰시오.

한국인정기구(KOLAS)

한국인정기구 소개

국가기술표준원은 "국가표준기본법" 및 "적합성평가 관리 등에 관한 법률"에 의거 공인기관 인정 제도를 운영하고 있으며, 인정제도와 관련한 ILAC, IAF, APAC 등 국제회의와 APAC 등에서 주관하는 비교 숙련도시험에도 꾸준히 참여하고 있습니다.

한국인정기구(KOLAS)는 국가표준제도의 확립 및 산업표준화제도 운영, 공산품의 안전/품질 및 계량·측정에 관한 사항, 산업기반 기술 및 공업기술의 조사/연구 개발 및 지원, 시험, 교정, 검사, 표준물질생산, 메디컬시험, 숙련도시험운영, 제품인증, 생물자원, 타당성 평가 및 검증 인정제도의 운영, 표준화 관련 국가 간 또는 국제기구와의 협력 및 교류에 관한 사항 등의 업무를 관장하는 국가기술표준원 조직으로서, 국가기술표준원장이 KOLAS장의 역할을 수행하고 있습니다.

식품의 변질 및 부패

01 변질 및 부패

(1) 변질 관련 용어정의

부패(putrefaction)	단백질 성분이 혐기성균에 의해 분해되어 아민, 암모니아, 황화수소 등 각종 악취성분이나 유해물질을 동반하며 불가식화되는 현상
산패(rancidity)	지방이 산소, 효소, 광선 등에 의해 산화, 분해, 변색되는 현상
변패(deterioration)	당질, 지질이 분해되어 산미를 생성하거나 비정상적인 맛과 냄새가 나는 현상
발효(fermentation)	같은 변질이라도 당질이 미생물의 작용에 의해 인간에게 유용한 물질을 생성하는 과정

(2) 부패의 판정

검사항목	검사방법 및 특징	
관능검사	• 시각, 촉각, 미각, 후각 등으로 검사(가장 간단한 방법) • 초기부패 : 부패냄새, 색변화, 혼탁, 침전, 응고, 연화, 탄력소실, 이미, 무미, 자극미 등 • 장점 : 빠른 검사, 쉽고 값이 저렴 / 단점 : 개인차, 주관적(주관개입가능성 존재)	
생균수 검사	• 식품 부패로 인한 세균증식 → 일반세균수를 측정하여 신선도 판정 • 초기부패 : $10^7 \sim 10^8$/1g(1ml) • 안전한계 : 10^5/1g(1ml)	
화학적 검사	휘발성 염기질소 (VBN, volatile basic nitrogen)	• 암모니아와 휘발성 아민류의 총칭 • 어육과 식육의 신선도를 나타내는 지표 • 초기부패육 : 30 ~ 40mg%
	트리메틸아민 (trimethylamine)	• 휘발성 염기질소를 구성하는 아민 중 가장 많은 것 • 어패류 신선도 검사에 사용 • 부패초기 어패류 : 4 ~ 6mg%
	K값(%)	• $K = \dfrac{HxR + Hx\,(ATP\ 분해물질)}{ATP + ADP + AMP + IMP + HxR + Hx\,(ATP\ 관련물질)} \times 100$ • 어육의 신선도를 나타내는 지표 • 초기부패 : 60 ~ 80%

검사항목	검사방법 및 특징
pH	• 탄수화물 함유 식품 : pH 저하 • 단백질 함유 식품 – 부패 시작 후 pH가 약간 저하되다가 다시 상승하는 경향 – 어육의 경우 – 신선 : pH 5.5 전후 / 초기부패 : pH 6.2 ~ 6.5
물리적 검사	경도, 탄성, 점성, 색 및 전기저항

02 식품의 변질 방지

(1) 미생물 증식에 영향을 미치는 인자

내적인자	식품의 영양분조성, pH, 산화환원전위, 수분활성도, 자연적 항균물질
외적인자	저장온도, 식품 주위의 상대습도, 시간, 대기의 조성

(2) 물리적 방법

냉장 및 냉동법	냉장	식품을 0 ~ 4℃로 보존, 식품의 단기간 저장에 널리 이용
	냉동	• 식품을 냉동(−18 ~ −15℃) 상태에서 동결 • 장단점 : 장기간 보존 가능 / 조직을 변화시킴, 해동 후 부패 빠름 • 급속동결 : 얼음결정이 작아 식품조직의 파괴가 적음
건조법	일광건조법	• 햇빛에 건조하는 방법 • 장단점 : 경제적이며 쉬움 / 장시간 소요, 품질불균일 또는 영양분손실 초래
	인공건조법	• 고온열풍건조법 : 단시간에 건조, 품질변화가 적음 • 배건법 : 식품을 직접 불로 건조(보리차, 홍차 등) • 분무건조법 : 액체식품을 분무하여 열풍으로 건조하는 방법(분유, 분말커피 등) • 감압동결건조법 : 식품을 동결시킨 후 감압하에서 건조하는 방법(건조채소, 건조란, 분유)
가열 살균법	저온장시간살균법 (LTLT)	• 60 ~ 65℃, 30분간 가열한 후 10℃ 이하로 냉각 • 우유, 술, 주스, 소스, 간장 등 • 존재하는 미생물이 완전 사멸되지 않음
	고온단시간살균법 (HTST)	• 71.1℃, 15초 가열한 후 10℃ 이하로 냉각 • 과즙, 우유
	고온장시간살균법 (HTLT)	• 95 ~ 120℃, 30 ~ 60분간 가열한 후 급랭 • 통조림, 레토르트 파우치
	초고온순간살균법 (UHT)	• 130 ~ 150℃, 1 ~ 2초간 가열한 후 급랭 • 과즙, 우유 살균에 가장 많이 이용

(3) 화학적 방법

염장	• 소금과 함께 식품을 저장하는 방법 • 식염의 작용기작 　– 삼투압이 높아져 식품이 탈수되어 건조상태에 이름 　– 염소이온의 살균작용 　– 미생물의 원형질 분리 　– 효소작용 저해 　– 산소의 용해도 감소
당장	• 설탕 또는 전화당을 첨가하여 식품을 저장하는 방법 • 당농도 50% 정도면 일반세균의 번식 억제 • 두 종류의 당이 같은 농도로 존재 시 분자량이 적은 당이 수분활성을 감소시키는 효과가 큼 • 젤리, 잼, 마멀레이드, 가당연유 등
산장	• pH가 낮은 초산, 젖산 등을 이용하여 식품을 저장하는 방법 • 같은 pH에서 유기산이 무기산보다 미생물 번식을 저지하는 효과가 큼 • 식염, 당, 보존료 등을 같이 사용하면 효과적 • 동일 pH에서 부패미생물의 생육저해효과 비교 　프로피온산 > 초산 > 젖산 > 구연산 > 인산 > 염산

(4) 기타 복합처리법

훈연	• 목재를 불완전 연소시켰을 때 나오는 연기를 식품에 침투시켜 저장성을 높이는 방법 • 훈연재로는 수지가 적은 활엽수인 벚나무, 떡갈나무, 참나무를 사용 • 연기 중에는 살균물질인 아세트알데히드, 포름알데히드, 아세톤, 페놀, 초산 등이 존재
가스저장 (CA저장)	• 저장고 내의 탄산가스와 산소의 농도를 조절하여 과일이나 채소를 신선하게 유지 • 식물성식품 : 호흡작용 억제 / 동물성식품 : 호기성부패균의 증식 억제 • 한 가지 기체만 사용하는 것보다 혼합기체를 일정 비율로 함께 사용하는 것이 효과적
통조림 · 병조림	• 식품을 병이나 캔에 담고 탈기한 후 용기를 밀폐해서 외기를 차단하고 가열한 후 식품을 저장하는 방법 • 원료처리 → 담기 → 주액 → 탈기 → 밀봉 → 살균 → 냉각 • 탈기의 필요성 　– 살균 완료 후에 남아있는 호기성 세균 포자의 발아 억제 　– 식품 내 공기에 의한 성분의 변질 방지 　– 가열에 의한 내부공기의 팽창으로 인한 용기의 파손 방지 • 육류, 어류, 장류, 야채 등 : 120℃ 이상 / pH가 낮은 식품(과즙, 감귤통조림 등) : 90℃ 이하
레토르트 식품	• 조리된 식품을 내열성 필름 주머니에 넣고 밀봉 / 보존성이 뛰어나고 운반이 편리함 • 고압가열살균 솥에서 105 ~ 120℃, 최소 10분 이상 살균
진공포장	• 식품을 포장재에 넣고 내부의 공기를 없애 밀봉 • 질소가스 충전포장 : 질소가스와 같은 불활성가스로 치환

기출문제

01 부패, 변패, 산패, 발효의 정의를 쓰시오.

모범답안

- 부패 : 단백질 성분이 분해되어 악취를 동반하여 불가식화되는 현상
- 변패 : 당질, 지질이 분해되어 산미를 생성하거나 특유의 방향을 잃어버리는 현상
- 산패 : 지방이 분해되어 유독 물질과 악취를 내고 변색되는 현상
- 발효 : 같은 변질이라도 당질이 미생물의 작용에 의해 인간에게 유용한 물질을 생성하는 과정

02 교차오염의 정의에 대해 쓰시오.

모범답안

제조공정 혹은 식품의 조리과정 중 오염되지 않은 식재료나 음식이 오염된 식재료, 기구, 종사자와의 접촉으로 인해 미생물이 혼입되어 오염되는 것을 말한다.

03 어류의 선도판정기준인 트리메틸아민(TMA)의 유도물질과 초기부패판정의 기준치를 쓰시오.

모범답안

- 유도물질 : 트리메틸아민옥사이드(trimethylamine oxide)
- 초기부패판정 기준치 : 4 ~ 6mg%

부패의 판정

- 관능검사
- 생균수 검사 : 일반세균수 측정
- 휘발성 염기질소(VBN) : 암모니아와 휘발성 아민류의 총칭
- 트리메틸아민(TMA) : 휘발성 염기질소를 구성하는 아민 중 가장 많은 것

- K값[%] $= \dfrac{\text{inosine} + \text{hypoxanthin}}{\text{ATP} + \text{ADP} + \text{AMP} + \text{IMP} + \text{inosine} + \text{hypoxanthin}} \times 100$

- pH
- 물리적 검사 : 경도, 탄성, 점성, 색 및 전기저항

〈초기부패판정〉

생균수	VBN	TMA	K값	pH
$10^7 \sim 10^8$/1g	30 ～ 40mg%	4 ～ 6mg%	60 ～ 80%	6.2 ～ 6.5

04

우유의 살균방법 중 저온장시간(LTLT)살균법과 고온단시간(HTST)살균법의 살균조건과
완전하게 살균되었는지 검사하는 시험법은 무엇인지 쓰시오.

모범답안

- 저온장시간(LTLT)살균법 : 63 ～ 65℃, 30분간 가열
- 고온단시간(HTST)살균법 : 72 ～ 75℃에서 15초 내지 20초간
- 우유 살균지표 시험법 : 포스파테이스(phosphatase) 시험법

해설

포스파테이스(phosphatase) 시험법

- 우유 속 phosphatase 유무 확인
- 페닐인산이나트륨 $\xrightarrow{\text{phosphatase}}$ 페놀(비색 정량)

(62℃ 30분, 71 ～ 75℃ 15 ～ 30초 – 불활성화)

05 염장을 통한 부패미생물 생육억제기작을 쓰시오.

모범답안

- 삼투압이 높아져 식품이 탈수되고 수분활성도가 낮아진다.
- 미생물의 원형질이 분리되어 생육이 억제된다.
- 소금(NaCl)에서 해리된 염소이온에 의해 살균작용이 나타난다.
- 미생물의 효소작용이 억제된다.
- 산소의 용해도가 감소하여 호기성세균의 생육이 억제된다.

06 훈연의 저장성 원리를 연기의 식품저장 효과와 연관지어 설명하시오.

모범답안

목재를 불완전 연소시켜 발생하는 연기 속에는 아세트알데히드, 포름알데히드, 아세톤, 페놀, 유기산 등이 존재한다. 이러한 성분들은 산화방지 및 항균성을 나타내므로 미생물의 증식이 억제되고 식품의 저장성이 향상된다.

07 산형보존제가 낮은 pH에서 높은 보존효과를 나타내는 이유를 쓰시오.

모범답안

낮은 pH에서는 산형보존제가 해리되지 않아 비해리 분자가 증가한다. 이러한 비해리 분자는 미생물의 세포막을 쉽게 투과하여 정균작용을 나타낸다.

유해물질

01 동물성 자연독

(1) 복어에 의한 식중독

구분	복어독
특징	• 동물성 자연독 중 가장 많이 발생, 치사율 60% • 테트로도톡신 1차 생산자(*Vibrio* 속이나 *Pseudomonas* 속)에 의해 축적 • 독성은 종류별, 지역별, 계절별(산란기 직전), 어체 부위별, 성별에 따라 다름 • 독성 정도 : 생식선(난소) > 간장 > 내장, 껍질 > 근육(고깃살)
원인독소	• tetrodotoxin, 맹독성, 헤미아세탈환을 가지는 비단백독소 • 무색, 무미, 무취, 난용성, 가열과 산에 안정, 물과 유기용매에 잘 녹지 않음 • 열에 안정(106℃에서 4시간 가열하여도 파괴되지 않음)
중독증상 및 치료	• 작용기작 : 신경근 접합부에 작용, Na^+의 세포 내 유입을 선택적으로 억제하는 작용을 나타내어 자율·운동신경의 흥분전도를 차단 • 중독증상 : 식후 2~3시간 이내에 입술, 혀끝, 손끝이 저리고 구토, 복통, 두통이 계속되다가 지각마비, 언어장애, 혈압저하, 호흡곤란에 의한 청색증(cyanosis)이 나타남. 심한 경우 10분 이내에 사망하고, 중독 후 8시간이 경과해도 사망하지 않는 경우는 대체로 회복됨[지각이상, 운동장애, 호흡장애, 혈행장애, 위장장애, 뇌증(腦症)] • 치료 : 해독제 없음, 대증요법 실시, 구토제는 초기에 사용, 위세척과 동시에 관장 실시 • 예방법 : 복어요리 전문가가 만든 요리 섭취, 독소 다량 함유 부위 섭취 제한 • 복어독 기준 : 육질 및 껍질 - 10MU/g 이하

(2) 유독 조개류에 의한 식중독

구분	조개독
마비성 패독	• 진주담치(검은조개), 홍합(섭조개), 대합조개의 중장선에 함유 / 2~5월에 자주 검출 • 유독 플랑크톤을 조개가 섭취함으로써 체내에 독소 축적 • saxitoxin(STX), gonyautoxin(GTX), protogonyautoxin(PX) • saxitoxin : 100℃ 30분 가열에도 분해되지 않음, 산성에 안정, 치사율 15% • 중독증상 : 식후 30분에서 3시간 사이에 입술, 혀, 잇몸 등의 마비를 시작으로 사지가 마비되어 보행이 곤란해짐, 심하면 호흡마비를 일으켜 사망. 사망은 12시간 이내에 일어남

구분	조개독	
마비성 패독	• 기준 | 대상식품	기준(mg/kg)
---	---
패류, 피낭류(멍게, 미더덕, 오만둥이 등)	0.8 이하		
설사성 패독	• 검은조개, 가리비, 백합, 민들조개, 모시조개 등의 중장선에 독 성분 함유 • okadaic acid, dinophysistoxin(DTX), pectenotoxin(PTX), yessotoxin(YTX) • 내열성, 지용성(물에 녹지 않고 유기용매에 녹음) • 중독증상 : 섭취 후 4시간 이내에 설사를 주요증상으로 하는 메스꺼움, 구토, 복통 발생 • 기준 | 대상식품	기준(mg OA 당량*/kg)
---	---
이매패류	0.16 이하 | * Okadaic acid 및 Dinophysistoxin-1, Dinophysistoxin-2를 Okadaic acid로 환산하여 합한 값	
기억상실성 패독	• 진주담치, 굴, 홍합 등 • domoic acid(DA, 신경흥분성 아미노산) • 중독증상 : 섭취 후 24시간 내에 설사, 두통, 구토, 위장염, 단기기억상실이 나타나고, 심한 경우 만성적인 신경이상증세 발생 • 기준(도모익산) | 대상식품	기준(mg/kg)
---	---
패류, 갑각류	20 이하		
신경성 패독	• 진주담치, 굴, 대합 • 카레니아(*Karenia* sp.) 등의 유독 플랑크톤이 생산한 독을 패류가 축적 • brevetoxin(BTX) 계열의 polyethers • 중독증상 : 신경이상증세(운동실조, 감각이상), 입과 팔다리 저림, 위장장애(구토, 설사)	
베네루핀	• 모시조개, 바지락, 굴 • venerupin : 100℃, 3시간 가열에도 파괴되지 않음, 치사율 44 ~ 55% • 중독증상 : 구토, 두통, 전신권태, 미열, 피하의 출혈반점, 암갈색 반점, 황달	
권패류 중독	• 타액선에 독 성분(tetramine)을 함유하는 권패 : 소라고둥, 조각매물고둥 • 중장선에 독 성분(neosurugatoxin, prosurugatoxin)을 함유하는 육식성 권패 : 수랑	

(3) 기타 어류에 의한 식중독

시구아 테라	• 남방해역의 독어에 의한 식중독을 총칭, ciguatera의 독화는 먹이연쇄에 의한 것 • ciguatoxin : 지용성, 신경마비증상(말초신경과 중추신경에 작용) • scaritoxin(지용성) / palytoxin, maitotoxin, ciguaterin, grammistin(수용성) • 내열성이 강하며, 일반 가열조리법으로 파괴되지 않음 • 소화기계증상 및 전신마비, 현기증, 호흡곤란, 온도위화감
돗돔	• 농어과에 속하는 거대한 물고기의 일종, 삼치·다랑어·상어 등 포함 • 돗돔 등과 같은 특정 어류의 간에는 비타민 A 다량 함유 • 심한 두통, 구토, 발열, 안면 및 전신의 피부박리

종류	독소 성분	특징 및 주요증상
감자	solanine	• 발아·녹색 부위, 알칼로이드 배당체, 내열성, 불용성 • cholinesterase의 작용을 억제하여 용혈작용 및 운동중추의 마비작용 • 위장장애, 복통, 두통, 허탈, 현기증, 졸음 및 가벼운 의식장애 • 발아 및 녹색 부위를 완전히 제거하여 예방
면실류	gossypol	• 유독 페놀류, 정제가 불충분한 면실유(목화씨 기름)와 그 박(粕)에 존재 • 위장장애, 식욕감퇴, 피로, 현기증, 장기출혈, 출혈성 신염과 신장염
피마자	ricin	• 적혈구를 응집시키는 hemagglutinin(특수단백질) • 독성 매우 강함, 이열성
	ricinine	유독 alkaloid(소량)
	allergen	피마자박 중에 6 ~ 9% 존재, 내열성
	ricinoleic acid	설사 유발
청매, 살구씨, 복숭아씨, 아몬드	amygdalin	• 자체효소나 인체 장내세균의 β–glucosidase에 의해 청산 생성(배당체가 분해되지 않으면 독성 없음) • 청산배당체, 효소에 의해 청산(HCN) 생성, 두통, 호흡곤란, 경련, 사망 • 오래 끓여서 휘발시키거나 수용성이므로 물에 담가 용출시켜 제거
오색콩, 미얀마콩, 카사바	phaseolunatin (linamarin), lotaustralin	청산배당체
수수	dhurrin, zieren	청산배당체
죽순	taxiphyllin	청산배당체
고사리	ptaquiloside	• 배당체, 발암성, 최기형성 • 불안정하므로 물에 우려내고 가열처리로 쉽게 제거 가능
	thiaminase	비타민 B_1 결핍증 유발
광대버섯, 땀버섯, 파리버섯	muscarine	• 알칼로이드의 일종이며 맹독성 • 부교감신경에 작용 : 발한, 눈물이나 침흘림, 구토, 설사, 위장의 경련성 수축, 동공축소, 자궁수축, 기관지수축으로 호흡 곤란
알광대버섯, 독우산광대버섯, 흰알광대버섯	amanitatoxin	• 버섯독 중 가장 맹독성 • 콜레라상 증상, 청색증, 경련, 간장·신장조직 파괴, 핵산생합성 저해 • 7 ~ 8개의 아미노산으로 이루어진 환상 펩타이드 • 지효성의 amatoxin군 : 강한 독성을 지니지만 증상이 느림 • 속효성의 phallotoxin군
미치광이풀	hyoscyamine, scopolamine, atropine	• 개별꽃, 뿌리는 산마, 어린싹은 산나물(머위와 같은 나물) • 독 성분 : 유독 알칼로이드 • 뇌흥분, 심계항진, 호흡정지
독보리	temuline	• 유독 수용성 알칼로이드 • 종피와 배유 사이에 곰팡이가 기생하면서 생성 • 밀과 혼생하므로 밀가루에 혼입 가능

종류	독소 성분	특징 및 주요증상
민들레, 컴프리	retrorsine	pyrrolizidine alkaloid / 간기능장애
옻나무	urushiol	알레르기성 피부염
원추리	colchicine	• alkaloid / 설사, 구토, 복통, 경련, 호흡곤란 • 성장할수록 독 성분이 강해지므로 반드시 어린순만 섭취

03 화학적 식중독

(1) 식품 제조 및 조리과정(물소독 포함)에서 생성되는 유독성분

다환방향족 탄화수소류	• polycyclic aromatic hydrocarbon(PAH) • 산소가 부족한 상태에서 식품이나 유기물을 가열할 때 생기는 물질 • 지방 함유 식품과 불꽃이 직접 접촉할 때 가장 많이 생성(검게 탄 부위에 많음) • 불고기, 불갈비, 훈제육, 스테이크, 커피, 땅콩 • benzopyrene : 가장 강력한 발암물질(3,4-benzopyrene)
이환방향족 아민	• 헤테로고리아민류, HCA(heterocyclic amine) • 단백질을 300℃ 이상 온도에서 가열할 때 생성되는 열분해산물로부터 분리·확인됨 • 마이야르 반응에 의해서도 생성 • 육류와 생선을 높은 온도로 조리할 때 근육 부위에 있는 아미노산과 크레아틴이 반응하여 생성 • 조리온도 및 조리시간 낮추기, 굽기·튀기기보다 삶거나 찌기 • IQ, MeIQ, Glu-P-1, Trp-P-1

니트로사민	• 식품 내 아질산염
	  - 육류의 발색제, 색소고정제, 보툴리누스균 억제효과
	  - 자체독성 : 헤모글로빈과 반응 시 호흡곤란 유발, 니트로사민 생성 원인
	• 아질산염+amine → nitrosamine(식품 내 매우 안정, 강력한 발암물질, 장기특이성(간))
	  아질산염+dimethylamine → nitrosodimethylamine(NDMA)
	• 생성 억제제 : 비타민 C, 에리토브산, 비타민 E, 아스코빌팔미트산, polyphenol류, 아미노산류

메탄올	• 포도주나 사과주와 같은 과실주에 존재하는 펙틴에 의해 알코올 발효과정 중 생성 • 메탄올 기준 : 0.5mg/ml(과실주 1.0mg/ml) 이하 • 배설이 완만하고 체내에서 산화 불충분으로 개미산, 포름알데히드 생성 • 두통, 구토, 복통, 설사, 시각장애

트리할로메탄	• trihalomethane(THM, CHX_3)
	  - chloroform(trichloromethane, $CHCl_3$) : 가장 독성이 강함
	  - bromodichloromethane($CHBrCl_2$)
	  - dibromochloromethane($CHBr_2Cl$)
	  - tribromomethane($CHBr_3$)
	• 수돗물 소독과정(염소처리)에서 자연적으로 생성
	• 최기형성, 약한 변이원성, 발암성, 강한 간독성
	• 먹는 물 수질기준 : 총 트리할로메탄은 0.1mg/L를 넘지 아니할 것

3-MCPD	• 3-모노클로로프로판디올(monochloropropandiol) • 산분해 간장 제조 시 분해산물인 글리세롤이 염산과 반응하여 생성되는 염소화합물

아크릴아마이드	• 감자나 곡류의 아스파라긴(아미노산)과 포도당(환원당)의 마이야르 반응으로 생성
	• 국제 암 연구소(IARC), Group 2A(인체 발암성 예측/추정 물질)로 분류
	• 열처리 온도가 높을수록, 조리시간이 길수록 생성량 증가
	• 저감화 방안
	  - 8℃ 이하로 감자를 냉장보관하지 말 것(냉장보관 시 환원당 증가)
	  - 120℃ 이하의 온도에서 삶거나 끓이는 음식에서는 아크릴아마이드 생성 감소

페오포바이드	• 클로렐라제제 • 엽록소가 산성조건하에서 열이 기해지면 생성, 다량 섭취 시 광과민증 유발

에틸
카바메이트
	• 우레탄(urethane) / 카르밤산의 ethyl ester
	• 전구체 : 식품 중에 생성된 요소, 시트룰린, 시안배당체, N-carbamyl기
	• 생성기작
	  - 발효과정 중 효모에 의해 생성된 요소와 에탄올이 결합
	  - 시안배당체는 효소반응에 의해 시안화수소산으로 분해되고 산화되면 cyanate를 형성하게
	    되며, 여기에 에탄올과 반응하여 생성
	• 알코올성 음료(포도주, 청주, 위스키 등)와 발효식품(요구르트, 된장, 김치, 간장 등)에 함유
	• 국제 암 연구소(IARC), Group 2A(인체 발암성 예측/추정 물질)로 분류

지질의
과산화물과
산화생성물
	• 유지의 자동산화 및 열산화로 인한 생성물
	• 말론알데히드(malonaldehyde) : 산화생성물, 돌연변이 및 발암성 유발
	• 트랜스지방
	  - 경화유(마가린, 쇼트닝) 제조과정 중 다량 생성
	  - LDL을 증가시키고, HDL을 감소시켜 심혈관 질환 유발

아크롤레인	• 자극적인 냄새가 나는 무색의 휘발성 기체 • 식용유를 180℃ 이상의 고온에서 가열할 때 많이 발생 • 기도의 점막이나 폐조직을 자극하고 암을 유발하기도 함

바이오제닉
아민
	• 단백질 함유 식품의 유리아미노산이 저장, 발효, 숙성 과정에서 미생물의 탈탄산 반응으로
	  생성되는 분해산물
	• 열에 안정하며 가공 및 조리후에도 식품 내에 존재함
	• 관련 식품 : 어류, 육류제품, 전통식품, 우유, 유제품, 시금치, 토마토 등의 채소, 견과류, 초콜
	  릿, 맥주 등
	• 중요한 바이오제닉아민 : 히스타민, 트립타민, 카다베린, 푸트레신, 스페르민, 스페르미딘 등
	• 저감화 방안 : 종균(starter) 사용, pH, 온도 및 소금농도 조절로 잡균 제어 및 미생물 성장
	  조절

(2) 환경오염에 기인하는 유독성분

PCB	• polychlorobiphenyl의 특성 　– 비점이 높고 불활성임, 산·알칼리·산화제 등에 내약품성, 내열성 있음, 폭발성 없고 전기절 　　연성 우수 　– 지용성, 표적장기 – 간 • 피부발진, 손톱의 착색, 모공의 흑점, 구강점막 및 치은 착색, 관절통, 월경 이상, 체중 감소, 　간경화, 간종양, 갑상선 장애, 면역기능 이상 • 미강유(쌀겨기름) 중독 사건 – 열매체인 PCB가 담긴 스테인리스관에 구멍이 생겨 PCB가 새 　어나옴 • 기준 : 0.3mg/kg 이하(어류)
다이옥신	• 폴리염화디벤조다이옥신(PCDD, polychlorinated dibenzo–p–dioxins) 　– 지상 최악의 물질 중 하나로, 염소의 수와 위치에 따라 수많은 이성질체 존재 　– 생식기능과 면역력을 저하하는 내분비계 장애물질 　– 강한 독성물질(발암성, 기형아 유발) 　– 높은 지방친화성 – 지방조직에 축적, 잔류성 ↑ • 2,3,7,8–tetrachlorodibenzo–ρ–dioxin(2,3,7,8–TCDD) : 가장 독성 강함 • 동물 중 대부분은 흉선림프구의 감소현상이 공통적으로 나타남, 염소여드름증(염소좌창), 말 　초신경장애, 간 및 부신의 이상장애, 암 발생 • 생성 　– 폴리염화비닐, 폴리염화비닐리덴 등 유기염소화합물 폐기처리 과정에서 생성 　– 850℃ 이하의 온도에서 소각 시(소각온도 300 ~ 600℃에서 잘 생성) • 대책 　– 염소가 함유된 것 소각 금지, 불완전연소 금지(850℃ 이상의 고온에서 소각할 것) 　– 집진기 온도를 200℃ 이하로 할 것 • 주로 음식물을 통해 인체로 들어옴(음식물 97 ~ 98%, 호흡기 2 ~ 3%) • 기준

대상식품	기준
돼지고기	2.0pg TEQ/g fat 이하
닭고기	3.0pg TEQ/g fat 이하
소고기	4.0pg TEQ/g fat 이하

방사성 물질

• 식품과 관련된 방사성 핵종

핵종	방사선	물리적 반감기	생물학적 반감기	유효 반감기	표적장기
^{90}Sr	β	28년	35년 (뼈는 50년)	18년	뼈 (백혈병, 조혈기능장애, 골수암)
^{137}Cs	β, γ	30년	109일	70일	전신 근육, 연골조직
^{131}I	β, γ	8.1일	8일	7.6일	갑상선장애

– 물리적 반감기 : 방사성 물질이 스스로 붕괴하여 방사선을 내뿜게 됨으로써 자신의 방사능이 반으로 감소하는 데 걸리는 시간

| 방사성
물질 | – 생물학적 반감기(대사반감기) : 몸 안에 들어온 방사성 물질의 절반가량이 우리 몸의 대사과정을 거쳐 몸 밖으로 배출되는 데 걸리는 시간
– 유효반감기(실제 반감기) : 생물학적 반감기 기간 내에서 물리적 반감기를 고려한 시간 |

• 방사성 물질
  – 생물학적 반감기(대사반감기) : 몸 안에 들어온 방사성 물질의 절반가량이 우리 몸의 대사과정을 거쳐 몸 밖으로 배출되는 데 걸리는 시간
  – 유효반감기(실제 반감기) : 생물학적 반감기 기간 내에서 물리적 반감기를 고려한 시간
• 방사선의 종류 및 비교
  – 전리작용 : α선 > β선 > γ선
  – 투과력 : γ선 > β선 > α선
• 식품 중 방사능 국내기준

핵종	대상식품	기준(Bq/kg)
^{131}I	모든 식품	100 이하
$^{134}Cs + ^{137}Cs$	영아용 조제식, 성장기용 조제식, 영·유아용 이유식, 영·유아용특수조제식품, 영아용 조제유, 성장기용 조제유, 원유 및 유가공품, 아이스크림류	50 이하
	기타 식품	100 이하

내분비 교란물질

• 사람·동물의 호르몬 움직임을 교란시키는 유해화학물질로 자연계에 배출된 화학물질이 체내로 유입되어 마치 호르몬처럼 작용한다고 해서 일컫는 말
• 특성
  – 강한 지용성으로 자연의 먹이사슬을 통해 동물이나 사람의 체내에 축적
  – 생체호르몬과 달리 자연환경이나 생체 내에서의 반감기가 길어 쉽게 분해되지 않고 안정
• 종류

명칭	발생 원인물질
비스페놀 A	합성수지의 원료, 캔의 내부코팅제
폴리카보네이트(PC)	플라스틱 용기
프탈산화합물(DOP, DBP, BBP)	합성수지의 가소제
스티렌다이머/스티렌트리머	1회용 플라스틱 용기(컵라면 용기 등)
DDT	유기염소계 농약
폴리염화비페닐(PCB)	전기절연체 등
다이옥신	쓰레기 소각물질, 고엽제

• 내분비계 호르몬의 작용과정 및 내분비 교란물질의 작용 예

호르몬 작용단계	내분비 교란물질의 작용 예
1. 호르몬 합성 2. 내분비선에서 호르몬 방출 3. 혈액을 통해서 표적장기로 이동	뇌하수체에서의 호르몬 합성 저해 (styrene dimers and styrene trimers)
4. 호르몬 수용체의 인식, 결합 및 활성화	• 유사작용(PCBs, nonyl phenol, bisphenol A, phthalate) • 봉쇄작용(DDE, vinclozolin)
5. DNA에 작용하여 기능성 단백질의 생산 또는 세포분열을 조절하는 신호 발생	• dioxin류(촉발작용) • 유기주석화합물(TBT, TPT)

비스페놀 A	• 폴리카보네이트(젖병, 식기, 생수병)와 에폭시페놀릭수지(음료수 캔 내부코팅제) 생산의 원료로 사용 • 주요 인체 노출 경로 　– 비스페놀 A를 포함하는 포장재와 접촉한 식품의 섭취 　– 유아가 비스페놀 A가 포함되어 있는 제품을 만진 후 손을 입에 넣어 노출 • 기준규격 및 규제 　– 영·유아용 기구 및 용기 포장 제조 시 : 비스페놀 A 사용 금지 　– 용출규격 : 페놀 및 터셔리부틸페놀 성분 포함 시 2.5ppm 이하, 단 비스페놀 A 단독은 0.6ppm 이하
프탈레이트	• 열가소성수지 중에서 각종 PVC 제품의 제조 시 가소제로 첨가되어 유연성 제공 • 지용성, 유지 식품에 용출 가능(버터, 마가린, 피자, 햄버거 등) • 종류 : DEHP, DBP DOP, BBP, DEHA 등 • 노출 경로 　– PVC 제품의 제조 시 플라스틱과 단단한 결합이 어려워 용출 　– 식품용 포장재, 용기, 알루미늄 호일로부터 식품으로 이행
스티렌	• 스티롤, 비닐벤젠이라고도 하는 인화성이 매우 큰 무색의 액체 • 지용성 특성과 특유한 냄새를 가진 방향족 화합물 • 폴리스티렌 : 두부 포장용기, 요구르트 병, 일회용 식기, 컵라면 용기, 도시락 용기 등 • 단량체인 스티렌다이머나 스티렌트리머가 식품으로 이행 : 전자렌지 사용 금지

(3) 기구·용기·포장재에서 용출되는 유독성분

도자기 및 법랑피복 제품		• 도자기 　– 유약에 함유된 유해금속의 용출(Pb, Sb) 　– 소성온도 불충분(800℃ ↓) – 유약으로부터 용출 • 법랑 : 철기 표면에 유약을 바르고 구운 것으로 유해금속 용출(Pb, Sb)
합성 수지	열경화성 수지	• 페놀수지 : 식기, 찬합, 냄비손잡이(페놀, 포름알데히드) • 요소수지 : 병마개, 쟁반 등(포름알데히드) • 멜라민수지 : 쟁반, 식기 등(멜라민, 포름알데히드)
	열가소성 수지	• polyethylene(PE), polypropylene(PP), polystyrene(PS), polyvinyl chloride(PVC), polycarbonate(PC), polyethylene terephthalate(PET) • 단량체 : VCM, styrene monomer(발암성이나 자극성의 이취) • 가소제 : 유연성 부여, 프탈산에스테르(DOP, DBP) • 안정제, 착색제
종이 및 가공품		착색료의 용출, 형광염료의 이행(형광증백제), 파라핀 혼입

2008년 2회

01 화학적 식중독의 발생요인 2가지를 쓰시오.

모범답안

식품의 오염	의도적 첨가	유해 첨가물(보존료, 착색료, 감미료)
	비의도적 오염	농약, 중금속, 방사성물질, 내분비계장애물질
제조 및 가공 중 생성		벤조피렌, 니트로사민, 아크릴아마이드, 과산화물

2023년 3회

02 아미노산 및 단백질을 함유한 식품을 100 ~ 250℃ 이상에서 가열하면 열분해로 인해 헤테로사이클릭아민(heterocyclic amine, HCAs)이 생성되며, 300℃ 이상의 고온에서는 발생량이 최대에 이른다. 식품 내 단백질, 수분함량과 HCAs 생성량의 관계를 비례, 반비례로 쓰시오.

모범답안

HCAs 생성량은 단백질함량과 비례하고, 수분함량과 반비례한다.

참고

헤테로사이클릭아민(heterocyclic amine, HCAs)
- 단백질을 300℃ 이상 온도에서 가열할 때 생성되는 열분해산물로부터 분리·확인됨
- 육류 등의 가열, 분해 외에도 마이야르 반응에 의해서도 생성되며, 300℃ 이하의 일상적인 조리온도에서도 생성
- 마이야르 반응 생성물에 크레아틴이나 아미노산이 반응하여 생성되기도 함
- 생성량 : 식품 중의 단백질 함량에 비례, 수분함량에 반비례
- 조리온도·조리시간 낮추기, 구이·튀김보다 삶거나 쪄서 먹기

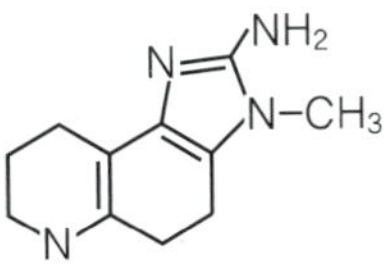
NH2
N
N-CH3
N

IQ

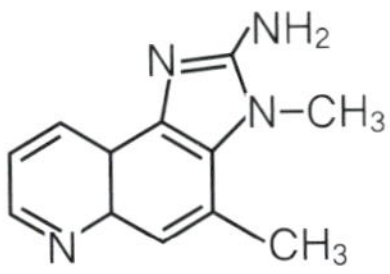
NH2
N
N-CH3
N
CH3

MeIQ

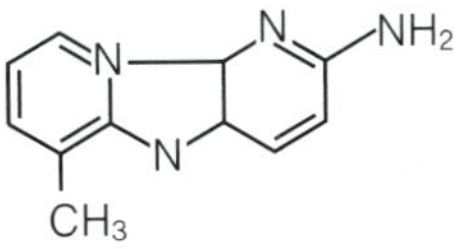
N
N
NH2
N
CH3

Glu-P-1

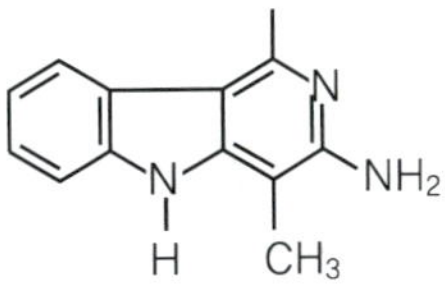
N
NH2
N
H
CH3

Trp-P-1

2023년 2회, 2012년 3회, 2007년 1회

03 에틸카바메이트(ethyl carbamate)의 생성원인과 저감화방안 2가지를 쓰시오.

모범답안

- 생성원인
  - 과일(핵과류) 종자에 함유된 시안배당체가 효소반응에 의해 시안화수소산으로 분해되고 산화되면 cyanate를 형성하며, 여기에 에탄올과 반응하여 생성된다.
  - 발효과정 중 효모에 의해 생성된 요소와 에탄올이 결합하여 생성된다.
- 저감화방안
  - 담금주 제조 시, 과실류 씨앗에서 시안배당체가 술덧으로 침출되지 않도록 씨앗을 제거한다.
  - 숙성 및 저장 시 저온에서 보관하고, 빛 노출을 최소화한다.
  - 발효 기간을 단축한다.

참고

에틸카바메이트 생성기작

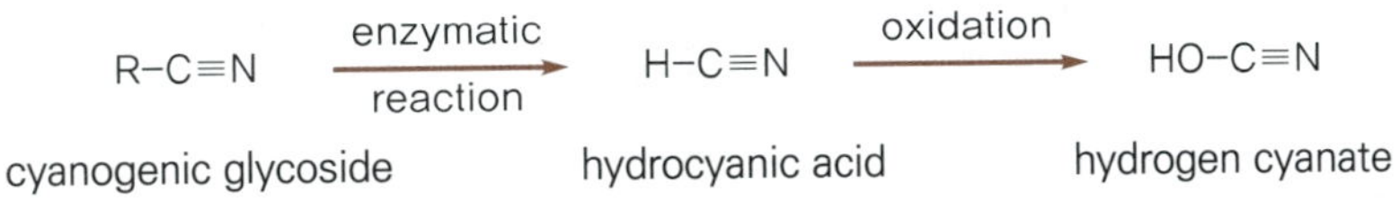
R-C≡N
enzymatic
reaction
H-C≡N
oxidation
HO-C≡N
cyanogenic glycoside
hydrocyanic acid
hydrogen cyanate

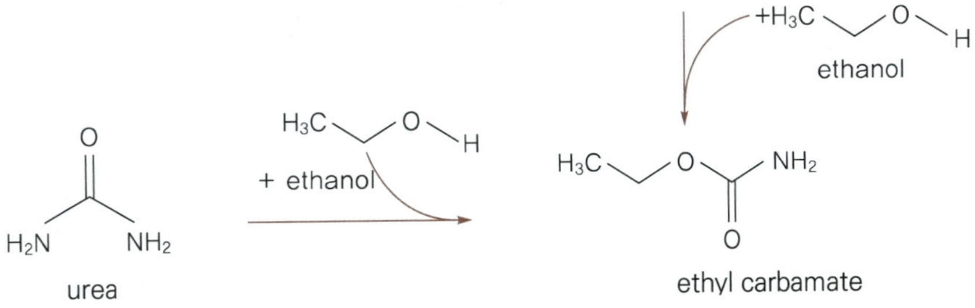
+H3C
O
H
ethanol
O
H2N
NH2
urea
H3C
O
H
+ ethanol
H3C
O
NH2
O
ethyl carbamate

04 산분해간장에서 위해요소인 3-MCPD의 생성원인을 쓰시오.

모범답안

대두를 염산(HCl)으로 가수분해하는 과정에서 생성된 글리세롤(지방의 분해산물)과 염산이 반응하여 생성된다.

참고

3 - 모노클로로프로판디올(monochloropropandiol) 생성기작

$$\underset{\substack{|\\ \text{CH}_2\text{OCOR}}}{\overset{\text{CH}_2\text{OCOR}}{|}}\text{CHOCOR} \xrightarrow[-\text{RCOOH}]{\text{HCl/H}_2\text{O}} \underset{\substack{|\\ \text{CH}_2\text{OCOR}}}{\overset{\text{CH}_2\text{OH}}{|}}\text{CHOCOR} \xrightarrow[-2\text{RCOOH}]{\text{HCl/H}_2\text{O}} \boxed{\underset{\substack{\text{CH}_2\text{Cl}\\ \\ \text{3-MCPD}}}{\overset{\text{CH}_2\text{OH}}{|}}\text{CHOH}} \xrightarrow[-\text{H}_2\text{O}]{\text{HCl}} \boxed{\underset{\substack{\text{CH}_2\text{Cl}\\ \\ \text{1,3-DCP}}}{\overset{\text{CH}_2\text{Cl}}{|}}\text{CHOH}}$$

05 식품 중에 퓨란(furan)이 생성되는 주요 경로와 제품에 거의 잔류되지 않는 이유를 설명하시오.

모범답안

- 주요 생성경로
  - 식품의 조리·가공 과정에서 마이야르 반응의 중간 산물로 생성된다.
  - 커피, 육류 통조림, 구운 빵 등 열처리한 식품에 주로 존재한다.
- 잔류되지 않는 이유
  - 휘발성이 강한 물질이므로 가열처리 식품에 생성되더라도 대부분 휘발되기 때문에 식품에 잔류하지 않는다.
  - 식품이 캔이나 병으로 포장된 경우 뚜껑을 일정 시간 열어두면 퓨란의 함량을 줄일 수 있다.

참고

퓨란(furan)
- 5원자 방향족 헤테로고리화합물, 4개의 탄소와 1개의 산소
- 무색의 휘발성 액체
- boiling point : 31.3℃

06 프탈레이트 생성기작과 사용목적에 대해 쓰시오.

모범답안

• 생성기작 : 무수 프탈산(phthalic acid)과 알코올, 에테르 등의 에스테르화 반응을 통해 합성된다.
• 사용목적 : 열가소성수지 중 폴리염화비닐(PVC) 제품에 유연성을 제공하기 위해 사용된다.

참고

프탈레이트(phthalate)

• 열가소성수지 중 각종 PVC 제품의 제조 시 가소제로 첨가되어 유연성 제공
• 지용성, 유지 식품에 용출 가능(버터, 마가린, 피자, 햄버거 등)
• 종류
  – 디에틸헥실프탈레이트(DEHP ; diethylhexylphthalate)
  – 디부틸프탈레이트(DBP ; dibutylphthalate)
  – 부틸벤질프탈레이트(BBP ; buthylbenzylphthalate)
  – 디옥틸프탈레이트(DOP ; dioctylphthalate)
• 노출경로
  – PVC 제품의 제조 시 플라스틱과 단단한 결합이 어려워 용출
  – 식품용 포장재·용기로부터 식품으로 이행

07 우리나라의 방사능기준에서 검사하는 방사성 핵종 2가지와 방사선 피폭 시 유발되는 급성질환 2가지를 쓰시오.

모범답안

• 방사성 핵종 : 요오드(^{131}I), 세슘(^{134}Cs + ^{137}Cs)
• 급성질환 : 오심, 구토, 메스꺼움, 탈모, 출혈, 골수암, 갑상선장애 등

해설

식품 중 방사능 국내 기준

핵종	대상식품	기준(Bq/kg)
^{131}I	모든 식품	100 이하
^{134}Cs + ^{137}Cs	영아용 조제식, 성장기용 조제식, 영·유아용 이유식, 영·유아용특수조제식품, 영아용 조제유, 성장기용 조제유, 원유 및 유가공품, 아이스크림류	50 이하
	기타 식품	100 이하

08

포름알데히드(formaldehyde)가 용출되는 열경화성수지를 쓰시오.

모범답안

- 페놀수지(phenol resin)
- 요소수지(urea resin)
- 멜라민수지(melamine resin)

수분

01 식품 중의 수분

(1) 식품에서의 수분의 역할

① 여러 가지 화학적 변화에서 용매로 작용
② 식품의 조직감 등 품질에 영향
③ 식품 내 부패와 미생물의 성장에 직접적인 영향
④ 식품의 부피 및 중량에 영향

(2) 물의 구조와 성질

① **물의 구조**

㉠ 산소원자 1개와 수소원자 2개로 이루어진 매우 간단한 분자

㉡ **수소원자와 산소원자 사이**

- 공유결합(두 원자가 서로의 전자를 공유하여 전자쌍을 이루는 결합)
- 길이 : 0.096nm
- 공유결합 간에 나타나는 각도 : 104.5°

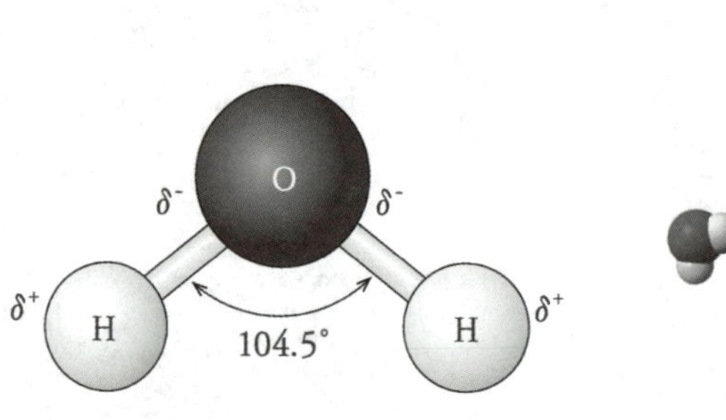

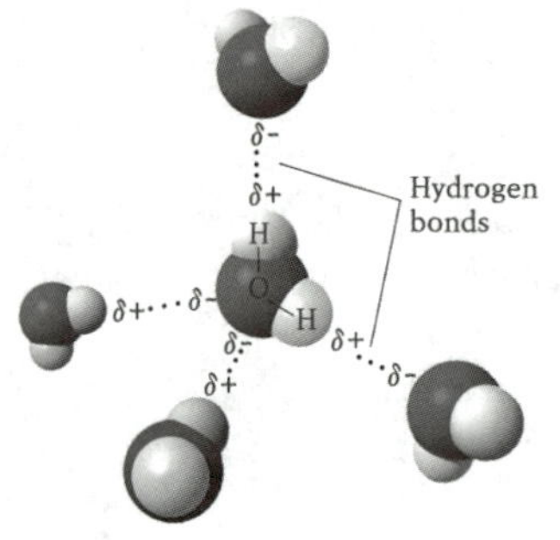

㉢ **쌍극자 성질 지님**

- 산소 원자 : 부분적 음전하(δ^-)
- 수소 원자 : 부분적 양전하(δ^+)

ㄹ 한 물분자의 산소원자는 다른 물분자의 수소원자를 당김
  - 수소결합(전기음성도가 큰 F, O, N 중 하나가 H 원자와 직접 결합하여 생성된 분자 사이에 작용하는 인력으로 형성된 결합)
  - 길이 : 0.3nm
ㅁ 1개의 물분자는 이웃한 물분자 4개와 3차원적으로 수소결합을 이룸
  ▶ 물분자 간의 결합력 강함

② **물의 성질**

ㄱ 녹는점(융점)↑ / 끓는점(비점)↑
ㄴ 비열↑ / 비중↑
ㄷ 표면장력↑
ㄹ 융해열↑(얼음 → 물 : 80cal/g)
ㅁ 기화열↑(물 → 수증기 : 540cal/g)

③ **식품 내 수분의 형태**

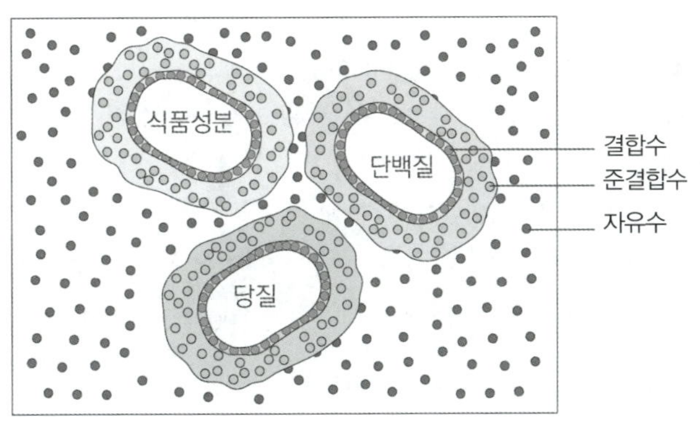

┃ 자유수와 결합수의 특성 ┃

구분	자유수(free water)	결합수(bond water)
정의	식품 중에서 자유로이 이동할 수 있는 물	식품성분에 결합된 물로서 자유운동이 불가능한 물
특징	• 극성↑ : 용질에 대해 용매로 작용 • 건조 ▶ 제거 • 0℃ 이하 냉각 ▶ 동결(부피팽창) • 4℃에서 밀도 가장 큼 • 쌍극자로서 전자파에 의해 분자가 발열 • 식품성분과 관계없이 이동 가능 • 미생물의 번식과 성장에 이용 가능 • 비점↑, 융점↑, 증발열↑, 융해열↑ 비열↑, 표면장력↑, 점도↑ • 화학반응에 직·간접적으로 관여	• 용질에 대하여 용매로서 작용하지 않음 • 100℃ 이상에서도 건조 어려움 • −20℃ 이하에서도 얼지 않음 • 자유수보다 밀도가 큼 • 전자파에 의한 분자 회전이 제한되어 가열에 관여하지 못함 • 식품성분에 침전, 점도, 확산 등이 일어날 때 함께 이동 • 미생물의 번식과 성장에 이용 불가능 • 식품성분과 이온결합 또는 수소결합을 이룸 • 식품조직을 압착하여도 제거되지 않음

(3) 수분활성도

① **수분활성도(water activity, A_w)**

　㉠ 임의의 온도에서 그 식품이 나타내는 수증기압(P)과 같은 온도에서의 순수한 물의 최대수증기압(P_0)의 비

　㉡ P/P_0(P : 식품의 수증기압, P_0 : 순수한 물의 수증기압), $0 < A_w < 1$

　㉢ 물은 $A_w = 1$, 물을 제외한 식품은 $0 < A_w < 1$

$$A_w = \frac{P}{P_0} = \frac{N_w}{(N_w + N_s)}$$

P : 식품의 수증기압
P_0 : 식품과 같은 온도에서 순수한 물의 수증기압
N_w : 물의 몰수
N_s : 용질의 몰수

② **평형상대습도(equilibrium relative humidity, ERH)**

　㉠ 공기 중에 식품을 오랜 시간 방치 → 흡습, 탈습 진행 → 공기 중의 수증기압과 식품 내 수분의 분압이 평형에 이르러 중지

　㉡ **평형상대습도와 수분활성도와의 관계**

$$ERH = \frac{P}{P_0} \times 100 = A_w \times 100$$

$$A_w = \frac{ERH}{100}$$

　㉢ **식품의 수분함량과 수분활성도**

식품	수분함량(%)	수분활성도(A_w)
과일, 채소	90 ~ 97	0.97 ~ 0.99
주스류	90 ~ 93	0.97
육류	60 ~ 70	0.96 ~ 0.98
생선류	65 ~ 80	0.98 ~ 0.99
달걀	72 ~ 78	0.97 ~ 0.99
식빵	38 ~ 40	0.90 ~ 0.95
건조과일	18 ~ 22	0.72 ~ 0.80
곡류, 두류	13 ~ 16	0.60 ~ 0.64
꿀	15 ~ 20	0.75

(1) 등온 흡습·탈습 곡선

① **등온흡습곡선** : 일정 온도에서의 평형수분함량과 상대습도 또는 수분활성도와의 관계에서 식품 쪽으로 흡습되는 경우를 나타낸 곡선
② **등온탈습곡선** : 등온흡습곡선과 반대로 식품으로부터 탈습되는 경우
③ 역S자 형태(cf : 과자, 당류 J자 형태)
④ **이력현상(hysteresis)** : 등온흡습곡선과 등온탈습곡선이 일치하지 않는 현상

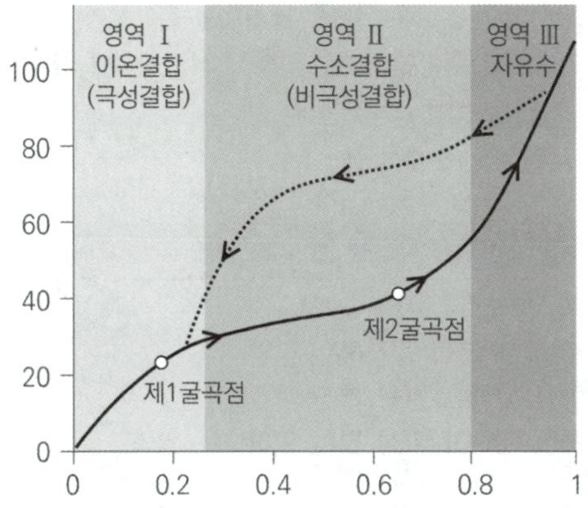

보충 이력현상(hysteresis)

- **잉크병 이론(ink – bottle)**
  모세관들에 있던 수분이 탈습 시 식품으로부터 빠져나갔다가 다시 흡습되는 경우, 주변의 상대습도가 더 크지 않는 한 전량이 다시 흡습되지 않는다는 이론

- **개방기공학설(open – core)**
  탈습과정 중 조직을 형성하고 있었던 분자조직체가 수축에 의해서 흡착표면에 이용할 수 있는 흡착장소의 수가 감소되어 수분의 가역적 흡수가 거의 불가능하다는 이론

❘ 등온흡습곡선의 영역별 작용 ❘

단분자층 형성영역(monomolecular layer region)
영역 Ⅰ   • 수분활성도 : 0.25 이하 / 결합수 형태로 존재   • 식품성분과 물분자가 카복실기나 아미노기와 같은 극성부위에 이온결합   • BET(Brunauer – Emmett – Teller) Point : 영역 Ⅰ과 영역 Ⅱ의 경계 부근   • 유지식품의 산패가 쉽게 발생함

<table>
<tr><td rowspan="2" style="text-align:center">영역 Ⅱ</td><td>다분자층 형성영역(multimolecular layer region)</td></tr>
<tr><td>

- 수분활성도 : 0.25 ~ 0.8 / 준결합수 형태로 존재
- 단분자층을 이룬 물분자와 다른 물분자들이 수소결합
- 화학반응과 미생물 성장 속도가 느림 / 효소반응이 잘 일어나지 않음
- 중간수분식품(intermediate moisture food)
- 식품의 안전성과 저장성이 가장 좋은 영역

중간수분식품

(1) 수분활성도 0.65 ~ 0.8 정도의 수분을 함유한 식품
(2) 적당량의 수분을 함유하면서도 미생물 증식은 억제
(3) 수분조절제(자일리톨, 에리트리톨, 소비톨, 설탕, 글리세롤 등) 첨가
(4) 친수성이 강한 첨가물을 이용하여 수분활성도를 낮추고 식품의 변화를 억제하면서도 조직감이 좋아 섭취하기 편하게 만든 식품
(5) 잼, 젤리, 건조과일, 양갱, 약식 및 훈제품 등

</td></tr>
<tr><td rowspan="2" style="text-align:center">영역 Ⅲ</td><td>모세관 응축영역(capillary condensation region)</td></tr>
<tr><td>

- 수분활성도 : 0.8 이상 / 자유수 형태로 존재
- 식품의 모세관과 같은 미세구조에 수분이 응결하는 영역
- 용매로서 작용 가능 → 화학반응 및 효소반응 촉진
- 미생물 증식 가능 / 식품의 품질 저하가 가장 많이 일어나는 영역
- 식품 중 수분의 95% 이상 차지

</td></tr>
</table>

(2) 수분활성도와 식품의 변화

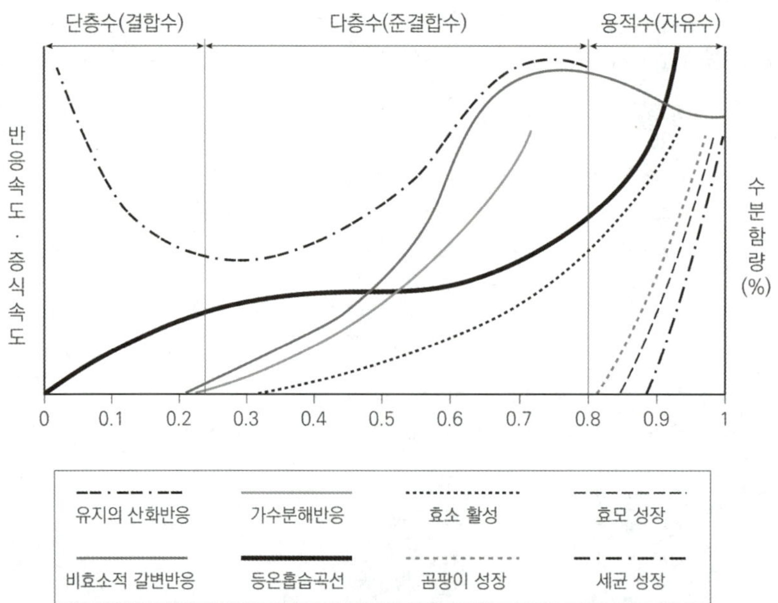

[식품의 각종 변성 요인의 반응속도와 수분활성(A_w)과의 관계]

① **미생물 생육에 필요한 최저 수분활성도**

미생물	수분활성도(A_w)
일반 세균	0.90
일반 효모	0.88
일반 곰팡이	0.80
내건성 곰팡이	0.65
내삼투압성 효모	0.60

② **효소반응**

㉠ 일반적으로 수분활성도↑ ▶ 효소반응↑

㉡ 대부분의 효소는 수분활성도가 0.85 이하가 되면 활성이 낮아짐

㉢ 라이페이스(lipase)는 수분활성도 0.1~0.3에서도 활성을 가짐

③ **비효소적 갈변반응**

㉠ A_w 0.6 ~ 0.7 : 갈변반응 잘 일어남

㉡ A_w 0.3 이하 : 기질인 당과 아미노산의 이동이 제한

㉢ A_w 0.8 ~ 1.0 : 기질이 물에 의하여 상대적으로 희석되어 반응속도 감소

④ **유지의 산화**

㉠ 영역 I : 수분활성도↑ ▶ 유지의 산화속도↓

㉡ BET 영역(A_w 0.3 ~ 0.4)에 도달 ▶ 산화속도 최소

- 유지의 산화과정에서 생성된 과산화물과 식품 표면의 물분자가 수소결합으로 복합체를 형성 ▶ 과산화물의 분해를 억제
- 산화를 촉진하는 금속을 수화 ▶ 금속 수화물의 형태 ▶ 산화 억제

㉢ BET 이후 A_w↑ ▶ 유지의 산화속도↑

(3) 수분과 냉동

① **식품 재료 조직 내 얼음결정의 형성 모식도**

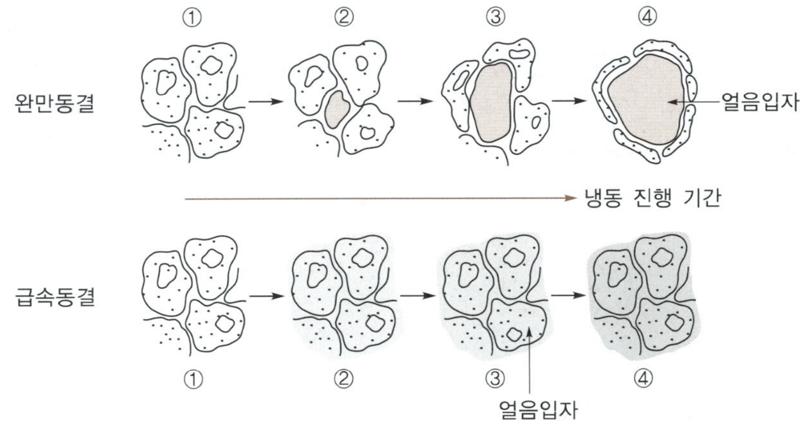

② **식품의 냉동곡선**

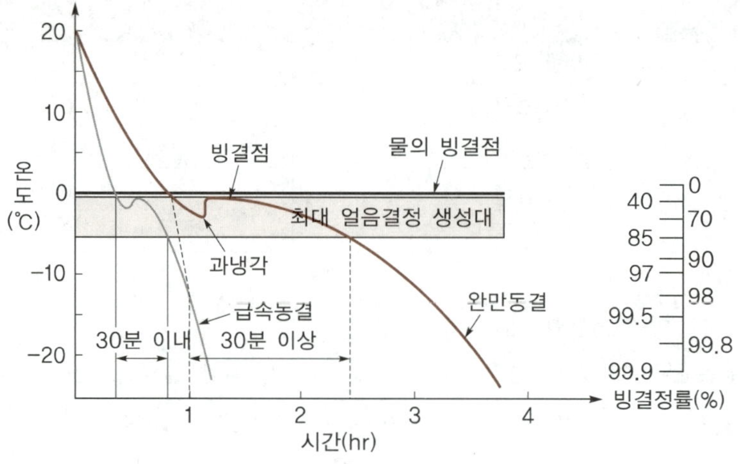

③ **완만동결과 급속동결 비교**

구분	완만동결	급속동결
최대 얼음결정 생성대 통과시간	30분 이상	30분 이하
얼음결정 위치	주로 세포 외부	세포 내외부
동결속도	1℃/min 이하	1℃/min 이상
얼음결정의 크기 형태	결정이 크고 모양이 다양	결정이 작고 모양이 균일
식품(세포) 형태	찌그러진 모양의 냉동상태 (세포의 형태 파손)	냉동 시 모양 변화 최소 (세포의 원형 유지 가능)
전반적 특성	냉각 속도 느림 얼음 크기 큼 얼음 수 적음	냉각 속도 빠름 얼음 크기 작음 얼음 수 많음

(4) 유리전이온도(glass transition temperature, T_g)

① **온도 변화에 따라 고분자 물질이 분자 활성을 가지며 움직이기 시작하는 온도**
　㉠ 고분자 물질(단단하고 비운동성)이 부드러운 고무처럼 변하기 시작하는 온도
　㉡ 일반적으로 고분자의 경우, 고체상에서 액체상으로 상 변화를 보이는 시점의 온도
② 식품 내 수분함량이 많으면 점도가 낮아지고, 자유수의 함량이 많아지므로 분자들이 쉽게
　운동성을 지니게 되어 유연성이 증가하므로 유리전이온도가 낮아짐

기출문제

2022년 1회

01 수분활성도의 정의를 쓰고, 물의 몰수(N_w)와 용질의 몰수(N_s)를 이용하여 계산식을 쓰시오.

모범답안

- 정의 : 임의의 온도에서 그 식품이 나타내는 수증기압(P)에 대한 같은 온도에서의 순수한 물의 최대수증기압(P_0)의 비

- $A_w = \dfrac{\text{물의 몰수}(N_w)}{\text{물의 몰수}(N_w) + \text{용질의 몰수}(N_s)}$

2016년 3회

02 수분활성도를 구하는 공식 2가지를 쓰시오.

모범답안

$$A_w = \frac{P}{P_0} = \frac{\text{물의 몰수}(N_w)}{\text{물의 몰수}(N_w) + \text{용질의 몰수}(N_s)}$$

2021년 2회

03 60% 설탕($C_{12}H_{22}O_{11}$) 용액의 수분활성도를 계산하시오.

모범답안

$$\frac{\dfrac{40}{18}}{\dfrac{40}{18} + \dfrac{60}{342}} = \frac{2.222}{2.222 + 0.175} = \frac{2.222}{2.397} = 0.927$$

04

20% 포도당 용액의 수분활성도를 계산하시오.(단, 포도당의 분자량 180, 계산값은 소수 셋째 자리에서 반올림하여 둘째 자리까지 표기할 것)

모범답안

$$\frac{\dfrac{80}{18}}{\dfrac{80}{18}+\dfrac{20}{180}}=\frac{4.444}{4.444+0.111}=\frac{4.444}{4.555}=0.976=0.98$$

05

30%의 수분과 25%의 설탕을 함유하고 있는 식품의 수분활성도를 계산하시오.(단, 물의 분자량 18, 설탕의 분자량 342, 소수 셋째 자리에서 반올림하여 나타낼 것)

모범답안

$$\frac{\dfrac{30}{18}}{\dfrac{30}{18}+\dfrac{25}{342}}=\frac{1.667}{1.667+0.073}=\frac{1.667}{1.740}=0.958=0.96$$

06

액상 식품의 조성을 확인하였더니 포도당(M_w 180) 18%, 비타민A(M_w 286) 5.5%, 비타민C(M_w 176) 1%, 스테아린산(M_w 284) 3.5%, 나머지는 물(M_w 18)이었다. 이 식품의 수분활성도는?

모범답안

$$\frac{\dfrac{72}{18}}{\dfrac{72}{18}+\dfrac{18}{180}+\dfrac{1}{176}}=\frac{4}{4+0.1+0.006}=\frac{4}{4.106}=0.974$$

07 포도당(M_W 180) 10%, 비타민 C(M_W 176) 5%, 전분(M_W 3,000,000) 50%, 물(M_W 18) 35%인 식품의 수분활성도를 구하시오.

모범답안

$$\dfrac{\dfrac{35}{18}}{\dfrac{35}{18}+\dfrac{10}{180}+\dfrac{5}{176}}=\dfrac{1.944}{1.944+0.056+0.028}=\dfrac{1.944}{2.028}=0.959$$

08 H_2SO_4 포화 수용액이 담긴 밀폐용기의 상부대기 상대습도는 60%이다. 해당 공간에 곶감을 보관하였더니 평형상태에서 중량의 변화가 없었다. 밀폐용기에 담긴 곶감의 수분활성도는?

모범답안

곶감의 수분활성도 : 0.6

09 포도당, 설탕, 소금이 각각 20% 녹아 있는 물의 수분활성도를 높은 순서대로 나열하시오.

모범답안

설탕 > 포도당 > 소금

10 A와 B는 수분함량이 같다. 그런데 보존기간은 A가 훨씬 길다. 수분활성도를 이용하여 그 이유를 설명하시오.

모범답안

A의 수분활성도가 B보다 낮기 때문이다. 미생물의 생육에 영향을 주는 식품의 수분량은 전체 수분함량이 아니고, 미생물이 실제로 이용할 수 있는 수분량이다. 수분활성도는 대기 중의 상대습도와 미생물이 실제로 이용할 수 있는 자유수를 고려한 수분함량으로, 수분활성도가 낮은 A에서 미생물이 증식하기 더 어렵기 때문에 A의 보존기간이 B보다 길어진다.

11 다음은 세 가지 유형의 등온흡습곡선을 나타낸 것이다. 제시된 유형 중 단백질의 함량이 높은 식품을 선택하고, 해당 유형에서의 자유수 및 수분활성도의 특성에 대하여 서술하시오.

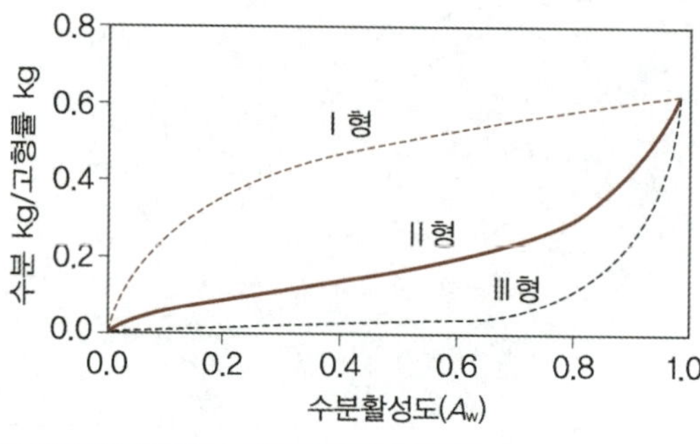

모범답안

- 단백질의 함량이 높은 식품 : Ⅰ형
- 단백질의 구조상 작용기가 많아 수화가 빠르게 발생 → 결합수의 함량이 빠르게 높아지므로 수분활성도에 비해 수분함량이 급격히 상승하는 형태를 보임 → 일정 수준에 도달하면 결합할 수 있는 작용기가 적어져 자유수의 함량이 증가하고 수분함량은 완만한 증가를 나타냄

12 등온흡습곡선을 그리고 이력현상의 정의와 그 발생 이유에 대해 서술하시오.

모범답안

- 등온흡습곡선

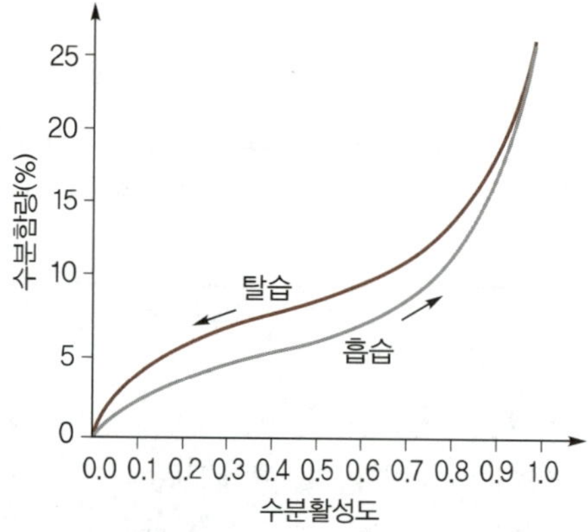

- 이력현상(hysteresis) : 등온흡습곡선과 등온탈습곡선이 일치하지 않는 현상
- 발생 이유 : 탈습과정 중 조직을 형성하고 있었던 분자조직체의 수축이 일어나면서 흡착장소 수가 감소하고 수분의 가역적 흡수가 거의 불가능함으로 인해 발생한다.

2004년 3회

13 급속동결과 완만동결의 차이를 설명하시오.

모범답안

구분	급속동결	완만동결
냉각속도	빠름	느림
최대 빙결정 생성대 통과시간	30분 이내로 통과	30분 이상 소요
빙결정 위치	세포 내부와 외부	주로 세포 외부
빙결정의 크기 및 형태	결정이 작고 수는 많음 (모양이 균일)	결정이 크고 수가 적음 (모양이 다양)
세포 내 수분의 이동	세포 내 수분이 이동하지 않고 세포 내부에 유지됨	생성된 결정이 세포를 눌러 세포 내부의 수분이 밀려나와 결정이 점점 커짐
세포형태	냉동 시 모양 변화 최소 (세포의 원형 유지 가능)	찌그러진 모양의 냉동상태 (세포의 형태 파손)

2023년 3회, 2020년 2회, 2016년 2회, 2013년 3회, 2004년 2, 3회

14 다음은 식품의 동결 현상을 나타낸 그림이다. 빈칸에 알맞은 용어를 쓰시오.

가. (　　　)동결

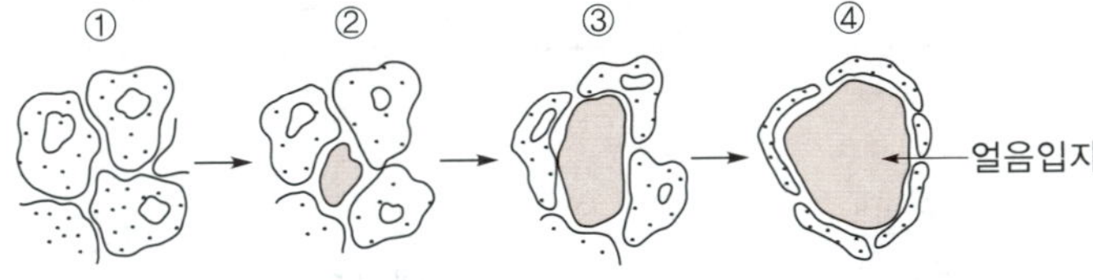

나. (　　　)동결

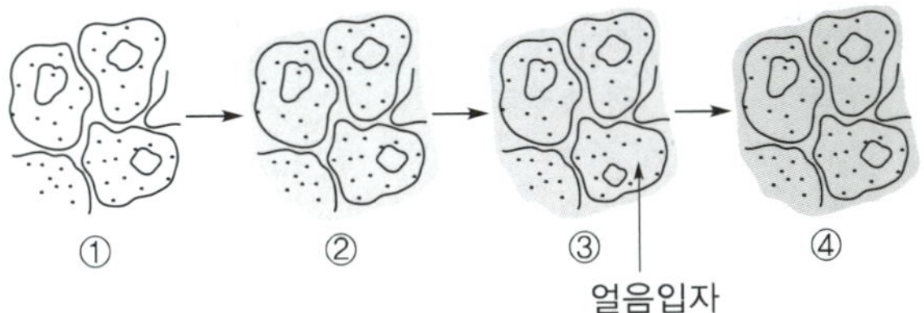

가. (완만)동결
나. (급속)동결

2020년 3회

15

냉동속도와 냉동식품의 품질과의 관계를 설명하시오.

- 냉동식품의 품질은 냉동 시 생성되는 얼음결정의 크기와 위치에 따라 달라지며, 이는 동결속도와 밀접한 관련이 있다.
- 완만동결
  - 세포 외부에 큰 얼음결정이 생성되면서 품질이 크게 손상됨
  - 세포 외 얼음결정의 성장으로 세포벽은 손상되고 세포는 압축, 탈수되며 단백질 변성을 초래
- 급속동결
  - 최대 빙결정 생성대를 짧은 시간에 통과하므로 얼음결정의 크기가 미세하여 조직의 파괴와 단백질 변성이 적고 해동 시 드립 양도 적음
- 저장과정 중 변화
  - 얼음결정은 저장 중에도 점점 커져 식품 조직에 큰 손상을 줌
  - 저장과정 중 온도의 변화에 따라 얼음결정 주위의 물과 수증기가 함께 얼기 때문

2004년 1, 3회

16

드립(drip) 발생 원인과 영향을 미치는 요인에 대해 설명하시오.

- 냉동식품 해동 시 내부의 빙결정이 녹아 물이 되어 액즙이 외부로 유출되는 현상
- 발생 원인 : 식품조직의 물리적인 손상으로 인해 발생 되는 구조적인 변화
- 발생량에 영향을 미치는 요인
  - 원료의 종류와 동결 시 선도
  - 동결속도
  - 냉동기간 및 냉동저장 시의 온도관리
  - 해동 방법
- 식품의 변화
  - 영양성분 및 풍미성분 유출, 보수성 저하

- 식품 가치 저하
- 무게 감소

17 식품중심부를 기준으로 급속동결곡선과 완만동결곡선을 그리고, 최대 빙결정 생성대를 표시하시오.(온도는 15 ~ −20℃, 시간은 10시간으로 표시)

모범답안

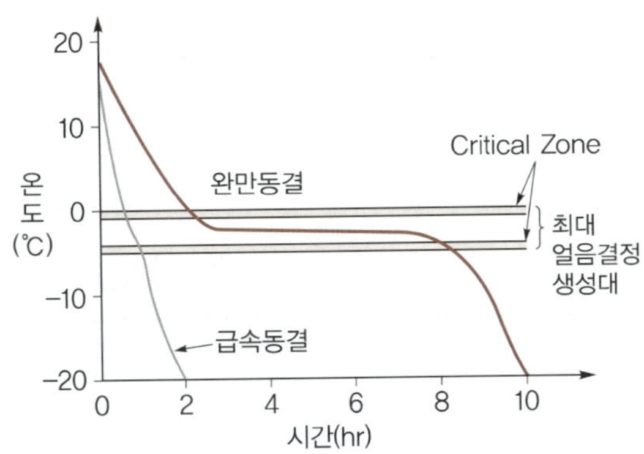

18 다음은 식품의 냉각곡선을 나타낸 것이다. 냉각곡선의 각 구간을 설명하시오.

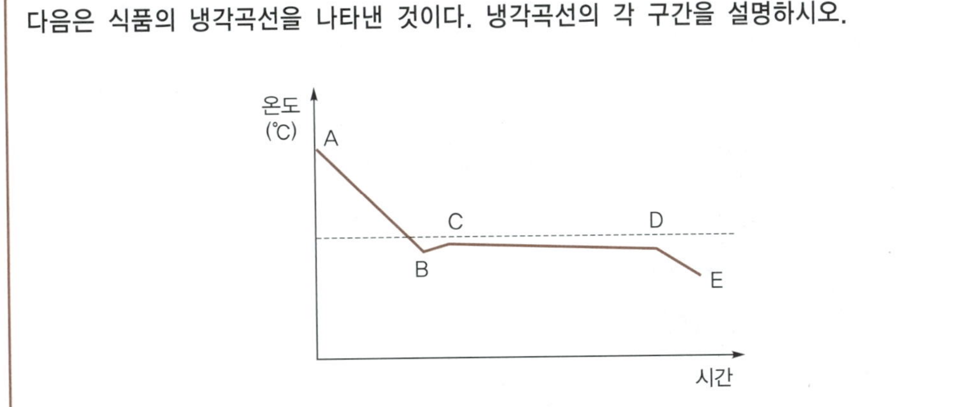

A - B : 예비 냉각 구간[현열(잠열)의 제거, 식품 품온이 빙결점까지 냉각되는 단계]
B - C : 과냉각 구간(물의 어는점 이하로 온도를 내렸음에도 빙결정이 생성되지 않는 구간)
C - D : 최대 빙결정 생성대(식품 내 수분의 85% 이상이 얼음으로 변함)
D - E : 대부분의 물이 얼어 있어 온도가 빨리 떨어짐

19

다음 괄호 안에 들어갈 말을 〈보기〉에서 고르시오.

> 식품의 수분함량이 많으면 유리전이온도는
> (   )
>
> 〈보기〉
> 높아진다 / 낮아진다

낮아진다

유리전이온도

- 온도 변화에 따라 고분자 물질이 분자 활성을 가지며 움직이기 시작하는 온도
  - 고분자 물질(단단하고 비운동성)이 부드러운 고무처럼 변하기 시작하는 온도
  - 일반적으로 고분자의 경우, 고체상에서 액체상으로 상 변화를 보이는 시점의 온도
- 식품 내 수분함량이 많으면 점도가 낮아지고, 자유수의 함량이 많아지므로 분자들이 쉽게 운동성을 지니게 되어 유연성이 증가하므로 유리전이온도가 낮아짐

탄수화물

01 개요 및 분류

(1) 정의

① 탄소(C), 수소(H), 산소(O)의 세 가지 원소로 이루어짐 ▶ 1 : 2 : 1 비율
② $(CH_2O)_n$ 또는 $C_m(H_2O)_n$의 일반식으로 표현 ▶ 포도당($C_6H_{12}O_6$)
③ 분자 내에 1개의 알데하이드기(−CHO) 또는 케톤기(=CO)를 가지며, 2개 이상의 수산기
    (−OH)를 갖는 화합물 또는 그 축합물을 말함

(2) 명명

① 대부분의 단당류 또는 이당류 : 어미에 '−ose'를 붙여 명명
② **작용기(카보닐기)** : 알데하이드기 ▶ aldose / 케톤기 ▶ ketose
   • glucose : 탄소수 6개, 카보닐기(알데하이드) ▶ aldohexose
   • fructose : 탄소수 6개, 카보닐기(케톤) ▶ ketohexose
   • ribose : 탄소수 5개, 카보닐기(알데하이드) ▶ aldopentose
③ 카보닐기가 포함된 탄소에 낮은 번호 부여

(3) 탄수화물 분류 및 종류

분류		종류
단당류 (monosaccharide)	오탄당(pentose)	리보스, 자일로스, 아라비노스
	육탄당(hexose)	글루코스, 프럭토스, 만노스, 갈락토스
소당류 (oligosaccharide)	이당류(disaccharide)	말토스, 아이소말토스, 락토스, 셀로비오스, 겐티오비오스, 루티노스, 수크로스, 트레할로스, 멜리비오스, 팔라티노스
	삼당류(trisaccharide)	라피노스, 겐티아노스
	사당류(tetrasaccharide)	스타키오스

분류		종류
다당류 (polysaccharide)	단순다당류 (homopolysaccharide)	전분, 덱스트린, 글리코겐, 셀룰로스, 이눌린, 키틴, 베타글루칸
	복합다당류 (heteropolysaccharide)	헤미셀룰로스, 펙틴질, 검류
당유도체 (derived sugar)	당알코올(sugar alcohol)	에리트리톨, 자일리톨, 리비톨, 소비톨, 만니톨, 둘시톨, 말티톨, 이노시톨
	데옥시당(deoxy sugar)	데옥시리보스, 람노스, 푸코스
	아미노당(amino sugar)	글루코사민, 갈락토사민
	싸이오당(thio sugar)	싸이오글루코스
	알돈산(aldonic acid)	글루콘산
	우론산(uronic acid)	글루쿠론산, 만누론산, 갈락투론산
	당산(saccharic acid)	글루카르산, 갈락타르산
	배당체(glycoside)	솔라닌, 안토시아닌, 나린진, 헤스페리딘, 루틴

02 단당류

(1) 주요 단당류

① 오탄당(pentose)

- ㉠ 자연계에 유리상태로 존재하지 않음, 주로 다당류인 pentosan의 형태로 존재
- ㉡ 인체 내 소화효소 없음 ▶ 영양성분으로서의 가치 없음
- ㉢ 효모에 의해 비발효
- ㉣ 환원성을 지님

종류	특성 및 소재
ribose	• 천연에 단독으로 존재하지 않음 • 핵산(RNA, β-D-ribose만 RNA를 구성), ATP, 비타민 B2, 조효소(NAD, NADP, FAD), 조미성분(IMP, GMP)의 구성성분
xylose	• 식물세포벽의 구성물질, 볏짚, 나무껍질 등에 함유되어 있는 xylan의 구성단위 • 저칼로리 감미료(당뇨병 환자의 감미료로 이용)
arabinose	• arabia gum의 성분인 araban의 구성당 • 자연계에서는 주로 L-arabinose로 존재

② 육탄당(hexose)

- ㉠ 자연계에서 유리상태 또는 결합상태로 존재
- ㉡ 다른 당에 비해 비교적 단맛이 강함 ▶ 감미료로 이용
- ㉢ 효모에 의해 발효
- ㉣ 환원성을 지님

종류	특성 및 소재
glucose	• 포도당, 덱스트로스(자연계에 주로 D-glucose 형태) • 자연계에 널리 분포 : 전분(식물체), 글리코겐(동물체) 형태로 저장 • maltose, lactose, sucrose 및 배당체의 구성당 • 수산기(-OH)의 위치에 따라 α형, β형의 입체이성질체(anomer)를 지닌 환원당 • 단맛 : α형 > β형 (α형이 1.5배 더 달다) • 선광도 : α형 = +112.2°, β형 = +18.7° • 포유동물의 혈액 중에 약 0.1% 정도 존재
fructose	• glucose와 더불어 자연계에 가장 많이 존재하는 당 • 과일이나 벌꿀에 함량 높음 • 천연당류 중 가장 단맛이 강함(과당 170, 설탕 100, 포도당 70) • 이눌린(inulin)의 구성성분 : 비소화성 당류인 돼지감자, 다알리아 뿌리 성분 • 용해도가 크고 과포화되기 쉬우며, 흡습성이 커서 결정화되기 어려움 • 단맛 : β형 > α형 (β형이 3배 더 달다) • 결합형태 – 오각형의 furanose, 유리상태 – 육각형의 pyranose
mannose	• 유리상태로는 거의 존재하지 않음, 곤약의 주성분인 mannan의 구성당 • 감자나 백합 뿌리에 많이 함유, 발효성 있음 • β형의 경우 뒷맛이 씀
galactose	• 유리상태로는 존재하지 않음 • lactose, melibiose, raffinose, galactan 등의 구성당 • 포유동물의 유즙에 주로 존재 • 동물의 체내에서 단백질이나 지방과 결합하는 성질 있음 → 뇌, 신경조직의 당지질인 cerebroside의 구성성분

(2) 이성질체

① 부제탄소(chiral carbon)

㉠ 탄소원자의 결합손(4개)에 서로 다른 원자나 원자단이 결합한 탄소

㉡ 부제탄소에 의하여 여러 가지 이성질체를 형성

② 거울상 입체이성질체(enantiomer)

㉠ 입체이성질체 중 좌우의 손바닥처럼 거울상에서 서로 포개놓을 수 없는 이성질체

㉡ 부제탄소에 결합한 특정 작용기의 위치로 구분 : 오른쪽 → D(dextro)형 / 왼쪽 → L(levo)형

③ 부분 입체이성질체(diastereomer)

㉠ 2개 이상의 부제탄소가 존재하는 유기화합물의 경우 거울상이 아닌 이성질체가 존재
▶ 부분입체이성질체

㉡ 부제탄소수가 n개 → 입체 이성질체 수는 2^n

㉢ 알데하이드기나 케톤기에서 가장 멀리 떨어진 부제탄소에 결합되어 있는 수산기(-OH)의 위치에 따라 'D'형과 'L'형이 결정됨

㉣ 에피머(epimer) : 부제탄소에 붙어 있는 원자나 원자단의 위치가 단 하나만 다른 이성질체 ▶ galactose-glucose(C$_4$), glucose-mannose(C$_2$)

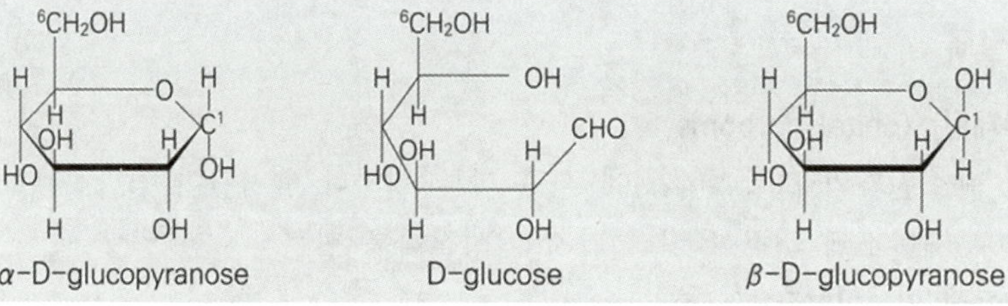

④ **광학이성질체**

㉠ 물질의 수용액은 편광을 비추면 일정한 방향으로 편광을 회전시키려는 광학적 성질을 가짐

㉡ **편광을 비췄을 때 빛을 오른쪽으로 회전시키는 것** : 우선성 (+)

   편광을 비췄을 때 빛을 왼쪽으로 회전시키는 것 : 좌선성 (−)

㉢ 광학적 이성질체는 각각 고유한 선광도(편광이 꺾이는 각도)를 가짐

보충   변선광(mutarotation)

(1) 당류는 수용액 중에서 시간의 경과에 따라 선광도가 변함

(2) 원인 : 고리구조의 당이 수용액상에서는 다른 형태의 고리구조 이성체로 변하기 때문

(3) $\alpha - D - glucose$: +112.2°, $\beta - D - glucose$: +18.7°

　① 고유광회전도가 점차 변화하여 +52.7°에서 일정한 평형상태 유지

　② $\alpha - D - glucose$의 결합이 $\beta - D - glucose$로 전환

$\alpha - D - glucose$	$\rightleftharpoons$	$\beta - D - glucose$	$\rightleftharpoons$	평형상태(α형 : β형 = 37 : 63)
+112.2°		+18.7°		+52.7°

(3) 고리구조 형성

① **고리구조**
- 헤미아세탈(hemiacetal) : 같은 분자 내에 하이드록시기와 알데하이드기 결합
- 헤미케탈(hemiketal) : 같은 분자 내에 하이드록시기와 케톤기 결합

② **glucose**
- C_5의 $-OH$기와 C_1의 $-CHO$기가 반응 ▶ pyranose 형성
- 열린 사슬 → 고리형 구조 : C_1은 hemiacetal 탄소로서 새로운 키랄 탄소가 되며 배열이 다른 두 종류의 입체 이성질체가 존재 ▶ 아노머(anomer)

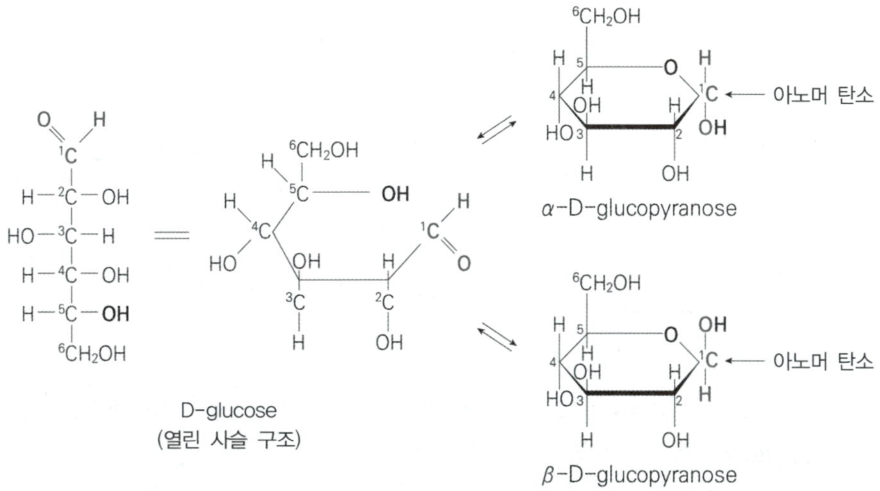

α-D-glucopyranose

D-glucose
(열린 사슬 구조)

β-D-glucopyranose

③ **fructose**
- C_5의 $-OH$기와 C_2의 $-CO$기가 반응 ▶ furanose 형성
- 열린 사슬 → 고리형 구조 : C_2는 새로운 키랄 탄소가 되며 2종류의 입체이성질체가 존재

α-D-fructofuranose

D-fructose
(열린 사슬 구조)

β-D-fructofuranose

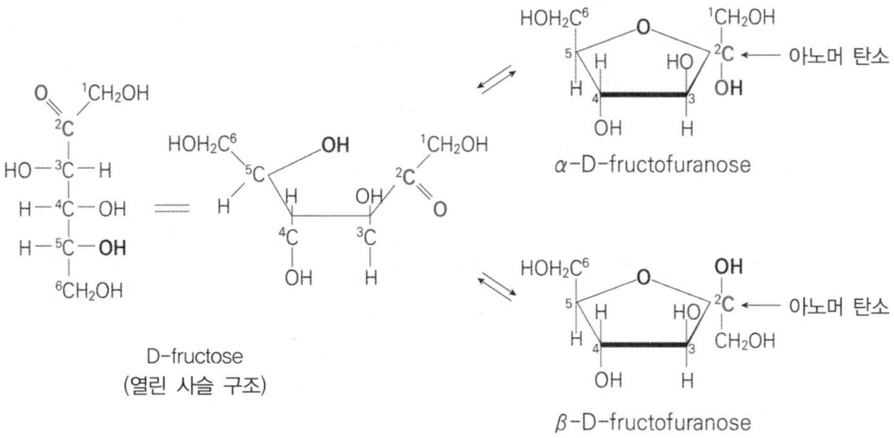

(4) 단당류의 성질

① 용해도
- ㉠ 모든 단당류는 물에 잘 용해
- ㉡ 에탄올에 소량 용해 / 에테르, 클로로포름, 헥산 등의 유기용매에 불용

② 환원성
- ㉠ 모든 단당류는 환원당
- ㉡ 대부분의 이당류는 환원당(예외 수크로스, 트레할로스는 비환원당)
- ㉢ 단당류와 이당류는 글리코시드 - OH기의 존재 유무에 따라 환원당과 비환원당으로 구분
- ㉣ 환원당 확인법 : 펠링(Fehling, Cu^{2+}, 적자색 침전), 베네딕트(Benedict, Cu^{2+}, 녹갈색 ~ 황적색 침전), 은경반응(Tollen, Ag^+, 은 침전)

③ 산성 용액에서의 반응
- ㉠ 단당류는 pH 3 ~ 7에서 안정
- ㉡ 강산성 용액에서 가열 ▶ 탈수반응 ▶ furfural(5탄당), 5-hydroxymethyl furfural (6탄당) 생성

④ 알칼리 용액에서의 반응
- ㉠ 알칼리성에서 이성화를 일으킴
- ㉡ glucose를 알칼리성에서 방치 ▶ 1,2-endiol ▶ glucose(63.5%), fructose(31%), mannose(2.5%)

(5) 당유도체

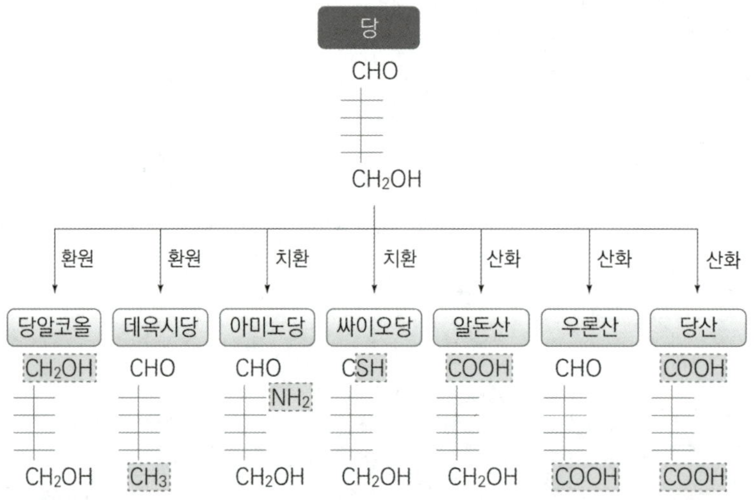

① **당알코올** `환원`

ㄱ 당의 알데하이드기(-CHO)가 알코올기($-CH_2OH$)로 환원

ㄴ 저칼로리 감미료 / 청량감, 단맛 부여

ㄷ **명칭** : -ose ▶ itol(**예** 자일로스 ▶ 자일리톨)

ㄹ **종류** : 에리트리톨, 자일리톨, 리비톨, 소비톨, 만니톨, 둘시톨, 말티톨, 이노시톨

② **데옥시당** `환원`

ㄱ 당의 수산기(-OH) 1개가 H로 환원된 당

ㄴ 탄소의 수보다 산소의 수가 1개 적음

ㄷ **종류** : 데옥시리보스, 람노스, 푸코스

③ **아미노당과 싸이오당** `치환`

ㄱ **아미노당** : 당의 수산기(-OH)가 아미노기($-NH_2$)로 치환(C_2의 -OH ▶ $-NH_2$)

ㄴ **싸이오당** : 당의 수산기(-OH)가 싸이올기(-SH)로 치환(C_1의 -OH ▶ -SH)

ㄷ **종류** : 아미노당-글루코사민, 갈락토사민 / 싸이오당-싸이오글루코스

④ **알돈산, 우론산, 당산** `산화`

ㄱ **알돈산** : 당의 C_1의 알데하이드기(-CHO)가 카복실기(-COOH)로 산화된 당

ㄴ **우론산** : 당의 C_6의 알코올기($-CH_2OH$)가 카복실기(-COOH)로 산화된 당

ㄷ **당산** : 당의 C_1의 알데하이드기(-CHO)와 C_6의 알코올기($-CH_2OH$)가 각각 카복실기(-COOH)로 산화된 당

ㄹ **종류** : 알돈산 – 글루콘산 / 우론산 – 글루쿠론산, 만누론산, 갈락투론산 / 당산(알다르산) – 글루카르산, 갈락타르산

(6) 배당체

① **식물** : 색소물질

② **동물** : cerebroside(뇌지질에 포함)

③ **당 + 비당(aglycone)** : 탈수축합 통해 에테르결합 형성

분류	결합당	비당	함유식품 및 특징
solanine	glucose + galactose + rhamnose	solanidine	• 감자의 녹색·발아 부위에 함유 • 알칼로이드 배당체
anthocyanin	glucose, galactose, rhamnose	anthocyanidin	• pH에 따라 색이 변함 • 가지, 포도 등에 함유
naringin	glucose + rhamnose	naringenin	• neohesperidose + naringenin • 밀감류 쓴맛의 원인물질 • 가수분해 되면 쓴맛 없어짐

분류	결합당	비당	함유식품 및 특징
hesperidin		hesperetin	• rutinose+hesperetin • flavanone에 속하는 배당체 • 밀감이나 레몬 음료 백탁의 원인물질
rutin	glucose+rhamnose	quercetin	• rutinose+quercetin • 메밀에 함유 – 고혈압 예방성분 • 플라보노이드 계통의 배당체 • 비타민 P(혈관을 튼튼하게) • 건강식품이나 의약품의 원료로 이용

03 소당류

(1) 이당류

① 환원성 이당류

maltose (맥아당, 엿당)	• (α-glucose + α-glucose) α-1,4 결합 • 전분의 가수분해에 의해 얻을 수 있음(천연에 거의 존재하지 않음) • 물엿, 맥아 및 발아 곡류에 많이 존재 / 효모에 의하여 발효가 이루어짐
isomaltose	• (α-glucose + α-glucose) α-1,6 결합 / maltose의 이성질체 • 전분의 가수분해에 의해 얻을 수 있음 / 청주, 식혜, 벌꿀, 물엿 등에 함유
lactose (유당, 젖당)	• (β-galactose + β-glucose) β-1,4 결합 ▶ β-lactose 　(β-galactose + α-glucose) β-1,4 결합 ▶ α-lactose • 단맛 : β형 > α형 • 유산균의 영양원(정장작용), Ca 흡수 촉진 　　　　　　　　　　　　젖산균(유산균) 　　　　　lactose ⟶ lactate ⟶ pH↓ • 주로 포유동물의 유즙에 존재 / 보통의 효모로는 발효되지 않음
cellobiose	• 섬유소(cellulose)의 구성성분 / (β-glucose + β-glucose) β-1,4 결합 • 유리상태로는 존재하지 않음 / 단맛 없음
gentiobiose	• (β-glucose + β-glucose) β-1,6 결합 • gentianose(삼당류), amygdalin(배당체, 청매)의 구성성분 / 단맛 없고, 쓴맛 있음
melibiose	(α-galactose + α-glucose) α-1,6 결합 / raffinose(삼당류)의 구성당
palatinose	(α-glucose + β-fructose) α-1,6 결합 / 식품 중에는 감미료로 이용
rutinose	(α-rhamnose + β-glucose) α-1,6 결합 / 배당체인 rutin(메밀), hesperidin의 구성당

② 비환원성 이당류

sucrose (설탕, 서당, 자당)	• (α–glucose + β–fructose) α–1,2 결합 • 비환원당(α, β의 이성질체 존재하지 않음) ▶ 감미의 표준물질 • 사탕수수나 사탕무에 함유 • 산이나 효소(invertase, sucrase)에 의하여 가수분해 ▶ 전화당(invert sugar) 생성 • 당류의 상대적 감미도 fructose > invert sugar > sucrose > glucose > maltose > galactose > lactose (170) (120~130) (100) (70) (30~40) (27~32) (16~23)
trehalose	• (α–glucose + α–glucose) α–1,1 결합 • 맥각에서 처음 발견되었으며 버섯, 효모에 다량 함유

보충 — 전화당(invert sugar)

(1) sucrose가 가수분해되어 우선성의 glucose와 좌선성의 fructose가 동량으로 생성되는 과정에서 fructose의 센 좌선성 성질의 영향을 받아 용액의 선광도가 변하게 됨
(2) 설탕보다 강한 단맛, 벌꿀 함유, 캔디 제조에 이용

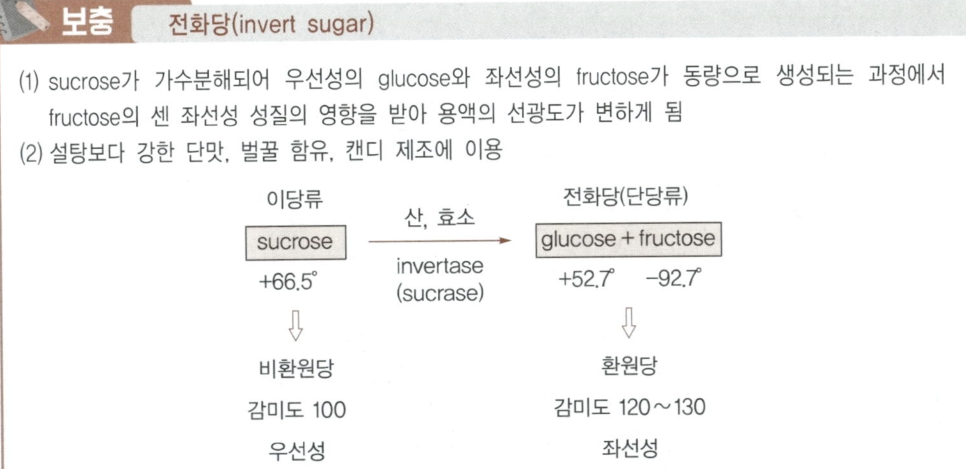

(2) 기타 소당류

① 삼당류

raffinose	• α–galactose + α–glucose + β–fructose / 효모에 의해 melibiose와 fructose로 분해 • 대두, 목화씨와 같은 식물의 종자나 뿌리에 주로 분포
gentianose	• β–glucose + α–glucose + β–fructose • invertin 효소에 의해 gentiobiose와 fructose로 분해 • 용담(龍膽) 속에 속하는 식물의 뿌리에 존재 / 단맛 없음

② 사당류

stachyose	• α–galactose + α–galactose + α–glucose + β–fructose raffinose • 대장 내 세균에 의해 발효 ▶ 가스 생성 / 면실과 대두에 함량이 비교적 높음

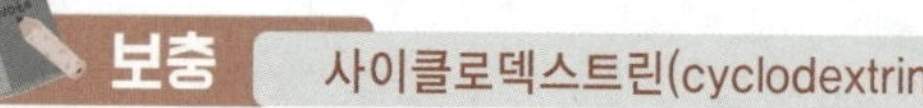

(1) 고리구조(6 ～ 10개의 D-glucose가 α-1,4 결합으로 연결)

(2) D-glucose의 수에 따라 각각 α-, β-, γ-, δ-, ε-cyclodextrin으로 분류

(3) 원뿔을 절단한 형태의 견고한 구조

   ① 원뿔 바깥쪽 : 친수성

   ② 원뿔 안쪽 : 소수성

   ③ 깊이 : 7.8Å(모두 동일)

   ④ 바깥지름 및 안지름 : 구성 D-glucose 단위의 수에 따라 다름

(4) 향미성분, 냄새성분, 비타민과 같은 식품 성분뿐만 아니라 약품, 살충제, 제초제 등의 방출, 안정화 등에 사용

(5) 바람직하지 않은 이취를 가리거나 제거

(6) 용해도가 낮은 화합물의 용해도 증가

(7) 사이클로덱스트린(CD)의 종류 및 특성

구분	α-CD	β-CD	γ-CD	δ-CD	ε-CD
글루코스의 수	6	7	8	9	10
분자량	972	1134	1296	1458	1620
깊이(Å)	7.8	7.8	7.8	7.8	7.8
윗지름(Å)	13.7	15.3	16.9	18.5	19.6
동공지름(Å)	5.7	7.8	9.5	11.0	12.1
색(요오드 반응)	청색	갈색	황색	무색	무색

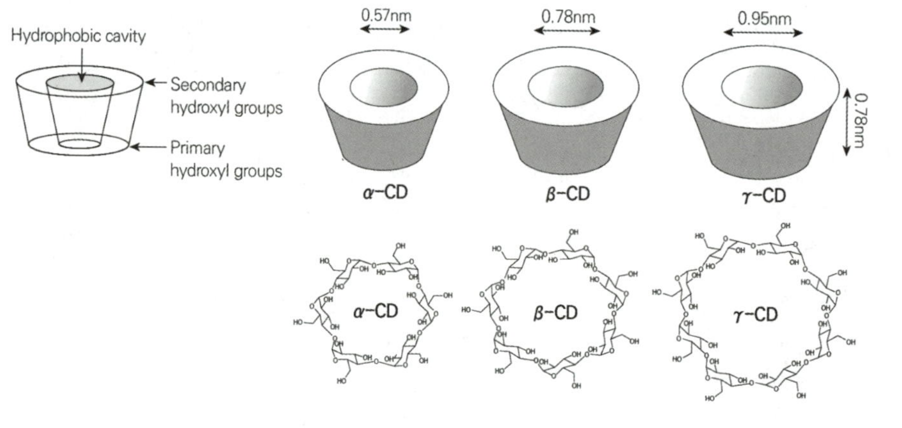

04 다당류

(1) 다당류의 개요

① 단당류 혹은 단당류의 유도체가 탈수축합하여 형성된 고분자화합물
② **역할** : 에너지 저장, 골격 및 세포벽 구성, 보호물질
③ 구성단위에 따라 단순다당류(구성당 1개), 복합다당류(구성당 2개 이상)로 나눔
④ **특징** : 단맛 없음, 불용성, 비환원당

❚ 특성에 따른 다당류의 분류 ❚

구조	형태	직선형	셀룰로스, 아밀로스, 펙틴
		분지형	아밀로펙틴, 글리코겐
	구성단위	단순당	전분, 셀룰로스, 이눌린, 덱스트린, 글리코겐
		복합당	헤미셀룰로스, 펙틴, 검류, 뮤코다당류
기능	저장다당류		전분, 이눌린, 글리코겐
	구조다당류		셀룰로스, 펙틴, 키틴
출처	식물성 다당류		전분, 셀룰로스, 펙틴, 이눌린
	동물성 다당류		글리코겐, 키틴, 황산콘드로이틴
	해조 다당류		한천, 알긴산, 카라기난
	미생물성 다당류		덱스트란, 잔탄검

(2) 단순다당류

① 전분

- 천연에 가장 광범위하게 분포하는 식물성 저장 탄수화물 / 가라앉는 가루라는 뜻 ▶ 녹말
- 식물체의 광합성 작용에 의해 형성

㉠ 전분의 특징
- 글루코스가 중합을 이룬 고분자 화합물 구조 / 불용성(수용액 중에서 현탁액)
- 물보다 비중이 큼(전분의 비중 = 1.5 ~ 1.6) / 백색, 무미, 무취
- 전분입자의 형태와 크기 : 식물체의 종류와 저장되는 위치에 따라 다양
  - 지상전분 : 쌀, 밀, 옥수수 ▶ 크기가 작고 일정
  - 서류전분 : 감자, 고구마 ▶ 크기가 크고 불균일

㉡ 전분의 조성
- glucose 중합체 ▶ <u>amylose</u> + <u>amylopectin</u>
  (α-1,4 결합, 직선형)　　(α-1,4 / α-1,6 결합, 가지형)

• amylose와 amylopectin의 비율

구분	amylose	amylopectin
대부분 전분	20 ~ 25%	75 ~ 80%
찹쌀, 찰옥수수	0 ~ 6%	94 ~ 100%

ⓒ 아밀로스(amylose)

- α-1,4 결합, 직선사슬구조 / 나선구조(glucose 6 ~ 7 분자마다 한 번씩 구부러짐)
- 내부 : 소수성 / 외부 : 친수성
- 요오드와 포접화합물 형성 ▶ 청색

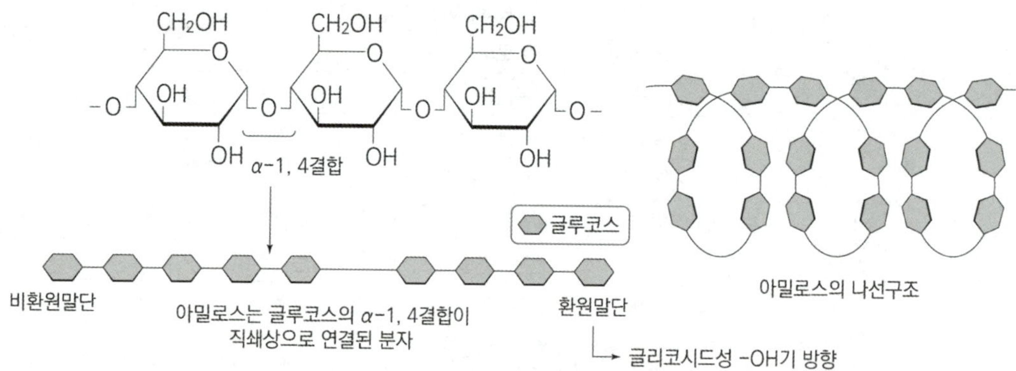

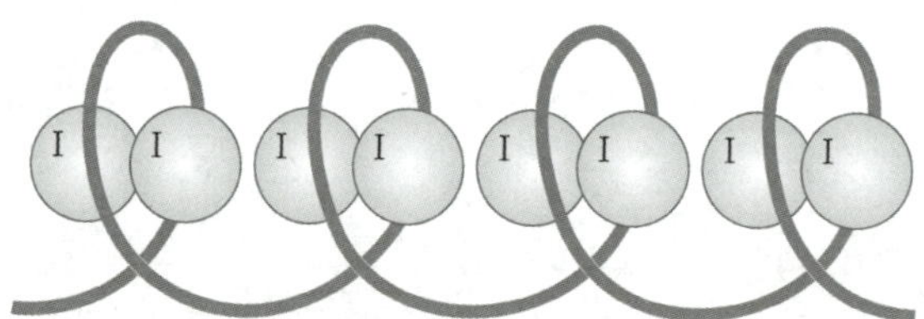

ⓓ 아밀로펙틴(amylopectin)

- α-1,4 결합(linear), α-1,6 결합(branch) / 글루코스 15 ~ 30개마다 가지를 지님
- 요오드와 포접화합물을 형성하지 못함 ▶ 적자색

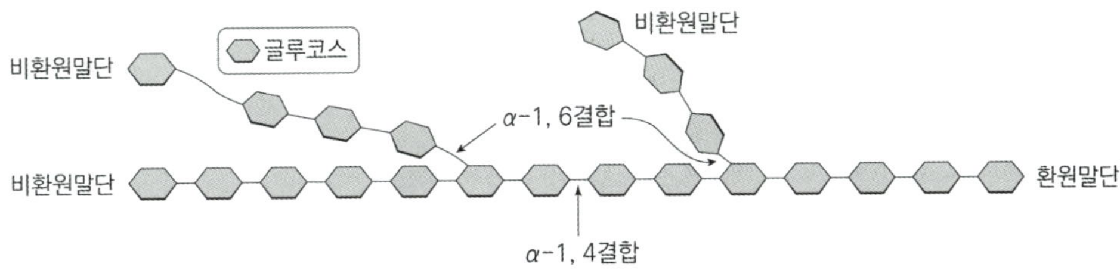

• 분자구조 : 다발(cluster) 형태

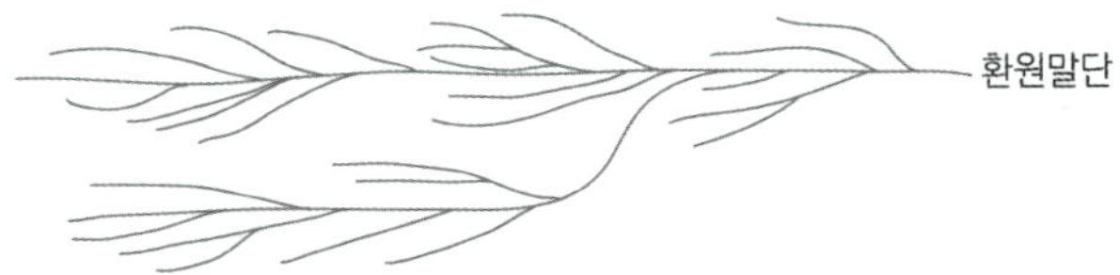

아밀로펙틴의 가지구조

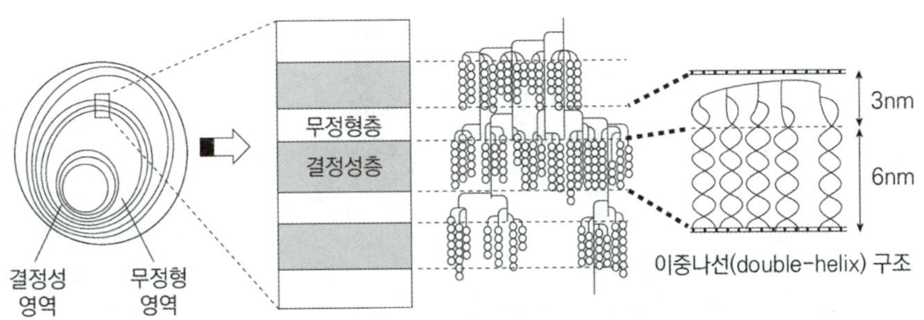

┃ 아밀로스와 아밀로펙틴의 특성 ┃

구분	아밀로스	아밀로펙틴
모양	직선형, glucose가 6개 단위로 된 나선형	가지를 친 나뭇가지 모양
결합방식	α-1,4 결합 (maltose 결합양식)	α-1,4 및 α-1,6 결합 (maltose, isomaltose 결합양식)
분자량	40,000 ~ 340,000	4,000,000 ~ 6,000,000
요오드 반응	청색	적자색
수용액에서의 안정도	노화	안정
용해도	거의 녹지 않음	잘 녹음
환원성말단의 수	1개	1개
비환원성말단의 수	1개	다수
X선 분석	고도의 결정성	무정형
호화 반응 / 노화 반응	쉬움 / 쉬움	어려움 / 어려움
포접화합물	형성함	형성 안 함
함량	약 20%	80 ~ 100%

ⓜ 전분의 구조 및 결정성

- amylose + amylopectin → 수소결합 → micelle + micelle → 전분
- 전분입자
  - 복굴절현상 : 결정성영역과 비결정성영역 층이 교대로 나타남
  - 결정성영역(30%) + 비결정성영역(70%) / 방사상으로 성장
  - X선 조사 : 결정성영역 – 산란, 비결정성영역 – 투과

▌전분의 X선 회절도형▐

형태	A type	B type	C type	V type
전분 종류	쌀, 밀, 옥수수	감자, 밤, 바나나	고구마, 칡, 녹두	호화전분

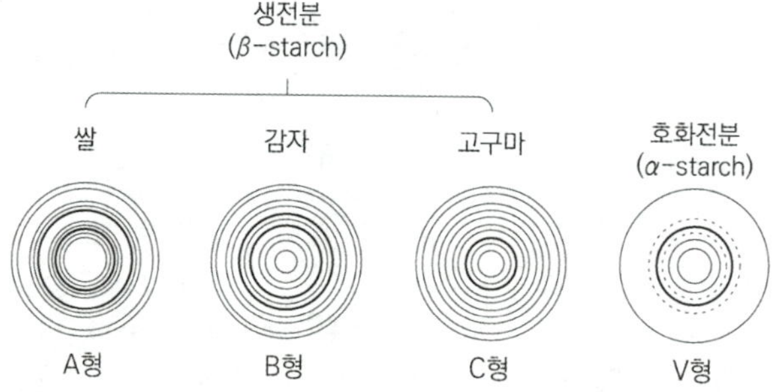

ⓗ 전분의 호화(α화, gelatinization)

$$\text{생전분(β-전분)} \xrightarrow[\triangle \ (\text{가열 } 60 \sim 70℃)]{+H_2O} \text{호화(α-전분)}$$

- 1단계 : 수화(hydration)
  - amylose와 amylopectin 분자의 –OH기와 물 사이에 수소결합 형성
  - 소량의 물을 흡수 / 가역적 반응 ▶ 흡수된 물은 건조하면 쉽게 제거
- 2단계 : 팽윤(swelling)
  - 전분 현탁액의 온도↑ ▶ 전분 입자가 많은 물을 흡수 ▶ 비가역적 반응
  - amylose 또는 amylopectin 분자 간의 간격 늘어남 → 전분 입자의 붕괴 직전
- 3단계 : 교질(colloid)
  - 전분입자들 붕괴, 미셀구조 파괴 ▶ 전분분자 활동 자유로워짐
  - 전분입자들 형태 소실, 투명한 교질용액(sol)으로 변함 → 복굴절 상실 / 비가역적 변화
  - 교질용액의 점도는 최대치에 이르렀다가 전분입자들의 붕괴로 점도는 급속히 감소

❙ 전분의 호화에 영향을 미치는 인자 ❙

요인	영향
전분의 종류	• 전분 입자 크기↑ ▶ 호화속도↑(호화온도↓) • 호화온도 : 입자가 작은 곡류 전분(쌀, 옥수수) > 입자가 큰 서류 전분(감자, 고구마) • 호화속도 : 입자가 작은 곡류 전분(쌀, 옥수수) < 입자가 큰 서류 전분(감자, 고구마) • amylopectin 함량↑ ▶ 호화속도↓
수분함량	수분함량이 많을수록 호화 촉진
온도	• 온도가 높을수록 호화시간 단축 • 호화온도 : 60℃ 전후
pH	알칼리성 : 호화 촉진
염류	대부분의 염류 : 호화 촉진(예외 황산염 : 호화 억제) ※ 팽윤제(swelling agents) : NaOH, KOH, KCNS, KI, NH_4NO_3, $AgNO_3$ 　－ 적정 농도의 팽윤제를 가하면 실온에서도 호화 가능(0.5% NaOH 첨가 시) 　－ 보통 음이온이 팽윤제로서 작용이 크며, 그 순서는 $OH^- > CNS^- > I^- > Br^- > Cl^-$

㉿ **전분의 노화(β화, retrogradation)**

- 호화된 전분을 방치해 두면 불규칙적인 배열을 하고 있던 전분분자들이 수소결합을 형성하면서 새로운 형태의 규칙성을 띠는 결정성 영역을 형성함
- 호화상태의 불규칙적인 배열을 하고 있던 sol 상태의 전분입자들이 수소결합에 의하여 부분적으로 규칙적인 분자배열을 한 미셀구조를 다시 생성
- X－선 회절도 : B type
- 주로 아밀로스 분자 간의 수소결합에 의해 발생
- 아밀로펙틴 분자 간의 결합에 의한 노화는 잘 일어나지 않음

❙ 전분의 노화에 영향을 미치는 인자 ❙

요인	영향
전분의 종류	• 전분 입자의 크기가 작은 전분이 노화가 빠름 • 아밀로스 함량이 높을수록 노화가 빠름
전분 농도	전분의 농도가 높을수록 노화속도가 빨라짐
수분함량	• 수분함량 30 ~ 60% : 노화가 잘 일어남 • 수분함량 30% 이하 : 전분분자가 그대로 고정되어 노화되기 어려움 • 수분함량 60% 이상 : 전분분자가 회합되기 어려움

요인	영향
온도	• 0 ~ 4℃ 부근의 냉장 온도에서 노화가 가장 잘 일어남 • 60℃ 이상 또는 -20℃ 이하 : 노화 거의 일어나지 않음
pH	• 알칼리성일수록 노화가 억제됨(전분의 수화를 촉진) • 강산은 노화를 촉진함 • 중성, 약산성은 노화에 큰 영향을 주지 않음
염류	• 무기염류는 노화를 억제 • 황산염은 노화를 촉진 • 음이온 : $CNS^- > PO_4^{3-} > CO_3^{2-} > I^- > NO_3^-$ 순으로 호화를 억제하고 노화 억제 • 양이온 : $Ba^{2+} > Sr^{2+} > Ca^{2+} > K^+ > Na^+$ 순으로 호화를 억제하고 노화 억제

❙ 전분의 노화 억제 방법 ❙

방법		응용한 식품의 예
수분 (15% 이하)	고온(80℃ 이상)	α화미, 쿠키, 비스킷, 과자, 건빵, 라면
	급속냉동(-20℃ 이하)	냉동쌀밥, 냉동면
온도	보온(60℃ 이상)	보온밥솥의 밥
첨가물	다량의 당 첨가	양갱(설탕이 탈수제로 작용 ▶ 노화 억제)
	유화제 첨가	빵(전분 콜로이드 용액의 안정도↑ ▶ 노화 억제)

◎ **덱스트린(dextrin)**

- 전분은 산, 알칼리, 효소 등에 의하여 쉽게 가수분해
- 전분이 가수분해되어 생성된 생성물 중 maltose와 glucose를 제외한 가수분해물의 총칭
- 가용성 전분 → 아밀로덱스트린 → 에리트로덱스트린 → 아크로모덱스트린 → 말토덱스트린 순으로 분해
- 전분과는 달리 gel을 형성하지 못하고 단맛이 있음

종류	요오드 반응	특성
가용성 전분 (soluble starch)	청색	• 냉수에는 잘 분산되지 않으나 뜨거운 물에 잘 분산됨 • 다른 덱스트린과 달리 전분유도체로 취급
아밀로덱스트린 (amylodextrin)	청색	• 가용성 전분과 유사한 특성을 지님 • 분자량은 10,000 이상이며 냉수에 잘 녹지 않음 • 환원력* : 0.6 ~ 2 • 40% 알코올에 침전**
에리트로덱스트린 (erythrodextrin)	적자색	• 분자량은 6,000 ~ 7,000으로 1 ~ 3% 정도의 말토스 함유 • 환원성이 있으며 냉수에 잘 녹음 • 환원력 : 3 ~ 8 • 65% 알코올에 침전

종류	요오드 반응	특성
아크로모덱스트린 (achromodextrin)	무색	• 분자량은 3,000 ~ 4,000으로 환원성이 있음 • 환원력 : 10 • 70% 알코올에 침전
말토덱스트린 (maltodextrin)	무색	• 맥아당으로 분해되기 직전의 상태 • 중합도가 가장 작은 덱스트린 • 환원력 : 26 ~ 43 • 70% 알코올에 침전

* 환원력(reducing power) : 말토스의 환원력을 100으로 했을 때
** 침전시키는 데 필요한 알코올의 종류

> **보충 전분의 호정화(dextrinization)**
>
> (1) 전분에 물을 가하지 않고 150 ~ 190℃ 정도의 높은 온도에서 가열
> (2) 열분해에 의한 화학적 분해가 일어나는 현상
> (3) 물에 녹기 쉬움
> (4) 점성이 낮은 용액을 만들어, 효소 작용 용이
> (5) 뻥튀기, 팝콘, 미숫가루, 루(roux)

ⓩ **전분분해효소**

종류	소재 및 특성
α−amylase	• 타액(ptyalin), 췌장액, 발아 중인 종자, 미생물 등에 존재 • 전분분자들의 α−1,4 결합을 무작위로 가수분해 → dextrin, maltose, glucose 생성 • amylopectin의 α−1,6 결합을 분해하지 못함 → α−limit dextrin 생성 • 액화효소, 점도가 급격히 감소 / 물엿, 결정포도당을 만들 때 이용
β−amylase	• 감자류, 곡류, 두류, 엿기름, 타액에 존재 • 전분분자들의 α−1,4 결합을 끝에서부터 maltose 단위로 가수분해 → maltose 생성 • amylopectin의 β−1,6 결합을 분해하지 못함 → β−limit dextrin 생성 • 당화효소
glucoamylase	• 동물의 간조직과 각종 미생물에 존재 • 전분분자들의 α−1,4 결합, α−1,6 결합을 glucose 단위로 끝에서부터 가수 분해 → glucose 생성 • amylose는 100% 분해, amylopectin은 80 ~ 90% 분해 • 고순도의 결정포도당을 공업적으로 생산하는 데 이용
isoamylase	• 가지절단효소(debranching enzyme) • amylopectin의 α−1,6 결합에 작용 → 분지 제거

┃ α-아밀레이스와 β-아밀레이스 비교 ┃

α-아밀레이스	β-아밀레이스
• endoenzyme	• exoenzyme
• 무작위 가수분해	• 말토스 단위로 가수분해
• α-1,4(○), α-1,6(×)	• α-1,4(○), α-1,6(×)
• α-한계 덱스트린(분자량 작음)	• β-한계 덱스트린(분자량 큼)

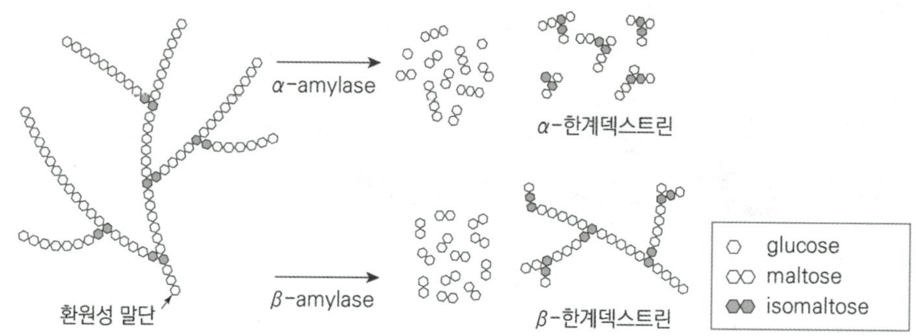

    ㉭ **저항전분(resistant starch, RS)**
- 직선형의 짧은 α-glucan으로 되어 있으며, 결정성구조를 지님
- 전분의 아밀로스 사슬은 식품의 가공공정 중 일부 노화의 진행을 통해 인체에서 분비되는 소화효소의 작용을 받지 않고 장관 내 세균에 의해 발효되는 저항전분(난소화성 전분)을 형성함
- 종류
  - RS1(물리적으로 접근이 불가한 전분) : 부분적으로 도정된 곡물종자, 씨앗, 두류 등 물리적으로 소화효소가 접근하기 어려운 세포벽 조직에 갇혀 있는 형태의 전분
  - RS2(천연 입자성 전분) : 감자전분, 녹색바나나전분, 고아밀로스 옥수수 전분과 같은 천연 생전분에서 결정구조의 입자 형태로 존재
  - RS3(노화전분) : 조리, 굽기, 고온가압처리 등과 같이 비교적 수분함량이 많고 높은 온도 조건에서 이루어지는 공정을 거쳐 제조한 식품(빵, 시리얼, 익힌 후 냉각한 감자 등)에서 주로 형성
- 생리적 기능성 : 배변량의 증가, 단쇄지방산을 포함한 유용한 2차 대사산물 생산, 혈중 콜레스테롤 저하, 대장암 예방, 혈당 저하 등
- 기존 식이섬유에 비해 낮은 보습력, 높은 백색도, 이미/이취가 적은 특징을 지니고 있어 제빵, 제과, 스낵류 등에 특징적인 조직감을 부여함 → 저칼로리 기능성 식품 소재로 사용

② **글리코겐(glycogen)**
    ㉠ 동물성 저장 탄수화물, 기본 단위는 glucose

ⓒ 아밀로펙틴에 비해 중합도는 작은 반면, 가지가 많음(glucose 8 ~ 10개)

ⓒ 요오드와 반응하여 적갈색을 나타냄 / 호화나 노화 현상 일어나지 않음

③ **셀룰로스(cellulose)**

㉠ 결정성 섬유상 다발 / 식물체 세포벽의 주성분

㉡ glucose β-1,4 결합 : cellobiose 단위로 길게 결합한 직선형태

㉢ 인체 내에는 효소(cellulase)가 존재하지 않기 때문에 소화하지 못함 ▶ 장운동 자극,
배설 촉진

④ **이눌린(inulin)**

㉠ (β-fructose + β-fructose) β-1,2 결합 / 돼지감자, 달리아 뿌리 및 우엉의 저장성분

㉡ 요오드와 정색반응 일어나지 않음 / 산에 의해 쉽게 가수분해

㉢ 체내에 소화효소(inulinase)가 없어 소화·흡수되지 않음

㉣ 콜레스테롤 개선, 식후 혈당상승 억제, 배변활동 원활

⑤ **키틴(chitin)**

㉠ 새우, 게, 곤충의 껍질을 구성하는 동물성 구조다당류

㉡ N-acetyl glucosamine이 β-1,4 결합으로 연결 ▶ 직선상구조

㉢ 물, 묽은 산, 묽은 알칼리에 녹지 않음 / 체내에서 소화·흡수되지 않음

㉣ 강알칼리로 처리 ▶ 키토산(glucosamine 중합체 - 혈당, 혈압 강하 효과)

[키틴]

[키토산]

⑥ **베타글루칸(β-glucan)**

    ㉠ 곡류의 겨층, 귀리, 보리, 효모의 세포벽, 버섯류에 많이 함유

    ㉡ β-D-glucopyranose 단위가 β-1,4 및 β-1,3 결합 ▶ 직선형

    ㉢ 물분자와의 친화성이 커져 쉽게 수화되어 점도가 높은 용액을 형성(수용성)

    ㉣ 전단력 및 인장력에 대한 저항성이 약함

    ㉤ 인체 내의 소화효소로는 분해되지 않음

    ㉥ 대장에 존재하는 장내세균에 의해 β-1,3 결합이 가수분해

    ㉦ 장관 내의 내용물의 점도를 높여 glucose의 흡수를 저해함으로써 혈당치를 낮추고 인슐린 반응을 저하

    ㉧ 혈중 콜레스테롤 농도 저하, 면역증강작용, 항암활성 및 피부재생·보호 효과 등의 생리활성기능

(3) 복합다당류

① **헤미셀룰로스(hemicellulose)**

    ㉠ 식물의 세포벽 성분에서 cellulose를 뺀 여러 가지 다당류의 혼합물

    ㉡ β-D-xylopyranose가 직선형 분자를 이루고 짧은 가지들이 많이 뻗어 있는 형태

❚ cellulose와 hemicellulose의 비교 ❚

cellulose	hemicellulose
단순 다당	복합 다당
결정성의 섬유상 다발	무정형의 비섬유상 물질
D - glucose	D - xylose + α
산에 의해 분해되지 않음	산에 의해 쉽게 가수분해
알칼리에 녹지 않음	알칼리에 녹음

② **펙틴질(pectin substances)**

    ㉠ 특징

      • 식물의 세포와 세포벽 사이에 존재, 세포와 세포를 결착

      • 갈락투론산(galacturonic acid) α-1,4 결합 ▶ 직선형 나선구조

      • galacturonic acid의 카복실기가 methylester화 되었거나 Ca이나 Na과 결합하여 염을 형성할 수 있음

종류	특징
프로토펙틴 (protopectin)	• 덜 익은 과일에 존재 / 펙틴질의 모체(불용성)로 gel 형성 능력 없음 • Ca이나 Mg 등의 이온과 결합하거나 cellulose, hemicellulose 등과 결합하여 3차원의 망상구조 형성 • 과일이 익어감에 따라 가수분해 → 수용성 펙틴과 펙틴산으로 전환
펙틴 (pectin) 펙틴산 (pectinic acid)	• 성숙한 과일에 존재 / 수용성, gel 형성 능력 있음 • 분자 속에서 메틸에스터($-COOCH_3$) 형태로 존재하지 않는 카복실기($-COOH$)가 중성염이나 산성염 혹은 그 혼합물로 존재
펙트산 (pectic acid)	• 과숙한 과일에 존재 / 수용성, 찬물에 녹지 않음, gel 형성 능력 없음 • 분자 속의 카복실기($-COOH$)가 전혀 메틸에스터($-COOCH_3$)의 형태로 되어 있지 않으며, 중성염이나 산성염 혹은 그 혼합물로 존재

ⓛ **펙틴의 겔화**

ⓐ **펙틴과 메톡실(methoxyl group) 함량**

- 자연에 존재하는 펙틴에서의 최대 함량은 약 14%

7% 기준 ┌ 7% 이상의 메톡실기 함유 : 고메톡실펙틴(HM)
└ 7% 이하의 메톡실기 함유 : 저메톡실펙틴(LM)

- 산성 pH하에서 펙틴분자들은 분자 내 free carboxyl기가 해리
  - 음의 전하를 갖고 있기 때문에 물 분자들에 의해 강하게 수화
  - 펙틴분자들 상호 간의 음전하에 의한 반발 ▶ 비교적 안정화

ⓑ **고메톡실펙틴의 겔 형성 조건 : pH 3.0 ~ 3.6, 당함량 : 50% 이상**

- 산을 가하면 H^+ 이온이 증가하고 carboxyl기의 해리는 감소 ▶ 전기적으로 중화가 이루어져 분자 간 반발력이 감소되며, 불안정해진 펙틴분자들이 서로 상호 결합하면서 쉽게 3차원 망상구조가 형성
- 당함량 50% 이상 : 펙틴에 대한 탈수제로 작용 ▶ 펙틴의 불안정화 가속화

ⓒ 저메톡실펙틴의 겔 형성 조건 : 낮은 pH 및 칼슘이온 등 다가 양이온들이 필요
  • 메톡실기가 결합되지 않은 free carboxyl기가 많음
  • 양이온들과 결합함으로써 양이온을 매개로 한 펙틴 분자 사이의 결합을 유도하여
    3차원 망상구조의 겔이 형성

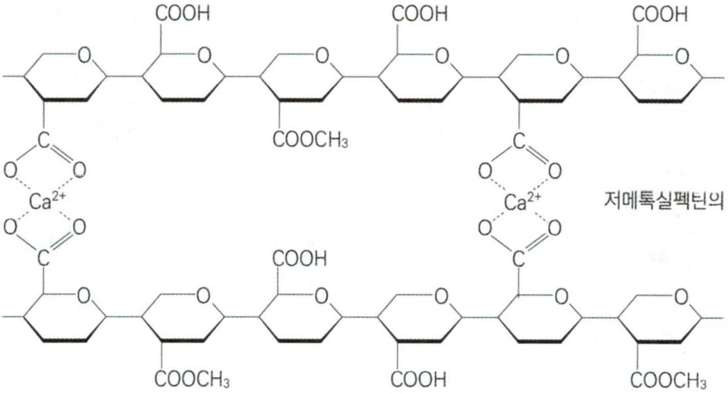

저메톡실펙틴의 Ca^{2+}에 의한 겔화

ⓓ 펙틴 분해 효소

종류	특징
protopectinase	• 과일이 익어감에 따라 불용성인 protopectin을 가수분해하여 수용성 펙틴으로 만들어주는 효소 • 과일의 조직이 먹기 좋게 연해짐
pectin(methyl) esterase (PE)	• pectin의 methylester 결합을 가수분해 • 연화억제효소 : 과실이나 채소의 조직이 더 단단해질 수 있음 • 포도주 등의 발효과정에서 메탄올 생성 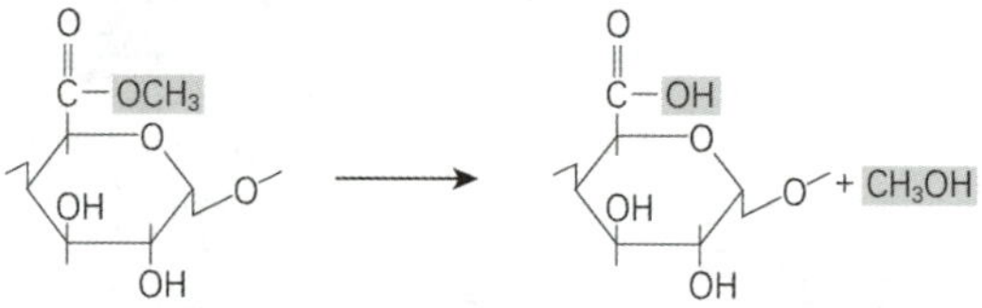
polygalacturonase (PG)	• galacturonic acid를 가수분해하여 분자의 크기를 감소시킴 • 연화촉진효소 : 절임식품의 연부현상 유발 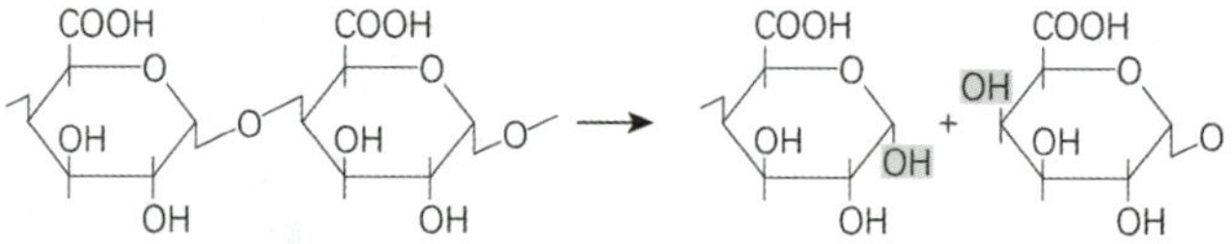

종류	특징
pectin lyase (PL)	• endo – pectin lyase, pecetin methyltranseliminase, pectolyase • pectin의 주 사슬인 polygalacturonic acid의 $\alpha-1,4$ 결합을 C_4 위치에서 절단하는 동시에 C_5의 수소결합을 절단하여 C_4와 C_5 사이에 이중결합을 형성 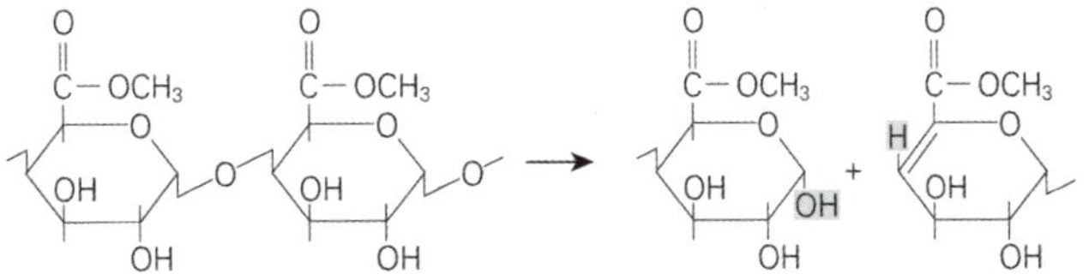

02 Chapter 기출문제

2008년 3회

01 탄수화물 중 오탄당의 종류를 3가지 쓰시오.

모범답안

- 리보스(ribose)
- 자일로스(xylose)
- 아라비노스(arabinose)

2023년 2회, 2020년 2회

02 화학구조식에 맞는 당의 종류를 쓰고, 환원당/비환원당을 구분하여 표시하시오.

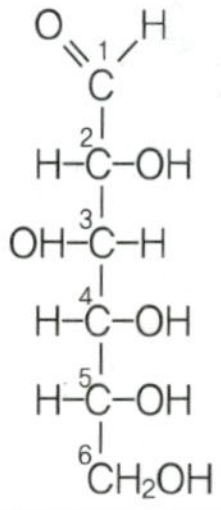	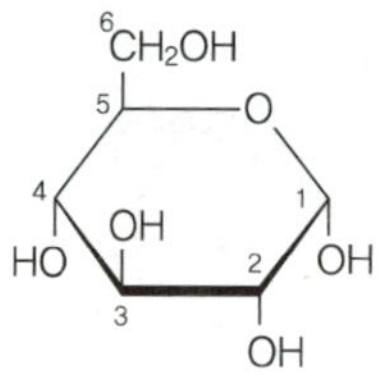	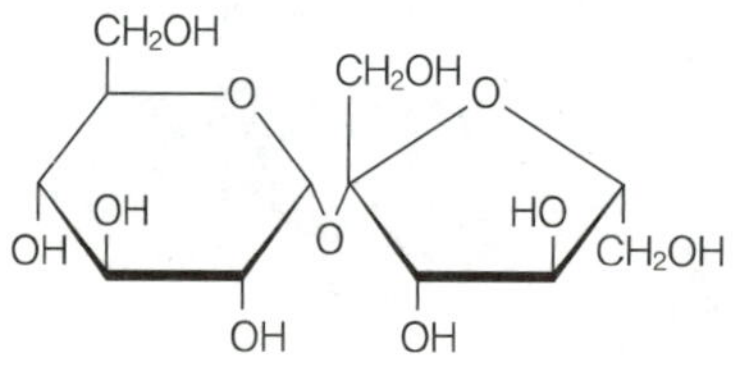
(①)	(②)	(③)

모범답안

① glucose – 환원당
② glucose – 환원당
③ sucrose – 비환원당

해설

설탕(sucrose)의 경우, 글루코스의 C_1과 프럭토스의 C_2가 $\alpha-1,2$ 결합으로 이루어진 당이다. 글루코스와 프럭토스의 glycoside-OH는 각각 C_1과 C_2이므로 glycoside-OH끼리 결합된 설탕은 환원성을 지니지 않는다.

03   Fehling 반응에 의해 생성되는 적색 침전의 명칭과 화학식을 쓰시오.

모범답안

- 명칭 : 산화구리(Cu_2O)
- 화학식 : $R-CHO + 2Cu^{2+} + 5OH^- \rightarrow R-COO^- + Cu_2O + 3H_2O$

참고

단당류의 환원성

- 알칼리수용액에서 자신은 산화되고 다른 물질은 환원시키려는 성질을 지님
- 환원당 시험법
  - 펠링(Fehling, Cu^{2+}, 적자색 침전) 반응
  - 베네딕트(Benedict, Cu^{2+}, 녹갈색 ~ 황적색 침전) 반응
  - 은경(Tollen, Ag^+, 은 침전) 반응 : $R-CHO + 2[Ag(NH_3)_2]^+ + 3OH^- \rightarrow R-COO^- + 2Ag + 4NH_3 + 2H_2O$

04   D – glucose에서 2번째 탄소의 구조가 다른 에피머(epimer)가 무엇인지 쓰고, 해당 에피머를 피셔(Fisher)법으로 구조식을 그리시오.

모범답안

만노스(mannose)

D-galactose, D-glucose, D-mannose 의 피셔 투영식 구조

해설

- 에피머(epimer) : 부제탄소에 결합된 원자나 원자단의 위치가 단 하나만 다른 이성질체
- D-glucose에서 2번째 탄소의 구조가 다른 에피머 : mannose
- D-glucose에서 4번째 탄소의 구조가 다른 에피머 : galactose

05

포도당 구조 내 부제탄소에 따른 입체이성질체의 수는?

모범답안

16개

06

cyclodextrin의 사용 목적 또는 효과를 3가지 쓰시오.

모범답안

- 바람직하지 않은 이취를 가리거나 제거한다.
- 착향료 및 착색료의 안정화(식품첨가물로 지정)한다.
- 용해도가 낮은 화합물의 용해도를 증가시킨다.
- 빛이나 산소에 예민한 물질을 보호한다.
- 식품의 점착성 및 점도를 증가시킨다.
- 유화안정성을 증진한다.

➕ 해설

cyclodextrin의 비극성 동공에 전부 또는 일부가 들어맞는 크기를 지닌 유기화합물이나 무기화합물과 결합하여 내포복합체(inclusion complex)를 형성한다. 이러한 특성을 이용하여 cyclodextrin은 빛이나 산소에 예민한 물질을 보호하는 데 사용되고, 향미성분·냄새성분·비타민과 같은 식품 성분뿐만 아니라 약품·살충제·제초제 등의 방출과 안정화 등에도 쓰인다. 또한 바람직하지 않은 이취를 가리거나 제거하는 데도 사용되며, 용해도가 낮은 화합물의 용해도를 증가시키는 데 이용되기도 한다.

07

다음 〈보기〉는 전분의 분해산물을 나열한 것이다. 분자량이 작아지는 순서대로 쓰시오.

〈보기〉
덱스트린, 맥아당, 올리고당, 포도당

모범답안

덱스트린 – 올리고당 – 맥아당 – 포도당

덱스트린(다당류) − 올리고당(소당류) − 맥아당(이당류) − 포도당(단당류)

08 단순다당류와 복합다당류의 정의를 쓰고, 전분과 펙틴이 어떤 다당류에 해당되는지 쓰시오.

모범답안

- 단순다당류 : 한 종류의 단당류로만 이루어진 다당류로, 전분은 단순다당류에 해당한다.
- 복합다당류 : 두 종류 이상 여러 종류의 단당류로 이루어진 다당류로, 펙틴은 복합다당류에 해당한다.

09 전분의 호화에 영향을 미치는 요인 3가지를 쓰시오.

모범답안

전분의 종류, 수분함량, 온도, pH, 염류

🔍 참고

전분의 호화에 영향을 미치는 요인

종류	영향
전분의 종류 (입자 크기 / 조성)	• 전분 입자의 크기가 큰 전분이 호화 속도가 빠름 • 입자가 작은 곡류 전분(쌀, 옥수수)이 입자가 큰 서류 전분(감자, 고구마)보다 호화온도가 높음 • 아밀로펙틴의 함량이 높을수록 호화 속도는 느림
수분함량	수분함량이 높으면 호화가 촉진됨
온도	• 온도가 높으면 호화시간 단축 • 호화온도 : 60℃ 전후
pH	• 알칼리성일수록 호화가 촉진됨 • 알칼리성 pH에서는 전분 입자의 팽윤과 호화가 촉진
염류	• 대부분의 염류는 전분의 호화를 촉진 • 황산염은 호화를 억제

10 전분의 노화 원리를 구조적으로 설명하시오.

모범답안

노화의 원리 : 호화 상태의 불규칙적인 배열을 하고 있던 졸(sol) 상태의 전분입자들이 수소결합에 의해서 규칙적인 미셀(micelle) 구조를 다시 생성하면서 노화가 발생한다.

참고

노화(β화) : 호화된 전분을 방치해 두면 불규칙하게 배열되어 있던 전분분자들이 수소결합을 형성하면서 생전분과는 다른 새로운 형태의 규칙성의 결정성 영역을 형성하는 현상

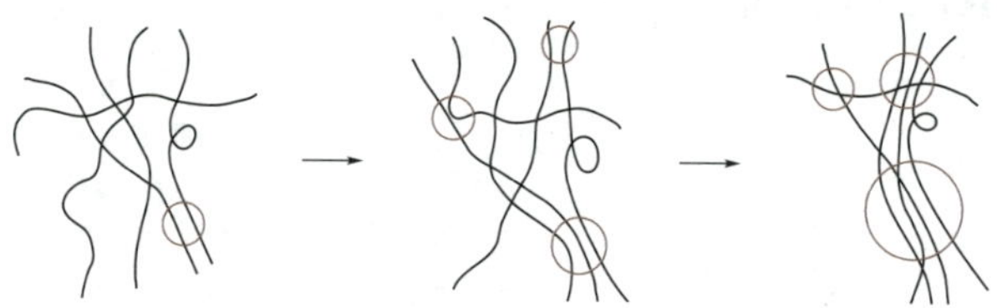

11 전분 노화에 따른 품질 저하를 지연시키기 위한 억제조건(수분함량, 온도, 첨가물)을 기술하시오.

모범답안

- 수분함량 : 수분함량 30% 이하 또는 60% 이상에서 노화가 잘 일어나지 않으며, 15% 이하에서는 노화가 거의 일어나지 않는다.
- 온도 : −20℃ 이하 또는 60℃ 이상에서 저장한다.
- 첨가물
  - 설탕(탈수제로 작용하여 노화를 억제)
  - 유화제(전분 콜로이드 용액의 안정도를 증가시켜 노화를 억제)

12 가수분해 정도를 나타내는 포도당 당량(dextrose equivalent, D.E.)을 구하는 계산식을 쓰시오.

모범답안

$$D.E. = \frac{환원당(포도당으로서 \%)}{고형분} \times 100$$

13 전분당 제조 시 D.E. 값이 높아지면 감미도와 점도는 어떻게 변하는지 쓰시오.

모범답안

점도는 낮아지고, 감미도는 높아진다.

14 전분의 가수분해 정도를 나타내는 D.E. 값을 측정한 결과, A는 45, B는 90이었다. 두 시료의 점도와 당도를 비교하여 괄호 안에 알맞은 단어를 쓰시오.

(1) 점도 : (　　　　　) > (　　　　　)
(2) 당도 : (　　　　　) > (　　　　　)

모범답안

(1) 점도 : A > B
(2) 당도 : B > A

15 난소화성 전분(resistant starch)의 종류 중에서 RS3형의 생성원리를 쓰시오.

모범답안

RS3는 노화된 아밀로스 결정을 포함하는 노화전분으로 조리, 굽기, 고온가압처리 등과 같이 비교적 수분함량이 많고 높은 온도 조건에서 이루어지는 공정을 거쳐 제조한 식품(빵, 시리얼, 익힌 후 냉각한 감자 등)에서 주로 형성된다.

참고

난소화성 전분(저항전분, resistant starch, RS)
- 전분의 아밀로스 사슬은 식품의 가공공정 중 일부 노화의 진행을 통해 인체에서 분비되는 소화효소의 작용을 받지 않고 장관 내 세균에 의해 발효되는 난소화성 전분을 형성함
- 난소화성 전분 소재는 존재하는 형태나 가공 방식에 따라 구분
  - RS1(물리적으로 접근이 불가한 전분) : 부분적으로 도정된 곡물종자, 씨앗, 두류 등 물리적으로 소화효소가 접근하기 어려운 세포벽 조직에 갇혀있는 형태의 전분
  - RS2(천연 입자성 전분) : 감자전분, 녹색바나나전분, 고아밀로스 옥수수 전분과 같은 천연 생전분에서 결정구조의 입자 형태로 존재

- RS3(노화전분) : 조리, 굽기, 고온가압처리 등과 같이 비교적 수분함량이 많고 높은 온도 조건에서 이루어지는 공정을 거쳐 제조한 식품(빵, 시리얼, 익힌 후 냉각한 감자 등)에서 주로 형성

• 생리적 기능성 : 배변량의 증가, 혈중 콜레스테롤 저하, 대장암 예방, 혈당 저하 등

2019년 2회, 2009년 1회

16

저메톡실 펙틴을 정의하고, 저메톡실 펙틴잼을 제조하기 위해 필요한 첨가물과 사용 목적을 쓰시오.

모범답안

• 정의 : 분자 내 메톡실기 함량이 7% 이하인 펙틴
• 첨가물 : 칼슘(Ca^{2+})이나 마그네슘(Mg^{2+})
• 사용 목적 : 2가 양이온이 펙틴 분자와 가교결합하여 3차원의 망상구조를 형성하므로 설탕을 첨가하지 않아도 겔이 형성되어 저당도 잼류 제조가 가능하다.

참고

펙틴과 메톡실(methoxyl group) 함량

• 자연에 존재하는 펙틴 내 메톡실기의 최대 함량은 약 14% 정도
• 고메톡실(high-methoxyl, HM) 펙틴 : 7% 이상의 메톡실기 함유
• 저메톡실(low-methoxyl, LM) 펙틴 : 7% 이하의 메톡실기 함유

고메톡실 펙틴	저메톡실 펙틴
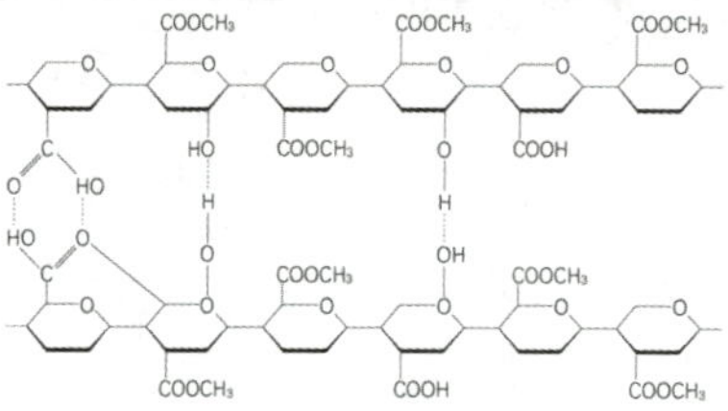	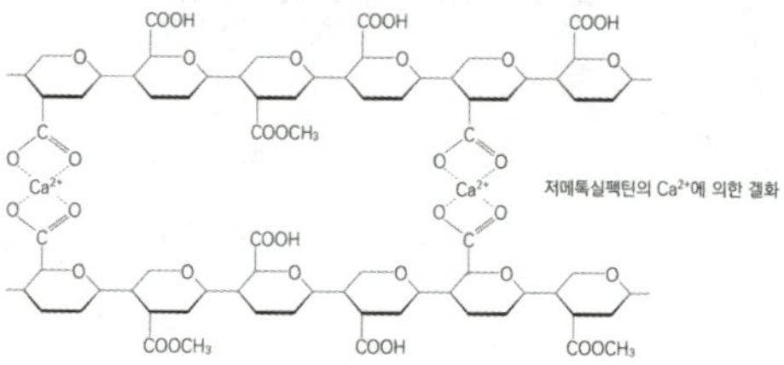
• 산(pH 3.0 ~ 3.6)과 당(60% 이상) 첨가 시 겔 형성 • 산 → 수소이온 증가에 의해 전기적으로 중화, 분자 간 반발력 감소, 불안정해진 펙틴분자들이 상호 결합 • 당 → 펙틴분자와 수화하고 있던 물분자를 빼앗아 불안정 가속화	• 칼슘 이온 등 2가 양이온 첨가 시 겔 형성 • 메톡실기가 없는 free carboxyl기가 상대적으로 많음 → 양이온과 결합하여 3차원 망상구조 형성 • 설탕을 첨가하지 않으므로 저당도 잼류 제조 가능

17 최근 비만이 각종 성인병의 원인이 됨이 밝혀짐에 따라 칼로리를 낮춘 식품 개발에 관심이 모아지고 있다. 통상 잼은 50% 이상의 당을 첨가하여 제조하는 고칼로리 식품이므로 소비가 기피되고 있다. 복숭아를 사용하여 열량이 낮은 저칼로리 잼을 만들고자 할 때 꼭 필요한 부재료 2가지를 쓰시오.

모범답안

- 저메톡실펙틴
- 칼슘(Ca^{2+})과 같은 2가 양이온

18 펙틴겔 제조 시 설탕을 넣고 pH를 낮춰 제조하기도 하지만, pH를 높여 제조하기도 한다. 이때 salt bridge를 형성하기 위해 사용하는 첨가물을 보기에서 고르시오.

〈보기〉
탄산수소나트륨, 칼슘, 니켈, 수소, 소금

모범답안

칼슘

19 다음 글을 읽고 빈칸에 알맞은 말을 채우시오.

김치의 연부 현상은 배추의 (①)이 분해되어 발생한다. 이 때 (②)을 사용하면 연부 현상을 막을 수 있다.

모범답안

① 펙틴(pectin)
② 칼슘(Ca^{2+}), 마그네슘(Mg^{2+})

참고

- **프로토펙티네이스(protopectinase)**
  - 식물 조직 내 세포막 사이에 존재
  - 불용성인 프로토펙틴을 가수분해하여 수용성인 펙틴으로 만들어주는 효소

- 과일의 조직이 먹기 좋게 연해짐

• **펙틴에스터레이스(pectinesterase)**
  - pectin의 methylester 결합을 가수분해
  - 감귤의 껍질, 곰팡이 등에 존재
  - 연화억제효소 : 과실이나 채소의 조직이 더 단단해질 수 있음

• **폴리갈락투로네이스(polygalacturonase)**
  - polygalacturonic acid를 가수분해하여 분자의 크기를 감소시킴
  - 연화촉진효소 : 절임 식품의 연부현상 유발

지질

01 개요 및 분류

(1) 지질의 분류

① 상온상태에 따른 분류

분류	지방(fat)	기름(oil)
상온에서의 상태	고체상	액체상
주요 출처	동물성 지방	식물성 기름
주요 구성 지방산	포화지방산	불포화지방산
주요 유지	우지, 돈지, 버터 (주로 동물성)	콩기름, 옥수수기름, 참기름, 들기름 (주로 식물성)
예외	팜유, 코코넛유(식물성) ▼ 상온에서 고체(포화지방산↑)	어유(동물성) ▼ 상온에서 액체(불포화지방산↑)

② 구성성분 및 구조에 따른 분류

분류			특징	종류
단순 지질	중성지질		글리세롤과 지방산의 에스터	모노 −, 다이 −, 트리아실글리세롤
	왁스		고급알코올과 고급지방산의 에스터	밀납, 경납
복합 지질	인지질	글리세로인지질	글리세롤, 지방산, 인산이 결합	레시틴, 세팔린
		스핑고인지질	스핑고신, 지방산, 인산이 결합	스핑고미엘린
	당지질	글리세로당지질	• 글리세롤, 지방산, 당질이 결합 • 식물의 엽록체에 존재	다이갈락토−다이아실글리세롤
		스핑고당지질	• 스핑고신, 지방산, 당질이 결합 • 동물의 세포막에 존재	갈락토−세레브로사이드
	지단백(아미노지질)		단백질과 결합한 지질	−
유도 지질	지방산		직쇄상으로 결합한 탄소사슬	−
	고급 알코올	스테롤	알칼리로 검화한 유지의 불검화물	콜레스테롤, 에르고스테롤
		고급1가 알코올	왁스를 구성하는 알코올	−

분류			특징	종류
유도 지질	각종 탄화 수소	스쿠알렌	심해 상어의 간유에 존재	−
		지용성 비타민	−	비타민 A, D, E, K
		지용성 색소	−	카로틴

③ **비누화(검화) 여부에 따른 분류**

㉠ **비누화** : 지질 $\xrightarrow[\text{가수분해}]{\text{알칼리}}$ 글리세롤 + 비누

㉡ **검화 가능** : 난순지질(중성지질, 왁스), 복합지질
㉢ **검화 불가능** : 유도지질

(2) 지방산

- 지질의 주요 구성성분
- 직쇄상으로 결합한 탄소사슬, $CH_3 - (CH_2)_n - COOH$
- 대부분 짝수 개의 탄소($C_4 \sim C_{30}$)
- $C_4 \sim C_8$: 저급지방산 / $C_8 \sim C_{12}$: 중급지방산 / $C_{12} \sim C_{30}$: 고급지방산

① **포화지방산**

㉠ 이중결합을 포함하지 않는 지방산 / 동물 지방에 많이 함유
㉡ 산화에 안정 / 탄소사슬이 길어질수록 융점과 비점이 높아짐
㉢ 자연계 대표적인 포화지방산 : 팔미트산($C_{16:0}$), 스테아르산($C_{18:0}$)

지방산명	탄소수	융점(℃)
butyric acid	4	−7.9
caproic acid	6	−4.3
caprylic acid	8	16.7
capric acid	10	31.6
lauric acid	12	44.2
myristic acid	14	53.9
palmitic acid	16	63.1
stearic acid	18	69.6
arachidic acid	20	75.3

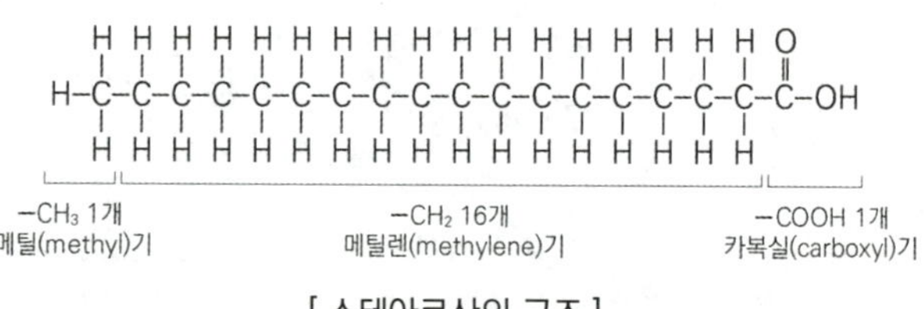

[스테아르산의 구조]

② **불포화지방산**

　㉠ 이중결합이 1개 이상 존재하는 지방산 / 상온에서 액체, 식물성 유지에 많이 함유

　㉡ 이중결합 부위에서 쉽게 산화 반응 일어남

　㉢ 불포화도가 클수록 융점이 낮아지고, 굴절률이 커짐

　㉣ **이중결합 부위는 대부분 cis 형태**

　　• 동일한 이중결합 개수를 지닌 경우, 융점은 cis형 < trans형

　　• 2개 이상의 이중결합 존재 시 대부분 비공액 형태로 배치

지방산명	탄소수: 이중결합수
oleic acid	18 : 1
linoleic acid	18 : 2
linolenic acid	18 : 3
arachidonic acid	20 : 4
eicosapentaenoic acid	20 : 5
docosahexaenoic acid	22 : 6

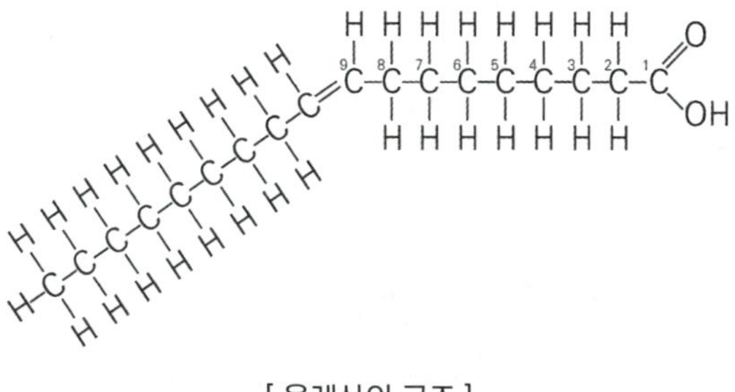

[올레산의 구조]

③ **필수지방산**

　㉠ 식품을 통해 반드시 공급해야 하는 지방산 ▶ 체내에서 합성하지 못하거나, 필요량만큼 합성하지 못함

　㉡ 리놀레산($C_{18:2}$), 리놀렌산($C_{18:3}$), 아라키돈산($C_{20:4}$)

　㉢ **기능** : 생체막의 구성성분, 혈중 콜레스테롤 함량 저하

④ **트랜스지방산**

　㉠ 트랜스구조를 한 개 이상 가지고 있는 비공액형의 모든 불포화지방산

　㉡ 불포화지방산에 수소 첨가 과정 중 이중결합이 cis형에서 trans형으로 변화한 것

　㉢ **경화유** : 액체(기름) ▶ 수소화 공정 ▶ 고체(마가린, 쇼트닝)

　㉣ 이중결합을 지니지만 포화지방산과 매우 비슷한 구조로 인해 심혈관 질환 유발

⑤ **오메가지방산**

　㉠ 지방산의 메틸기($-CH_3$)에서부터 번호를 붙임

　㉡ $\omega-3$: $\alpha-$리놀렌산, EPA, DHA(심근경색, 동맥경화 및 혈전 예방 효과)

　㉢ $\omega-6$: 리놀레산, $\gamma-$리놀렌산, 아라키돈산

　㉣ $\omega-9$: 올레산

ω-3계열 지방산

CH$_3$ ... 리놀렌산 ... COOH

CH$_3$ ... EPA ... COOH

CH$_3$ ... DHA ... COOH

ω-6계열 지방산

CH$_3$ ... 리놀레산 ... COOH

CH$_3$ ... 아라키돈산 ... COOH

▌ 주요 식용 유지의 지방산 조성 ▌

유지	지방산(%)											
	4:0	6:0	8:0	10:0	12:0	14:0	16:0	18:0	20:0	18:1	18:2	18:3
들기름							6.5	2.0		17.8	15.3	58.3
포도씨유							7.0	4.0		17.0	72.0	
해바라기유					0.5	0.2	6.8	4.7	0.4	18.6	68.2	0.5
대두유						0.1	11.0	4.0	0.3	23.4	53.2	7.8
옥수수유							12.2	2.2	0.1	27.5	57.0	0.9
유채유							3.9	1.9	0.6	63.1	18.3	9.2
참기름							9.9	5.2		41.2	43.2	0.2
면실류						0.9	24.7	2.3	0.1	17.6	53.3	0.3
현미유			0.1	0.1	0.4	0.5	16.4	2.1	0.5	43.8	34.1	1.1
올리브유							13.7	2.5	0.9	71.1	10.0	0.6
땅콩유						0.1	11.6	3.1	1.5	46.5	32.4	
팜유					0.3	1.1	45.1	4.7	0.2	38.8	9.4	0.3
팜핵유		0.3	3.9	4.0	49.6	16.0	8.0	2.4	0.1	13.7	2.0	
야자유		0.5	8.0	6.4	48.5	17.6	8.4	2.5	0.1	6.5	1.5	
버터	3.8	23	1.1	2.0	3.1	11.7	27.2	5.5		36	2.9	0.5
계지					0.2	1.3	23.2	6.4		41.6	18.9	1.3
돈지				0.1	0.1	1.5	24.8	12.3	0.2	45.3	9.9	0.1
우지				0.1	0.1	3.3	25.5	22.6	0.1	39.2	2.2	0.6

(1) 단순지질

① **중성지질(TG, triacylglycerol)**
　㉠ 글리세롤(3가알코올) + 3개의 유리지방산
　㉡ 동물성 지방과 식물성 유지의 주요 구성성분

② **왁스류(wax)**
　㉠ 고급지방산과 고급알코올의 에스터
　㉡ 식품으로서 영양적 가치는 없음
　㉢ 식물의 잎 표면 또는 동물체 체표부 등에 분포
　㉣ 카나우바왁스, 칸데릴라왁스, 밀납, 경납 등

(2) 복합지질

① **인지질(phospholipid)**
　㉠ **레시틴(lecithin)과 세팔린(cephalin)**
　　• 식물의 종자와 동물의 뇌, 신경계, 간, 심장, 난황에 많이 함유
　　• 구성하는 2개의 지방산 중 하나 이상은 불포화지방산
　　• 레시틴 : 글리세롤 한 분자 + 지방산 2분자 + 인산 + 콜린 ▶ 포스파티딜콜린
　　　– 친수성, 소수성 모두 지닌 양성물질
　　　– 강한 유화작용 ▶ 유화제
　　• 세팔린
　　　– 레시틴의 콜린 부위에 세린이 결합 ▶ 포스파티딜세린
　　　– 레시틴의 콜린 부위에 에탄올아민이 결합 ▶ 포스파티딜에탄올아민

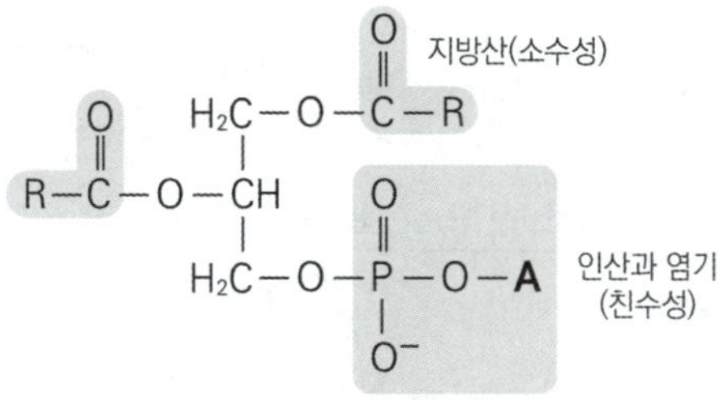

[기본 골격]

결합성분 (A)	$A = -CH_2CH_2\overset{+}{N}(CH_3)_3$ 콜린	$A = -CH_2CH_2NH_2$ 에탄올아민	$A = -CH_2CH_2COOH$ 　　　　$\mid$ 　　　NH_2 세린
글리세로인산	포스파티딜콜린 (레시틴)	포스파티딜에탄올아민 (세팔린)	포스파티딜세린 (세팔린)

ⓛ 포스파티딜이노시톨(phosphatidylinositol)

- 글리세롤 + 두 분자의 지방산 + 인산 + 미오이노시톨
- 동물의 뇌, 간장, 심장 조직과 콩·밀의 배아, 효모 등에 존재

ⓒ 스핑고미엘린(sphingomyelin)

- 스핑고신(sphingosine) + 지방산 ▶ 세라마이드(ceramide)
- 세라마이드 + 인산 + 콜린 ▶ sphingomyelin
- 스핑고신 : 지방산 : 인산 : 콜린 = 1 : 1 : 1 : 1
- 식물에는 존재하지 않고, 동물의 뇌, 중추신경계에 주로 존재

② **당지질(glycolipid)**

㉠ 세레브로사이드(cerebroside)

- ceramide + galactose = 스핑고신 + 지방산 + galactose
- 동물의 뇌, 비장 등의 지방조직과 신경조직의 수초 부분에 주로 존재

ⓛ 강글리오사이드(ganglioside)

- ceramide + 소당류(단당류 2개 이상)
- 신경조직의 신경절 세포에 주로 존재

(3) 유도지질

① 단순지질과 복합지질의 가수분해에 의해 생성되는 화합물 / 대표적인 불검화물
② 유리지방산(fatty acid)
③ **스테롤(sterol)**

    ㉠ 스테로이드핵 + 3′-OH ▶ sterol

    ㉡ 동물성 스테롤

        콜레스테롤 : 7-dehydrocholesterol $\xrightarrow{\text{자외선}}$ 비타민 D_3(cholecalciferol)

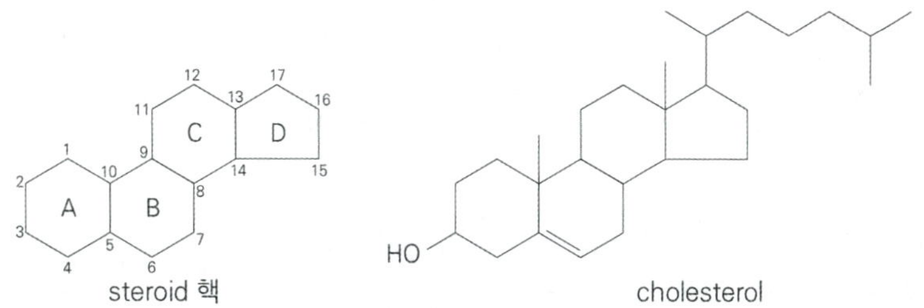

    ㉢ 식물성 스테롤

      • 에르고스테롤(효모, 표고버섯) $\xrightarrow{\text{자외선}}$ 비타민 D_2(ergocalciferol)

      • 시토스테롤 : 식물유지의 대표적인 스테롤

      • 스티그마스테롤 : 쌀겨유, 옥수수유, 대두유 등

④ **탄화수소**

    ㉠ **기본 구조** : 아이소프렌$(C_5H_8)_n$

    ㉡ 스쿠알렌, 지용성 비타민(비타민 K, 비타민 E) 등

⑤ **지용성 색소**

    ㉠ isoprene이 8개가 합쳐진 골격 : tetraterpene

    ㉡ **tetraterpene인 카로티노이드(carotenoid)** : 식물성 식품의 색소(빨간색, 노란색)

(4) 지질의 물리 · 화학적 특성

① 물리적 특성

용해도	① 물에 불용성, 유기용매에 용해 ② 저급지방산(탄소수 7개 이하)은 약간의 수용성 나타냄 ③ 동일한 용매에서는 탄소수↑, 불포화도↓ ▶ 용해도↓
융점	① 포화지방산의 탄소수↑ ▶ 융점↑ ② 불포화지방산 함량↑, 불포화도↑ ▶ 융점↓ ③ 불포화지방산 함량↑(식물성유지) : 대부분 상온에서 액체 　 불포화지방산 함량↓(동물성유지) : 대부분 상온에서 고체 ④ 지질은 여러 개의 녹는점을 지님 　• 중성지질(트리아실글리세롤)에 결합된 다양한 지방산 조성이 원인 　• 한순간에 녹지 않고 일정 범위 동안 서서히 녹음 　• 중성지질을 구성하는 지방산의 조성이 단순할수록 지질의 녹는점은 좁은 범위를 지님 　• 2개 이상의 결정형을 지님(동질이상현상)
굴절률	① 일반적인 유지의 굴절률 : 1.45 ~ 1.47 ② 탄소수가 많은 지방산 및 불포화지방산의 함량↑ ▶ 굴절률↑
비중	① 유지의 비중 : 0.92 ~ 0.94 (15℃ 측정 시) ② 지방산의 불포화도↑ ▶ 비중↑ ③ 저급지방산 함량↑ ▶ 비중↑ ④ 유리지방산↑ ▶ 비중↓
점도	① 포화지방산의 탄소수↑ ▶ 점도↑ ② 불포화도↑ ▶ 점도↓ ③ 저급지방산 함량↑ ▶ 점도↓ ④ 같은 탄소수의 지방산이 있을 때 불포화도↑ ▶ 점도↓
발연점	① 유지를 높은 온도에서 가열 시 표면에서 엷은 푸른색 연기가 발생할 때의 온도 　• 연기 : 아크롤레인, 지방산, 알데하이드, 케톤 ② 좋지 않은 풍미 생성 → 발연점이 높은 유지를 사용하는 것이 좋음 ③ 발연점이 낮아지는 경우 　• 유리지방산 함량↑ 　• 노출된 유지 표면적↑ 　• 불순물 함량↑ 　• 사용횟수↑
인화점	① 유지를 발연점 이상으로 가열하여 발생되는 증기가 공기와 섞여서 발화되는 온도 ② 유지의 발연점이 높으면 인화점도 높음(온도 : 발연점 < 인화점 < 연소점)
연소점	① 유지가 인화되어 계속적으로 연소를 지속하는 온도 ② 발연점과 인화점에 비해 유지 간의 차이가 크지 않음

(1) 단일화합물이 2개 이상의 결정형을 갖는 현상

(2) 유지에서 발견된 결정형 : α형, β'형, β형

(3) 같은 지방산으로 구성된 단순지질의 경우에도 동질이상을 나타내어 결정구조가 달라짐에 따라 녹는점이 변함

(4) 유지 결정형에 따른 특징

구분	α형	β'형	β형
융점	낮다	중간	높다
안정성	낮다	중간	높다
밀도	낮다	중간	높다
크기	5μm(판상결정)	1μm(침상결정)	25 ~ 50μm(크고 불규칙)
지방질의 단면구조 (X선 회절)	사슬축에서 방향이 무작위, 결정이 육방정계 (hexagonal)	축에 따라 방향이 반대, 결정이 사방정계 (orthorhombic)	같은 방향이고 결정이 삼사결정계 (triclinic)

(5) 단순지질의 결정형에 따른 녹는점의 비교(℃)

단순지질	γ형(무정형)	α형	β'형	β형
트리카프린(tricaprin)	-15	18	-	31.5
트리라우린(trilaurin)	15	35	-	46.4
트리미리스틴(trimyristin)	33	46.5	54.5	57
트리팔미틴(tripalmitin)	45	56	63.5	65.5
트리스테아린(tristearin)	54.5	65	70	72
트리올레인(triolein)	-32	-12	-	4.9
트리엘라이딘(trielaidin)	15.5	37	-	49
트리에루신(trierucin)	6.0	17	25	30
트리리놀레인(trilinolein)	-43	-27	-	-10.5

(6) 대두유, 땅콩유, 옥수수유, 코코넛유, 라드 : β형으로 결정화되려는 경향

면실유, 팜유, 유채유, 유지방, 쇠기름, 변형 라드 : β'형으로 결정화되려는 경향

(7) 쇼트닝, 마가린, 빵 제품 : β'형이 바람직(β'형이 크기가 작은 공기 방울을 많이 삽입하도록 도와줌으로써 보다 좋은 가소성과 크림성을 부여해주기 때문)

(8) 지방 블루밍(fat blooming)

① 초콜릿 표면이 회색으로 변하거나 표면에 흰색 반점이 생기는 현상

② 초콜릿에 들어있는 카카오버터가 녹아 다른 성분과 분리된 뒤 다시 굳을 때에 생기는 물리적 현상

③ 원인 : 초콜릿의 결정핵 형성 공정인 숙성과정(tempering)의 불충분, 잘못된 냉각 방법, 저장온도의 변화, 카카오버터와 성질이 다른 지방질의 함유

② 화학적 특성

비누화가 (검화가, SV)	유지 1g을 완전히 비누화하는 데 필요한 KOH의 mg 수	
	① 비누화(검화) : 알칼리에 의해 가수분해되는 반응 ② 지방산의 사슬길이 장단과 분자량 유추 ③ 사슬길이가 짧고 분자량이 적을수록 비누화가 커짐 ④ 버터(210 ~ 230), 야자유(253 ~ 262), 콩기름(189 ~ 193), 참기름(188 ~ 193)	
요오드가 (IV)	유지 100g 중의 불포화결합에 첨가되는 요오드의 g 수	
	① 유지를 구성하는 지방산의 불포화도를 측정 ② 건성유(요오드가 130 이상) : 아마인유, 들깨유, 호두유 ③ 반건성유(요오드가 100 ~ 130) : 대두유, 참깨유, 채종유, 면실유, 해바라기유 ④ 불건성유(요오드가 100 이하) : 올리브유, 피마자유, 우지, 돈지, 땅콩유	
산가 (AV)	1g의 유지 중에 존재하는 유리지방산을 중화하는 데 필요한 KOH의 mg 수	
	① 유지의 품질 저하도를 나타내는 지표(신선도↓ ▶ 산가↑) ② 유지의 정제도↑ ▶ 산가↓ ③ 정제된 신선한 유지 : 산가 1.0 이하	
아세틸가	아세틸화한 유지 1g을 가수분해하여 생성된 초산을 중화하는 데 필요한 KOH의 mg 수	
	① 유지 중의 수산기(−OH)를 지닌 지방산의 함량 측정 ② 피마자유 : 146 ~ 150, 리시놀레산(ricinoleic acid) 함량↑ ③ 순수한 중성지방의 아세틸가는 0이지만 산패될수록 상승	
로단가	유지 100g 중의 불포화결합에 첨가되는 로단$(SCN)_2$을 요오드로 환산한 g 수	
	① 유지의 불포화도 측정 ② 유지 속의 올레산($C_{18:1}$), 리놀레산($C_{18:2}$), 리놀렌산($C_{18:3}$)의 함량 결정	
라이헤이트 마이슬가 (RMV)	유지 5g 중의 수용성·휘발성 지방산을 중화하는 데 필요한 0.1N KOH의 mL 수	
	① 유지에 함유된 수용성·휘발성 지방산의 함량을 나타내는 값 ② 버터 및 유지방 함유 식품의 위조 여부와 함량검사에 이용 ③ 우유(23 ~ 34), 버터(17 ~ 34.5), 야자유(6 ~ 8)	
폴렌스케가	유지 5g 중의 불용성·휘발성 지방산을 중화하는 데 필요한 0.1N KOH의 mL 수	
	① 유지에 함유된 불용성·휘발성 지방산의 함량을 나타내는 값 ② 버터에 코코넛유 혼입 여부 검사 ③ 야자유나 코코넛유(16.8 ~ 17.8), 버터(1.5 ~ 3.5)	
키슈너가	유지 5g 중 함유되어 있는 수용성·휘발성 지방산의 수용성 Ag염을 산성화하여 중화하는 데 필요한 0.1N 표준알칼리의 mL 수	
	① 유지의 지방산 중 butyric acid의 함량 측정 ② 버터 순도 위조 검정	
헤너가	유지 속 불용성 지방산의 함량을 전체 유지에 대한 비율(%)로 표시한 값	
	① 불용성 지방산과 불검화물의 함량을 나타내는 척도 ② 일반유지(95% 내외), 코코넛유(80 ~ 90%), 버터(87.5%)	

(5) 유지의 가공

① **정제(purification)**

탈검 (degumming)	유지와 비중이 다른 수분, 레시틴 등의 인지질, 탄수화물, 단백질 등의 검질을 분리시킨 후 제거하는 공정
탈산 (deacidification)	원유에 함유된 유리지방산을 제거하기 위하여 산가보다 약간 많은 양의 수산화나트륨 용액을 첨가 ↓ 유리지방산을 중화시키고 나트륨염(비누)을 만들어 원심분리한 후 더운물로 세척하여 제거하는 과정
탈색 (bleaching)	원유에 함유된 지용성 색소 성분인 카로티노이드, 클로로필, 고시폴 등을 제거하여 무색에 가까운 유지를 제조하기 위한 공정
탈취 (deodorization)	유지에 좋지 않은 냄새를 부여하는 산화 생성물(알데하이드, 케톤, 저급지방산, 저급 알코올 등)을 진공 수증기 증류법으로 제거하는 공정

② **경화(hydrogenation, 수소화)**
   ㉠ 액체 유지에 수소를 첨가하여 고체화하는 반응
   ㉡ 불포화지방산이 많은 유지 ▶ 니켈(Ni) 촉매하에서 수소 첨가 ▶ 불포화지방산이 포화지방산으로 되면서 액체 형태의 유지는 고체가 됨
   ㉢ 주로 마가린이나 쇼트닝 제조에 이용
   ㉣ 산화에 대한 안정성 향상, 색상이나 풍미 개선
   ㉤ cis형의 불포화지방산 → trans형으로 전환 ▶ 트랜스지방산(trans fatty acid) 생성
③ **동유처리(winterization)**
   ㉠ 유지를 차게 하여 녹는점이 높은 일부 지방산이나 왁스를 결정으로 석출 ▶ 제거
   ㉡ 샐러드유와 같이 냉장고에 보관하는 유지 정제의 필수 공정
   ㉢ 동유처리한 식물성 기름 ▶ 냉장고에서도 맑게 유지

03 유지의 산패

(1) 산패의 분류

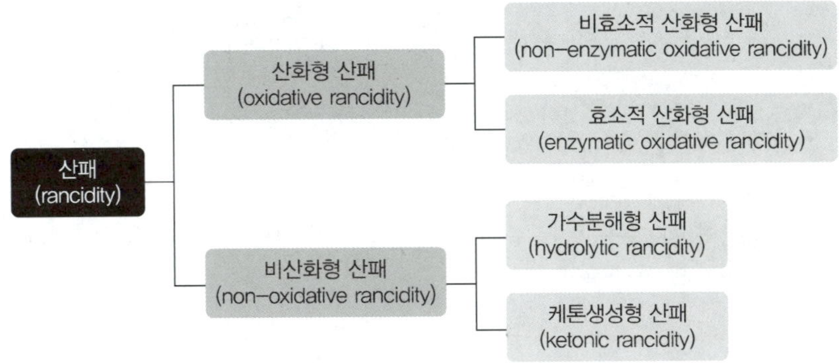

① 비효소적 산화형 산패-자동산화

　㉠ 자동산화 중 성분의 변화

- 자동산화 : 상온에서 산소가 존재하면 자연스럽게 일어나는 산화반응
- 초기에는 유지의 산소흡수량이 매우 적어 산화속도가 거의 변하지 않음
  - 유도기간 : 산소흡수량과 산화속도가 매우 느린 기간
  - 유도기간은 유지의 저장성과 밀접한 관계
- 일정 시간이 지나면 산소흡수량과 산화속도가 급격히 증가
- 산소흡수량↑　▶　과산화물↑, 카보닐 화합물↑
  - 과산화물 : 저장시간↑　▶　과산화물 함량이 증가하다가 최고점 이후에는 감소
  - 카보닐 화합물 : 최고점 없이 산패기간이 길어져도 계속 증가

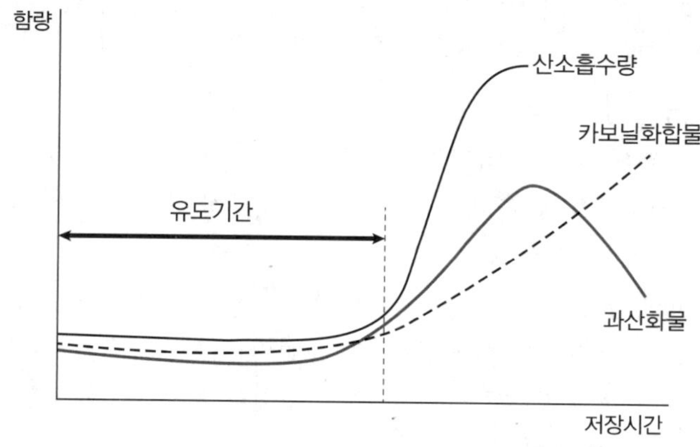

　㉡ 자동산화의 메커니즘

- 초기반응(initiation reaction)
  - 유리라디칼 생성 단계
  - 홀수 개의 비공유전자를 지님　▶　반응성↑
  - 불포화지방산 이중결합 근처에서 잘 일어남

$$R:H \xrightarrow{\text{열, 광선 에너지}} R\bullet + H\bullet$$
$$R:R \longrightarrow R\bullet + R\bullet \text{ (활성 유리라디칼)}$$
$$M\bullet + R:H \xrightarrow{\text{수소원자 교환 반응}} M:H + R\bullet \text{ (활성 유리라디칼)}$$

금속이온 ●

- 전파(연쇄)반응(chain reaction)
  - 유리라디칼 + 산소　▶　과산화라디칼
  - 과산화라디칼은 다른 유지의 수소를 제거하여 과산화물을 생성함과 동시에 새로운 라디칼을 생성함

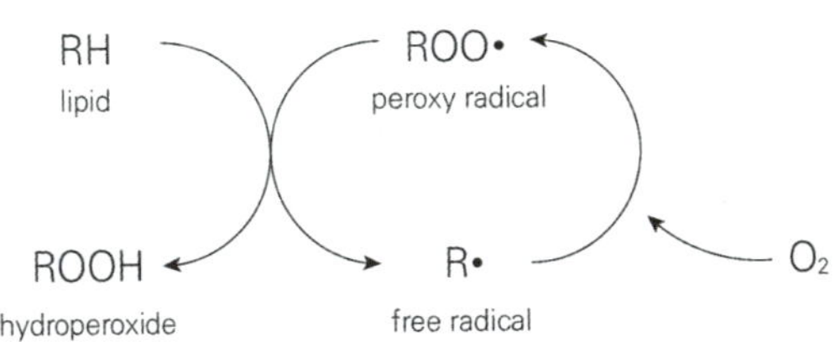

- 종결반응(termination reation)
  - 중합 : 전파반응에서 생성된 각종 라디칼들이 서로 결합하여 중합체 형성
    - ▶ 라디칼 특성 상실, 점도↑, 색이 짙게 변함
  - 분해 : 저분자 카보닐화합물(알데하이드, 케톤, 카복실산)과 알코올 등이 생성
    - ▶ 산패취의 원인
ㄷ **자동산화에 의한 유지의 변화**
  - 산패 진행 시 이중결합이 많은 필수지방산의 분해가 빨라짐 ▶ 영양적 손실
  - 이중결합의 전위(rearrangement)가 일어나 공액 형태로 변함
  - 고분자 중합체의 생성으로 인해 유지의 점도가 증가
  - 이중결합을 많이 가지고 있는 비타민 A, 카로틴 손실
  - 산패취와 같은 이취(off-flavor) 생성
  - 산가↑, 카보닐가↑, 요오드가↓
  - 산패가 진행됨에 따라 중합체의 함량이 높아지고, 알데하이드 증가 ▶ 관능검사 결과↓
  - 인체 유해 물질들 생성
ㄹ **자동산화에 영향을 미치는 외부요인**
  ⓐ **산화를 촉진하는 인자**

불포화도	지방산의 불포화도가 증가할수록 라디칼 생성 촉진 ▶ 산화속도 빨라짐
온도	• 온도가 상승함에 따라 유리라디칼 생성 및 과산화물 분해 촉진 ▶ 산화속도 빨라짐 • 0℃ 이하 ▶ 동결에 의해 얼음결정 석출 ▶ 금속 촉매 농도 증가 ▶ 산화속도 빨라짐
금속	• Cu, Fe, Ni, Sn, Zn, Al, Mn : 유리라디칼과 연쇄반응의 촉매로 작용 • 유지 중의 금속은 미량(0.1ppm 이하)으로도 산패를 크게 촉진 • 산소의 흡수속도, 과산화물 형성속도 등을 증가 ▶ 유도기간 단축 • 구리(Cu)의 촉진 정도가 가장 큼, Cu > Fe > Ni > Sn > Zn

광선과
색소
	• 모든 광선에 의해 산화 촉진(특히, 자외선 조사에 의해 더욱 촉진)
	  – 유리라디칼 생성 촉진 / 유도기간 단축 / 과산화물 분해 촉진
	• 감광성물질 : 헴화합물(hemoglobin, cytochrome), chlorophyll, 아조(azo)계 식용
	  색소 ▶ 유리라디칼 생성 촉진

수분	• 미량의 수분은 금속의 촉매작용에 영향을 주어 자동산화를 촉진함
	• BET 영역에서 가장 낮은 산화속도를 나타냄
	  – 물분자가 과산화물과 결합하여 복합체 형성 ▶ 분해↓
	  – 중금속을 수화시켜 금속수산화물 형성 ▶ 촉매작용↓

산소분압	• 150mmHg 이하 : 산소분압에 비례하여 산패 촉진 • 150mmHg 이상 : 산소분압 증가에 영향을 받지 않음

ⓑ 산화를 억제하는 인자
  • 항산화제
    – 산화를 억제하는 물질(유도기간을 연장)
      ■ 천연 항산화제 : 토코페롤, 비타민 C, 세사몰, 고시폴
      ■ 합성 항산화제 : BHT, BHA, PG, EP, TBHQ
    – 자동산화의 초기단계에서 유리라디칼의 생성 억제
    – 항산화제(AH) : 유리라디칼(R·) 또는 과산화라디칼(ROO·)에 수소(H·)를 제공
      ▶ 유리라디칼이 산소와 반응하여 과산화라디칼이 생성되는 것을 차단하여 연쇄반응 억제
  • 상승제
    – 항산화제(AH)는 라디칼을 과산화물로 변화시키는 과정에서 수소를 제공함으로써 유리라디칼(A·)이 되지만, 상승제(BH)와 함께 존재 시 상승제로부터 수소를 받아 항산화력을 회복
    – 아스코브산, 구연산, 주석산, 중인산염 등
② **효소적 산화형 산패**
  ㉠ lipoxygenase(lipoxidase)
    • 불포화지방산을 산화하여 과산화물을 합성하는 반응을 촉매
    • 기질 : linoleic acid, linolenic acid, arachidonic acid
    • cis, cis – 1,4 – pentadiene 그룹을 지닌 불포화지방산에만 작용 ▶ oleic acid에는 작용하지 않음
  ㉡ lipohydroperoxidase
    • 과산화물을 분해하는 반응을 촉매
    • Hydroperoxide lyase라고도 불림
③ **가수분해에 의한 산패**
  ㉠ 수분, 산, 알칼리 및 효소(lipase)에 의해 가수분해 ▶ 유리지방산 생성 ▶ 맛의 변화, 불쾌취
  ㉡ **저급지방산이 많은 유지** : 효소의 작용을 받기 쉬움(우유, 유제품, 팜핵유)
  ㉢ **식물성유지** : 착유 시 식물체 조직의 파괴에 의해 lipase가 함께 추출되어 가수분해가 일어나기 쉬움
  ㉣ **어류** : 체내 조직에 존재하는 lipase에 의해서 조제어유나 어류조직에서 가수분해적 산패가 많이 발생
④ **가열산화에 의한 산패**
  ㉠ 산소 존재하에서 유지를 고온(150 ~ 200℃)으로 가열할 때 일어나는 산패
  ㉡ **가열산화에 따른 유지의 변화** : 산가↑(유리지방산↑), 과산화물가↑, 점도↑, 굴절률↑, 요오드가↓(전체 불포화도↓), 발연점↓, 착색

(2) 유지의 산패 측정법

과산화물가 (POV, peroxide value)	유지 1kg당 들어 있는 과산화물의 밀리당량
	① 유지의 초기 산패 정도 측정 : 유도기간 측정 ② 장점 : 재현성 좋음 – 유지 제품의 품질관리와 규격 기준으로 사용 ③ 단점 : 과산화물은 불안정한 물질로 산패가 진행됨에 따라 분해되는 특성이 있어 산패의 진행 정도와 비례관계가 성립되지 않음
카보닐가 (carbonyl value)	① 산패 정도를 측정(산패가 진행되는 동안 줄어들지 않음) ② 휘발성을 가지므로 카보닐 화합물이 소실될 수 있음
TBA가 (thiobarbituric acid value)	유지 1kg 중에 함유된 말론알데하이드(malonaldehyde)의 몰수
	① 유지 산패 측정방법 중 가장 많이 사용하는 방법(비색정량법) ② 유지의 산화로 생성된 말론알데하이드가 TBA 시약과 반응 ▶ 적색 화합물 생성
오븐법 (oven test)	① 오븐을 이용하여 가온처리 ▶ 산패 진행 가속화시킴 ② 지방질 성분의 추출이 어려운 식품의 산패시기를 측정하는 데 사용 ③ 관능검사나 과산화물가 측정을 통해 산패 확인 ④ 제과, 제빵 공업에서 많이 사용
활성산소법 (active oxygen method)	① 유지 산패의 신속 측정법 ② 유지를 97℃의 물 중탕에서 2.33mL/sec 속도로 일정하게 공기를 불어 넣어 산패를 촉진시키고, 일정 시간 간격으로 과산화물가 측정(산패 유도기간 측정)
랜시매트법 (rancimat method)	① 지방질의 산화생성물이 전기전도도를 증가시키는 원리를 이용 ② 랜시매트라는 기계에 유지를 담은 시료병을 넣고 산패 유도기간을 측정 ③ 유지를 100℃로 유지하고, 공기를 주입하면서 생성된 산화생성물을 전기전도도로 측정하는 방법 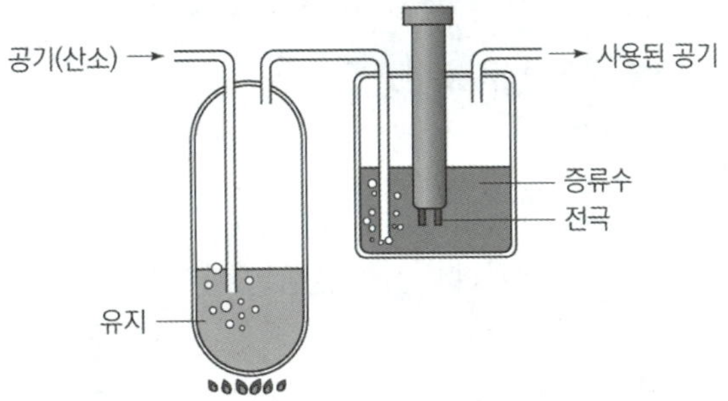

기출문제

2022년 1회

01 다음 〈보기〉는 중성지질과 지방산에 대한 설명이다. 옳지 않은 것을 고르고, 그 이유를 설명하시오.

〈 보기 〉

① 중성지질은 하나의 boiling point와 melting point를 가진다.
② 중성지질은 글리세롤과 세 개의 지방산이 에스터결합한 것이다.
③ 포화지방산은 탄소수가 증가할수록 물에 잘 녹지 않는다.
④ 천연유지에 포함되어 있는 불포화지방산의 이중결합은 시스(cis)형이다.
⑤ 다가불포화지방산의 이중결합은 비공액형이다.

모범답안

- ①번
- 중성지질은 다양한 지방산을 가지고 있으며, 여러 개의 결정형을 지니는 동질다형현상을 나타내므로 하나 이상의 융점이나 비점을 지닌다.

해설

지질이 여러 개의 녹는점을 지니는 이유

- 중성지질(트리아실글리세롤)에 결합된 다양한 지방산 조성이 원인
  - 한순간에 녹지 않고 일정 범위 동안 서서히 녹음
  - 중성지질을 구성하는 지방산의 조성이 단순할수록 지질의 녹는점은 좁은 범위를 지님
- 2개 이상의 결정형을 지님(동질이상현상)

2014년 3회

02 상어간유와 식물성유지에 많이 함유되어 있는 불포화탄화수소를 쓰시오.

모범답안

스쿠알렌(squalene, $C_{30}H_{50}$)

스쿠알렌(squalene, C_{30})
- 상어의 간유에서 발견되는 대표적인 탄화수소
- 식물성유지(올리브유, 미강유 등)에도 소량 함유
- 6개의 아이소프렌(isoprene) 단위를 가진 구조
- 스테로이드 화합물의 전구물질
- 불검화지질

03 지질의 동질다형현상을 화학적인 측면에서 설명하고, 이 중 버터의 특성은 어떻게 나타나는지 쓰시오.

모범답안

- 화학적 조성은 같으나 2개 이상의 결정구조를 가지고 있어 녹는점, X−선 공간 점유, 체적(specific volume)이 다르고 융해시키면 동일한 액체 상태를 갖는 현상을 말한다.
- 버터의 특성 : 버터를 가열하여 완전히 녹이고 급속히 냉각하면 결정 재배열이 잘되지 않고, 안정성이 낮은 α형을 가지므로 녹는점이 낮은 유지가 된다. 반면에 천천히 냉각하면 결정 재배열이 충분히 이루어지고 안정성이 높은 β형을 갖는 경향이 높아지므로 녹는점이 높은 유지가 된다.

04 비누화가(검화가)를 정의하고, 유지 A가 유지 B보다 비누화가가 2배 높게 측정되었다면 두 개의 유지 중 고급지방산의 함량이 높은 유지는 무엇인지 쓰시오.

모범답안

- 정의 : 유지 1g을 완전히 비누화하는 데 필요한 KOH의 mg 수
- 유지 B가 고급지방산의 함량이 더 높다.

해설

비누화가(검화가, saponification value)

$$
\begin{array}{ccc}
CH_2-OOC-R_1 & & CH_2-OH \qquad R_1COOK \\
CH\ -OOC-R_2 \ +\ 3KOH \longrightarrow & CH\ -OH\ +\ R_2COOK \\
CH_2-OOC-R_3 & & CH_2-OH \qquad R_3COOK
\end{array}
$$

triacylglycerol   glycerol   지방산칼륨염(비누)

• 유지 1g을 완전히 비누화하는 데 필요한 KOH의 mg 수
• 비누화(검화) : 알칼리에 의해 가수분해되는 반응
• 지방산의 사슬길이 장단과 분자량 유추 – 사슬길이가 짧고 분자량이 적을수록 비누화가 커짐
• 버터(210 ~ 230), 야자유(253 ~ 262), 콩기름(189 ~ 193), 참기름(188 ~ 193)

05 요오드가의 정의와 목적을 쓰시오. 또한 A, B 유지의 요오드가가 다음과 같을 때, 어느 유지의 융점이 더 낮은지 쓰시오.

> ⟨요오드가⟩
> A 유지 : 60, B 유지 : 120

모범답안

• 정의 : 유지 100g 중의 불포화결합에 첨가되는 요오드의 g 수
• 목적 : 유지를 구성하는 지방산의 불포화도 측정
• B 유지의 융점이 더 낮다.

➕ 해설

요오드가는 유지 100g 중의 불포화결합에 첨가되는 요오드의 g 수를 나타내는 값으로, 유지를 구성하는 지방산의 불포화도를 측정할 때 사용된다. 또한 지방산의 불포화도가 높을수록 융점은 낮아진다. 따라서 요오드가가 더 높은 B 유지는 A 유지보다 융점이 더 낮다.

06 경화대두유의 특성에 따른 고체지방지수(solid fat index, SFI)변화를 나타낸 그래프이다. 요오드가가 가장 낮은 그래프를 쓰고, 그 이유를 작성하시오.

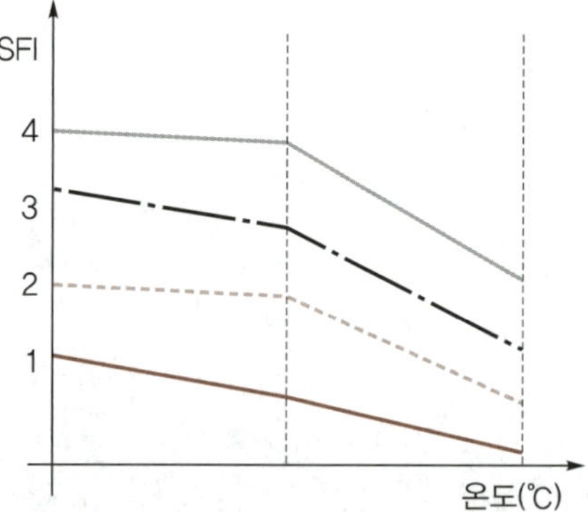

- 4번 그래프
- 이유 : 동일한 온도에서 고체지방지수가 가장 높은 것은 유지 내 융점이 높은 고체지방의 함량이 많은 것이므로 요오드가는 가장 낮을 것으로 추측할 수 있다.

참고

고체지방지수(solid fat index)

유지는 일반적으로 저온에서 고체, 고온에서 액체 상태지만, 그 중간 단계의 경우 겉으로는 고체 상태로 보이지만 실제로는 고체인 지(脂)와 액체인 유(油)가 혼합된 상태다. 따라서 같은 고체유지에서도 고체(지)가 많을수록 전체적으로 딱딱하게 되고, 액체(유)가 많을수록 부드럽게 된다. 또한, 유지류의 고체(지)와 액체(유)의 비율은 고형유지를 섭취하는 데 상당히 중요한 요인으로 작용하며, 버터·마가린·쇼트닝 등 반고체 지방질의 물리적 성질을 결정하는 중요한 요소가 된다.

2005년 2회

07 다음은 유지를 서서히 가열하는 동안 온도에 따른 고형분의 함량을 나타낸 그래프이다. 요오드가가 가장 낮은 유지를 고르고, 그 이유를 쓰시오.

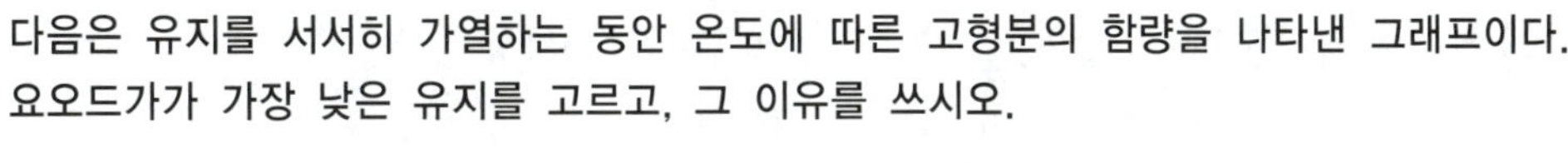
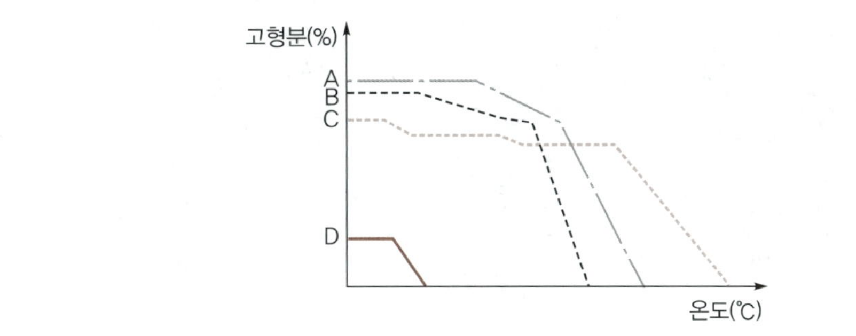

- C 그래프
- 이유 : 가장 고온에서 고형분의 함량이 낮아지는 것으로 보아 유지 내 불포화지방산의 함량이 낮고, 융점이 높은 고급 포화지방산의 함량이 높은 것으로 추측할 수 있다.

08

다음 빈칸에 들어갈 알맞은 내용을 쓰시오.

> 유지의 요오드가는 (①) 측정, (②)는 버터 진위 판단, (③)는 분자량 측정, (④)는 초기 산패 정도를 알 수 있다.

모범답안

① 유지를 구성하는 지방산의 불포화도
② 라이헤이트 – 마이슬가
③ 비누화가
④ 과산화물가

참고

① 요오드가 : 지방산 내 불포화 결합에 요오드를 첨가시켜, 유지를 구성하는 지방산의 불포화도를 측정
② 라이헤이트 – 마이슬가 : 유지에 함유된 수용성·휘발성 지방산의 함량을 나타내는 값으로 버터 및 유지방 함유 식품의 위조 여부와 함량검사에 이용
③ 비누화가 : 지방산의 사슬길이 장단과 분자량을 유추(분자량에 반비례)
④ 과산화물가 : 유지에 들어있는 과산화물을 측정하여 초기산패정도를 측정

09

대두유를 부분경화유로 만들 때 트랜스지방이 생성되는 경화공정에 대하여 간략히 설명하시오.

모범답안

대두유에 촉매제로 니켈 등을 첨가하고, 고온에서 가열하면서 수소를 불어 넣어 불포화지방산을 포화지방산으로 바꾸는 공정이다. 이때 비의도적으로 트랜스지방이 생성된다.

참고

경화(hydrogenation, 수소화)
- 액체 유지에 수소를 첨가하여 고체화하는 반응
- 불포화지방산이 많은 유지에 니켈(Ni)을 촉매로 하여 수소를 첨가하면 유지 중의 불포화지방산이 포화지방산으로 되면서 액체 형태의 유지는 고체가 됨
- 주로 마가린이나 쇼트닝 제조에 이용

- 장점
  - 산화에 대한 안정성 향상
  - 색상이나 풍미 개선
  - 수소 첨가 정도를 조절하여 목적에 맞는 물성을 가진 유지를 생산할 수 있음
- 트랜스지방산(trans fatty acid) 생성
  - 수소가 첨가되는 과정에서 시스(cis)형의 불포화지방산 일부가 트랜스(trans)형으로 전환
  - LDL 증가, HDL 감소 ▶ 동맥경화, 심근경색 등 심장질환 유발
  - 트랜스 구조를 1개 이상 가지고 있는 비공액형의 모든 불포화지방

10 팜올레인을 경화시키기 위해 수소를 첨가해야 하는데, 선택성을 증가시키기 위한 조건으로 옳은 것에 동그라미로 표시하시오.

> (1) 반응 온도 : 선택성을 증가시키기 위해 (고온 / 저온)에서 반응한다.
> (2) 교반 속도 : 교반기를 (빠르게 / 느리게) 하여 교반속도를 (증가 / 감소)해야 선택성이 증가한다.
> (3) 촉매량 : (많이 / 적게) 넣어야 선택성이 증가한다.

모범답안

(1) 고온
(2) 느리게, 감소
(3) 많이

11 물과 기름을 혼합할 때, 유화제의 원리(역할)를 표면장력과 연계하여 서술하시오.

모범답안

유화제는 친수기와 소수기를 함께 가지고 있어 물과 기름의 계면에서 표면장력을 감소시키고 다시 응집하지 않도록 안정화하는 역할을 한다.

참고

유화(emulsion)
- 교질의 한 형태로 서로 혼합하지 않는 두 가지 이상의 액체의 교질상태
- 물과 기름을 유화제와 함께 섞어 혼합하면 기름 또는 물이 작은 방울이 되면서 유화가 됨

- 유화제 : 친수기와 소수기를 함께 가지고 있어 물과 기름의 계면에서 표면장력을 감소시키고 다시 응집하지 않도록 안정화하는 역할을 함

- 유중수적형(W/O) : 분산질은 물, 분산매는 기름 / 버터, 마가린 등
- 수중유적형(O/W) : 분산질은 기름, 분산매는 물 / 마요네즈, 아이스크림, 우유 등

2024년 1회

12

> 에스터의 비누화가(S)와 지방산의 산가(A)를 이용하여 HLB(hydrophilic－lipophilic balance) 값을 구하는 공식을 작성하고, HLB가 8～18일 때와 3～6일 때 유화액의 상태(W/O, O/W)로 알맞은 것을 쓰시오.

모범답안

- $HLB = 20 \times \left(1 - \dfrac{S}{A}\right)$
- HLB 8～18 : 수중유적형(O/W)
- HLB 3～6 : 유중수적형(W/O)

참고

유화제가 친수성이 강하다면 그 유화제는 수중유적형의 유화를 하게 되며, 소수기가 강하면 유중수적형을 이루고자 하는 성질이 있다. 유화제 분자 내의 친수기와 소수기의 균형은 HLB (hydrophilic－lipophilic balance) 값으로 표시되며, HLB 값은 일반적으로 20까지다. 유화제가 3～6이면 유중수적형의 유화액에 사용하기 적합하며, 8～18이면 수중유적형에 적합하다. HLB 값은 비누화가와 산가를 고려하여 다음과 같이 계산한다.

$$HLB = 20 \times \left(1 - \frac{S}{A}\right)$$

S : 에스터(ester)의 비누화가
A : 지방산의 산가

13

친수성 75%, 친유성 25% 용액의 HLB 값을 구하고, 무슨 유형인지 쓰시오.

모범답안

- $HLB = \dfrac{75}{100} \times 20 = 15$

- 수중유적형

14

유지를 고온 가열할 때 발생하는 현상을 물리적, 화학적으로 2가지씩 쓰시오.

모범답안

- 물리적 변화 : 유지의 점도 증가, 변색, 굴절률 증가, 발연점 저하
- 화학적 변화 : 중합체 형성, 유리지방산 증가, C-C 결합의 분해로 휘발성의 카보닐 화합물 생성, 이중결합 감소

참고

유지의 가열산화는 산소 존재하에서 유지를 고온(150 ~ 200℃)에서 가열할 때 일어나는 산패이며, 이는 튀김공정 등에서 일어난다. 가열산화는 고온에서 가열반응과 산화반응이 동시에 일어나기 때문에 자동산화가 가속화되고, 중합반응에 의한 점도 상승, C-C 결합의 분해에 따른 카보닐 화합물의 생성, 이취 생성 등이 진행된다. 고온에서 가열시간이 길어질수록 산가, 과산화물가, 점도 및 굴절률은 증가하고 요오드가는 낮아진다.

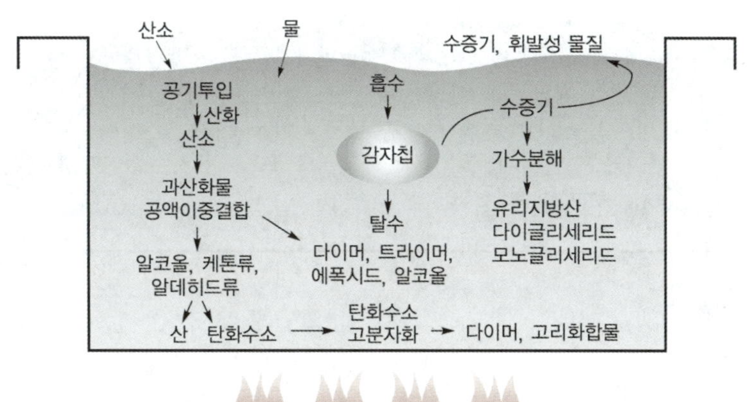

15

다음 〈보기〉는 식품 튀김 시 변화에 대해 설명한 것이다. 옳은 것(○)과 옳지 않은 것(×)을 구분하시오.

〈 보기 〉
① 산화가 진행될수록 중성지질이 가수분해되어 유리지방산이 증가한다. (○ / ×)
② 고온의 튀김 과정을 거친 후에는 중합체의 생성량이 감소한다. (○ / ×)
③ 고온에서 중성지질이 가수분해될수록 점도가 높아지고, 색이 옅어진다. (○ / ×)
④ 식품을 튀긴 후 수분함량은 유지흡수량과 관계없다. (○ / ×)
⑤ 불포화지방산이 산소와 반응하여 산화가 발생하면 극성물질 생성량이 감소한다. (○ / ×)

모범답안

① (○)
② (×)
③ (×)
④ (×)
⑤ (×)

16

항산화능을 지닌 성분에 대한 설명 중 옳지 않은 것을 고르고, 그 이유를 설명하시오.

① 참깨에는 세사민(sesamin)과 세사몰린(sesamolin)이 다량 함유되어 있으나, 세사몰(sesamol)은 미량 함유되어 있다.
② 참기름의 세사몰은 세사몰린이 열에 의해 분해되어 생성된다.
③ 토코페롤은 유지의 주요 산화방지제이며, $\alpha-$, $\beta-$, $\gamma-$, $\delta-$ 의 4가지 형태로 존재한다.
④ 콩의 아이소플라본(isoflavone)은 배당체(glycoside) 및 비배당체 형태로 존재한다.
⑤ 양파의 퀘르세틴(quercetin)은 비배당체로 존재하는데, 퀘르세틴의 배당체 형태인 루테인(lutein)보다 다량 존재한다.

모범답안

• ⑤번
• 퀘르세틴의 배당체 형태는 루틴이다.

• 세사몰(sesamol)

– 참기름에 존재하는 항산화 성분, 페놀성 화합물

– 압착에 의해 얻어지는 조제유(crude oil)임에도 불구하고 다른 식물성 유지에 비하여 산화 안정성이 우수한 것은 세사몰 때문임

– 신선한 참기름에는 세사민(sesamin)이 0.4~1.1%, 세사몰린(sesamolin)은 0.3~0.6% 함유되어 있으나, 항산화 물질인 sesamol은 미량으로 존재함 → 가공 및 저장 과정 중 세사몰린으로부터 세사몰 생성

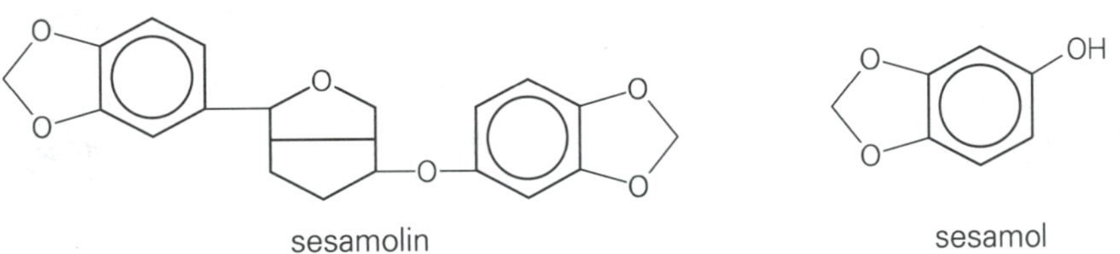

sesamolin   sesamol

• 토코페롤(tocopherol)

– 자연계에 널리 분포되어 있는 식물성 지방질의 주요 산화방지제

– 비타민 E로서 영양학적으로도 중요함

– $\alpha-$, $\beta-$, $\gamma-$, $\delta-$ tocopherol → $\delta > \gamma > \beta > \alpha$ 순으로 항산화력이 강함

– R_1, R_2, R_3에 결합된 메틸기($-CH_3$)의 위치 및 개수에 따라 구분

• 아이소플라본(isoflavone)

– 페놀성 화합물

– daidzein, genistein, glycitein 등

– 배당체 : 아이소플라본 구조의 7번 고리에 글루코스가 결합한 형태

– 날콩의 경우, 배당체의 형태로 주로 존재 / 발아할 경우, 비배당체 형태가 증가

– 산화방지능은 비배당체가 배당체보다 높음

genistein : R_1=H, R_2=OH

daidzein : R_1=H, R_2=H

glycitein : R_1=OCH$_3$, R_2=H

17 유지의 산패 측정 요소인 TBA가(thiobarbituric acid value)에 대해서 설명하시오.

모범답안

TBA가는 유지 1kg 중에 함유된 말론알데하이드(malonaldehyde)의 몰수를 말한다. 산패과정에서 생성되는 말론알데하이드와 TBA가 결합하여 적색을 나타내는 반응을 이용하여 비색 정량하는 방법이다. 흡광도를 측정하여 적색의 강도가 강할수록 산패된 유지로 판정할 수 있다.

단백질

01 아미노산

(1) 단백질의 개요

① **단백질(protein)** : 아미노산으로 구성된 고분자화합물(M.W. 10,000 ↑)
② 생물체의 구성요소(효소, 호르몬, 항체, 저장 및 보호 단백질)
③ 식품 내 질소(N) 함유량 16% → 100/16 = 6.25 = 질소계수(N-factor)
  질소(N) × 6.25 = 조단백질(crude protein)

(2) 아미노산의 구조

① **아미노산** : 단백질을 구성하는 기본단위 물질
② 천연의 단백질을 구성하는 아미노산은 약 20여 종 있음
③ 한 분자 내에 한 개 또는 그 이상의 아미노기($-NH_2$)와 한 개 또는 그 이상의 카복실기
  ($-COOH$)를 가지는 화합물
④ $-COOH$가 결합되어 있는 탄소 위치를 기점으로 하여 $-NH_2$가 결합한 탄소의 위치에 따라
  $\alpha-$, $\beta-$, $\gamma-$ 아미노산이라 부름

$$R-\overset{NH_2}{\underset{H}{C^\alpha}}-COOH \qquad R-\overset{NH_2}{\underset{H}{C^\beta}}-CH_2-COOH \qquad -\overset{\varepsilon}{C}-\overset{\delta}{C}-\overset{\gamma}{C}-\overset{\beta}{C}-\overset{\alpha}{C}-COOH$$

α-amino acid $\qquad\qquad$ β-amino acid

⑤ 자연계에 존재하는 단백질은 대부분 α-아미노산으로 구성
⑥ **천연단백질을 구성하는 아미노산** : proline, hydroxyproline을 제외하고는 모두 α 위치의
  탄소에 $-NH_2$를 가진 카복실산
⑦ 측쇄(R)가 수소(H)인 glycine을 제외하고는 모든 아미노산이 비대칭 탄소로 되어 있음 ▶
  L-형, D-형 존재 ▶ 아미노산은 대부분 α-L-아미노산

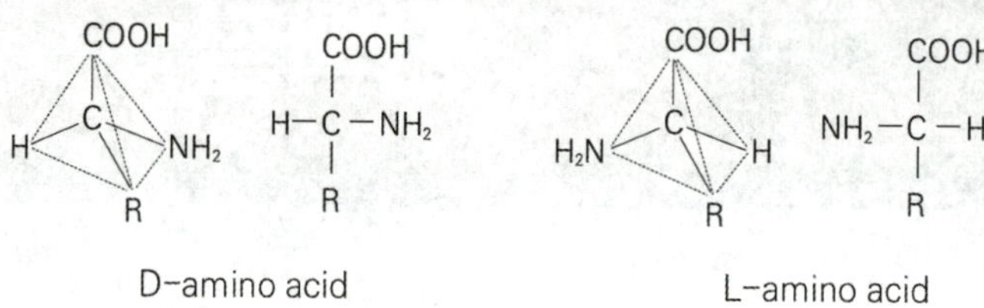

(3) 아미노산의 종류와 분류

아미노산 < 단백질 구성(○) : 20여종 / 자연계에서 대부분 유리상태로 존재하지 않음
단백질 구성(×) : 유리상태 / 비타민 등 다른 물질의 구성성분

① 단백질을 구성하는 아미노산

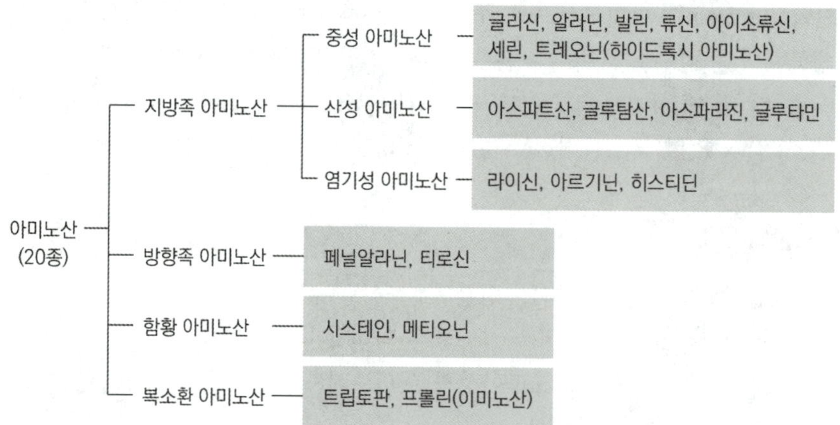

보충 필수아미노산

(1) 필수아미노산(8종) : 성인의 경우 인체의 단백질 형성에 필요하나 체내에서 합성되지 않아 반드시 식품으로부터 섭취

아이소류신	류신	라이신	메티오닌	페닐알라닌
트레오닌	트립토판	발린	아르기닌(준필수)	히스티딘(준필수)

(2) 준필수아미노산(2종) : 성장기 어린이와 회복기 환자의 경우 체내에서 필요한 양을 성인보다 충분히 합성하지 못함
(3) 비필수아미노산 : 인체에서 합성되는 아미노산

② 단백질을 구성하지 않는 아미노산

일반명	소재 및 역할
β-alanine	자연계에 존재하는 유일한 β-아미노산으로 pantothenic acid, coenzyme A, carnosine, anserine의 구성성분
citrulline	• 수박의 과즙에 존재 • 아르기닌의 가수분해에 의해 생성 / 요소사이클 중에서 요소 생성에 관여
ornithine	• 동식물 조직에 존재 • 요소사이클 중에서 요소생성에 관여
dihydroxy phenylalanine (DOPA)	• 티로신 산화로 생성된 멜라닌 색소의 전구체 • 효소적 갈변 반응의 중간 산물
γ-aminobutyric acid (GABA)	• 감자, 사과 속에서 발견 / 뇌 속에 존재 • 혈압 강하 작용
alliine	마늘에 존재 / 마늘 냄새 성분인 allicin의 전구체
taurine	오징어, 문어, 담즙에 존재 / 말린 오징어의 표면을 하얗게 만듦
theanine	녹차, 차의 감칠맛 성분
canavanine	작두콩에 함유

(4) 아미노산의 성질

용해성	• 물과 같은 극성용매에 잘 녹음([예외] tyrosine, cysteine ▶ 물에 잘 녹지 않음) • 묽은 산, 알칼리에 잘 녹음 • 비극성 유기용매에 녹지 않음 • 알코올에 녹지 않음([예외] proline, hydroxyproline ▶ 알코올에 잘 녹음)
양성전해질	• 수용액 중에서 카복실 음이온($-COO^-$)과 암모늄 양이온($-NH_3^+$)으로 해리되어 분자 내에 염을 형성 • 산성용액 : 카복실기의 해리 억제 ▶ (+)로 하전 ▶ 음극으로 이동 • 알칼리 용액 : 아미노기의 해리 억제 ▶ (−)로 하전 ▶ 양극으로 이동 • 등전점 : 양전하와 음전하가 상쇄되어 분자 전체의 전하가 0이 되는 pH 지점 　– 중성아미노산 ▶ pH 7 부근 약산성 　– 산성아미노산 ▶ 산성 쪽 　– 염기성아미노산 ▶ 알칼리성 쪽
자외선 흡수성	• 방향족 아미노산[Tyr(274.5nm), Trp(278nm), Phe(260nm)] : 자외선 흡수 • 수용액 중의 단백질 함량 : 분광광도계 280nm 파장에서 흡광도 측정
맛	• 아미노산은 특유의 맛을 가지고 있는 경우가 많음 • L-leucine, L-isoleucine, tryptophan, arginine 등 ▶ 쓴맛 • glycine, alanine, valine, serine ▶ 단맛 • glutamate(MSG) ▶ 감칠맛

(5) 아미노산의 화학적 반응

① **탈탄산 반응(카복실기 제거 반응)**

ㄱ 아미노산을 $Ba(OH)_2$와 가열 ▶ 카복실기 제거 ▶ 아민 생성

ㄴ 탈탄산 반응은 미생물, 특히 부패세균에 의해서 일어남

ㄷ histidine → histamine / tyrosine → tyramine

② **탈아미노 반응(아질산과의 반응)**

ㄱ 아미노산의 아미노기가 아질산(HNO_2)과 반응 ▶ 질소가스 발생

ㄴ Van Slyke법의 원리(정량적) : 아미노산 한 개당 질소 한 개 발생

ㄷ proline과 hydroxyproline에서는 반응이 일어나지 않음

③ **알데하이드와의 반응**

ㄱ 아미노산의 α-아미노기가 알데하이드와 축합 ▶ 시프(schiff) 염기 형성

ㄴ 마이야르 반응(비효소적 갈변반응)의 첫 번째 단계

④ **닌히드린과의 반응**

ㄱ 산화제인 닌히드린과 반응 ▶ 암모니아, 탄산가스, 알데하이드 생성

ㄴ 아미노산의 정성 또는 정량에 널리 이용

ㄷ 아미노산($-NH_2$) ▶ 청자색

proline, hydroxyproline($-NH$) ▶ 황색

asparagine, glutamine($-CONH_2$) ▶ 갈색

⑤ **1-플루오로-2,4-다이니트로벤젠(FDNB)과의 반응**

ㄱ 아미노산의 아미노기는 1-fluoro-2,4-dinitrobenzene(FDNB)과 반응하여 황색의 DNP-아미노산(dinitrophenyl-amino acid)을 생성

ㄴ FDNB : polypeptide 사슬의 N-말단 아미노기와도 반응

ㄷ 단백질의 아미노산 서열 분석을 위한 N-말단 아미노산 분석에 이용

⑥ **아마이드 형성**

ㄱ 아미노산은 암모니아 또는 아민과 쉽게 반응하지 않으나 알코올과 반응하여 에스테르를 만들면 암모니아와 반응하여 아마이드를 형성

ㄴ 아마이드 결합의 상대가 암모니아가 아닌 하나의 아미노산이라면 펩타이드 결합이 됨

⑦ **에스테르 형성**

ㄱ 아미노산은 무수 알코올에 현탁시켜 건조 HCl 가스를 통하면 아미노산의 카복실기는 알코올과 반응하여 에스테르를 형성

ㄴ gas chromatography에 의한 아미노산의 분리·동정에 응용

⑧ **펩타이드 형성**

ㄱ **펩타이드** : 한 아미노산의 아미노기와 다른 아미노산의 카복실기 사이에서 한 분자의 물이 빠져나와 두 개의 아미노산이 결합한 것

ㄴ **펩타이드 결합** : $-CO-NH-$와 같은 아마이드 결합

(1) 단백질의 구조

① 1차 구조

㉠ 펩타이드 결합(–CO–NH–)

㉡ 폴리펩타이드 중의 아미노산 배열순서

㉢ 단백질 사슬의 길이와 아미노산 결합순서

▶ 단백질의 이화학적·구조적·생물학적 성질 및 기능을 결정

㉣ 매우 강한 결합으로 강산이나 강알칼리에 의해서 끊어짐

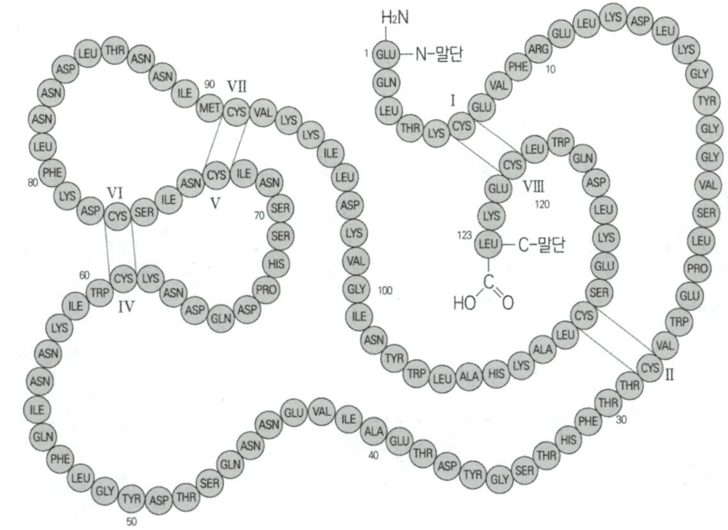

② 2차 구조

㉠ 수소결합

㉡ α-나선구조(α-helix)

- 한 펩타이드 내에서 나선을 따라 규칙적으로 카보닐기(–CO)와 이미노기(–NH)가 수소결합을 하여 서로 끌어당김
- 주 사슬이 오른쪽으로 감기는 나선 모양의 안정한 구조

㉢ β-구조(β-plated sheet)

- 분자 간 수소결합에 의해 입체적으로 주름을 잡으며 형성된 구조
- 병풍구조

㉣ 불규칙 구조(random coil)

- 한 아미노산의 곁사슬이 정전기적 또는 입체적 특성 때문에 규칙성이 없는 불규칙적인 구조를 형성
- α-helix와 β-sheet 같은 규칙성이 인정되지 않는 구조

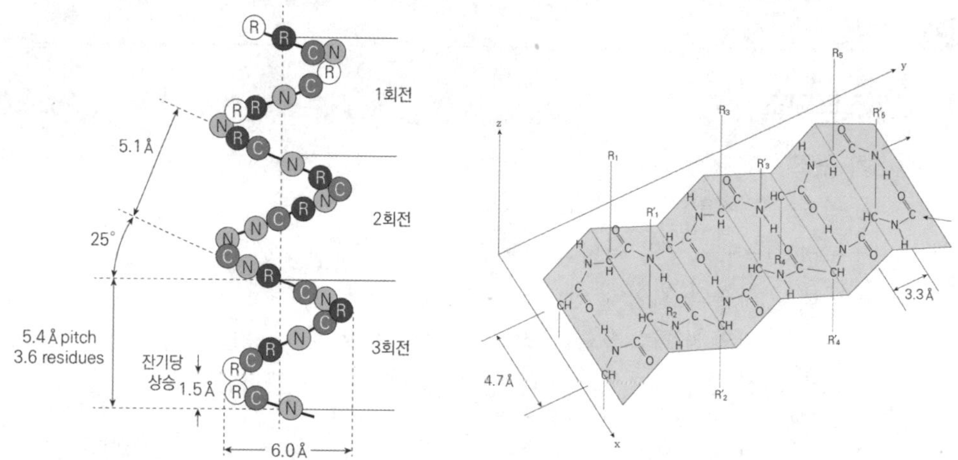

③ **3차 구조**

　㉠ 수소결합, 이온결합, 이황화결합, 소수성결합

　㉡ **실뭉치 모양과 비슷** : 선상의 폴리펩타이드 사슬이 다양한 결합에 의해 구부러지고 중첩되어 구상 및 섬유상의 복잡한 공간배열을 이룬 것

　㉢ 3차 구조를 이루고 있는 결합 양식은 주로 비공유 결합 ▶ 결합력이 약함

　㉣ 가열, pH 변화, 효소, 유기용매, 계면활성제 등으로 단백질의 구조가 쉽게 변함

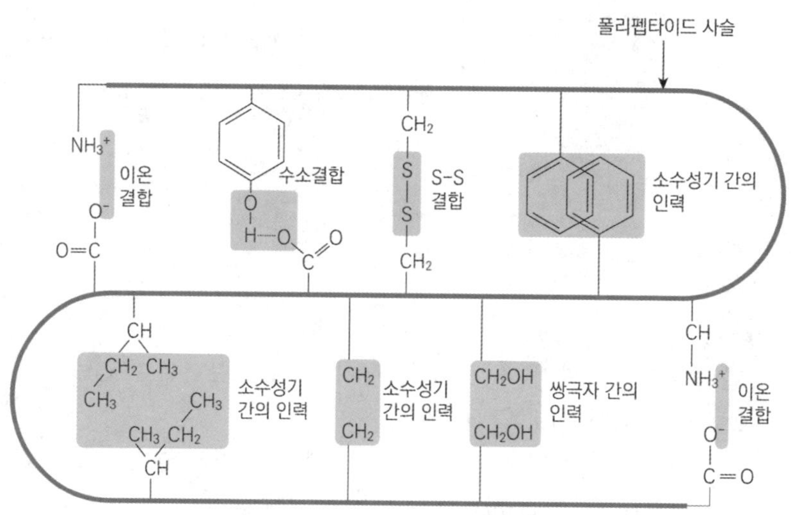

④ **4차 구조**

　㉠ 여러 개의 3차 구조 단위의 소단위가 수소결합, 소수성결합, 정전기적 인력 등의 비공유결합으로 회합하여 특정한 공간 배치를 가지는 구조

　㉡ subunit, monomer, dimer, tetramer 등

(2) 단백질의 분류

① 이화학적 성질에 따른 분류

ⓐ 단순단백질 : 아미노산만으로 구성된 단백질

종류	용해성(+ : 가용, − : 불용)					특징
	물	0.8% NaCl	약산 pH 6	약알칼리 pH 8	60~80% 알코올	예시
albumin	+	+	+	+	−	• 열응고성 / 동식물 중에 널리 존재 • 포화 $(NH_4)_2SO_4$ 침전
						ovalbumin(난백), lactalbumin(유즙), myogen(근육), leucosin(맥류), legumelin(대두)
globulin	−	+	+	+	−	• 열응고성 / 동식물 중에 널리 존재 • albumin과의 차이점 : Gly 함량이 매우 많음 • 반포화 $(NH_4)_2SO_4$ 침전
						myosin(근육), lactoglobulin(유즙), glycinin(대두), ovoglobulin(난백), legumin(완두), tuberin(감자), ipomain(고구마)
glutelin	−	−	+	+	−	• 비열응고성 / 식물의 종자에 존재 • Glu↑, Pro↓
						oryzenin(쌀), glutenin(밀), hordenin(보리)
prolamin	−	−	+	+	+	• 비열응고성 / 식물의 종자에 존재 • 70~80% 알코올에 용해 • Glu↑, Pro↑
						zein(옥수수), gliadin(밀), hordein(보리)
histone	+	+	+	−	−	• 비열응고성 / 동물의 체세포와 정자핵에 존재 • 알칼로이드 시약에 의해 산성, 중성, 알칼리성 모두 침전
						흉선 히스톤, 간장 히스톤, 적혈구 히스톤
protamin	+	+	+	−	−	• 비열응고성 / 어류의 정자핵에 존재 • 알칼로이드 시약에 의해 알칼리성에서 침전되지 않음
						salmine(연어), clupein(정어리), scombrin(고등어), sturin(상어)
albuminoid	−	−	−	−	−	• 경단백질(scleroprotein) / 섬유상 단백질 • 동물체의 보호조직에 존재 • Gly↑, Pro↑, Trp↓, Tyr↓(영양가↓)
						collagen(결합조직, 피부), fibroin(명주실), elastin(결합조직, 힘줄), keratin(머리털, 손톱)

ⓛ **복합단백질** : 단순단백질에 비단백성 물질이 결합한 단백질

종류	특징	예
인 단백질	• 인산이 에스테르형으로 단백질의 일부에 결합 • 동물성 식품에 많이 존재	• casein(유즙) • vitellin(난황) / vitellinin(난황)
지 단백질	• 지방질(인지질, 콜레스테롤)과 단백질의 결합 • 지방질 부분은 레시틴과 세팔린 등의 인지질에 많음	• lipovitellin(난황) • lipovitellinin(난황)
핵 단백질	단백질(히스톤, 프로타민)과 핵산(DNA, RNA)이 결합된 복합단백질로, 주로 세포핵에 존재	• 동물체의 흉선 / 어류의 정자 • 식물체의 배아(germ)
당 단백질	• 독특한 점성을 지닌 점액단백질 • 당질과 단백질이 결합 • 조직이나 장내의 윤활작용과 동식물 세포 및 조직의 보호작용	• mucin(동물의 점액, 타액, 소화액) 　－초산에 침전(○) • mucoid(혈청, 결체조직)－초산에 침전(×) • ovomucoid(난백)
색소 단백질	• 색소성분(pigment)과 단백질이 결합 • 색소 : heme, chlorophyll, carotenoid, flavin 등 • 산소 운반, 호흡작용, 산화·환원 작용에 관여	• hemoglobin(혈액) / myoglobin(근육) • cytochrome(체조직) • chlorophyll protein(녹색잎) • astaxanthin protein(갑각류 껍질)
금속 단백질	금속(Fe, Cu, Zn)이 결합된 단백질	• 철단백질 : ferritin(저장철) • 구리단백질 : tyrosinase, ascorbinase, hemocyanin, polyphenol oxidase • 아연단백질 : insulin

ⓒ **유도단백질** : 단순단백질, 복합단백질이 물리·화학적 또는 효소에 의해 변형된 단백질

1차	변성단백질	물리적 또는 화학적으로 변성된 것	gelatin, para-casein, metaprotein, protean
2차	분해단백질	단백질이 가수분해된 생성물	proteose, peptone, peptide

② **구조와 형태에 따른 분류**

섬유상 단백질 (섬유 모양)	• 폴리펩타이드 사슬이 일정한 방향으로 규칙적인 배열을 한 섬유상의 구조 • 보통의 용매에 녹지 않음 • 골격조직, 결합조직, 표피, 모발 등을 형성	collagen, elastin, keratin
구상 단백질 (둥근 모양)	• 식품단백질의 대부분은 구상단백질의 형태 • 아미노산 측쇄의 여러 가지 결합에 의해서 폴리펩타이드 사슬이 구부러지고 겹쳐짐 • 비교적 물에 잘 용해	albumin, globulin, hemoglobin, insulin

(3) 단백질의 성질

① **분자량**

㉠ 고분자화합물(분자량이 수만 ~ 수백만에 이름)

ㄴ 단백질은 물에 녹으면 친수성 콜로이드 용액을 형성

ㄷ 세포막, 셀로판 등의 반투막을 통과하지 못함

② **용해성**

ㄱ 단백질의 용해도는 pH 및 염류에 의해 영향을 받음

ㄴ 등전점에서 용해도 최소

ㄷ **염용효과**(salting in) : 묽은 중성 염류 용액에서 단백질의 용해도가 증가

ㄹ **염석효과**(salting out) : 높은 농도의 중성 염류 용액에서 단백질의 용해도가 감소

③ **양성전해질과 등전점**

ㄱ 용액의 pH에 따라 (+)나 (−)로 전하를 가짐

ㄴ **산성** : (−)전하가 감소하고, 산성이 세지면 (+)전하만 가짐

　알칼리성 : (+)전하가 감소하고 알칼리성이 세지면 (−)전하만 가짐

ㄷ **등전점** : 특정한 pH에서는 (+), (−)전하의 양이 같아짐 ▶ 분자 전체로서는 전기적으로 중성 ▶ 전하가 0이 되어 어느 쪽 전극으로도 이동하지 않음

ㄹ **등전점에서 최소 / 최대**

- 최소 : 용해도, 수화, 팽윤, 삼투압, 점도, 전기전도도
- 최대 : 침전, 흡착성, 기포력, 탁도

④ **전기영동**

ㄱ 등전점보다 낮은 pH 용액에서는 (+)로 하전 ▶ 음극으로 이동

　등전점보다 높은 pH 용액에서는 (−)로 하전 ▶ 양극으로 이동

ㄴ 등전점 ▶ 하전이 0이 되어 이동하지 않음

ㄷ 단백질의 분리·정제에 이용

⑤ **침전성**

ㄱ **유기침전제(음이온)** : 트리클로로아세트산, 피크르산, 설포살리실산, 타닌산

ㄴ **중금속** : Zn^{2+}, Cu^{2+}, Cd^{2+}, Pb^{2+} 등이 단백질과 불용성 염을 형성

ㄷ **유기용매** : 알코올, 아세톤 등에 의해서 불용성 염을 형성

⑥ **단백질의 정색반응**

닌히드린 반응 (ninhydrin)	• 단백질, α−아미노산 + 1% ninhydrin 용액 → 청자색 또는 적자색 • 펩타이드, 아민, 암모니아 등과도 반응
뷰렛 반응 (biuret)	• 단백질 + NaOH + $CuSO_4$ → 청자색 또는 적자색 • 단백질 또는 펩타이드 결합 존재 시 반응
잔토단백질 반응 (xanthoprotein)	• 단백질 + 진한질산 → 백색침전 → 가열 → 황색 → 냉각 → NH_3 → 주황색 • 단백질 내 티로신, 페닐알라닌, 트립토판 존재 시에 반응
밀론 반응 (millon)	• 단백질 + 밀론시약 → 흰색침전 → 가열 → 적색 • 단백질 내 페놀기를 지닌 티로신 존재 시
유황(S) 반응	• 단백질 + 40% NaOH → 가열 → 초산납수용액 → 검은침전 • 단백질 내 황을 지닌 시스틴, 시스테인 존재 시(예외 메티오닌)

홉킨스 콜 반응 (hopkins-cole)	• 단백질 + 글리옥실산 → 혼합 → 진한황산 → 경계면에 보라색 고리 • 단백질 내 인돌기를 지닌 트립토판 존재 시
사카구치 반응 (sakaguchi)	• 단백질 + NaOH → 70% 에탄올에 녹인 0.1% α-나프톨 용액 + 5% NaOCl 수용액 → 적색 • 단백질 내 아르기닌 존재 시

(4) 단백질의 변성

• 변성(denaturation) : 단백질의 1차 구조는 변하지 않고 고차구조(2 ~ 4차)가 변하는 현상
• 물리적 변성 요인 : 가열, 동결 및 건조, 표면장력, 광선, 압력
• 화학적 변성 요인 : 염류, 유기용매, 금속이온, 알칼로이드, pH, 효소
• 변성을 이용한 식품 : 삶은 달걀, 달걀찜(가열), 치즈(효소), 요구르트(산), 어묵(염류, 가열), 두부(가열, 염류),
  스펀지케이크(표면장력), 건어물(건조)

① 물리적 요인에 의한 변성

㉠ 열변성[응고, 젤(gel)화]

• 육류, 어패류 및 달걀 : $60 \sim 70℃$로 가열 시 열에 의해 응고가 일어남
• 콜라겐(불용성) ▶ 물 + 가열 ▶ 젤라틴(냉각 시 젤리화)
• 열변성에 영향을 주는 요인

종류	영향
온도	• 단백질의 종류에 따라 변성온도가 다르지만 주로 $60 \sim 70℃$ 근처에서 변성이 일어남 • 온도가 높아질수록 열변성 속도가 빨라짐
수분	• 수분은 열변성을 촉진시킴 • 수분함량이 많으면 낮은 온도에서도 열변성이 일어남 • 가열에 의해 물의 분자운동 왕성 → 단백질의 폴리펩타이드 사슬 사이의 수소결합 분해
pH	• 등전점에서 가장 쉽게 응고함 • 대부분 단백질의 등전점은 산성 측에 있으므로 pH를 낮추면 열변성 촉진
전해질	• 전해질은 열변성을 촉진함 • 염화물, 황산염, 인산염, 젖산염 등을 가하면 변성온도가 낮아지고 속도도 빨라짐
당	• 설탕은 열 응고를 방해함 • 당이 존재하면 응고온도가 높아지고, 당의 양이 많아질수록 응고온도는 점점 상승함

㉡ 동결에 의한 변성

• 육류 동결 ▶ 결합력이 약한 수분부터 빙결정으로 석출 ▶ 액상 부분의 농축 ▶ 용존
  염류의 농도 증가 ▶ 염석에 의해 변성(salting out)
• 수분이 동결에 의해 빙결정으로 석출 ▶ 빙결정 성장 ▶ 단백질 분자 탈수 ▶ 단백질
  분자가 서로 접근하여 분자 간 결합 ▶ 응집 변성

ⓒ **건조에 의한 변성**
- 어육건조 ▶ 폴리펩타이드 사슬 사이의 수분 제거 ▶ 견고한 구조 ▶ 염석·응집에 의한 변성
- 진공 동결 건조법(감압 진공) ▶ 수분 재흡수 시 복원성↑

ⓔ **표면장력에 의한 변성**
- 단백질이 교반 등의 물리적 힘에 의해 단일 분자막의 상태로 얇은 막을 형성 ▶ 단백질 변성, 응고
- 계면변성 : 난백을 세게 저어서 거품을 형성 ▶ 표면장력에 의해 변성 ▶ 점성(○)

ⓜ **광선, 압력 및 초음파에 의한 변성**
- 광선의 조사 ▶ 3차 구조 결합 절단 ▶ 단백질 변성
- 고압력(5,000 ~ 10,000 기압) ▶ 단백질 변성
- 초음파 ▶ 단백질 변성

② **화학적 요인에 의한 변성**

ⓐ **pH에 의한 변성**
- 산, 알칼리 ▶ pH 변화 ▶ 등전점에 이름 ▶ 응고
- 우유 $\xrightarrow{\text{발효}}$ 유산생성 $\xrightarrow{\text{pH저하}}$ casein이 등전점에 이름 → 변성·침전
- 요구르트, 치즈 등의 제조에 응용

ⓑ **염류에 의한 변성**
- 단백질 용액 + 소량의 중성염 ▶ 용해도↑(염용)
- 단백질 용액 + 다량의 중성염 ▶ 응집·침전(염석)

ⓒ **유기용매에 의한 변성**
- 알코올, 아세톤 첨가 ▶ 단백질 변성, 침전
- 알코올 시험법 ▶ 우유의 신선도 판정법 ▶ 신선유 : 침전(×), 신선도 저하유 : 다량의 침전 생성

ⓓ **금속이온에 의한 변성**
- 가용성 단백질은 2가 또는 3가의 금속이온에 의해 응고
- 두부 제조 : 콩 단백질(glycinin)은 가열만으로는 변성되지 않으나, 간수($CaCl_2$, $MgCl_2$)를 첨가하면 Ca^{2+}이나 Mg^{2+}에 의해 응고
- 수은, 은, 구리, 철, 납 등의 중금속은 단백질과 착화합물 생성 ▶ 침전

ⓜ **효소에 의한 변성**
- casein micelle의 k-casein에 rennin이 작용하여 para-k-casein과 glyco-macropeptide로 분해
- casein micelle은 불안정해짐 ▶ 우유 중의 Ca^{2+}과 결합 ▶ 응고(curd 형성) ▶ 치즈 제조에 이용

③ 변성 단백질의 성질

　㉠ 생물학적 특성 상실

　　• 효소 활성, 독성, 면역성 등 생물학적 특성 상실

　　• 효소 : 단백질로 구성 ▶ 가열에 의해 효소 단백질의 분자 형태 변화 ▶ 불활성화

　㉡ 단백질 분해효소에 의해 분해

　　• 폴리펩타이드 사슬이 열에 의하여 풀어짐 ▶ 효소 작용에 의해 분해될 수 있는 반응 장소 증가 ▶ 소화↑

　　• 지나친 가열은 오히려 단백질의 소화를 나쁘게 함

　㉢ 반응성 증가

　　• 변성 ▶ 여러 활성기($-OH$, $-SH$, $-COOH$, $-NH_2$)들이 표면에 나타나 반응성↑

　　• 폴리펩타이드 사슬의 입체 구조 내부에 존재하던 활성기가 변성으로 인하여 구조가 풀려 표면으로 노출

　㉣ 용해도 변화

　　• 단백질 변성 ▶ 소수성기가 분자 표면에 나타남 ▶ 단백질의 친수성↓

　　• 용해도↓ ▶ 불용화, 응고, gel화

03 식품단백질

(1) 식물성 단백질

① 곡류 단백질

　㉠ 쌀 단백질

　　• oryzenin(glutelin계, 라이신, 트립토판 부족)

　　• 쌀의 단백질 함량은 다소 낮지만, 다른 곡류에 비해 단백질 품질이 더 좋음

　㉡ 밀 단백질

　　• 글루테닌, 글리아딘, 알부민, 글로불린으로 구분

글루테닌 (글루텔린류)	• 탄성 부여(연성 약함) • 고분자량(100,000 이상)	• 글루텐(gluten) 형성 • 전체 단백질의 50% 이상 차지
글리아딘 (프롤라민류)	• 연성 부여(탄성 약함) • 저분자량(25,000 ~ 100,000)	
알부민 글로불린	• 응고성 단백질 • 기포형성 단백질	• 글루텐 비형성 • 전체 단백질의 15 ~ 35% 차지

　　• glutenin(탄성), gliadin(연성) $\xrightarrow[\text{반죽}]{\text{물}}$ gluten(점탄성)

　　• gluten의 함량에 따라 강력분(13%↑), 중력분(10 ~ 13%), 박력분(10%↓)

　　• 라이신, 메티오닌, 트립토판 부족

② **대두 단백질**

    ㉠ 식물성 식품으로서는 단백질 함량이 매우 큰 편 : 평균 35 ~ 40%

    ㉡ **주성분** : 글로불린(글리시닌, 대두단백질의 84% 차지)

    ㉢ 메티오닌과 트립토판을 제외한 모든 필수아미노산의 좋은 급원

    ㉣ **트립신 저해물질**(trypsin inhibitor) : 단백질 소화 흡수 저해

(2) 동물성 단백질

① **육류 단백질**

    ㉠ **결체 조직(육기질 단백질)**

        ⓐ **콜라겐**

            • 특이한 아미노산 배열(Gly − Pro − hypro − Gly) / 3중 나선, tropocollagen 분자를 형성

            • 불용성 ▶ 60 ~ 70℃ 가열 ▶ 젤라틴(가용성)

        ⓑ **엘라스틴**

            • 탄력성(O) / 인대조직, 동맥혈관의 벽 등에 존재

            • 산, 알칼리 또는 트립신과 같은 단백질 분해효소에 의해 잘 분해되지 않음

    ㉡ **근육 섬유조직**

        ⓐ **미오겐(알부민)**

            • 황산암모늄의 포화용액에 의해서 침전되는 구상 단백질

            • 육류 조직 내에서 미오겐 섬유체로서 불용성의 섬유상으로 존재

        ⓑ **미오신 복합체 − 미오신, 액틴, 기타 구상 단백질**

            • 액틴 : 구형, 근육 단백질에 약 13% 함유

              − 구상 액틴(globular actin) : G−액틴

              − 섬유상 액틴(fibrous actin) : F−액틴(G−액틴이 중합하여 섬유상 형성)

            • 미오신 + 액틴(3 : 1)

            • 액토미오신 : 액틴과 미오신의 복합체 ▶ 수축된 형태

② **달걀 단백질**

    ㉠ **난백(egg white) 단백질**

성분	함량(%)	특징
오브알부민(ovalbumin)	54	가장 많이 함유, 가열에 의해 쉽게 응고되는 인단백질
콘알부민(conalbumin)	13	당단백질(오보트랜스페린), 항미생물 작용
오보뮤코이드(ovomucoid)	11	열에 매우 안정한 당단백질, 트립신 저해

성분	함량(%)	특징
라이소자임(lysozyme)	3.5	다당류 분해효소, 용균작용(항 미생물 작용), 염기성 단백질, 그람음성균보다는 그람양성균에 효과적, 단백분해효소에 안정, 열에 안정
오보뮤신(ovomucin)	1.5	점성, 시알산(sialic acid) 함유, 바이러스와 반응
단백질 분해효소 저해제 (proteinase inhibitor)	0.1	단백질 분해효소 작용 저해
아비딘(avidin)	0.05	비오틴과 결합, 항미생물작용, 열변성에 의해 상실

    ⓛ **난황(egg yolk) 단백질**
- 지방질 함량↑
- 리포단백질 : 21% 차지, 유화제

③ **우유 단백질**
    ㉠ 우유는 약 3%의 단백질 함유
    ⓛ 달걀, 육류단백질과 함께 가장 품질이 우수한 식품단백질
    ⓒ 카세인(80%) + β−락토글로불린(8.5%) + α−락트알부민(5.0%) + 면역글로불린(1.7%)
    ⓔ casein : rennin을 pH 4.7 부근에서 작용시키면 casein 응고
    ⓜ **유청단백질** : 우유를 pH 4.7로 조절하였을 때 침전되지 않은 단백질, β−락토글로불린과 α−락토알부민이 가장 많이 함유되어 있음

(3) 단백질의 품질

① **단백질 품질 평가**
    ㉠ 생물학적 평가 : 체내 이용 정도 평가
- 생물가(biological value, BV)
    - 실험동물의 체내에서 흡수된 질소량과 체내에 유지된 질소량의 비율
    - 단백질의 영양가 판정 시 이용

$$BV = \frac{\text{체내에 유지된 질소분}}{\text{체내에 흡수된 질소분}} \times 100$$

$$= \frac{\text{섭취 질소량 − 대별 질소량 − 소변 질소량}}{\text{섭취 질소량 − 대변 질소량}}$$

- 단백질 효율비(protein efficiency ratio, PER)
  - 전제조건 : 열량공급이 충분, 체중 증가가 체단백질의 증가와 비례한다는 점
  - 장단점 : 간편하고 효율적, 체중 증가와 체단백 보유량이 일치하지 않음

$$PER = \frac{\text{이유기의 실험동물의 체중 증가량}(g수)}{\text{단백질 섭취량}(g수)}$$

ⓛ **화학적 평가** : 구성아미노산의 화학적 분석평가
  - 화학가(chemical score, CS)

$$CS = \frac{\text{제1제한 아미노산 함량}(mg/g)}{\text{기준 단백질 중의 식품 중 제1제한 아미노산 함량}(mg/g)} \times 100$$

  - 아미노산가(amino acid score, AAS)

$$AAS = \frac{\text{제1제한 아미노산 함량}(mg/g)}{\text{WHO 기준 단백질 중의 식품 중 제1제한 아미노산 함량}(mg/g)} \times 100$$

② **단백질 상호보완 효과**
  ㉠ 각 식품에 존재하는 단백질을 효율적으로 이용하기 위해서는 가능한 한 여러 단백질 자원을 혼합하는 것이 바람직함
  ㉡ 필수아미노산 함량이 낮은 식품과 그 해당 필수아미노산의 함량이 큰 다른 식품을 혼합하여 동시에 섭취하도록 하면 가장 큰 효과를 얻을 수 있음

기출문제

2022년 2회, 2011년 1회

01 다음은 단백질의 3차구조에 대한 설명이다. 괄호 안에 알맞은 단어를 쓰시오.

> 3차구조는 단백질을 구성하는 아미노산의 곁사슬(R) 사이에 작용하는 (①)결합, (②)결합, (③)결합 및 이황화결합 등으로 안정화되어 있다.

모범답안

① 수소
② 이온
③ 소수성

➕ 해설

3차 구조는 선상의 폴리펩타이드 사슬이 다양한 결합에 의해 구부러지고 중첩되어 구상 및 섬유상의 복잡한 공간배열을 이룬 것을 말한다. 단백질은 종류에 따라 고유한 3차 구조를 가지는데, 이것은 각 단백질을 구성하는 아미노산의 조성과 결합순서가 모두 다르기 때문이다. 단백질의 3차구조는 아미노산의 곁사슬(R기) 사이에 작용하는 수소결합, 이온결합, 이황화(disulfide, −S−S−)결합 및 소수성결합 등으로 안정화되어 있으며, 이 중 소수성 결합이 가장 중요한 역할을 하는 것으로 알려져 있다.

2022년 2회

02 다음 〈보기〉에 나열된 단백질을 단순단백질, 복합단백질, 유도단백질로 구분하시오.

> 〈보기〉
> 펩톤, 알부민, 인단백질, 젤라틴, 당단백질, 히스톤, 헤모글로빈, 프롤라민

모범답안

- 단순단백질 : 알부민, 히스톤, 프롤라민
- 복합단백질 : 인단백질, 당단백질, 헤모글로빈
- 유도단백질 : 펩톤, 젤라틴

단백질의 분류

- 단순단백질(simple protein) : 아미노산만으로 구성된 단백질
- 복합단백질 : 아미노산으로 구성된 단순단백질에 인, 지방질, 핵산, 당질, 색소 및 금속 등의 비단백성 물질이 결합한 단백질
- 유도단백질 : 천연단백질이 화학적 또는 효소적 방법에 의해 변형된 것으로 변형된 정도에 따라 1차 유도단백질과 2차 유도단백질로 나뉨

2020년 3회

03 염용(salting in)과 염석(salting out) 현상을 단백질과 관련하여 쓰시오.

모범답안

- 염용(salting in) : 단백질에 소량의 묽은 중성 염류 용액을 첨가하면 용해도가 증가하는 현상
- 염석(salting out) : 단백질에 다량의 염류를 첨가하면 용해도가 감소하여 단백질이 침전되는 현상

해설

- **묽은 중성 염류용액(주로 1가 이온)에서 단백질의 용해도가 증가하는 이유**
  중성염의 해리로 생성된 이온이 단백질 분자의 이온화된 기능기와 작용함으로써 단백질 분자 사이의 인력을 감소시키기 때문
- **농도가 높은 중성 염류용액(2가 또는 3가 이온)에서 단백질의 용해도가 감소하는 이유**
  단백질 분자의 수화에 필요한 물분자가 염 이온의 수화에 의해 경쟁적으로 빼앗기기 때문에 용해도가 감소되어 단백질은 침전

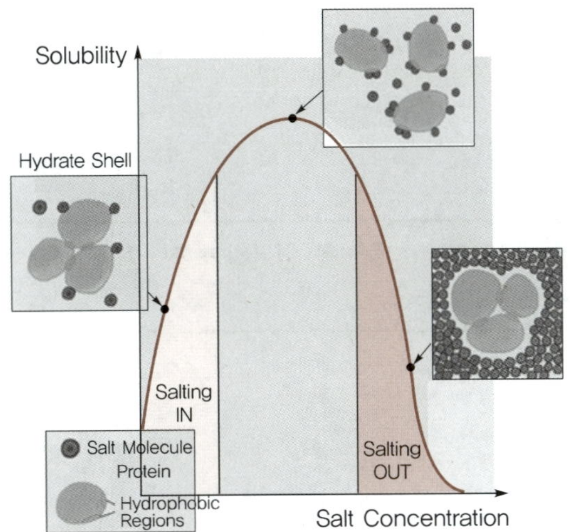

04 단백질의 열변성에 영향을 주는 3가지 요인과 열변성에 의한 단백질의 변화에 대해 쓰시오.

모범답안

- 열변성에 영향을 주는 요인 : 온도, 수분, pH, 전해질, 당
- 단백질의 변화 : 생물학적 특성(효소활성, 독성, 면역성) 상실, 용해도 감소, 점도 증가, 반응성 증가

➕ 해설

- 온도 : 60 ~ 70℃ 근처에서 변성이 일어나며, 온도가 높아질수록 변성속도가 빨라짐
- 수분 : 수분함량이 많으면 낮은 온도에서도 열변성이 일어남
- pH : 등전점에서 가장 쉽게 응고함
- 전해질 : 염화물, 황산염, 인산염 등을 가하면 변성온도가 낮아지고 속도도 빨라짐
- 당 : 설탕을 첨가하면 응고 온도가 높아짐

05 다음 글을 읽고 빈칸에 알맞은 말을 채우시오.

> 우유의 구성요소인 지방, 단백질, 탄수화물 중 pH 4.5에 응고되는 단백질은 (①)이고 그 외는 유청단백질이다. 탄수화물은 주로 (②)으로 되어 있다.

모범답안

① 카제인
② 유당

06 치즈 제조 시 레닛(rennet) 효소를 첨가하기 전, 치즈 응고 및 안정화를 위해 첨가하는 무기질을 쓰시오.

모범답안

칼슘(Ca)

우유 단백질의 80%를 차지하는 카제인은 그 분자 내에 인을 함유하고 있는 인단백질이며, pH 4.6에서 침전된다. 카제인에 효소 레닛(rennet)을 pH 4.6 부근에서 작용시키면 카제인의 응고가 일어난다. 즉, 카제인이 레닛에 의해서 para-카제인이 되었다가 Ca^{2+}과 결합하여 불용성인 para-카제인의 Ca염을 형성하여 응고하게 된다.

2024년 3회, 2007년 1회

07 탈지유에 산을 가하여 약 pH 4.6으로 조정하면 응고가 진행되는데, 이때 응고되는 주성분과 응고되는 원리, 이러한 원리를 이용하여 만들어지는 대표적인 유제품 1가지를 쓰시오.

모범답안

• 주성분 : 카제인(casein)
• 응고원리 : 카제인은 pH 4.6에서 등전점에 이르며, 용해도가 매우 낮아져 침전되기 쉬우므로 응고현상이 나타남
• 대표적인 유제품 : 발효유, 치즈 등

2025년 2회

08 우유로 치즈를 만드는 공정에서 틀린 것을 고르고 이유를 쓰시오.

1) 우유 단백질인 카제인에 붙어있는 올리고당을 제거해야 한다.
2) 칼슘이온과 리파아제(lipase)를 첨가하여 단백질 응고 및 풍미 형성을 촉진한다.
3) 칼슘이온은 카제인과 인의 결합을 촉진하여 커드 조직 형성을 돕는다.
4) 카파-카제인은 카제인 미셀의 표면에 위치하며, 미셀구조의 안정성을 유지해준다.
5) 단백질의 응고를 촉진하기 위해 pH를 낮추고 온도를 높여야 한다.

모범답안

• 틀린 것 : 1)
• 이유 : 카제인에는 올리고당이 존재하지 않는다.

09

FAO에서 정한 표준단백질의 아미노산함량은 다음과 같다. 쌀 단백질의 함량을 보고 쌀 단백질의 아미노산가를 산출하시오.(단위 : 단백질 질소 1g당 아미노산 mg)

(단위 : 단백질 질소 1g당 아미노산 mg)

분류	이소류신	류신	라이신	메티오닌	페닐알라닌	트레오닌	트립토판	발린
표준 단백질	270	306	270	270	180	180	90	270
쌀 단백질	280	520	210	270	190	220	80	370

모범답안

$$\frac{210}{270} \times 100 = 77.78$$

참고

단백질의 품질평가

- 생물가(biological value, BV) : 동물의 체내에서 흡수된 질소량과 체내에 유지된 질소량의 비율

$$BV = \frac{체내에\ 유지된\ 질소분}{체내에\ 습수된\ 질소분} \times 100$$

$$= \frac{식사질소량 - 대변질소량 - 소변질소량}{식사질소량 - 대변질소량} \times 100$$

대변질소량 : 체내에서 흡수되지 않은 아미노산의 질소대사물
소변질소량 : 체내 흡수 후 탈아미노반응이 일어난 아미노산의 질소대사물

- 아미노산가(amino acid score, AAS) : 단백질 시료 중의 제한 아미노산의 함량을 FAO/WHO 가 정한 표준 구성아미노산의 함량에 대한 % 비율로 표시한 것

$$AAS = \frac{제1제한\ 아미노산\ 함량(mg/1g)}{FAO\ 표준\ 단백질\ 중의\ 제1제한\ 아미노산\ 함량(mg/1g)} \times 100$$

05
Chapter

색과 갈변

01 식품의 색

(1) 색의 분류 및 측정법

- 색체계(color system) : 많은 색을 계통적으로 분류하고 표시하는 방법
- Munsell 색체계와 Hunter 색체계를 식품에 널리 사용함

① **CIE 색체계**
  - ㉠ 모든 색이 빨강, 초록, 파랑의 삼원색을 적당히 혼합함으로써 재현될 수 있다는 원칙에 기초함
  - ㉡ 어떤 색에 해당하는 삼원색의 상대적인 양은 그 색의 삼자극치(tristimulus value)라고 함
  - ㉢ 빨강, 초록, 파랑의 원색은 X, Y, Z로 나타냄
  - ㉣ **빨강색** : x=1, y=0 / **초록색** : x=0, y=1 / **파랑색** : x=0, y=0

② **Munsell 색체계**
  - ㉠ 모든 색을 색의 삼요소, 색상(hue), 색도(채도, chroma), 명도(brightness or value)로 설명
  - ㉡ 빨강(R), 노랑(Y), 초록(G), 파랑(B), 보라(P)의 5색과 그 중간색(YR, GY, BG, PB, RP)를 합하여 10색으로 나눔
  - ㉢ **명도** : 밝기를 나타내는 수치 – 0(검정색)에서 10(흰색)으로 구분
  - ㉣ **색도** : 색의 순도를 나타내는 수치 – 10은 가장 선명한 색도, 0은 흐리고 침침한 색을 의미

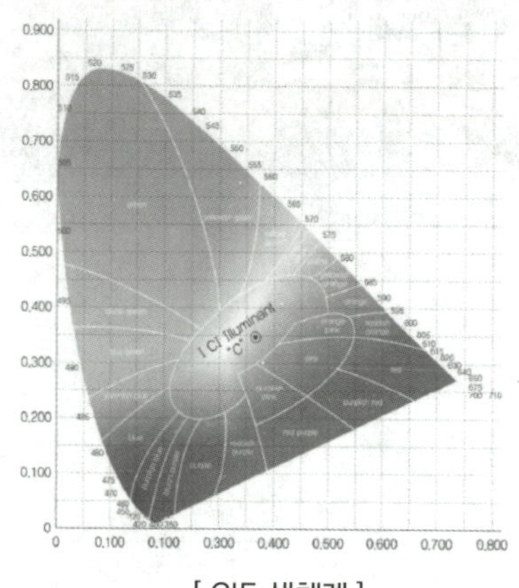

[CIE 색체계]　　　　　[Munsell 색체계]

③ Hunter 색체계

ㄱ L : 명도(0 검정색, 100 흰색)

ㄴ a : 빨강 – 초록 차원 / +는 빨강, –는 초록

ㄷ b : 노랑 – 파랑 차원 / +는 노랑, –는 파랑

ㄹ a, b가 모두 0이면 회색

ㅁ 색차지수 $\Delta E = \sqrt{\Delta L^2 + \Delta a^2 + \Delta b^2}$

　　ΔE 값 : 0 ~ 0.5(색차가 거의 없음)

　　　　　　3.0 ~ 6.0(현저한 차이)

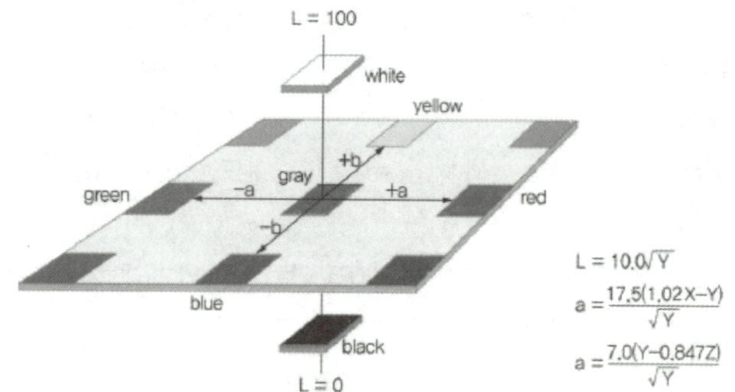

(2) 식품 색소의 분류

① 식품 급원에 따른 분류

급원	특성	색소	식품 및 분포
식물성	지용성	클로로필(chlorophyll)	녹색 식품
		카로티노이드(carotenoid)	노랑·주황색 식품
	수용성	안토잔틴(anthoxanthin)	백색 식품
		안토시아닌(anthocyanin)	적·자색 식품
		타닌(tannin)	무색채소·과일류

급원	특성	색소	식품 및 분포
동물성	헴류	헤모글로빈(hemoglobin)	혈액
		미오글로빈(myoglobin)	근육
	카로티노이드류	루테인(lutein)	난황, 고추
		아스타잔틴(astaxanthin)	새우, 게, 연어
	기타	멜라닌(melanins)	피부

② **화학구조에 따른 분류**

테트라피롤(tetrapyrrole) 유도체	아이소프레노이드(isoprenoid) 유도체	벤조피렌(benzopyrene) 유도체
클로로필, 헤모글로빈, 미오글로빈	카로티노이드	안토시아닌, 안토잔틴

(3) 식물성 색소

① **클로로필(chlorophyll)**

    ㉠ 잎과 줄기에 가장 많이 분포하는 지용성 녹색색소

    ㉡ 엽록체에 단백질과 결합한 상태로 존재

    ㉢ 클로로필의 구조

- 4개 pyrrole
- 4개 메틴기(−CH=) ┐ porphyrin ring
- 중심금속 Mg^{2+} ┘
- C(E)−pyrrole ring : MeOH
- D−pyrrole ring : phytol($C_{20}H_{39}OH$)
- B−pyrrole ring(C_3)
  - Y → CH_3 : chlorophyll a(청록색)
  - Y → CHO : chlorophyll b(황록색)
  - chlorophyll a : chlorophyll b = 2 ～ 3 : 1

ⓔ 클로로필의 변화

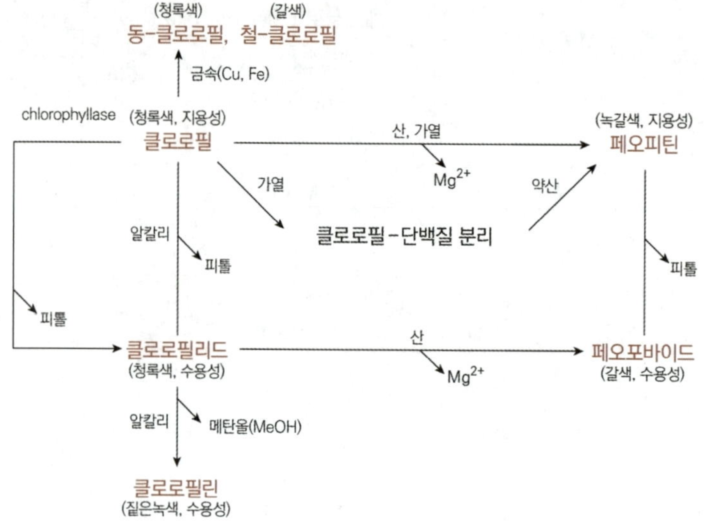

ⓐ **산에 의한 변화**

- 산과 반응하면 포피린 환의 Mg^{2+}이 H^+으로 치환되어 페오피틴 형성
- 강산으로 처리하면 Mg^{2+}과 피톨이 동시에 떨어져 나가 페오포바이드 형성

ⓑ **가열 시 변화**

- 가열 시 단백질과 약하게 결합하고 있는 클로로필이 유리되어 진한 녹색이 됨
- 오랜 시간 동안 삶으면 채소 조직의 부분적인 파괴로 인해 유리된 클로로필은 세포 내 존재하던 유기산에 의해 페오피틴으로 변화

ⓒ **알칼리에 의한 변화**

- 알칼리 용액과 반응하면 피톨기가 떨어져 나가 클로로필리드 형성
- 클로로필리드가 계속하여 알칼리 용액과 반응하면 메틸에스터결합이 가수분해되어 클로로필린이 됨
- 클로로필리드에 산을 처리하면 Mg^{2+}이 H^+으로 치환되어 페오포바이드 형성
- 녹색 채소를 삶을 때 중탄산나트륨을 처리하면 녹색 유지

ⓓ **클로로필레이스에 의한 변화**

- 식물 세포가 손상되면 세포내에 함유되어 있던 클로로필레이스가 작용하여 클로로필리드 형성
- 클로로필레이스는 클로로필(지용성)을 클로로필리드(수용성)로 전환시켜 조직 내에 있는 클로로필의 함량을 감소시킴
- 클로로필레이스는 80℃ 이상에서 불활성화(데치기)

ⓔ **금속과의 반응**

- Cu, Fe 등과 반응시키면 Mg^{2+}이 치환되어 동-클로로필(청록색), 철-클로로필(갈색)을 형성

- 산에 의해 형성된 페오피틴에도 구리를 첨가하면 H^+이 Cu^{2+}로 치환되어 동-클로로필이 되므로 진한 녹색을 유지할 수 있음

② **카로티노이드**

　㉠ 동식물성 식품에 존재하는 노랑, 주황, 빨강 등의 지용성 색소

　㉡ **구조 및 분류**

　　ⓐ 8개의 아이소프렌(isoprene) 단위[$CH_2 = C(CH_3)CH = CH_2$]가 결합하여 40개의 탄소로 구성된 테트라테르펜(tetraterpene) 구조

　　ⓑ 자연계에서는 대부분 trans형으로 존재

　　ⓒ **카로틴(carotene)**

　　　- C, H만으로 구성된 탄화수소

　　　- α-카로틴, β-카로틴, γ-카로틴, 라이코펜

　　ⓓ **잔토필(xanthophyll)**

　　　- 산소원자를 가지는 형태(ester, epoxy, oxo, ester)

　　　- 크립토잔틴, 루테인, 제아잔틴, 비올라잔틴, 아스타잔틴, 캡산틴, 칸타잔틴, 푸코잔틴

　　ⓔ **프로비타민 A(β-ionone 핵)** : α-카로틴, β-카로틴, γ-카로틴, 크립토잔틴

　㉢ **카로티노이드의 변색**

　　ⓐ 산, 알칼리 및 가열 처리 시 비교적 안정

　　ⓑ 이중결합이 많아 산소, 산화효소, 광선에 의해 산화되어 변색되기 쉬움

③ **플라보노이드계**

　㉠ 식품에 널리 분포하는 황색 계통의 수용성 색소로 배당체의 형태로 존재하는 경우가 많음

　㉡ 2개의 벤젠핵이 탄소로 연결된 C_6-C_3-C_6(플라반)의 기본구조를 지님

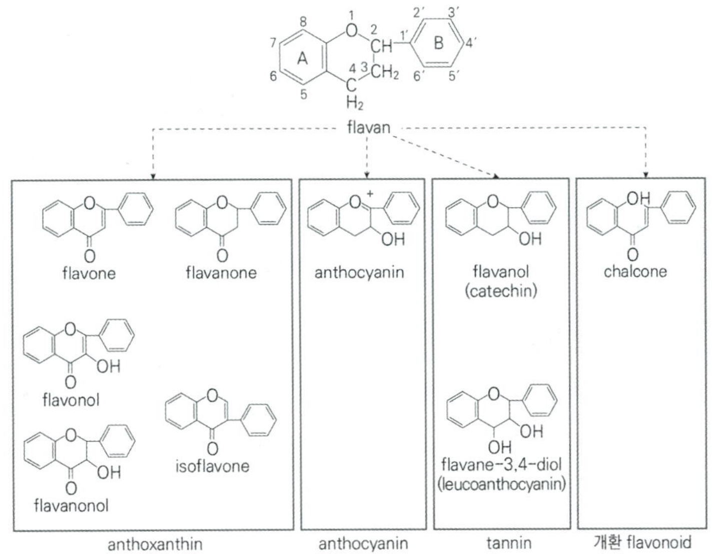

ⓒ 안토잔틴(anthoxanthin, 화황소)

ⓐ 채소 및 과일에 널리 분포하며 주로 담황색과 황색을 나타냄

ⓑ apiin, rutin, hesperidin, naringin, genistin

ⓒ 변색

- 산에 안정 ▶ 무색

- 알칼리에 불안정 ▶ 황색, 갈색

- hesperidin : pH 11 ~ 12에서 아글리콘 구조 열려 칼콘(calcone)으로 전환 ▶ 황색 또는 짙은 갈색

- 밀가루 반죽 시 중탄산나트륨 첨가 ▶ 국수, 빵(황색 형성)

- 금속과 쉽게 반응 : 철(녹색~갈색), 알루미늄(황색)

ⓓ 안토시아닌(anthocyanin, 화청소)

ⓐ 식품의 빨강, 자주 또는 청색을 나타내는 수용성 색소

ⓑ 포도, 체리, 블루베리, 크랜베리, 가지 등에 다량 함유

ⓒ 안토시안(anthocyan)＝안토시아닌(anthocyanin)＋안토시아니딘(anthocyanidin)

ⓓ callistephin, chrysanthemin, nasunin, petunin, malvin

ⓔ **변색**
- pH에 따른 변화(가역적)
  - 산성 : 적색의 플라빌리움(flavylium) 염의 형태로 존재
  - 약산성 : 옅은 적색 또는 무색
  - 중성 : 자색
  - 알칼리성 : 청색
- 금속에 의한 변화 : 철(청색), 주석(회색, 자색), 아연(녹색)

ⓜ **타닌(tannin)**

ⓐ **특성과 종류**
- 떫은맛을 가지는 무색의 폴리페놀(polyphenol) 성분을 총칭
- 타닌(무색) + 산소, 산화효소, 금속 ▶ 갈색, 흑색
- gallic acid, ellagic acid, catechin, leucocyanidin, chlorogenic aicd, theaflavin, thearubigin

ⓑ **금속과의 반응**
- 타닌 + 제1철(Fe^{2+}) ▶ 회색
- 타닌 + 제2철(Fe^{3+}) ▶ 흑청색, 청록색
- 타닌 + 주석(Sn^{2+}), 아연(Zn^{2+}) ▶ 옅은 회색
- 타닌 + 칼슘(Ca^{2+}), 마그네슘(Mg^{2+}) ▶ 적자색

ⓒ **변환**
- 미숙과실 $\xrightarrow{\text{숙성}}$ 적숙과실
  (수용성 타닌, 떫은맛↑)　　　　　　　　(불용성 타닌, 떫은맛↓)
- 공기 중 산소와 결합 ▶ 쉽게 산화, 중합 ▶ 흑갈색의 불용성 중합체 형성

ⓗ **베탈레인(betalains)**

ⓐ 인돌(indole) 핵을 포함한 알칼로이드 구조를 갖는 수용성 색소로 적색과 황색을 나타냄

ⓑ 사탕무, 홍당무, 순무, 레드비트, 근대, 맨드라미, 명아주 등에 존재

ⓒ **베타시아닌(betacyanins)** : 적색 / 베타잔틴(betazanthins) : 황색

ⓓ **베타시아닌류** : 배당체로 존재

ⓔ **산성** : 적색 또는 황색, pH 4.0 ~ 6.0 사이에서 가장 안정

(4) 동물성 색소

① **미오글로빈(myoglobin, 육색소)**

   ㉠ **구조** : 헴(ferroprotoporphyrin, Fe^{2+}, 적색)과 단백질인 글로빈이 결합

- ferroprotoporphyrin : 중심금속 Fe^{2+}
- Fe^{2+} : 6개의 배위결합
  - → 4개 : pyrrole 질소원자(N)와 결합
  - → 1개 : globin 중 histidine의 imidazole ring과 결합
  - → 1개 : H_2O(O_2, CO, NO로 치환 가능)

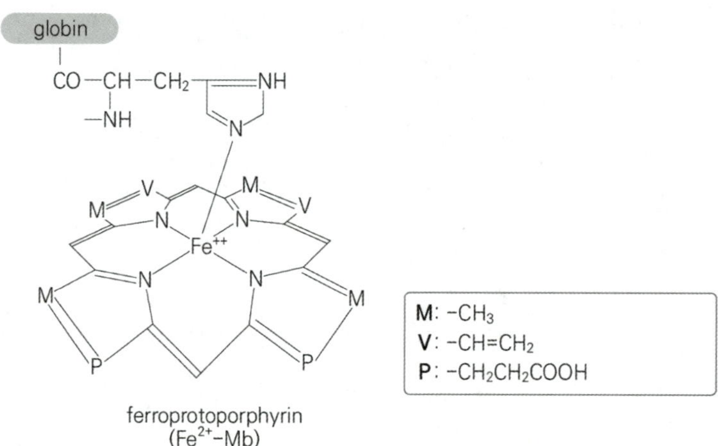

   ㉡ **변화**

     ⓐ **산화에 의한 변화**

- 미오글로빈(Fe^{2+}) + 물 ▶ 적자색
- 미오글로빈(Fe^{2+}) + 산소 ▶ 산소화, 옥시미오글로빈(Fe^{2+}), 선홍색
- 옥시미오글로빈(Fe^{2+}) 장시간 저장 ▶ 산화, 메트미오글로빈(Fe^{3+}), 갈색

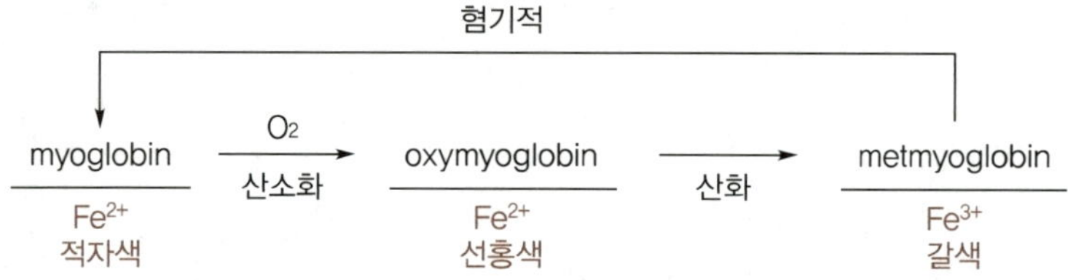

     ⓑ **가열에 의한 변화**

- 미오글로빈(적자색) ▶ 옥시미오글로빈(선홍색) ▶ 메트미오글로빈(갈색)
- 계속 가열 ▶ 단백질 변성 ▶ 글로빈과 헤마틴(갈색)으로 분리
- 헤마틴은 염소 이온과 결합한 형태인 헤민(갈색)을 형성

$$
\bullet \ \text{헤마틴(hematin)} = \text{ferriprotoporphyrin}(Fe^{3+}) + OH^-
$$
$$
\bullet \ \text{헤민(hemin)} = \text{ferriprotoporphyrin}(Fe^{3+}) + Cl^-
$$

- 산화된 포피린류 : 메트미오글로빈에서 변성된 단백질이 떨어져 나간 후 헤마틴, 헤민, 포피린류의 치환기들이 계속 산화된 형태

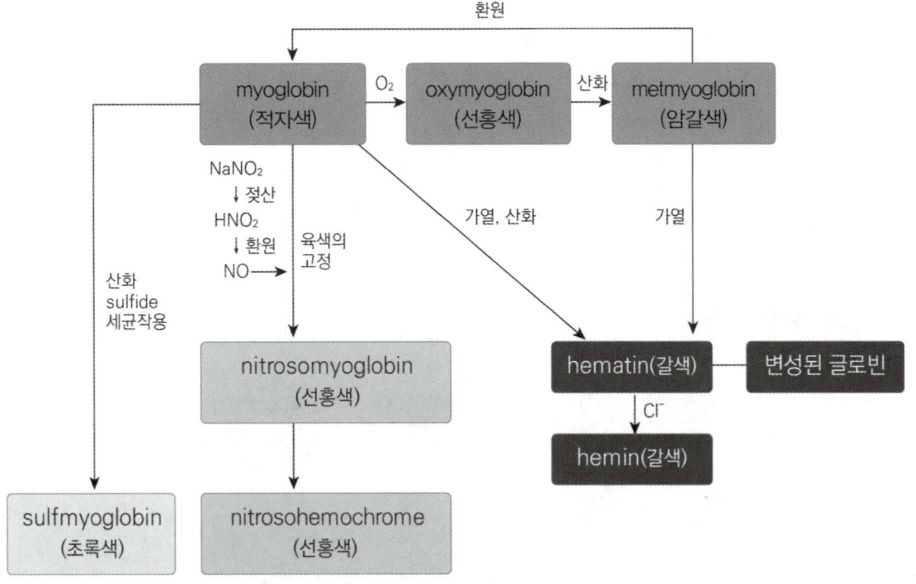

ⓒ **가공과정 중의 변화**
- 아질산염에 의해 가열 조리 중에도 육류의 선홍색 유지
- 환원성 물질에 의해 아질산으로부터 생성된 니트로소기는 미오글로빈과 결합하여 니트로소미오글로빈(선홍색)을 형성

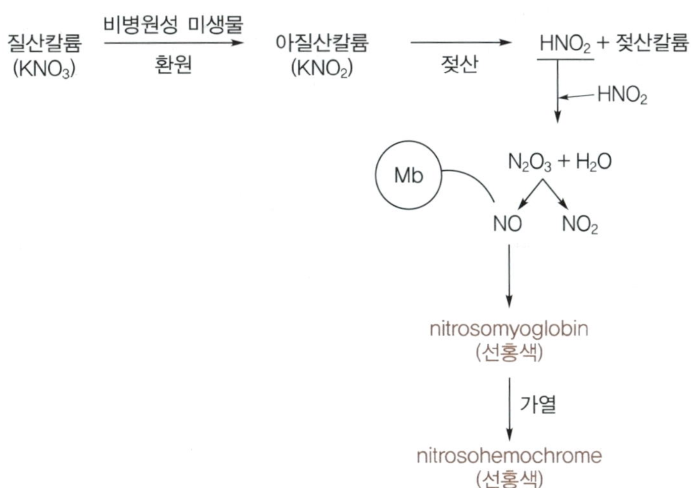

• 가공육류 중에 원래 함유되었던 아민류와 유도체들은 생성된 아질산과 반응하여 니트로사민류(nitrosamine)를 형성 ▶ 강력한 발암성을 나타냄

② **기타 색소**
ㄱ **난황** : 카로틴(루테인, 제아잔틴, 크립토잔틴)
ㄴ **리보플라빈** : 우유(미황색), 난백(미황녹색), 물고기 눈(미황색 형광)
ㄷ **구아닌** : 생선 표면의 반짝이는 빛낄
ㄹ **멜라닌 색소** : 생선 표면의 검은색, 오징어, 문어 등의 먹물
ㅁ **피코에리스린(붉은색), 소량의 클로로필, 카로티노이드** : 김(홍조류)

02 식품의 갈변반응

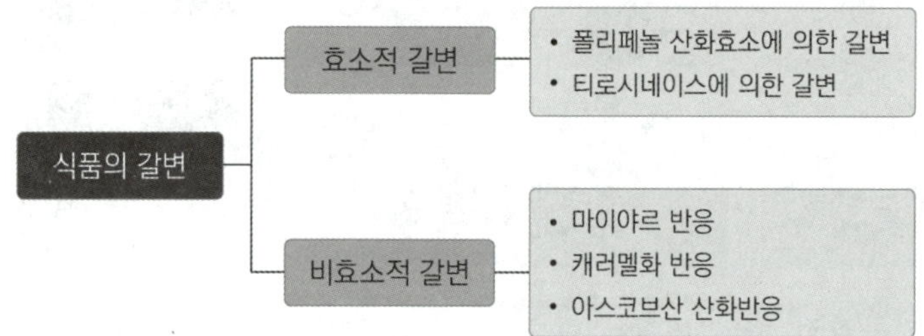

(1) 효소적 갈변반응

① **폴리페놀 산화효소(polyphenol oxidase, Cu 함유)에 의한 갈변**
ㄱ 카테콜(catechol) 또는 그 유도체 등이 공기 중의 산소 존재하에 퀴논(quinone) 또는 그 유도체로 산화하는 반응을 촉매
ㄴ 흑갈색의 멜라닌 색소 형성
ㄷ 사과, 배를 깎아서 공기 중에 방치하면 갈색으로 변하는 반응
② **티로시네이스(tyrosinase, Cu 함유)에 의한 갈변**
ㄱ 모노페놀(monophenol)인 티로신에 작용하여 DOPA로 산화되는 과정 촉매
ㄴ 감자 갈변의 원인
ㄷ 티로시네이스(수용성) ▶ 감자를 깎아서 물에 담가두면 용출되어 갈변 억제

갈변효소	갈변반응 기작
폴리페놀 산화효소	폴리페놀류(무색) →[폴리페놀 산화효소 / $1/2\ O_2$]→ 퀴논류(암적색) →[산화, 중합]→ 멜라닌(갈색) catechol(무색) →[polyphenol oxidase / $+\frac{1}{2}O_2$]→ benzoquinone(암적색) →[중합]→ melanin 색소
티로시네이스	티로신 →[티로시네이스]→ DOPA → DOPA-퀴논 → DOPA-크롬 → 디하이드록시 인돌카복실산 →[중합]→ 멜라닌(흑갈색)

③ **효소적 갈변반응의 억제**

　㉠ **가공품종의 선택**

　　• 인과류(사과, 배 등)와 핵과류(살구, 복숭아, 자두 등) : 총 폴리페놀 함량↑, 아스코브산 함량↓ ▶ 갈변반응↑

　　• 장과류(딸기, 라즈베리, 블랙베리 등) : 아스코브산 함량↑ ▶ 갈변반응↓

　㉡ **효소작용의 억제**

　　• 데치기(가열) ▶ 효소의 불활성화

　　• 최적조건의 변동

　　　－ polyphenol oxidase의 최적 pH : $5.8 \sim 6.8$

　　　　→ pH 3.0 이하에서 불활성화(구연산, 말산, 인산 등을 가하여 산성으로 변동시켜 효소작용 억제)

　　　－ 저온 보관 식품 온도를 $-10℃$ 이하로 유지

　㉢ **산소의 제거** : 물에 담그거나 밀폐된 용기에 보관, 공기와의 접촉을 방지, 탄산가스나 질소 등으로 대체

　㉣ **아스코브산 첨가** : polyphenol oxidase에 의해서 형성된 퀴논류가 ascorbic acid의 환원작용을 받아 본래의 diphenol로 전환

　㉤ **환원성 물질의 첨가** : 아황산가스(SO_2), 아황산염(Na_2SO_3, $NaHSO_3$), SH 화합물(cysteine, glutathione)

　㉥ **묽은 소금물에 담그기** : 염소이온(Cl^-)에 의해 활성 억제

　㉦ **금속이온의 제거** : 철이나 구리 등 금속이온이 존재하는 용기나 기구를 사용하지 않기

(2) 비효소적 갈변반응

① **마이야르 반응(amino-carbonyl reaction)**

> • 아미노-카보닐 반응, 멜라노이딘 반응
> • 아미노기를 가진 질소화합물 + 카보닐기를 가진 환원당 → 갈색물질 생성
> • 거의 모든 식품에서 일어날 수 있는 갈변반응
> • 식품의 가공·저장 중에 있어서 가장 중요한 비효소적 갈변반응
> • 외부로부터 에너지의 공급이 적거나 없는 상태에서도 발생 가능
> • 식품의 맛, 색, 냄새 등을 향상시킴
> • lysine과 같은 필수 아미노산의 파괴를 가져오기도 함
> • 빵, 커피, 홍차, 비스켓, 된장, 간장, 맥주 등

  ㉠ **마이야르 반응 메커니즘**
  ⓐ **초기단계(무색)**
   • 질소배당체 형성(당류와 아미노 화합물의 축합반응)
    – 아미노기 + 알데하이드기 ▶ schiff 염기 생성
    – 질소배당체인 글리코실아민으로 고리화 됨
   • 아마도리 전위(amadori rearrangement)
    – 글리코실 아민이 프럭토실 아민으로 전위
  ⓑ **중간단계(황색)**
   • 3-deoxyosone 형성
   • unsaturated 3,4-dideoxyosone 형성
   • reductone 형성
   • HMF(hydroxymethyl furfural) 등의 환상 물질 형성
   • 산화생성물 분해
  ⓒ **최종단계(갈색)**
   • 알돌형 축합반응 : 분자량이 큰 화합물 형성
   • 스트레커 분해반응

$$\alpha\text{-dicarbonyl} + \alpha\text{-amino acid} \quad \xrightarrow[\text{탈아미노}]{\text{탈탄산}} \quad \text{아미노리덕톤} + \text{알데하이드} + CO_2$$

   • 멜라노이딘 색소형성
    각종 reductone류, 5-HMF 유도체, 알돌형 축합 생성물, 스트레커 반응 생성물
    등이 쉽게 상호 반응을 일으켜 중합체 형성
  ㉡ **마이야르 반응에 영향을 미치는 요인**
   • 온도
    – 마이야르 반응에서 가장 큰 영향을 주는 요인

- 온도가 높아질수록 반응속도는 급속도로 증가
  - pH
    - pH가 높아질수록 갈변반응이 현저하게 일어남
    - 최적 pH : 6.5 ~ 8.5
    - pH 3 이하에서는 갈변속도 느려짐
  - 당의 종류
    - 5탄당 > 6탄당 > 이당류
    - 5탄당 : 카보닐기가 노출되어 있는 사슬형으로 존재하는 비율이 높아 반응성이 큼
  - 질소화합물의 종류
    - 아민 > 염기성 아미노산 > 중성 및 산성 아미노산 > 펩타이드 > 단백질
    - 염기성 아미노산인 lysine : ε-아미노기가 aldose나 ketose와 반응하기 쉬움
  - 수분
    - A_w 0.6 ~ 0.7 : 가장 빠르게 일어남 / A_w 0.25 이하 : 현저히 감소
    - 수분함량 10 ~ 15%에서 가장 잘 일어남
  - 금속, 광선
    - 자외선이나 Fe, Cu 존재 ▶ 반응속도↑
  - 화학적 저해물질
    - 아황산염, 황산염, 싸이올(thiol), 칼슘염

② **캐러멜화 반응(caramelization)**

  ㉠ 당류를 180 ~ 200℃ 이상으로 가열했을 때 산화 및 분해 산물들이 중합·축합하여 갈색물질(caramel)을 생성하는 반응

  ㉡ 자연 발생적으로 일어나지 않음 ▶ 외부로부터 에너지 공급 필수적

  ㉢ 산성 조건과 알칼리성 조건에서의 반응형식이 서로 다르나, 흑갈색의 humin 물질을 형성하는 것은 동일
    - 산성에서의 반응 : 탈수반응
    - 알칼리성에서의 반응 : 분해반응

  ㉣ 캐러멜은 장류, 청량음료, 약식, 양주, 과자류 등의 착색료로 이용

③ **아스코브산 산화에 의한 갈변**

  ㉠ 아스코브산이 일단 산화된 후에는 비가역적이므로 산화방지제로서 기능을 잃고 갈변반응에 참여

  ㉡ 산소 유무와 상관없이 반응, osone, reductone 생성

  ㉢ pH가 낮을수록 쉽게 발생

  ㉣ 레몬, 포도의 과즙이나 농축즙, 농축분말에서 잘 일어남

기출문제

2023년 2회

01 먼셀(Munsell) 색체계는 3요소로 색을 표현한다. 각 설명에 해당하는 요소를 쓰시오.

> (1) (　　　　) – 빨강(R), 노랑(Y), 초록(G), 파랑(B), 보라(P)의 5색과 그 중간색(YR, GY, BG, PB, RP)을 합하여 총 10색으로 표현
> (2) (　　　　) – 색의 순도를 나타내는 것으로 선명함과 흐리고 침침함을 나타냄
> (3) (　　　　) – 검정색부터 흰색을 0에서 10으로 구분

모범답안

(1) 색상, (2) 색도(채도), (3) 명도

＋ 해설

먼셀(Munsell) 색체계

Munsell 색체계에서는 모든 색을 색상(hue), 명도(value or brightness), 색도(chroma or saturation)로 표현한다. 색상은 원주에 분포하는데, 빨강(R), 노랑(Y), 초록(G), 파랑(B), 보라(P)의 5색과 그 중간색(YR, GY, BG, PB, RP)을 합하여 10색으로 구성한다. 각 색상은 1 ~ 10(10눈금)으로 분류하며, 각 색상은 눈금 5에 위치한다. 명도는 밝기를 나타내는 수치로 색상 원판의 중심을 통과하는 수직선으로 나타내며, 0(검은색)에서 10(흰색)으로 구분하고 있다. 색도는 색의 순도를 나타내는 것으로 같은 명도의 회색과 비교하여 흐림과 맑음의 차이를 나타낸다. 색상 원판의 중심에 위치하는 회색점을 0으로 시작하여 10까지 표시되며, 10은 가장 선명한 색도를, 0은 흐리고 침침한 색을 의미한다.

2017년 2회

02 헌터(Hunter) 색체계에서 L, a, b가 의미하는 것을 쓰시오.

모범답안

L : 명도, a : 적색과 녹색의 강도, b : 황색과 청색의 강도

헌터(Hunter) 색체계

식품의 색 측정에 널리 이용되는 색체계 중 하나가 Hunter의 L, a, b 색체계이다. L(lightness)은 명도(0 검은색, 100 흰색)를 나타내며, a(redness)는 빨강–초록 차원(+ 빨강, – 초록), b(yellowness)는 노랑–파랑 차원(+ 노랑, – 파랑)을 나타내는 3차원 색체계이다. 색채가 a와 b로 이루어진 사각면으로 정의되는데, a와 b가 모두 0이면 회색을 나타낸다.

2024년 1회, 2013년 3회, 2023년 1회

03 적포도에 함유된 안토시아닌(anthocyanin) 색소의 pH에 따른 색 변화를 쓰시오.

모범답안

- 산성 – 적색
- 중성 – 자색
- 염기성 – 청색

➕ 해설

안토시아닌 색소의 pH에 따른 변화

pH에 따라 색깔이 변하며, 산성 → 중성 → 알칼리성으로 변화함에 따라 적색 → 옅은 적색, 무색 또는 자색 → 청색으로 변색된다. 이 변화는 가역적 반응으로 산을 넣으면 다시 되돌아가서 적색을 띤다. 안토시아닌 색소를 함유하는 과실이나 채소를 가공 조리할 때도 색의 변화가 나타날 경우 pH를 낮추면 원래의 색을 유지할 수 있다.

2013년 3회

04 적포도를 HCl–methanol에 담갔을 때 추출되는 적포도 색소 성분, HCl–methanol에 의해 추출된 색, NaOH 주입 시 색 변화를 기술하시오.

모범답안

- 추출되는 적포도 색소 성분 : 안토시아닌
- 추출된 색 : 적색
- NaOH 주입 시 색 변화 : 청색

05 차의 발효과정 중에 발생하는 오렌지색이나 붉은색을 나타내는 색소와 효소를 쓰시오.

모범답안

- 색소 : 테아루비긴(thearubigin, 적색)
  　　　테아플라빈(theaflavin, 오렌지색)
- 효소 : 폴리페놀옥시데이스(polyphenol oxidase)

➕ 해설

홍차 발효과정 중 카테킨이나 갈로카테킨(gallocatechin) 등 카테킨류가 산화되어 오렌지색의 테아플라빈(theaflavin)과 적색 또는 갈색의 테아루비긴(thearubigin)이 생성되어 홍차의 매혹적인 색을 결정하게 된다.

06 복숭아나 배가 함유된 산성 통조림을 가열할 때 붉은색이 나타나는 이유를 쓰시오.

모범답안

류코안토시아닌을 함유하는 복숭아나 배를 산성 조건에서 가열하면 무색의 류코안토시아닌이 산화되어 시아니딘으로 변하면서 붉은색을 띠게 된다.

🔍 참고

타닌의 산화 : 타닌 → 안토시아닌→ 안토잔틴
예 에피카테킨(무색) → 시아니딘(적색) → 퀘르세틴(무색)

07 도축한 육류의 색소 성분, 철의 상태 및 육류 색깔 3가지를 쓰시오.

모범답안

- myoglobin, Fe^{2+}, 적자색
- oxymyoglobin, Fe^{2+}, 선홍색
- metmyoglobin, Fe^{3+}, 갈색

미오글로빈(Fe^{2+})이 물분자와 결합되어 있을 때는 적자색을 나타내지만, 산소와 결합하면 옥시미오글로빈(oxymyoglobin)으로 변하여 선홍색을 띤다. 옥시미오글로빈($Mb \cdot O_2$, Fe^{2+})은 산소와 결합하더라도 헴 분자 중심에 있는 철 이온이 2가 형태를 동일하게 지니므로 이를 산소화(oxygenation)라고 한다.

옥시미오글로빈은 비교적 안정된 색소이지만 육류를 오래 저장하면 천천히 산화가 이루어지면서 2가의 철이온(Fe^{2+})이 3가의 철 이온(Fe^{3+})으로 산화되어 갈색의 메트미오글로빈(metmyoglobin)이 형성된다.

2011년 2회, 2009년 3회, 2005년 2회

08

효소적 갈변반응의 원인 효소 2가지와 방지법 4가지를 쓰시오.

모범답안

- 원인 효소 : 폴리페놀 산화효소(polyphenol oxidase), 티로시네이스(tyrosinase)
- 갈변반응 방지법
  ① 가열(데치기)
  ② 유기산을 첨가하여 pH 낮추기
  ③ 저온(냉장, 냉동)저장
  ④ 물, 소금물, 설탕물 침지
  ⑤ 밀폐용기 보관, 진공포장, 질소충전
  ⑥ 비타민 C 첨가, 환원성물질(아황산가스, 아황산염) 첨가
  ⑦ 금속용기 사용 억제

해설

효소적 갈변반응의 억제
- 효소작용의 억제
  - 효소의 불활성화 ▶ 가열(데치기, blanching)
  - 최적 조건의 변동 ▶ 구연산, 말산, 인산 등을 가하여 산성으로 변동, 저온보관
- 산소의 제거
  - 물, 소금물(염소이온에 의해 활성 억제), 설탕물 등에 담그기
  - 밀폐된 용기에 보관, 진공포장, 질소충전 등
- 아스코브산(비타민 C)의 첨가 ▶ 퀴논류 환원
- 환원성물질 첨가 ▶ 아황산가스(SO_2)와 아황산염(Na_2SO_3, $NaHSO_3$)
- 금속이온 제거 ▶ 철이나 구리 등 금속 이온이 존재하는 용기나 기구는 사용하지 않기

09 마이야르(maillard) 반응에 참여하는 당의 갈변속도가 빠른 순서대로 나열하시오.

> 〈보기〉
> glucose, ribose, galactose, sucrose

 **모범답안**

ribose > galactose > glucose > sucrose

＋ 해설

당류의 경우, 단탄당 > 6탄당 > 이당류의 순으로 반응이 잘 일어나며 케토스인 프럭토스가 알도스인 글루코스보다 반응성이 크다. 5탄당의 경우 카보닐기가 노출되어 있는 사슬형으로 존재하는 비율이 높아 반응성이 크며, 설탕과 같은 비환원성 이당류는 가수분해되어 환원당으로 전환된 후 반응에 참여하므로 상대적으로 반응이 느리다.

10 마이야르 반응 중 아미노산 분해반응인 스트레커(strecker) 반응에 대해 생성물을 포함하여 쓰시오.

모범답안

스트레커 반응은 α-디카보닐(dicarbonyl) 화합물과 α-아미노산의 산화적 분해반응으로, 해당 아미노산보다 탄소수가 하나 적은 알데하이드(aldehyde), 아미노리덕톤, 이산화탄소(CO_2)가 생성된다.

식품의 맛

01 식품의 맛

(1) 맛의 인지

① 맛의 인지 순서

정미성분 ▶ 혀 ▶ 유두(맛꼭지) ▶ 미뢰(맛봉오리) ▶ 미공(맛구멍) ▶ 미각세포(맛세포)
▶ 맛수용체 ▶ 맛신경섬유 ▶ 중추신경 ▶ 맛 인지

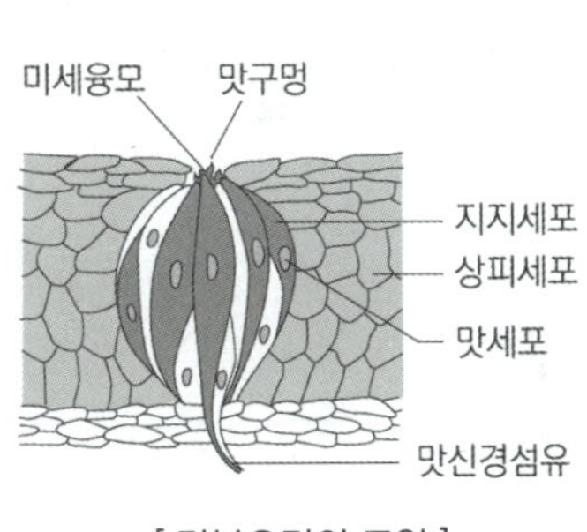

[맛봉오리의 모양]

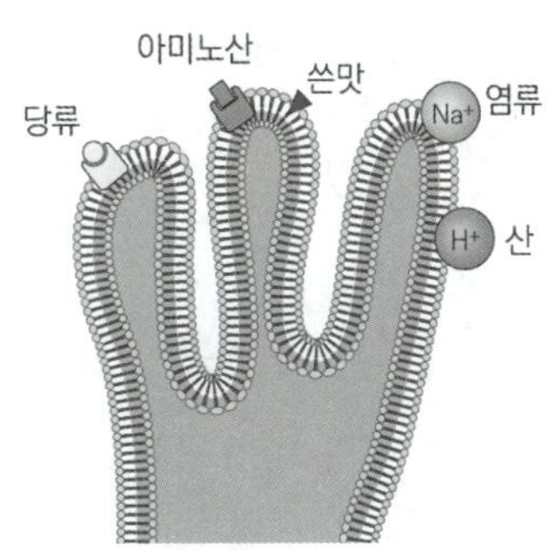

[미세융모의 맛 수용체]

② 맛의 역치(threshold value)

㉠ 미각세포에 흥분을 일으킬 수 있는 정미성분의 최저 농도(임계값, 문턱값)
㉡ **절대역치** : 맛이 처음으로 느껴지는 정미물질의 최저 농도
㉢ **상대역치** : 정미물질이 지닌 특정한 맛을 제대로 인식할 수 있는 최저 농도
㉣ 맛의 종류, 성별, 나이, 건강상태, 혀의 피로도 등에 따라 달라짐
㉤ 쓴맛에 대한 역치 낮음(예민성↑), 단맛에 대한 역치 높음(예민성↓)

③ 미각에 영향을 미치는 요인

㉠ 온도

- 혀의 미각 : 10 ～ 40℃일 때 잘 느낌(30℃에서 가장 예민)
- 단맛 : 온도↑ ▶ 역치 감소 ▶ 반응↑
- 짠맛, 쓴맛 : 온도↑ ▶ 역치 증가 ▶ 반응↓
- 신맛 : 온도의 영향을 거의 받지 않음

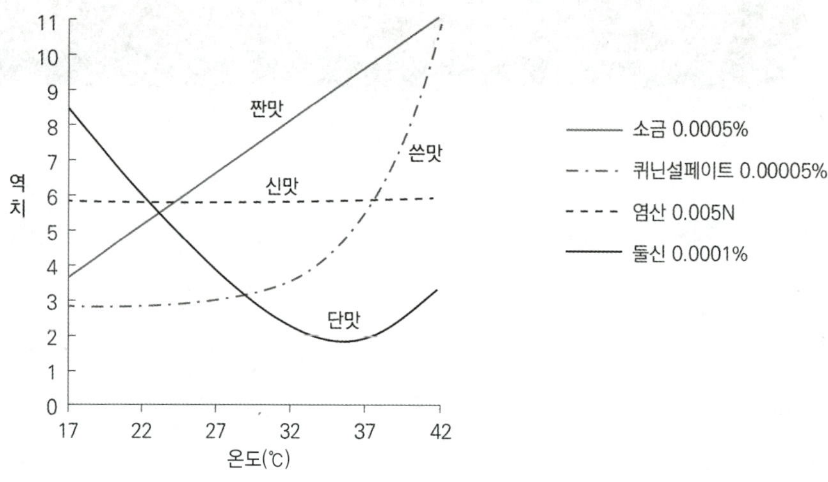

ⓛ 농도

- 동일한 정미성분이라도 농도에 따라 맛이 달라질 수 있음
- sodium benzoate : 0.03% 이하에서 쓴맛 강하나 그 이상의 농도에서는 단맛

ⓒ 혀의 부위

- 단맛 : 혀끝
- 신맛 : 혀 양쪽
- 쓴맛 : 혀의 안쪽(뒤)
- 짠맛 : 혀의 앞쪽 가장자리 또는 혀 전체

ⓔ 미맹

- 쓴맛을 전혀 느끼지 못하거나 다른 맛으로 느끼는 일부 미각능력의 결여 현상
- phenylthiocarbamide(PTC) 용액 : 미맹인 경우 쓴맛을 인식하지 못함

(2) 맛의 변화

맛의 대비	서로 다른 맛 성분 혼합 ▶ 주된 성분의 맛↑
	① 단맛 + 소량의 짠맛 ▶ 단맛↑ (단팥죽, 호박죽)
	② 짠맛 + 소량의 신맛 ▶ 짠맛↑ (유기산 소금)
	③ 감칠맛 + 소량의 짠맛 ▶ 감칠맛↑ (멸치국물)
맛의 억제	서로 다른 맛 성분 혼합 ▶ 주된 성분의 맛↓
	① 쓴맛 + 소량의 단맛 ▶ 쓴맛↓ (커피)
	② 신맛 + 소량의 단맛 ▶ 신맛↓ (오미자주스)
맛의 상승	서로 같은 맛 성분 혼합 ▶ 각각 본래 가지고 있는 맛↑
	① 아미노산계 조미료 + 핵산(5′-IMP, 5′-GMP) ▶ 감칠맛↑ (복합조미료)
	② 설탕 + 사카린 ▶ 단맛↑ (분말주스)

맛의 상쇄	서로 다른 맛 성분 혼합 ▶ 각각 고유의 맛↓
	① 단맛 + 신맛 ▶ 조화로운 맛(청량음료)
	② 짠맛 + 신맛 ▶ 조화로운 맛(김치)
	③ 짠맛 + 감칠맛 ▶ 조화로운 맛(간장, 된장)
맛의 변조	한 가지 맛을 느낀 직후 다른 맛을 보면 정상적으로 느끼지 못함
	① 오징어 먹은 후 물 마심 ▶ 물맛이 쓰게 느껴짐
	② 쓴 약 먹은 후 물 마심 ▶ 물맛이 달게 느껴짐
	③ 신 귤을 먹은 후 사과 섭취 ▶ 사과가 달게 느껴짐
맛의 상실	열대의 김네마 실베스터(*Gymnema sylvestre*)라는 식물의 잎을 씹은 후 1~2시간 동안 단맛과 쓴맛을 느끼지 못함(다른 맛은 정상적으로 인지)
	① 단맛 없이 모래알 같은 감촉만 느껴짐(설탕)
	② 단맛 없이 신맛만 느껴짐(오렌지주스)
	③ 쓴맛이 느껴지지 않음(퀴닌 설페이트)
맛의 순응	특정한 맛 성분을 장시간 맛볼 때 미각이 차츰 약해져서 역치가 상승하고 감수성이 점차 약해짐
	① 미각신경의 피로에 기인하여 발생
	② 한 종류의 맛에 순응하면 다른 종류의 맛에는 더 예민해짐

02 맛 성분의 분류

(1) 단맛(sweet)

① 당류, 당알코올류, 일부 아미노산, 방향족 화합물, 합성 감미료 등
② **단당류, 이당류, 당유도체** : 단맛(○)
③ 글리코시드성 −OH와 인접한 탄소의 −OH가 cis형일 때가 trans형일 때보다 단맛이 강함

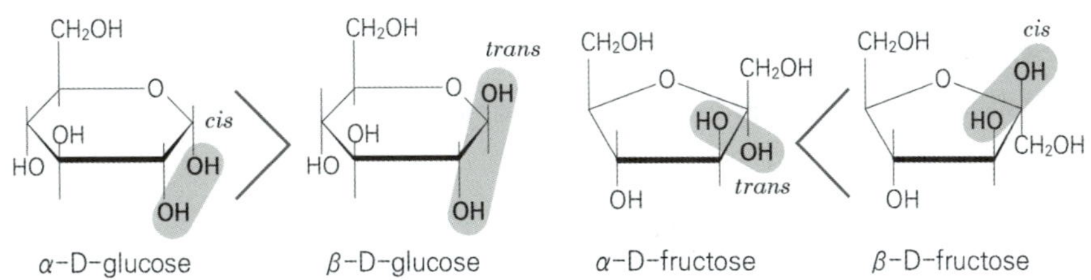

㉠ glucose : $\alpha > \beta$ (α형이 β형에 비해 1.5배 더 단맛이 강함)
㉡ fructose : $\alpha < \beta$ (β형이 α형에 비해 3배 더 단맛이 강함, 저온에서 β형 우세)

(2) 신맛(sour)

① 미량 존재 시 식욕을 증진시키는 맛
② 유기산이나 무기산이 해리한 수소이온(H^+)의 맛
③ 같은 pH에서 무기산의 신맛은 유기산의 신맛보다 약함
④ 같은 농도에서 무기산의 신맛은 유기산의 신맛보다 강함
⑤ 유기산에서 해리된 음이온 ▶ 감칠맛 부여
　무기산에서 해리된 음이온 ▶ 쓴맛, 떫은맛 부여
⑥ 유기산 : 아세트산, 젖산, 숙신산, 말산, 타타르산, 시트르산, 글루콘산, 아스코브산, 옥살산
　무기산 : 인산, 탄산

(3) 짠맛(saline)

① 무기 및 유기의 알칼리염이 해리되어 생성되는 이온의 맛
② 짠맛은 주로 음이온의 맛, 양이온은 짠맛을 강화하거나 쓴맛을 나타내는 등 부가적인 맛에
　관여
③ **기준물질** : 염화나트륨(NaCl)
④ **짠맛의 강도** : $SO_4^{2-} > Cl^- > Br^- > I^- > HCO_3^- > NO_3^-$

(4) 쓴맛(bitter)

① 가장 예민하고 낮은 농도에서 감지
② 미량이라도 쓴맛이 존재하면 전체 식품의 맛에 크게 영향을 미침
③ **커피** : 카페인(caffeine) / **초콜릿** : 테오브로민(theobromine) / **양귀비** : 모르핀(morphine) /
　퀴나 : 퀴닌(quinine, 쓴맛의 표준물질)
④ **감귤류** : 나린진(naringin) / **오이** : 큐커비타신(cucurbitacin) / **메밀** : 루틴(rutin)
⑤ **홉** : 휴물론(humulon)류 / **고구마** : 이포메아마론(ipomeamarone)

(5) 감칠맛(umami)

① 단맛, 신맛, 짠맛, 쓴맛과 조화를 이룬 복합적인 맛, 맛난 맛, 구수한 맛
② **다시마** : MSG(monosodium glutamate)
③ **새우, 게, 조개** : 글리신(glycine), 베타인(betain)
④ **조개류, 청주** : 호박산이나트륨(disodium succinate) / **오징어, 문어** : 타우린(taurine)
⑤ **마른표고버섯** : 5′-GMP / **멸치나 육류** : 5′-IMP / **고사리** : 5′-XMP
⑥ **감칠맛 크기** : 5′-GMP(guanosine) > 5′-IMP(inosine) > 5′-XMP(xanthosine)

(6) 매운맛(hot)

① 식품의 풍미를 향상시켜 식욕을 촉진시키는 자극적인 냄새, 통각의 일종
② **생강** : 진저올(gingerol), 진저론(zingerone), 쇼가올(shogaol)
③ **강황(울금)** : 커큐민(curcumin) / **고추** : 캡사이신(capsaicine)
④ **후추** : 피페린(piperine), 채비신(chavicine)
⑤ **흑겨자, 고추냉이** : 시니그린(sinigrin) / **백겨자** : 신알빈(sinalbin)
⑥ **마늘** : 알리신(allicin)

(7) 떫은맛(astringent)

① 입안의 표피 단백질을 변성·응고시킴으로써 미각신경의 마비 또는 수축에 의해 일어나는 수렴성의 불쾌한 맛
② **차** : 카테킨(catechin), 에피카테킨 갈레이트(epicatechin gallate), 에피갈로카테킨 갈레이트(epigallocatechin gallate)
③ **커피** : 클로로젠산(chlorogenic acid), 카페산(caffeic acid)
④ **밤** : 엘라그산(ellagic acid) / **감** : 시부올(shibuol), 디오스피린(diospyrin)

(8) 아린맛(acrid)

① 떫은맛과 쓴맛이 혼합되어 나타나는 불쾌한 맛
② **죽순, 고사리, 우엉, 토란, 가지** : 호모젠티스산(homogentisic acid)

기출문제

01 신제품을 개발하여 관능평가를 하려고 한다. 이때 유전적인 이유로 미맹이 의심되는 사람들은 패널에서 제외하려고 할 때 미맹을 판정하는 물질이 무엇인지 쓰시오.

모범답안

phenylthiocarbamide(PTC)

＋ 해설

미맹

- 정상인이 느낄 수 있는 쓴맛을 전혀 느끼지 못하거나 다른 맛으로 느끼는 일부 미각능력의 결여 현상
- PTC(phenylthiocarbamide)의 일부 원자단($-NH-C=S$)에 대하여 쓴맛을 느끼지 못함
- 쓴맛을 느끼지 못할 뿐 다른 성분에 대해서는 정상

02 간장에서의 짠맛과 감칠맛, 김치에서의 신맛과 짠맛이 나타내는 맛의 상호작용에 대해 쓰시오.

모범답안

- 간장 : 짠맛과 감칠맛이 혼합되면 상쇄되어 조화로운 맛을 낸다.
- 김치 : 신맛과 짠맛이 혼합되면 상쇄되어 조화로운 맛을 낸다.

참고

맛의 상쇄(compensating effect) : 서로 다른 맛 성분을 혼합할 때 각각 고유의 맛이 약해지거나 없어지는 현상
- 단맛과 신맛이 혼합되면 상쇄되어 조화로운 맛(청량음료)
- 짠맛과 신맛이 혼합되면 상쇄되어 조화로운 맛(김치)
- 짠맛과 감칠맛이 혼합되면 상쇄되어 조화로운 맛(간장, 된장)

03 과당(fructose)은 온도에 따라 감미도가 달라지는 특성을 지닌다. 이성질체 개념을 포함하여 온도에 따른 과당의 감미도를 화학적 구조 변화로 설명하시오.

모범답안

- 과당은 환상구조에서 2번 탄소에 결합된 −OH의 위치에 따라 α형과 β형의 이성질체가 존재한다.
- β형은 α형에 비해 3배 강한 단맛을 지닌다.
- 온도에 따라 α형과 β형의 비율이 달라지며, 온도가 낮아지면 β형의 비율이 증가하고 온도가 높아지면 α형의 비율이 증가한다.
- 온도가 낮아질수록 단맛이 강한 β형이 증가하므로 감미도가 높아지고, 온도가 높아질수록 단맛이 약한 α형이 증가하므로 감미도가 낮아진다.

참고

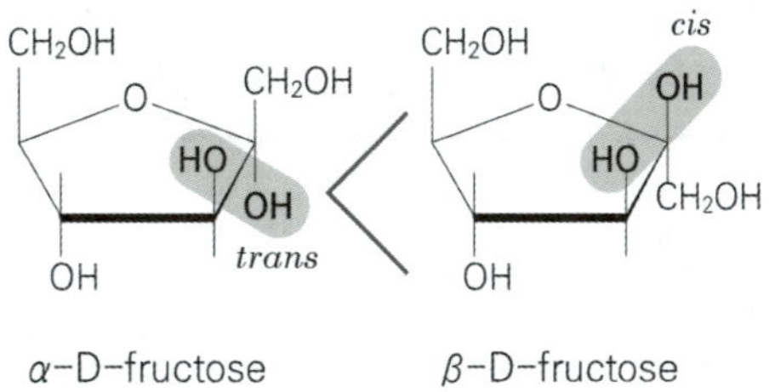

04 다음 〈보기〉에서 식물유래 감미료의 번호를 모두 쓰시오.

〈보기〉

① 사카린나트륨 　　② 스테비올배당체
③ 아스파탐 　　④ 글리실리진산이나트륨

모범답안

식물유래 감미료 : ②, ④

2011년 1회

05 **다음 제시된 음이온을 짠맛의 강도가 큰 순서대로 나열하시오.**

NO_3^-, Cl^-, SO_4^{2-}, Br^-, HCO_3^-, I^-

모범답안

$SO_4^{2-} > Cl^- > Br^- > I^- > HCO_3^- > NO_3^-$

해설

무기염이 해리하여 생긴 음이온의 경우 짠맛의 강도는 '황산이온(SO_4^{2-}) > 염소이온(Cl^-) > 브롬이온(Br^-) > 요오드이온(I^-) > 탄산이온(HCO_3^-) > 질산이온(NO_3^-)' 순으로 강하게 나타난다.

2014년 1회

06 **맥주의 쓴맛을 내는 α-산(acid)의 주성분 3가지를 쓰시오.**

모범답안

- 휴물론(humulone) : 맥주에 부드러운 쓴맛을 낸다.
- 코휴물론(cohumulone) : 맥주에 거칠고 좋지 않은 쓴맛을 낸다.
- 애드휴물론(adhumulone) : 소량 함유되어 있다.

참고

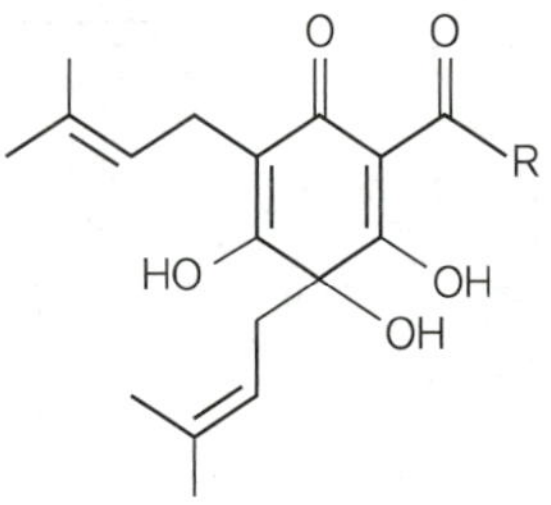

α-acids

R =	$CH_2CH(CH_3)_2$	humulone
	$CH(CH_3)_2$	cohumulone
	$CH(CH_3)CH_2CH_3$	adhumulone

07 맥주 제조 시 홉(hop)을 사용하는 이유 4가지를 쓰시오.

모범답안

- 맥주 특유의 향기와 쓴맛 부여
- 거품의 지속성 부여
- 항균성 부여
- 홉의 타닌이 단백질을 제거하여 청징 및 안정화 도움

참고

맥주

- 맥아의 당화력을 이용해서 전분질을 당화한 다음, 홉과 효모를 투입해서 발효시키는 단행 복발효주
- 원료 : 보리, 홉, 양조용수
- 상면발효 맥주와 하면발효 맥주로 분류
  - 상면발효효모 : *Saccharomyces cerevisiae*
  - 하면발효효모 : *Saccharomyces carlsbergensis*
- 홉(Hop)
  - 덩굴식물, 맥주 양조에는 수정되지 않은 암꽃만 사용
  - 쓴맛 : 알파(α)-acids(휴물론, 코휴물론, 애드휴물론 등)
  - 맥아즙을 끓일 때 가운데 방향족 고리가 6각에서 5각 형태로 바뀌는 이성질화 반응 ▶ 쓴맛 ↑
  - 맥주에 특유의 향기와 쓴맛을 부여
  - 거품의 지속성과 항균성, 청징과 안정화에 도움

08 맥주 제조 시 '맥아즙'을 끓이는 이유 4가지를 쓰시오.

모범답안

- 홉(hop)의 쌉쌀한 맛 추출(풍미 향상)
- 가열을 통해 효소의 불활성화 및 살균효과(보존성 향상)
- 단백질을 응고·침전시켜 혼탁 방지(청징효과)
- 맥아즙 농축

09 감칠맛을 내는 핵산 3종류를 쓰고, 화학구조상 공통점과 차이점을 쓰시오.

모범답안

- 감칠맛을 내는 핵산 : 5′-GMP, 5′-IMP, 5′-XMP
- 공통점
  - 모노뉴클레오티드(mononucleotide) 형태
  - 결합된 염기는 퓨린(purine) 염기
  - 퓨린환의 6번 탄소에 −OH 지님
  - 리보스의 5번 탄소에 인산기 지님
- 차이점
  - 퓨린환의 2번 탄소에 결합된 작용기가 다름

참고

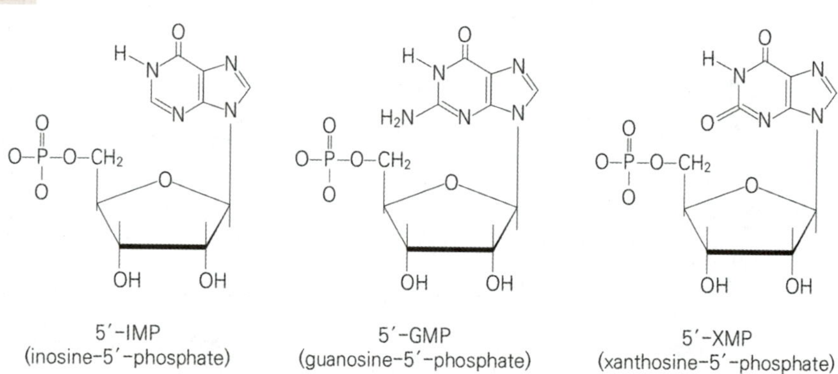

10 L−글루타민산나트륨이 신맛, 단맛, 쓴맛, 짠맛 등에 미치는 영향에 대해 쓰고, 이를 생산하는 미생물의 종류를 쓰시오.

모범답안

- 식품의 신맛과 쓴맛을 완화시키고, 단맛에 감칠맛을 부여하여 식품의 자연 풍미를 끌어내는 기능을 한다.
- 글루탐산 생산균
  - *Corynebacterium glutamicum*
  - *Brevibacterium lactofermentum*
  - *Brevibacterium flavum*

11 가수분해 시 티오글루코시데이스(thioglucosidase)의 작용으로 전구체에서 변화되어 매운맛이 발현되는 식품 2가지를 쓰시오.

모범답안

겨자, 고추냉이, 무, 양배추, 배추 등

12 떫은맛을 느끼는 기작과 떫은맛을 느끼게 하는 원인물질을 분자량과 관련하여 설명하시오.

모범답안

- 떫은맛 : 혀의 점막 단백질을 변성, 응고시킴으로써 미각신경이 마비 또는 수축되어 일어나는 수렴성의 불쾌한 맛
- 원인물질 : 타닌(분자량 500 이상)
- 타닌이 중합될 경우, 분자량이 큰 불용성 타닌을 만들어 떫은맛을 느끼지 못하게 된다.

13 다음은 식품의 떫은맛에 대한 설명이다. 틀린 것을 고르고, 그 이유를 쓰시오.

> ① 떫은맛은 폴리페놀(polyphenol) 성분이 혀의 미각신경 단백질을 변성 응고시킴으로써 인식된다.
> ② 떫은맛의 주성분은 타닌(tannin)이나, 알데히드나 지방산도 떫은맛을 나타낸다.
> ③ 철이나 구리 등 금속도 떫은맛을 일으킬 수 있다.
> ④ 커피의 떫은맛은 ellagic acid, 밤의 떫은맛은 chloro genic acid이다.
> ⑤ 감의 떫은맛 성분인 디오스피린(diospyrin)은 숙성 과정에서 생기는 과실 내부의 al-dehyde기와 결합하여 불용성이 되면서 떫은맛이 사라진다.

모범답안

- ④번
- 커피의 떫은맛은 chlorogenic acid, 밤의 떫은맛은 ellagic acid이다.

14 감의 떫은맛을 제거하는 공정의 이름과 성분 이름을 쓰시오.

모범답안

- 공정 : 탈삽(脫澁)
- 성분 : 타닌(shibuol, diospyrin)

참고

탈삽의 원리

탈삽은 떫은맛 성분을 제거하는 것이 아닌, 떫은맛을 내는 가용성 타닌을 불용성 타닌으로 바꿔주는 것이다.

15 감의 탈삽법 3가지를 쓰시오.

모범답안

온탕침지법, 알코올법, 탄산가스법

식품의 냄새

01 냄새성분의 특성

(1) 냄새의 인식

① 코 ▶ 후각상피세포 ▶ 후각섬모 ▶ 후각수용체세포 ▶ 후각신경 ▶ 뇌(후각중추)
② 냄새의 역치
　㉠ 후각세포에 흥분을 일으킬 수 있는 최소한의 자극 크기
　㉡ 맛의 역치에 비하여 훨씬 더 예민함
　㉢ ppm(part per million), ppb(part per billion) 정도의 낮은 농도에서도 쉽게 감지

(2) 냄새의 분류

① 헤닝(Henning, 1916) : 기본적인 냄새를 6종류로 분류 ▶ 프리즘으로 표시
　㉠ 꽃향기(fragrant) : 재스민, 장미, 백합
　㉡ 과일향기(ethereal) : 귤, 사과, 레몬
　㉢ 매운냄새(spicy) : 후추, 마늘, 생강
　㉣ 수지향기(resinous) : 터펜유, 송정유
　㉤ 썩은냄새(putrid) : 썩은 고기, 부패한 달걀
　㉥ 탄냄새(brunt) : 캐러멜, 커피
② 아무어(Amoore, 1964) : 입체화학설을 제안, 7가지 기본냄새로 분류
　㉠ 장뇌냄새(camphoraceous)
　㉡ 사향(musky)
　㉢ 꽃향(floral)
　㉣ 박하향(pepperminty)
　㉤ 에테르냄새(ethereal)
　㉥ 매운냄새(pungent)
　㉦ 썩은냄새(putrid)

(3) 냄새성분의 분류

분류	특성 및 종류(함유식품)
알코올류 (alcohol)	식물성 식품 및 주류의 향기성분 – 과일, 채소, 청주의 향기는 주로 C_5 이하의 알코올이 많음 – 이중결합을 지닌 알코올은 향기가 강해짐 – 방향족 알코올은 꽃향기에 많음<table><tr><td>hexenol</td><td>찻잎</td><td>propanol</td><td>양파</td></tr><tr><td>eugenol</td><td>계피</td><td>furfuryl alcohol</td><td>커피</td></tr><tr><td>1-octen-3-ol</td><td>송이버섯</td><td>2,6-nonadienol</td><td>오이</td></tr><tr><td>ethanol</td><td>주류</td><td>pentanol</td><td>감자</td></tr></table>
알데하이드류 (aldehyde)	동식물성 식품의 향기성분, 가열 중 생성되는 것도 많음 – 저급 알데하이드 : 비슷한 탄소수를 가진 알코올에 비해 불쾌한 냄새 많음 – 방향족 알데하이드 : 강한 향기 – 신선한 살코기 : 알데하이드의 약한 피냄새 – 신선한 우유 : 카보닐 화합물, 지방산 함유<table><tr><td>hexenal</td><td>차엽, 녹엽</td><td>vanillin</td><td>바닐라</td></tr><tr><td>cinnamaldehyde</td><td>계피</td><td>acetaldehyde</td><td>육류</td></tr><tr><td>benzaldehyde</td><td>아몬드</td><td>δ-aminovaleraldehyde</td><td>민물고기</td></tr></table>
에스터류 (ester)	과일의 주된 향기성분이며 종류가 다양하여 양조식품, 낙농제품, 기호식품에도 함유됨 – 분자량이 크고 향이 강한 에스터 : 꽃향기 – 메틸, 에틸, 프로필, 부틸, 아밀기가 붙은 분자량이 작은 에스터 : 과일향<table><tr><td>ethyl acetate</td><td>파인애플</td><td>isoamyl isovalerate</td><td>바나나</td></tr><tr><td>amyl formate</td><td>사과, 복숭아</td><td>sedanolide</td><td>셀러리</td></tr><tr><td>isoamyl acetate</td><td>사과, 배</td><td>apiol</td><td>파슬리</td></tr><tr><td>isoamyl formate</td><td>배</td><td>methyl cinnamate</td><td>송이버섯</td></tr></table>

락톤류
(lactone)
	• 대부분의 락톤류는 식품에서 과일, 코코넛, 견과류, 버터 등의 향을 냄
	  – 평균 0.1ppm 정도의 낮은 한계값을 지니므로 풍미가 강한 편
	  – 한 분자 내의 OH와 COOH 사이에 형성된 ester
	• γ-lactone : 식물성 식품에서 많이 나타남
	• δ-lactone : 동물성 식품에서 많이 나타나며 유제품에서 달콤한 크림과 우유의 특징을 나타냄
	• γ-butyrolactone : 달콤한 볶음 향(육류, 과일류, 가열 가공식품, 발효식품 등)<table><tr><td>• δ-decalactone
	• γ-decalactone
	• γ-dodecalactone</td><td>복숭아 등
	과일</td><td>• γ-octalactone
	• γ-hexalactone
	• γ-heptalactone</td><td>복숭아 등
	과일</td></tr></table>

테르펜류 (terpene)	• 과일, 채소, 허브와 향신료의 향기성분에 많음 – 식물의 꽃, 잎 등을 수증기 증류로 얻는 방향성의 유상물질(무색 ~ 연황색) – 기름진 느낌이 없고 향기를 지니므로 기름(oil)과 구별됨 – 아이소프렌[$CH_2 = C(CH_3) - CH = CH_2$]의 중합체 구조를 지님

분류	특성 및 종류(함유식품)		

• 모노테르펜($C_{10}H_{16}$)과 세스퀴테르펜($C_{15}H_{24}$)이 식품의 향기성분으로 작용
• 냄새를 갖는 동시에 자극적인 매운맛을 지닌 것이 많음

테르펜류(terpene)

monoterpene(isoprene 2분자)		thujone	쑥
menthol, menthone	박하	geraniol	오렌지, 정유
camphene, β-citral	레몬	sesquiterpene(isoprene 3분자)	
limonene	오렌지, 레몬	humulene	홉(hop)
		zingiberene	생강
myrcene	미나리	β-selinene	사향초유

$$CH_2=CH-C=CH_3$$
$$|$$
$$CH_3$$
$$Isoprene(C_5H_8)$$

$(C_5H_8)_2$	$(C_5H_8)_3$	$(C_5H_8)_4$	$(C_5H_8)_6$	$(C_5H_8)_8$	$(C_5H_8)_n$
모노테르펜	세스퀴테르펜	디테르펜	트라이테르펜	테트라테르펜	폴리테르펜

정유류   카로티노이드   고무

유황화합물

채소, 향신료의 매운 향기성분
- 효소반응에 의한 분해산물이 향기 생성
- 휘발성 유황화합물은 일반적으로 악취의 원인
- 미량으로 존재 시 식품에 좋은 향 제공

methyl mercaptane	무	methyl-β-methylmercaptopropionate	파인애플
propyl mercaptane	양파	furfuryl mercaptane	커피
S-methylcysteine sulfoxide	양배추, 순무	alkyl sulfide	마늘, 파
allylisothiocyanate	겨자, 무, 고추냉이	β-methylmercapto propyl alcohol	간장
dimethyl sulfide	구운김	dimethyl mercaptane	단무지

지방산류

우유나 유제품의 향기성분으로 알려짐
- 휘발성 저급지방산이 주 향기성분
- 고급지방산은 비휘발성으로 향이 적음

butyric acid caproic acid	우유	δ-aminovaleric acid	담수어

질소화합물

어류나 육류의 냄새성분
- 대개 세균의 환원작용에 의해 발생
- 선도가 저하될 때 비린내 성분으로 작용
- 부패하거나 가열할 때도 일부 생성

ammonia	어류, 육류	piperidine	담수어
trimethylamine	해수어		

(1) 과일 및 과채류의 냄새성분

분류	냄새성분
사과	• butanol, ethanol, hexanol, hexenal • ethyl acetate, ethyl propionate, ethyl butyrate, ethyl −2−methylbutyrate
감귤류	• limonene(80% 이상), γ−terpinene, β−citral, p −cymene, α−pinene • 레몬 : limonene, geranial, neral • 자몽 : nootkatone, limonene • 귤 : α−sinensal • 오렌지 : β−sinensal
복숭아, 살구, 자두	• γ−decalactone, γ−dodecalacotne, amyl butyrate • 2,3−hexenal, hexanal, benzaldehyde, ethyl formate
배	pentyl butyrate 함유
바나나	isopentyl acetate, isoamyl acetate, eugenol
아몬드, 체리	• 아몬드 : benzaldehyde, benzyl alcohol • 체리 : benzaldehyde
딸기, 라즈베리	• 딸기 : furaneol, nerolidol, maltol, acetate, ethyl butanoate, methyl butanoate • 라즈베리 : 4−hydroxyphenyl −2−butanone
파인애플	2,5−dimethyl −4−hydroxy−3−furanone, chavicol, γ−caprolactone
토마토	2−methyl −1−butanol, farnesylactone, geranylactone, 2−methylpropanol
멜론, 참외	ethyl acetate, 2−methylbutyl acetate, nonanyl acetate, ethyl −2−methyl −thioacetate
수박	3−nonen−1−ol, 3,6−nonadien−1−ol

(2) 채소류의 냄새성분

분류	냄새성분
버섯	• 표고버섯 : lenthionine(환상의 지용성 유황화합물) • 양송이버섯 : 1−octen−3−ol, 1−octen−3−one • 송이버섯 : methyl cinnamate, 1−octen−3−ol
미나리, 쑥, 홉	• 미나리 : myrcene, α, β−pinene, terpinolene • 쑥 : 1,8−cineol(25 ~ 30%), caryophyllene, linalool, borneol, thujone • 홉 : humulene, myrcene
셀러리, 파슬리	• 셀러리 : phthalide류 중 sedanolide • 파슬리 : apiol
오이	2,6−nonadienol, 2−nonenal, 2,6−nonadienal
찻잎	• cis−3−hexenol, cis−3−hexenal(가열하면 감소) • benzyl alcohol, linalool

분류	냄새성분
겨자, 갓, 배추, 무, 브로콜리, 콜리플라워	• 십자화과 채소 • sinigrin(전구체) ▶ myrosinase의 활성화로 allyl isothiocyanate, 유도체 생성 • 무(순무) : trans-4-methylthio-3-butenyl isothiocyanate
양파, 마늘, 파, 부추	• 백합과 채소 • 양파, 마늘 : S-alkylcysteine sulfoxide 함유 ▶ 1-propenyl기(양파), allyl기(마늘) • 양파를 자르면 allinase 활성화 ▶ 1-propenyl sulfenic acid로 분해 • 마늘을 자르면 allinase 활성화 ▶ allylsulfenic acid로 분해 • 양파 　– 최루성 효소(LF synthase)에 의하여 thiopropionaldehyde-S-oxide로 변환되어 눈물이 흐르며, 1-propenyl sulfenic acid는 쉽게 분해되거나 재배열되어 disulfide, trisulfide, mercaptan 등으로 전환 　– Disulfide류는 가열에 의해 propyl mercaptan으로 전환 ▶ 단맛 형성 • 마늘 　– 2 분자의 allylsulfenic acid가 중합되어 항균성이 강한 diallyl thiosulfinate(allicin)를 형성 ▶ 매운 냄새, 매운맛 　– 이후 알리신은 불안정하여 황화물(sulfide)로 변환 ▶ 다진 마늘을 오래 보관할 때 생성되는 불쾌취의 원인

(3) 우유 및 유제품의 냄새성분

분류	냄새성분
신선한 우유	• butyric acid, caproic acid, propionic acid 등 저급지방산 • acetaldehyde, pentanal, 2-hexanal 등 카보닐화합물 • methyl sulfide 등 유황화합물
오래된 우유	o-aminoacetophene 등에 의한 불쾌취
연유, 분유	가공 유제품은 지방산의 가수분해에 의한 δ-decalactone 함유
버터	신선한 버터 : acetoin, diacetyl이 주성분, 각종 휘발성 지방산도 관여 $$CH_3-CH-C-CH_3 \;\underset{+H_2}{\overset{-H_2}{\rightleftharpoons}}\; CH_3-C-C-CH_3$$ acetoin　　　　　　　diacetyl
치즈	ethyl-β-methyl mercaptopropionate(methionine으로부터 생성)

(4) 어·육류의 냄새성분

분류	냄새성분
해수어	• 해수어의 신선도↓ ▶ trimethylamine oxide가 세균의 작용으로 환원되어 특유한 비린내 성분인 trimethylamine으로 변화
담수어	• Piperidine은 염기성 아미노산인 lysine에서 cadaverine을 거쳐 생성되며 민물고기의 신선도가 더욱 저하되면 δ – aminovaleraldehyde나 δ – aminovaleric acid 생성 • δ – aminovaleric acid는 arginine으로부터도 생성 lysine $\xrightarrow{-CO_2}$ cadaverine $\xrightarrow{-NH_3}$ piperidine δ–aminovaleraldehyde arginine $\longrightarrow$ δ–aminovaleric acid
상어, 홍어	상어나 홍어는 선도가 감소하면 체액에 함유된 요소(urea)가 세균에 의해 암모니아로 분해되어 자극적인 냄새 발생
오징어, 대합	생선 냄새를 지닌 1-pyrroline 함유
육류	신선한 살코기에서는 acetaldehyde에 의한 피 냄새 발생

기출문제

01 육류와 어류의 신선도가 떨어질수록 나는 냄새의 주성분을 각각 쓰시오.

모범답안

① 육류 : 암모니아, 아민, 황화수소, 머캡탄, 인돌 등
② 어류 : 해수어 – 트리메틸아민, 담수어 – 피페리딘 등

참고

- **신선도 저하육의 냄새성분**
  육류 단백질이나 아미노산이 분해되면서 암모니아, 아민, 황화수소, 머캡탄, 인돌 등 다양한 부패 산물이 생성되어 여러 가지 악취를 형성함
- **해수어의 냄새성분**
  해수어의 신선도가 저하되면 체표면에 있던 무취의 trimethylamine oxide가 세균의 작용으로 환원되어 특유한 비린내 성분인 trimethylamine으로 변화됨
- **담수어의 냄새성분**
  세균에 의해 염기성 아미노산인 lysine이 탈탄산되어 생성된 piperidine과 이들이 더욱 산화되거나 arginine으로부터 생성된 δ-aminovaleric acid에 기인

효소

01 효소의 특성

(1) 개요

① 생물체에서 일어나는 모든 화학반응을 촉매하는 일종의 생촉매
② 기질과 반응하여 생성물을 생산

(2) 화학적 특성

> • 효소의 본체가 단백질로만 이루어진 단순단백질과 비단백질 부분이 결합되어 있는 복합단백질로 나눌 수 있음
> • 완전효소(holoenzyme) = 결손효소(단백질) + 보결분자단(보조효소, 보조인자)
>   – 결손효소(apoenzyme) : 효소의 특이성 결정, 열에 약함
>   – 보결분자단 ┬ 보조효소 : 비타민이 조효소형으로 전환된 것
>   │ • 아민전이효소(PLP)
>   │
>   └ 보조인자 : 무기질(Mg^{2+}, Cu^{2+}, Fe^{2+}), 효소작용을 도움
>   • 아스코브산 산화효소(Cu)

① 효소반응의 메커니즘

㉠ 효소(E)는 기질(S)과 결합하여 효소 –기질 복합체(ES)를 형성
㉡ 효소의 활성부위와 기질의 형태가 일치하는 경우에만 효소–기질 복합체 형성
㉢ 복합체의 전이상태는 촉매작용이 없는 기질보다 훨씬 낮은 활성화에너지를 가지게 되어 반응속도가 빨라짐

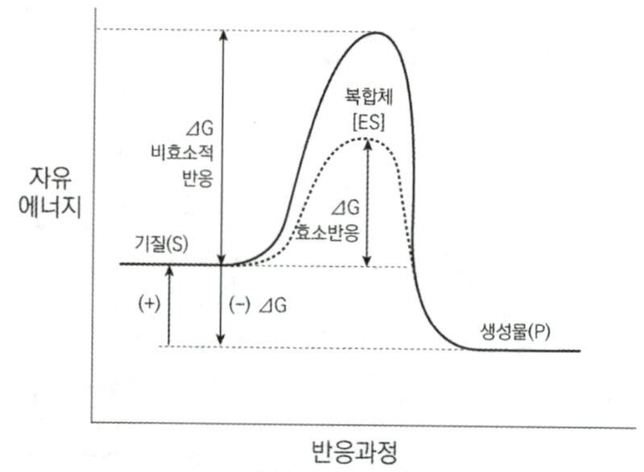

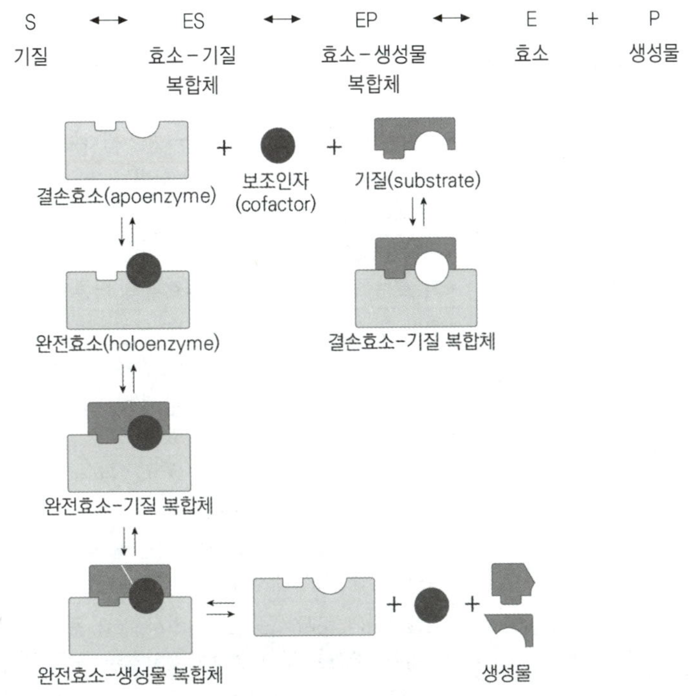

[효소반응 메커니즘]

② **효소반응의 특이성**

> • 효소는 화학반응의 촉매와 같은 역할을 하지만 일반적인 화학반응에 작용하는 무기촉매와는 그 특이성에서 큰 차이가 있음
> • 무기촉매 : 한 종류가 여러 가지 화학반응에 관여함
> • 효소 : 제한된 종류의 화학반응 또는 어느 특정한 반응에만 관여하는 특이성 있음

㉠ **절대적 특이성** : 어떤 한 종류의 기질에만 작용

　예 maltase(maltose), urease(urea), pepsin(protein), dipeptidase(dipeptide)

㉡ **상대적 특이성** : 일부 효소는 유사한 형태의 기능기를 갖는 기질에 대해 작용하여 특이성이 약간 적음

　예 트립신 → 펩타이드 결합을 가수분해할 뿐만 아니라 에스터 결합까지도 가수분해함

㉢ **광학적 특이성** : 효소는 광학적 구조에 따라 달리 작용

　예 aspartase → L-aspartate에만 작용하여 탈아미노반응 촉매

　　D-amino acid oxidase → D-amino acid만을 산화하여 α-keto acid 생성

(3) 효소의 분류

그룹	효소명	효소 촉매 반응의 특징 및 예시
I	산화·환원효소 (oxidoreductase)	• 생체 내에서 일어나는 여러 가지 산화 및 환원 반응 • 수소원자나 전자의 이동 또는 산소원자의 기질로의 첨가 반응을 촉매 • 탈수소반응, 수소첨가반응, 산화반응, 환원반응 • catalase, peroxidase, polyphenol oxidase, ascorbate oxidase
II	전이효소 (transferase)	• 원자단(메틸기, 아세틸기, 글루코스기, 아미노기)의 전이반응 • 기 또는 원자단을 한 화합물로부터 다른 화합물로 전달하는 반응을 촉매
III	가수분해효소 (hydrolase)	• 물(H_2O) 분자를 가하여 복잡한 유기화합물을 분해 • ester결합, glucoside결합, peptide결합, amino결합 등의 가수분해 반응 • 영양소의 소화 및 식품의 조리, 가공, 저장과 밀접한 관련 • carbohydrase, lipase, protease
IV	탈리효소 (lyase)	• 비가수분해적으로 반응기를 분리·제거하는 반응 • 기질로부터 카복실기, 알데하이드기, H_2O, NH_3 등을 분리하여 이중결합을 만들거나 이중결합에 이들을 첨가하는 반응을 촉매 • 탈탄산반응, 탈알데하이드반응, 탈수반응, 탈암모니아반응
V	이성화효소 (isomerase)	• 기질분자의 분자식은 변화시키지 않고 분자구조를 변환 • 입체이성화반응, cis – trans 전환반응, 분자 내 산화·환원, 분자 내 전이반응
VI	합성효소 (ligase)	• ATP와 같은 고에너지 인산화합물을 이용하여 분자를 결합시키는 반응을 촉매 • 결합 및 합성 반응

(4) 효소 반응에 영향을 미치는 인자

① **온도**

   ㉠ 온도가 높아질수록 반응속도 빨라짐

   ㉡ 효소는 단백질로 이루어져 있으므로 높은 온도에서는 오히려 변성되어 활성을 잃게 됨

   ㉢ 일반적으로 효소는 30 ~ 45℃의 온도 범위에서 최적 활성을 지님

   ㉣ 효소를 불활성화시키기 위해 70℃ 이상의 고온에서 가열(데치기, blanching)

   ㉤ 예외 : α-amylase(최적온도 60 ~ 70℃), β-amylase(최적온도 60℃)

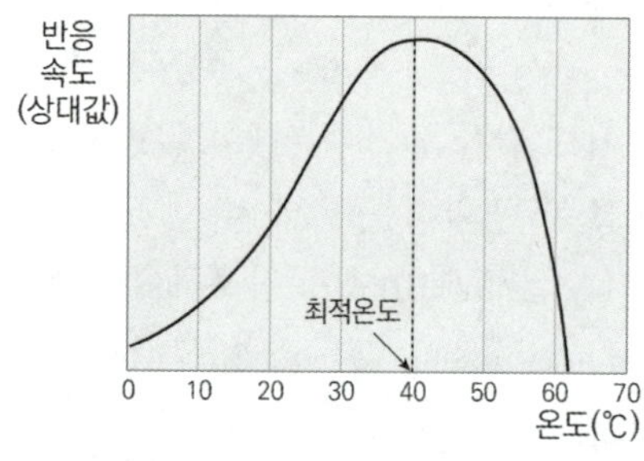

② pH

　㉠ **최적 pH** : 일정한 pH 범위 안에서 최대의 활성도를 나타냄

　　• 일반적으로 효소의 최적 pH : 4.5 ～ 8.0

　　• pepsin의 최적 pH : 1.8 (위)

　　• trypsin의 최적 pH : 7.7 (소장)

　　• arginase의 최적 pH : 10.0

　㉡ **종모양(bell shape) 형성**

　　반응용액의 pH가 최적 pH보다 알칼리성 또는 산성 쪽으로 변하면 효소활성도가 점차
　　감소

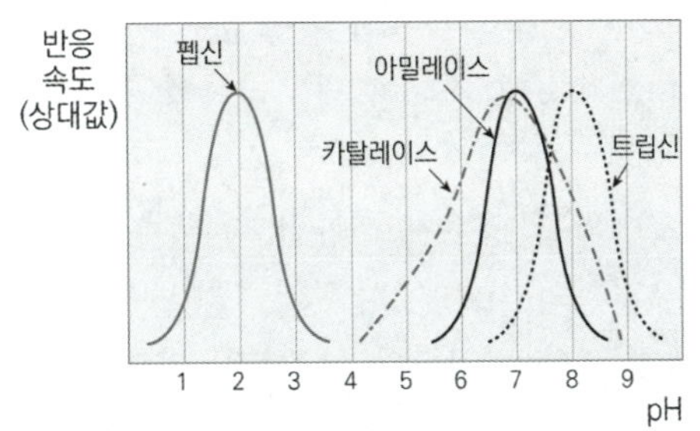

③ **기질의 농도**

　㉠ **기질의 농도에 따른 반응속도의 변화(pH, 온도 일정)**

　　반응초기단계 : 기질농도↑ ▶ 반응속도↑

　　반응후기단계 : 기질농도↑ ▶ 반응속도 일정

　㉡ **미카엘리스 상수(K_m)**

　　• 반응속도(V_o)가 최대반응속도($V_{\max}$)의 절반일 때의 기질 농도($[S]$)

　　• K_m 값은 효소와 기질의 친화도를 의미

　　• K_m 값이 낮을수록 효소의 기질에 대한 친화도가 높음

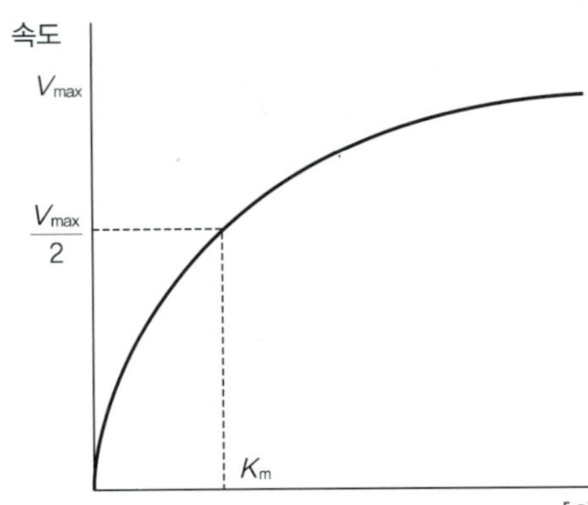

$$V_o = \frac{V_{\max}[S]}{K_m + [S]}$$

• V_o : 초기 반응 속도
• $[S]$: 기질농도
• $V_{\max}$: 최대 반응 속도
• K_m : 미카엘리스 상수

④ **저해제**

　　㉠ **비가역적 저해**

　　　저해제가 효소의 활성과 관련이 있는 특정한 원자단이나 효소의 활성중심 근처의 아미
　　　노산 잔기에 비가역적으로 공유결합 ▶ 효소와 기질이 결합할 수 없게 함

　　㉡ **가역적 저해**

　　　효소의 결합부위(활성부위, 다른 자리)에 저해제가 가역적으로 결합하여 효소의 작용을
　　　저해

　　　• 경쟁적 저해
　　　　- 기질과 저해제의 화학구조가 비슷함 ▶ 효소단백질의 활성부위에 내하여 저해
　　　　- 기질의 농도를 높여주면 효소의 활성이 가역적으로 회복
　　　　- 호박산 탈수소효소에 대하여 말로닉산이 경쟁적 저해제로 작용

　　　• 비경쟁적 저해
　　　　- 저해제가 효소의 활성부위가 아닌 다른 부위에 결합 ▶ 효소 작용 억제
　　　　- 저해제는 유리형의 효소(E)나 효소-기질 복합체(ES)에 모두 가역적으로 결합
　　　　- 효소-저해제 복합체(EI), 효소-기질-저해제 복합체(ESI) 형성
　　　　- 기질의 농도를 증가시켜도 효소의 활성은 회복되지 않음

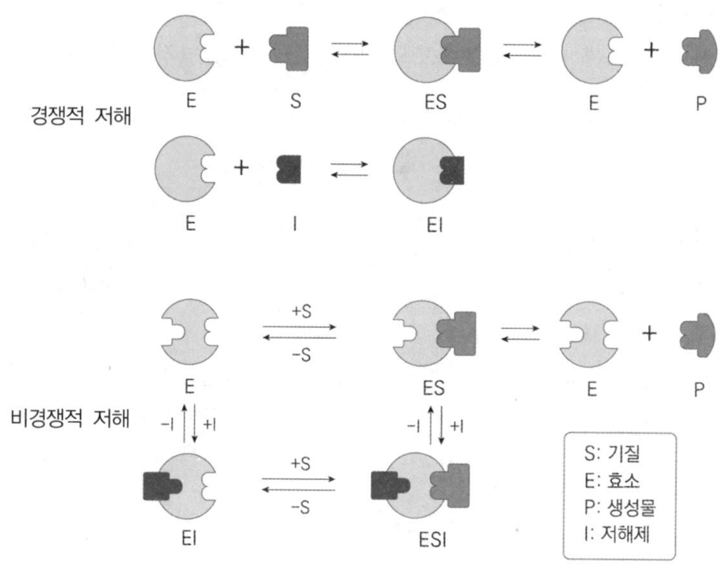

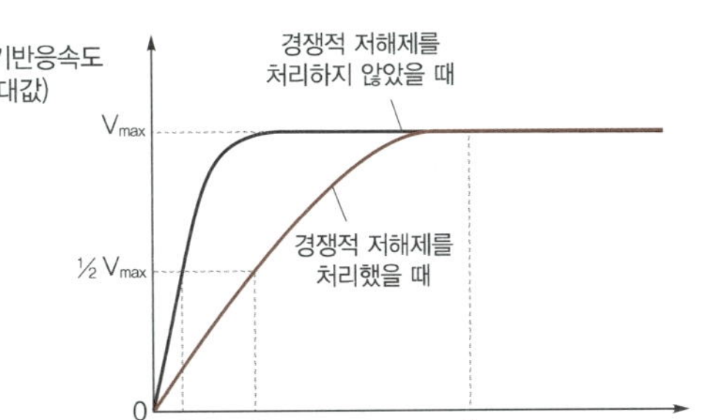

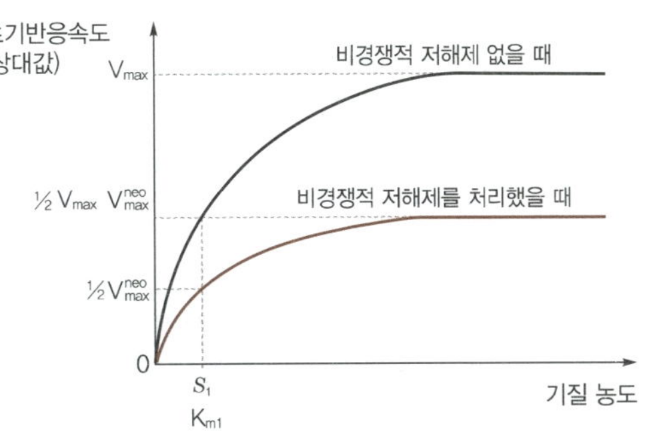

┃ 경쟁적 저해, 비경쟁적 저해, 무경쟁적 저해 비교(저해방식, K_m, V_{max}) ┃

구분	경쟁적 저해	비경쟁적 저해	무경쟁적 저해
저해방식	효소	효소, 효소-기질 복합체	효소-기질 복합체
K_m	증가	일정	감소
V_{max}	일정	감소	감소

⑤ **활성제(activator)**

　㉠ **활성화** : 효소작용이 어떤 물질의 첨가로 촉진되는 현상

　㉡ **papain의 활성제** : cysteine, glutathione, 2-mercaptoethanol

　㉢ **polyphenol oxidase의 활성제** : Cu^{2+}

　㉣ **carboxylase, hexokinase의 활성제** : Mg^{2+}

　㉤ **다른 자리 입체성 효과(allosteric effect)** : 효소의 활성부위가 아닌 다른 부위에 활성제가 결합함으로써 입체적 구조가 변화되어 효소의 활성화가 일어남

⑥ **반응생성물**

　㉠ 효소작용은 반응생성물이 축적됨에 따라 속도가 감소되어 평형에 이름

　㉡ **음의 되먹임 저해(negative feedback inhibition)** : 일련의 효소반응에 있어서 그 경로의 초기 단계 효소가 최종산물에 의해 저해받는 현상

　㉢ 되먹임저해를 받는 효소는 자신의 기질과 구조가 다른 화합물에 의해 저해받는 다른 자리 입체성 조절효소인 경우가 많음

02 식품에 관계되는 효소

(1) 산화·환원효소

카탈레이스 **(catalase)**	• Fe 함유 • 두 분자의 과산화수소를 분해하여 물과 산소를 만드는 반응을 촉매 　$2H_2O_2 \rightarrow 2H_2O + O_2$ • glucose oxidase와 함께 식품의 산화 및 갈변을 억제하는 용도로 사용

과산화효소 (peroxidase)	• Fe 함유 • $H_2O_2 + AH_2 \rightarrow 2H_2O + A$(산화유기화합물) • 과산화수소 : 수소원자 수용체 / AH_2(유기화합물) : 수소원자 공여체 • 산소를 생성하지 않는 것이 카탈레이스와의 차이점 • 식물조직의 발육과 성숙에 중요한 역할 : 에틸렌의 생합성, 성숙과 과숙의 조절, 클로로필의 분해 등 • 과산화효소의 활성도 측정 시 곡물의 신선도 확인 가능 • glucose oxidase와 함께 포도당 정량분석에 활용
폴리페놀 산화효소 (polyphenolase)	• Cu 함유 • 효소적 갈변반응에 관여 • 페놀성 물질을 o-퀴논으로 산화 catechol + $1/2\,O_2 \rightarrow o$-benzoquinone + H_2O
아스코브산 산화효소 (AAO)	• Cu 함유 • ascorbic acid를 산화시켜 dehydroascorbic acid와 물 생성 • 호박, 당근, 오이, 무 등에 많이 함유
리폭시제네이스 (lipoxygenase)	• 식물조직에 널리 분포하고 대두, 콩류, 땅콩, 감자, 밀 등에도 소량 존재 • 불포화지방산(RH)의 산화 촉매 RH(불포화지방산) + $O_2 \rightarrow$ ROOH(불포화지방산의 과산화물) • 제빵 시 바람직한 변화 – 콩가루를 밀가루 반죽에 첨가하면 표백효과(잔토필 색소의 산화 때문) • 불쾌취 생성, 카로틴이나 비타민 A 파괴에 관여
글루코스 산화효소 (glucose oxidase)	• glucose를 gluconolactone으로 산화시키는 효소 • 식품에 함유되어 있는 glucose와 산소를 제거하여 식품의 산패나 갈변반응을 억제하기 위한 목적으로 catalase와 함께 사용됨 $$2\,\text{glucose} + O_2 \xrightarrow[\text{catalase}]{\text{glucose oxidase}} 2\,\text{gluconic acid}$$

(2) 가수분해효소

α-아밀레이스 (α-amylase)	• 액화효소, endo type, 췌장, 침, 곰팡이에 함유 • 아밀로스, 아밀로펙틴의 α-1,4 결합을 내부에서 불규칙하게 가수분해 • 다량의 α-한계덱스트린, 소량의 맥아당 생성 • Ca^{2+}이 존재할 경우 효소의 안정성 강화 ▶ 높은 온도에서도 활성 유지
β-아밀레이스 (β-amylase)	• 당화효소, exo type, 물엿, 고구마, 맥아 등에 존재 • 아밀로스, 아밀로펙틴의 α-1,4 결합을 비환원성 말단에서부터 maltose 단위로 가수분해 • 다량의 맥아당, 소량의 β-한계덱스트린 생성 • 전분을 발효성 당으로 전환시키는 맥주제조, 주정공업에서 이용

글루코아밀레이스 (glucoamylase)	• 전분의 비환원성 말단에서부터 glucose 단위로 하나씩 절단하여 가수분해 • α−1,4 결합, α−1,6 결합 분해 • 주로 미생물에 의해 생성 • 전분으로부터 포도당을 생산하는 전분당산업에 주로 이용
풀루라네이스 (pullulanase)	• endoglucosidase • pullulan(maltotriose가 α−1,6 결합으로 연결된 α−glucan) 가수분해 • 아밀로펙틴의 α−1,6 결합 분해
셀룰레이스 (cellulase)	• 섬유소의 β−1,4 결합을 가수분해하여 cellobiose나 glucose 생성 • 사과주스의 혼탁 제거 등에 이용
헤미셀룰레이스 (hemicellulase)	• 커피의 검(gum)질을 분해하여 제거할 때 이용 • 섬유질을 가수분해

펙틴분해효소
(pectinase)
	• 펙틴질을 분해하는 효소, 식물의 세포벽을 분해하는 용도로 사용
	• 과일주스, 포도주 청징 및 과일 펄프의 마쇄를 촉진하는 데 이용
	• galacturonic acid 분해 ▶ 수용성이 되고 현탁력 감소, 점도 감소
	• protopectinase : 불용성의 프로토펙틴에 작용해서 가용화시킴
	  pectin esterase(PE) : 펙틴의 메틸 에스터를 가수분해
	  polygalacturonase(PG) : polygalacturonic acid의 α−1,4 결합을 가수분해

말테이스 (maltase)	• maltose를 2 분자의 glucose로 분해 • 밀가루, 엿기름의 당화작용
전화효소 (invertase)	• 설탕을 glucose와 fructose로 가수분해(β−fructofuranosidase) • 설탕으로부터 생성된 glucose와 fructose의 혼합물을 전화당(invert sugar)이라 함 (설탕보다 용해도↑, 단맛↑, 결정 석출↓)
락테이스 (lactase)	• 유당을 glucose와 galactose로 가수분해 • 유당을 분해하여 용해가 쉽고 단맛이 있는 당류 생성 • 유당의 소화가 어려운 유당불내증 환자를 위하여 우유에 함유된 유당을 분해하는 용도로 사용
글리코시데이스 (glycosidase)	• 배당체를 가수분해하여 당과 아글리콘을 형성하는 반응을 촉매 • hesperidinase, myrosinase, naringinase
라이페이스 (lipase)	• triacylglycerol의 ester bond를 가수분해하여 유리지방산과 글리세롤을 생성 • 물−지방질 계면에서만 작용 • 유지식품에서는 산패를 일으키는 유리지방산을 생성 • 치즈나 초콜릿 제조 시 향미 증진

단백질 분해효소
(protease)
	• endopeptidase
	  − pepsin(위장) : 단백질 → 폴리펩타이드 + 아미노산
	  − trypsin(췌장) : 단백질 → 폴리펩타이드 + 펩톤
	  − chymotrypsin(췌장)
	  − papain(파파야열매) : 단백질 → 폴리펩타이드 + 아미노산
	  − rennin(양, 송아지의 위) : 카세인 → 파라카세인 + 펩타이드
	  − bromelin(파인애플)
	• exopeptidase
	  − aminopeptidase, carboxypeptidase(동물의 장, 곰팡이, 세균) : 프로테오스, 펩톤, 펩타이드 → 아미노산 + 다이펩타이드
	  − dipeptidase(동물의 장, 곰팡이, 세균) : 다이펩타이드 → 아미노산

아미데이스 (amidase)	산 아마이드 결합을 가수분해(육류, 생선을 방치하면 NH_3 생성) – urease : urea $\rightarrow$ CO_2 + NH_3 – arginase : arginine $\rightarrow$ ornithine + NH_3 – asparaginase : asparagine $\rightarrow$ aspartate + NH_3 – glutaminase : glutamine $\rightarrow$ glutamate + NH_3

(3) 식품 가공에 사용되는 효소

효소	식품	작용
amylase	제빵, 제과	효모 발효에 필요한 당함량 증가
	맥주	발효를 위해 전분을 말토스로 전환
	시리얼	전분 $\rightarrow$ 덱스트린 + 당, 흡습성 증가
	초콜릿	전분을 액화하여 유동성 높임
	시럽과 당	전분 $\rightarrow$ 저분자의 덱스트린
	펙틴	압착된 사과로부터 펙틴의 회수 도움
	과일주스, 젤리	발포성 증가시키기 위하여 전분 제거
	채소류	두류의 연화를 위한 전분의 가수분해
cellulase	양조	탄수화물 세포벽 성분의 가수분해
	커피	원두 건조 시 섬유소의 가수분해
	과일	배의 촉감 개선, 살구·토마토의 박피 촉진
invertase	인조꿀	설탕 $\rightarrow$ 포도당 + 과당
	캔디	초콜릿을 입힌 연질 크림캔디의 제조
dextran sucrase	당시럽	시럽의 농축(증점)
	아이스크림	증점제로 덱스트란 첨가
lactase	아이스크림	유당 제거(결정화로 인한 거친 촉감 부여)
	사료	유당 $\rightarrow$ 포도당 + 갈락토스
	우유	냉동유에서 유당을 제거함으로서 단백질 안정화, 유당불내증 환자를 위한 락토스의 제거
naringinase	감귤류	나린진을 가수분해하여 감귤펙틴과 주스의 쓴맛 제거
tannase	양조	폴리페놀화합물의 제거
pectic enzyme (유용)	과일	연화
	과일주스	주스의 수율 향상, 농축과정의 개선, 혼탁 방지
	올리브	유지 추출
	과실주	청징작용
	커피	원두 발효 시 외피의 점질물질 제거
	초콜릿·코코아	코코아 발효 시 가수분해 작용
pectic enzyme (변질)	감귤주스	주스의 펙틴질 분리 및 분해
	과일	과도한 연화작용

효소	식품/용도	작용
protease (유용)	제빵	반죽의 연화작용 및 신장성 증가, 혼합시간의 단축, 조직감, 덩어리 부피의 증가, β-아밀레이스 유리
	양조	발효과정 중 영양소 향상, 여과, 청징, 냉각공정에 활용
	시리얼	건조속도를 빠르게 하기 위해 단백질을 변화시킴
	두류	된장과 두부 제조
	치즈	카제인 응고, 숙성 과정 중 특유의 풍미 생성
	달걀 가공품	건조특성 개선
	두유	두유 제조
	단백질 가수분해물	간장, 건조수프, 육즙분말, 가공육, 특수식품
	과실주	청징
protease (부패)	달걀	건조전란의 저장기간에 영향
	게, 가재	빨리 불활성화시키지 않으면 과도한 연화 유발
	밀가루	활성이 너무 강하면 빵의 부피 및 조직감에 영향
lipase (유용)	유지	지질 → 글리세롤과 지방산으로 분해
	우유	밀크초콜릿에 사용되는 약간 숙성된 향미의 생산
	치즈	숙성 및 고유의 향미 부여
lipase (산패)	우유 및 유제품	가수분해형 산패
	유지	가수분해형 산패
phosphatase	유아식	섭취 가능한 인산염의 증가
	양조	인산화합물의 가수분해
	우유	저온살균 여부 확인
nuclease	향미 증진	핵산(nucleotide 및 nucleoside)의 생성
catalase	우유	저온살균 시 과산화수소 파괴
	각종 제품	포도당이나 산소를 제거하여 갈변 또는 산화를 억제하기 위해 glucose oxidase 사용 시 병용
peroxidase (유용)	채소	blanching 효과의 검정
	포도당 정량	glucose oxidase와 혼용
peroxidase (변패)	채소	불쾌취
	과일	갈변반응 촉진
glucose oxidase	각종 제품	맥주, 치즈, 과일주스, 탄산음료, 건조달걀, 분유, 육·어류, 포도주 제조과정 중 포도당이나 산소를 제거하여 산화 및 갈변 방지
polyphenol oxidase (유용)	차, 커피, 담배	숙성, 발효기간에 갈변
polyphenol oxidase (변패)	과일, 채소	갈변 및 불쾌취 발생, 비타민 손실
lipoxygenase	채소	필수지방산 및 비타민 A의 파괴, 불쾌취 유발
ascorbate oxidase	채소, 과일	비타민 C의 파괴

thiaminase	육·어류	비타민 B$_1$의 파괴
pentosanases	빵	귀리 빵 제품의 밀가루 반죽 시간 단축, 습윤성 증가
glucose isomerase	시럽, 당류	glucose의 이성질화에 의한 fructose 제조
sulfhydryl oxidase	빵, 면류	−S−S−결합 형성에 의한 밀가루 반죽 강화
hesperidinase	감귤 과즙, 통조림	hesperidin 가수분해

 **보충** 효소의 고정화

- 효소를 일정한 공간에 물리적으로 갇히게 한 상태지만, 촉매활동을 유지하므로 반복해서 사용할 수 있고 반응 후에는 회수하여 재이용할 수 있게 하는 과정

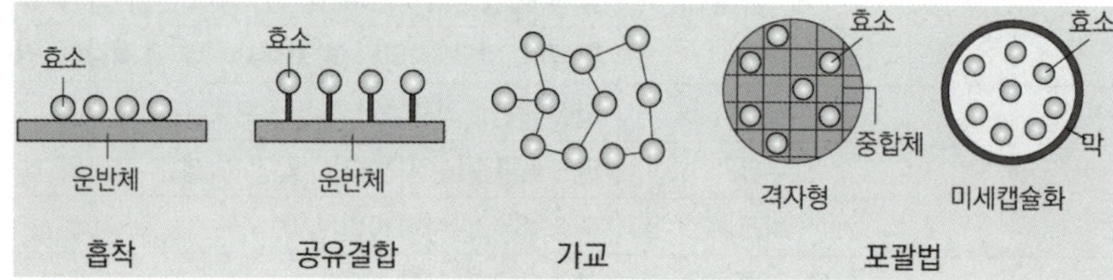

- 고정화 방법

흡착	• 효소를 운반체 표면에 물리적으로 흡착시키는 것 • 조작이 간단하고, 효소 단백질의 활성 중심 파괴 또는 고차 구조의 변화가 최소화됨 • 운반체의 종류 　− 활성탄, 다공성유리, 산성 백토, 카올리나이트, 벤토나이트 등 무기질 　− 전분, 글루텐, 키틴과 같은 천연 고분자 　− 소수성기를 가진 아가로스 유도체 • 단점 : 가역적 반응이므로 pH, 이온 세기 등에 의하여 탈리될 수 있음
공유 결합	• 효소 고정화에 가장 많이 사용하는 방법 • 수용성 효소를 불용성 운반체에 공유결합 • lysine 잔기가 주요 반응기나 cysteine의 −SH, tyrosine의 페놀성 −OH, 아스파트산과 글루탐산의 −COOH기 등이 결합에 사용 • 효소 결합 과정 중 효소활성의 일부가 손실될 수 있지만, 운반체에서 효소가 떨어져 나올 가능성은 적으므로 효소가 안정한 편
가교	• 효소분자끼리 가교체로 결합시켜 불용화하는 것 • 효소는 촉매와 동시에 지지 물체가 됨 • 가장 흔히 사용되는 가교시약 : glutaraldehyde
포괄법	• 격자형 : polyacrylamide gel의 미세한 격자 안에 효소를 집어넣는 방식 • 미세캡슐형 : 반투과성 중합체 피막으로 효소를 피복하는 방식 • 흡착이나 공유결합과 달리 효소 단백질 자체와는 결합반응을 일으키지 않으므로, 보다 많은 효소의 고정화에 응용할 수 있음

기출문제

2023년 2회

01 식품의 제조·가공과정과 관련된 효소를 바르게 연결하시오.

설탕 → 포도당 + 과당 •	• pectinase
전분 → 덱스트린 •	• glucose oxidase
과산화수소 •	• amylase
과일주스의 청징 •	• catalase
포도당 정량 •	• invertase

모범답안

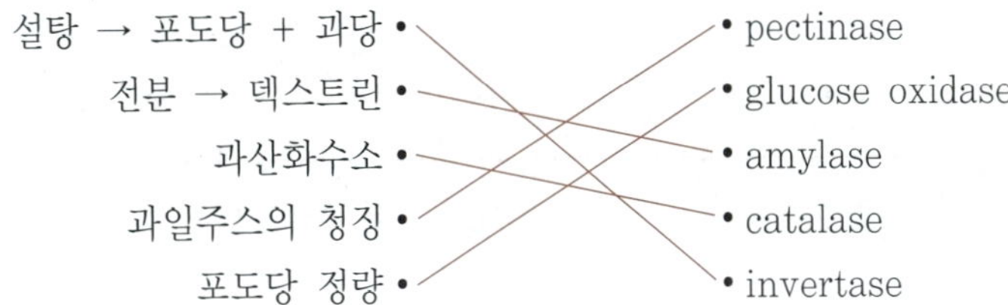

2011년 1회, 2008년 2회

02 다음 표는 효소와 기질 및 생성물을 정리한 것이다. 빈칸에 알맞은 말을 쓰시오.

효소	기질	생성물
	전분	덱스트린
	덱스트린	맥아당
	설탕	포도당, 과당
Lactase	유당	
Lipase	지방	

효소	기질	생성물
α – Amylase	전분	덱스트린
β – Amylase	덱스트린	맥아당
Invertase	설탕	포도당, 과당
Lactase	유당	**포도당, 갈락토스**
Lipase	지방	**지방산, 글리세롤**

2022년 3회

03 맥아당(maltose)과 유당(lactose) 가수분해효소를 쓰시오.
· 맥아당(maltose) :
· 유당(lactose) :

· 맥아당(maltose) : maltase
· 유당(lactose) : lactase

2013년 2회

04 다음의 효소가 식품가공에서 활용되는 분야를 각 1가지씩 쓰시오.
(1) α – amylase
(2) β – amylase
(3) glucoamylase

(1) α–amylase : 물엿 제조
(2) β–amylase : 식혜, 제빵, 주류 제조
(3) glucoamylase : 포도당 제조

참고

· 알파 – 아밀레이스(α – amylase)
전분을 구성하는 아밀로스나 아밀로펙틴의 α – 1,4 결합을 내부에서 불규칙하게 endo – type으로 가수분해하여 다량의 α – 한계덱스트린과 소량의 맥아당, 포도당 등을 생성하는 대표적인 탄수화물 가수분해 효소이다. 췌장, 침, 곰팡이에 많이 함유되어 있으며, 전분을 액화하여 점성이 낮은 투명한 용액으로 만들어주므로 액화효소라고 부른다.

• 베타 – 아밀레이스(β – amylase)

전분을 구성하는 아밀로스나 아밀로펙틴의 $\alpha - 1,4$ 결합을 비환원성 말단에서부터 말토스 단위로 가수분해하는 exo–type의 당화형 효소이다. 물엿, 고구마, 맥아 등에 존재하며, 다량의 맥아당과 소량의 β–한계덱스트린을 생성한다. β–아밀레이스는 전분을 발효성 당으로 전환시키는 맥주제조 및 주정공업에서 공업적으로 많이 이용된다.

05 전분을 포도당으로 만드는 공정 시 액화된 상태의 glucoamylase와 pullulanase를 함께 첨가한다. 이때 glucoamylase만 첨가할 경우 최종 생산품에 어떠한 영향을 미치는지 설명하시오.

모범답안

전분의 당화시간이 길어진다.

해설

pullulanase는 $\alpha - 1,6$ 결합만을 분해하므로 전분 분해공정에서 glucoamylase의 작용을 도울 수 있다. glucoamylase만 존재하는 경우 시간이 길어질 수 있고, 포도당의 농도와 순도에도 한계를 가져올 수 있다.

참고

• 글루코아밀레이스(glucoamylase)

전분의 비환원성 말단에서부터 글루코스 단위로 하나씩 절단하여 전분을 가수분해하는 exo–type 당화형 효소로 $\alpha - 1,4$ 및 $\alpha - 1,6$ 결합도 서서히 분해한다. 주로 미생물에 의해 생성되며, 전분으로부터 포도당을 생산하는 전분당산업에 주로 이용된다.

• 풀루라네이스(pullulanase)

pullulan(maltotriose가 $\alpha - 1,6$ 결합으로 연결된 α–glucan)을 가수분해하는 데서 유래한 endo–glucosidase로 아밀로펙틴의 $\alpha - 1,6$ 결합을 절단한다.

06 식품에 글루코스 산화효소(glucose oxidase)를 첨가했을 때의 효과를 3가지 쓰시오.

모범답안

• 포도당을 제거하여 갈변 방지
• 통조림의 산소 제거
• 식품 고유의 색과 맛 유지

글루코스 산화효소(glucose oxidase)

글루코스 산화효소는 글루코스를 글루코노락톤(gluconolactone)으로 산화시키는 효소로 당류 중 글루코스만을 선택적으로 산화시킨다. 식품에 함유되어 있는 글루코스와 산소를 제거하여 식품의 산패나 갈변반응을 억제하기 위한 목적으로 카탈레이스와 함께 사용된다. 또한, 과산화효소와 함께 포도당의 정량분석에 널리 사용되고 있다.

2014년 3회

07 식육연화제로 사용되는 효소 4가지를 쓰시오.

모범답안

- 파파인(papain) : 파파야 함유
- 브로멜린(bromelin) : 파인애플 함유
- 피신(ficin) : 무화과 함유
- 액티니딘(actinidin) : 키위 함유

2016년 1회

08 효소의 고정화 방법 3가지를 쓰시오.

모범답안

흡착법, 공유결합법, 가교법, 포괄법

해설

- 효소의 고정화
  - 고비용의 효소를 재사용하기 위해 분리가 쉽도록 화학적 또는 물리적 방법으로 불용성 지지체(운반체) 표면 또는 내부에 고정시켜 사용
  - 효소를 일정한 공간에 물리적으로 갇히게 한 상태지만 촉매활동을 유지하므로 반복해서 사용할 수 있을 뿐만 아니라, 반응 후에는 회수하여 재이용할 수 있게 하는 과정
- 고정화 방법

흡착법	• 효소를 운반체 표면에 물리적으로 흡착시키는 것
	• 조작이 간단, 효소 단백질의 활성 중심 파괴 또는 고차 구조의 변화가 최소화
	• 단점 : 가역적 반응이므로 pH, 이온 세기 등에 의하여 탈리될 수 있음

흡착법	• 효소를 운반체 표면에 물리적으로 흡착시키는 것 • 조작이 간단, 효소 단백질의 활성 중심 파괴 또는 고차 구조의 변화가 최소화 • 단점 : 가역적 반응이므로 pH, 이온 세기 등에 의하여 탈리될 수 있음
공유결합법	• 효소 고정화에 가장 많이 사용하는 방법 • 수용성 효소를 불용성 운반체에 공유결합시키는 것 • lysine 잔기가 주요 반응기나 cysteine의 −SH, tyrosine의 페놀성 −OH, 아스파트산과 글루탐산의 −COOH 등이 결합에 사용
가교법	• 효소분자끼리 가교체로 결합시켜 불용화하는 것 • 효소는 촉매와 동시에 지지 물체가 됨
포괄법	• 격자형 : polyacrylamide gel의 미세한 격자 안에 효소를 집어넣는 방식 • 미세캡슐형 : 반투과성 중합체 피막으로 효소를 피복하는 방식

물성

01 콜로이드

(1) 콜로이드의 유형

▌콜로이드의 유형 ▌

분산매	분산질	콜로이드 상태	예시
액체	기체	거품(foam)	맥주거품, 난백거품
	액체	유화액(emulsion)	우유, 마요네즈
	고체	졸(sol)	수프, 호화된 전분액
고체	기체	고체거품	빵, 케이크
	액체	겔(gel)	두부, 묵, 치즈
	고체	고체 졸	사탕, 과자

① **졸(sol)**

　㉠ 분산매가 액체이고 분산질이 고체인 입자가 분산되어 전체가 액체 상태인 콜로이드 용액. 유동성이 두드러지게 나타나는 콜로이드 상태를 말함

　㉡ **친수성 졸(hydrophilic sol)** : 분산매인 물과 분산질 사이에 친화성이 있어 전해질을 넣어도 잘 분리되지 않고 안정한 상태를 유지함

　㉢ **소수성 졸(hydrophobic sol)** : 물과 분산질의 친화성이 적어 전해질을 넣으면 침전이 생기는 졸

　㉣ **보호 콜로이드(protective colloid)** : 소수성 졸의 분산질이 안정성을 잃고 침전하는 경향을 억제함으로써 소수성 졸의 안정성을 높이고 보호해주는 역할을 하는 친수성 졸

② **겔(gel)**

　졸(sol)이 냉각되거나 물의 증발로 분산매가 줄어들어 반고체 상태로 굳어진 상태

③ **유화액(emulsion)**

　분산질인 액체가 분산매인 액체에 녹지 않고 분산되어 있는 콜로이드 상태

④ **거품(foam)**

　분산매인 액체(또는 고체) 속에 기체 입자가 분산되어 있는 콜로이드의 일종으로, 거품 크기는 직경이 1μm에서 수 cm까지 이름

(2) 콜로이드의 성질

┃ 콜로이드의 성질 ┃

성질	내용
틴들현상	콜로이드 입자들이 가시광선을 산란시켜 빛의 진로가 보이는 현상
반투성	액체에 녹아있는 상태의 이온이나 작은 입자는 반투막을 통과하지만 콜로이드 입자는 반투막을 통과하지 못하는 성질
응결과 염석	• 응결 : 소수성 콜로이드 용액에 적은 양의 전해질을 첨가하면 서로 엉김현상이 발생함 • 염석 : 다량의 전해질을 첨가하면 콜로이드 입자 내 물이 빠져나와 서로 엉기며 가라앉는 것
흡착	콜로이드 입자는 단위질량당 표면적이 크기 때문에 콜로이드 입자 표면에서 다른 분자나 이온을 흡착하는 성질
전기영동	콜로이드 입자는 전기를 띠므로 입자는 반대 전극 방향으로 이동하게 되는 현상
브라운 운동	액체나 기체에 분산된 작은 입자들이 불규칙적으로 운동하는 현상

① **입자의 크기에 의한 성질** : 틴들현상, 반투성, 흡착
② **입자의 전하에 의한 성질** : 응결과 염석, 전기영동
③ **분산매와 분자의 충돌에 의한 성질** : 브라운 운동

02 물성학

• 물성학(Rheology)은 물질의 변형(deformation)과 유동(flow)에 관하여 연구하는 학문으로, 외부의 힘에 대한 물질의 변형 및 흐름의 특성을 규명하고 그 정도를 정량적으로 표현하는 학문임
• 식품의 물성학은 식품의 액체 또는 유체로서의 유동적 성질과 고체로서의 변형에 관한 성질을 다루는 학문

(1) 유체의 유동성

① **유체(fluid)**
전단응력(shear stress)이 가해졌을 때 물체가 버티지 못하고 지속적으로 변형되는 것

② **응력應力(Stress, τ)**
외력이 물체에 작용할 때 물체 내부에서 원형을 유지하려는 내력을 응력이라 하며, 단위면적당 힘(force/length^2)으로 나타내고, 단위는 N/m^{2}임

$$\text{응력} = \frac{\text{힘}}{\text{면적}} \qquad \tau = \frac{F}{A}\left[\frac{\text{N}}{\text{m}^2}\right]$$

③ **전단응력(shear stress)**
㉠ 물체의 어떤 단면에 평행으로 서로 반대 방향에 한 쌍의 힘을 작용시키면 물체는 그 면을 따라 미끄러져서 절단되는(층밀림) 작용을 받음

ⓒ 이것을 전단작용이라고 하고, 이와 같은 작용이 미치는 힘을 전단력이라고 함

ⓔ 전단력에 의해서 물체 내부의 단면에 생기는 내력을 전단응력이라고 함

④ **전단속도(전단율, shear rate)**

두 판 사이의 유체 속도(V, cm/sec)를 두 판의 거리(y, cm)로 나눈 것으로, 단위는 $\sec^{-1}$임

$$전단속도(\dot{\gamma}) = \frac{\text{두 판 사이의 유체 속도}}{\text{두 판 사이의 거리}} = \frac{V}{y}\,[\mathrm{s}^{-1}]$$

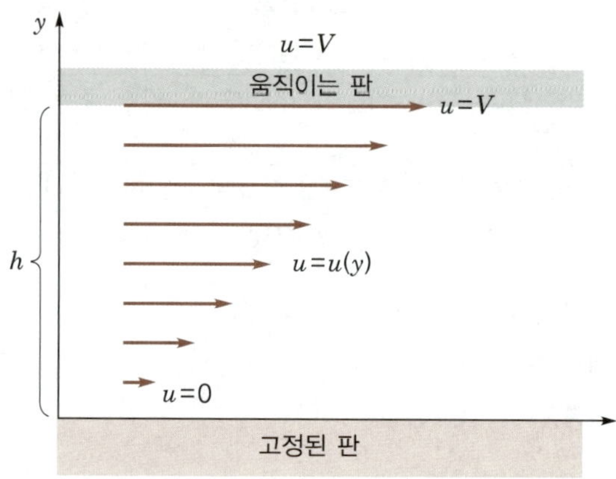

(2) 유체의 점성(viscosity)

① **점성의 정의**

ⓐ 점성은 외부 힘에 의해 유체가 흐르는 것에 대해 저항하는 성질이므로, 점성이 크다는
것은 유체가 잘 흐르지 못한다는 것을 의미함

ⓑ 점도는 전단속도에 대한 전단응력으로 표현됨

$$점도 = \frac{\text{전단응력}}{\text{전단속도}} \qquad \mu = \frac{\tau}{\gamma}\,[\mathrm{Pa\cdot s}]$$

$$1\mathrm{Pa\cdot s} = 10\mathrm{P} \qquad 1\mathrm{P} = 100\mathrm{cP}$$

② **점성에 영향을 미치는 요인**

ⓐ **온도**

용액의 점도는 물분자와 용질 상호 간의 결합력에 대한 함수이기에, 온도가 증가함에
따라 열적 팽창으로 인하여 분자 상호 간의 거리가 멀어지기 때문에 점도는 감소함

ⓑ **농도**

일정한 온도에서 일반적으로 농도가 증가하면 점도는 증가하는 경향을 나타냄

ⓒ **분자량**

동일한 농도에서 일반적으로 용질의 분자량이 클수록 점도는 증가하는 경향을 나타냄

ⓔ **압력**

대부분 액체의 점도는 넓은 압력 범위에서 거의 일정하기에 식품에서의 압력과 점도는 연관성이 거의 없음

(3) 유체의 분류

① 유체는 유동성에 따라 뉴턴 유체와 비뉴턴 유체로 분류함

　㉠ **뉴턴 유체(Newtonian fluid)**

　　• 뉴턴 유체는 유체에 가해지는 힘과 그 유체의 유동성이 비례관계에 있는 유체를 말함
　　• 유체에 가해지는 힘인 전단응력과 유체의 유동인 전단속도가 정비례하는 유체를 의미함
　　• 전단속도가 증가함에 따라 뉴턴의 점도는 변함 없이 일정함
　　• 뉴턴 유체의 특성을 가진 식품으로는 물, 우유, 농도가 낮은 염 용액, 포도당 용액과 같이 분자량이 낮은 당류 용액, 식물성 기름 등이 있음

　㉡ **비뉴턴 유체(non-Newtonian fluid)**

　　• 식품 속에 존재하는 많은 유체들은 그 유체에 가해지는 전단응력과 전단속도 사이에 직선관계가 성립하지 않는데 이런 특성을 가진 유체를 비뉴턴 유체라 하고, 유체에 가해지는 전단응력에 따라 변화하는 전단속도의 성질에 따라 빙햄가소성(Bingham plastic), 유사가소성(pseudo-plastic), 딜레이턴트(dilatant) 유체로 분류함
　　• 빙햄가소성 유체란 외부에 가해지는 전단응력이 일정한 크기에 도달하지 않는 동안에는 유체는 변형이 일어나지 않다가 일정한 크기 이상의 힘을 가할 때만 변형이 일어나는 유체를 말함
　　　- 항복치(항복응력) : 빙햄가소성 유체에서 어떤 크기 이상의 전단응력이 작용할 때 변형이 일어나는데 변형이 시작될 때의 전단응력의 크기를 말함
　　　- 전단속도에 대한 점도의 변화는 초기에는 변형이 일어나지 않기 때문에 점도가 높다가 변형이 일어나기 시작하면서 뉴턴 유체와 같이 점도가 거의 일정해지는 그래프 유형임
　　　- 이 유체에 해당하는 식품은 케첩, 마요네즈, 마가린 등이 있음
　　• 유사가소성 유체란 항복치를 나타내지 않고 전단속도의 증가에 비해 전단응력의 증가가 더 작기 때문에 전단응력-전단속도의 그래프가 직선이 아닌 곡선의 형태를 갖는 유체를 말함
　　　- 유사가소성 유체는 전단속도가 증가함에 따라 점도가 감소하는데 이런 현상을 '전단 묽어짐'이라고 부름
　　　- 이 유체에 해당하는 식품은 샐러드드레싱, 사과소스, 농축 오렌지주스 등이 있음
　　• 딜레이턴트 유체란 전단속도 증가에 따라 전단응력의 증가가 더 크게 일어나는 유체를 말함

– 딜레이턴트 유체는 전단속도가 증가함에 따라 점도가 증가하는데 이런 현상을 '전단 진해짐'이라고 부름

– 딜레이턴트 유체에 해당하는 식품은 많지 않으나 일부 초콜릿 시럽, 일부 벌꿀, 60% 옥수수 생전분액 등이 있음

② **유체의 시간의존성**

㉠ 뉴턴 유체는 시간의 경과에 영향을 받지 않고 점도가 일정한 반면, 많은 비뉴턴 유체는 외부 힘이 가해지는 시간에 따라 점도가 변함

㉡ 틱소트로픽(thixotropic) 유체는 시간이 지남에 따라 외부의 힘에 의해 점도가 차츰 감소하는 유체를 말함

- 틱소트로픽 유체를 일정한 속도로 교반하게 되면 식품 내의 구조가 파괴되면서 유동성이 증가하게 되어 점도가 감소함
- 이 유체에 해당하는 식품으로는 전분젤, 마요네즈, 케첩 등이 있음

㉢ 레오펙틱(rheopectic) 유체는 시간이 경과함에 따라 점도가 증가하여 유동성이 줄어드는 유체를 말함

- 레오펙틱 유체의 특성을 나타내는 식품인 난백이나 진한 크림을 강하게 저으면 시간이 지나면서 점도가 증가하는데 이런 변화의 원인은 난백에서는 단백질이, 크림에서는 지질이 물리적으로 변화하기 때문임

보충   허쉘–버클리 방정식(Herschel–Bulkley equation)

허쉘–버클리 방정식은 비뉴턴 유체의 점성 거동을 정량적으로 설명하는 대표적인 모델임

$$\tau = \kappa\, \dot{\gamma}^{\,n} + \tau_0$$

τ : 전단응력

τ_0 : 항복응력

κ : 점도계수

$\dot{\gamma}$: 전단속도

n : 유동지수

① 뉴턴 유체 : $n = 1,\ \tau_0 = 0$

② 유사가소성 유체 : $0 < n < 1,\ \tau_0 = 0$

③ 딜레이턴트 유체 : $n > 1,\ \tau_0 = 0$

④ 빙햄가소성 유체 : $n = 1,\ \tau_0 > 0$

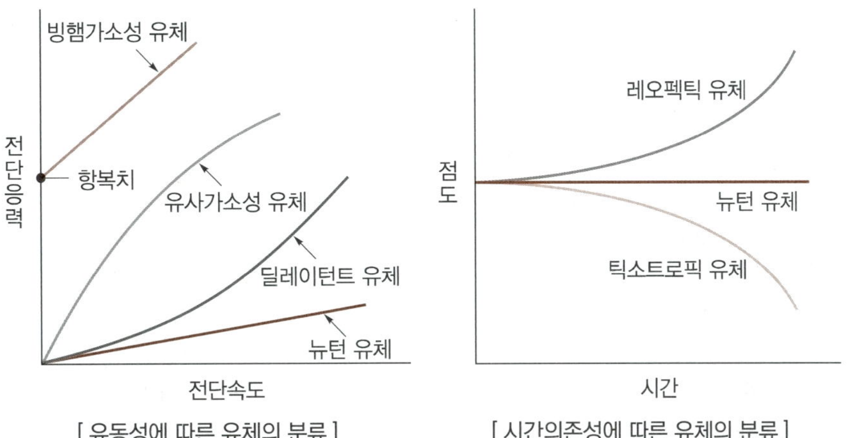

[유동성에 따른 유체의 분류]　　　　[시간의존성에 따른 유체의 분류]

(4) 레이놀즈수(Reynolds number)

① 유체의 점성력에 대한 관성력의 비율로, 강제대류에 작용하는 지배적인 물성

$$N_{Re} = \frac{관성력}{점성력} = \frac{\rho v D}{\mu}$$

ρ : 유체의 밀도[kg/m^3]
v : 유체의 유속[m/s]
D : 관의 상당직경[m]
μ : 유체의 점성계수[kg/m·s]

② 식품에서는 유체의 흐름을 예측하는 데 사용(유체의 형태가 층류인지 난류인지 판정)

③ 레이놀즈수가 증가할수록 유체 내에서 작동 교란이 확산되어 층류(laminar flow)에서 난류(turbulent flow)로의 전이가 일어남. 관 속을 흐르는 유체는 원형 직선관에서 2,100 이하이면 층류, 4,000 이상이면 난류임

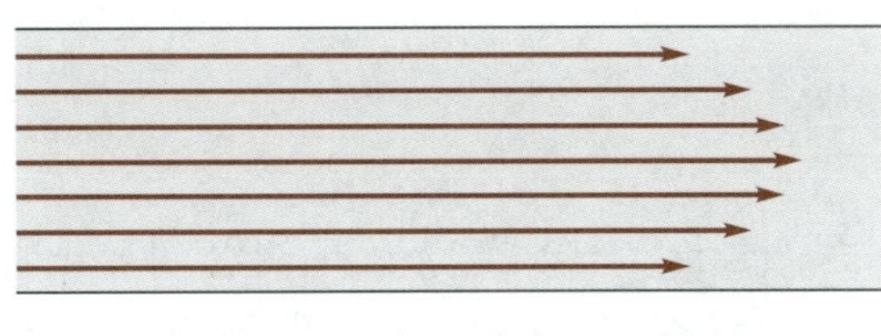

[층류]

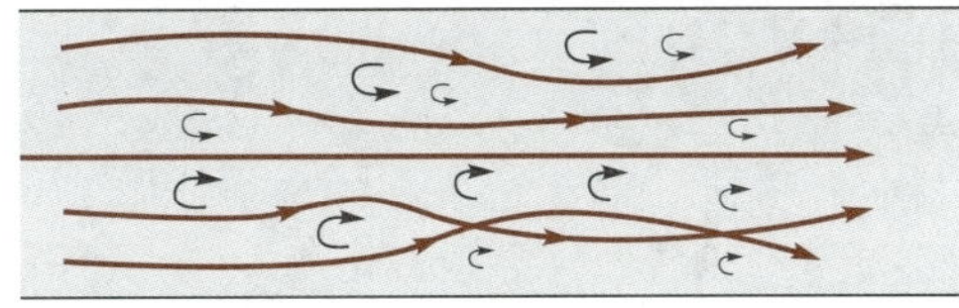

[난류]

㉠ **층류** : 유체 분자의 흐름이 직선으로 일정하게 흐르는 상태로, 관성력에 비해 점성력이 지배적인 유체 흐름으로 레이놀즈수가 상대적으로 작음

㉡ **난류** : 유체의 각 부분이 불규칙한 운동을 하면서 흘러가는 상태로, 점성력에 비해 관성력이 지배적인 유체 흐름으로 레이놀즈수가 상대적으로 큼

(5) 고체 및 반고체 식품들의 변형

① 탄성(elasticity)

외부에서 힘을 가하면 가한 힘에 비례하는 양만큼 변형이 일어나고 가해진 힘이 제거되면 고체 속에 축적되었던 에너지는 유리되고 다시 원래의 상태로 돌아가려는 성질

② 가소성(plasticity)

외부에서 가해지는 힘이 어느 크기 이상 되었을 때 변형이 일어나고 변형된 물체에서 그 힘을 제거하여도 원상태로 돌아가지 않는 성질

③ 점탄성(viscoelasticity)

㉠ 고체의 특성인 탄성과 액체의 특성인 점성을 동시에 보이는 성질

㉡ **점탄성 유체의 특성**

- 예사성 : 특정 식품에 젓가락을 넣었다 올렸을 때 딸려 올라오는 점탄성의 성질(달걀 흰자, 나또)
- 바이센버그(Weissenberg) 효과 : 특정 식품에 젓가락을 넣어 돌리면 그 탄성에 의해서 젓가락을 타고 올라오는 효과(연유)
- 점조성(경점성) : 끈적끈적한 액체나 반죽이 변형에 저항하는 성질, 점탄성을 나타내는 식품의 경도(밀가루 반죽)
- 신전성 : 고체 식품들이 막대기 또는 긴 끝 모양으로 늘어나는 성질(국수)

(6) 텍스처(texture)

① 텍스처의 정의

㉠ 식품의 텍스처란 식품을 입안에 넣었을 때 혀와 입천장에서 느끼는 감각, 씹을 때 느끼는 감각, 그리고 삼킬 때 느끼는 종합적인 감각을 의미함

㉡ 텍스처 특성은 사람의 오감에 의한 주관적인 관능적 평가법과 객관적인 기계적 특성의 측정에 의하여 평가됨

② 텍스처 특성의 분류

㉠ **기계적 특성**

ⓐ 1차적 특성

- 견고성(hardness, 경도) : 변형에 대한 저항성으로 식품의 형태를 변형시키는 데 필요한 힘

- 응집성(cohesiveness) : 식품의 형태를 구성하는 내부적 결합에 필요한 힘, 2차적 요소 3가지(파쇄성, 저작성, 점착성)로 세분화할 수 있음
- 탄력성(elasticity) : 외부의 힘에 의하여 변형된 물체가 외부의 힘이 제거되었을 때 본래의 상태로 되돌아가려는 성질
- 부착성(adhesive) : 식품의 표면이 다른 물질의 표면에 부착되어 있는 것을 떼어내는 데 필요한 힘
- 점성(viscosity) : 액체가 단위면적당 받는 힘에 의해 유동(flow)되는 정도로 유동을 방해하는 성질

ⓑ **2차적 특성**
- 파쇄성(brittleness, 부서짐성) : 식품에 힘을 가했을 때 변형 없이 부서지는 데 필요한 힘
- 저작성(chewiness, 씹음성) : 고체 식품을 삼킬 수 있는 상태까지 씹는 데 필요한 힘
- 점착성(gumminess, 검성) : 식품을 씹는 동안 흩어지지 않고 덩어리로 남아 있는 정도로 반고체 식품을 삼킬 수 있을 정도로 분쇄하는 데 필요한 힘

ⓛ **기하학적 특성**
식품을 구성하는 입자의 크기와 모양에 따라 분상(powdery), 입상(grainy), 사상(gritty), 괴상(lumpy) 등으로 나누며, 입자의 모양과 결합 상태에 따라 섬유상(fibrous), 결정상(crystalline), 박편상(flaky), 펄프상(pulpy) 등으로 구별함

ⓒ **기타 특성**
식품의 수분 함량에 따라 '마르다, 물기가 있다, 질퍽질퍽하다' 등으로 표현하고, 지방 함량에 따라 '기름기가 있음, 그리스와 같이 미끈미끈하다' 등으로 분류함

③ **TPA 분석**

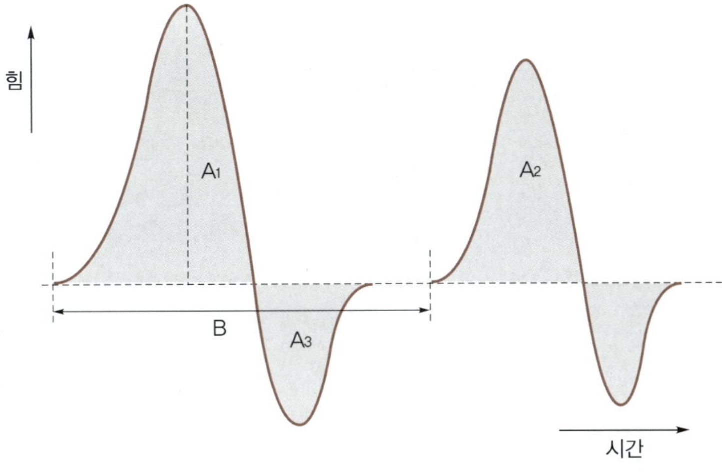

[TPA 분석]

▌TPA 분석과 1차적 요소 ▌

구분	1차적 요소			
	견고성	응집성	부착성	탄력성
TPA 분석	1차 peak A_1 최고점의 높이	$\dfrac{A_2의\ 면적}{A_1의\ 면적}$	A_3의 면적	시간(B)에 비례 (점토 샘플과 비교)

▌TPA 분석과 2차적 요소 ▌

구분	2차적 요소		
	파쇄성	저작성	점착성
TPA 분석	1차 peak 중간점의 높이	견고성×응집성×탄력성	견고성×응집성

2022년 1회, 2018년 3회, 2009년 2회

01 동결건조를 물의 상평형도로 설명하고, 장점과 단점을 두 가지씩 쓰시오.

모범답안

• 동결건조는 식품의 온도를 삼중점(0.0098℃) 이하로 낮추어 내부의 수분을 동결시키고, 이 상태에 감압하여 0.006atm 이하로 낮추어 얼음을 수증기로 승화시키는 건조법을 말한다.

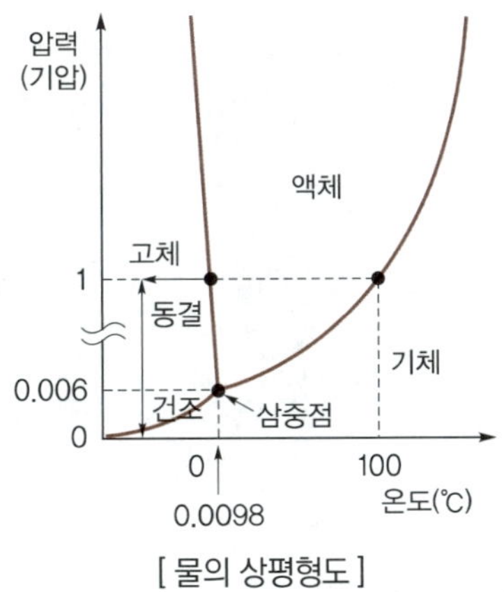

[물의 상평형도]

• 동결건조의 장점
  – 재료의 형태와 조직 등의 물리·화학적 변화가 적다.
  – 열에 의한 손상이 없어서 영양소 손실이 최소화 된다.
  – 복원성이 좋고, 휘발성 향기성분 손실방지로 고품질의 제품 생산이 가능하다.
  – 표면경화 현상이 일어나지 않는다.
• 동결건조의 단점
  – 식품의 형태가 다공질이므로 물리적인 손상을 받기 쉽다.
  – 동결건조기의 구매비용과 유지비용이 크다.

02 초임계유체의 정의와 특징, 이를 공업적으로 이용할 때의 장점과 활용 사례를 쓰시오.

모범답안

- 초임계유체(supercritical fluid)의 정의 : 임계점 이상의 온도와 압력에서 존재하는 물질로 일반적인 액체나 기체와 다른 고유의 특성을 갖는다.
- 초임계유체의 특징
  - 기체와 액체의 중간 정도의 물성을 갖는다. 즉, 유체의 밀도는 액체에 가깝고, 점성도는 기체에 가까울 정도로 낮다.
  - 상변화 없이도 약간의 압력이나 온도 변화에 따라 물성을 급격히 변화시킬 수 있다.
  - 표면장력이 없기 때문에 침투성이 좋고, 용해력이 우수하다.
  - 확산속도가 빨라 확산력이 좋으며 물질전달 속도가 크다.
  - 에테인, 에틸렌, 프로페인, 이산화탄소 등이 이용된다.
- 공업적 이용 시 장점
  - 선택적 추출이 가능하고, 잔류 용매 및 이물질이 없으며, 물질의 변성을 최소화할 수 있다.
  - 친환경적이고 고순도 천연성분 추출이 가능하다.
- 활용 사례
  - 커피 원두에서 카페인을 95% 이상 제거 가능하다.
  - 천연 식물로부터 향기 성분 선택 추출, 식물색소의 추출 및 탈색, 식품으로부터 농약 성분 추출도 가능하다.

03 우유의 성분 중 카제인과 유지방 및 유당은 각각 우유 중에 어떤 상태로 존재하는가?

모범답안

- 카제인 : 콜로이드 상태(카제인 미셀)
- 유지방 : 유화 상태(지방구)
- 유당 : 진용액 상태(완전히 녹은 상태)

➕ 해설

우유의 주요 성분의 우유 속 상태
- **카제인(casein)**
  - 미셀(micelle)이라는 콜로이드 상태로 존재한다.

- 미셀은 수많은 카제인 단백질 분자들이 인산칼슘과 함께 응집된 구조로, 물에 녹아 있는 것이 아니라 아주 작은 입자 형태로 분산되어 있는 상태이다.
  - 이로 인해 우유는 뿌옇고 흰색을 띤다.
- 유지방(fat)
  - 유지방구(fat globules) 형태로, 물속에 유화(emulsion) 상태로 존재한다.
  - 유지방구는 지방이 물속에 작은 구슬처럼 분산되어 있는 상태이며, 표면은 인지질과 단백질로 둘러싸여 안정된 상태를 유지한다.
- 유당(lactose)
  - 진용액 상태(완전히 녹아 있는 상태)로 존재한다.
  - 유당은 수용성 탄수화물이기 때문에 물에 잘 녹아, 분자 하나하나가 물에 골고루 녹아 있는 상태이다.

2023년 2회, 2020년 4, 5회

04

물체의 점성을 정량적으로 표현할 때 사용하는 허쉘-버클리 방정식(Herschel–Bulkley equation)은 $\tau = \kappa \dot{\gamma}^n + \tau_0$ 이다. 이 식에서 나타내는 전단응력(τ), 전단속도($\dot{\gamma}$), 유동지수(n), 항복응력(τ_0)을 이용하여 뉴턴유체, 딜레이던트 유체, 빙햄 유체, 슈도플라스틱 유체가 갖는 유동지수(n)와 항복 응력(τ_0)에 대하여 범위로 설명하시오.(단, $n = 1$, $0 < \tau_0 < 1$ 등으로 표현하시오.)

모범답안

- 뉴턴 유체 : $n = 1$, $\tau_0 = 0$
- 슈도플라스틱 유체 : $0 < n < 1$, $\tau_0 = 0$
- 딜레이턴트 유체 : $n > 1$, $\tau_0 = 0$
- 빙햄 유체 : $n = 1$, $\tau_0 > 0$

2023년 1, 3회, 2008년 1회

05

뉴턴 유체에서 전단속도와 점도의 관계를 쓰시오.

모범답안

뉴턴 유체는 전단응력과 전단속도가 비례하는 관계이므로, 전단속도의 크기에 관계없이 일정한 점도를 나타낸다.
허쉘 버클리 방정식(Herschel–Bulkley equation)을 이용하여 뉴턴 유체에서는 점도가 일정함을 유도할 수 있다.

$$\tau = \kappa \dot{\gamma}^n + \tau_0$$

$$\mu = \frac{\tau}{\dot{\gamma}} = \kappa \dot{\gamma}^{n-1} + \frac{\tau_0}{\dot{\gamma}}$$

뉴턴 유체에서는 $n = 1$, $\tau_0 = 0$이므로 $\mu = \kappa$이므로 점도는 일정하다.

06 뉴턴 유체와 비뉴턴 유체를 전단응력과 전단속도로 설명하고, 보기의 물질을 뉴턴 유체와 비뉴턴 유체로 구분하시오.

> 〈보기〉
> 물, 알코올, 버터, 전분액

모범답안

- 물체의 점성을 정량적으로 표현할 때 사용하는 허쉘-버클리 방정식(Herschel-Bulkley equation)은 $\tau = \kappa \dot{\gamma}^n + \tau_0$이다.
- 뉴턴 유체는 허쉘-버클리 방정식에서 유동지수 $n = 1$이고, 항복응력 $\tau_0 = 0$인 유체로서 전단응력이 전단속도와 일정한 비례관계가 성립하는 유체를 말한다. 물과 알코올이 해당된다.
- 비뉴턴 유체는 허쉘-버클리 방정식에서 $n \neq 1$ 또는 $\tau_0 \neq 0$인 유체로서 전단응력이 전단속도와 일정한 비례관계가 성립하지 않는 유체를 말한다. 버터와 전분이 해당된다.

07 전단속도가 $100\,\mathrm{s}^{-1}$인 유체의 전단응력을 구하시오.(단, 점도는 $10^{-3}\,\mathrm{Pa \cdot s}$이다.)

모범답안

$$점도 = \frac{전단응력}{전단속도}, \quad \mu = \frac{\tau}{\dot{\gamma}}$$

전단응력 = 전단속도 × 점도

$$= 100\,\mathrm{s}^{-1} \times 10^{-3}\,\mathrm{Pa \cdot s} = 0.1\,\mathrm{Pa}$$

08 다음 뉴턴 유체와 비뉴턴 유체에 관한 설명 중 틀린 것을 찾아 적고 그 이유를 쓰시오.

① 뉴턴 유체는 물, 청량음료, 식용유 등이 있다.
② 빙햄 유체는 케첩, 마요네즈 등이 있다.
③ 요변성(틱소트로픽) 유체는 전단속도가 증가함에 따라 겉보기 점도가 감소하는 유체이다.
④ 딜레이턴트 유체로는 고농도 전분 현탁액이 있다.
⑤ 물, 알코올, 주스 등의 뉴턴 유체는 전단응력과 전단속도가 반비례한다.

모범답안

- ⑤번
- 뉴턴 유체는 허쉘-버클리 방정식 $\tau = \kappa \dot{\gamma}^n + \tau_0$에서 유동지수 $n = 1$이고, 항복응력 $\tau_0 = 0$인 유체로, 전단응력과 전단속도가 비례한다.

참고

③ 요변성(thixothropic) 유체는 전단속도가 증가함에 따라 겉보기 점도가 감소하는 유체이다. 이 유체를 일정한 속도로 교반하면 식품 내의 구조가 파괴되면서 유동성이 증가하여 점도가 감소한다. 이에 해당하는 식품으로는 전분젤, 마요네즈, 케첩 등이 있다. 이와 반대로 전단속도가 증가함에 따라 겉보기 점도가 증가하는 유체를 레오펙틱(rheopectic) 유체라 한다. 이에 해당하는 식품으로는 난백이나 진한 크림이 있다.

09 통에 담긴 토마토케첩을 흔들어서 한번 배출시킨 후에는 케첩의 배출이 그 전보다 수월하게 된다. 이와 관련된 케첩의 물성을 설명하시오.

모범답안

이러한 현상은 케첩의 비뉴턴성 유체(non-newtonian fluid) 특성과 관련이 있다. 일반적인 뉴턴 유체(예 물, 기름)는 가해지는 전단력(흐름을 만들기 위한 힘)에 관계없이 점도가 일정한 반면, 비뉴턴 유체는 전단력의 크기에 따라 점도가 변한다. 케첩은 전단력이 커질수록 점도가 낮아지는 물질이다. 즉, 흔들거나 누르거나 빠르게 움직이면 점도가 낮아져 더 쉽게 흐른다.

10

레이놀즈수는 관 내의 흐름이 층류에서 난류로 바뀌는 조건에 관한 것으로, 유속뿐만 아니라, 관의 지름, 유체의 밀도 및 점도에 의해 좌우된다. 층류를 난류로 만들려면 다음 요소들이 어떻게 바뀌어야 하는지 설명하시오.
(1) 관의 지름
(2) 관의 유속
(3) 점도
(4) 밀도

모범답안

레이놀즈수(Reynolds number)란 유체의 점성력 대비 관성력에 대한 비율로 강제대류에 작용하는 지배적인 물성을 말한다.

$$N_{Re} = \frac{관성력}{점성력} = \frac{\rho v D}{\mu}$$

ρ : 유체의 밀도[kg/m^3]
v : 유체의 유속 [m/s]
D : 관의 상당직경 [m]
μ : 유체의 점성계수 [kg/m·s]

레이놀즈수가 증가할수록 유체 내에서 작동 교란이 확산되어 층류(laminar flow)에서 난류(turbulent flow)로의 전이가 일어난다. 관 속을 흐르는 유체는 원형 직선관에서 2,100(2,300) 이하이면 층류, 4,000 이상이면 난류이다.
(1) 관의 지름 : 넓어야 한다.
(2) 유체의 밀도 : 커야 한다.
(3) 유체의 유속 : 빨라야 한다.
(4) 유체의 점도 : 낮아야 한다.

11

다음 내용의 빈칸에 적절한 숫자를 〈보기〉에서 골라 채우고, 적절한 단어를 고르시오.

〈보기〉
100, 700, 2,100, 4,000, 10,000

관 속을 흐르는 유체는 원형 직선관에서 레이놀즈수가 (1) (   ) (2) (이상/이하)이면 층류, (3) (   ) (4) (이상/이하)이면 난류이다.

모범답안

(1) 2,100
(2) 이하
(3) 4,000
(4) 이상

12 밀가루의 특성과 관련한 다음 표에 들어갈 말을 〈보기〉에서 고르시오.

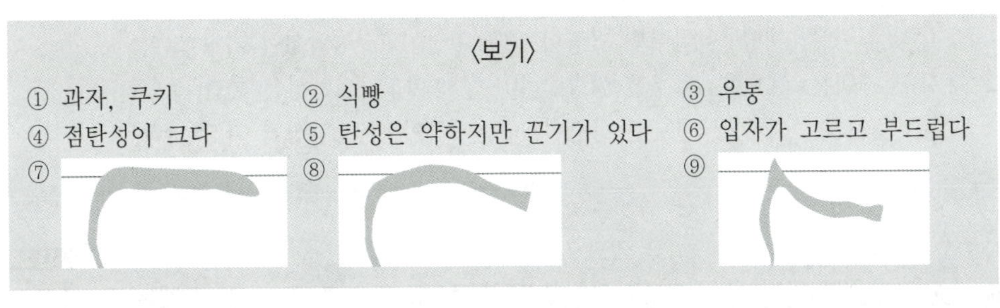

구분	용도	특성	farinograph
강력분			
중력분			
박력분			

모범답안

구분	용도	특성	farinograph
강력분	②	④	⑦
중력분	③	⑤	⑧
박력분	①	⑥	⑨

13

다음 farinograph에서 강력분, 중력분, 박력분을 구분하고, 각 종류에 속하는 식품 및 특성을 쓰시오.

(A)　　　　　　　　(B)　　　　　　　　(C)

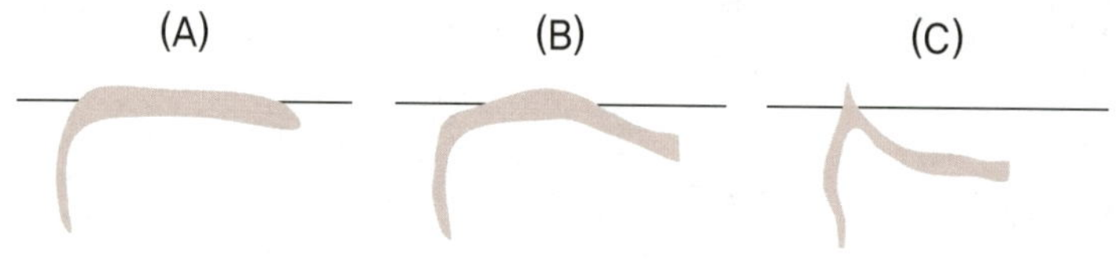

모범답안

(A) : 강력분, 제빵용, 글루텐 함량이 13% 이상이고, 점탄성이 가장 크다.
(B) : 중력분, 제면용, 글루텐 함량이 10 ~ 13%이고, 점탄성은 중간 정도이다.
(C) : 박력분, 과자용, 글루텐 함량이 10% 이하이고, 점탄성이 가장 낮다.

14

밀가루 대신 전분으로 빵을 만들 때, 기대되는 물성 변화 1가지와 그 물성과 관계된 원인 성분을 들어 변화의 이유를 설명하시오.

모범답안

밀가루로 빵을 만들 때에는 글루텐에 의한 점탄성이 생겨 빵이 부풀며 빵 특유의 부드러운 질감을 내지만 전분(starch)은 단순한 탄수화물로, 글루텐 단백질이 전혀 존재하지 않는다. 따라서 반죽 했을 때 가스를 잘 가두지 못해 부풀기도 어렵고, 식감이 부드럽고 쫄깃하기보단 부스러지고 무른 조직이 된다.

15

텍스처(texture)의 정의를 쓰고, 반고체상 물질의 1차 기계적 특징과 2차 기계적 특징에 해당하는 것을 〈보기〉에서 골라 쓰시오.

〈보기〉
경도, 파쇄성

1. 텍스처의 정의
2. 반고체상 물질
　(1) 1차 기계적 특성
　(2) 2차 기계적 특성

1. 텍스처의 정의 : 식품의 텍스처란 식품을 입안에 넣었을 때 혀와 입천장에서 느끼는 감각, 씹을 때 느끼는 감각, 그리고 삼킬 때 느끼는 종합적인 감각을 의미한다. 텍스처 특성은 사람의 오감에 의한 주관적인 관능적 평가법과 객관적인 기계적 특성의 측정에 의하여 평가된다.

2. 반고체상 물질
   (1) 1차 기계적 특성 : 경도
   (2) 2차 기계적 특성 : 파쇄성

+ 해설

텍스처 분류

(1) 1차적 특성(기본 특성)
   ① 견고성(Hardness)　　② 응집성(Cohesiveness)　　③ 탄력성(Elasticity)
   ④ 부착성(Adhesiveness)　⑤ 점성(Viscosity)

(2) 2차적 특성
   ① 파쇄성(Brittleness)　　② 저작성(Chewiness)　　③ 점착성(Gumminess)

16 TPA(Texture Profile Analysis)를 통해 텍스처를 분석할 때 경도(hardness), 응집성(cohesiveness), 탄력성(elasticity), 부착성(adhesive)의 특성을 쓰시오.

- 경도(hardness)

  변형에 대한 저항성으로 식품의 형태를 변형시키는 데 필요한 힘으로 정의된다. 경도가 클수록 시료가 단단하다고 해석할 수 있다. 텍스처 곡선에서 압축 시 최고 피크 높이로 나타난다.

- 응집성(cohesiveness)

  식품의 형태를 구성하는 내부적 결합에 필요한 힘으로 관능적으로는 직접 감지되기 어렵다. 식품이 부서지기 전까지 변형이 있을 수 있는 정도의 힘과 관련한 특성이다. 2차적 요소 3가지(파쇄성, 저작성, 점착성)로 세분화할 수 있다. 텍스처 곡선에서 양의 방향의 두 면적의 비로 나타난다.

- 탄력성(elasticity)

  외부의 힘에 의하여 변형된 물체가 외부의 힘이 제거되었을 때 본래의 상태로 되돌아가려는 성질을 말한다. 텍스처 곡선에서 첫 번째 피크의 시작점에서 두 번째 피크의 시작점까지의 거리와 완전 비탄성 물질(예 점토)에 의한 같은 측정치와의 차이로 측정한다.

- 부착성(adhesive)

  식품의 표면이 다른 물질의 표면에 부착되어 있는 것을 떼어내는 데 필요한 힘이다. 탐침(probe)에 시료를 부착시킨 뒤, 떼어낼 때 측정한 음의 방향 면적으로 나타낸다.

Memo

식품가공학

식품 가공의 기본공정

01 세척

(1) 정의

① 다음 공정을 위해 원료의 표면으로부터 오염물질을 분리·제거하는 단위공정
② 가공원료에 부착된 오염물질을 제거하는 것뿐만 아니라 과일과 채소의 탈피(peeling), 육류의 껍질제거(skinning), 생선의 표면세척(descaling) 등도 일종의 세척공정임

(2) 종류

① **습식세척**

㉠ 근채류의 토양 제거 또는 과일·채소류의 먼지나 농약 잔류물질을 제거하는 데 있어 건식세척보다 효과적
㉡ 건식세척보다 식품원료의 손상을 감소시켜 줄 뿐 아니라 단단하게 부착된 이물질을 제거하는 데 효과적
㉢ **단점** : 비용이 많이 들고 젖은 표면이 보다 빨리 부패, 폐수처리 비용 발생
㉣ **습식세척의 종류**

침지세척	원료를 물에 담가서 부착된 오염물질을 팽연시켜 쉽게 제거
분무세척	• 스크린 컨베이어(screen conveyer)를 사용하여 원료를 일정한 속도로 이동시키거나 원료를 교반시킬 수 있는 장치에 넣고 물을 뿌려서 세척 • 식품가공저장의 전처리공정 중 가장 많이 쓰임 • 식품 표면에 물을 분무하여 오염물질을 제거할 때 분무 시의 압력, 부피, 온도, 식품과 분무하는 곳과의 거리, 식품에 분무되는 시간, 분무기의 수에 따라 세척효율이 달라짐
부유세척	오염물질의 부력 차이를 이용한 세척
초음파세척	계란의 오염물, 과일의 그리스나 왁스, 채소류의 모래나 흙 제거 등에 사용

② **건식세척**

㉠ 비교적 크기가 작고, 기계적 강도가 높으며, 수분함량이 적은 식품 원료(곡류, 견과류 등)에 주로 사용

ⓛ 습식세척에 비해 시설비와 운영비가 적게 들고 폐기물 처리도 쉬우나 세척된 표면이 재오염될 가능성이 높음

ⓒ 건식세척에 많이 쓰이는 장비 : 공기분급기, 자력선별기, 스크린세척기

③ **기계설비의 세척 방법**

ㄱ **용수 세정** : 물을 이용하여 세정, 열수로 살균

ⓛ COP(cleaning out of place)

- 분해세정
- 기계 부품을 분해하여 분리한 상태에서 세정

ⓒ CIP(cleaning in place)

- 정치세정, 제자리 세정
- 기계를 분해하지 않은 상태에서 세정 및 살균
- 세정제로 주로 산, 알칼리, 염소 제제를 사용

02 분쇄

(1) 특징

① **정의**

ㄱ 고체식품의 입자를 감소시키는 단위공정

ⓛ 물질의 화학적 변화 없이 이루어짐

② **목적**

ㄱ 조직 파괴로 유용성분의 추출이나 분리를 쉽게 함

ⓛ 일정한 입자의 형태로 만들어 품질 향상

ⓒ 표면적 상승으로 화학반응, 건조 및 추출 속도를 빠르게 함

ⓔ 다른 재료와 혼합할 때 반응속도를 빠르게 하고, 균일한 제품을 얻을 수 있음

③ **분쇄에 작용하는 힘**

ㄱ **압축력** : 단단한 물질을 거칠게 분쇄하는 데 사용됨

ⓛ **충격력** : 여러 종류의 식품을 거칠게 또는 곱게 분쇄하는 데 주로 이용

ⓒ **전단력** : 부드럽고 매끄러운 물질을 곱게 분쇄하는 장치에서 사용

(2) 분쇄기

① **분쇄기 선정 시 고려사항**

ㄱ 원료의 크기와 특성, 분쇄 후의 입자 크기, 입도 분포, 분쇄 온도 등 고려

ⓛ 열에 민감한 식품의 경우 열분해, 변색, 향기성분의 발산 등도 고려

② 분쇄기의 종류

롤러 밀 (roller mill)	• 표면이 매끄러운 2개의 롤이 서로 다른 속도로 회전하면서 물질을 곱게 가는 장치 • 곡류, 커피, 목화씨, 유박 등의 분쇄에 사용
해머 밀 (hammer mill)	• 해머, 회전판, 충격판, 스크린 등으로 구성 • 고속으로 회전하는 원판에 자유롭게 움직일 수 있는 해머가 부착되어 해머와 재료의 충돌, 재료와 벽의 충돌 등으로 고체식품을 파쇄 • 결정형 고체, 섬유형 재료, 채소류 등을 분쇄하는 데 활용
디스크 밀 (disc mill)	• 홈이 파여 있는 두 개의 디스크 사이에 식품을 넣고 원판 사이 간격을 조절하여 회전 • 마찰력과 전단력에 의해 분쇄 • 곡류의 분말제품, 옥수수·쌀의 분쇄 등에 이용
볼 밀 (ball mill)	• 원통 안에 철, 볼(ball), 돌 등을 넣고 원료를 넣어 함께 회전시키면서 분쇄 • 볼의 회전에 따른 원심력으로 시료를 잘게 부수는 기기 • 볼과 볼 사이의 충격력, 볼과 원통볼과의 마찰에 의해 식품 분쇄 • 곡류, 향신료 등에 이용
커팅 밀 (cutting mill)	• 회전하는 분쇄 날과 고정 날에 의한 절단과 절삭력에 의해 분쇄 • 각종 연질 시료와 주간 경도의 건조된 시료의 분쇄에 적합

> **보충** 분쇄가 식품에 미치는 영향
>
> • 식품원료를 분말화하면 혼합과 열전달에 좋은 영향을 주며, 제품을 만들었을 때 가공제품의 텍스처를 보다 쉽게 조절할 수 있다.
> • 그러나 분쇄에 의해 입자들의 표면적이 증가하기 때문에 산화반응과 효소작용, 미생물의 증식에 의한 변질이 우려된다는 단점이 있다.
> • 여러 입자크기의 분말로 되어 있는 식품의 수송과 취급 시 일어날 수 있는 물리적 현상
>   – 브라질 땅콩 효과 : 여러 입자 크기의 분말이 섞인 혼합물을 흔들면 입자가 큰 것들만 위로 올라오는 현상
>   – 고결 : 흡습, 응집되어 덩어리지는 현상
>   – 대전 : 외부의 힘에 의해 전하를 띠는 현상
>   – 비산 : 퍼져서 흩어지는 현상

03 막분리

(1) 여과

① 액체 중의 불순물이나 침전물을 걸러내는 것
② 목적 성분의 분리, 추출, 회수, 이물 제거 등의 목적으로 폭넓게 활용

(2) 막분리 기술

① 정의

㉠ 막에 의해 두 개의 상을 분리하는 조작

㉡ 막의 구멍 크기에 따라 통과되는 입자가 다른 점을 이용하여 혼합물을 분리

② 장단점

장점	• 가열공정이 없어 식품의 품질변화, 색·맛·영양가 손실 최소화, 냉각수 불필요 • 에너지 절감, 제조원가 절감
단점	• 고가의 장비 • 30% 이상의 고형분 농축은 어려움 • 막의 오염 형성 주의

③ 종류

구분	거를 수 있는 분자량 크기	운전압력(atm)
정밀여과(MF)	100,000 이하	1 ∼ 5
한외여과(UF)	1,000 ∼ 100,000	3 ∼ 7
나노여과(NF)	100 ∼ 1,000	7 ∼ 15
역삼투(RO)	100 이하	50 ∼ 100

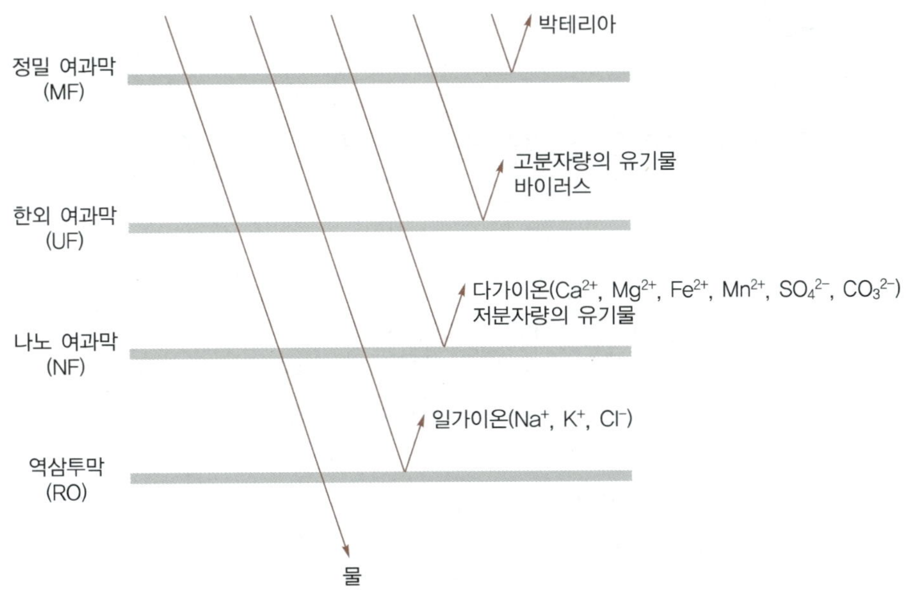

[막 종류별 제거물질]

㉠ **정밀여과**(microfiltration membrane)

• 일반 여과로는 제거할 수 없는 $0.1 \sim 10\,\mu\text{m}$ 정도의 입경이 작은 콜로이드 입자를 제거하는 여과

- 분리 대상 : 박테리아, 라텍스 또는 콜로이드 입자
- 분리막에 의하여 제거된 입자들이 분리막 표면이나 근방에 축적되는 막오염현상 발생
  ㉡ **한외여과(ultrafiltration membrane)**
- 용액을 가압하여 반투막을 투과시켜 수용성 콜로이드 입자나 고분자물질을 분리하는 단위조작
- 물질을 압력 차이로 분리하는 조작으로 역삼투와 원리는 동일하지만 역삼투에 비해 막의 세공이 크기 때문에 높은 압력을 가하지 않아도 됨
  ㉢ **나노여과(nano filtration)**
- 역삼투와 한외여과의 중간 정도 세공의 여과막을 이용하여 분리하는 조작
- 역삼투보다 낮은 압력으로 운전
  ㉣ **역삼투(reverse osmosis)**
- 높은 압력을 가해 삼투압 원리의 반대 현상이 일어나도록 만들어 분리하는 조작
- 삼투(osmosis) : 저농도 용액과 고농도의 용액이 물만을 선택적으로 통과시키는 분리막으로 나뉘어 있는 경우 저농도 용액 중의 물이 고농도 용액 쪽으로 이동하는 현상

04 농축

(1) 정의와 목적

① **정의**
  ㉠ 식품 중 일부 수분을 제거하여 용액의 농도를 높이는 조작
  ㉡ 수분을 제거한다는 점은 건조와 같으나 최종 산물이 고체가 아니고 액체 상태라는 점이 다름
  ㉢ 식품가공 과정에서는 식품 내 유효물질의 농도가 낮을 때, 그 농도를 높이는 데 사용

② **목적**
  ㉠ 결정·건조 등의 조작을 거치기 전 단계의 예비농축
  ㉡ 저장·수송 등의 비용 절감을 위해 액체의 부피 감소
  ㉢ 액체 식품의 고형분 함량 증가
  ㉣ 수분 활성도를 감소시켜 저장성 향상
  ㉤ 새로운 물성과 풍미를 부여하여 소비자의 기호에 적합한 식품 제조

(2) 방법

① **증발농축**
  ㉠ 식품을 가열하여 수분을 제거함으로써 농축
  ㉡ 캔디, 캐러멜, 물엿, 포도당, 과즙, 설탕 등의 농축에 널리 사용

ⓒ 증발농축기의 주요 구성 요소 : 가열부, 분리장치, 응축부

ⓔ 가열농축 시 비말동반

- 농축이나 가열 시 액체가 비말 모양으로 튀는 현상
- 액체가 끓을 때 증발하는 증기와 함께 끓는 액체방울이 밖으로 튀는 현상
- 농축액의 손실, 관의 부식 등을 유발

② **진공농축**

ⓐ 낮은 압력에서는 끓는점이 낮아져 비교적 저온에서 농축

ⓑ **진공농축기의 주요 구성 요소** : 가열장치, 응축기, 진공장치

③ **동결농축**

ⓐ 액상식품에서 일부 수분을 얼음결정으로 석출시킨 후 제거하여 농축

ⓑ 액상식품을 어는점 이하로 냉각시키면 순수한 얼음결정이 형성되며, 용액으로부터 얼음결정을 분리하면 고형분 농도가 높은 농축된 용액을 얻을 수 있음

ⓒ 물의 어는점 이하에서 진행되기 때문에 나타나는 장점

- 열에 민감한 식품의 농축에 적합
- 영양성분의 변화와 손실이 거의 없음
- 비효소적 갈변화반응이나 산화반응 등의 화학적 반응이 거의 일어나지 않음
- 휘발성 향미성분의 손실이 거의 없어 관능적 품질을 최대한 유지할 수 있음

ⓓ 장치와 운영비가 비싸고 생산성이 낮다는 단점을 가짐

④ **막분리농축**

ⓐ 다공성의 막을 통과하는 물질의 크기와 확산속도 차이에 의해 분리

ⓑ 열을 가하지 않으므로 에너지 소비가 적고 품질 변화 최소화

05 건조

(1) 정의와 효과

① 식품 중의 수분을 제거하는 것

② 수분이 있는 물질에 열에너지를 가하여 수분을 증발시켜 건조된 형태의 물질로 전환하는 조작

③ **건조에 의한 저장원리** : 식품 내 수분의 감소와 용질농도의 상대적 증가로 인한 식품의 수분활성도 저하

④ **효과**

ⓐ 수분활성도 감소

ⓑ 삼투압의 증가로 미생물의 생육 억제

ⓒ 효소활성 저해

(2) 건조곡선과 건조속도

① 식품을 건조하는 동안 제거되는 수분의 양은 일정하지 않고 곡선을 이룸

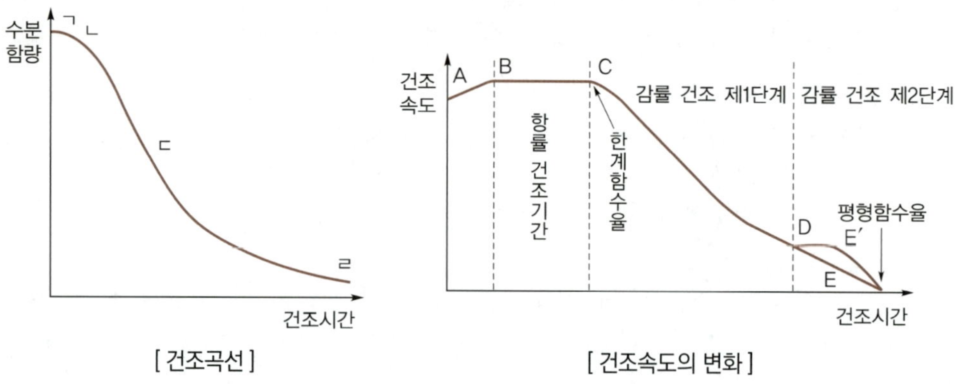

② **예열기간(조절기간)**

　㉠ ㄱ-ㄴ 구간, A-B 구간

　㉡ 일반적으로 건조 초기의 식품온도는 열풍보다 낮기 때문에 식품의 표면온도가 열풍과 평형을 이루도록 온도가 증가하는 기간

　㉢ 증발속도는 약간 증가하며 식품의 함수율은 큰 변화가 없음

③ **항률건조기간**

　㉠ ㄴ-ㄷ 구간, B-C 구간

　㉡ 일종의 표면증발기간으로, 표면에 있는 물이 열풍에 의해 증발

　㉢ 수분의 표면증발량과 내부확산량이 동일하여 식품의 온도와 건조속도가 일정

④ **감률건조기간**

　㉠ ㄷ-ㄹ 구간, C-E 구간

　㉡ **C-D 구간** : 표면에서의 증발량이 증가하는 반면에 내부확산이 감소하여 식품의 온도가 높아지고 증발속도가 점차 감소하는 구간

　㉢ **D-E 구간**

　　• 감률건조가 계속 진행되면 표면이 딱딱하게 굳어지므로 표면으로부터 열전달과 내부에서 외부로의 수분 이동에 지장 초래

　　• 이때 건조속도는 급격히 감소하고 식품의 품질에 좋지 못한 변화인 표면경화현상 발생

　　• 표면경화현상 : 공기의 온도가 높고 상대습도가 낮은 경우와, 식품 내부에서 외부로 확산하는 수분보다 식품표면에서 증발하는 수분량이 많은 경우에 식품표면에 피막이 형성되어 건조속도가 낮아지는 현상

⑤ 항률건조와 감률건조의 비교

구분	항률건조	감률건조
수분의 양	표면증발량 ≤ 내부확산량	표면증발량 ≥ 내부확산량
식품의 온도	거의 일정	온도 상승
건조속도	빠르고 일정	감소
건조속도 결정	표면증발의 속도	내부확산의 속도
건조요인	• 외적 요인 : 건조속도, 공기온도 및 습도, 기압 • 내적 요인 : 재료의 두께(표면적), 배열, 성분조성	

(3) 터널 건조기

① 다량의 식품을 건조하는 데 적합하며, 연속적으로 건조작업을 수행할 수 있음
② **열풍이 흐르는 방향과 식품이 이동하는 방향에 따라 병류식과 향류식으로 분류**
　㉠ **병류식**
　　• 열풍과 시료가 같은 방향으로 이동하는 것
　　• 건조 초기에 건조 속도가 빠름
　㉡ **향류식**
　　• 열풍과 시료 흐름의 방향이 서로 반대인 것
　　• 초기 건조 속도는 느리지만 열 이용 효율이 높음

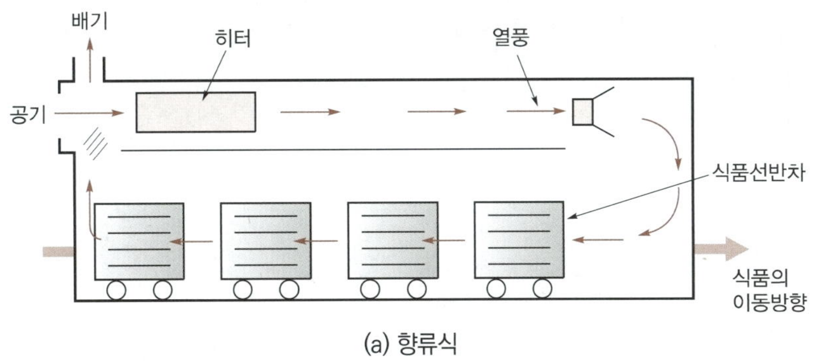

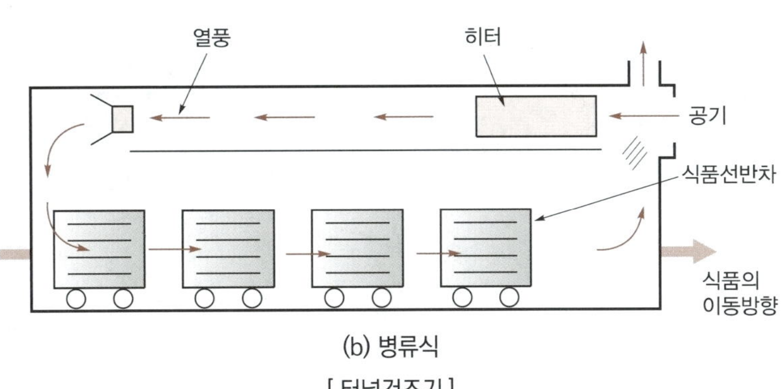

[터널건조기]

(4) 분무건조기

① 액체식품을 작은 입자 상태로 만들어 열풍 속으로 분무하며 건조하여, 분말 형태의 제품을
   직접 얻는 방법
② 작은 입자로 인해 표면적이 증가하여 빠른 건조가 이루어짐
③ 열에 민감한 식품에 적합
④ **열풍과 식품재료의 공급방향에 따른 분류**
   ㉠ **병류식** : 열풍과 식품재료가 장치에 같은 방향으로 들어가서 건조된 후 같은 방향으로 나옴
   ㉡ **향류식** : 열풍과 식품재료의 공급방향이 반대이고 나오는 방향은 동일함

(5) 동결건조기

① 식품 내에 있는 수분을 냉동 상태에서 얼음의 승화작용을 이용해 제거, 건조하는 방법
② 상온에서 얼음을 승화시키는 것은 불가능하므로 감압상태를 유지해야 함
③ **동결건조 장치**
   ㉠ 식품을 냉동 상태로 유지할 수 있는 냉동시설
   ㉡ 건조실을 감압상태로 만들기 위한 감압시설
   ㉢ 승화열을 공급할 수 있는 가열장치
   ㉣ 다량의 수분을 응축하여 제거할 수 있는 응축기
④ **장점**
   ㉠ 식품의 조직 파괴가 덜 일어남
   ㉡ 향미성분의 보존성이 뛰어남
   ㉢ 복원성이 좋음
   ㉣ 가용성 성분의 이동, 표면경화 등이 발생하지 않음
⑤ **단점**
   ㉠ 시설비가 많이 듦
   ㉡ 건조 속도가 느림
   ㉢ 조직이 약하고 부스러지기 쉬움

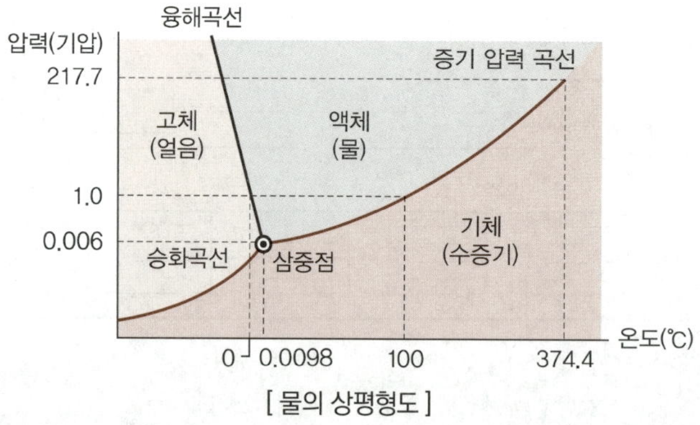

[물의 상평형도]

기출문제

2007년 1회, 2005년 1회

01 식품공장에서 기계설비를 세정하는 방법 3가지를 쓰시오.

모범답안

- 용수 세정
- COP(cleaning out of place)
- CIP(cleaning in place)

2009년 1회, 2005년 3회

02 우유나 주스 같은 유동성 식품의 제조 시 장치를 청소·세척하는 CIP(Clean-In-Place, 정치세척)란 무엇인지 쓰시오.

모범답안

CIP란 기계장치를 분해하지 않고 그대로 둔 상태에서 세정 및 살균하는 방법이다.

2009년 1회

03 분무세척 시 아래 각 경우의 세척효과에 대한 장단점을 쓰시오.

구분	장점	단점
물의 분사압력이 강할 경우		
물의 분사거리가 너무 멀 경우	−	
물의 분사거리가 너무 가까울 경우	−	
물의 사용량이 너무 많을 경우		

구분	장점	단점
물의 분사압력이 강할 경우	오염이물질이나 세균 제거 효과 높음	제품 파손 우려
물의 분사거리가 너무 멀 경우	–	오염물질이나 미생물 잔존
물의 분사거리가 너무 가까울 경우	–	세척되지 않는 사각지대 발생
물의 사용량이 너무 많을 경우	세척횟수 증가로 오염물질이나 세균 제거 효과 높음	물 낭비

04 여러 입자 크기의 분말로 되어있는 식품의 수송과 취급 시 일어날 수 있는 물리적 현상 4가지를 쓰시오.

- 브라질 땅콩 효과
- 고결
- 대전
- 비산

05 분쇄기 사용 시 분쇄기에 복합적으로 작용하는 힘 3가지를 쓰시오.

- 압축력
- 전단력
- 충격력

06 다음 분쇄기에 대하여 설명하시오.
(1) 해머 밀(hammer mill)
(2) 볼 밀(ball mill)
(3) 디스크 밀(disc mill)
(4) 커팅 밀(cutting mill)

(1) 해머 밀(hammer mill) : 고속으로 회전하는 원판에 자유롭게 움직일 수 있는 해머가 부착되어 해머와 재료의 충돌, 재료와 벽의 충돌 등으로 고체식품을 파쇄한다.

(2) 볼 밀(ball mill) : 원통 안에 철, 볼, 돌 등을 넣고 원료를 넣어 함께 회전시키면서 분쇄한다.

(3) 디스크 밀(disc mill) : 홈이 파여 있는 두 개의 디스크 사이에 식품을 넣고 원판 사이 간격을 조절하여 회전시켜 분쇄한다.

(4) 커팅 밀(cutting mill) : 회전하는 분쇄 날과 고정 날에 의한 절단과 절삭력에 의해 분쇄한다.

2017년 1, 2회, 2005년 3회, 2004년 3회

07 막분리공정이 가열농축공정에 비해 좋은 점 3가지를 쓰고 정밀여과, 한외여과, 역삼투의 세공막 크기를 비교하시오.

- 장점
  - 가열공정이 없으므로 품질 변화가 적음
  - 에너지 절약
  - 냉각수 불필요
- 크기 비교 : 정밀여과 > 한외여과 > 역삼투

2024년 3회, 2017년 3회, 2004년 1회

08 역삼투와 한외여과의 차이점을 설명하시오.

- 한외여과
  - 역삼투에 비해 여과막 구멍 크기가 크다.
  - 목적물질의 크기가 여과막 구멍 크기보다 커서 투과되지 못하는 물질 농축에 사용한다.
  - 낮은 압력을 이용한다.
  - 단백질과 같은 고분자 물질 분리 등에 이용한다.
- 역삼투
  - 한외여과에 비해 여과막 구멍 크기가 작다.
  - 목적물질의 크기가 여과막 구멍 크기보다 작아 쉽게 투과하는 물질 분리에 사용한다.
  - 높은 압력을 사용한다.
  - 바닷물에서 소금 분리 등에 이용한다.

한외여과와 역삼투 비교

구분	한외여과	역삼투
공통점	막분리법, 열을 사용하지 않음	
압력	저압	고압
여과막 구멍 크기	한외여과 > 역삼투	
용도	단백질 등 고분자 유기물 분리	해수의 담수화

2014년 2회, 2007년 2회

09 한외여과에서 막 투과 유속에 영향을 미치는 요인 2가지를 쓰시오.

모범답안

- 압력
- 유입농도
- 유속
- 막의 오염도
- 온도

2024년 2회, 2014년 2회

10 식품 농축과정에서 나타나는 비말동반에 대하여 설명하시오.

모범답안

식품 농축과정 중 나타나는 비말동반이란 농축이나 가열 시 액체가 비말 모양으로 튀는 현상이며 농축액의 손실이나 관의 부식 등을 유발한다.

2019년 2회

11 진공농축기를 구성하는 3 요소를 쓰시오.

모범답안

가열장치, 응축기, 진공장치

12 열을 가하여 물이 증발하는 원리를 이용한 방법을 〈보기〉에서 고르고, 이 방법에 의해 식품의 저장성이 향상된 이유를 미생물과 효소에 끼치는 영향을 포함하여 쓰시오.

〈보기〉
건조, 냉동, 한외여과, 역삼투

모범답안

- 열을 가하여 물이 증발하는 원리를 이용한 방법 : 건조
- 식품의 저장성이 향상된 이유
  - 수분활성도 저하로 미생물의 생육 억제
  - 효소활성 저하로 효소에 의한 산화 또는 갈변 방지

13 열풍건조 시 공기 변화에 대해 서술하시오.

모범답안

뜨겁고 건조한 공기가 식품을 지나며 비교적 습한 공기로 식으며, 식품 속 수분의 내부확산량과 표면증발량을 동일하게 만들어 식품의 온도와 건조속도가 일정해진다. 나아가 최종적으로 공기가 수분을 제거하면 건조가 완료된다.

➕ 해설

건조곡선 기간별 공기의 역할 및 변화

- 조절기간(ㄱ-ㄴ) : 뜨거운 공기가 식품의 품온을 상승시킴, 식품의 품온은 상승하고 공기의 온도는 낮아짐
- 항률건조기간(ㄴ-ㄷ) : 뜨겁고 건조했던 공기가 식품 속 수분을 흡수하여 습한 공기로 바뀌면서 식품 속 수분의 내부확산량과 표면증발량이 동일해지고, 식품의 온도와 건조속도가 일정해짐
- 감률건조기간(ㄷ-ㄹ) : 공기가 식품의 수분을 제거시켜 건조가 완료됨

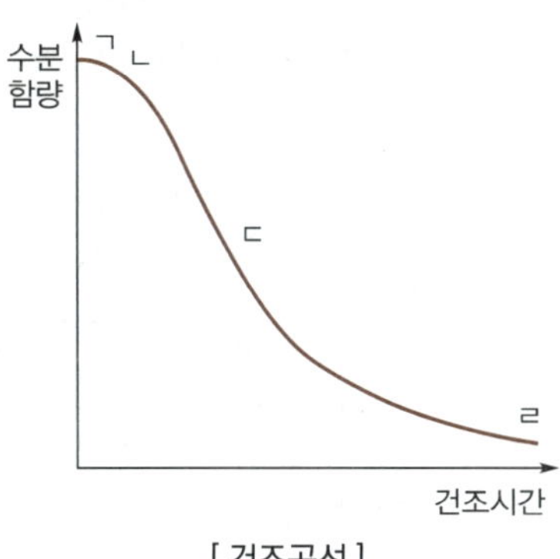

[건조곡선]

14 열풍건조법 중 터널식 건조기를 이용할 때의 건조방법은 병류식과 향류식이 있다. 두 방식의 특징과 차이점을 쓰시오.

모범답안

- 병류식
  - 열풍과 시료가 같은 방향으로 이동한다.
  - 초기건조속도가 빠르다.
- 향류식
  - 열풍과 시료 흐름의 방향이 서로 반대이다.
  - 초기 건조속도는 느리지만 열 이용 효율이 높다.

15 표면경화현상의 원인 및 특징과, 표면경화현상이 잘 일어나는 식품은 무엇인지 쓰시오.

모범답안

- 원인 : 온도가 높고 습도가 낮은 열풍이 식품의 표면과 접촉하면 내부의 수분이 표면으로 이동하는 속도보다 표면에서 건조되는 속도가 빨라져, 표면이 과도하게 건조되면서 딱딱한 막이 생겨 건조속도가 감소한다.
- 특징
  - 표면은 건조한 상태이지만 내부의 수분은 아직 남아있는 상태
  - 식품 표면에 피막 발생
  - 표면으로 이동하는 수분 모세관 통로가 막힘
- 잘 일어나는 식품 : 당류, 과일 등 용질의 농도가 진한 식품

16 분무건조법에서 병류식과 향류식은 기·액 접촉방식이 다르다. 각각의 방식은 어떤 차이가 있는가?

모범답안

- 병류식 : 열풍과 식품재료가 장치에 같은 방향으로 들어가서 건조된 후 같은 방향으로 나온다.
- 향류식 : 열풍과 식품재료의 공급방향이 반대이고 나오는 방향은 동일하다.

17 분무건조로 제조한 분말이 물과 혼합하며 재수화가 일어난다. 이때, 재수화성이 낮아지는 원인과 개선방법을 쓰시오.

모범답안

- 원인 : 표면경화현상
- 개선방법 : 표면경화현상을 줄이기 위해 건조 시 공기의 온도와 습도를 조절하여 건조속도가 지나치게 빠르지 않도록 하거나 표면경화현상이 적은 동결건조 방법으로 대체하는 것 등이 있다.

참고

표면경화현상

건조속도가 지나치게 빠를 경우 표면에 수분이 통과하기 어려운 피막이 형성되어 건조 속도가 감소하고 내부에 수분이 남아있는 채 건조과정을 마치게 되는 표면경화현상이 나타난다. 이러한 표면경화현상이 일어난 분말을 재수화시킬 경우, 단단해진 표면으로 인해 물 분자의 분말 내부로의 침투가 상대적으로 어려워지며 재수화성이 감소하게 된다.

18 동결건조장치 내 중요 장치를 3가지 쓰시오.

모범답안

- 냉동장치
- 감압장치
- 가열장치

19 식품 동결건조의 원리와 장점을 쓰시오.

모범답안

- 동결건조의 원리 : 식품의 온도를 삼중점($0.0098℃$) 이하로 낮추어 내부의 수분을 동결시키고, 이 상태에서 감압하여 삼중점의 압력($0.006atm$) 이하로 낮추어 얼음을 수증기로 승화시켜 건조한다.
- 동결건조의 장점
  - 재료의 형태와 조직 등의 물리·화학적 변화가 적다.

– 열에 의한 손상이 없어서 영양소 손실이 최소화된다.
– 복원성이 좋고, 휘발성 향기성분 손실방지로 고품질의 제품 생산이 가능하다.
– 표면경화 현상이 일어나지 않는다.

참고

물의 상평형도

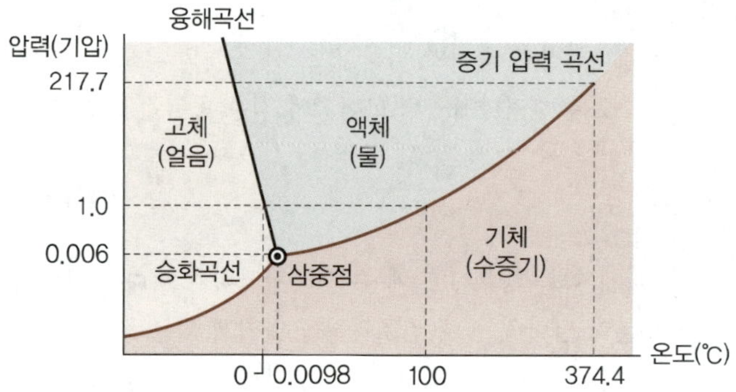

2018년 2회, 2015년 3회, 2012년 1회, 2007년 2회, 2005년 1회

20 인스턴트 커피의 가공 방법 중 향미가 잘 보존되는 건조법과 빠르고 가격이 저렴한 건조법에 대해 쓰시오.

모범답안

• 향미가 잘 보존되는 건조법 : 동결건조법
• 빠르고 가격이 저렴한 건조법 : 분무건조법

2005년 2회

21 건조, 농축 등에 주로 감압법을 이용한다. 이때 감압법이 상압법보다 좋은 이유 2가지와 감압하는 방법 2가지를 쓰시오.

모범답안

• 감압법이 상압법보다 좋은 이유
  – 열에 의한 식품성분의 손상이 적음
  – 산화 등 화학반응의 최소화로 품질 향상
  – 건조 식품의 풍미, 색 등 유지
• 감압하는 방법 : 상온감압건조, 진공동결건조

곡류, 전분 가공

01 곡류의 분류

미곡	벼에서 껍질을 벗겨낸 알맹이, 쌀
맥류	보리, 밀, 호밀, 귀리 등 보리 종류를 통틀어 이르는 말
잡곡	조, 피, 기장, 수수, 옥수수 등 미곡과 맥류를 제외한 모든 곡식

02 쌀

(1) 쌀의 구조

① 현미와 왕겨가 80 : 20의 비율로 구성됨

② **현미**

　㉠ 벼 열매의 껍질을 벗겨낸 것

　㉡ 겨층, 배유, 배아로 구성

③ **겨층** : 과피, 종피, 호분층으로 구성

④ **호분층** : 배유조직의 가장 바깥층, 지방과 단백질
　을 많이 함유

⑤ **배유**

　㉠ 도정 결과로 얻어지는 물질

　㉡ 현미 중 가장 많은 부분 차지

　㉢ 전분입자 많이 함유

⑥ **배아**

　㉠ 도정으로 겨층과 함께 제거

　㉡ 지방을 많이 함유

　㉢ 현미나 백미보다 비타민 B_1의 함량이 높음

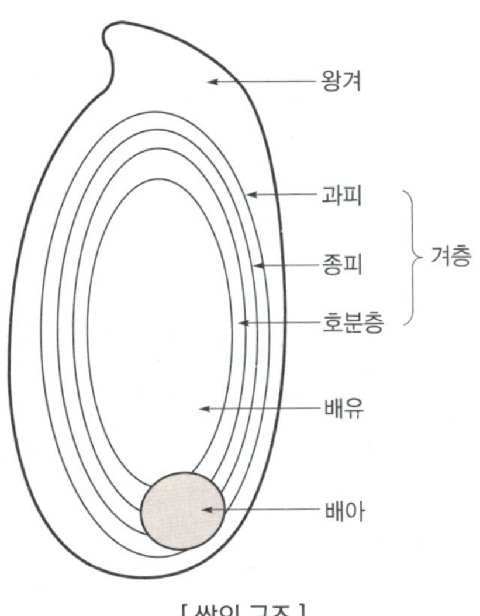

[쌀의 구조]

(2) 도정

① 정의

㉠ 벼, 보리의 겨층을 제거하여 배유만 취하는 조작

㉡ 쌀의 도정은 현미를 원료로 하여 겨층을 제거해 배유를 얻는 것

㉢ 일반적으로 도정된 쌀을 백미라 함

㉣ 쌀의 도정을 정미, 보리의 도정을 정맥이라 함

② 도정원리

㉠ **마찰**

- 곡립이 서로 마찰되는 작용으로 곡립면이 매끈하고 윤이 나며 알맹이가 고르게 되는 것
- 도정효과가 적으나 도정도가 고름
- 도정효과를 증진하기 위하여 찰리와 병용

㉡ **찰리**

- 마찰력을 강하게 작용시켜 곡립면의 표면을 벗겨내는 것
- 마찰작용보다 도정효과가 큼
- 도정효과를 높이기 위해 물을 첨가하거나 가열

㉢ **절삭**

- 단단한 물체의 모난 부분으로 곡립의 조직을 깎아내는 것
- 경도가 높은 곡물 도정에 효과적
- 절삭단위가 큰 것을 연삭, 절삭단위가 작은 것을 연마로 구분

㉣ **충격** : 어떤 물체를 큰 힘으로 곡립에 부딪히게 함으로써 조직을 벗겨내는 것

③ 도정도와 쌀의 품질

㉠ 도정 정도는 도정도, 도정률 또는 도감률로 나타냄

- 도정도 : 쌀겨층의 벗겨진 정도를 나타내는 방법
- 도정률 : 도정된 쌀의 양이 현미 양의 몇 %에 해당하는가를 나타내는 방법
- 도감률 : 도정에 의해 줄어드는 양이 현미 양의 몇 %에 해당하는가를 나타내는 방법

㉡ **도정도에 따른 쌀의 분류**(현미의 겨 함량 : 8%)

종류	특성	도감률	도정률
현미	벼의 왕겨층만을 제거	–	–
5분도미	겨층, 배아의 50% 제거	4%	96%
7분도미	겨층, 배아의 70% 제거	6%	94%
10분도미	겨층, 배아 100% 제거	8%	92%

03 밀

(1) 제분

① **정의**

㉠ 밀기울과 배아부분을 분리하기 위해 미세한 가루로 만들어 선별, 채취하는 것

㉡ 밀을 사용하여 밀가루로 만드는 과정

㉢ 배유로부터 겨층과 배아를 완전하게 제거 분리시키고, 손상이 일어나지 않는 범위에서 배유를 최대로 추출하는 것이 목적

② **제분공정**

정선 – 조질 – 조쇄 – 분쇄 – 사별 – 숙성 – 포장

㉠ **정선** : 원료 밀에 붙어있는 흙, 먼지, 잡초와 같은 협잡물을 제거하는 공정

㉡ **조질**

- 정선된 밀에 물을 첨가하여 일정 시간 방치하는 공정
- 분쇄공정을 용이하게 함
- 원료 밀은 수분함량이 낮은 상태로, 이를 바로 분쇄할 경우 밀기울이 잘게 부스러져 배유부분에 혼입되기 쉬움
- tempering 과 conditioning으로 구성
  - tempering : 밀에 적당량의 물을 가하여 흡수시키고 일정 시간 방치함으로써 배유와 밀기울을 부서짐 없이 분리하기 위해 실시
  - conditioning : tempering의 온도를 높여 그 효과를 높이는 것. 밀이 팽창·수축하여 배유와 밀기울의 분리성이 높아짐

㉢ **조쇄** : 밀의 배유를 가루가 되도록 만드는 공정

㉣ **분쇄** : 조쇄 공정을 거친 배유 입자를 더욱 부드러운 입자로 만드는 공정

㉤ **사별** : 체를 이용하여 밀가루를 크기별로 분리하는 공정

(2) 분류

① **글루텐 함량에 따른 분류**

종류	글루텐 함량		용도
	건부율	습부율	
강력분	13% 이상	40% 이상	제빵
중력분	10 ~ 13%	30 ~ 40%	다목적
박력분	10% 이하	30% 이하	제과, 튀김

② **회분함량에 따른 분류**

항목 \ 유형	밀가루				영양강화밀가루
	1등급	2등급	3등급	기타	
수분(%)	15.5 이하				
회분(%)	0.6 이하	0.9 이하	1.6 이하	2.0 이하	2.0 이하
사분(%)	0.03 이하				
납(mg/kg)	0.2 이하				
카드뮴(mg/kg)	0.2 이하				

(3) 품질 특성 관련 지표

① 단백질함량

② 회분함량

③ 색도

④ 입도

⑤ 효소함량

⑥ 손상전분

⑦ 숙성 정도

- 밀가루의 색도 측정 방법
- 표준 밀가루와 제분 공정으로 얻은 밀가루의 색상을 비교하는 방법
- 밀기울의 혼입정도를 판단

(4) 제빵

① **원료**

㉠ 밀가루, 물, 효모, 설탕, 소금, 이스트푸드 등

㉡ **효모** : 포도당을 발효시켜 이산화탄소를 발생시키고 반죽을 부풀게 하여 빵을 다공질로 만들며 발효 시 alcohol, aldehyde, ketone 및 유기산 등을 생성하여 빵에 독특한 향미를 부여

㉢ **설탕** : 발효의 원료로서 단맛과 색상 및 점탄성을 부여하는 역할

㉣ **소금** : 반죽의 점탄성을 높여주고 protease 작용을 억제하여 반죽을 개량

② **발효빵의 제조공정**

원료 - 반죽 - 1차발효 - 분할 - 둥글리기 - 성형 - 2차발효 - 굽기 - 냉각 - 저장

③ **오븐라이즈와 오븐스프링**
  ㉠ **오븐라이즈**(oven rise) : 반죽이 오븐에 투입되어 처음 약 5분간 일어나는 현상으로 오븐의 온도가 비교적 낮을 경우 효모가 반죽 내에서 탄산가스를 발생시켜 반죽의 부피가 팽창하는 것
  ㉡ **오븐스프링**(oven spring) : 오븐 속에서 반죽이 처음 크기보다 약 40% 정도 급속히 부풀어 오르는 현상. 용해된 탄산가스와 알코올이 기화하고 전분의 호화 등이 일어나 팽창을 도움

(5) 제면

① **정의**
  ㉠ 국수를 만드는 공정
  ㉡ 원료 밀가루에 물과 소금 등을 첨가하여 혼합, 반죽해 면대를 형성한 후 절단하여 면의 가락을 만들거나 반죽을 압출하여 면 가락을 뽑아낸 제품

② **면의 분류**
  ㉠ **식품공전상 면류의 식품유형**
    • 생면 : 곡분 또는 전분을 주원료로 하여 성형한 후 바로 포장한 것이거나 표면만 건조시킨 것
    • 숙면 : 곡분 또는 전분을 주원료로 하여 성형한 후 익힌 것 또는 면발의 성형과정 중 익힌 것
    • 건면 : 생면 또는 숙면을 건조시킨 것, 수분 15% 이하의 것
    • 유탕면 : 생면, 숙면, 건면을 유탕처리한 것
  ㉡ **제조방법에 따른 분류**
    • 선절면
      – 면대를 만들어 가늘게 절단한 것
      – 손국수, 칼국수 등
    • 압출면
      – 작은 구멍으로 압출하여 만든 것
      – 파스타, 마카로니, 스파게티, 전분면(당면) 등
    • 신연면
      – 밀가루 반죽을 길게 빼낸 것
      – 소면, 중화면, 우동 등

04 전분

(1) 고구마 전분 제조

① 제조공정

원료 – 세척 – 마쇄 – 사별 – 분리 – 건조 – 제품

② 석회처리

㉠ 고구마에는 펙틴이 함유되어 있어 마쇄 시 점성 발생 → 사별 조작 방해, 전분 입자의 침전 지연

㉡ 고구마 전분의 품질상 전분의 백도는 중요한 부분이며, 고구마에 함유된 폴리페놀류가 산화되면 전분의 백도 감소

㉢ **석회처리가 전분의 품질에 미치는 영향**

- 석회와 펙틴질이 결합하여 전분의 침전분리가 빨라짐
- 석회의 알칼리성에 의해 전분입자에 착색물질인 폴리페놀 흡착 방지
- 고구마 마쇄 후 pH가 감소하는데, pH를 알칼리로 조절하여 전분에 단백질이 응고되어 섞이는 것 방지

③ 전분분리법

㉠ 탱크침전법(정치침전법)

㉡ 테이블 침전법

㉢ 원심분리법

(2) 전분당

① 정의

㉠ 전분을 산 또는 효소로 가수분해하면 덱스트린을 거쳐 분해 조건에 따라 조성이 다른 각종 중간 생성물을 얻을 수 있음

㉡ 이 분해물들은 물에 녹으며 단맛을 갖고 있으므로 전분당(starch sweetener)이라 함

② 전분의 가수분해

㉠ 산 당화법

전분 – 전분유 – 산분해 – 알칼리 – 중화 – 냉각 – 여과 – 농축 – 탈색 – 탈염 – 정제 – 농축 – 제품

- 전분에 묽은 산을 가하여 가열 시 가수분해됨
- 산에 의해 가수분해되면 이론적으로 무수전분 100g에서 111g의 무수포도당을 얻을 수 있으나 실제로는 이보다 적게 생성됨

ⓛ 효소 당화법

α-amylase, β-amylase, glucoamylase와 같은 효소를 이용하여 가수분해

ⓒ 산 당화법과 효소 당화법의 비교

구분	산 당화법	효소 당화법
원료전분	단백질을 제거하기 위한 정제도가 높아야 함	정제가 필요 없음
분말액의 농도	20 ~ 25%	35 ~ 40%
분해한도	약 90%	98 ~ 99%
당화시간	약 1시간	48 ~ 72시간
설비	내산, 내압성의 재료가 필요	특별한 재료가 필요 없음
당화액의 상태	쓴맛이 강하고, 착색이 됨	쓴맛이 없고 거의 무색
관리	분해액이 일정하지 않아 관리가 어렵고, 중화를 시켜야 함	보온만 해주면 되며, 중화가 필요 없음
수율	결정 포도당으로서 약 70%	결정 포도당으로서 80% 이상 분말 포도당으로서 90% 이상
분말액	쓴맛이 강하여 식용으로 부적당	독특한 단맛이 있어서 식용 가능
설비비, 보수비	비쌈	비교적 저렴

2020년 1회

01 다음 〈보기〉에서 미곡, 잡곡, 맥류를 구분하시오.

> 〈보기〉
> 쌀, 보리, 밀, 조, 옥수수, 기장, 호밀, 피, 귀리, 율무, 메밀

모범답안

- 미곡 : 쌀
- 잡곡 : 조, 옥수수, 기장, 피, 율무, 메밀
- 맥류 : 보리, 밀, 호밀, 귀리

해설

곡류 분류
- 미곡 : 벼에서 껍질을 벗겨낸 알맹이, 쌀
- 맥류 : 보리, 밀, 호밀, 귀리 등 보리 종류를 통틀어 이르는 말
- 잡곡 : 조, 피, 기장, 수수, 옥수수 등 미곡과 맥류를 제외한 모든 곡식

2008년 3회

02 현미의 도정원리 4가지를 쓰시오.

모범답안

- 마찰
- 찰리
- 절삭
- 충격

➕ 해설

도정원리

- 마찰
  - 곡립이 서로 마찰되는 작용으로 곡립면이 매끈하고 윤이 나며 알맹이가 고르게 되는 것
  - 도정효과가 적으나 도정도가 고름
  - 도정효과를 증진하기 위하여 찰리와 병용
- 찰리
  - 마찰력을 강하게 작용시켜 곡립면의 표면을 벗겨내는 것
  - 마찰작용보다 도정효과가 큼
  - 도정효과를 높이기 위해 물을 첨가하거나 가열
- 절삭
  - 단단한 물체의 모난 부분으로 곡립의 조직을 깎아내는 것
  - 경도가 높은 곡물 도정에 효과적
  - 절삭단위가 큰 것을 연삭, 절삭단위가 작은 것을 연마로 구분
- 충격 : 어떤 물체를 큰 힘으로 곡립에 부딪히게 함으로써 조직을 벗겨내는 것

2014년 1회, 2004년 1회

03 밀의 제분과정에서 밀기울과 배젖을 분리하는 방법을 쓰시오.

모범답안

- tempering : 밀에 적당량의 물을 가하여 흡수시키고 일정 시간 방치함으로써 배유와 밀기울을 부서짐 없이 분리하기 위해 실시한다.
- conditioning : tempering의 온도를 높여 그 효과를 높이는 것으로, 밀이 팽창·수축하여 배유와 밀기울의 분리성이 높아진다.

2019년 2회

04 밀가루를 분류하는 기준에 대해 쓰시오.
- 강력분, 중력분, 박력분으로 나누는 기준 :
- 1등급, 2등급, 3등급으로 나누는 기준 :

모범답안

- 강력분, 중력분, 박력분으로 나누는 기준 : 글루텐 함량
- 1등급, 2등급, 3등급으로 나누는 기준 : 회분 함량

05

밀가루 25g에 물 18mL를 넣어 반죽하고 체에 받쳐 흐르는 물에 씻어내었다.
(1) 체에 걸러져 회수되는 물질을 쓰시오.
(2) (1)을 구성하는 단백질 2가지를 쓰시오.
(3) 걸러진 물질을 건조한 뒤 2.65g이 나왔다면 이 밀가루의 단백질 함량(%)과 어떤 밀가루로 분류되는지 쓰시오.

모범답안

(1) 글루텐
(2) 글루테닌, 글리아딘
(3) $\dfrac{2.65}{25} \times 100 = 10.6\%$, 중력분

06

100g의 밀가루를 건조하여 15g의 글루텐을 얻었다. 이 밀가루의 건부율을 구하고 제과용이나 튀김용에 적합한지 판정 여부를 건부율과 연관지어 설명하시오.

모범답안

- 건부율 : $\dfrac{15}{100} \times 100 = 15\%$

- 건부율 15%는 강력분에 해당하므로 제과용이나 튀김용으로 적합하지 않다.

07

밀가루 20g에 10mL의 물을 넣어 습부량(wet gluten)을 측정한 결과가 4g일 때, 습부율은 몇 %인지 계산하시오.

모범답안

$\dfrac{4}{20} \times 100 = 20\%$

08

밀가루의 품질 측정 시 기준, 색도 측정 방법, 입자가 고울수록 색은 어떻게 변화되는지 쓰시오.

- 품질 측정 기준 : 단백질함량, 회분함량, 색도, 입도, 효소함량, 손상전분, 숙성 정도 등
- 색도 측정 방법 : pekar test
- 입자가 고울수록 색상이 더 희다.

참고

pekar test
육안으로 색도를 비교하여 밀기울의 혼입도를 확인하는 색도 측정 방법

09 과자를 반죽할 때 반죽온도가 낮을 경우 비중, 껍질, 향기에 미치는 영향에 대해 쓰시오.

- 비중 : 지방의 일부가 굳어 높아진다.
- 껍질 : 두껍고 부서지기 쉬우며 부피 팽창 시 터짐현상이 발생한다.
- 향기 : 설탕의 캐러멜화에 의한 향이 짙어진다.

10 제빵 중 굽기과정에서 오븐라이즈와 오븐스프링에 대해 설명하시오.

- 오븐라이즈(oven rise) : 반죽이 오븐에 투입되어 처음 약 5분간 일어나는 현상으로, 오븐의 온도가 비교적 낮을 경우 효모가 반죽 내에서 탄산가스를 발생시켜 반죽의 부피가 팽창한다.
- 오븐스프링(oven spring) : 오븐 속에서 반죽이 처음 크기보다 약 40% 정도 급속히 부풀어 오르는 현상으로, 용해된 탄산가스와 알코올이 기화하고 전분의 호화 등이 일어나 팽창을 돕는다.

11 다음 라면 제조공정의 빈칸을 채우시오.

배합 – 제면 – (   ) – 성형 – (   ) – (   ) – 포장

배합 – 제면 – (증숙) – 성형 – (유탕) – (냉각) – 포장

참고

통상적인 라면 제조공정
원료 – 혼합 – 압연 – 절출 – 증숙 – 성형 – 유탕 – 냉각 – 포장

2012년 3회

12 유탕공정에서 유지의 품질열화를 최대한 줄일 수 있는 방법을 각 항목별로 쓰시오.

- 튀김유 회전속도 관리 :
- 튀김 온도 관리 :
- 튀김 설비 관리 :

- 튀김유 회전속도 관리 : 여러 번 재사용하지 않고 자주 교체한다.
- 튀김 온도 관리 : 발연점이 높은 유지를 사용한다.
- 튀김 설비 관리 : 이물질이 혼입되지 않도록 청결하게 관리한다.

2006년 3회, 2005년 1회

13 고구마 전분에 석회수를 첨가하여 pH가 염기성이 되었을 때 효과 3가지를 쓰시오.

- 석회와 펙틴질이 결합하여 전분의 침전분리가 빨라지므로 전분의 수율이 향상된다.
- pH를 알칼리로 조절하여 단백질 응고와 혼입을 방지하여 순도가 향상된다.
- 전분입자에 폴리페놀의 흡착을 방지하여 전분의 백도가 향상된다.

2020년 4, 5회, 2011년 2회

14 전분의 산, 효소 당화과정 중 분해되어 생성되는 중간생성물 (A), A가 α-amylase 효소로 인해 점도가 낮아지는 공정 이름 (B), glucoamylase에 의해 포도당이 형성되는 공정 이름 (C)를 쓰시오.

A : 덱스트린

B : 액화

C : 당화

2024년 3회, 2007년 3회

15

300kg 녹말을 산분해할 때 이론적으로 생성되는 포도당의 양을 구하시오.

녹말 내 포도당 한 단위체의 분자량은 162이므로

$162 : 180 = 300\text{kg} : x\,\text{kg}$

$x = 333.333$

$\therefore\ 333.33\text{kg}$

2006년 1회, 2004년 3회

16

산 가수분해 물엿의 제조공정에 대해 쓰시오.

전분 – 전분유 – 산분해 – 알칼리 – 중화 – 냉각 – 여과 – 농축 – 탈색 – 탈염 – 정제 – 농축 – 제품

2019년 1회, 2014년 3회, 2005년 3회

17

효소당화 물엿 제조 시 사용되는 효소는 무엇인지 쓰시오.

• 액화 : α–amylase

• 당화 : β–amylase

두류 가공

01 두부

(1) 두부 제조공정

> 콩 - 수침 - 마쇄 - 두미 - 증자 - 여과 - 두유 - 탈수 - 응고 - 정형 - 수침 - 절단

① **수침**
- ㉠ 충분히 물을 흡수시켜 마쇄를 보다 용이하게 하기 위한 공정
- ㉡ 수침시간이 너무 길면 발아를 위한 준비가 시작되어 콩의 성분이 변화함
- ㉢ 수침시간이 너무 짧으면 팽윤 상태가 부족하여 단백질 및 고형분의 추출이 어렵고 마쇄 공정이 불충분하게 이루어짐

② **마쇄**
- ㉠ 세포를 파괴하여 세포 내 수용성 물질, 특히 단백질을 최대한 추출하고자 하는 공정
- ㉡ 그라인더를 사용하여 미세하게 마쇄할수록 추출률이 높아짐
- ㉢ 껍질 등 두유가 생기지 않는 부분들을 너무 미세하게 마쇄하면 비지 분리 작업이 곤란해지고 비지가 체의 그물눈을 막게 됨

③ **가열**
- ㉠ 콩의 고형분과 단백질의 추출 수율을 높이고, 트립신 저해제 및 여러 효소를 불활성화하며, 콩비린내를 없애고 살균하기 위한 공정
- ㉡ 가열이 지나칠 경우 단백질 변성으로 수율이 감소하고, 지방 산패로 인해 두부의 맛이 변하며 조직이 단단해짐
- ㉢ 가열 시 형성되는 거품을 제거하기 위해 소포제를 사용하기도 함

(2) 두부의 응고

① **응고원리**
- ㉠ 대두단백질이 응고제의 Ca^{2+}이나 Mg^{2+} 등의 2가 양이온에 의해 응고하는 성질
- ㉡ 대두단백질의 등전점인 pH 4.5에서 침전
② **두부응고제** : 글루코노델타락톤, $MgCl_2$, $MgSO_4$, $CaSO_4$, 조제해수염화마그네슘

(3) 두부의 종류

① **식품공전에 따른 두부류의 식품유형** : 두부, 유바, 가공두부
② **일반적인 두부의 종류** : 일반두부, 연두부, 순두부 등

02 된장, 청국장

(1) 된장

① 콩을 삶아 소금물과 된장용 코지를 원료로 사용하여 담근 다음 발효·숙성한 것
② 재래식 된장은 간장을 담근 후 남는 메주 찌꺼기에 소금을 첨가하여 제조
③ **식품공전상 된장** : 대두, 쌀, 보리, 밀 또는 탈지대두 등을 주원료로 하여 누룩균 등을 배양한 후 식염을 혼합하여 발효·숙성시킨 것 또는 메주를 식염수에 담가 발효하고 여액을 분리하여 가공한 것

(2) 청국장

① 대두발효식품 중 제조기간이 가장 짧은 식품
② 소화가 쉽고 영양가치가 높은 식품
③ 콩을 발효시켜 납두를 만든 다음, 납두에 마늘, 고춧가루 등의 향신료를 첨가하여 만든 것
④ **식품공전상 청국장** : 두류를 주원료로 하여 바실루스(*Bacillus*)속 균으로 발효시켜 제조한 것이거나, 이를 고춧가루, 마늘 등으로 조미한 것으로 페이스트, 환, 분말 등을 말함
⑤ 자극적인 냄새를 풍기나, 고단백 식품으로서 독특한 점성과 부드러운 촉감을 나타냄
⑥ 함유된 여러 종류의 효소(트립신, 펩신, 아밀레이스 등)에 의해 소화성이 좋고, 비타민 등이 풍부함
⑦ 정장 효과와 영양소의 흡수 촉진 및 혈중 콜레스테롤 감소
⑧ **고미성분** : 주로 콩단백질의 분해산물로 소수성 아미노산을 포함하는 펩타이드류에 기인
⑨ **독특한 점질물** : polyglutamic acid와 fructan

기출문제

2004년 2회

01 두부 제조 시 삶은 콩의 마쇄 정도에 따라 여러 가지 문제점이 발생한다. 마쇄가 덜 되었을 때와 마쇄가 너무 많이 되었을 때의 문제점에 대해 쓰시오.

모범답안

- 마쇄가 덜 되었을 때 : 비지 발생량이 많아져 두부의 수율이 감소한다.
- 마쇄가 많이 되었을 때 : 불용성의 미세한 가루가 체의 그물눈을 막아 분리하기 어렵다.

2016년 3회, 2014년 1회, 2004년 3회

02 두부를 마쇄하면 두미(콩물)가 되는데, 이를 100℃에서 10 ~ 15분간 가열 살균하였다. 이때 온도와 시간에 따라 생길 수 있는 현상에 대해 각각 2가지씩 쓰시오.

- 온도가 높고 장시간 가열 시 :
- 온도가 낮고 단시간 가열 시 :

모범답안

- 온도가 높고 장시간 가열 시 : 단백질 변성에 의한 수율 감소, 지방 산패로 두부 풍미 저하
- 온도가 낮고 단시간 가열 시 : 콩비린내 발생, 트립신 저해제의 잔류로 소화율 감소

2014년 1회, 2005년 3회

03 두부 제조공정과 두부 응고제 3가지를 쓰시오.

콩 – (   ) – 마쇄 - 두미 - 증자 – (   ) – (   ) – 탈수 – 응고 - 정형– 절단 – 수침

모범답안

- 콩 – (**수침**) – 마쇄 - 두미 - 증자 – (**여과**) – (**두유**) – 탈수 – 응고 - 정형– 절단 – 수침
- 응고제 : 글루코노델타락톤, $MgCl_2$, $CaCl_2$, $MgSO_4$, $CaSO_4$, 조제해수염화마그네슘

04 두부 제조 시 사용되는 원료 콩의 pH를 측정하였더니 5.5였다. 이 콩을 두부 제조에 사용할 수 있는지 여부와 그 이유를 쓰시오.

모범답안

- 사용 가능 여부 : 사용 불가
- 이유 : 두유 속 콩단백질의 등전점은 pH 4.5 부근이므로 pH 5.5에서는 응고되지 않아 사용할 수 없다.

05 두유 제조 시 소포제로 식용유 대신 레시틴(lecithin)을 사용하였을 때 나타날 수 있는 현상을 쓰시오.

모범답안

레시틴이 거품을 안정화시키므로 거품이 제거되지 않는다.

＋ 해설

두유 속 단백질의 소수성 부분은 기체와, 친수성 부분은 액체와 결합되어 있는 상태이다. 이때 레시틴을 첨가할 경우 단백질과 마찬가지로 레시틴의 소수성 부분이 기체와, 친수성 부분이 액체와 결합하여 기체를 보다 안정화시키므로 거품이 제거되지 않는다.

06 두부 제조 시 간수 대신 $CaCO_3$ 사용 시 두부에 생기는 변화와 그 이유를 쓰시오.

모범답안

- 변화 : 두부의 수율이 감소한다.
- 이유 : 불용성 염인 $CaCO_3$는 두부 제조에 관여하지 않는다.

＋ 해설

간수는 두부 제조 과정 중 두유의 응고를 돕는 물질이다. 두부 응고에 사용되는 응고제로는 글루코노델타락톤이나 $MgCl_2$, $CaCl_2$, $MgSO_4$, $CaSO_4$ 같은 다가 양이온이 포함된 염들이 있다. 이러한 염들이 두유 속에서 해리되어 다가 양이온을 제공하고, 제공된 다가 양이온이 가교 역할을 하기 때문에 두부가 응고된다. 그러나 $CaCO_3$는 불용성 염이기 때문에 두유에서 해리되지 못해 Ca^{2+}을 제공할 수 없으므로 두부 제조에 관여하지 못한다. 따라서 두부의 수율이 감소하게 된다.

07 된장이 숙성된 뒤에 신맛이 나는 이유 3가지를 쓰시오.

모범답안

- 소금을 적게 넣었을 경우
- 물을 많이 넣었을 경우
- 콩을 덜 쑤었거나 원료의 혼합이 불충분할 경우
- 숙성온도가 적절하지 않을 경우

참고

재래식 된장 제조

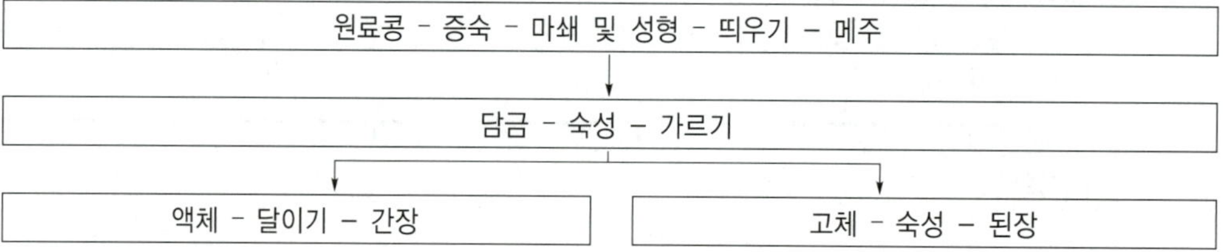

08 청국장의 끈적끈적한 성분 2가지를 쓰시오.

모범답안

- polyglutamic acid
- fructan

과채류 가공

01 과채류의 특성

(1) 호흡과 숙성

① 과채류의 호흡은 효소작용을 촉진하며 온도가 상승하면 증가
② 숙성과정 중 에틸렌 발생
③ 과채류의 종류에 따라 호흡, 숙성도의 차이가 존재

(2) 증산작용

① 과채류 내부의 수분이 기공을 통해 외부로 빠져나가 제품의 수분함량 감소
② 제품의 신선도가 떨어지며 중량 감소, 상품성 저하

(3) 저장 방법

① **CA 저장**(controlled atmosphere storage)
  ㉠ 저장고 내의 대기 조성을 지속적으로 일정하게 조절
  ㉡ **일반 공기의 조성** : 질소 78%, 산소 21%, 이산화탄소 0.03%
  ㉢ **일반적인 CA 저장조건** : 질소 90% 이상, 산소 2 ~ 8%, 이산화탄소 1%
② **MAP 저장**(modified atmosphere packaging)
  ㉠ 포장 시 가스 주입 후 내용물의 호흡에 의해 발생하는 가스의 조성을 포장 필름의 가스 투과성을 이용해 조절
  ㉡ 초기 장치비가 들어가나 유지비는 저렴

(4) 주요 가공공정

① **유황훈증**
  ㉠ 과일 건조 중 사과, 복숭아, 살구 등은 산화효소가 많이 들어있어 그대로 건조 시 갈변

ⓛ 목적

- 표면의 세포가 파괴되어 건조에 도움
- 산화에 의한 갈변 방지
- 부패 및 병충해 방지
- 과일 고유의 빛깔 유지

② **과일, 채소류 데치기**

㉠ 가공, 저장 중 원하지 않는 품질의 변화를 막기 위해 실시

ⓛ 목적

- 산화효소의 불활성화
- 가공공정 중 발생하는 식품의 외관, 맛, 색의 변화 방지
- 박피 용이
- 미생물의 살균
- 불쾌취 제거

02 과일가공품

(1) 과일주스

① **과일주스 원료의 일반적인 조건**

㉠ 수확 시기는 일반적으로 생식용의 적기와 비슷

ⓛ 껍질이 얇고 성분 농도가 높은 것

㉢ 과일주스를 만들었을 때 색깔, 향기, 맛이 좋은 것

② **일반적인 과일주스의 제조공정**

원료 – 선별, 세척 – 파쇄, 착즙 – 여과, 청징 – 조합, 탈기 – 살균 – 담기 – 밀봉

㉠ **청징**

- 대부분의 주스는 펙틴이나 그 밖의 점질물을 함유하고 있어 여과만으로는 투명한 과일주스를 얻기 어려움
- 청징 방법 : 과실 주스의 부유물을 제거하기 위해 달걀 알부민, 카제인, 젤라틴, 타닌, 규조토 등 침전 보조제를 사용하거나, 펙틴분해효소(pectinase) 등의 효소를 사용

ⓛ **탈기의 목적**

- 산소에 의한 비타민 C의 산화 방지
- 향미성분 및 지질 성분의 산화 방지
- 호기성 세균의 번식 억제
- 거품 생성 억제
- 갈변 방지

(2) 젤리, 잼, 마멀레이드

① **개념**

　㉠ **젤리**(jelly) : 과즙에 설탕을 넣고 젤리화될 때까지 졸인 것

　㉡ **잼**(jam) : 과육에 설탕을 첨가하여 적당한 농도로 농축한 것

　㉢ **마멀레이드**(marmalade) : 젤리 속에 과육 또는 껍질 조각을 섞은 것

② **젤리화**

　㉠ 과실 중 펙틴, 유기산, 당이 gel을 형성하는 것

　㉡ **유기산의 최적 pH** : 3.0 ~ 3.5

　㉢ **젤리점** : 젤리화의 완성점

　㉣ **젤리점 측정법**

스푼법 (spoon test)	• 나무 주걱으로 농축액을 떠서 흘러내리게 하고 그 상태를 보아 판정 • 액이 묽은 시럽 상태가 되어 떨어지는 것은 불충분한 것 • 주걱에 일부가 붙어 얇게 펴지며, 흘러내리지 않고 은근히 늘어지는 정도로 떨어지면 적당
컵법 (cup test)	• 농축된 액을 찬물이 들어있는 컵 속에 소량 떨어트려 밑바닥까지 굳은 채로 떨어지면 적당 • 도중에 풀어지면 불충분한 것
온도계법	온도가 104 ~ 106℃에 이르면 설탕의 농도가 60 ~ 70%가 됨
당도계법	• 굴절당도계로 측정하여 65°Brix 정도가 되면 적당 • 뜨거울 때 측정하는 것은 상온에서 측정하는 것보다 2 ~ 3% 낮은 값을 나타내므로 온도 보정을 해야 함

(3) 감귤통조림

① **박피**

　㉠ **외피** : 열처리법

　㉡ **속껍질** : 산박피법, 알칼리박피법

구분	산박피법	알칼리박피법
목표 성분	속껍질, 하얀 부분	펙틴, 헤스페리딘
사용 용액	1 ~ 3% HCl	1 ~ 2% NaOH
온도	20 ~ 30℃	90 ~ 100℃ 이상
시간	1 ~ 2시간	1 ~ 2분 담근 후 바로 수세

② **혼탁**

　㉠ **원인** : 헤스페리딘(hesperidin)

　㉡ **방지법**

　　• 헤스페리딘 함량이 적은 품종 선택

　　• 완숙 감귤 사용

- 충분한 세척
- 내용물이 변질되지 않는 수준으로의 가열
- 고농도의 당액 사용
- 효소처리

(4) 포도주

① 적포도주 제조공정

> 포도 – 제경 – 파쇄 – 과즙조정 – 주발효 – 압착 – 즙액 – 후발효 – 앙금분리 – 저장 – 제품

② 떼루아

㉠ 포도가 자라는 데 영향을 주는 요인들을 포괄하는 단어
㉡ 포도주가 만들어지는 모든 환경을 일컫는 말
㉢ **토양** : 돌밭, 자갈밭, 석회암 같이 영양분이 없고 배수가 잘되는 땅
㉣ **기후조건** : 온대성 기후
㉤ **자연조건** : 약간 경사진 지역이나 구릉지역, 태양빛을 잘 받는 남향이나 남동향

기출문제

2022년 3회, 2018년 3회

01 과채류는 수확 후에도 호흡작용을 한다. 이러한 농산물을 저장하기 위한 저장방법을 쓰고, 저장고 내 기체 및 온도 조절방법에 대하여 설명하시오.

모범답안

- 호흡작용을 하는 농산물을 저장하기 위한 방법 : CA 저장
- 기체조절법 : 이산화탄소를 증가시켜 농산물의 호흡을 억제한다.
- 온도조절법 : 생리적 장해가 발생하지 않을 정도로 최대한 0℃에 맞춰 호흡을 억제한다.

➕ 해설

- CA 저장 : 저장고 내의 온습도 및 공기조성을 인위적으로 조절하여 농산물의 숙성을 지연시켜 신선도를 유지하는 저장방법
- 온도조절 : 농산물은 수확 후에도 호흡을 계속하는데, 일반적으로 호흡은 0℃보다 10℃에서 2 ~ 3배 상승하므로 호흡을 억제시키기 위해 0℃에 가까울수록 좋다.

2018년 3회, 2013년 2회, 2004년 3회

02 과일을 유황훈증 처리하는 목적(효과) 3가지를 서술하시오.

모범답안

- 표면의 세포가 파괴되어 건조에 도움
- 산화에 의한 갈변 방지
- 부패 및 병충해 방지
- 과일 고유의 빛깔 유지

2018년 1회, 2009년 2회, 2004년 1회

03 채소 및 과실을 가공할 때 열처리(blanching)를 하는 목적 3가지를 쓰시오.

- 산화효소의 불활성화
- 가공공정 중 발생하는 식품의 외관, 맛, 색의 변화 방지
- 박피 용이
- 미생물의 살균
- 불쾌취 제거

04 사과주스 제조공정에서 여과와 청징을 목적으로 80℃로 가열하고, 펙틴 분해를 원활하게 하기 위하여 pectinase를 첨가하였으나 청징효과를 얻지 못하였다. 공정상의 원인을 쓰시오.

pectinase는 80℃에서 불활성화되기 때문에 청징효과를 얻을 수 없다.

05 과일주스 제조 시 첨가하는 청징제를 3가지 쓰시오.

난백, 카제인, 젤라틴, 타닌, 규조토, 효소제 등

06 다음 빈칸에 들어갈 알맞은 내용을 쓰시오.

잼 제조에서 젤리화에 필요한 3가지 요소는(A), (B), (C)이고, 당도계 측정법 이외에 젤리점(젤리화의 완성점)을 확인하는 3가지 방법은 (D), (E), (F)이다.

A : 산
B : 당
C : 펙틴
D : 컵법

E : 스푼법

F : 온도계법

2009년 1회

07 감귤통조림 제조 시 속껍질을 제거하는 산박피법과 알칼리박피법을 아래의 항목에 맞게 작성하시오.

구분	산박피법	알칼리박피법
목표 성분		
사용 용액		
온도		
시간		

모범답안

구분	산박피법	알칼리박피법
목표 성분	속껍질, 하얀 부분	펙틴, 헤스페리딘
사용 용액	1~3% HCl	1~2% NaOH
온도	20~30℃	90~100℃ 이상
시간	1~2시간	1~2분 담근 후 바로 수세

2006년 1회

08 감귤통조림 제조 시 발생하는 혼탁의 원인물질과 방지방법 2가지를 쓰시오.

모범답안

- 원인물질 : 헤스페리딘(hesperidin)
- 방지방법
  - 헤스페리딘 함량이 적은 품종 선택
  - 완숙 감귤 사용
  - 충분한 세척
  - 내용물이 변질되지 않는 수준으로의 가열
  - 고농도의 당액 사용
  - 효소 처리

09 다음은 적포도주 제조공정이다. 빈칸에 알맞은 것을 채우시오.

> 포도 – (　　) – (　　) – (　　) – 주발효 –(　　) – 즙액 – 후발효 – (　　)
> – 저장 – 제품

모범답안

포도 – (제경) – (파쇄) – (과즙조정) – 주발효 – (압착) – 즙액 – 후발효 – (앙금분리) – 저장
– 제품

10 포도주의 품질 결정 요소인 떼루아 3가지를 쓰시오.

모범답안

- 토양 : 돌밭, 자갈밭, 석회암 같이 영양분이 없고 배수가 잘되는 땅
- 기후조건 : 온대성 기후
- 자연조건 : 약간 경사진 지역이나 구릉지역, 태양빛을 잘 받는 남향이나 남동향

11 토마토퓌레 제조공정 중 열법에 대해 설명하시오.

모범답안

열법(hot pulping)이란 토마토에 증기를 가하거나 끓는 물에 넣어 열처리한 다음 가공하는 방법이다. 가열에 의해 산화효소와 펙틴분해효소가 파괴되는 동시에 프로토펙틴이 펙틴으로 전환되며, 검(gum)질의 용출량이 많아져서 토마토퓌레의 점조도(consistency)가 높아지므로 좋은 펄프를 얻을 수 있다.

＋ 해설

토마토퓌레의 제조법
- 열법(hot pulping)
  - 토마토에 증기를 가하거나 끓는 물에 넣어 열처리한 다음 가공하는 방법
  - 원료처리 시 증기를 가해 20분간 가열하거나 순간적으로 85℃ 이상으로 가열한 후 껍질 및 씨를 제거

- 가열에 의해 산화효소와 펙틴분해효소가 파괴되는 동시에 프로토펙틴이 펙틴으로 전환되고, 검(gum)질의 용출량이 많아져서 토마토퓌레의 점조도(consistency)를 높이는 효과가 있어 좋은 펄프를 얻을 수 있음
- 냉법(cold pulping)
  - 열처리를 하지 않고 그대로 파쇄하거나 껍질과 과육을 잘 분리하고 수율을 향상시키기 위해 껍질 부분만 살짝 쪄질 정도로 증기 속을 통과시킨 뒤 파쇄
  - 씨를 이용할 수 있고 방향이 좋은 펄프를 얻을 수 있음
  - 비타민 C의 파괴와 펙틴의 분해가 일어나 품질이 좋은 펄프를 얻을 수 없음

식육 가공

01 개요

(1) 식품공전에 따른 용어의 정의

식육	식용을 목적으로 하는 동물성 원료의 지육, 정육, 내장, 그 밖의 부분
지육	머리, 꼬리, 발 및 내장 등을 제거한 도체
정육	지육으로부터 뼈를 분리한 고기
내장	식용을 목적으로 처리된 간, 폐, 심장, 위, 췌장, 비장, 신장, 소장 및 대장 등
그 밖의 부분	식용을 목적으로 도축된 동물성 원료로부터 채취, 생산된 동물의 머리, 꼬리, 발, 껍질, 혈액 등 식용이 가능한 부위

(2) 식육의 성분

① 식육에는 65~80% 정도의 수분, 20% 내외의 단백질, 그 밖의 지방질을 비롯하여 미량의 탄수화물, 무기질 등이 함유되어 있음
② 식육의 성분은 동물의 종류, 성별, 연령, 영양상태에 따라서 차이가 있으며, 부위에 따라서도 차이가 큼
③ **수분**
　㉠ 단백질, 무기질 등 여러 성분의 용해
　㉡ 고기의 가공적성, 저장성, 보수력 등 육질에 영향

> **보충** 　보수력
>
> • 식육이 외부에서 물리적인 힘(절단, 분쇄, 압착, 가열 등)을 받았을 때 식육 내의 수분을 잃지 않고 계속 보유할 수 있는 능력
> • 식육의 품질을 결정하는 중요한 요소
> • 유리수는 물리적 처리로 쉽게 제거되지만, 결합수는 식육 성분과 결합하여 쉽게 제거되지 않음
> • 따라서 보수력은 식육의 전수분량에 대한 결합수의 비로 계산

④ **단백질**

　㉠ 수분을 제외한 모든 고형분의 약 80%를 차지

　㉡ 근육을 구성하는 단백질은 기능과 용해성에 따라 근원섬유 단백질, 결합조직 단백질, 근장 단백질로 구분

근원섬유 단백질	근육의 수축과 이완에 관여
결합조직 단백질	인대나 힘줄 등을 구성하는 단백질
근장 단백질	근원섬유 사이의 근장에 용해되어 있는 단백질

⑤ **지방**

　㉠ 식육의 지방질 함량은 영양상태와 부위에 따라 큰 차이가 있음

　㉡ **축적지방과 조직지방으로 구분**

축적지방(depot fat)	• 피하, 신장 주위, 근육 사이, 망막 등에 지방조직으로서 존재 • 체온 유지, 장기 보호, 영양분 저장 등의 역할
조직지방(tissue fat)	• 근육과 장기의 세포와 조직에 함유 • 세포의 구성성분을 이룸

⑥ **탄수화물**

　㉠ 글리코겐 형태로 근육에 저장

　㉡ 사후경직 시 젖산으로 분해

(3) 소고기의 육질등급과 육량등급 판정기준

① **육질등급** : 소도체의 육질등급 판정은 등급판정부위에서 측정되는 근내지방도(marbling), 육색, 지방색, 조직감, 성숙도에 따라 1++, 1+, 1, 2, 3의 5개 등급으로 구분

② **육량등급** : 소도체의 육량등급 판정은 등지방두께, 배최장근단면적, 도체의 중량을 측정하여 규정에 따라 산정된 육량지수에 따라 A, B, C의 3개 등급으로 구분

(4) 식육 연화제

① 고기를 연하게 만드는 데 쓰이는 것

② 트립신, 펩틴, 파파인 등 단백질 분자 내부의 펩티드결합을 분해하는 효소 사용

③ **종류** : 파파인, 브로멜라인, 피신, 액티니딘 등

(1) 사후변화 단계

> 도축 – 해당작용 – 사후경직 – 경직해제 – 자가숙성 – 부패

① **도축**
   ㉠ **도축 직후 식육의 pH** : 7.0 ~ 7.4 (중성)
   ㉡ 산소 공급의 제한, 젖산 생성 시작, pH 저하 시작

② **사후경직**
   ㉠ 액틴과 미오신이 결합하여 액토미오신(actomyosin) 형성
   ㉡ 근육의 수축 시작
   ㉢ 보수성 감소, 신장성 감소
   ㉣ 온도가 높으면 사후경직이 빠르고 온도가 낮으면 사후경직이 느림
   ㉤ 사후경직이 완료된 고기는 근절의 길이가 단축되고, 연도가 크게 떨어져 식용에 부적당함

③ **경직해제**
   ㉠ 최대사후경직 도달
   ㉡ 젖산 생성 정지
   ㉢ 단백질 분해효소 활성 → 근육의 분해 시작, 맛성분 생성 시작

④ **자가숙성**
   ㉠ **숙성 중 일어나는 변화** : 연도 증가, 보수력 증가, 풍미 증진
   ㉡ 숙성속도는 온도 및 여러 조건에 따라 다름

(2) 저온단축

① 사후경직이 끝나지 않은 도체를 0 ~ 16℃의 저온에서 급속 냉각시키면 근섬유가 심하게 수축하여 연도가 나빠지는 현상
② **원인** : 낮은 온도와 무산소 상태에서의 pH 저하로 인해 근소포체와 미토콘드리아에서 다량의 칼슘이온의 유리되는 동시에, 근소포체의 칼슘 결합 능력은 상실되므로 근원섬유 주위에 칼슘이온농도가 크게 높아져 근육수축을 촉진
③ 특히 적색근섬유의 비율이 높고 피하지방이 얇은 쇠고기에서 주로 발생
④ 적색근섬유는 상대적으로 미토콘드리아가 많고, 덜 발달된 근소포체 구조를 가지기 때문

03 이상육

(1) PSE(pale soft exudative)육

① 육색이 창백하고(pale) 근육 조직이 흐물거리며(soft) 다량의 육즙이 분리된(exudative) 고기
② 주로 돼지고기에서 발생
③ **원인** : 도살 전의 피로, 스트레스
④ 조리 시 수분 손실이 많고 가공 시 결착력이 낮음
⑤ **예방법**
    ㉠ 도축 12시간 전에는 절식하고 물은 충분히 공급
    ㉡ 도축장 수송 시 적정 두수 상차, 차광막 설치 등 스트레스 최소화
    ㉢ 도축 이후 도체의 온도가 높은 상태에서 빠른 pH 강하가 일어날 경우 PSE육이 발생하므로 도체 중심부의 온도를 가능한 한 빨리 5℃ 이하로 떨어트려야 함

(2) DFD(dark firm dry)육

① 육색이 매우 검고(dark) 육조직이 단단하며(firm) 건조한(dry) 외관
② 주로 쇠고기에서 발생
③ **원인** : 도살 전의 피로, 스트레스
④ 근육 pH가 높은 상태로 유지되어 미생물이 자랄 수 있는 환경이 됨
⑤ 염지 시 소금의 확산 및 침투가 느려 부패하기 쉬움

04 식육가공품

(1) 식육가공의 주요 공정

① **염지**
    ㉠ 원료육을 가공하기 전 소금, 첨가물 등을 혼입하는 것
    ㉡ **목적**
      • 육색소의 고정
      • 염용성 단백질의 용출로 보수성과 결착성 증가
      • 방부효과, 저장성 증진
      • 독특한 풍미 부여
    ㉢ **재료** : 소금, 아질산염, 질산염 등
② **혼합**
    ㉠ 원료육과 기타 첨가물을 균일하게 섞는 공정
    ㉡ 그라인더, 육혼합기 등 사용

③ 세절

　　㉠ 고기 중 들어있는 연골이나 결체조직 등을 파쇄하고 고기를 갈아서 다음 공정을 용이하게 하는 작업

　　㉡ 그라인더, 초퍼 등 사용

(2) 햄

① 식육을 부위에 따라 분류하여 정형, 염지한 후 숙성, 건조하거나 훈연 또는 가열 처리하여 가공한 것

② **일반적인 햄의 제조공정**

돈육 – 절단, 성형 – 방혈 – 염지 – 수침 – 정형 – 훈연 – 포장

③ **햄의 분류**

본인햄(regular)	• 돼지 허벅살을 뼈가 붙은 채로 가공한 제품 • 원료를 자르는 방법으로 롱컷과 숏컷이 있음
본레스햄(boneless)	원료육에서 뼈를 제거한 후 가공한 제품
로인햄(loin)	등심 부위를 원료로 가공한 제품
숄더햄(shoulder)	어깨 부위의 고기를 가공한 제품
프레스햄	• 햄과 소시지의 중간 형태 • 햄이나 베이컨의 잔육이나 다른 축육을 섞어 압력을 가해 제조한 것

(3) 베이컨

① 돼지의 지방이 많은 부위인 복부육 또는 특정 부위를 정형하여 염지한 후 훈연하거나 가열 처리한 것

② 제조 공정과 원리는 햄과 유사함

③ **원료육의 부위에 따른 베이컨의 분류**

베이컨(bacon)	돼지의 복부육을 가공한 것
로스베이컨(canadian bacon)	돼지의 중간 부위(등심과 복부육)을 가공한 것
숄더베이컨(shoulder bacon)	어깨 부위를 베이컨 식으로 가공한 것

(4) 소시지

① 햄이나 베이컨 등을 제조하고 남은 고기가 주원료

② 원료가 매우 다양하고 만드는 방법도 다양

③ **일반적인 소시지 제조공정**

원료육 – 염지 – 세절 – 유화, 혼합 – 충진 – 건조, 훈연 – 가열 – 냉각 – 제품

05 Chapter

기출문제

01 돼지고기의 전수분량이 69.9%이고, 유리수는 22.4%일 때 결합수의 함량과 보수력을 구하시오.

모범답안

- 결합수의 함량 = 전수분량(%) − 유리수(%)

$$= 69.6 - 22.4$$

$$= 47.2\%$$

- 보수력 $= \dfrac{결합수}{전수분량} \times 100$

$$= \dfrac{47.2}{69.6} \times 100$$

$$= 67.8160$$

$$= 67.81\%$$

02 기능성, 용해성에 따른 근육단백질의 분류 3가지와, 근육의 수축·이완과 가장 밀접한 단백질이 무엇인지 쓰시오.

모범답안

- 분류 : 근원섬유단백질, 근장단백질, 결합단백질
- 근육의 수축·이완과 가장 밀접한 단백질 : 액틴, 미오신

2008년 1회

03 근육 중 함유되어 있는 탄수화물의 형태는 주로 어떤 물질로 존재하며, 사후에는 어떤 물질로 변하는지 쓰시오.

모범답안

- 근육 내 저장 형태 : 글리코겐
- 사후 변화 : 젖산

2013년 1회

04 우리나라 소도체의 육질등급과 육량등급 판정기준에 대해 서술하시오.

모범답안

- 육질등급 : 소도체의 육질등급판정은 등급판정부위에서 측정되는 근내지방도(marbling), 육색, 지방색, 조직감, 성숙도에 따라 1++, 1+, 1, 2, 3의 5개 등급으로 구분한다.
- 육량등급 : 소도체의 육량등급판정은 등지방두께, 배최장근단면적, 도체의 중량을 측정하여 규정에 따라 산정된 육량지수에 따라 A, B, C의 3개 등급으로 구분한다.

2021년 2회, 2018년 3회, 2006년 3회, 2004년 2회

05 사후근육에서 저온단축(cold shortening)이 무엇이며, 주로 어떤 고기에서 발생하는지 쓰시오.

모범답안

저온단축이란 사후경직이 끝나지 않은 도체를 $0 \sim 16℃$의 저온에서 급속 냉각하면 근섬유가 심하게 수축하여 연도가 나빠지는 현상으로, 쇠고기에서 주로 발생한다.

2006년 1회, 2004년 3회

06 식육은 식용에 알맞게 일정 기간 숙성시키는 것이 바람직하다. 숙성 중 일어나는 주요 변화를 쓰시오.

- ATP가 분해되어 정미성분이 생성된다.
- 액토미오신 결합이 분해되어 근절의 길이가 길어져 식육이 연해진다.
- 단백질이 분해되어 유리아미노산의 증가로 풍미가 향상된다.

2004년 2회

07 냉장육과 냉동육의 육질의 차이에 대해 서술하시오.

- 냉장육 : 냉장저장 중 자가숙성에 의해 육류가 연해지고 풍미가 향상된다.
- 냉동육 : 숙성되기 전에 동결되어 유연성, 보수력, 풍미 등이 떨어지며 해동 시 drip이 발생한다.

2020년 4, 5회

08 도축 전에 심각한 스트레스를 받는 경우에는 육질에 좋지 않은 영향을 끼치게 된다. 그중에서 PSE육의 pH 변화와 특징을 쓰시오.

- pH : 5.5 미만
- 특징 : PSE육은 육색이 창백하고 육조직이 흐물흐물하며 다량의 육즙이 분리된다.

2024년 2회, 2020년 3회

09 지육 상태인 돼지고기를 품온을 낮추기 위해 냉장고에 보관하려고 한다. 냉장고 A는 공기흐름이 0이고, B는 공기흐름이 0보다 빠르다. 고기 도체를 어디에 저장해야 하는지 고르고, 이유를 쓰시오.

도체 중심부의 온도를 가능한 한 빨리 5℃ 이하로 떨어트려야 PSE육의 발생을 방지할 수 있기 때문에 빠른 속도로 도체의 품온을 낮춰야 하는데, 이때 공기흐름이 빠를수록 품온을 더 빨리 낮출 수 있으므로 B 냉장고에 저장해야 한다.

2004년 3회

10

염지의 재료 2가지와 목적에 대해 쓰시오.

모범답안

• 재료 : 소금, 아질산염, 질산염
• 목적
　– 육색소의 고정
　– 염용성 단백질의 용출로 보수성과 결착성 증가
　– 방부효과, 저장성 증진
　– 독특한 풍미 부여

2007년 3회

11

햄류 중 로인햄, 숄더햄 부위에 대해 쓰시오.

모범답안

• 로인햄 : 등심 부위를 원료로 가공한 제품
• 숄더햄 : 어깨 부위의 고기를 가공한 제품

2013년 2회

12

햄이나 소시지 제조과정에서 가열의 목적 3가지와 급냉의 목적 2가지를 쓰시오.

모범답안

• 가열 목적 : 미생물 살균, 보존성 증대, 탄력 부여, 풍미와 색 향상
• 급냉 목적 : 표면의 수분 증발 억제, 제품 표면의 주름 생성 방지, 호열성 세균 사멸

13

3가지 육원료를 이용하여 소시지를 제조하려고 한다. 전체육의 30%는 쇠고기(beef)로 구성하고 전체 지방함량은 25%를 목표로 한다면 각 육원료의 사용량은?(단, 전체육은 1,000kg)

육원료	수분(%)	지방(%)	단백질(%)	사용량(kg)
beef trim	70	10	19	
50/50 regular pork	40	50	9	
pork loin trim	65	20	14	

모범답안

육원료	수분(%)	지방(%)	단백질(%)	사용량(kg)
Beef trim	70	10	19	**300**
50/50 regular Pork	40	50	9	**266.67**
Pork loin trim	65	20	14	**433.33**

해설

전체 1,000kg 중 30%를 쇠고기로 구성한다.

$\rightarrow$ $1,000\text{kg} \times 0.3 = 300\text{kg}$(=beef trim 사용량)

전체 지방함량은 25%로 한다.

$\rightarrow$ $1,000\text{kg} \times 0.25 = 250\text{kg}$(=전체 지방 무게)

beef trim 사용량이 300kg, 지방함량이 10%이므로

beef trim의 지방량은 $300 \times 0.1 = 30\text{kg}$

50/50 regular pork 사용량을 x, pork loin trim 사용량을 y라 하면

전체육 $= 300 + x + y = 1,000\text{kg}$

$x + y = 700\text{kg}$ $\cdots\cdots$ ①

전체 지방함량 $= 30 + 0.5x + 0.2y = 250\text{kg}$

$0.5x + 0.2y = 220\text{kg}$ $\cdots\cdots$ ②

①식 $-$ ②식$\times 2$ 하여 계산하면

$$\begin{array}{r} x + y = 700\text{kg} \\ -\ \underline{x + 0.4y = 220\text{kg}} \\ 0.6y = 460\text{kg} \end{array}$$

$$y = \frac{460}{0.6}\text{kg} = 433.3333\text{kg}$$

소수 셋째 자리에서 반올림하여 둘째 자리까지 나타내면 $y = 433.33\text{kg}$이므로

$x = 700\text{kg} - 433.33\text{kg} = 266.67\text{kg}$

통조림 가공

01 통조림 제조

(1) 제조공정

원료 – 세척 – 데치기 – 충진 – 탈기 – 밀봉 – 가열살균 – 냉각 – 출하

① **탈기**
  ㉠ 통조림에서 식품과 용기 사이에 있는 빈 공간의 공기를 제거
  ㉡ **목적**
  - 호기성 세균 번식 방지
  - 가열살균 중 캔의 변형 방지
  - 산화에 의한 품질저하 방지
  - 관 내부의 부식 방지
  ㉢ **방법** : 가열탈기법, 진공탈기법, 증기분사법
② **가열살균**
  ㉠ **통조림의 살균지표**
  - 균 : *Clostridium botulinum*
  - 효소 : peroxidase
  ㉡ pH 4.6
  - 식품공전 : pH 4.6을 초과하면 저산성식품, pH 4.6 이하는 산성식품으로 규정
  - pH가 낮은 산성식품에서는 식중독균의 증식과 포자의 발아가 억제되므로 비교적 저온에서도 살균이 가능

(2) 냉점

① 통조림 살균 시 열전달이 가장 늦게 되는 곳
② 통조림 가열살균의 기준점
③ **고체, 반고체 식품의 냉점** : 전도에 의한 열전달이 일어나므로 1/2 지점
④ **액체식품의 냉점** : 대류에 의한 열전달이 일어나므로 1/3 지점

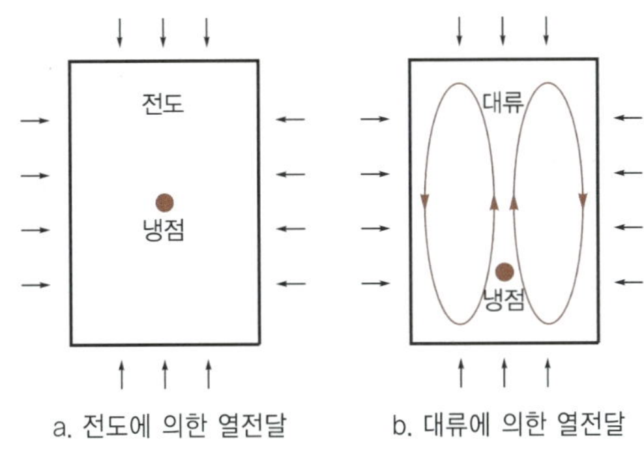

[통조림 식품의 열전달과 냉점]

02 통조림의 변패

(1) 내용물의 성상으로 본 변패

① **플랫사워(flat sour)**
  ㉠ 캔의 외관은 이상이 없으나 개관해 보면 내용물이 신맛을 내는 것
  ㉡ 호열성 세균의 발육으로 인한 유기산 생성이 원인
  ㉢ 외관상으로는 정상 캔과 구분하기 어려움

② **흑변화**
  ㉠ 내용물에 들어있던 단백질 성분 중 −SH기가 환원되면서 황화수소 생성 → 용기에서
   용출되거나 내용물 중 함유된 금속성분과 결합하여 황화금속 등이 생성되어 발생
  ㉡ 내열성 세균이 원인이 되기도 함
  ㉢ 캔의 외관은 정상

(2) 외관상 변패(팽창관)

① **종류**

플리퍼(flipper)	한쪽 면이 약간 부푼 상태, 눌렀다가 손을 떼면 다시 돌아옴
스프링거(springer)	플리퍼보다 심한 팽창, 한 면을 누르면 다른 한 면이 튀어나오는 상태
팽창(swell)	통조림의 양면이 부푼 상태
버클캔(buckled can)	관 내압이 외압보다 커 일부 접합 부분이 돌출한 변형관
패널캔(panelled can)	관 내압이 외압보다 낮아 찌그러진 위축변형관
누출(leaker)	미세한 구멍이나 이중밀봉이 부적절하게 되어 샌 흔적이 있는 것

② **원인**
  ㉠ 살균 부족으로 인한 미생물의 가스 생성
  ㉡ 내용물의 충진 과다
  ㉢ 탈기 부족
  ㉣ 불완전한 밀봉

기출문제

2011년 2회, 2005년 3회

01 통조림 제조 시 탈기의 목적과 효과를 쓰시오.

모범답안

- 호기성 세균 번식 방지
- 가열살균 중 캔의 변형 방지
- 산화에 의한 품질저하 방지
- 관 내부의 부식 방지

2006년 3회, 2005년 2회

02 통조림의 탈기방법 3가지를 쓰시오.

모범답안

- 가열탈기법
- 진공탈기법
- 증기분사법

2013년 1회

03 통조림의 살균지표균 이름과 살균지표효소를 쓰시오.

모범답안

- 살균지표균 : *Clostridium botulinum*
- 살균지표효소 : peroxidase

04 통조림의 저온살균(100℃ 이하)이 가능한 한계 pH를 적고, 저온살균이 가능한 이유를 설명하시오.

모범답안

- 한계 pH : 4.6 이하
- 이유 : pH 4.6 이하인 산성 조건에서는 *Clostridium botulinum*을 비롯한 대부분의 세균이 생육할 수 없다. 따라서 pH 4.6 이하에서는 곰팡이나 효모 등의 살균을 목적으로 하며 식품의 품질을 유지할 수 있는 저온살균을 실시할 수 있다.

05 통조림 살균 시 가장 늦게 열전달이 일어나는 곳이 냉점이다. 내용물이 액체일 때와 반고체일 때의 냉점을 비교하여 설명하시오.

모범답안

- 액체식품의 냉점 : 대류에 의한 열전달이 일어나므로 1/3 지점에 위치한다.
- 반고체식품의 냉점 : 전도에 의한 열전달이 일어나므로 1/2 지점에 위치한다.

06 통조림 팽창관의 원인을 쓰시오.

모범답안

- 살균 부족으로 인한 미생물의 가스 생성
- 내용물의 충진 과다
- 탈기 부족
- 불완전한 밀봉

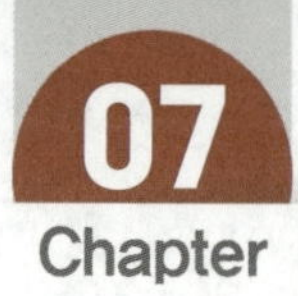

Chapter 07

허들 기술(Hurdle technology)

(1) 정의

① 품질 변화에 영향을 미치는 미생물들이 도저히 극복할 수 없는 장애조건(hurdle)을 여러 번 제공하여 식품의 저장성을 향상시키는 방법
② 한 개의 장애 요소를 제공하는 것이 아니라 여러 가지의 장애 요소를 순차적으로 제공함으로써 다양한 조건들이 혼합 또는 혼용되는 방법으로 combined method라고도 불림

(2) 허들의 종류(식품저장에 사용 가능한 장애 요인들)

물리적 허들	높은 온도 가열(살균, 저온살균, 데치기), 낮은 온도 처리(냉장, 냉동), 자외선 조사, 이온 조사, 마이크로파 에너지, 초음파, 고전압 펄스, 자기장 펄스, 초고압, 포장필름, 무균포장, 건조 등
화학적 허들	낮은 수분활성도, 낮은 pH, 낮은 산화환원전위 등
생물학적 허들	박테리오신, 경쟁균 등

(3) 장점

① 식품의 물성 변화 최소화
② 식품의 관능적 특성 변화 최소화
③ 식품의 영양소 파괴 최소화

2024년 1회, 2020년 2회, 2016년 3회, 2012년 2회

01 Hurdle technology(combined technology)의 정의와 장점, 그리고 예시 2가지를 쓰시오.

모범답안

- 정의 : 품질 변화에 영향을 미치는 미생물들이 도저히 극복할 수 없는 장애조건을 여러 번 제공하여 식품의 저장성을 향상시키는 방법
- 장점 : 식품의 영양소 파괴나 성분 변화 최소화
- 예시 1 : 살라미 제조 시 소금 첨가, 훈연 후 건조
- 예시 2 : 피클 제조 시 소금과 식초, 설탕을 혼합한 조미액을 뜨겁게 가열한 상태로 부어서 처리한 뒤 멸균된 용기에 밀봉

Memo

식품공정공학

농도와 함량

01 용액

(1) 기본 개념

① **용액 = 용매 + 용질**
② **무엇이 녹아 있는가?(용질의 종류)**
  ㉠ 기체, 액체, 고체
  ㉡ 극성 물질과 무극성 물질
  ㉢ 전해질(강전해질/약전해질)과 비전해질
③ **얼마나 녹아 있는가?**
  용질의 양 → 농도
④ **용액의 표현**
  농도 + 용액의 이름 + 용액의 양

(2) 농도는 세기 성질

① **세기 성질(intensive property)**
  양에 의존하지 않는 물리적 성질 **예** 농도, 온도, 압력 등
② **크기 성질(extensive proerty)**
  양에 의존하는 물리적 성질 **예** 질량, 부피, 에너지 등

(3) 몰수 전환 관계식

$$몰수[\text{mol}] = \frac{질량[\text{g}]}{화학식량[\text{g/mol}]} \qquad n = \frac{w}{M_w}$$

$$질량[\text{g}] = 몰수[\text{mol}] \times 화학식량[\text{g/mol}] \qquad w = n \times M_w$$

(4) 밀도와 비중

$$\text{용액의 밀도}[\text{g/mL}] = \frac{\text{용액의 질량}[\text{g}]}{\text{용액의 부피}[\text{mL}]} \qquad d = \frac{w}{V}$$

$$\text{비중} = \frac{\text{특정 물질의 밀도}[\text{g/mL}]}{\text{기준 물질의 밀도}[\text{g/mL}]}$$

02 용액의 농도와 함량

(1) 농도의 종류

① **%농도**

$$\%\text{농도} = \frac{\text{용질의 질량}[\text{g}]}{\text{용액의 질량}[\text{g}]} \times 100 = \frac{\text{용질의 질량}[\text{g}]}{\text{용매의 질량}[\text{g}] + \text{용질의 질량}[\text{g}]} \times 100$$

$$w/w\% = \frac{\text{성분 물질의 질량}[\text{g}]}{\text{전체의 질량}[\text{g}]} \times 100$$

$$V/V\% = \frac{\text{성분 물질의 부피}[\text{mL}]}{\text{전체의 부피}[\text{mL}]} \times 100$$

$$w/V\% = \frac{\text{성분 물질의 질량}[\text{g}]}{\text{전체의 부피}[\text{mL}]} \times 100$$

② **몰농도[mol/L = M]**

$$\text{몰농도} = \frac{\text{용질의 몰수}[\text{mol}]}{\text{용액의 부피}[\text{L}]} = \frac{\dfrac{\text{용질의 질량}[\text{g}]}{\text{용질의 화학식량}[\text{g/mol}]}}{\text{용액의 부피}[\text{L}]} \qquad M = \frac{n}{V}$$

$$\text{용질의 몰수} = \text{용액의 몰농도}[\text{mol/L}] \times \text{용액의 부피}[\text{L}] \qquad n = M \times V$$

③ **몰랄농도[mol/kg]**

$$\text{몰랄농도} = \frac{\text{용질의 몰수}[\text{mol}]}{\text{용매의 질량}[\text{kg}]} = \frac{\dfrac{\text{용질의 질량}[\text{g}]}{\text{용질의 화학식량}[\text{g/mol}]}}{\text{용매의 질량}[\text{kg}]} \qquad m = \frac{n}{W}$$

④ **노르말농도[eq/L = N]**

$$\text{노르말농도} = \frac{\text{용질의 당량}[\text{eq}]}{\text{용액의 부피}[\text{L}]} = \frac{\text{당량수}[\text{eq/mol}] \times \dfrac{\text{용질의 질량}[\text{g}]}{\text{용질의 화학식량}[\text{g/mol}]}}{\text{용액의 부피}[\text{L}]}$$

$$N = \frac{eq}{V}$$

⑤ **노르말농도와 몰농도의 관계**

$$N = n \times M \ (n : \text{당량수})$$

(2) 당량수(eq/mol)

① 당량수는 물질 1몰이 몇 개의 당량(유효한 입자)을 낼 수 있는지를 나타내는 수이다.

$$당량(eq) = 당량수(eq/mol) \times 몰수(mol)$$

② **원소 당량수**

전하수에 상당하는 값

▌원소와 당량수▐

원소	이온	전하수	당량수(eq/mol)
Na	Na^+	1	1
Ca	Ca^{2+}	2	2
O	O^{2-}	2	2
Cl	Cl^-	1	1

③ **산염기 당량수**

1mol의 H^+ 또는 OH^-을 방출하는 산 또는 염기의 양(아레니우스)

→ 1mol의 H^+을 방출 또는 소비하는 산 또는 염기의 양(브뢴스테드–로우리)

▌산·염기의 당량수▐

산염기	가수	당량수(eq/mol)
HCl	1	1
H_2SO_4	2	2
NaOH	1	1
$Ca(OH)_2$	2	2
CH_3COOH	1	1
CH_3COO^-	1	1
F^-	1	1
CO_3^{2-}	2	2

④ **산화환원 당량**

산화환원반응에 참여하는 물질이 각각 1mol의 전자를 받아들이거나 방출하는 양을 말한다. 즉, 어떤 물질이 산화되거나 환원될 때 주고받는 전자의 수에 따라 결정되는 양이다.

$$이동한 \ 전자의 \ 몰수 = 산화수의 \ 변화 \times 원자의 \ 몰수$$

산화환원 반응식	산화수의 변화	이동한 전자의 몰수	당량수(eq/mol)
$MnO_4^- \rightarrow Mn^{2+}$	$+7 \rightarrow +2$	(5×1)mol	5
$Cr_2O_7^{2-} \rightarrow 2Cr^{3+}$	$+6 \rightarrow +3$	(3×2)mol	6

(3) 몰분율(f)

$$몰분율 = \frac{성분\ 물질의\ 몰수[mol]}{혼합물의\ 전체\ 몰수[mol]}$$

$$f_i = \frac{n_i}{n_T}\ (0 \leq 몰분율 \leq 1)$$

보충 ┃ 농도 문제의 유형

1. 농도 계산 및 농도의 전환

몰농도 ↔ 몰랄농도, %농도 ↔ 몰농도 등

2. 희석 후 용액의 농도

희석이란 용액에 물을 첨가하여 용액의 농도를 낮추는 것이다. 용액의 부피가 늘어나므로 농도는 낮아지나 용질의 몰수는 변함이 없음.

$$C_1 V_1 = C_2 V_2$$

C_1 : 희석 전 농도
V_1 : 희석 전 부피
C_2 : 희석 후 농도
V_2 : 희석 후 부피

3. 혼합한 용액이 농도

(1) 혼합의 경우에도 혼합 전 용질의 몰수의 합은 혼합 후 용질의 몰수와 같아야 함
(2) 용액의 부피도 마찬가지임

$$C_1 V_1 + C_2 V_2 = C_3 (V_1 + V_2)$$

$C_1,\ C_2$: 혼합 전 농도
$V_1,\ V_2$: 혼합 전 부피
C_3 : 혼합 후 농도
$V_1 + V_2$: 혼합 후 부피

2023년 1회

01 비중이 1.11인 22% 염산(HCl) 용액의 노르말농도를 계산하시오.(단, 염산의 분자량은 36.46이고, 결과값은 소수 둘째 자리에서 반올림하여 소수 첫째 자리까지 나타내시오.)

모범답안

① 노르말농도$(\mathrm{eq/L}) = \dfrac{\text{용질의 당량[eq]}}{\text{용액의 부피[L]}}$ 이고, 염산(HCl)은 1가산이므로 염산 1몰은 1당량이다.

$$\mathrm{HCl}(aq) + \mathrm{H_2O}(l) \rightarrow \mathrm{Cl}^-(aq) + \mathrm{H_3O}^+(aq)$$

따라서 염산의 노르말농도와 몰농도는 같은 값을 갖는다.

② 비중 1.11은 용액 1L의 질량이 1.11kg임을 의미한다.

용액 1L에 들어있는 22% HCl의 양

$$= \frac{(1.11 \times 10^3 \times 0.22)\mathrm{g}}{1\mathrm{L}} = 244.2\mathrm{g/L}$$

③ $M = \dfrac{n}{V} = \dfrac{\dfrac{244.2\mathrm{g}}{36.46\mathrm{g/mol}}}{1\,\mathrm{L}} = 6.69775\,\mathrm{M} = 6.7\,\mathrm{N}$

$\therefore N = 6.7\,\mathrm{N}$

참고

용액의 질량을 100g으로 가정하면

$$n_{\mathrm{HCl}} = \frac{\text{용질의 질량}}{\text{화학식량}} = \frac{w}{M} = \frac{22\mathrm{g}}{36.46\mathrm{g/mol}} = 0.6\mathrm{mol}$$

용액의 부피 = 용액의 질량 ÷ 용액의 밀도

용액의 비중이 1.11이므로 용액의 밀도는 1.11g/mL라고 할 수 있다.

$$V = \frac{w}{d} = \frac{100\mathrm{g}}{1.11\mathrm{g/mL}} \times \frac{\mathrm{L}}{10^3\,\mathrm{mL}} = 0.09\mathrm{L}$$

$$M = \frac{n}{V} = \frac{0.6\mathrm{mol}}{0.09\mathrm{L}} = 6.6666\mathrm{M} = 6.7\mathrm{N}$$

$\therefore N = 6.7\,\mathrm{N}$

02 포도당 20g을 물 80g에 녹였다. 이때 포도당의 몰분율을 계산하시오.(물의 분자량 18, 포도당의 분자량 180, 소수 넷째 자리에서 반올림하여 나타낼 것)

모범답안

포도당($C_6H_{12}O_6$)의 몰수 $= \dfrac{20g}{180g/mol}$

물(H_2O)의 몰수 $= \dfrac{80g}{18g/mol}$

∴ 포도당의 몰분율 $f_{C_6H_{12}O_6} = \dfrac{n_{C_6H_{12}O_6}}{n_T} = \dfrac{\left(\dfrac{20}{180}\right)mol}{\left(\dfrac{20}{180} + \dfrac{80}{18}\right)mol} = \dfrac{20}{820} = 0.024$

➕ 해설

- 몰분율 $= \dfrac{\text{성분의 몰수(mol)}}{\text{혼합물의 총몰수(mol)}}$, $f_i = \dfrac{n_i}{n_T}$
- 몰수(mol) $= \dfrac{\text{질량(g)}}{\text{분자량(g/mol)}}$, $n = \dfrac{w}{M}$

03 용액 A의 4℃에서의 비중이 1.15이다. 4℃에서 용액 A의 밀도를 계산하시오.(단, 4℃에서 물의 밀도는 1,000kg/m³이다.)

모범답안

비중 $= \dfrac{\text{물질의 밀도}}{4℃ \text{ 물의 밀도}}$

물질의 밀도 = 비중 × 4℃ 물의 밀도

∴ 용액 A의 밀도 $= 1.15 \times 1,000kg/m^3 = 1,150kg/m^3$

04 0.04M NaOH 500mL가 있다. 다음을 계산하시오.(단, NaOH의 화학식량은 40이다.)
(1) (w/v)%를 구하시오.
(2) mg%를 구하시오.

(1) 먼저 질량(w)을 구한다.

몰수 = 몰농도×부피 = 0.04M×0.5L = 0.02mol

질량 = 몰수×화학식량 = 0.02mol×40g/mol = 0.8g

$$\therefore\ \frac{w}{v}\times100 = \frac{0.8\text{g}}{500\text{mL}}\times100 = 0.16\,\text{w/v\%}$$

(2) mg%는 용액의 부피에 대한 용질의 질량(mg)비이다.

$$\therefore\ \frac{800\text{mg}}{500\text{mL}}\times100 = 160\text{mg\%}$$

2010년 3회

05

농도 분율을 구할 때 틀린 부분을 3가지 찾아 쓰시오.

(1) 중량 백분율을 표시할 때에는 % 기호를 쓴다.
(2) 다만, 용액 100mL 중의 물질 함량(g)을 표시할 때에는 wt%로,
(3) 용액 100mL 중의 물질함량(mL)을 표시할 때에는 v/v%의 기호를 쓴다.
(4) 중량 백만분율을 표시할 때에는 mg/g의 약호를 사용하고 ppm의 약호를 쓸 수 있으며, mg/L도 사용할 수 있다.
(5) 중량 1억분율을 표시할 때에는 μg/kg의 약호를 사용하고 ppb의 약호를 쓸 수 있으며, μg/L도 사용할 수 있다.

(2) wt% → w/v%

(4) mg/g → mg/kg

(5) 1억분율 → 10억분율

2021년 3회

06

10N HCl를 이용해 2N HCl 200mL를 만들려면 10N HCl이 몇 mL 필요한지 구하시오.

HCl은 1당량이므로 노르말농도와 몰농도가 같다. 같은 몰수이므로

$$C_1 V_1 = C_2 V_2$$

$$2\times200 = 10\times V$$

$$V = 40\text{mL}$$

07

1M NaCl, 0.4M KCl, 0.2M HCl 시약을 이용하여 0.2M NaCl, 0.2M KCl, 0.05M HCl 농도로 총 부피 500mL인 시료를 제조하려고 한다. 필요한 시약 용액 및 물의 부피를 각각 계산하시오.

모범답안

희석 후 시약의 몰수 $n = CV$

$n_{NaCl} = 0.2 \text{mol L}^{-1} \times 0.5\text{L} = 0.1\text{mol}$

$n_{KCl} = 0.2 \text{mol L}^{-1} \times 0.5\text{L} = 0.1\text{mol}$

$n_{HCl} = 0.05 \text{mol L}^{-1} \times 0.5\text{L} = 0.025\text{mol}$

희석 전 시약의 부피 $V = \dfrac{n}{C}$

$V_{NaCl} = \dfrac{0.1\text{mol}}{1\text{L}} = 0.1\text{L}$

$V_{KCl} = \dfrac{0.1\text{mol}}{0.4\text{L}} = 0.25\text{L}$

$V_{HCl} = \dfrac{0.025\text{mol}}{0.2\text{L}} = 0.125\text{L}$

$\therefore$ 희석 전 시약의 총 부피 $= 0.1 + 0.25 + 0.125 = 0.475\text{L}$

필요한 물의 부피 $= 0.5 - 0.475 = 0.025\text{L} = 25\text{mL}$

08

35% 수용액 100mL를 5%의 수용액으로 만들려면 물 몇 mL가 필요한가?

모범답안

$C_1 V_1 = C_2 V_2$

$\dfrac{35}{100} \times 100 = \dfrac{5}{100} \times V_2$

$V_2 = 700\text{mL}$

$\therefore$ 추가해야 할 물의 양 $= V_2 - V_1 = 700\text{mL} - 100\text{mL} = 600\text{mL}$

09

함수량 15.5%인 원맥 300kg을 함수량 19.5%로 조절하려고 한다. 이때 첨가해야 할 물의 양은 얼마인가?

모범답안

① 성분 함량으로 조건을 나타내면
- 초기 농도 : $100 - 15.5 = 84.5\%$
- 최종 농도 : $100 - 19.5 = 80.5\%$

② $C_1 W_1 = C_2 W_2$에서 첨가해야 할 물의 양을 x라 하면

$$\frac{84.5}{100} \times 300 = \frac{80.5}{100} \times (300 + x)$$

$$\therefore \ x = \frac{1,200}{80.5} = 14.9068\text{kg} = 14.91\text{kg}$$

10

30% 용액 A와 15% 용액 B를 혼합하여 25% 용액을 만들었다. 이때 두 용액의 혼합비를 구하시오.

모범답안

① 30% 용액 A의 질량을 xg, 15% 용액 B의 질량을 yg이라고 가정하면
- 혼합 용액의 질량 $= (x + y)$g
- 용액 A의 용질의 질량 $= 0.3x$g
- 용액 B의 용질의 질량 $= 0.15y$g

② $0.25 = \dfrac{0.3x + 0.15y}{x + y}$

$0.05x = 0.1y$

$\therefore \ x : y = 2 : 1$

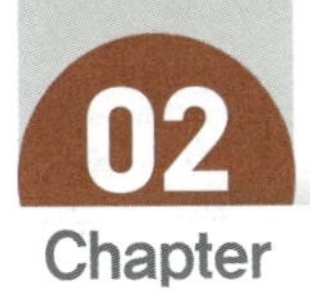

물질수지와 함량

물질은 고립계에서 창조되거나 파괴되지 않는다는 질량보존의 법칙(law of conservation of mass)을 응용한 개념이다. 어떤 공정상 물질의 도입과 배출 그리고 축적 사이의 균형이 맞아야 한다는 것이 물질수지의 개념이다.

$$\Sigma\,\text{IN} = \Sigma\,\text{OUT}$$

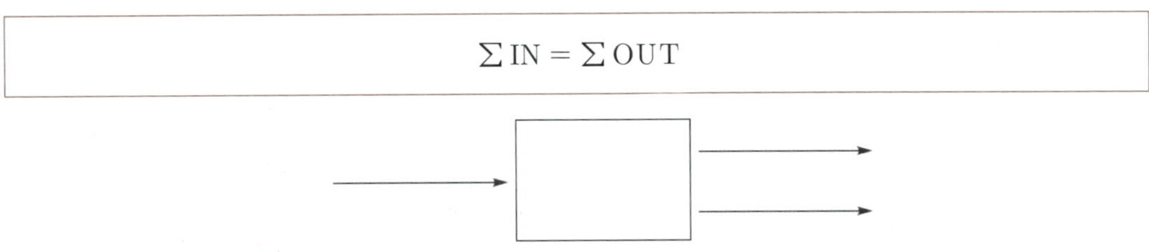

전체 수지식 : Σ공급되는 물질의 총 질량 $=\Sigma$방출되는 물질의 총 질량

성분 수지식 : Σ공급되는 성분 물질의 총 질량 $=\Sigma$방출되는 성분물질의 총 질량

예제

5% 주스 원액 100kg을 감압 농축하여 50%의 농축 주스로 만들었을 때 농축된 주스의 양과 제거되는 물의 양을 Input = Output을 이용하여 계산하여라.

풀이

전체 수지식 : $100\,\text{kg} = (W + C)\text{kg}$

성분 수지식 : $\dfrac{5}{100} \times 100\,\text{kg} = \dfrac{50}{100} \times C\,\text{kg}$

$C = \dfrac{500}{50} = 10\text{kg}$

$W = 100 - 10 = 90\text{kg}$

농축된 주스의 양 : 10kg

제거되는 물의 양 : 90kg

2004년 1회

01 지방률이 3.5%인 원유 5,000kg을 0.1%의 지방률인 탈지유를 혼합시켜 목표 지방률 3.0%의 표준화 우유로 만들 때 탈지유의 첨가량을 계산하시오.

모범답안

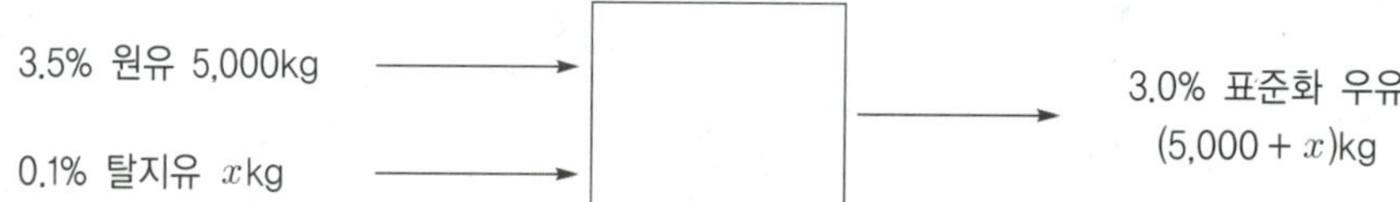

전체 수지식 : $5,000\text{kg} + x\,\text{kg} = (5,000 + x)\text{kg}$

성분 수지식 : $\dfrac{3.5}{100} \times 5,000\text{kg} + \dfrac{0.1}{100} \times x\text{g} = \dfrac{3.0}{100} \times (5,000 + x)\,\text{kg}$

$$17,500 + 0.1x = 15,000 + 3x$$
$$2.9x = 2,500$$
$$x = \frac{2,500}{2.9} = 862.069\text{kg}$$

∴ 탈지유의 첨가량 : 862.069kg

2004년 3회

02 6% 주스 원액 1,000kg을 감압 농축하여 55%의 농축 주스로 만들었을 때 농축된 주스의 양과 제거되는 물의 양을 input = output을 이용하여 계산하시오.

모범답안

전체 수지식 : $1,000\text{kg} = (W + C)\text{kg}$

성분 수지식 : $\dfrac{6}{100} \times 1,000\text{kg} = \dfrac{55}{100} \times C\text{kg}$

$$C = \dfrac{60}{0.55} = 109.09\text{kg}$$

$W = 1,000 - 109.09 = 890.91\text{kg}$

$\therefore$ 농축된 주스의 양 : 109.09kg

제거되는 물의 양 : 890.91kg

03 증발기에 6% 질산칼슘 수용액 10kg를 24%로 농축하려고 한다. 이때 증발시켜야 하는 수분의 양은?

모범답안

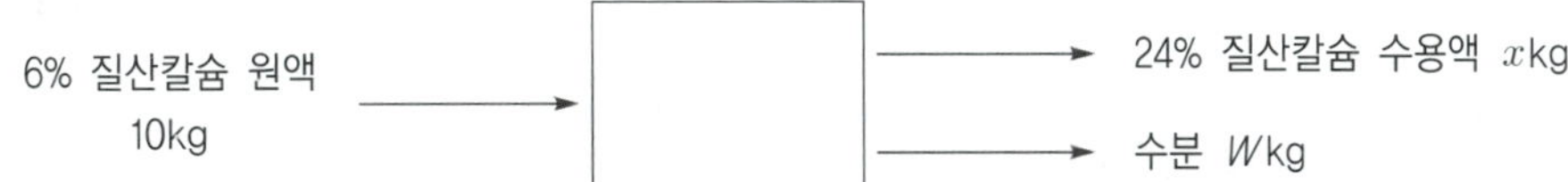

전체 수지식 : $10\text{kg} = x\text{kg} + W\text{kg}$

성분 수지식 : $\dfrac{6}{100} \times 100\text{kg} = \dfrac{24}{100} \times x\text{kg}$

$$x = 2.5\text{kg}$$

$\therefore$ 증발시켜야 할 수분의 양 $= 10\text{kg} - 2.5\text{kg} = 7.5\text{kg}$

04 당도가 12°Brix인 복숭아 시럽 5,000kg을 75°Brix 시럽을 추가하여 12.4°Brix 복숭아 시럽으로 만들 때 (1) 75°Brix 시럽 추가량과 (2) 12.4°Brix로 맞춰서 240mL 캔으로 분당 200개씩 생산한다고 했을 때, 복숭아 시럽을 모두 생산하는 데 드는 시간(분)을 계산하시오.(완제품 비중 1.0408)

모범답안

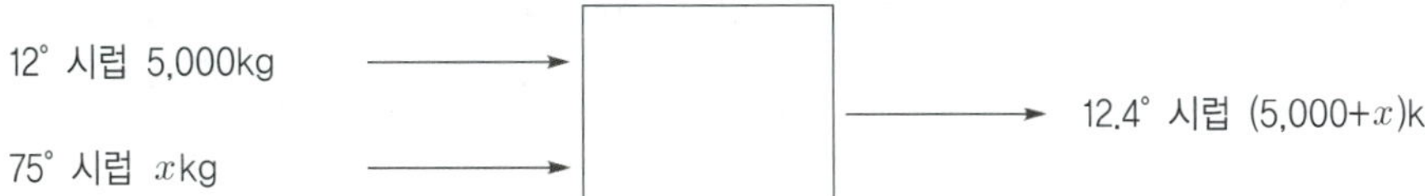

(1) 75°Brix 시럽 추가량

성분 수지식 : $12 \times 5,000 + 75 \times x = 12.4(5,000 + x)$

$$60,000 + 75x = 62,000 + 12.4x$$

$$x = 31.95\text{kg}$$

∴ 시럽 추가량 : 31.95kg

(2) 생산 시간

① 완제품의 비중으로부터 240mL의 질량을 구하면

$$\frac{1.0408\text{g}}{\text{mL}} = \frac{1.0408\text{g} \times 240}{240\text{mL}} = \frac{249.792\text{g}}{240\text{mL}}$$

240mL 캔의 질량이 249.792g이라는 것을 알 수 있다.

② 분당 200캔을 생산한다고 하였으므로 시럽의 분당 생산량은 다음과 같다.

$249.792\text{g} \times 200/\text{min} = 49,958.4\text{g/min} = 49.96\text{kg/min}$

③ 총 시럽의 양은 5,000kg + 31.95kg = 5,031.95kg이므로

$1\text{min} : 49.94\text{kg} = x : 5,031.95\text{kg}$

$$x = \frac{5,031.95}{49.96} = 100.72\text{min}$$

∴ 생산 시간 : 100.72min

2013년 1회

05 염도가 2%인 절임배추 1,000kg에 김치양념이 100kg 들어간다고 가정한다. 최종 염도가 2.5%인 김치 10,000kg을 만들기 위한 절임배추, 김치양념, 소금 세 물량을 각각 계산하시오.

모범답안

① 조건 정리

• 절임배추의 양 : $x$kg

• 김치양념의 양 : $0.1x$kg

• 소금의 첨가량 : $y$kg

② 전체 수지식

$x + 0.1x + y = 10,000\text{kg}$

$1.1x + y = 10,000\text{kg}$ ······ (1)식

③ 소금의 양 = 절임배추의 소금량 + 소금 첨가량

$0.025 \times 10,000 = 0.02x + y$

$250 = 0.02x + y$ …… (2)식

④ (1)식 − (2)식

$(1.1 - 0.02)x = 10,000 - 250$

$x = 9,027.78\text{kg}$

$y = 250 - 0.02 \times 9,027.78 = 69.44\text{kg}$

∴ 절임배추의 양 : 9,027.78kg

　김치양념의 양 : 902.78kg

　소금의 첨가량 : 69.44kg

06 전지우유(지방 함유 5%)에 탈지공정을 통해 지방만 제거해서 저지방우유(수분 88%, 지방 0.5%, 탄수화물 6.3%, 단백질 4.2%, 회분 1%)를 생산하였다. 전지우유의 수분, 탄수화물, 단백질, 회분 함량은 각각 얼마인가?

모범답안

전지우유 (지방 5% 함유)	탈지공정 →	저지방우유 (지방 0.5% 함유)
수분 탄수화물 단백질 회분		수분　88% 탄수화물　6.3% 단백질　4.2% 회분　1%

① 전지우유를 100g이라 가정하면

- 전지우유의 지방 : 5g
- 전지우유의 기타 성분(수분+탄수화물+단백질+회분) : 95g

② 탈지 후 저지방우유의 지방이 0.5%이므로, 저지방우유의 양을 xg이라 하면

- 저지방우유의 지방 : $0.005x$g
- 저지방우유의 기타 성분(수분+탄수화물+단백질+회분) : 95g

③ 저지방우유에서 기타 성분이 99.5%(100% − 0.5%)를 차지하므로

$95\text{g} = 0.995x\text{g}$

$x = \dfrac{95}{0.995} = 95.48$

④ 저지방우유 95.48g 중
- 지방 : $95.48\text{g} \times 0.005 = 0.48\text{g}$
- 수분 : $95.48\text{g} \times 0.88 = 84.02\text{g}$
- 탄수화물 : $95.48\text{g} \times 0.068 = 6.02\text{g}$
- 단백질 : $95.48\text{g} \times 0.042 = 4.01\text{g}$
- 회분 : $95.48\text{g} \times 0.01 = 0.95\text{g}$

⑤ 탈지공정에서는 지방만 제거되고 기타 성분은 그 절대량이 변하지 않으므로 전지우유의 수분, 탄수화물, 단백질, 회분 함량은 다음과 같다.
- 수분 : 84.02%
- 탄수화물 : 6.02%
- 단백질 : 4.01%
- 회분 : 0.95%

07

> 김치를 만들기 위해 원료배추 20kg을 전처리하였더니 배추의 폐기율은 20%(w/w)였다. 전처리된 배추를 일정한 조건하에 절임한 다음 세척·탈수하여 얻어진 절임배추의 무게는 12kg이었고, 염의 함량은 2%(w/w)였다. 절임공정 중 절임수율과 원료배추의 수득률을 계산하시오.(단, 절임수율은 절임공정에서 투입된 원료배추에 대한 절임배추의 비율이며, 원료배추의 수득률은 다듬기 전 원료에서 세척·탈수된 절임배추까지의 순수한 배추만의 변화율을 의미한다.)

모범답안

① 공정 및 기본적인 정보 정리

원료배추 20kg	→ 전처리 폐기율 20%(w/w)	전처리배추 (16kg)	→ 절임공정 (세척·탈수)	절임배추(12kg) (염 함량 : 2%(w/w))

② 절임수율
- 전처리된 배추의 무게 : $20\text{kg} \times 0.8 = 16\text{kg}$
- 절임배추의 무게 : 12kg

$$\therefore \text{절임수율} = \frac{\text{절임배추의 무게}}{\text{전처리 후 배추의 무게}} \times 100 = \frac{12\text{kg}}{16\text{kg}} \times 100 = 75\%$$

③ 수득률

절임배추 12kg 중 염 함량은 2%이므로
- 염의 무게 : $12\text{kg} \times 0.02 = 0.24\text{kg}$
- 순수한 배추의 무게 : $12\text{kg} - 0.24\text{kg} = 11.76\text{kg}$

$$\therefore \text{원료배추의 수득률} = \frac{\text{절임배추의 배추만의 무게}}{\text{원료배추의 무게}} \times 100$$

$$= \frac{11.76\text{kg}}{20\text{kg}} \times 100 = 58.8\%$$

2016년 1회

08 탈산공정을 거친 지방 5,000kg을 지방 무게 2%만큼의 활성백토를 이용하여 탈색하였다. 탈색 후 지방 함량 30%의 폐백토를 얻었을 때, 유지의 손실률은 얼마인가?(단, 탈색 전 활성백토의 수분 함량은 10%였고, 탈색 후 수분 함량은 0%이다.)

모범답안

	탈색된 지방
탈산공정 → 지방 5,000kg → 탈색공정 활성백토(지방 무게 2%) →	폐백토 (지방 함량 30% + 수분 함량 0%)

① 주어진 정보를 정리하면
- 탈산 공정을 거친 지방의 양 = 5,000kg
- 사용한 활성백토의 양 = 지방 무게의 2% = 5,000kg × 0.02 = 100kg
- 탈색 전 활성백토의 수분 함량이 10%이므로 건조백토의 양은
  100kg × 0.9 = 90kg

② 탈색 후 폐백토의 양 = 건조백토의 양 + 지방의 양(폐백토의 30%) + 수분량(0%)
  탈색 후 폐백토의 총량을 $x$kg이라 하면

$$x\text{kg} = 90\text{kg} + 0.3x\text{kg}$$

$$x = \frac{90}{0.7} = 128.57\text{kg}$$

③ 폐백토 내의 지방의 양(손실된 지방의 양) = 128.57kg × 0.3 = 38.57kg

$$\therefore \text{지방 손실률} = \frac{\text{손실된 지방의 양}}{\text{처음 지방의 양}} \times 100$$

$$= \frac{38.57\text{kg}}{5,000\text{kg}} \times 100 = 0.77\%$$

➕ 해설

- 이 문제에서 나오는 탈색공정은 지방을 정제하는 과정 중 하나로, 주로 식용유나 화장품 원료로 쓰이는 기름을 더 깨끗하게 만들기 위해 사용된다.
- 활성백토(activated clay)는 다공성(구멍이 많은) 구조로, 기름 속 불순물, 색소, 중금속, 산화 물질을 흡착해서 제거한다.

09 아미노산을 하루에 50톤 생산하려고 한다. 이때, 100m³짜리 발효조를 몇 개 사용해야 하는가? 발효되는 정도는 60%, 최종 농도는 100g/L이며, 1 cycle은 30시간이다.

모범답안

① 조건 정리

- 목표 생산량 : $50\mathrm{t/day} = 50{,}000\mathrm{kg/day}$

- 발효조 부피 : $100\mathrm{m}^3 \times \dfrac{1\mathrm{L}}{10^{-3}\mathrm{m}^3} = 10^5\mathrm{L}$

- 최종 아미노산 농도 : $100\mathrm{g/L}$

- 발효 수율 : 60%

- 1사이클 : 30시간

② 발효조 1개당 생산량

- 최종 아미노산의 농도 $100\mathrm{g/L} = 0.1\mathrm{kg/L}$

- 발효조 부피 $100\mathrm{m}^3 = 10^5\mathrm{L}$

- 발효조 생산량 $\dfrac{10^4\mathrm{kg}}{10^5\mathrm{L}} = 10$

- 발효율이 60%이므로 발효조 1개당 실제 생산되는 아미노산의 양

$$\frac{10\mathrm{ton}}{10^5\mathrm{L}} \times 0.6 = \frac{6\mathrm{ton}}{10^5\mathrm{L}}$$

③ 발효조 1개당 하루 생산량

1cycle(30시간)에 6ton을 생산하므로 하루(24시간) 동안의 생산량은 4.8ton

④ 하루 50ton을 생산하기 위한 발효조 수

$$4.8\,\mathrm{ton} : 1 = 50\mathrm{ton} : x$$

$$x = \frac{50}{4.8} = 10.416$$

∴ $100\mathrm{m}^3$짜리 발효조가 11개가 필요하다.

10

1배치(batch)당 200kg을 수용할 수 있는 배양기가 원료의 제조에서부터 살균, 청소까지 하는 데 걸리는 시간을 약 40분으로 본다. 하루에 배양기에서 나와야 할 생산량은 총 11톤이다.

(1) 하루 8시간을 가동한다고 가정했을 때, 가동해야 할 배양기의 수는 몇 대인가?
(2) 하루 10시간을 가동한다고 가정했을 때, 가동해야 할 배양기의 수는 몇 대인가?

모범답안

〈조건 정리〉

- 배양기 1대당 1배치 생산량 : 200kg
- 1배치 시간 : 40분(2/3시간)
- 하루 총 생산 목표 : 11,000kg(55배치)

(1) 하루 8시간 가동하는 경우

40분이 1배치이므로, 하루 8시간(8시간×60분＝480분) 동안 12배치가 가동되므로 하루 동안 생산되는 양은 200kg×12＝2,400kg이다.

$$\therefore \ \text{필요한 배양기 수} = \frac{11,000\text{kg}}{2,400\text{kg/대}} = 4.58\text{대} \simeq 5\text{대}$$

(2) 하루 10시간 가동하는 경우

40분이 1배치이므로, 하루 10시간(10시간×60분＝600분) 동안 15배치가 가동되므로 하루 동안 생산되는 양은 200kg×15＝3,000kg이다.

$$\therefore \ \text{필요한 배양기 수} = \frac{11,000\text{kg}}{3,000\text{kg/대}} = 3.6\text{대} \simeq 4\text{대}$$

➕ 해설

Batch란 한 번의 공정에서 처리할 수 있는 최대량을 뜻한다.

열수지와 열전달

01 열역학 법칙

(1) 열역학 제0법칙

① 열평형에 관한 법칙으로, 이 법칙을 통해 온도의 개념을 정의할 수 있음
② 물체 A와 B가 각각 물체 C와 열평형 상태에 있다면, A와 B도 서로 열평형 상태에 있음

(2) 열역학 제1법칙

① 에너지 보존 법칙으로, 에너지는 생성되거나 소멸되지 않고 한 형태에서 다른 형태로 전환될 뿐임
② 투입 전후 또는 제거된 전후의 에너지 총량은 동일함($E_{in} = E_{out}$)

(3) 열역학 제2법칙

① 엔트로피에 관한 법칙
② 고립된 시스템에서 엔트로피는 항상 증가하거나 일정하며, 결코 감소하지 않음. 이는 열이 저온에서 고온으로 자발적으로 흐르지 않으며, 완전한 열기관은 불가능하다는 것을 의미함

(4) 열역학 제3법칙

① 절대영도(0K = −273.15℃)에서 완전한 결정의 엔트로피는 0이라는 법칙
② 절대영도에 도달하는 것은 불가능하다고 설명하기도 함

02 현열과 잠열

(1) 현열(sensible heat)

① 물질의 온도를 변화시키는 데 사용되는 열
② 이 열을 가하거나 빼면 물질의 온도가 올라가거나 내려가며, 온도계로 측정할 수 있어서 '감각으로 느낄 수 있는 열'이라는 의미에서 현열이라고 함
③ 예를 들어, 물을 0℃에서 100℃까지 가열할 때 필요한 열이 현열임

(2) 잠열(latent heat)

① 물질의 상태(고체, 액체, 기체)를 변화시키는 데 사용되는 열

② 이때 온도는 변하지 않고 일정하게 유지되므로 온도계로는 감지할 수 없어서 '숨어있는 열'이라는 의미에서 잠열이라고 함

③ **잠열의 두 가지 주요 유형**

　㉠ **융해열** : 고체가 액체로 변할 때 필요한 열(얼음이 물로 녹을 때)

　㉡ **기화열** : 액체가 기체로 변할 때 필요한 열(물이 수증기로 끓을 때)

④ 예를 들어, 0℃의 얼음이 0℃의 물로 녹을 때는 온도 변화 없이 많은 열이 필요하며, 이것이 바로 잠열임

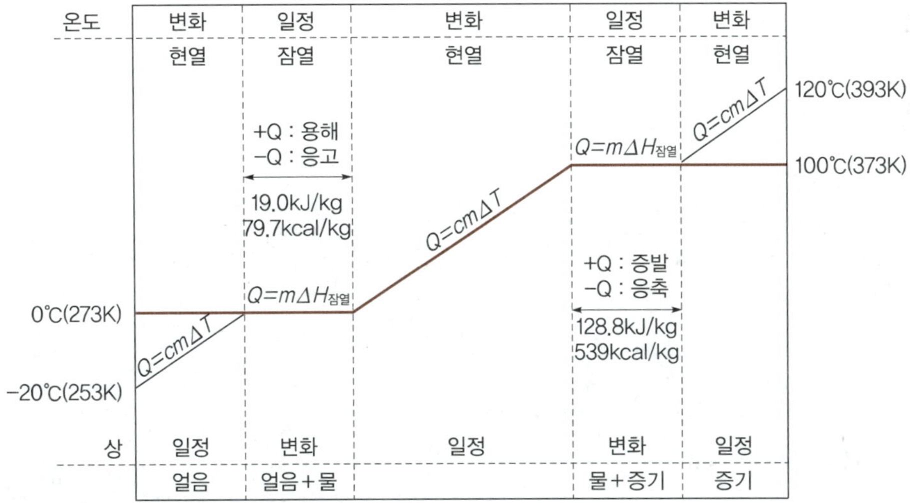

03 열량 계산

(1) 현열 계산

$$Q = cm\Delta T$$

c : 비열[kcal/kg·℃]

m : 질량[kg]

ΔT : 온도 변화[℃]

(2) 잠열 계산

$$Q = m\Delta H_{잠열}$$

(3) 열평형

저온의 물체가 얻은 열량 = 고온의 물체가 잃은 열량

$$T_1℃ \rightarrow T_e℃ \rightarrow T_2℃$$

$$c_1 m_1 (T_e - T_1) = c_2 m_2 (T_2 - T_e)$$

T_e : 평형온도

04 열전달(heat transfer)

온도 차이에 의하여 열이 전달되는 현상을 예측하는 분야로서 열의 전달량뿐만 아니라 열의 시간당 전달률을 예측함

(1) 전달의 형태

① **전도(conduction)**

전도는 온도가 다른 두 물체가 접촉해 있을 때 높은 온도의 물체에서 낮은 온도의 물체로 일어나기도 하고, 한 물체 내에서도 온도 차이가 생기면 일어나기도 함

$$Q = kA \frac{\Delta T}{\Delta x}$$

k : 전도열전달계수, A : 단면적, x : 길이

② **대류(convection)**

㉠ 대류는 높은 에너지를 가진 물질 자체가 이동하면서 에너지를 전달하는 과정임.

㉡ 대류는 기체나 액체에서 주로 일어나는데, 높은 온도의 기체나 액체는 분자의 운동이 활발하고 밀도가 낮아서 낮은 밀도의 기체나 액체가 상승하면서 위쪽으로 에너지가 전달됨

$$Q = \alpha A \Delta T$$

α : 대류열전달계수

③ **복사(radiation)**

복사는 열에너지를 가진 물체가 전자기파를 방출하면서 공간적으로 떨어진 곳에 에너지를 전달하는 과정으로 매개체가 필요 없는 것이 특징임

$$E = \sigma T^4$$

$$Q = \sigma A (T_1^4 - T_2^4)$$

σ : 스테판-볼츠만상수

(2) 전도열 계산

① 푸리에의 법칙(Fourier's law of conduction)

단위시간당 전달되는 열량은 열전도율과 단면적, 단위 길이당 온도의 순간 변화율과 비례함

$$Q = -kA \times \frac{dT}{dx}$$

② 평판인 경우

두 물체 간에 단위시간 동안 전도되는 열량은 두 물체의 온도 차와 접촉된 단면적에 비례하고 거리에 반비례함

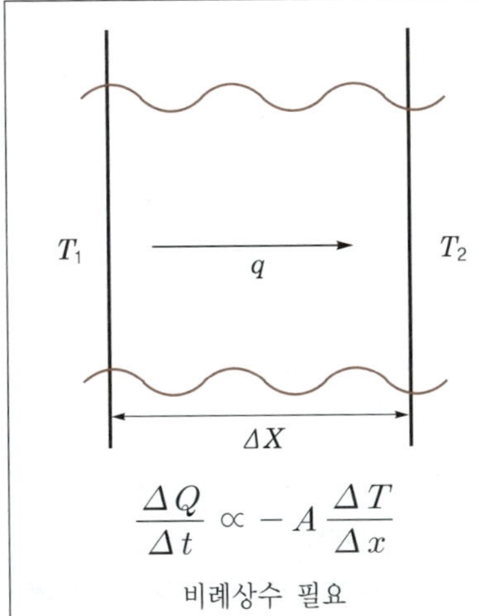

$$\frac{\Delta Q}{\Delta t} = -kA\frac{\Delta T}{\Delta x}$$

$$Q = -kA\frac{\Delta T}{\Delta x} = kA\frac{T_H - T_L}{\Delta x}$$

ΔQ : 열량[J]
Δt : 단위 시간[s]
ΔT : 두 물체의 온도 차[℃]
A : 접촉 단면적[m^2]
Δx : 길이[m]
k : 열전도율 $\left[\dfrac{\text{W}}{\text{m℃}}\right]$

③ 파이프인 경우

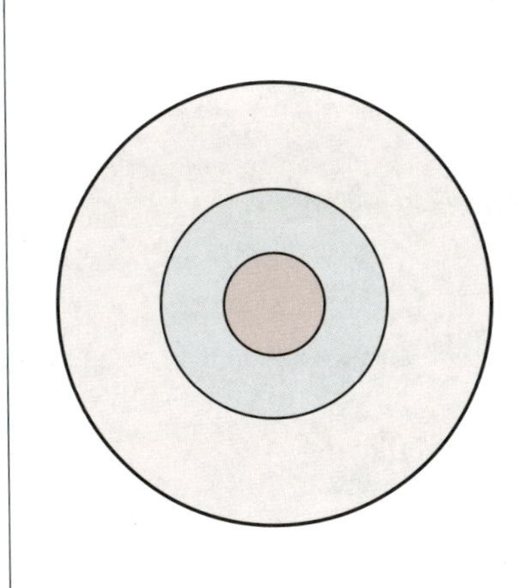

$$\text{단면적 } A = 2\pi r L$$

$$Q = -kA\frac{\Delta T}{\Delta x} = -k(2\pi rL)\frac{dT}{dr}$$

$$\frac{Q}{r}\int_{r_1}^{r_2} dr = -2\pi kL \int_{T_1}^{T_2} dT$$

$$Q\ln\frac{r_2}{r_1} = -2\pi kL(T_2 - T_1)$$

$$Q = \frac{-2\pi kL(T_2 - T_1)}{\ln(r_2/r_1)}$$

$$= \frac{2\pi kL(T_1 - T_2)}{\ln(r_2/r_1)}$$

2023년 1회, 2019년 1회

01

수분함량이 75%인 쇠고기 10kg을 동결한다. 초기 온도는 5℃이었고 동결 후 최종 온도는 −20℃이었다. −20℃에서 동결률이 0.9이었을 때, 동결 과정 중 방출된 얼음의 잠열을 구하시오.(단, 얼음의 융해열은 334kJ/kg이다.)

모범답안

수분의 질량 $= 10\text{kg} \times 0.75 = 7.5\text{kg}$

$Q = m\,\Delta H_{융해} = 7.5\text{kg} \times 334\text{kJ/kg} \times 0.9 = 2{,}254.5\text{kJ}$

2015년 1회

02

−10℃ 얼음 500g을 100℃ 수증기로 바꿀 때의 열량은?(단, 물의 비열 1kcal/kg·K, 얼음의 비열 0.5kcal/kg·K, 물의 기화열 540kcal/kg, 얼음의 융해열 80kcal/kg이다.)

모범답안

① 상태 변화 : −10℃ 얼음 → 0℃ 얼음 → 0℃ 물 → 100℃ 물 → 100℃ 수증기

② 각 단계의 열량

• −10℃ 얼음 → 0℃ 얼음

$Q_1 = cm\Delta T = 0.5\text{kcal/kg}\cdot\text{K} \times 0.5\text{kg} \times 10\text{K} = 2.5\text{kcal}$

• 0℃ 얼음 → 0℃ 물

$Q_2 = m\Delta H_{융해} = 0.5\text{kg} \times 80\text{kcal/kg} = 40\text{kcal}$

• 0℃ 물 → 100℃ 물

$Q_3 = cm\Delta T = 1\text{kcal/kg}\cdot\text{K} \times 0.5\text{kg} \times 100\text{K} = 50\text{kcal}$

• 100℃ 물 → 100℃ 수증기

$Q_4 = m\Delta H_{기화} = 0.5\text{kg} \times 540\text{kcal/kg} = 270\text{kcal}$

③ 총 열량

$Q = Q_1 + Q_2 + Q_3 + Q_4$

$= 2.5 + 40 + 50 + 270 = 362.5\text{kcal}$

03 135g의 물을 11℃에서 41℃로 올리는 데 필요한 열량[kcal]은?(단, 물의 비열은 1kcal/kg·℃이다.)

모범답안

$Q = cm\Delta T$
$\quad = 1\text{kcal/kg}\cdot℃\times 0.135\text{kg}\times(41-11)℃$
$\quad = 4.05\text{kcal}$

04 우유 4,500kg을 5~55℃까지 열변환 장치를 이용해 4,500kg/h만큼 흘려주며 가열한다. 우유의 비열이 3.85kJ/kg·K일 때, 1초당 필요한 열에너지[kW]는?

모범답안

$Q = cm\Delta T$
$\quad = 3.85\text{kJ/kg}\cdot\text{K}\times 4,500\text{kg/h}\times(55-5)\text{K}\times\dfrac{1}{3,600\text{s/h}}$
$\quad = 240.63\text{kJ/s} = 240.63\text{kW}$

05 열교환기에 90℃의 뜨거운 물을 2,000kg/hr 속도로 통과시키고 반대 방향에서 20℃의 식용유를 4,500kg/h의 속도로 투입시켰다. 물이 40℃로 냉각될 때 배출되는 식용유의 온도를 Input = Output을 활용하여 계산하시오.(단, 물의 비열은 1kcal/kg·℃, 식용유의 비열은 0.5kcal/kg·℃이며, 소수 첫째 자리로 답하시오.)

모범답안

물이 잃은 열량 = 식용유가 얻은 열량
$(cm\Delta T)_{물} = (cm\Delta T)_{식용유}$
$1\text{kcal/kg}\cdot℃\times 2,000\text{kg/h}\times(90-40)℃ = 0.5\text{kcal/kg}\cdot℃\times 4,500\text{kg/h}\times(T-20)℃$
$\therefore\ T = 64.4℃$

06 토마토펄프에 직접 100℃의 수증기를 가하여 가열 처리할 때 수증기가 응축되면서 토마토펄프에 포함되면 토마토펄프는 묽어진다. 초기 고형분의 함량이 5%인 토마토펄프를 21℃에서 88℃까지 가열한다면 가열된 토마토펄프에서 고형분의 농도를 구하시오.(단, 이 작업은 대기압 상태에서 수행되며, 고형분의 비열은 0.5kcal/kg·K, 21℃ 물의 엔탈피는 21kcal/kg, 1기압 포화수증기의 엔탈피는 638.8kcal/kg이다.)

모범답안

① 주어진 정보
- 고형분 비열 $= 0.5\text{kcal/kg}\cdot\text{K}$
- 물의 엔탈피 $= 21\text{kcal/kg}$
- 1기압 포화 수증기의 엔탈피 $= 638.8\text{kcal/kg}$

② 초기 토마토펄프의 질량을 1kg으로 가정하면
고형분의 질량 $= 0.05\text{kg}$, 수분의 질량 $= 0.95\text{kg}$

③ 토마토펄프 전체를 21℃에서 88℃까지 올리기 위해 필요한 열량
- 수분의 경우, 물의 비열이 직접 주어지지 않았으나 21℃ 물의 엔탈피가 21kcal/kg이므로 물의 비열이 1kcal/kg·℃임을 알 수 있다.
$$21\text{kcal/kg} \div 21℃ = 1\text{kcal/kg}\cdot℃$$
$$Q_{수분} = cm\Delta T = 1 \times 0.95 \times (88 - 21) = 63.63\text{kcal}$$
- 고형분의 경우
$$Q_{고형분} = cm\Delta T = 0.5 \times 0.05 \times (88 - 21) = 1.675\text{kcal}$$
- 총 필요한 열량
$$Q = Q_{수분} + Q_{고형분} = 63.65 + 1.675 = 65.325\text{kcal}$$

④ 포화 수증기의 엔탈피에서 물의 엔탈피를 빼면 응결된 수증기가 방출하는 열량을 계산할 수 있다.
$$\Delta H = H_{수증기} - H_{물} = 638.8 - 21 = 617.8\text{kcal/kg}$$

⑤ 따라서 응결에 필요한 수증기의 양
$$m = \frac{65.325}{617.8} = 0.1057 \fallingdotseq 0.106\text{kg}$$

⑥ 최종 용액의 질량 관계
- 고형분의 질량 $= 0.05\text{kg}$
- 수분의 질량 $=$ 초기 수분 $+$ 응결된 수증기의 양0 $= .95 + 0.106 = 1.056\text{kg}$
- 용액의 총 질량 $= 0.05 + 1.056 = 1.106\text{kg}$

⑦ 최종 고형분의 농도$(\%) = \dfrac{0.05}{1.106} \times 100 = 4.52\%$

➕ 해설

토마토펄프를 포화수증기가 응결되면서 방출하는 열로 가열하게 되면 응결된 수증기로 인해 토마토펄프의 농도는 묽어지게 되고 그 묽어진 농도를 구하는 문제이다.

2021년 1회

07 물 1kg을 20℃에서 −20℃로 냉각시킨다. 이때 필요한 냉동부하(kJ)를 계산하시오.(단, 동결잠열은 79.6kcal/kg이며, 얼음의 비열은 0.505kcal/kg·℃이다.)

모범답안

① 상태 변화 : 20℃ 물 → 0℃ 물 → 0℃ 얼음 → −20℃ 얼음

② 각 단계의 열량

- 20℃ 물 → 0℃ 물

$$Q_1 = cm\Delta T = 1\text{kg} \times 1\text{kcal/kg} \cdot ℃ \times 20℃ = 20\text{kcal}$$

- 0℃ 물 → 0℃ 얼음

$$Q_2 = m\Delta H_{동결} = 1\text{kg} \times 79.6\text{kcal/kg} = 79.6\text{kcal}$$

- 0℃ 얼음 → −20℃ 얼음

$$Q_3 = cm\Delta T = 0.505\text{kg} \times 1\text{kcal/kg} \cdot \text{K} \times 20℃ = 10.1\text{kcal}$$

③ 총 냉동부하

$$Q = Q_1 + Q_2 + Q_3$$

$$= 20 + 79.6 + 10.1 = 109.7\text{kcal} \times \frac{4.184\text{kJ}}{1\text{kcal}} = 458.98\text{kJ}$$

2020년 1회, 2010년 2회

08 25℃의 1톤 제품을 24시간 내에 −10℃로 동결하고자 할 때 냉동능력(냉동톤)은 얼마인가?(단, 냉동톤 3,320kcal/h, 잠열 79.68kcal/kg, 액체 제품의 비열 1kcal/kg·℃, 고체 제품의 비열 0.5kcal/kg·℃이다.)

모범답안

냉동톤이란 0℃ 물 1ton을 24시간 내에 0℃ 얼음으로 냉동시키는 능력을 말한다.

현열과 잠열을 구분해서 열량을 계산하면 다음과 같다.

① 25℃ → 0℃(액체 냉각)

$$Q_1 = cm\Delta t = 1\text{kcal/kg} \cdot ℃ \times 1,000\text{kg}(25 - 0)℃ = 25,000\text{kcal}$$

② 0℃ → -10℃(고체 냉각)

$$Q_2 = cm\Delta t = 0.5\text{kcal/kg} \cdot ℃ \times 1,000\text{kg}\{10 - (-10)\}℃ = 5,000\text{kcal}$$

③ 0℃ → 0℃(응고)

$$Q_3 = m\Delta H_{용해} = 1,000 \times 79.68$$
$$= 1,000\text{kg} \times 79.68\text{kcal/kg} = 79,680\text{kcal}$$

④ 총 냉동부하 $Q = Q_1 + Q_2 + Q_3 = 25,000 + 5,000 + 79,680 = 109,680\text{kcal}$

$$시간당 \ 냉동부하 = \frac{Q}{24} = \frac{109,680}{24} = 4,570\text{kcal/h}$$

⑤ 총 냉동톤 $\dfrac{4,570}{3,320} = 1.38$냉동톤

2007년 1회

09

> 냉동부하의 의미를 간략히 쓰고, 5℃에서 저장된 양배추 2,000kg의 호흡열 방출에 의한 냉장고 안의 냉동부하(W)를 계산하시오.(단, 5℃에서 양배추의 저장을 위한 열방출은 1ton당 63W로 계산한다.)

모범답안

- 냉동부하란 식품의 냉동을 위해 식품 1kg으로부터 제거해야할 단위 시간당 열량을 말한다.

- 냉장고 안 냉동부하 $Q = 2,000\text{kg} \times \dfrac{1\text{ton}}{1,000\text{kg}} \times 63\text{W/ton} = 126\text{W}$

2004년 2회

10

> 20℃ 명태살 5톤을 12시간 내에 -18℃로 동결하고자 할 때, (1) 냉동부하(kJ) 및 (2) 시간당 냉동부하(kW)는 얼마인가?(단, 명태살 수분함량은 70%, 동결온도는 -2℃이고 냉동 전과 후의 비열은 3.18kJ/kg · K과 1.72kJ/kg · K, 물의 동결 잠열은 332.7kJ/kg이다.)

모범답안

(1) 냉동부하

　① 상태 변화 : 20℃ 물 → -2℃ 물 → -2℃ 얼음 → -18℃ 얼음

　② 각 단계의 열량

　　• 20℃ 물 → -2℃ 물

$$Q_1 = cm\Delta T = 3.18\text{kJ/kg} \cdot \text{K} \times 5,000\text{kg} \times 22\text{K} = 349,800\text{kJ}$$

　　• -2℃ 물 → -2℃ 얼음

$$Q_2 = cm\Delta T_{동결} = (5,000 \times 0.7) \times 332.7\text{kJ/kg} = 1,164,450\text{kJ}$$

- $-2℃$ 얼음 → $-18℃$ 얼음

$$Q_3 = cm\Delta T = 1.72\text{kJ/kg}\cdot\text{K} \times 5,000\text{kg} \times 16\text{K} = 137,600\text{kJ}$$

④ 냉동부하 $Q = Q_1 + Q_2 + Q_3$

$$= 349,800 + 1,164,450 + 137,600 = 1,651,850\text{kJ}$$

(2) 시간당 냉동부하 $= \dfrac{1,651,850\text{kJ}}{12\text{h} \times 3,600\text{s/h}} = 38.24\text{kW}$

11 해동속도는 냉동속도보다 느리다. 물과 얼음의 열전도도 및 열확산율을 이용하여 이 현상을 비교 및 설명하시오.

모범답안

열전도도(k)란 열이 얼마나 잘 전도되는지를 나타내는 물리량으로 열전도도가 클수록 열이 빨리 전달된다.(단위 : W/m·K)

$$q = -k\frac{dT}{dx} \quad (k : \text{열전도도계수}, \ dT : \text{온도 변화}, \ dx : \text{길이})$$

열확산율(도)(α)이란 열이 물질 내에서 얼마나 빠르게 퍼지는지를 나타내는 값이다.(단위 : $\text{m}^2\text{/s}$)

$$\text{열확산율} = \frac{\text{열전도도}}{\text{밀도} \times \text{비열}}, \quad \alpha = \frac{k}{\rho \times c}$$

물의 열전도도와 열확산율 모두 얼음보다 작다. 얼음은 고체 상태이므로 수소결합으로 인해 고정된 격자구조를 이룬다. 따라서 분자들이 잘 정렬되어 있기 때문에 열이 효율적으로 인접 분자에 전달된다. 물은 액체 상태이므로 분자들이 무질서하게 움직이는 상태이다. 수소결합도 계속 끊어지고 재형성되므로 에너지 전달이 불규칙하고 열전달이 느리다.

해동 시에는 물의 비율이 점점 증가하면서 내부로의 열전달이 점차 감소하고, 냉동 시에는 얼음의 비율이 점점 증가하면서 외부로의 열전달이 점차 증가한다. 따라서 냉동속도가 해동속도보다 빠르다.

➕ 해설

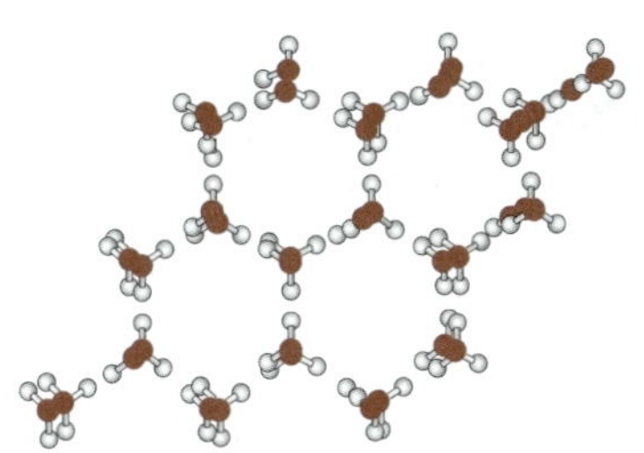

[얼음의 수소결합]

12 지육의 온도가 20℃이고, 자연대류 상태인 냉각실의 온도가 −20℃라고 가정한다. 이때 동결속도를 측정한 후, 지육의 온도가 −20℃인 상태에서 자연대류 상태인 해동실(20℃)에서 해동시킬 때 해동속도를 측정하였더니 동결속도보다 상당히 느리다는 것을 알 수 있었다. 동일한 외부 환경 조건에서도 동결속도와 해동속도가 다른 이유는 무엇인가?

모범답안

물의 열전도도와 열확산율 모두 얼음보다 작다. 해동 시에는 물의 비율이 점점 늘어나면서 내부로의 열전달이 점차 감소하며, 냉동 시에는 얼음의 비율이 점점 증가하면서 외부로의 열전달이 점차 빨라진다. 이러한 점 때문에 냉동속도가 해동속도보다 더 빠르다.

13 두께가 1cm인 합판의 한쪽은 −10℃이고 다른 쪽은 20℃라고 할 때, 합판 1m^{2}를 통해서 한 시간 동안 이동되는 열량은 몇 kJ인지 계산하시오.(단, 합판의 열전도도는 0.042W/m·K이다.)

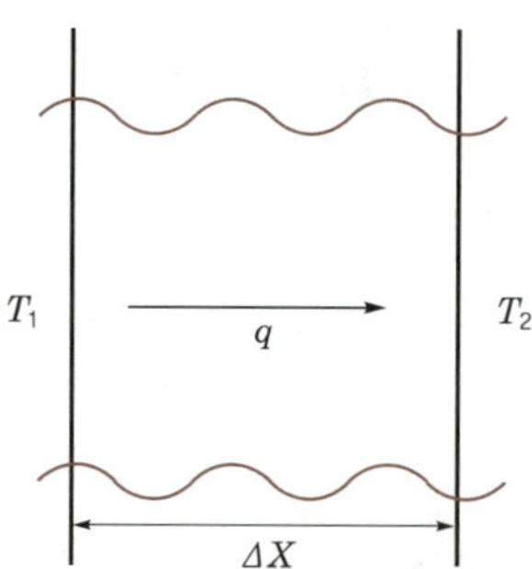

모범답안

$$Q = kA\frac{\Delta T}{\Delta x}$$

$$= 0.042 \text{J/s} \cdot \text{m} \cdot \text{K} \times 1\text{m}^2 \times \frac{\{20-(-10)\}\text{K}}{1\text{cm}} \times \frac{100\text{cm}}{\text{m}} \times \frac{3,600\text{s}}{1\text{h}}$$

$$= 453,600 \text{J/h} = 453.6 \text{kJ/h}$$

14

열전도도가 17W/m·℃인 파이프의 내경이 8cm, 두께가 2cm이다. 파이프를 둘러싼 단열재의 열전도도는 0.035W/m·℃이고 두께는 4cm이다. 파이프 내부의 온도는 130℃이고, 단열재의 표면 온도가 25℃일 때, 파이프 표면(파이프와 단열재가 맞닿는 부분)의 온도는 몇 ℃인지 구하시오.

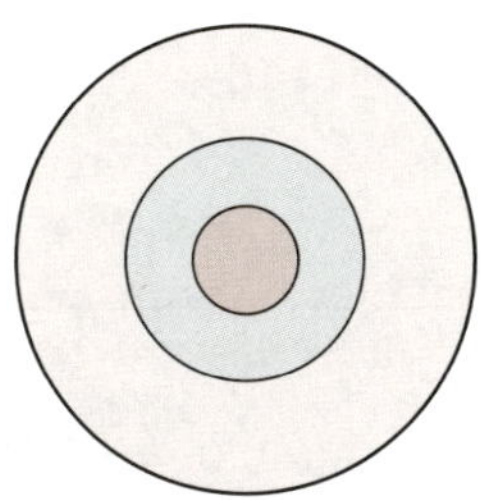

모범답안

① 각 부분의 온도

$$130(T_1)℃ \xrightarrow{\hspace{1cm}} T_2℃ \xrightarrow{\hspace{1cm}} 25(T_3)℃$$

파이프 내부 → 파이프 표면 → 단열재 표면

② 각 표면을 통과하는 단위 시간당 열량은 같음을 이용한다.

$$Q = \frac{2\pi k L \Delta T}{\ln\dfrac{r_2}{r_1}}$$

$$\frac{2\pi k L(T_1 - T_2)}{\ln\dfrac{r_2}{r_1}} = \frac{2\pi k L(T_2 - T_3)}{\ln\dfrac{r_3}{r_2}}$$

$$\frac{17 \times (130 - T_2)}{\ln\dfrac{0.06}{0.04}} = \frac{0.035 \times (T_2 - 25)}{\ln\dfrac{0.10}{0.06}}$$

$$17 \times \ln\frac{5}{3} \times (130 - T_2) = 0.035 \times \ln\frac{3}{2} \times (T_2 - 25)$$

$$\therefore \ T_2 = 129.8286 = 129.83℃$$

반응속도와 촉매론

01 반응속도의 정의

$$aA \xrightarrow{\ k\ } bB$$

$$v = -\frac{1}{a}\frac{d[A]}{dt} = \frac{1}{b}\frac{d[B]}{dt} = k[A]^m$$

속도의 단위 : $\dfrac{\text{M}}{\text{s}} = \dfrac{\text{mol}}{\text{L}\cdot\text{s}}$

k : 반응속도상수, m : 반응차수

$m=0$: 0차 반응

$m=1$: 1차 반응

$m=2$: 2차 반응

02 반응차수의 의미

0차 반응		1차 반응		2차 반응	
$[A]_0\,(\text{M})$	$v\,(\text{M/s})$	$[A]_0\,(\text{M})$	$v\,(\text{M/s})$	$[A]_0\,(\text{M})$	$v\,(\text{M/s})$
1	1	1	1	1	1
2	1	2	2	2	4
3	1	3	3	3	9

03 아레니우스 식

반응속도에 대한 온도 의존성을 나타내는 식

$$k = Ae^{-\frac{E_a}{RT}}$$

A : 잦음률(충돌인자)

E_a : 활성화에너지[J]

R : 기체상수(8.3145J/mol·K)

T : 절대온도[K]

양변에 ln을 취해서 1차 함수의 형태로 정리하면,

$$\ln k = -\left(\frac{E_a}{R}\right)\left(\frac{1}{T}\right) + \ln A$$

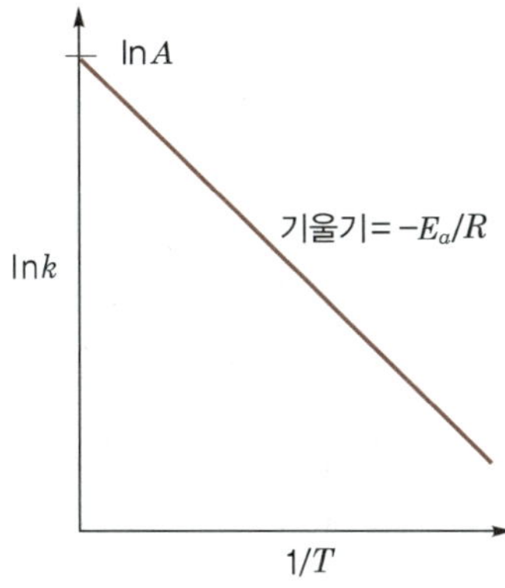

04 반감기 식의 유도

1차 반응

$$\ln[A]_t = -kt + \ln[A]_0$$

$$t = \frac{\ln[A]_0 - \ln[A]_t}{k} = \frac{\ln\left(\dfrac{[A]_0}{[A]_t}\right)}{k}$$

$$[A]_t = \frac{[A]_0}{2}$$

$$t = \frac{\ln\left(\dfrac{[A]_0}{\dfrac{1}{2}[A]_0}\right)}{k}$$

$$\therefore\ t_{1/2} = \frac{\ln 2}{k}$$

	0차 반응	1차 반응	2차 반응
미분 속도식	$v = -\dfrac{d[A]}{dt} = k$	$v = -\dfrac{d[A]}{dt} = k[A]$	$v = -\dfrac{d[A]}{dt} = k[A]^2$
농도 vs 시간			
적분 속도식	$v = -\dfrac{d[A]}{dt} = k$ $-d[A] = k\,dt$ $\displaystyle\int_{[A]_0}^{[A]_t} d[A] = -\int_0^t k\,dt$ $\displaystyle\int dx = x$ $[A]_t - [A]_0 = -kt$ $\therefore\ [A]_t = -kt + [A]_0$	$v = -\dfrac{d[A]}{dt} = k[A]$ $\dfrac{-d[A]}{[A]} = k\,dt$ $\displaystyle\int_{[A]_0}^{[A]_t} \dfrac{1}{[A]} d[A] = -\int_0^t k\,dt$ $\displaystyle\int \dfrac{1}{x} dx = \ln x$ $\ln[A]_t - \ln[A]_0 = -kt$ $\therefore\ \ln[A]_t = -kt + \ln[A]_0$	$v = -\dfrac{d[A]}{dt} = k[A]^2$ $\dfrac{-d[A]}{[A]^2} = k\,dt$ $\displaystyle\int_{[A]_0}^{[A]_t} \dfrac{1}{[A]^2} d[A] = -\int_0^t k\,dt$ $\displaystyle\int \dfrac{1}{x^2} dx = -\dfrac{1}{x}$ $-\dfrac{1}{[A]_t} + \dfrac{1}{[A]_0} = -kt$ $\therefore\ \dfrac{1}{[A]_t} = kt + \dfrac{1}{[A]_0}$
속도상수 결정			
반감기	$t_{1/2} = \dfrac{[A]_0}{2k}$	$t_{1/2} = \dfrac{0.693}{k}$	$t_{1/2} = \dfrac{1}{k[A]_0}$
속도 상수의 단위	M/s	$1/s$	$M^{-1}s^{-1}$

서로 다른 두 온도에서 속도상수를 비교하면 아레니우스 식으로부터 활성화에너지를 결정할 수 있음

$$\ln k_1 = -\left(\frac{E_a}{R}\right)\left(\frac{1}{T_1}\right) + \ln A \ \cdots\cdots \ \text{①}$$

$$\ln k_2 = -\left(\frac{E_a}{R}\right)\left(\frac{1}{T_2}\right) + \ln A \ \cdots\cdots \ \text{②}$$

②－① 하면, $\ln\left(\dfrac{k_2}{k_1}\right) = -\dfrac{E_a}{R}\left(\dfrac{1}{T_2} - \dfrac{1}{T_1}\right)$

$$\therefore \ E_a = -\frac{R\times\ln\left(\dfrac{k_2}{k_1}\right)}{\left(\dfrac{1}{T_2} - \dfrac{1}{T_1}\right)} = -\frac{R\times\ln\left(\dfrac{k_2}{k_1}\right)}{\dfrac{T_1 - T_2}{T_1\,T_2}} = \frac{R\times\ln\left(\dfrac{k_2}{k_1}\right)\times T_1\,T_2}{T_2 - T_1}$$

07 반응 속도식의 활용(Q_{10})

(1) D : 미생물의 농도를 $10^{-1}[A]_0$로 줄이는 데 소요되는 시간

$$t = \frac{\ln\left(\dfrac{[A]_0}{[A]_t}\right)}{k} = \frac{\left(\ln\dfrac{[A]_0}{1/10[A]_0}\right)}{k}$$

$$D = \frac{\ln 10}{k}$$

(2) F : 미생물의 농도를 $10^{-m}[A]_0$로 줄이는 데 소요되는 시간(m : 가열살균지수)

$$F = mD = \frac{\ln 10^m}{k}$$

(3) Z : 반응속도가 10배 빨라지는 데 필요한 온도차

아레니우스 식으로부터 유도해 보면

$$\ln\left(\frac{k_2}{k_1}\right) = -\frac{E_a}{R}\left(\frac{1}{T_2} - \frac{1}{T_1}\right) = \frac{E_a(T_2 - T_1)}{R\times T_1\,T_2} \ \cdots\cdots \ \text{①}$$

Z를 반응속도가 10배 빨라지는 데 필요한 온도차라고 하면, $T_2 = T_1 + Z$

$$\ln 10 = \frac{E_a Z}{R \times T_1 \times (T_1 + Z)} \quad \cdots\cdots ②$$

① ÷ ② 하면, $\dfrac{\ln\left(\dfrac{k_2}{k_1}\right)}{\ln 10} = \dfrac{\dfrac{E_a(T_2 - T_1)}{R T_1 \cdot T_2}}{\dfrac{E_a Z}{R T_1(T_1 + Z)}} = \dfrac{(T_2 - T_1)(T_1 + Z)}{T_2 Z} = \dfrac{T_2 - T_1}{Z}$

> **보충**
>
> 상용로그는 자연로그를 ln10으로 나눈 것이므로
>
> $$\frac{\ln\left(\dfrac{k_2}{k_1}\right)}{\ln 10} = \log\left(\frac{k_2}{k_1}\right)$$
>
> $$\log\left(\frac{k_2}{k_1}\right) = \frac{T_2 - T_1}{Z}$$
>
> $k \propto \dfrac{1}{t}$ 이므로 사용이 편리한 시간으로 나타낼 수 있다.
>
> $$\log\frac{k_2}{k_1} = \log\frac{t_1}{t_2} = \frac{T_2 - T_1}{Z}$$

(4) Q_{10}

① 온도가 $10\,℃$ 상승할 때 반응 속도가 몇 배 증가하는지를 나타내는 값
② 효소 반응, 미생물 성장, 식품의 품질 변화, 부패 속도 등 온도에 민감한 생물학적·화학적 변화를 설명
③ $Q_{10} = 2 \sim 3$이라면, 온도가 $10\,℃$ 상승하면 반응속도가 2배 빨라진다는 의미
④ **일반적인 Q_{10} 값의 범위**
- 대부분의 생물학적 반응 : $Q_{10} = 2 \sim 3$
- 미생물 성장 : $Q_{10} = 2.5 \sim 3.5$
- 효소 반응 : $Q_{10} = 1.5 \sim 2.5$

⑤ **Q_{10}의 유도**

$$\log\frac{v_2}{v_1} = \log Q_{10} = \frac{10}{Z}$$

$$\therefore \ Q_{10} = \frac{v_2}{v_1} = 10^{\frac{10}{Z}}$$

⑥ L : 치사율(멸균 효과)

$$L = \frac{v_2}{v_1} = \frac{k_2}{k_1} = \frac{t_1}{t_2} = \frac{D_1}{D_2} = \frac{F_1}{F_2} = 10^{\frac{T_2 - T_1}{Z}}$$

08 효소 촉매론

(1) 반응 메커니즘

$$X \underset{k_{-1}}{\overset{k_1}{\rightleftharpoons}} W \overset{k_2}{\longrightarrow} Z$$

1단계	$X \rightleftharpoons W$
2단계	$W \rightarrow Z$
전체 반응	$X \rightarrow Z$

① 반응 중간체 : W

② W의 생성속도 변화량 : $\dfrac{d[W]}{dt} = k_1[X]$

③ W의 소비속도 변화량 : $\dfrac{d[W]}{dt} = k_{-1}[W] + k_2[W] = (k_{-1} + k_2)[W]$

④ 정류 상태

$$W의\ 생성속도\ 변화량 = W의\ 소비\ 속도\ 변화량$$
$$k_1[X] = (k_{-1} + k_2)[W]$$

(2) 미카엘리스–멘텐 방정식(Michaelis-Menten equation)

$$E + S \underset{k_{-1}}{\overset{k_1}{\rightleftharpoons}} ES \overset{k_2}{\longrightarrow} E + P$$

① 전제 조건

　㉠ 기질의 농도($[S]$)는 효소의 농도($[E]$)에 비해 매우 큼($[E] \ll [S]$)

　㉡ 반응은 ES가 생성되는 즉시 이루어지므로 초기 반응속도 v는 $[ES]$에 비례한다고 가정
$$v = k_2[ES]$$

　㉢ 정류상태 근사법(steady-state approximation)을 통해 $\dfrac{d[ES]}{dt} = 0$이라고 가정
$$ES의\ 생성속도 = ES의\ 소비속도$$

　㉣ 반응 초기에 생성물의 농도는 매우 작기 때문에 $ES \rightarrow E + P$의 역반응은 일어나지 않는다고 가정

② **유도**

 ㉠ ES의 농도로부터 초기 반응속도 v를 구할 수 있음

$$v = k_2[ES]$$

 ㉡ ES의 생성속도

  ES의 생성속도 $= k_1[E][S] = k_1([E]_t - [ES])[S]$

  $(\because [E] = [E]_t - [ES])$

 ㉢ ES의 소비속도

  ES의 소비속도 $= k_{-1}[ES] + k_2[ES] = (k_{-1} + k_2)[ES]$

 ㉣ ES의 생성속도 $= ES$의 소비속도

  $k_1([E]_t - [ES])[S] = (k_{-1} + k_2)[ES]$

  $[ES]$에 대해 정리하면

  $k_1[E]_t[S] - k_1[ES][S] = (k_{-1} + k_2)[ES]$

  $k_1[E]_t[S] = (k_{-1} + k_2)[ES] + k_1[ES][S]$

  $k_1[E]_t[S] = (k_{-1} + k_2 + k_1[S])[ES]$

$$[ES] = \frac{k_1[E]_t[S]}{k_{-1} + k_2 + k_1[S]}$$

  위 식의 분자 분모에 $\dfrac{1}{k_1}$를 곱해 주면

$$[ES] = \frac{[E]_t[S]}{\dfrac{k_{-1}}{k_1} + \dfrac{k_2}{k_1} + [S]} = \frac{[E]_t[S]}{\dfrac{k_{-1} + k_2}{k_1} + [S]}$$

$$\therefore [ES] = \frac{[E]_t[S]}{K_m + [S]}$$

$$\left(K_m = \frac{k_{-1} + k_2}{k_1} : \text{미카엘리스 상수}\right)$$

(3) K_m

 ① 미카엘리스 상수(Michealis constant)

 ② v_{max}의 절반이 되는 기질의 농도(M)임

 ③ 효소와 기질 간의 친화성을 나타내는 지표로 K_m이 클수록 효소와 기질 간의 친화성이 작다는 것을 의미함. 즉 해리가 잘 됨

 ④ $K_m = \dfrac{k_{-1} + k_2}{k_1}$

⑤ 효소가 기질에 완전히 포화되면 $[ES] = [E]_t$ 이므로 이때의 반응속도 v는 최대 반응속도 $(v_{\max})$가 됨

$$v_{\max} = k_2 [E]_t$$

$$v = k_2 [ES] = \frac{k_2 [E]_t [S]}{K_m + [S]} = \frac{v_{\max} [S]}{K_m + [S]}$$

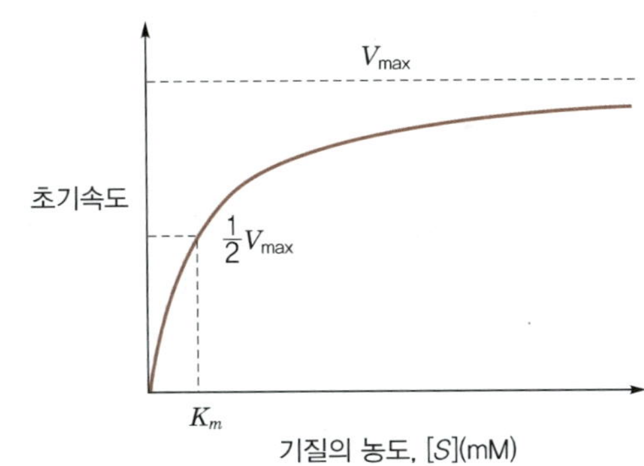

(4) 라인위버-버크 방정식(Lineweaver-Burk equation)

Michaelis-Menten 식의 역수를 취해보면

$$\frac{1}{v} = \frac{k_m}{v_{\max}[S]} + \frac{[S]}{v_{\max}[S]}$$

위의 식을 1차 함수의 형태로 정리하면 다음과 같다.

$$\frac{1}{v} = \frac{k_m}{v_{\max}} \frac{1}{[S]} + \frac{1}{v_{\max}}$$

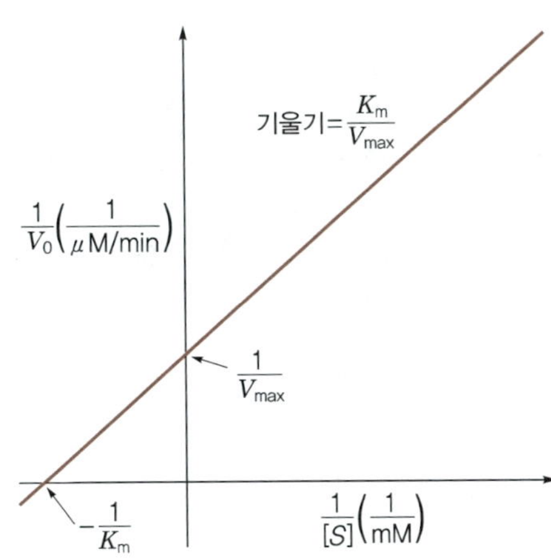

2023년 3회

01

비타민 C 파괴는 1차 반응이며, 그 반응 속도식은 다음과 같다. 비타민 C가 초기 농도의 1/4로 줄어드는 데 240일이 걸렸을 때의 반응속도상수를 구하시오.(결과값은 소수 넷째 자리에서 반올림하여 소수 셋째 자리로 표기할 것)

$$\langle\text{1차 반응 속도식}\rangle$$

$$-\frac{d[A]}{dt} = k[A]$$

($[A]$: A의 농도, k : 반응속도상수, t : 시간)

모범답안

① 1차 반응에 대한 적분 속도식은 다음과 같다.

$$\ln[A]_t = -kt + \ln[A]_0$$

② 비타민 C의 함량이 240일 후에 1/4로 감소하였으므로

$$[A]_{240} = \frac{1}{4}[A]_0, \quad t = 240\,\text{day}$$

③ 적분 속도식에서 k 값을 유도하여 대입하면

$$k = \frac{\ln\left(\dfrac{[A]_0}{[A]_t}\right)}{t} = \frac{\ln\left(\dfrac{[A]_0}{\dfrac{1}{4}[A]_0}\right)}{t}$$

$$= \frac{\ln 4}{t} = \frac{\ln 4}{240} = 0.005776228\,\text{day}^{-1} = 0.006\,\text{day}^{-1}$$

02
> Q_{10} 값이 2이고, 20℃에서 반응속도가 10mol/m$^3 \cdot$s일 때, 30℃에서의 반응속도를 계산하시오.

모범답안

$Q_{10} = 2$라는 것은 온도가 10℃ 상승할 때마다 반응속도가 2배 증가함을 의미한다.

온도가 20℃일 때 반응속도가 10mol/m$^3 \cdot$s이므로

$$Q_{10} = \frac{v_{30}}{v_{20}} = \frac{v_{30}}{10\text{mol/m}^3 \cdot \text{s}} = 2$$

$$v_{30} = 2 \times 10\text{mol/m}^3 \cdot \text{s} = 20\,\text{mol/m}^3 \cdot \text{s}$$

03
> 비타민 B$_1$의 저장 중 파괴속도 $Q_{10} = 2.5$일 때 Z 값을 계산하시오.(단, 단위를 반드시 기재하시오.)

모범답안

Z란 반응속도가 10배 빨라지는 데 필요한 온도 차이므로 Z의 단위는 온도 단위이다.

$$Z = \frac{10}{\log Q_{10}} = \frac{10}{\log 2.5} = 25.13\,℃$$

04 온도에 따라 농도가 감소하는 속도가 달라져 품질유지기한이 변하는 식품이 있다. 이 성분이 파괴되는 데 요구되는 활성화에너지 E_a는 3,332cal/mol이다. 21℃일 때 반응속도상수 k는 0.00157/day이다. 25℃일 때의 품질유지기한을 구하시오.(단, $R=1.987$cal/mol·K이며. 식품 성분의 농도가 75%일 때까지를 품질유지기한이라고 한다.)

모범답안

서로 다른 두 온도에서 아레니우스 식으로부터 속도상수의 비를 이용해 25℃일 때의 반응속도상수를 구할 수 있고, 반응속도상수로부터 품질유지기한을 구할 수 있다.

$$\ln\left(\frac{k_2}{k_1}\right) = -\frac{E_a}{R}\left(\frac{1}{T_2} - \frac{1}{T_1}\right)$$

$$\ln\left(\frac{k_2}{0.00157}\right) = -\frac{3,332}{1.987}\left(\frac{294-298}{294 \times 298}\right) = 0.0766$$

$$k_2 = e^{0.0766} \times 0.00157 = 0.00169$$

$$t = \frac{\ln\left(\frac{[A]_0}{[A]_t}\right)}{k_2} = \frac{\ln\left(\frac{[A]_0}{(3/4)[A]_0}\right)}{k_2} = \frac{\ln\frac{4}{3}}{k_2} = 169.7450$$

$\therefore$ 품질유지기한 $= 169$day

05 미카엘리스–멘텐 식에서, K_m의 정의를 쓰고 K_m 값이 상대적으로 높은 것과 낮은 것에 대하여 비교하여 설명하시오.

모범답안

$$E + S \underset{k_{-1}}{\overset{k_1}{\rightleftharpoons}} ES \overset{k_2}{\longrightarrow} E + P$$

$$\therefore \ v = \frac{v_{\max}[S]}{K_m + [S]} \quad \left(K_m = \frac{k_{-1} + k_2}{k_1}\right)$$

K_m은 미카엘리스 상수로, 기질의 농도에 따른 효소 – 기질 친화도를 나타내는 지표이며, 미카엘리스–멘텐 방정식에서 $v_{\max}$의 절반이 되는 기질의 농도를 말한다. K_m 값이 높을수록 효소 – 기질 간 친화도가 낮아 해리가 잘 되고, K_m 값이 낮을수록 효소 – 기질 간 친화도가 높아서 해리가 잘 되지 않는다.

06 다음 Michaelis–Menten 식의 값을 구하시오.

$$v = \frac{v_{\max}[S]}{K_m + [S]}$$

$$S(\text{기질 농도}) = 5.0 \times 10^{-5}\,\text{M}$$

(1) $v_{\max}$가 75.0일 때 K_m 값을 구하시오.
(2) $K_m = [S]$일 때의 반응속도를 구하시오.

모범답안

(1) K_m 값은 $v_{\max} = 75$일 때의 기질농도의 절반이 되는 값이다.

$$5 \times 10^{-5} \times \frac{1}{2} = 2.5 \times 10^{-5}\,\text{M}$$

(2) $K_m = [S]$이므로

$$v = \frac{v_{\max}[S]}{K_m + [S]} = \frac{v_{\max}[S]}{2[S]} = \frac{v_{\max}}{2} = \frac{75}{2} = 37.5\,\text{mol/L·s}$$

중화적정과 등전점

01 산과 염기의 정의

(1) 아레니우스 산염기

① **산** : 수용액에서 H^+을 내놓는 물질

$$HCl(aq) \rightarrow H^+(aq) + Cl^-(aq)$$

② **염기** : 수용액에서 OH^-을 내놓는 물질

$$NaOH(aq) \rightarrow Na^+(aq) + OH^-(aq)$$

(2) 브뢴스테드–로우리 산염기

① **산** : 양성자를 제공하는 물질(H^+ donor)

$$K_a = \frac{[Cl^-][H_3O^+]}{[HCl]}$$

② **염기** : 양성자를 공급받는 물질(H^+ acceptor)

$$K_b = \frac{[NH_4^+][OH^-]}{[NH_3]}$$

- 할로젠화수소산 : HF, HCl, HBr, HI
- 산소산 : HNO_3, H_2SO_4, H_2CO_3, CH_3COOH

① 반응에 따라 산 또는 염기로 작용할 수 있는 물질
② 양쪽성 물질은 H^+을 내놓을 수도 있고, H^+을 받을 수도 있는 물질임
③ 예를 들면, H_2O, HS^-, HCO_3^-, HSO_4^-, 아미노산 등

$$H_2CO_3 \quad \underset{K_{b_2}}{\overset{K_{a_1}}{\rightleftarrows}} \quad \boxed{HCO_3^-} \quad \underset{K_{b_1}}{\overset{K_{a_2}}{\rightleftarrows}} \quad CO_3^{2-}$$

$$\underset{산}{HCO_3^-}(aq) + H_2O(l) \rightleftarrows CO_3^{2-}(aq) + H_3O^+(aq)$$

$$K_{a_2} = \frac{[CO_3^{2-}][H_3O^+]}{[HCO_3^-]}$$

$$\underset{염기}{HCO_3^-}(aq) + H_2O(l) \rightleftarrows H_2CO_3(aq) + OH^-(aq)$$

$$K_{b_2} = \frac{[H_2CO_3][OH^-]}{[HCO_3^-]}$$

02 중화적정

(1) 산염기 중화적정

① 산과 염기의 중화반응을 이용하여 용액의 농도를 알아내는 방법
② 농도를 알고 있는 염기 또는 산의 표준용액으로 농도를 모르는 산 또는 염기 용액의 농도를 결정하는 정량분석법

(2) 공식

중화반응의 양적 관계와 동일함

$$(nMV)_a = (nMV)_b$$

농도를 모르는 염산(HCl) 수용액 100mL에 0.1M 수산화나트륨(NaOH) 수용액 50mL를 떨어뜨렸더니 중화점에 도달하였다. HCl 수용액의 농도는 얼마인가?

풀이

$$(nMV)_{\text{HCl}} = (nMV)_{\text{NaOH}}$$

$$1 \times M \times 100 = 1 \times 0.1 \times 50$$

$$M_{\text{HCl}} = 0.05\,\text{M}$$

03 역가(factor)

(1) 역가의 정의

① 어떤 농도의 용액을 제조하다 보면 각 과정마다 오차가 발생할 수 있기 때문에 만들어진 용액의 농도는 100% 정확할 수가 없음
② 따라서 제조한 용액의 농도가 실험결과에 큰 영향을 미치는 용량 분석에 사용되는 용액들은 반드시 그 용액이 얼마나 정확하게 만들어졌는지를 확인한 후에 실험에 이용하여야 함
③ 이와 같이 「용량 분석에서 용액이 얼마나 정확하게 제조되었는지를 확인하는 것을 그 용액의 역가를 측정한다.」라고 하며 간단히 f 또는 F로 표시함

$$역가 = \frac{실험값}{이론값(목표값)}$$

(2) 역가의 해석

① 정확하게 만들어진 용액의 역가는 1, 정량보다 용질이 적게 들어간 용액은 1보다 작게, 반대로 용질이 많이 들어간 용액은 1보다 크게 나타남
② 예를 들어 0.1N NaOH 용액의 역가를 측정하였더니 그 역가가 1이었다면 이 용액 100mL 중에는 NaOH가 정확하게 0.4g 용해되어 있다는 것이며, 역가가 1.03이었다면 NaOH가 정량의 1.03배(0.4g×1.03=0.412g) 용해되어 있다는 것이고 역가가 0.98이었다면 NaOH가 정량의 0.98배(0.4g×0.98=0.392g) 용해되어 있다는 것임
③ 1N HCl($f = 1.025$)의 노르말 용액이 있다면 이것은 정확히 1N HCl을 뜻하는 것이 아니라 노르말 용액의 농도에 역가를 곱한 1×1.025, 즉 1.025N HCl이 실제의 노르말농도이므로 그대로 사용하거나 이것을 $f = 1.0$이 되게 하여 사용하면 됨
④ 역가를 1로 근접시키기 위해서는 다음의 식을 이용하면 됨

$$(fNV)_a = (fNV)_b$$

0.2N HCl(f=1.125) 500mL에 물 몇 mL를 추가하면 0.2N HCl로서 f=1.0이 되겠는가?

풀이

$(fNV)_{희석전} = (fNV)_{희석후}$

$1.125 \times 0.2 \times 500 = 1 \times 0.2 \times V$

$V = 562.5\text{mL}$

추가해야 할 물의 부피는 $562.5 - 500 = 62.5\text{mL}$이다.

예제-2

실험실에서 0.1000N의 황산(H_2SO_4) 표준 용액을 제조하였으나, 정확한 농도를 알기 위해 1차 표준물질인 탄산나트륨(Na_2CO_3)으로 표정하였다. 탄산나트륨 시료 0.05300g을 취하여 물에 녹인 후, 황산 용액으로 적정하였더니 황산 용액이 26.45mL 소비되었다면, 이때, 황산 용액의 역가(factor)를 계산하시오.(탄산나트륨의 몰질량 = 105.99g/mol)

풀이

탄산나트륨은 2가 염기로 작용하며, 황산은 2가 산이다. 따라서 반응식은 다음과 같다.

$$Na_2CO_3(aq) + H_2SO_4(aq) \rightarrow Na_2SO_4(aq) + H_2O(l) + CO_2(g)$$

$$역가 = \frac{실험값}{이론값(목표값)}$$

황산의 역가를 구하기 위해서는 실험값부터 구해야 한다. 이론값은 0.1N이다.

탄산나트륨의 당량 = 당량수 × 몰수

$$= 2\text{eq/mol} \times \frac{0.053\text{g}}{105.99\,\text{g/mol}} = 1.0 \times 10^{-3}\text{eq}$$

황산의 당량 = 노르말농도 × 부피

$$= 0.1\text{N} \times 0.02645\text{L} = 2.645 \times 10^{-3}\text{eq}$$

계산상 황산의 당량은 $2.645 \times 10^{-3}\text{eq}$이지만, 실험에서 탄산나트륨과 반응한 황산의 당량은 $1.0 \times 10^{-3}\text{eq}$이다. 이것이 바로 실제와 이론의 차이이고, 역가는 이 차이를 보정해주는 값이다.

황산의 실제 당량을 이용하여 황산의 실제 노르말농도를 구하면 다음과 같다.

$$N = \frac{eq}{V} = \frac{1.0 \times 10^{-3}\text{eq}}{0.02645\text{L}} = 0.0378\text{N}$$

$$\therefore f = \frac{0.0378\text{N}}{0.1\text{N}} = 0.378$$

(1) 산의 세기(강산과 약산)에 따른 이온화도

① 강산(HA)

$$HA(aq) \quad \rightarrow \quad H^+(aq) \quad + \quad A^-(aq)$$

$$
\begin{array}{ccc}
10,000 & & \\
-10,000 & +10,000 & +10,000 \\
\hline
 & 10,000 & 10,000
\end{array}
$$

$$\text{이온화도}(\alpha) = \frac{\text{이온화된 산의 몰수}}{\text{산의 몰수}} = \frac{10,000}{10,000} = 1$$

② 약산(HB)

$$HB(aq) \quad \rightarrow \quad H^+(aq) \quad + \quad B^-(aq)$$

$$
\begin{array}{ccc}
10,000 & & \\
-10 & +10 & +10 \\
\hline
9990 & 10 & 10
\end{array}
$$

$$\text{이온화도}(\alpha) = \frac{\text{이온화된 산의 몰수}}{\text{산의 몰수}} = \frac{10}{10,000} = 0.001$$

(2) 1가산의 중화적정(약산 HA)

① $V = \dfrac{1}{2} V_{eq}$

$$HA(aq) \quad + \quad OH^-(aq) \quad \rightarrow \quad A^-(aq)$$

$$
\begin{array}{ccc}
0.01\,\text{mol} & 0.005\,\text{mol} & \\
-0.005 & -0.005 & +0.005 \\
\hline
0.005 & 0.0 & 0.005
\end{array}
$$

$$HA(aq) \quad \rightarrow \quad A^-(aq) \quad + \quad H^+(aq)$$

$$
\begin{array}{ccc}
0.005\,\text{mol} & 0.005\,\text{mol} & \\
-x & +x & +x \\
\hline
0.005-x & 0.005+x & x
\end{array}
$$

용액의 부피가 1L라면 약산법에 의해

$$[\mathrm{H}^+] = K_a \times \frac{[\mathrm{HA}]}{[\mathrm{A}^-]} = 10^{-5} \times \frac{0.005 - x}{0.005 + x} = 10^{-5}\,\mathrm{M}$$

$$\therefore\ \mathrm{p}H = \mathrm{p}K_a$$

② pH 적정곡선

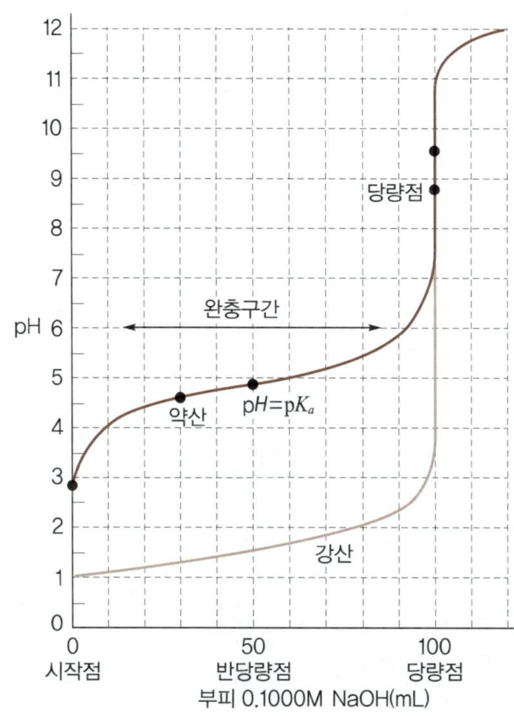

05 등전점(isenelectric point)

(1) 등전점의 정의

① 알짜 전하를 갖지 않는 용매의 pH를 등전 pH 또는 등전점이라 하며 pI로 표기함
② 단백질, 아미노산 등과 같은 양쪽성 전해질에서 분자의 전하는 용매의 pH에 따라 변화함
③ 용매의 pH가 자신의 등전 pH에 도달하면 분자의 알짜전하량은 0이 되며 전기장 내에서 이동하지 않게 됨

(2) 아미노산

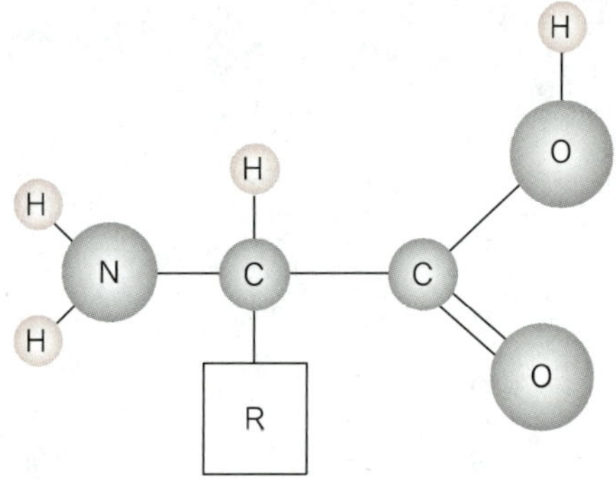

H : 수소
R : 알킬기(C_nH_{2n+1})
NH_2 : 아미노기
COOH : 카복시기

(3) 쯔비터 이온(Zwitter ion)

(4) 액성에 따른 아미노산의 구조

(5) pH에 따른 아미노산의 적정 곡선

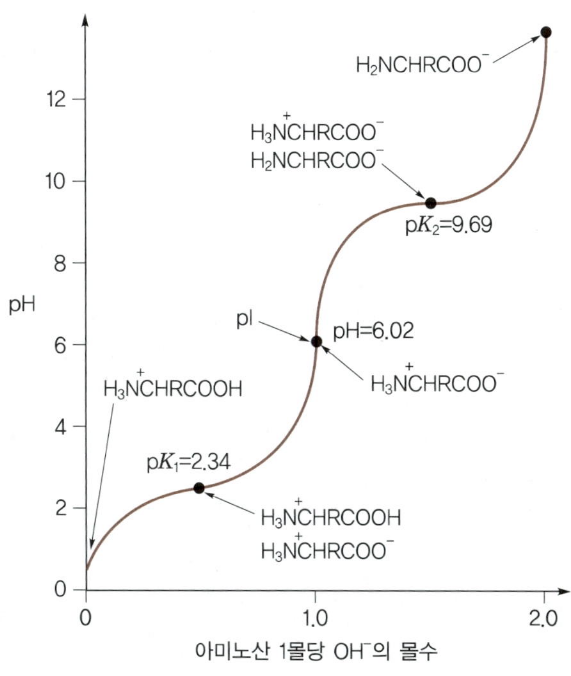

기출문제

05 Chapter

01 0.1N HCl 수용액의 역가를 알아내기 위해 해당 용액 10mL를 취하여 페놀프탈레인 시약을 1~2 방울 떨어뜨린 후, 뷰렛에 담긴 표준 용액으로 적정하였다. 이때 적정에 사용한 용액은 0.1N Na₂CO₃($f = 1.0039$)이고, 뷰렛에서의 소모량은 9.98mL이었을 때, 0.1N HCl의 역가를 계산하시오.(단, 결과값은 소수 넷째 자리에서 버림으로 하여 셋째 자리까지 표기할 것)

모범답안

① 용량 분석에서 용액이 얼마나 정확하게 만들어졌는지를 확인하는 것을 그 용액의 역가(factor)를 측정한다고 하며 간단히 f 또는 F로 표시한다.

② 중화적정 화학반응식

$$2HCl(aq) + Na_2CO_3(aq) \rightarrow 2NaCl(aq) + H_2O(l) + CO_2(g)$$

$$2H^+(aq) + CO_3^{2-}(aq) \rightarrow H_2O(l) + CO_2(g)$$

③ HCl의 당량 = Na₂CO₃의 당량

$$(fNV)_{HCl} = (fNV)_{Na_2CO_3}$$

$$f_{HCl} = \frac{(fNV)_{Na_2CO_3}}{(NV)_{HCl}} = \frac{1.0039 \times 0.1 \times 9.98}{0.1 \times 10} = 1.0018922$$

$$\therefore \ HCl의 \ 역가 = 1.001$$

02 0.1N NaOH($f = 1.010$) 20mL를 적정하는 데 0.1N HCl 20.20mL를 소비했다. HCl의 역가를 구하시오.

모범답안

① 중화적정 화학반응식

$$HCl(aq) + NaOH(aq) \rightarrow NaCl(aq) + H_2O(l)$$

$$H^+(aq) + OH^-(aq) \rightarrow H_2O(l)$$

② HCl의 당량 $=$ NaOH의 당량

$$(fNV)_{\text{HCl}} = (fNV)_{\text{NaOH}}$$

$$f_{\text{HCl}} = \frac{(fNV)_{\text{NaOH}}}{(NV)_{\text{HCl}}} = \frac{1.010 \times 0.1 \times 20}{0.1 \times 20.20} = 1.000$$

$$\therefore \ \text{HCl의 역가} = 1.00$$

03 다음의 정의를 쓰시오.

> 표준용액, 표정, 역가

모범답안

- 표준 용액 : 산 – 염기 중화적정 시 정확한 농도를 알고 있는 용액
- 표정 : 농도를 정확히 알 수 없는 용액의 실제 농도를 정확하게 측정하는 과정을 말한다. 중화적정에서는 주로 산이나 염기 용액의 실제 농도를 구할 때 사용한다.
- 역가 : 용량 분석에서 용액이 얼마나 정확하게 제조되었는지를 확인하는 것을 그 용액의 역가를 측정한다고 말한다. f 또는 F로 표시한다.

$$\text{역가} = \frac{\text{실험값}}{\text{이론값(목표값)}}$$

04 중화적정의 정의에 의한 표준용액, 종말점, 지시약에 대해 설명하시오.(단, 표준용액, 지시약은 종류를 1가지씩 쓰시오.)

모범답안

- 표준용액 : 산 – 염기 중화적정 시 정확한 농도를 알고 있는 용액(HCl, NaOH 등)
- 종말점 : 산 – 염기 중화적정에서 육안으로 봤을 때 지시약을 통해 중화반응이 끝난 지점
- 지시약 : 산 – 염기 중화적정에서 pH의 변화에 따른 색 변화로 적정의 당량점을 간접적으로 알 수 있도록 지시해주는 시약(예 페놀프탈레인, 메틸오렌지, BTB 등)

05 산가 측정을 위해 KOH(분자량 56.1) 0.01N을 조제하여 유지시료에 떨어뜨렸더니, KOH 수용액이 2mL 반응하였다. 이때, 유지에 반응한 KOH의 mg 수를 계산하시오.

모범답안

$(nMV)_{유지} = (nMV)_{KOH}$

$(nMV)_{KOH} = 1 \times 0.01 \times 2 \times 10^{-3} = 2 \times 10^{-5} \, \mathrm{mol}$

$2 \times 10^{-5} \, \mathrm{mol} = \dfrac{w \, \mathrm{g}}{56.1 \, \mathrm{g/mol}}$

$w = 112.2 \times 10^{-5} \, \mathrm{g} \times \dfrac{10^3 \, \mathrm{mg}}{\mathrm{g}} = 1.122 \, \mathrm{mg}$

06 다음은 0.1N NaOH 표준용액 100mL를 제조하고, 이를 표정하는 실험 과정이다. 옳지 않은 지문을 선택하여 옳게 고치시오.

① 0.1N NaOH(화학식량 : 40) 수용액 100mL을 만드는 데 필요한 NaOH 200mL를 비커에 정밀히 취한다.
② 증류수 100mL를 정확히 취한 뒤, 이를 비커에 천천히 부어가면서 유리 막대로 저어 가루가 남지 않도록 완전히 녹여 용액을 제조한다.
③ 뷰렛의 콕을 열고 조제된 용액으로 먼저 뷰렛을 씻어 내리다가 뷰렛의 콕을 닫고 제조된 NaOH 수용액을 채운다.
④ 깨끗한 피펫을 이용하여 0.1N HCl 25mL를 삼각플라스크에 넣고 페놀프탈레인 용액 몇 방울을 떨어뜨린다.
⑤ 삼각플라스크 밑에 흰 종이를 깐 뒤, 뷰렛의 콕을 열어 제조된 NaOH 수용액을 한 방울씩 떨어뜨려 엷은 홍색이 될 때까지 주기적으로 흔들어주며 적정한다.

모범답안

② 취한 NaOH를 유리 막대로 저어 가루가 남지 않도록 완전히 용해시킨 후 증류수를 채워 100mL 표선까지 맞춘다.

07 1.0N oxalic acid($C_2H_2O_4$) 500mL를 만드는 데 필요한 oxalic acid 양과 만드는 방법을 간단히 쓰시오.(oxalic acid의 분자량 126.07g/mol)

모범답안

① 필요한 oxalic acid의 양

$C_2H_2O_4$은 2가 산이므로 $C_2H_2O_4$ 1몰은 2당량에 해당한다.

$$C_2H_2O_4(aq) + 2H_2O(l) \rightleftharpoons C_2O_4^{2-}(aq) + 2H_3O^+(aq)$$

따라서 1N = 0.5M이다.

필요한 몰수 $= MV = 0.5M \times 0.5L = 0.25\,mol$

필요한 질량 $= nM_w = 0.25mol \times 126.07g/mol = 31.5175g$

② 제조 방법

- 500mL의 증류수를 메스실린더에 계량한다.
- oxalic acid 31.517g을 비커에 넣은 후 측정해 놓은 증류수 중 일부를 첨가하여 용해한다.
- 남은 증류수를 이용하여 oxalic acid를 완전히 녹여준다.
- 표준물질(1N NaOH)로 표정하여 factor를 구한다.

참고

$C_2H_2O_4$의 루이스 구조식은 다음과 같다.

08 다음은 OH⁻ 첨가에 따른 glycine의 pH 변화를 나타낸 곡선이다. glycine의 화학식은 H_2N-CH_2-COOH 형태로 표기한다. 이때, 점 B와 점 D에 해당하는 이온의 형태를 화학식으로 나타내시오.

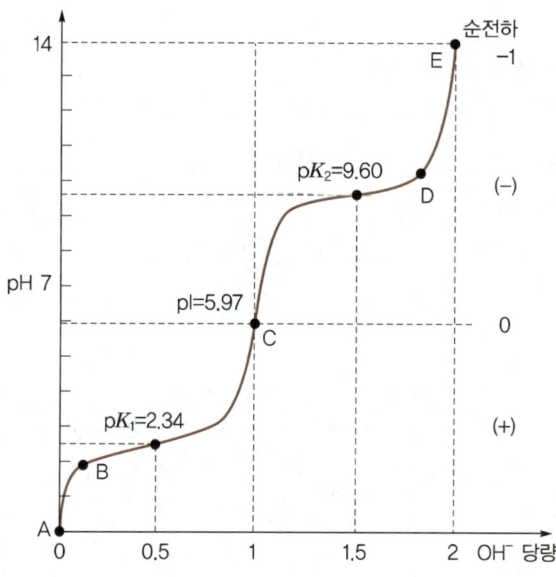

모범답안

- B : $H_3N^+ - CH_2 - COOH$

- D : $H_2N - CH_2 - COO^-$

해설

$$H_3\overset{+}{N} - \underset{R}{\overset{COOH}{\underset{|}{\overset{|}{C}}}} - H$$

B의 구조식

$$H_2N - \underset{R}{\overset{COO^-}{\underset{|}{\overset{|}{C}}}} - H$$

D의 구조식

크로마토그래피

01 크로마토그래피(chromatography)의 개념과 해석

(1) 크로마토그래피의 정의

두 가지 이상의 유사한 성분으로 이루어진 복잡한 혼합물을 물질들의 성질 차이를 이용하여 단일 성분으로 분리하는 방법

(2) 크로마토그래피의 원리

① 시료의 성분에 따라 물질이 고정상(stationary phase)과 이동상(mobile phase)으로 다르게 분포하는데, 이 성분과의 상호작용 차이로 인한 이동속도 차이 때문에 분리가 이루어짐

② **분리과정**

　㉠ 혼합물을 이동상에 녹이고, 그 이동상이 고정상을 지나감

　㉡ 혼합물 중 한 성분이 고정상과의 상호작용이 강하면 이동상을 따라 천천히 움직이고, 상호작용이 약하면 이동상을 따라 빠르게 움직임

　㉢ 이렇게 분리된 시료가 검출기에 도달하면 정성적 또는 정량적으로 분석할 수 있는 봉우리(peak)를 확인할 수 있음

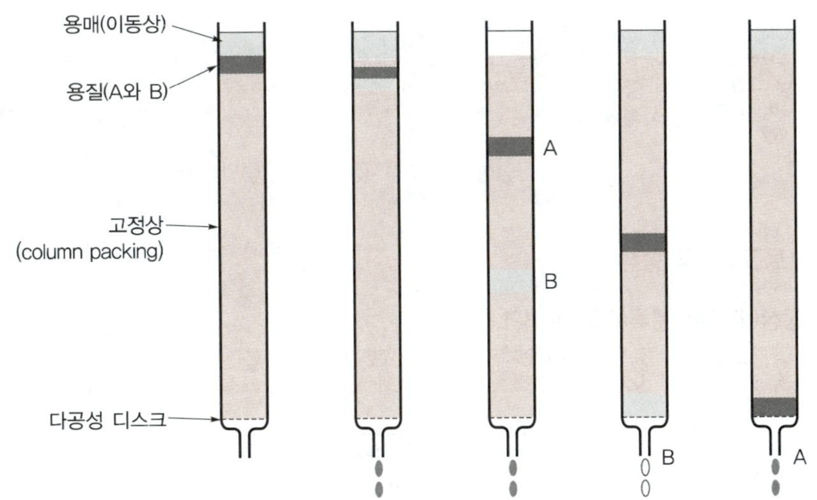

(3) 크로마토그래피 관련 용어

① 이동상(mobile phase)

㉠ 성분을 분리할 때 운반하는 상(시료를 이동시키는 상)이며, 액체나 기체 또는 초임계 유체를 사용

㉡ 이동상 내의 시료와 고정상의 친화도가 크면 시료가 느리게 이동하고, 친화도가 작으면 빠르게 이동함

② 고정상(stationary phase)

㉠ 성분을 분리할 때 고정된 위치에 유지하는 상으로 모세관이나 칼럼 등에 채워져 고정되어 있기 때문에 움직이지 않고, 시료 및 이동상과 상호작용 함

㉡ 고정상의 재질로는 종이(거름종이), 실리카겔, 활성탄, 산화알루미늄(알루미나), 탄산칼슘 등이 있음

㉢ 고체 겔(gel)이 대부분이나 겔 표면에 액체가 흡착되어 있다면 그 액체도 고정상임

㉣ **고정상 극성에 따른 분류**

- 정상 크로마토그래피(normal chromatography)
  - 극성이 큰 충진재(resin)를 사용(silica gel, 활성알루미나, 활성탄, MgO 등)
- 역상 크로마토그래피(reverse chromatography)
  - 극성이 작은 충진재를 사용(C_{18}, phenyl, PFP 등)

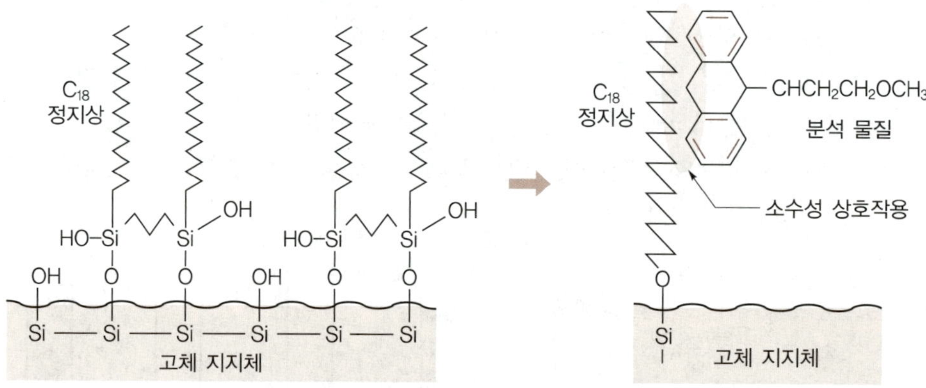

[전형적인 역상 정지상인 C_{18} 칼럼의 구조]

(4) 크로마토그래피의 종류

① 이동상에 따른 분류(GC vs HPLC)

구분	GC	HPLC
이동상	기체	액체
시료 요건	시료 주입부에서 기화가 가능한 시료 (450℃ 이하)	용해성 시료

구분	GC	HPLC
극성	크지 않다	크다
분리 원리	휘발성 정도, 분자량 차이	이동상에 대한 용해도
내열성	분자의 열 안정성 고려	무관
응용 범위	좁다	넓다
분자량	분자량이 작은 물질	분자량의 제한 없음

② 용질과 고정상 사이의 상호작용 메커니즘에 따른 분류

㉠ 흡착 크로마토그래피(absorption chromatography)

- 원리 : 고체 흡착제를 고정상으로 쓰는 크로마토그래피. 흡착제와 시료 성분 사이의 극성 차이에 의해 발생하는 이동속도 차이를 이용하여 물질을 분리함
- 고정상 : silica gel, 활성알루미나(alumina), 활성탄(charcoal), MgO, $MgCO_3$, 다공성 중합체 등

[흡착 크로마토그래피에서의 흡착 과정]

㉡ 분배 크로마토그래피(partition chromatography)

액체 정지상은 고체 지지체 표면에 얇은 막을 형성하게 되고, 혼합물의 성분은 정지상 액체와 이동상 사이에 분배 평형을 이룸

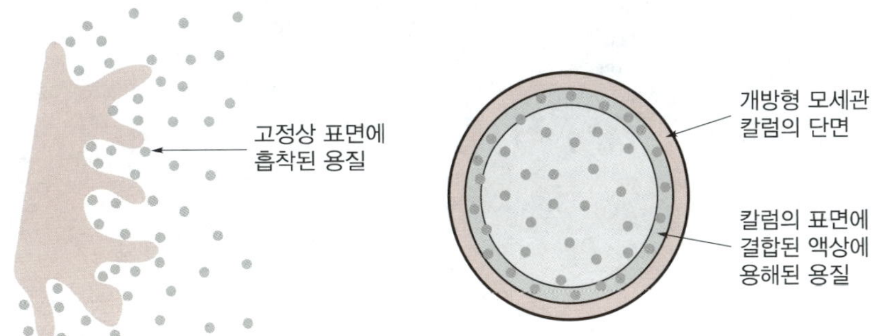

[분배 크로마토그래피에서의 분배 과정]

ⓒ 친화성 크로마토그래피(affinity chromatography)
- 원리 : 선택적 크로마토그래피로 고체 흡착제에 특정 이동상과 특이적으로 반응할 수 있는 물질을 붙여 특정 이동상만을 특이적으로 분리해냄(항원-항체 반응)
- 고정상 : Ni-NTA(-His tag), biotin(-Avidin), antibody(-Antigen), glutathione(-GST)

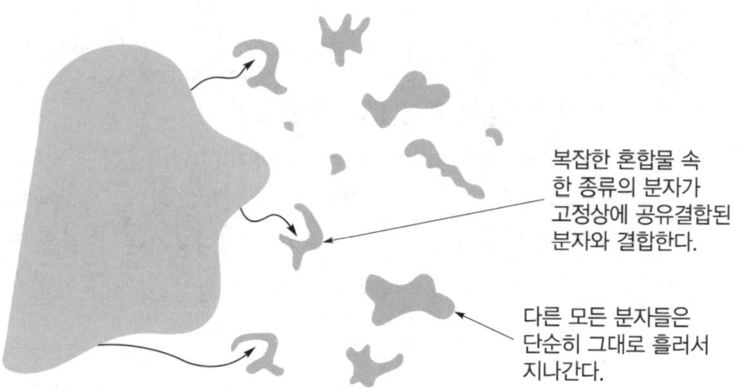

[친화성 크로마토그래피에서의 특이적 반응]

ⓓ 이온교환 크로마토그래피(ion-exchange chromatography)

수지(resin)에 $-SO_3^-$ 또는 $-N(CH_3)_3^+$ 같은 이온성 작용기가 공유결합으로 붙어있는 고정상과 전하를 띠고 있는 용질 간의 정전기적 인력에 의해 분리가 일어남

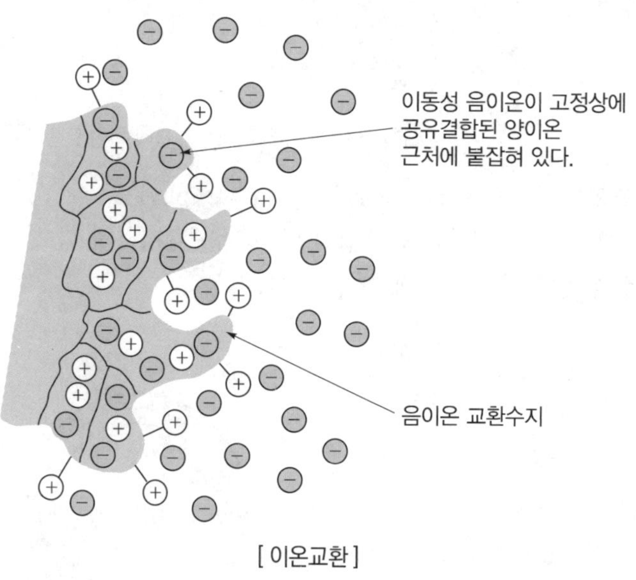

[이온교환]

ⓜ **분자배제 크로마토그래피**(molecular exclusion chromatograpy)

　고정상과 용질 간의 상호작용은 일어나지 않고 고정상의 구멍을 통해 큰 분자는 통과하게 됨

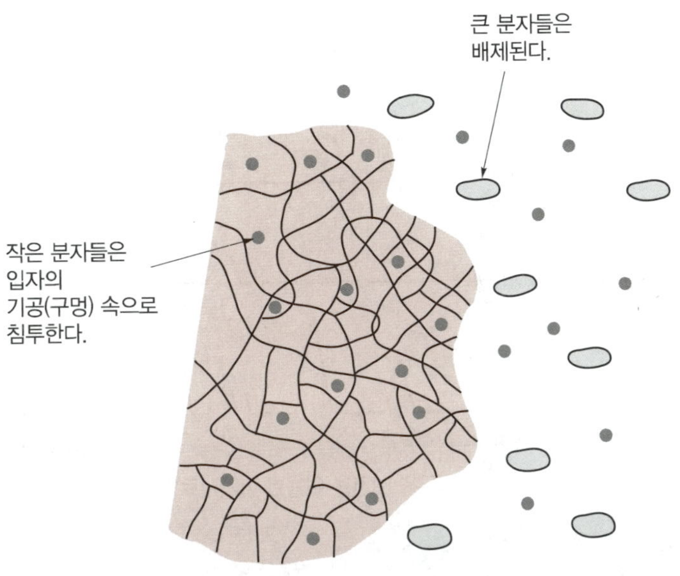

[배제되는 큰 분자와 침투하는 작은 분자]

(5) 크로마토그램(chromatogram)의 해석

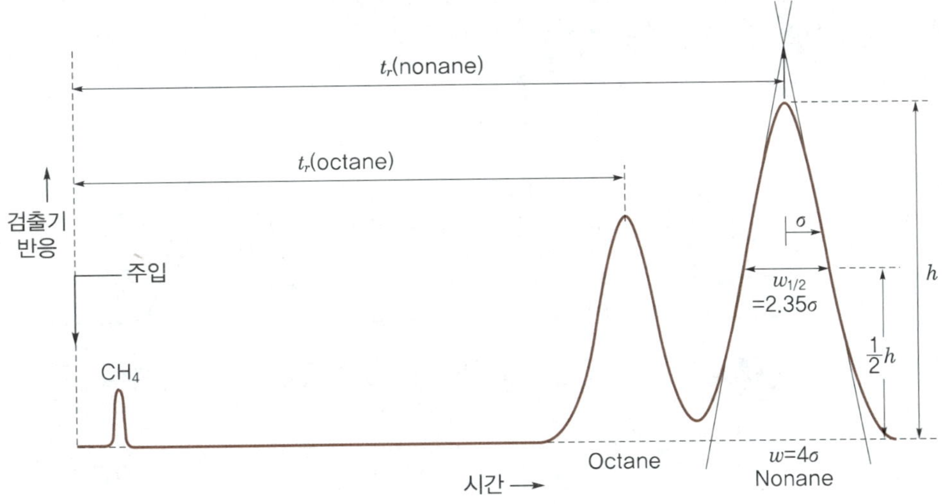

[시간에 대한 검출기의 감응]

① **머무름 시간(t_R : retention time)**

㉠ 시료를 주입한 순간부터 시작되어 칼럼을 통과하고 검출기에 도달할 때까지 걸린 시간을 말함. 즉, 검출기에서 최대 신호값(peak)이 감지되는 데 걸린 시간

㉡ 각 성분의 머무름 시간을 확인함으로써 그 최대 신호값이 어떤 성분인지 알 수 있음. 즉, 머무름 시간이 똑같으면 같은 성분이라고 할 수 있음 → 정성분석

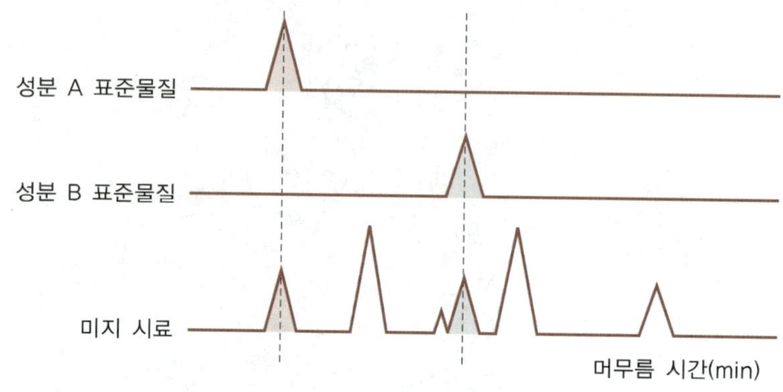

[머무름 시간을 이용한 머지시료의 특정]

② **봉우리(peak)**

㉠ 시료의 혼합 성분이 고정상에서 분리되어 검출기에 도달하면 봉우리의 형태로 기록됨

㉡ 봉우리의 폭(width)은 혼합 성분의 분리가 잘 이루어졌는지를 파악하는 데 중요한 역할을 하는데, 폭이 좁을수록 혼합 성분의 분리가 잘된 것임

㉢ 봉우리의 면적으로 성분의 농도를 알아낼 수 있어서 정량분석이라고 함

㉣ 봉우리가 뾰족할수록 칼럼의 효율이 좋음

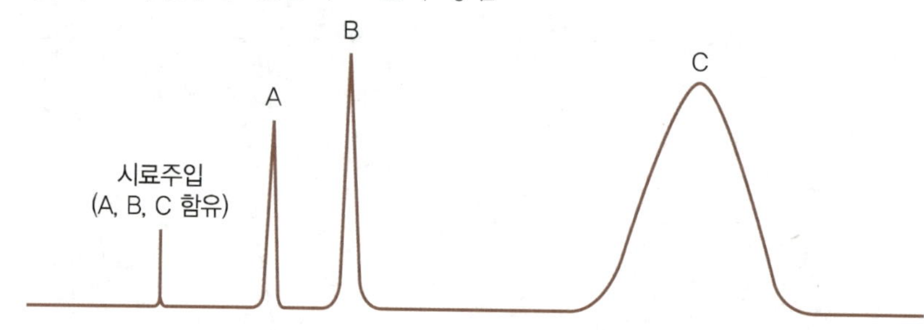

Peak No.	머무름 시간	피크 높이	피크 폭	피크 면적
A	1.5	7.1	0.11	10
B	2.7	9.5	0.14	15
C	5.5	8.2	0.86	100

[봉우리 데이터의 분석]

③ **분리능(resolution)**

㉠ 두 가지 분석물을 분리할 수 있는 능력을 말함

$$R_s = \frac{t_B - t_A}{\dfrac{W_A + W_B}{2}} = \frac{2(t_B - t_A)}{W_A + W_B}$$

t : 머무름 시간

W : 피크 기저폭

㉡ **다른 방법** : 봉우리 높이(h) 1/2 되는 지점의 피크 폭인 $W_{0.5}$를 이용한 분리능 측정 방법

$$R_s = \frac{t_B - t_A}{\dfrac{W_{0.5,A} + W_{0.5,B}}{1.18}} = \frac{1.18(t_B - t_A)}{W_{0.5,A} + W_{0.5,B}}$$

계산한 R_s 값이 1 이하일 경우, 두 성분이 제대로 분리되었다고 할 수 없고, 정량 분석을 위해서는 R_s 값이 1.5 이상이어야 함

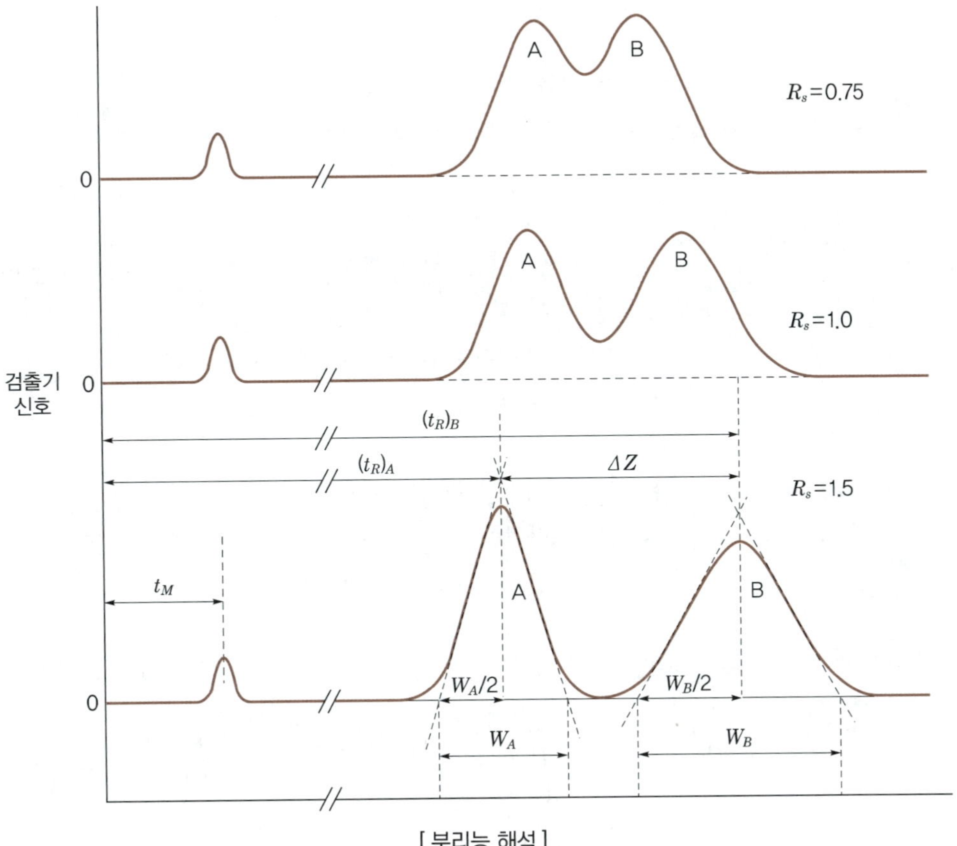

[분리능 해석]

④ **분배계수(partition coefficient)**

이동상과 고정상 간 농도 평형을 의미함

$$K = \frac{\text{고정상에 있는 용질의 농도}}{\text{이동상에 있는 용질의 농도}} = \frac{C_S}{C_M}$$

(6) 분리능에 영향을 미치는 요인

① 분리능 R_s는 실험적 조건과 직접적인 연관이 있는 세 가지 요인(N, α, k)으로 표현할 수 있는데, 여기에서 N은 칼럼 이론단수, α는 선택성 인자, k는 두 개의 봉우리에 대한 평균 머무름 인자를 말함

② **머무름 인자(retention factor, k) 또는 용량 인자(capacity factor)**

　㉠ 시료가 칼럼 안에서 머무르는 정도를 나타내며 칼럼에서 용질이 이동하는 속도를 설명하는 데 사용되는 중요한 변수

$$k = \frac{t_R - t_M}{t_M}$$

　　t_M : 머물지 않은 화학종의 이동 시간

　㉡ **시료가 가장 적합하게 용출되는 머무름 인자 범위**

$$1 < k < 6$$

　㉢ $k = 0$이면 시료가 칼럼에 머물지 않는 것임

　㉣ 시료의 머무름 인자 k가 작을수록 그 시료는 오래 머무르지 못하므로 분리능이 떨어짐

　㉤ **머무름 인자 k에 영향을 주는 요인**

　　• 칼럼의 온도 : 칼럼 온도가 증가할수록 머무름 인자 감소

　　• 용매의 강도 : 시료에 대한 용매의 용해도에 의하여 결정됨

③ **선택성 인자(selectivity factor, α)**

　㉠ 칼럼 내에서 각 성분의 분리 정도를 나타내는 척도로, 인접한 두 봉우리의 머무름 인자(retention factor)의 비로 정의함

$$\alpha = \frac{k_B}{k_A} = \frac{t_B - t_M}{t_A - t_M}$$

　㉡ α 값이 클수록 분리가 잘 됨

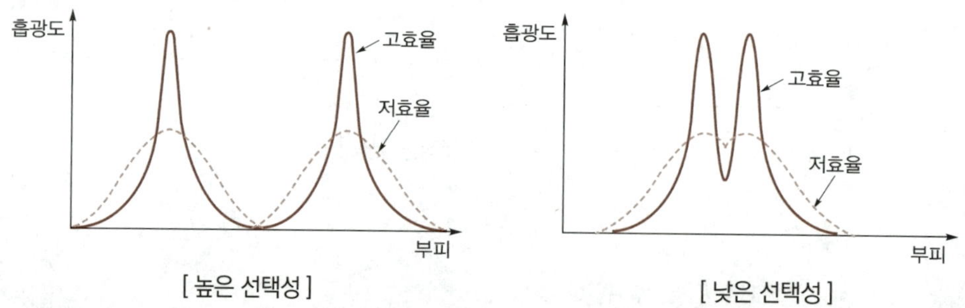

ⓒ 선택성 인자 α에 영향을 미치는 요인

- 고정상의 결합상(functional group) 종류, 입자의 크기
- 이동상의 이온 강도(ionic strength), 이동상 pH
- 이동상의 특성(solvent properties)
- 온도의 변화 등

(7) 칼럼 효율(column efficiency)

① 칼럼 효율은 이론단수에 영향 받음

② 칼럼을 이론단(theoretical plate)이라는 가상의 수많은 구획으로 나누어진 것으로 가정하고 각 이론단에서 분석 대상 물질이 이동상과 고정상 사이에 완전한 분배평형을 이루면서 연속적으로 추출 이동하게 되면 서로 다른 분배계수를 가진 물질들이 분리된다는 이론

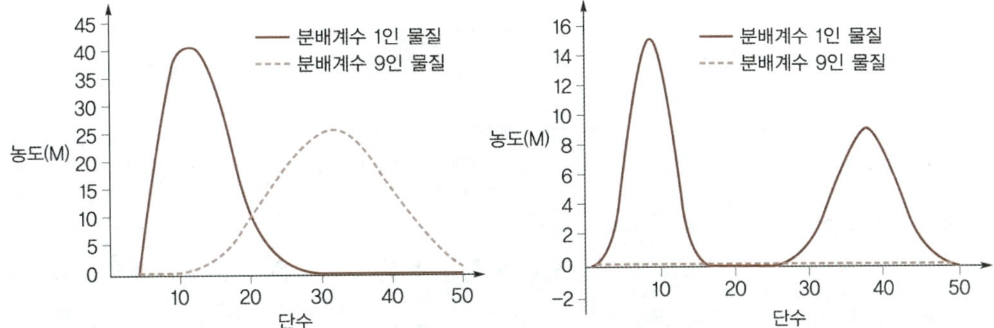

③ 단수가 많을수록, 단 높이가 작을수록 칼럼 효율이 좋음

④ 시료 봉우리의 폭이 좁고 뾰족하게 나와야 분리가 잘된 상태임

$$\text{이론단수 } N = \frac{L}{H}$$

L : 칼럼의 길이

H : 단높이

⑤ 이론단수를 봉우리의 너비로 나타내면,

$$N = 5.54 \times \left(\frac{t_R}{W_{0.5}}\right)^2 \quad \text{또는} \quad N = 16 \times \left(\frac{t_R}{W}\right)^2$$

5.54 또는 16 : 단높이 상수

$$R_s = \frac{\sqrt{N}}{4} \times \frac{\alpha - 1}{\alpha} \times \frac{k}{1+k}$$

(8) 반딤터 식(Van Deemter's equation)

① 이동상의 속도와 피크의 띠넓어짐(폭)과의 관계를 설명함

$$H = A + \frac{B}{u} + Cu$$

H : 단높이

A : 다통로 확산

B : 세로 확산

u : 이동상의 선형속도

C : (고정상+이동상) 질량 이동

② **다통로 확산(eddy diffusion, A)**

시료가 충진 칼럼을 통과해 나갈 수 있는 길이가 다르기 때문에 서로 다른 시간에 용출되
므로 띠넓어짐이 나타남

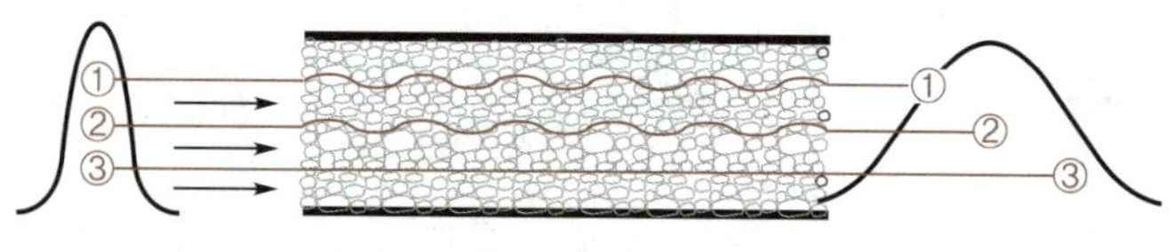

[다통로 확산에 의한 확산 현상]

③ **세로 확산(longitudinal diffusion, B)**

㉠ 축방향 확산이라고도 하며, 농도가 진한 부분에서 묽은 부분으로 화학종이 이동함

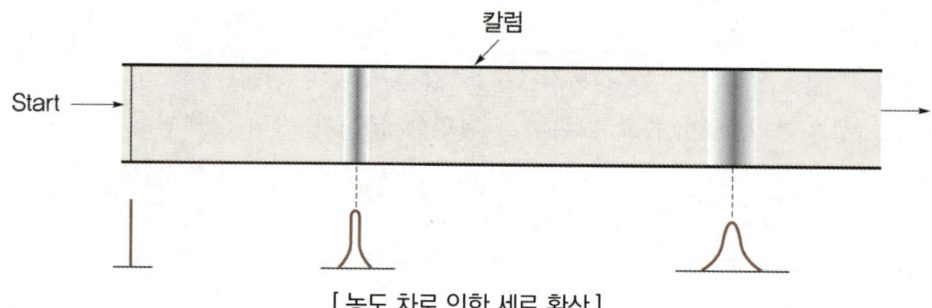

[농도 차로 인한 세로 확산]

㉡ 선형 흐름이 빠를수록 칼럼에 머무르는 시간이 짧으므로 세로 확산의 영향이 줄어들기
때문에 띠넓어짐은 줄어듦

④ **질량 이동(mass transfer, C)**

시료가 이동상과 고정상 사이에서 평형을 이루는 데 소요되는 시간에 기인함

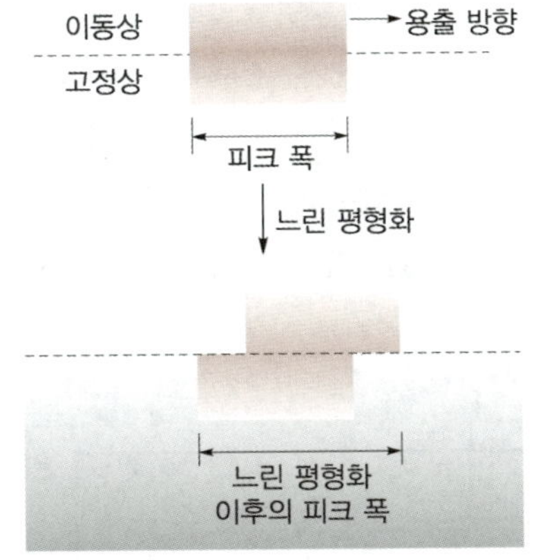

[질량 이동에서의 느린 평형화]

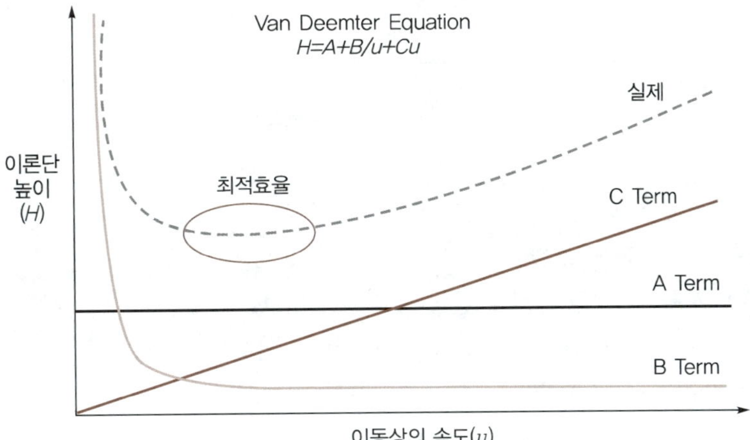

[이동상의 속도에 대한 이론단 높이]

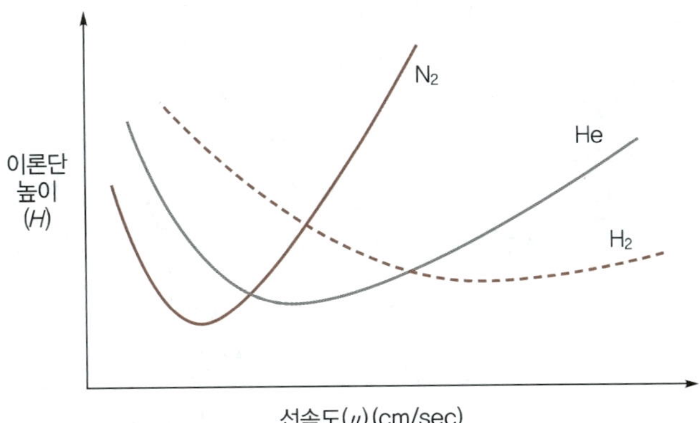

[운반 기체의 선속도에 따른 분리 효율 비교]

(1) 기체 크로마토그래피란

일정한 압력의 기체를 이동상으로 하여, 시료가 이동상과 고정상 사이의 흡착·분배 등의 상호작용을 통해 분리되는 현상을 이용하는 분석 장치

(2) 기체 크로마토그래피의 구성

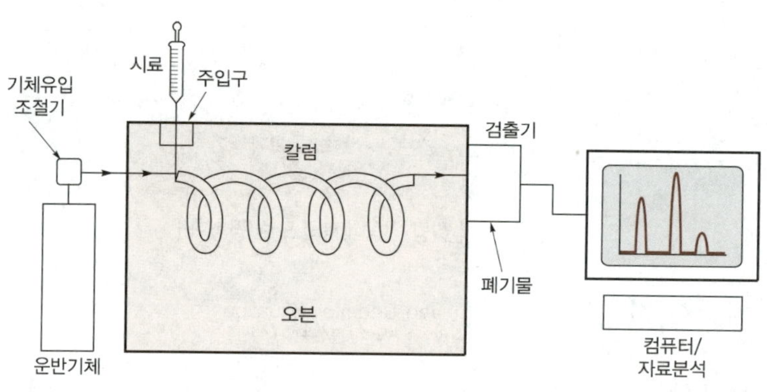

[기체 크로마토그래피]

① **운반기체 공급기**

　㉠ 운반기체(carrier gas)의 도입량을 제어하는 부분으로 압력조절기와 유량계를 사용하여 흐름 속도를 조절함

　㉡ **운반기체** : 기화된 시료를 칼럼 내부로 밀어 넣는 역할을 하며, 시료 또는 칼럼의 충진물과 반응하지 않아야 하므로 질소, 헬륨, 아르곤, 수소 등의 비활성 기체를 사용함

② **시료주입구(injector port)**

　㉠ 분석하고자 하는 물질이 들어가는 주입구로서 시료를 기화시킨 후 이동상의 운반기체에 실어 칼럼으로 보내주는 역할을 함

　㉡ 보통 시료를 기화시키기 위해 시료주입구에는 가열기가 설치되어 있음

③ **칼럼(column)**

　㉠ 시료가 실제로 분리되는 부분으로 온도에 따라 분리능이 달라지기 때문에 온도를 정밀하게 조절할 수 있는 전기 오븐(oven) 안에 설치하여 사용함

　㉡ 칼럼의 종류에는 금속관에 고정상을 채운 충진 칼럼(packed column)과 석영 모세관을 사용한 모세관 칼럼(capillary column)이 있음

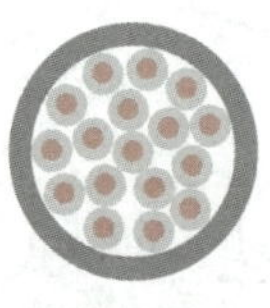

[충진 칼럼]　　[모세관 칼럼]

ⓒ 칼럼의 재질은 스테인리스 스틸, 용융 실리카, 테플론 등이 사용됨

④ **검출기(detector)**

㉠ 칼럼을 통해 분리된 분석물을 감지하는 부분

㉡ 검출기의 종류로는 불꽃이온화 검출기, 열전도도 검출기, 전자 포획 검출기, 질량분석 검출기 등이 있음

03 HPLC

(1) HPLC란

HPLC(고성능 액체 크로마토그래피)는 혼합물의 성분물질을 이동상과 고정상을 이용하여 분리하는 방법으로 이동상으로 액체를 사용하는 분석 장치를 말함

(2) 원리

시료의 화학 물질이 녹아 있는 이동상을 펌프를 이용해 고압의 일정한 유속으로 밀어서 충진제가 충진되어 있는 고정상인 칼럼을 통과하도록 할 때 시료의 화학물질이 이동상과 고정상에 대한 친화도에 따라 다른 시간대별로 칼럼을 통과하는 원리임

(3) HPLC의 모식도

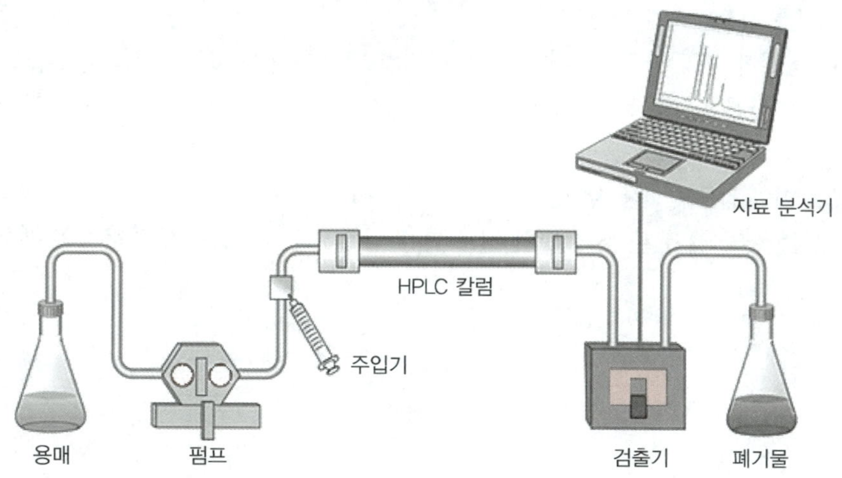

① **이동상(mobile phase)**

㉠ 시료를 녹여서 운반하는 것으로, 액상의 용액을 사용하며 이동상은 분석하려는 물질에 따라 결정되고 고정상의 종류와 밀접한 관계가 있음

㉡ 일반적으로 극성 칼럼을 사용할 경우에 이동상은 비극성의 유기용매를 사용하며 비극성 칼럼을 사용하는 경우에 이동상은 극성의 완충 용액이 포함된 용액을 사용함

② **칼럼(column)**

㉠ 이동상에 의해 운반된 시료 중의 물질이 결합하는 곳

㉡ 비극성 칼럼을 사용할 경우는 비극성이 강한 물질은 칼럼에 친화성이 강해 늦게 용출되며 극성 칼럼을 사용할 경우에는 가장 빨리 용출됨

③ **펌프(delivery pump)**

㉠ 이동상을 일정한 속도로 고정상으로 보내주는 장치로서 이동상의 유속과 관련이 있음

㉡ 처음 사용하는 경우에는 이동상이 통과하는 관에 존재하는 기포가 펌프를 작동하지 못하게 할 수 있으므로 사용 전 기포를 반드시 제거하여야 함

④ **주입기(injector)**

시료를 주입하여 일정한 유속으로 흐르는 이동상에 녹이는 장치

⑤ **검출기(detector)**

고정상을 통과한 물질이 반응하는 장소로, 검출하는 방법에 따라 여러 가지가 있음

(4) 정성분석

① **머무름 시간에 의한 방법**

㉠ 동일한 HPLC 조건에서 미지의 물질과 표준물질의 머무름 시간을 비교하는 방법

㉡ 또 다른 방법으로는 상대적인 머무름 시간에 의한 방법이 있으며 이것은 분석하고자 하는 성분과 표준물질의 머무름 시간의 비를 이용하는 방법으로, 보다 정확한 값을 가짐

② **검출기의 감응에 의한 확인법**

일정한 조건에서 두 개 이상의 서로 다른 검출기를 사용하여 화학물질의 특성을 비교하는 방법

01 이동상을 기준으로 한 크로마토그래피 3가지를 쓰시오.

모범답안

- 액체 크로마토그래피(liquid chromatography, LC)
- 기체 크로마토그래피(gas chromatography, GC)
- 초임계유체 크로마토그래피(supercritical fluid chromatography, SFC)

02 발효공정에서 주로 사용하는 크로마토그래피에는 흡착(absorption) 크로마토그래피와 친화성(affinity) 크로마토그래피가 있다. 각 크로마토그래피의 원리와 고정상에 대해 쓰시오.

모범답안

- 흡착(absorption) 크로마토그래피
  - 원리 : 고체 흡착제를 고정상으로 쓰는 크로마토그래피. 흡착제와 시료 성분 사이의 극성 차이에 의해 발생하는 이동속도 차이를 이용하여 물질을 분리해낸다.
  - 고정상 : silica gel, 활성알루미나(alumina), 활성탄(charcoal), MgO, $MgCO_3$, 다공성 중합체 등
- 친화성(affinity) 크로마토그래피
  - 원리 : 선택적 크로마토그래피로, 고체 흡착제에 특정 이동상과 특이적으로 반응할 수 있는 물질을 붙여 특정 이동상만을 특이적으로 분리해낸다.(항원-항체 반응)
  - 고정상 : Ni-NTA(-his tag), biotin(-avidin), antibody(-antigen), glutathione(-GST)

03 크로마토그래피에서 단높이 상수 $a = 5.54$, $W_{0.5} = 2.4\text{sec}$, $t_R = 12.5\text{sec}$일 때, 단높이 너비법의 이론단수는 얼마인가?

모범답안

$$N = 5.54 \times \left(\frac{t_R}{W_{0.5}}\right)^2 = 5.54 \times \left(\frac{12.5}{2.4}\right)^2 = 150.28$$

04 기체 크로마토그래피에서 사용하는 운반기체(carrier gas)의 역할과 사용 가능한 가스 종류를 1가지 쓰시오.

모범답안

- 운반기체(carrier gas)의 역할 : 시료주입구(injector)에서 기화된 시료를 칼럼(column)으로 이동시켜 준다.
- 사용 가능한 가스의 종류 : H_2, N_2, He, Ar, CH_4 등

➕ 해설

운반기체(carrier gas)는 검출기의 종류, 유속, 고정상 및 이동상 등을 고려하여 최적의 기체를 선택해야 한다.

05 기체 크로마토그래피의 효율(efficiency)이 높은 것에 ○ 표시하시오.

- 칼럼의 길이를 (짧게/길게)
- 칼럼의 내경을 (좁게/넓게)
- 필름의 두께를 (얇게/두껍게)

모범답안

- 칼럼의 길이를 : 길게
- 칼럼의 내경을 : 좁게
- 필름의 두께를 : 얇게

GC 칼럼

- GC 칼럼의 효율(efficiency)이란 크로마토그램상의 피크를 어느 정도로 뾰족하게 낼 수 있는가를 말하고, 분리능(resolution)은 인접한 피크들을 다르다고 식별할 수 있는 능력을 말한다.
- 칼럼의 길이가 길어지면 시료가 고정상이나 이동상과 오랫동안 접촉할 수 있으므로 효율(efficieny)과 분리능(resolution)이 증가하나, 분석 시간이 길어지고 내압이 커지며 비용이 많이 든다.
- 칼럼의 내경이 좁으면 짧은 분석시간에 큰 효율과 큰 분리능을 얻을 수 있으나, 최대 용량(capacity)이 작아지고 내압이 증가하며 유속(flow rate)이 감소한다.
- 필름의 두께가 얇으면 짧은 머무름 시간(retention time) 동안 높은 분리능을 얻을 수 있으며 시료의 용량은 줄어든다. 열에 약한 물질, 분자량이 크고 높은 끓는점을 갖는 시료에 적합하다.

2022년 2회

06 기체 크로마토그래피를 실시할 때 분석 물질을 운반하는 데 사용되는 기체를 carrier gas라고 한다. 아래 그래프의 조건만을 고려하여 세 종류의 기체 중 기체 크로마토그래프 분석에 효율적인 기체를 고른 뒤, 해당 이유를 서술하시오.

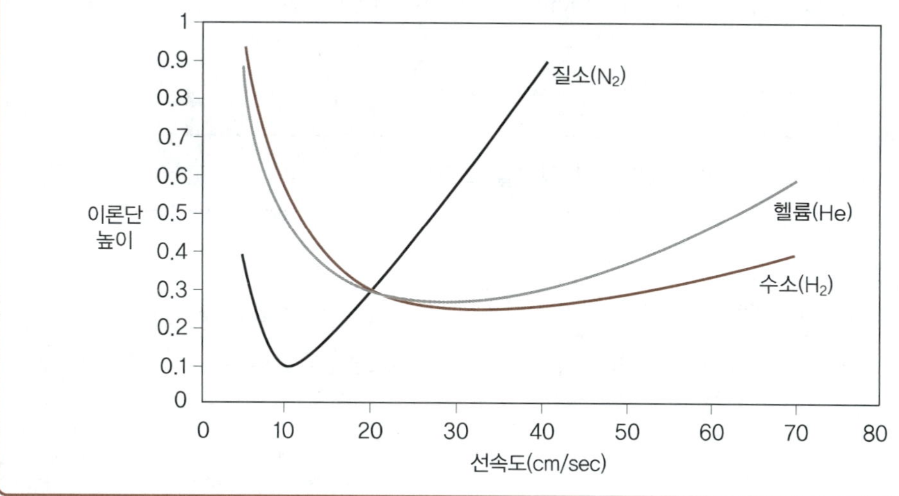

모범답안

수소

- HETP(Height Equivalent of Thoeritical Plate)란 이론단의 높이로, 칼럼의 분리능은 이론단의 높이가 작을수록 동일한 칼럼의 높이에 더 많은 수의 이론단 설치가 가능하므로 우수한 분리능을 갖는다.

$$N = \frac{L}{H}, \quad R_s = \frac{\sqrt{N}}{4} \times \frac{\alpha - 1}{\alpha} \times \frac{k}{1+k}$$

- 그래프
  - 세 기체 중 HETP는 질소가 가장 작지만 같은 HETP일 때 수소는 분자량이 작아서 이동 속도가 가장 빠르므로 분석 효율이 좋다고 할 수 있다.
  - 또한 carrier gas의 속도가 빨라지면 HETP가 높아지는데, 수소는 빠른 속도에서도 HETP의 증가폭이 가장 낮아서 분석에 유리하다.
  - 기체의 속도 20cm/s 이하에서는 질소가 유리하다. 그리고 이론상 고속에서는 수소가 유리하지만, 수소는 가연성 기체이므로 안정성을 고려하여 비활성 기체인 헬륨을 사용하는 경우가 많다.
- Van Deemter 방정식은 유속에 대한 단 높이의 값을 정하고, 칼럼이 최대 효율을 나타낼 때의 유속을 구하는 식이다. 최적의 유속은 단 높이가 가장 작을 때이고, 이때 칼럼의 분리능은 최대가 된다. 수소의 경우 최적 유속이 높아 시간을 단축시킬 수 있다. 수소는 최적 유속이 가장 빠른 기체이고 가장 평평한 Van Deemter 프로파일을 나타내 유속에 따른 분리 효율의 증가가 적다.

2020년 2회

07 GC에서 split ratio 100 : 1의 의미를 쓰시오.

모범답안

분할비(split ratio)가 100 : 1이라는 것은 총 샘플 주입량 대 칼럼 주입 샘플량이 100 : 1임을 나타낸다. 시료 1μL를 주입했을 때 실제 칼럼에서 분리되는 시료의 양은 $\frac{1}{100}\mu$L임을 의미한다.

2012년 2회

08 기체 크로마토그래피에서 가스주입기(가스가 들어오는 이동상과)와 데이터출력기(데이터를 분석하는 부분), 온도조절장치를 제외한 주요 기관의 명칭을 3가지 쓰시오.

모범답안

- 시료주입기(injector)
- 칼럼(column)
- 검출기(dector)

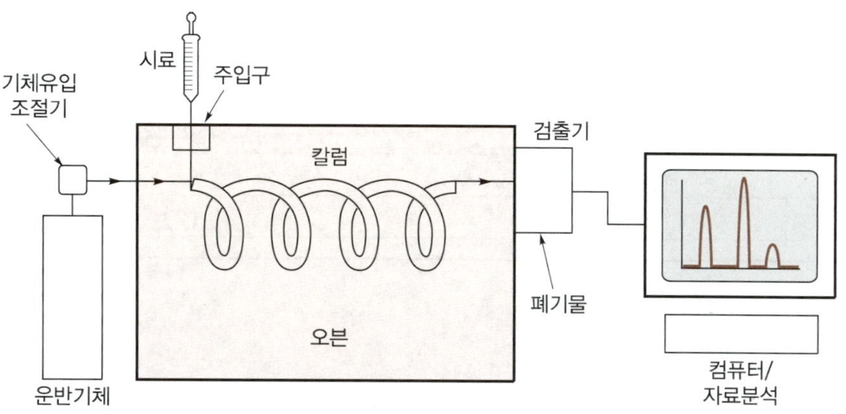

- 시료주입기(injector) : 분석하고자 하는 시료를 이동상의 흐름에 실어준다.
- 칼럼(column) : 관 모양의 용기, 분석 시료에 따라 resin(충전제)을 선택하여 사용한다.
- 검출기(dector) : 시료의 존재 및 양을 일정한 규칙에 의해 인식하여 전기적 신호로 바꾸어준다.

2022년 2회, 2016년 2회

09

HPLC 분배계수를 고정상과의 친화력과 통과속도를 통하여 비교하시오.

모범답안

- 이동상에 실려 칼럼을 통과하는 혼합 성분들은 이동 과정에서 고정상과 반응을 하게 되는데, 이때, 이동상에 남아있는(분배된) 시료의 농도와 고정상에 용해되어 남아있게 되는 시료의 농도의 비율을 분배계수(Partition Coefficient)라 한다.

$$K = \frac{\text{고정상에 있는 용질의 농도}}{\text{이동상에 있는 용질의 농도}} = \frac{C_S}{C_M}$$

- 분배계수가 큰 경우, 고정상에 있는 성분의 농도가 이동상에 있는 성분의 농도보다 더 크므로 성분은 고정상과의 친화력이 크기 때문에 칼럼 내부에서 통과 속도는 느리다.
- 분배계수가 작은 경우, 고정상에 있는 성분의 농도가 이동상에 있는 성분의 농도보다 작으므로 성분은 고정상과의 친화력이 작기 때문에 칼럼 내부에서 통과 속도는 빠르다.

10 HPLC에서 가장 많이 쓰이는 partition chromatograpy에서 제시된 Phase에 맞는 정지상에 대한 극성에 따른 분류를 쓰시오.

구분	정지상(극성/비극성 분류)
Reverse phase	(1)
Normal phase	(2)

모범답안

(1) 비극성
(2) 극성

11 HPLC 분석 중 시료 5g의 산화방지제를 10mL로 희석, 분석한 결과 표준액 5mg/kg의 피크 넓이가 125, 시료가 50일 때 시료의 산화방지제는 몇 mg/kg인지 구하시오.

모범답안

피크의 면적은 농도에 비례한다.

$5\mathrm{mg/kg} : 125 = x : 50$

$x = 2\mathrm{mg/kg}$

시료 5g을 10mL로 희석했으므로 산화방지제는 $2 \times 2\mathrm{mg/kg} = 4\mathrm{mg/kg}$이다.

12 HPLC에 이동상으로 pH가 낮은 산성 완충용액을 사용하면 고압펌프 내에서 오래 머물게 되어 고압펌프에 영향을 줄 수 있다. 이를 방지하기 위한 실험 후 조치는?

모범답안

HPLC용 탈이온수를 비롯한 칼럼을 오염시킨 물질과 극성이 비슷한 HPLC용 용매를 단독으로 또는 혼합하여 칼럼 부피의 10배 정도씩 흘려 탈염·세척한 뒤, 칼럼에 맞는 보존용매(shipping solvent)로 세척 후, 보존용매로 칼럼 내부를 채워둔다. 이때 분석 시 유속보다 1/5~1/2으로 유속을 낮추어 사용한다.

13 질량분석계에서 E.I와 C.I의 차이점을 서술하시오.

모범답안

- E.I(electron ionization) : 전자(충돌) 이온화법은 큰 운동에너지를 갖는 전자빔을 시료에 충돌시켜 직접적으로 시료를 이온화하는 방법이다. 기체에 잘 적용되지만 분자들을 쉽게 분해시켜 버리는 단점도 있다.

- C.I(chemical ionization) : 화학적 이온화법은 화학 반응에 의해 이온을 생성한다. EI와의 차이점은 시약 기체를 매개체로 이용한다는 점이다. 시약 기체로 보통 메테인(CH_4)이 사용되고 운동에너지가 큰 전자가 메테인을 이온화시켜서 CH_4^+, CH_3^+, CH_2^+ 등이 생성되고 이러한 이온화된 시약 기체가 시료 분자와 충돌하여 시료 분자를 이온화한다. EI보다 상대적으로 적은 에너지를 이용하므로 시료가 분해되는 경우도 적어서 시료의 비율도 높은 장점이 있다.

해설

질량분석기(mass spectrometer)는 물질을 이온화시킨 후, 이온의 질량과 전하비(m/z)를 측정하여 분자의 구조나 조성을 분석하는 기기로서 여러 종류가 있으며, 각각 이온을 분리하거나 검출하는 방식이 다르다.

참고

(1) **시차비행형 질량분석기(ToF, time-of-flight)**
   ① 원리 : 이온들을 전기장으로 가속한 뒤, 비행관을 지나면서 도달하는 시간(time-of-flight)을 측정함
   ② 특징 : 같은 에너지를 가진 이온은 질량이 작을수록 더 빠르게 도착함 → 시간으로 m/z 계산
   ③ 장점 : 빠르고 넓은 질량 범위 측정 가능

(2) **사중극자형 질량분석기(quadrupole)**
   ① 원리 : 4개의 막대 전극 사이에 교류/직류 전압을 가하여 특정 m/z의 이온만 안정적으로 통과시킴
   ② 특징 : 스캔하면서 하나의 m/z만 선택적으로 통과 가능
   ③ 장점 : 소형, 실용적, GC/MS나 LC/MS에 자주 사용됨

(3) **이중초점형 질량분석기(double-focusing, magnetic sector + electrostatic sector)**
   ① 원리 : 전기장과 자기장을 이용해 이온의 궤도를 굽혀 m/z를 분리함
   ② 특징 : 고분해능, 정확한 질량 측정 가능
   ③ 단점 : 크고 비쌈

(4) 이온 트랩 질량분석기(ion trap)
　　① 원리 : 전기장을 이용해 이온을 하나의 공간(트랩)에 가두고, 순차적으로 m/z별로 방출하여 검출함
　　② 특징 : 구조 분석에 유용, MS/MS 분석 가능
　　③ 장점 : 복잡한 분석 가능, 감도 높음

(5) FT-ICR(fourier transform ion cyclotron resonance)
　　① 원리 : 자기장 속에서 회전하는 이온이 만들어내는 신호를 푸리에 변환해 m/z 측정
　　② 특징 : 가장 높은 분해능과 정확도 제공
　　③ 단점 : 고가, 복잡한 유지관리 필요

(6) orbitrap
　　① 원리 : 이온이 전기장 안에서 진동하며 움직이고, 진동 주기로부터 m/z를 계산
　　② 특징 : 고분해능과 높은 정확도
　　③ 장점 : FT-ICR보다 유지비가 낮고 고성능

단위환산 및 기타

01 물리량

(1) 정의

자연에서 관찰되는 현상을 숫자로 나타낸 것을 말함

예제

다음 중 물리량이 아닌 것을 모두 고르시오.

① 부피 ② 날씨 ③ 혈압 ④ 환경 ⑤ 에너지 ⑥ 위생 ⑦ 무궁화

풀이

②, ④, ⑥, ⑦

(2) 직관으로 알 수도 있는 물리량

위치, 속도, 시간, 길이

(3) 직관으로 바로 알 수는 없는 물리량

힘, 에너지, 전하, 전기장

02 정확도와 정밀도

(1) 정확도(accuracy)

측정값이 참값에 얼마나 근접하고 있는가를 나타냄

(2) 정밀도(precision)

같은 양을 여러 번 측정하였을 때 이들 측정값이 얼마나 서로 비슷한지를 나타냄. 즉, 정밀도
는 측정의 재현성(reproducibility)을 나타냄.

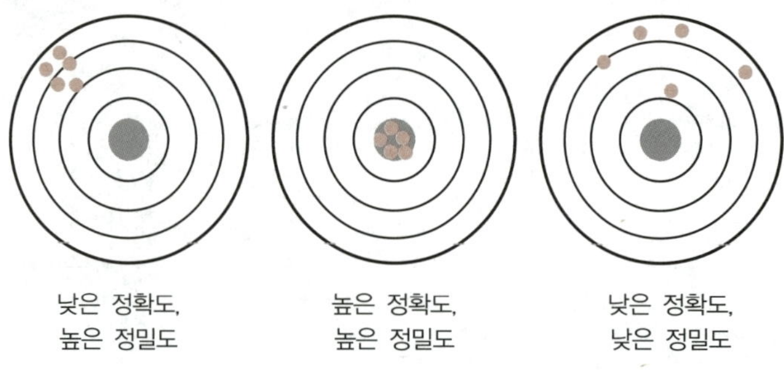

[정확도와 정밀도]

03 단위

(1) 단위란

측정값에 붙는 '라벨'로, 물리량을 표현하는 데 사용
예 길이(m), 시간(s), 질량(kg)

(2) 단위의 필요성

공통된 기준 없이 측정을 비교하기 어렵기 때문
예 '4'라는 숫자만으로는 의미가 없음 → '4m' 또는 '4kg'처럼 의미가 있는 물리량으로 비교가
가능해짐

(3) 물리량은 항상 숫자와 단위로 표현

길이	질량	속도
5cm	500g	100km/h
0.05m	0.5kg	27.8m/s

(4) 기본 물리량과 유도 물리량

① **기본 물리량**

하나의 단위로 표현되는 물리량

$$l = 5\text{cm}, \qquad m = 20\text{g}, \qquad i = 3\text{A}$$

② **유도 물리량**

2개 이상의 단위들의 곱으로 표현되는 물리량

예 $v = 10\text{m/s}$, $F = 3\text{kgm/s}^2 = 3\text{N}$, $E = 5\text{Nm} = 5\text{J}$

❙ 기본적인 SI 단위 ❙

양	단위	기호
길이	미터	m
질량	킬로그램	kg
시간	세크(초)	s
온도	켈빈	K
물질의 양	몰	mol
전류	암페어	A
조명도	칸델라	cd

❙ SI 접두 승수 ❙

접두사	기호	승수
테라–	T	10^{12}
기가–	G	10^{9}
메가	M	10^{6}
킬로–	k	10^{3}
데카	da	10^{1}
데시–	d	10^{-1}
센티–	c	10^{-2}
밀리–	m	10^{-3}
마이크로–	μ	10^{-6}
나노–	n	10^{-9}
피코–	p	10^{-12}

예제

다음 중 유도 단위를 모두 고르시오.

① kg(킬로그램) ② A(암페어) ③ cd(칸델라)
④ K(켈빈) ⑤ N(뉴턴) ⑥ C(쿨롱)

풀이

⑤, ⑥

$\text{N} = \text{kg} \cdot \text{m/s}^2$, $\text{C} = \text{A} \cdot \text{s}$

04 단위계

(1) 국제 단위계

① MKS 단위계 또는 SI 단위계라고도 함
② 길이, 질량, 시간의 단위로 m, kg, s를 사용

(2) cgs 단위계

길이, 질량, 시간의 단위로 cm, g, s를 사용

(3) 영미 단위계

길이, 무게, 시간의 단위로, ft, lb, s를 사용

05 단위 환산의 원리

(1) 기본 원칙

① 단위 환산은 비례관계를 기반으로 함

② 단위 간 변환은 변환계수를 곱하거나 나눔으로써 이루어짐

$$1\text{m} \times \frac{100\text{cm}}{\text{m}} = 100\text{cm}$$

$$1\text{h} \times \frac{60\text{min}}{1\text{h}} \times \frac{60\text{s}}{1\text{min}} = 3{,}600\text{s}$$

(2) 환산 예제

① **90km/h → m/s**

$$\frac{90\text{km}}{\text{h}} \times \frac{10^3\text{m}}{\text{km}} \times \frac{\text{h}}{3{,}600\text{s}} = \frac{9{,}000\text{m}}{3{,}600\text{s}} = 2.5\text{m/s}$$

② **5.5kg/m³ → g/cm³**

$$\frac{5.5\text{kg}}{\text{m}^3} \times \frac{10^3\text{g}}{\text{kg}} \times \frac{\text{m}^3}{10^6\text{cm}^3} = \frac{5.5 \times 10^3\text{g}}{10^6\text{cm}^3} = 5.5 \times 10^{-3}\text{g/cm}^3$$

③ **15J → cal**

$$15\text{J} \times \frac{\text{cal}}{4.184\text{J}} = 3.587\text{cal}$$

④ **32℃ → ℉**

$$1.8 \times 32℃ + 32 = 89.6℉$$

⑤ **32℃ → K**

$$32℃ + 273.15 = 305.15\text{K}$$

⑥ **2atm → Pa**

$$2\text{atm} \times \frac{760\text{mmHg}}{1\text{atm}} = 1{,}520\text{mmHg} \times \frac{\text{Pa}}{10^5\text{mmHg}} = 1.52 \times 10^2\text{Pa}$$

기출문제

01

무게 6,860.0N인 동결된 딸기의 질량을 kg으로 구하시오.(단, 중력가속도는 9.80m/s^2 으로 계산하시오.)

모범답안

$$F = mg$$

$$m = \frac{F}{g} = \frac{6,860\,\text{kg}\cdot\text{m}/\text{s}^2}{9.80\,\text{m}/\text{s}^2} = 700\text{kg}$$

02

BTU/ft·h·℉ 단위를 J/cm·min·℃ 단위로 변경하시오.

모범답안

- $1\,\text{BTU} = 1,055\text{J} = 251\text{cal}$
- $1\,\text{ft} = 30.48\text{cm}$
- $1\,\text{h} = 60\text{min}$
- $1\,℉ = 1.8\,℃$

$$\frac{\text{BTU}}{1} \times \frac{1}{\text{ft}} \times \frac{1}{\text{h}} \times \frac{1}{℉}$$

$$= \left(\frac{\text{BTU}}{1} \times \frac{1,055\text{J}}{1\text{BTU}}\right) \times \left(\frac{1}{\text{ft}} \times \frac{1\text{ft}}{30.48\text{cm}}\right) \times \left(\frac{1}{\text{h}} \times \frac{\text{h}}{60\text{min}}\right) \times \left(\frac{1}{℉} \times \frac{℉}{1.8\,℃}\right)$$

$$= \frac{1,055\text{J}}{1} \times \frac{1}{30.48\text{cm}} \times \frac{1}{60\text{min}} \times \frac{1}{1.8\,℃}$$

$$= \frac{1,055\text{J}}{3,291.84\text{cm} \times \text{min} \times ℃} = 0.32\text{J/cm}\cdot\text{min}\cdot℃$$

03

우유공장에서 지상에 위치한 집유탱크로부터 지상 12m에 위치한 저장탱크로 내경 5cm인 관을 통하여 0.45m³/min의 속도로 원유를 수송하고자 한다. 마찰에 의한 에너지 손실은 무시할 수 있고 우유의 밀도는 1,030kg/m³, 펌프의 효율이 75%일 때, 필요한 펌프의 마력은 얼마인지 계산하시오.(단, 중력가속도는 9.81m/s²으로 계산한다.)

모범답안

① 주어진 조건

- 유량$(Q) = 0.45\dfrac{\mathrm{m}^3}{\mathrm{min}} \times \dfrac{\mathrm{min}}{60\mathrm{s}} = 0.0075\mathrm{m}^3/\mathrm{s}$

- 밀도$(\rho) = 1,030\mathrm{kg/m}^3$

- 저장탱크의 높이$(h) = 12\mathrm{m}$

- 펌프 효율(η) $75\% = 0.75$

② 효율을 고려하지 않은 순수한 펌프의 동력

$$P_W = \rho g h \times Q$$

$$= 1,030\mathrm{kg/m}^3 \times 9.81\mathrm{m/s}^2 \times 12\mathrm{m} \times 0.0075\mathrm{m}^3/\mathrm{s}$$

$$= 909.387\frac{\mathrm{kg \cdot m}^2}{\mathrm{s}^3} \left(\frac{\mathrm{kg \cdot m}^2}{\mathrm{s}^2} \times \frac{1}{\mathrm{s}} = \mathrm{J} \times \frac{1}{\mathrm{s}} = \mathrm{W} \right)$$

$$= 909.387\,\mathrm{W}$$

③ 효율을 고려한 펌프의 동력

$$P = \frac{P_W}{\eta} = \frac{909.387\mathrm{W}}{0.75} = 1,212.566\mathrm{W}$$

④ 이를 마력으로 전환하면

$$P = 1,212.566\mathrm{W} \times \frac{745.7\mathrm{hp}}{\mathrm{W}} = 1.6260\mathrm{hp} \approx 1.63\mathrm{hp}$$

해설

이 문제는 펌프의 동력을 구하는 문제이고, 마지막에 펌프의 동력을 마력으로 전환한다.
조건 중 내경은 유속 계산에만 필요한데, 유량이 주어졌기 때문에 별도로 고려할 필요는 없다.
단순한 정보 제공 차원이다.$(Q = A \times v)$

04 식품의 가열에 이용되는 전자레인지에서 사용하는 마이크로파의 주파수는 2,450MHz이다. 해당 전파의 파장을 구하시오.(단, 빛의 속도는 3 × 1,010cm/sec이다.)

모범답안

마이크로파의 파장은 다음 공식을 이용해서 구할 수 있다.

$$\lambda = \frac{c}{f} \ [\lambda : 파장(cm), \ c : 빛의 \ 속도, \ f : 주파수(Hz=sec^{-1})]$$

$$\therefore \ \frac{c}{f} = \frac{3.0 \times 10^{10} \, cm/sec}{2.45 \times 10^9 \, Hz} = \frac{3}{2.45} \times 10 \, cm = 12.24 cm$$

05 어느 공장에서 물건을 만들 때 불량품일 확률은 5%라 한다. 이때 5개를 생산할 때 1개만 불량품일 확률은?

모범답안

이 문제는 이항분포를 이용하여 해결할 수 있다.

$$P(k) = \binom{n}{k} p^k (1-p)^{n-k}$$

$n = 5$(뽑는 개수), $k = 1$(불량품 1개), $p = 0.05$(불량품 확률)이고,

$\binom{n}{k} = \dfrac{n!}{k!(n-k)!}$에 $n = 5$, $k = 1$을 대입하면

$$\binom{5}{1} = \frac{5!}{1!(5-1)!} = \frac{5!}{1! \times 4!}$$

$$5! = 5 \times 4 \times 3 \times 2 \times 1 = 120$$

$$4! = 4 \times 3 \times 2 \times 1 = 24$$

$$1! = 1$$

$$\binom{5}{1} = \frac{120}{1 \times 24} = \frac{120}{24} = 5$$

이항분포 식에 각각을 대입하면

$$P(1) = 5(0.05)^1(0.95)^4 = 5 \times 0.05 \times 0.8145 = 0.203625$$

$\therefore$ 불량품이 나올 확률은 20.36%이다.

- 하나의 제품 생산 시 불량일 확률 : $5\%\left(\dfrac{5}{100}\right)$

- 하나의 제품 생산 시 적합일 확률 : $95\%\left(\dfrac{95}{100}\right)$

- 1번 제품이 불량이고, 2, 3, 4, 5번 제품이 적합일 확률 :

$$\dfrac{5}{100} \times \dfrac{95}{100} \times \dfrac{95}{100} \times \dfrac{95}{100} \times \dfrac{95}{100}$$

- 2번 제품이 불량이고, 1, 3, 4, 5번 제품이 적합일 확률 :

$$\dfrac{95}{100} \times \dfrac{5}{100} \times \dfrac{95}{100} \times \dfrac{95}{100} \times \dfrac{95}{100}$$

이러한 방식으로 1~5번 중 하나의 불량이 발생할 확률은

$$5 \times \dfrac{5}{100} \times \left(\dfrac{95}{100}\right)^4 = 0.2036$$

$$\therefore \ 0.2036 \times 100\% = 20.36\%$$

2010년 2회

06 식품공장에 사용되는 모터에서 torque(토크)하고 power(파워)는 무엇인가?

모범답안

- torque(토크)
  - 물체를 회전시키는 원인이 되는 힘으로, 돌림힘이라고도 한다. 힘과 받침점까지의 거리의 곱(외적)으로 구할 수 있으며, 기호는 보통 그리스 문자 τ(타우)이다.

    $$\vec{\tau} = \vec{r} \times \vec{F}$$

  - 국제 표준 단위는 N·m이다.
  - 토크를 이용한 예로는 지레, 축바퀴, 도르래 등이 있다.
- power(동력)
  - 일률로, 단위시간당 작용하는 에너지를 말한다.

    $$P = \dfrac{W}{t} = \dfrac{F \cdot s}{t} = F \cdot v$$

  - 단위는 $J/s = W(Watt)$이다.

07 직경과 유속에 따른 오렌지주스 압력강하에 대한 표이다. 내삽법을 이용하여 직경 25cm, 유속 8.5일 때의 압력강하 (b)를 구하시오.

유속 직경(cm)	1.0	2.0	5.0	8.5	10.0
10	509	1,017			
20	1,017	2,034			
25	(a)	–	–	(b)	1,2710
30	1,524	3,051	7,628		

모범답안

① 내삽공식(두 점을 잇는 직선의 방정식)은 다음과 같다.

$$y = y_1 + \frac{y_2 - y_1}{x_2 - x_1} \times (x - x_1)$$

② 주어진 자료에 대해서, (b) 값을 구하기 위해서는 (a) 값부터 알아야 한다. (a) 값은 유속이 1.0일 때 압력강하 값이므로 내삽공식에 의해 구할 수 있다.

x : 25(직경), y : 압력강하(유속은 1.0m로 고정값)

$x_1 = 20, \ y_1 = 1,017$

$x_2 = 30, \ y_2 = 1,524$

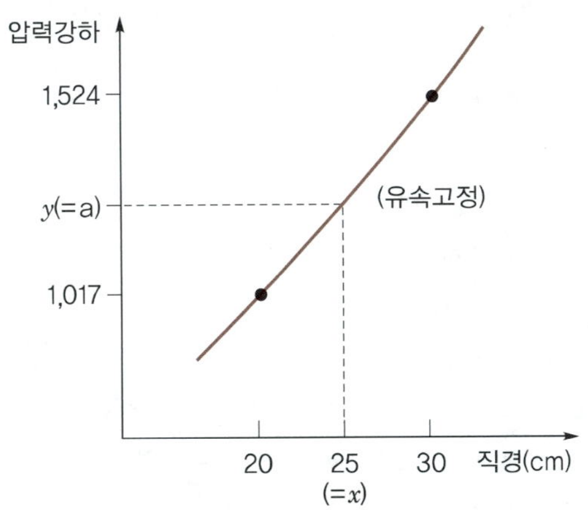

$$y = 1,017 + \frac{1,524 - 1,017}{30 - 20} \times (25 - 20) = 1,270.5$$

$$\therefore \ (a) = 1,270.5$$

③ (b) 값은 유속이 8.5일 때 압력강하값이므로 내삽 공식에 의해 구할 수 있다.

x : 8.5(유속), y : 압력강하(직경은 25cm로 고정값)

$x_1 = 1.0,\ y_1 = 1,270.5$

$x_2 = 10,\ y_2 = 1,2710$

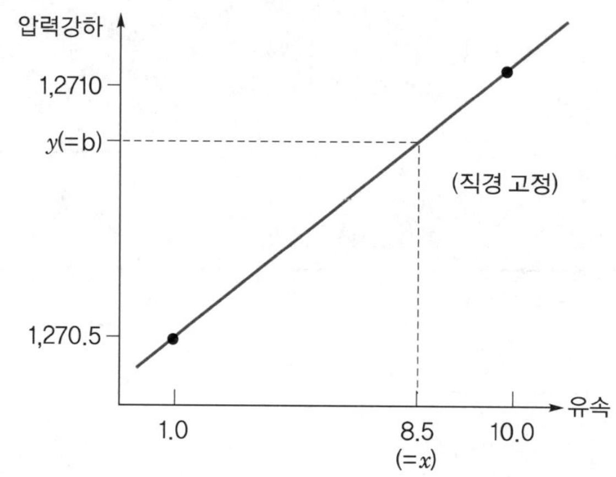

$$y = 1,270.5 + \frac{12,710 - 1,270.5}{10 - 1} \times (8.5 - 1)$$

$$= 1,270.5 + \frac{11,439.5}{9} \times 7.5 = 10,803.42$$

$$\therefore\ (b) = 10,803.42$$

➕ 해설

(1) 압력강하란

물이나 주스 같은 액체가 관(파이프) 속을 흐를 때, 관 끝으로 갈수록 처음보다 압력이 낮아지는 현상

(2) 압력이 줄어드는 이유

액체가 흐르면서 관 벽에 마찰을 일으키기 때문이다. 이 마찰 때문에 에너지가 소모되고, 그 결과로 압력이 줄어들게 된다.

(3) 압력강하가 커지는 조건

① 관이 좁을수록(직경이 작을수록) → 마찰이 세짐 → 압력강하 커짐

② 속도가 빠를수록 → 마찰도 세짐 → 압력강하 커짐

③ 관이 길수록 → 더 많이 마찰함 → 압력강하 커짐

08 투습컵을 이용한 투습컵법에 따라 0.03mm HDPE 필름의 투습도를 측정하였다. 온도 40℃, 습도 90%, 풍속 1m/s인 항온항습실에서 실험하였으며 이때 투습면적은 28.20cm², 24시간 동안 투습량이 26.80mg이었을 때 투습도(g/m² · 24h)를 구하시오.

모범답안

24시간 동안 투습량 : $26.80\text{mg}/24\text{h} \times \dfrac{1\text{g}}{1,000\text{mg}} = 0.0268\text{g}/24\text{h}$

투습면적 : $28.20\text{cm}^2 \times \left(\dfrac{1\text{m}}{100\text{cm}}\right)^2 = 0.00282\text{m}^2$

$\therefore$ 투습도 : $0.0268\text{g}/24\text{h} \div 0.00282\text{m}^2 = 9.50\text{g}/\text{m}^2 \cdot 24\text{h}$

09 200mL 우유를 40℃에서 가열 후 15℃로 냉각시켰다. 이 우유를 비중계에 담았더니 31이었다. 우유의 비중을 계산하시오.

모범답안

$$\text{비중} = 1 + \dfrac{\text{눈금값}}{1,000} = 1 + \dfrac{31}{1,000} = 1 + 0.031 = 1.031$$

➕ 해설

비중계는 눈금이 15 ~ 45까지 있는데, 눈금 값의 앞부분에 1.0이 생략되어 있다고 보면 된다. 그래서 비중계 눈금에 따른 비중값은 1.015 ~ 1.045이다. 환산 비중값을 계산하고, 1을 더해주어야 한다.

05 Part

식품미생물학

미생물 개요 및 세포의 구조

(1) 종류 및 크기

① 곰팡이(mold), 효모(yeast), 세균(bacteria), 바이러스(virus), 리케차(rickettsia), 원생동물(protozoa), 조류(algae)

② 일반적으로 10^{-6}m(μm) 단위로 표시

③ 바이러스 < 리케차 < 세균 < 효모 < 곰팡이

(2) 명명

① **이명법(binominal nomenclature)**

  ㉠ 18세기 분류학자 린네(Carl von Linne)가 개발한 속(genus)명과 종(species)명의 조합

  ㉡ **첫 번째 단어인 속명** : 대문자로 시작

  ㉢ **두 번째 단어인 종명** : 소문자로 시작

    예 *Aspergillus oryzae*

  ㉣ **속명 또는 종명**

    • 형태, 향기, 색상 등의 특징을 나타내는 형용사형 혹은 형용사화된 명사를 사용

    • 분리, 발견에 관련된 지명 혹은 내력, 기원, 특징을 따서 기재하기도 함

      예 *Bacillus* (막대기 모양), *Escherichia* (발견한 학자 이름), *coli* (대장을 의미)

② **기재법**

  ㉠ 미생물 이름을 손으로 기재할 경우 : 밑줄긋기

    예 <u>Aspergillus oryzae</u>

  ㉡ 인쇄물에 기재할 경우 : 이탤릭체

    예 *Aspergillus oryzae*

  ㉢ 미생물을 동정하는 과정에서 속은 결정되었으나 종이 결정되지 않은 경우 : 속명 뒤에 sp.를 붙여 표기

    예 *Aspergillus* sp.

ⓔ 같은 종명을 갖더라도 성질이 다를 경우 종명 다음에 기호나 숫자를 붙여 균주를 구별

예 *Bacillus subtilis* 56 – 3

ⓜ 책에서 이름 전체가 한 번 쓰인 이후에는 속명의 약어를 사용하고, 약어 뒤에는 마침표를 찍음

예 *Bacillus cereus* → *B. cereus*

ⓗ 특정 미생물의 속을 모두 통틀어서 지칭하고자 복수형으로 표기할 때는 spp.를 붙임

예 아스퍼질러스 곰팡이 전체 → *Aspergillus* spp.

ⓢ 미생물 분류방법의 발전에 따라 미생물 이름이 바뀌는 경우도 있음

예 *Streptococcus lactis* → *Lactococcus lactis*

(3) 분류

① 계층 시스템(hierarchical system)

ⓐ 작은 분류부터 큰 분류까지 대략 종 – 속 – 과 – 목 – 강 – 문 – 계 – 역 – 생명이라는 분류체계를 따름

ⓑ 각각의 생물은 단계적으로 계(kingdom), 문(phylum), 강(class)에 속하며, 이 단계를 내려갈수록 생물들은 서로 더 비슷해짐

ⓒ 한 속(genus) 내에 있는 종(species)들은 같은 과(family) 내의 다른 속에 있는 종들보다 더 비슷함

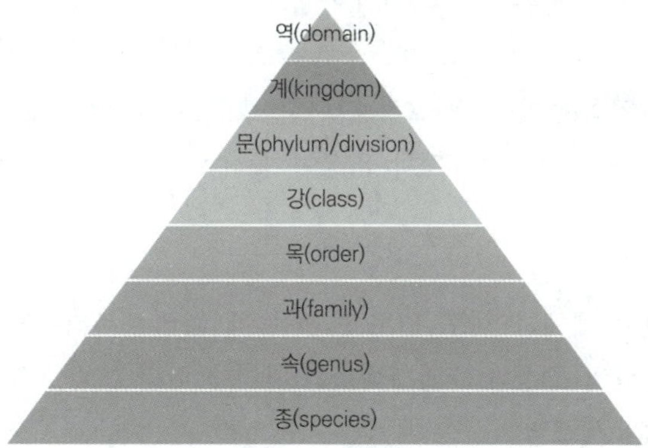

② 분류체계의 변화

2계 분류	동물계	식물계				
3계 분류	동물계	식물계	원생생물계			
4계 분류	동물계	식물계	원생생물계	원핵생물계		
5계 분류	동물계	식물계	균계	원생생물계	원핵생물계	
3역 6계 분류	동물계	균계	식물계	원생생물계	고세균계	진정세균계
	진핵생물역				고세균역	진정세균역

(1) 외부구조

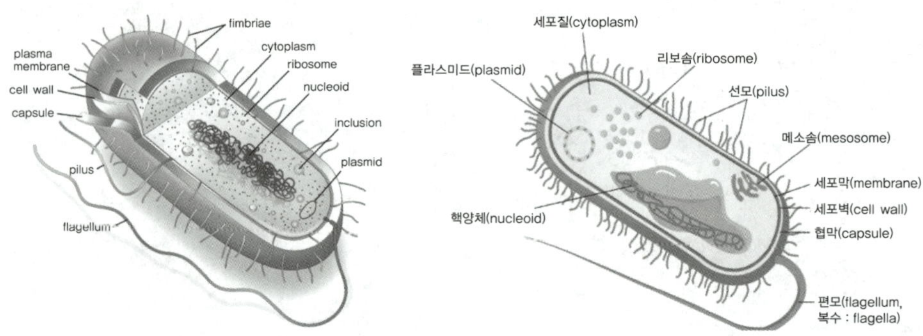

① **당질피질(glycocalyx)**

㉠ 세균이나 다른 세포의 표면에서 외부로 퍼져 있는 다당류의 망상구조

㉡ **점질층(slime layer)** : 세포벽에 느슨하게 부착되어 쉽게 제거 가능

㉢ **협막(capsule)** : 점질층에 비해 구조가 치밀하고 세포벽에 견고하게 부착

㉣ **기능**

- 숙주세포 또는 세균끼리의 부착
- 건조나 탈수로부터 세포 보호(함수능력이 뛰어남)
- 숙주의 식세포 작용으로부터 세포 보호

② **세포벽(cell wall)**

㉠ 세포막의 바깥쪽에 있는 비교적 단단한 껍질로, 가장 중요한 구조물 중 하나

㉡ 진핵세포의 세포벽보다 화학적 조성이 복잡

㉢ **기능**

- 세포의 형태 유지
- 삼투에 의해 액체가 세포 내로 들어올 때 파열로부터 세포를 보호

㉣ 세균은 세포벽의 조성과 그람염색성의 차이에 따라 그람양성균과 그람음성균으로 분류

㉤ **그람양성균의 세포벽**

- 두껍고 균일한 펩티도글리칸층(peptidoglycan)과 테이코산(teichoic acid)으로 구성
- 세포벽이 외부에 그대로 노출되어 있어 항생제에 민감

㉥ **그람음성균의 세포벽**

- 외막(outer membrane)과 내막(cytoplasmic membrane) 존재
- 두 막 사이의 주변세포질공간에 얇은 펩티도글리칸층이 존재하며 테이코산은 없음
- 외막
  - 지질다당류(lipopolysaccharide, LPS) : O 항원(O antigen), 중심다당체(core polysaccharide), lipid A로 구성

－ 지단백질(lipoprotein) : 외막과 펩티도글리칸층 연결

－ 포린 단백질(porin protein)

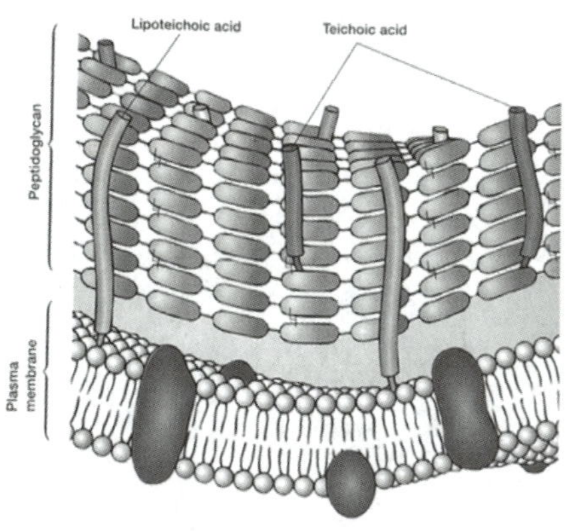

[그람양성균 세포벽]

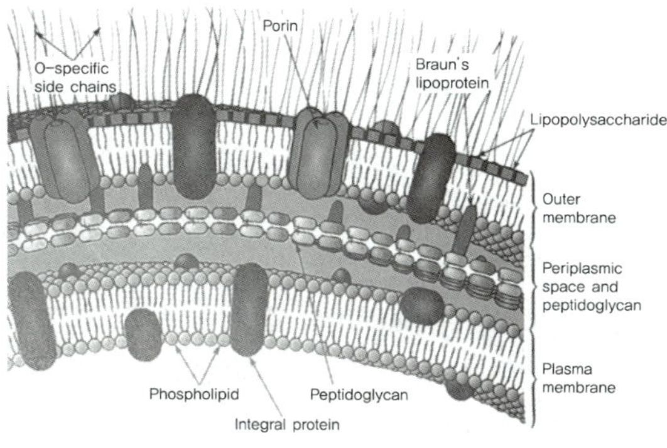

[그람음성균 세포벽]

> **보충** 그람염색법(gram staining)
>
> 1) 주로 세균 관찰에 이용되며, 세균의 분류 및 동정을 위한 필수적인 조작
> 2) 그람염색 순서
>   도말 → 고정 → 1차염색(크리스탈바이올렛) → 매염제 처리(요오드) → 탈색(95% 알코올) → 2차염색 (사프라닌) → 수세 → 검경

③ **편모(flagella)**

㉠ 운동기관

㉡ 편모의 존재 유무 및 부착위치와 수는 세균 분류에 매우 중요한 지표

㉢ **부착위치에 따른 분류**

극모	세포의 끝에 부착	단극모	한쪽 끝에 한 개의 편모 부착
		속극모	한쪽 끝에 여러 개의 편모 부착
		양극모	양쪽 끝에 편모 부착
주모	세포 표면 전체에 여러 개의 편모 부착		

㉣ 기저체(basal body), 훅(hook), 필라멘트(filament)의 세 부분으로 구성

④ **선모(pili, fimbriae)**

㉠ 주로 그람음성균에서 발견되며 동물의 털처럼 세포 표면에 많은 수가 부착

㉡ 편모보다 짧고 가는 섬유상의 구조물, 필린(pilin)이라는 단백질이 나선형의 관을 형성

㉢ **기능** : 세포나 조직 또는 물체의 표면에 부착

㉣ **성선모(sex pili)** : 세균의 접합(conjugation) 과정에서 중요한 역할, DNA의 이동통로 기능

(2) 내부구조

① **세포막(cell membrane)**

㉠ 세포벽의 안쪽에 위치하며 세포질을 둘러싸고 있는 얇은 막

㉡ 인지질 이중층과 단백질로 구성(fluid mosaic model)

㉢ **기능** : 선택적 투과 장벽으로 작용하여 특정한 이온과 분자는 들여보내거나 내보내는 반면, 다른 것들은 투과시키지 않음

㉣ **메소솜(mesosome)** : 세포막이 안쪽으로 함입된 작은 주머니로 원핵세포의 호흡을 담당

② **세포질(cytoplasm)**

㉠ 세포막과 핵양체 사이를 채우고 있는 물질

㉡ 약 70 ~ 80%가 수분으로 이루어져 있으며, 핵양체, 리보솜 등이 존재

③ **핵양체(nucleoid)**

㉠ DNA가 핵막에 싸이지 않은 상태로 세포질 내에 존재

㉡ 염색체(chromosome)라 불리는 하나의 원형 DNA 형태로 존재

④ **리보솜(ribosome)**

㉠ 단백질 합성기관으로 두 개의 소단위(subunit)로 구성

㉡ 50S의 큰 소단위와 30S의 작은 소단위로 구성

⑤ **내생포자(endospore)**

㉠ *Bacillus* 속, *Clostridium* 속 등 일부 그람양성균이 형성하는 저항성 강한 휴면세포

㉡ 포자형성균의 생활주기는 영양세포(vegetative cell)와 내생포자로 구분

- 영양세포
  - 대사가 활발히 진행되어 세균이 분열하고 증식하는 상태의 세포
  - 생존에 불리한 환경조건이 되면 포자 형성 과정을 통해 내생포자 형성
- 내생포자
  - 대사 활성이 거의 없는 휴면상태로 영양세포와는 전혀 다른 독특한 특성 나타냄
  - 열, 건조, 동결, 방사선, 화학약품, 산 등 극한 환경에 강한 내성
  - 불멸에 가까울 정도로 오랜 기간 생존
  - 주위 환경 개선 → 발아 → 영양세포로 전환 → 물질대사 시작 → 분열·증식

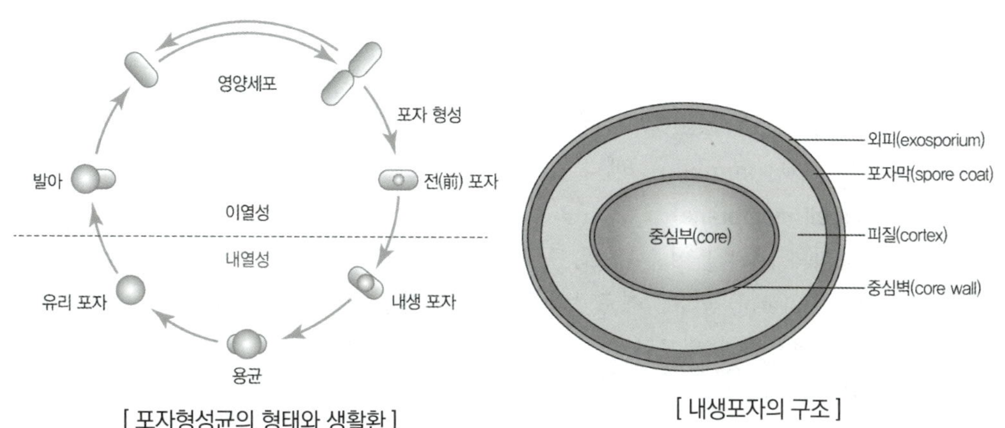

[포자형성균의 형태와 생활환]　　　　[내생포자의 구조]

　ⓒ **구조** : 외피(exosporium) → 포자막(spore coat) → 피질(cortex) → 중심벽(core wall) → 중심부(core)

　ⓓ **저항성**

　　• **디피콜린산**(dipicolinic acid)

　　　– 내생포자에만 존재하는 특이한 화학물질로 칼슘 – 디피콜린산 복합체로 존재

　　　– 영양세포 수분함량의 약 10 ~ 30% 정도의 건조한 상태를 만듦 → 포자의 내열성을 증가시키고 건조한 환경과 여러 화학물질에 대한 강한 내성을 갖게 함

　　• **작은 산 – 용해 단백질**(SASP, small acid soluble protein)

　　　– 분자량이 적은 특수한 DNA 결합 단백질로 포자의 DNA와 치밀하게 결합

　　　– 열, 방사선, 건조한 환경, 화학물질로부터 DNA를 보호

03　진핵세포

(1) 진핵세포의 구조

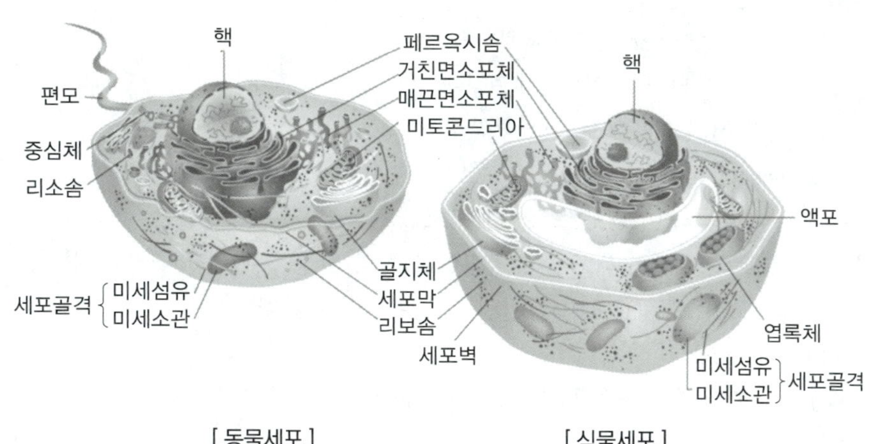

[동물세포]　　　　[식물세포]

① **세포벽(cell wall)**

　㉠ 식물세포에는 있고 동물세포에는 없음, 원핵세포에 비해 간단한 구조

　㉡ **곰팡이** : 키틴(chitin)과 섬유소(cellulose)가 주성분

　㉢ **효모** : 만난(mannan), 베타 − 글루칸(β − glucan)이 주성분

② **세포막(cell membrane)**

　㉠ 유동성의 인지질 이중층으로 구성

　㉡ **스테롤(sterol) 함유** : 세포막의 구조적 안정성 제공

　㉢ **기능** : 세포질과 외부환경 구분, 세포의 물질수송

③ **세포질(cytoplasm)**

　㉠ 액상 콜로이드(colloid) 용액

　㉡ 세포소기관인 핵, 염색체, 리보솜, 미토콘드리아, 소포체, 골지체, 리소솜 및 액포 등
　　포함

　㉢ **세포골격(cytoskeleton) 포함** : 미세섬유, 중간섬유, 미세소관으로 분류

미세섬유 (microfilament)	• 지름 7nm, 2개의 액틴이 나선모양으로 꼬인 구조 • 세포질 유동이나 세포 형태의 변화 • 백혈구 세포의 아메바 운동의 원천
중간섬유 (intermediate)	• 지름 10nm, 섬유 모양의 다양한 단백질 • 핵막과 세포막 사이에 위치 / 세포 소기관들을 제자리에 고정
미세소관 (microtubule)	• 지름 25nm(내부 15nm), 튜불린(원통모양의 구조) • 세포의 운동성(편모, 섬모)에 관여 / 세포 내 소기관의 이동에 관여

④ **핵(nucleus)**

　㉠ 세포의 생명활동에 필요한 유전정보 저장

　㉡ 인지질 이중막으로 된 핵막에 의해 세포질과 구분

⑤ **리보솜(ribosome)**

　㉠ 단백질 합성(번역) 장소

　㉡ 단백질과 rRNA(ribosomal RNA)로 구성

　㉢ 조면소포체와 결합되어 있거나, 세포질에 유리형으로 존재

　㉣ 40S 단위체와 60S 단위체로 이루어짐

⑥ **소포체(endoplasmic reticulum, ER)**

　㉠ 긴 관 또는 주머니 모양의 막으로 된 구조물

　㉡ 활발한 분비활동을 하는 세포에 발달되어 물질의 합성, 수송 및 저장 장소

　㉢ 형태에 따라 조면소포체(RER)와 활면소포체(SER)로 분류

⑦ **골지체(golgi complex)**

　㉠ 4 ~ 8개의 납작한 주머니 모양의 시스터네(cisterna, 복수 : cisternae)가 떨어진 형태
　　의 세포소기관

  ⓛ 소포체에서 합성된 분비단백질을 저장하여 농축 → 운반·포장 → 세포의 다른 부위나
   세포 밖으로 방출
 ⑧ **리소솜(lysosome)**
  ㉠ 골지체로부터 분비된 소낭으로 동물세포에서 주로 발견
  ⓛ 다양한 가수분해 효소를 함유
  ⓒ 외부로부터 세포질로 들어온 물질이나 손상된 조직 세포 등을 소화분해
 ⑨ **미토콘드리아(mitochondria)**
  ㉠ 사립체, 에너지 생산기지, 세포호흡장소, 외막과 내막의 이중구조
  ⓛ 세포호흡과 산화적 인산화반응 → 세포의 에너지인 ATP 생성기관
  ⓒ 다량의 에너지가 필요한 세포일수록 더 많은 미토콘드리아(자신만의 DNA와 70S 리보
   솜을 함유)를 가지고 단백질 합성
 ⑩ **엽록체(chloroplast)**
  ㉠ 식물과 조류의 광합성 부위
  ⓛ 자가증식 – 자체 DNA, 리보솜(70S) 지님
  ⓒ 빛 에너지를 이용하여 이산화탄소를 고정하고, 빛을 이용한 광합성작용으로 탄수화물
   (암반응)과 에너지(명반응)를 합성

(2) 원핵세포와 진핵세포의 비교

구분	원핵세포(prokaryotic cell)	진핵세포(eukaryotic cell)
크기	일반적으로 작은 세포, 대부분 미생물	일반적으로 큰 세포, 일부 미생물이고 대부분 생물
핵막과 인	없음	있음
분열	무사분열	유사분열
생식	감수분열 없음	규칙적인 과정으로 감수분열을 함
원형질막	인지질 이중층	인지질 이중층(보통 스테롤을 함유함)
리보솜	70S	80S (미토콘드리아와 엽록체의 리보솜 제외)
호흡계	원형질막의 일부 또는 메소솜	미토콘드리아
세포벽	복잡한 구조	존재 시 간단한 구조
운동기관	편모	편모 또는 섬모

2020년 1회

01 미생물의 명명법에서 사용하는 어미를 계통별로 쓰시오.

모범답안

계통	영문명	어미명
계	kingdom	−
문	phylum	−mycota
강	class	−mycetes
목	order	−ales
과	family	−aceae
속	genus	−
종	species	−

2020년 4, 5회, 2008년 1회

02 그람염색 시 사용되는 시약을 순서대로 쓰시오.

〈보기〉
요오드용액, 알코올, 사프라닌, 크리스탈 바이올렛

모범답안

크리스탈 바이올렛 − 요오드용액 − 알코올 − 사프라닌

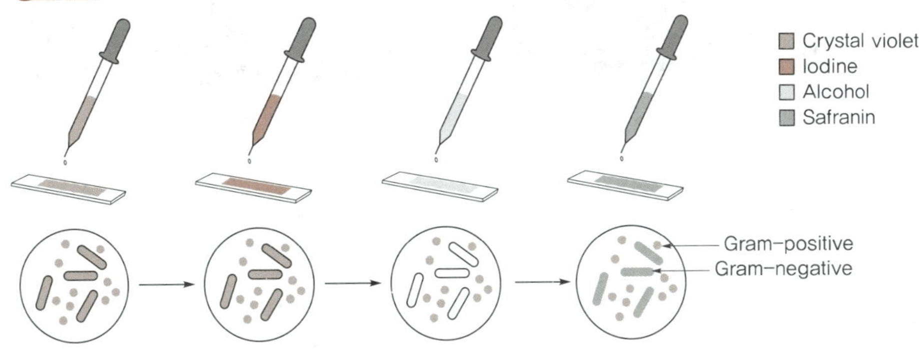

03 그람염색 시 그람양성균과 그람음성균의 색깔 변화에 대해 설명하시오.

모범답안

- 그람양성균 – 자색(보라)
- 그람음성균 – 적색(빨강)

04 광학현미경은 가시광선을 이용하여 물체를 확대하는 장치로, 빛이 렌즈를 통과하면서 굴절하는 성질을 이용한 것이다. 대물렌즈에 상이 1차적으로 확대되어 나타나고, 접안렌즈는 확대된 대상을 2차적으로 확대하는 역할을 한다. 다음의 글자를 광학현미경으로 관찰했을 때, 현미경 시야에 나타난 글자를 그리시오.

〈예시〉

실상

모범답안

[재물대 이동식 현미경]

[경통 이동식 현미경]

식품미생물

01 세균

(1) 형태

① **구균(coccus, 복수 : cocci)**
　㉠ 구형이나 타원형
　㉡ 단구균, 쌍구균, 연쇄상구균, 사련구균, 팔련구균, 포도상구균

② **간균(Bacillus, 복수 : bacilli)**
　㉠ 막대 모양, 구균과 달리 각 세포가 하나씩 떨어져 존재하는 것이 많음
　㉡ 단간균, 장간균, 연쇄상간균, 코리네형 간균

③ **나선균(spirillum, 복수 : spirilla)**
　㉠ 나선 모양, 개개의 세포가 분산되어 있으며 배열 모양을 나타내지 않음
　㉡ 나선균, 호균, 스피로헤타

(2) 그람양성균

① *Bacillus* 속
　㉠ 그람양성, 호기성 또는 통성혐기성, 간균, 주모성 편모를 지니는 포자형성균
　㉡ 자연계에 널리 분포, 탄수화물과 단백 분해능이 강하여 장류 제조와 효소 생산에 이용

B. subtilis	• 강력한 아밀레이스(amylase)와 프로테이스(protease) 분비 • 청국장, 된장, 간장 등 장류 제조에 이용 • 서브틸린(subtilin) 등 항균단백질 생산 • 비오틴(biotin)을 생육인자로 요구하지 않음
B. natto	• 강력한 아밀레이스와 프로테이스 분비 / 끈끈한 점질물 생성 • 비오틴을 생육인자로 요구함
B. cereus	설사형 또는 구토형 식중독의 원인균
B. coagulans, *B. stearothermophilus*	통조림에 무가스산패(flat sour) 유발
B. megaterium	크기가 다른 균주보다 큼 / 비타민 B_{12} 생산
B. anthracis	인수공통감염병인 탄저(anthrax)의 원인균

② *Clostridium* 속

　㉠ 그람양성, 편성혐기성, 간균, 카탈레이스 음성

　㉡ **포자형성균** : 포자는 세포의 중앙이나 말단에서 형성되고 부풀어 오름

Cl. sporogenes	• 단백질이 풍부한 식품에서 부패를 일으킴 • 통조림의 부패 및 팽창 원인균
Cl. butyricum	당을 발효하여 낙산을 생성하는 낙산균
Cl. botulinum	• 보툴리누스 식중독 원인균, 독성과 내열성 매우 강함 • 신경독(neurotoxin) 생성
Cl. perfringens	• 가스괴저균이라 불리움 / 알파(α) 독소 생산 → 가스괴저 유발 • 장독소(enterotoxin) 생산(감염 독소형 식중독의 원인균)
Cl. tetani	병원균 / 파상풍 원인균

③ *Micrococcus* 속

　㉠ 그람양성, 호기성, 구균, 카탈레이스 양성

　㉡ 노란색, 황색, 분홍색, 빨간색 등의 카로티노이드 색소를 생성

　㉢ 내염성과 내열성 강함, 산을 생성하며 점질물을 형성

M. halodenitrificans	• 내염성 강함 • 염지한 육제품에서 아질산을 생성하고 육류를 발색
M. roseus	식빵 등 식품 표면에 번식 / 분홍색의 색소 생성
M. luteus	황색색소

④ *Corynebacterium* 속

　㉠ 그람양성, 호기성 또는 통성혐기성, 간균

　㉡ 분열 후 세포가 V, Y, L자형으로 연결

Coryne. glutamicum	MSG 원료인 글루탐산(glutamic acid) 생성
Coryne. diphtheriae	경구감염병인 디프테리아 원인균

⑤ *Propionibacterium* 속

　㉠ 그람양성, 비운동성의 단간균 또는 구균, 혐기성

　㉡ 당류나 유산을 발효하여 프로피온산(propionic acid) 생성

P. shermanii	• 스위스 에멘탈(Emmental) 치즈의 숙성에 관여 • CO_2 발생으로 치즈에 많은 구멍을 만듦, 치즈의 눈(eye)

⑥ **유산균(lactic acid bacteria)**

　㉠ **특징**

　　• 그람양성, 간균 또는 구균, 무포자균, 대부분 운동성이 없고 색소를 생성하지 않음

　　• 당류를 발효하여 다량(대사산물의 50% 이상)의 유산(lactic acid)을 생성하는 세균의 총칭

　　• 일반적으로 내산성을 지니며, 유제품 발효의 스타터로 이용

- 영양 요구성이 높아 비타민 B군, 아미노산, 핵산 등이 풍부한 배지에서 주로 성장
- 일부 유산균은 항균 단백질인 박테리오신(bacteriocin)을 생성 : 대표적으로 니신(nisin)
- 프로바이오틱스(probiotics) : 항균작용, 면역증진, 항암작용, 정장작용

ⓛ **유산균의 대사**

- 당을 발효하여 대사산물을 생성하는 방식에 따라 정상유산발효균과 이상유산발효균으로 구분
- 정상유산발효균(homo fermentative lactic acid bacteria) : *Streptococcus*속, *Pediococcus*속, *Lactococcus*속, *Enterococcus*속, *Lactobacillus*속

$$C_6H_{12}O_6 \longrightarrow 2CH_3CHOHCOOH$$

포도당 　　　　　　　　　유산

- 이상유산발효균(hetero fermentative lactic acid bacteria) : *Leuconostoc*속, *Oenococcus*속, *Weissella*속, 일부 *Lactobacillus*속

$$C_6H_{12}O_6 \longrightarrow CH_3CHOHCOOH + CH_3CH_2OH + CO_2$$

포도당 　　　　　　　　유산　　　　　에탄올

$$2C_6H_{12}O_6 \longrightarrow 2CH_3CHOHCOOH + CH_3CH_2OH + CH_3COOH + 2CO_2 + 2H_2$$

포도당 　　　　　　　유산　　　　에탄올　　　초산

ⓒ ***Lactobacillus*속**

Lb. acidophilus	• 정상유산발효균, 내산성이 강하여 pH 4 ~ 5 이하에서도 생육 • 아시도필루스 밀크(acidophilus milk) 제조에 이용 • 유산균제제
Lb. casei	• 정상유산발효균 • 우유단백질인 카세인(casein) 분해능력이 있어 치즈의 숙성에 관여
Lb. plantarum	• 정상유산발효균, 내산성, 내염성 강한 편 • 김치의 발효와 숙성에 중요한 역할(김치 발효 후기에 많이 검출)
Lb. brevis	• 이상유산발효균(이산화탄소 생성) • 김치, 피클, 사우어크라우트의 발효식품에서 많이 분리 • 내산성이 강함, 김치 발효 후기에 많이 검출
Lb. bulgaricus	• 정상유산발효균 • *Streptococcus thermophilus*와 함께 요구르트 스타터 • 호열성, 생육 최적온도 42℃ • 산 생성능이 강하여 우유단백질을 응고시키고 요구르트에 조직감 부여
Lb. delbrueckii	• 정상유산발효균 • 전분당화액이나 당밀로부터 산업적으로 유산을 제조하는 데 이용

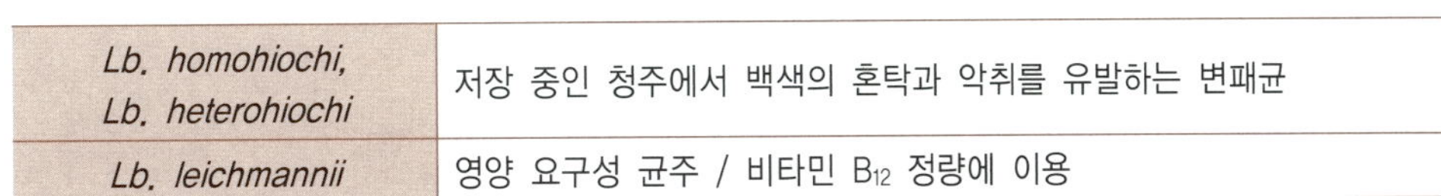

Lb. homohiochi, Lb. heterohiochi	저장 중인 청주에서 백색의 혼탁과 악취를 유발하는 변패균
Lb. leichmannii	영양 요구성 균주 / 비타민 B_{12} 정량에 이용

② *Stretococcus* 속

Strep. thermophilus	• 호열성 / 생육 최적온도 40 ~ 45℃ • *Lb. bulgaricus*와 함께 요구르트의 제조 시 스타터로 이용 • 구연산을 분해하여 우유 발효 시 향기성분인 diacetyl 생성
Strep. faecalis	장구균, 동물과 사람의 장관에 상재

③ *Leuconostoc* 속

Leu. mesenteroides	• 이상유산발효균, 당을 분해하여 유산 이외에 초산, 에탄올, 이산화탄소 등을 생성 • 내염성 / 김치, 사우어크라우트, 피클 등 채소발효식품의 숙성에 관여 • 김치 발효 초기부터 김치가 가장 맛있다고 느껴지는 숙성 초기까지 주된 역할 • 설탕으로부터 다량의 덱스트란(dextran) 생산 • 제당공장에서는 파이프를 막히게 하는 유해균 • 인공혈장, 대용혈장으로 이용

④ *Pediococcus* 속

P. halophilus	• 간장 발효에 중요한 역할 • 20% 이상의 식염에서도 생육 가능한 강한 내염성균
P. sojae	• 개량식 간장 코지(koji) 중에 존재하는 내염성 유산균 • 간장덧의 pH를 약산성으로 유지
P. pentosaceus	채소절임에서 흔히 볼 수 있음

⑤ *Lactococcus* 속

L. lactis	• 치즈, 버터 제조의 스타터로 이용 • 일부 균주는 항균활성을 가진 단백질인 나이신(nisin) 생성
L. cremoris	치즈, 버터 제조의 스타터로 이용
L. diacetilactis	구연산으로부터 diacetyl을 생성하여 풍미 증진에 기여

(3) 그람음성균

① **초산균(acetic acid bacteria)**

㉠ 특성

- 그람음성, 편성호기성, 간균
- 알코올을 산화하여 초산(acetic acid)을 생성하는 세균, 내산성 강함
- 액체배양 시 공기가 풍부한 액면에서 잘 번식하여 피막을 형성

ⓒ *Acetobacter* 속

A. aceti	• 비교적 고농도의 주정에 견디며 8.7%까지 초산 생성 • 청주박초 양조에 중요한 균
A. oxydans	• 병맥주 혼탁의 원인 • 약 8%의 초산을 생산하는 것도 있음 • 기벽에 따라 높이 상승하는 균막을 형성 • 초산을 재분해하지 않음
A. viniacetati	주로 포도주 식초를 만드는 데 이용
A. schutzenbachii	• 식초 속양용(quick venegar process)으로 이용 • 딘시간에 8 ~ 11% 초산을 생성
A. aceti subsp. xylium	• 액면에 섬유소가 함유된 두꺼운 균막을 생성 • 생성된 초산을 다시 분해하여 악취 발생 → 식초양조의 유해균

ⓒ *Gluconobacter* 속

- 아세토박터속 균주에 비해 초산 생성력이 약함
- 포도당을 산화하여 글루콘산(gluconic acid) 다량 생성

G. roseus	D – 소비톨(sorbitol)을 산화하여 L – 소르보스(sorbose)를 높은 수율로 생산
G. oxydans	채소, 과일 등의 식품에 신맛을 부여하는 부패균, 소르보스 발효

② **Pseudomonas 속**

ⓐ 그람음성, 호기성, 간균, 한 개 또는 여러 개의 극성 편모를 지님

ⓑ 형광색소, 청색, 황색, 적색 등의 색소 생성

ⓒ 동식물의 병원균, 식품의 부패균이 많음, 냉장에서 증식 가능

Pseudo. fluorescens	• 형광균(형광 색소 생산) / 호냉성의 부패균
	• 우유에 쓴맛 발생(고미유)
	  – 겨울철 살균하지 않은 생유(raw milk)에서 많이 발생
	  – 내열성 단백분해효소 생성 → 우유의 카제인을 분해시켜 쓴맛 발생

Pseudo. aeruginosa	• 녹농균 • 청색 색소(pyocyanin) 형성 → 우유에 청변 유발

③ **Halobacterium 속**

ⓐ 그람음성, 호기성, 간균, 극모성 편모, 적색 카로티노이드(carotenoid) 색소 생성

ⓑ 염(NaCl) 농도가 높은 곳에서 잘 증식

④ **Serratia 속**

ⓐ 장내세균과, 그람음성, 통성혐기성, 간균, 주모성 편모

ⓑ 적색 색소인 프로디지오신(prodigiosin) 생성

S. marcescens	• 단백질 분해력이 강하여 육류, 생선 등에서 심한 부패취 유발 • 식품 표면에 적변현상을 일으킴

⑤ *Proteus* 속

   ㉠ 장내세균과, 그람음성, 통성혐기성, 간균, 운동성

   ㉡ 단백질 분해력이 강한 부패균

P. morganii (Morganella morganii)	• 알레르기성 식중독 유발 • 히스티딘 탈탄산효소(histidine decarboxylase)를 지니므로 식품에서 증식하면, 알레르기 유발물질인 히스타민(histamine) 다량 생성

⑥ *Erwinia* 속

   ㉠ 대부분 식물병원균, 그람음성, 호기성, 간균

   ㉡ 펙틴 분해효소(pectinase)를 분비하여 채소, 과일 및 그 가공품에서 변패를 일으킴

E. carotovora	• 시장병(market's disease)의 원인균 • 야채와 과일에 부패 유발

⑦ *Zymomonas* 속

   ㉠ 그람음성, 통성혐기성, 간균

   ㉡ **엔트너 – 두도르프 경로(Entner – Doudoroff pathway, EDP) 이용** : 당(포도당, 과당, 설탕)을 발효하여 알코올 생산

   ㉢ 열대지방에서 효모 대신 알코올 음료 제조에 사용 – pulque(멕시코 전통술) 제조

Z. mobilis	Zymomonas 속의 대표균으로 최적 생육온도 25 ~ 30℃

(4) 방선균

① **특성**

   ㉠ 원핵세포, 실 모양의 균사가 분기하는 균사상 세균

   ㉡ 분류학상 그람양성균에 속함

   ㉢ 세포의 크기와 생리적인 특성은 세균과 유사하지만, 곰팡이처럼 분기된 형태의 균사를 형성하고 무성생식을 하는 포자를 지님

   ㉣ 항생물질 생성균으로 토양에 많이 분포(토양 1g당 $10^5 \sim 10^8$의 세포가 존재)

② *Streptomyces* 속

   ㉠ 그람양성, 편성호기성, 간균

   ㉡ 방선균 중에서 매우 큰 속으로 분류되며 대부분 토양에서 발견

   ㉢ 축축한 토양의 냄새는 *Streptomyces*가 생성하는 게오스민(geosmin)과 같은 방향성 물질 때문

   ㉣ Streptomycin, chloramphenicol, amphotericin B, erythromycin, neomycin, tetracycline 등 다양한 종류의 항생제를 합성하는 능력

S. griseus	• 배지에서 무색으로 발육하며 기균사는 담황록색 • 젤라틴 등의 단백분해력 강함 • 1944년 왁스만 – 항생제 스트렙토마이신 분리

(1) 특징

① 이바노프스키(Dmitri Iwanowski, 1864 ~ 1920)에 의해 최초로 알려짐
　㉠ 담배 모자이크병에 감염된 담뱃잎의 추출액이 세균이 통과할 수 없는 필터로 여과한 후에도 여전히 감염력을 보유하고 있다는 사실을 발견
　㉡ 여과성 바이러스(filterable virus)가 담배 모자이크병을 일으킨다고 제안
② 세포 내 절대기생체(obligate intracellular parasite), 항상 살아 있는 세포 내에서만 증식
③ 기생하는 숙주에 따라 동물 바이러스, 식물바이러스, 세균바이러스 등으로 분류하기도 함
④ 세균에 기생하는 바이러스를 박테리오파지(bacteriophage, phage)라 부름
⑤ 생물과 무생물의 중간적 형태의 비세포성 유기체이므로 입자(particle)라고 부르기도 하지만, 증식과 유전이라는 생물 특유의 성질을 갖고 있으므로 생명체로 간주

(2) 구조와 종류

① 광학현미경으로 관찰할 수 없음
② 핵산(DNA 또는 RNA)과 이를 보호하는 단백질로 구성

(3) 핵산

① 유전물질로 DNA 또는 RNA 중 하나의 핵산만을 지님
② 캡시드(capsid)라는 단백질 껍질에 둘러싸여 있음
③ 이중가닥 DNA, 단일가닥 DNA, 이중가닥 RNA, 단일가닥 RNA의 네 가지 형태로 존재

(4) 캡시드

① 핵산을 둘러싸고 있는 단백질 껍질
② 캡소미어(capsomere)라 불리는 동일한 구조의 단백질 조각(subunit)들로 구성
③ 구조에 따라 나선형(helical), 정이십면체형(icosahedral), 복합형(complex) 등의 형태로 분류

나선형 바이러스	나선형의 관 모양 예 담배 모자이크 바이러스, 홍역 바이러스, 광견병 바이러스
정이십면체형 바이러스	20개의 삼각면과 12개의 꼭지점 예 아데노 바이러스, 폴리오 바이러스, 천연두 바이러스
복합형 바이러스	서로 다른 모양과 여러 부분으로 구성 예 박테리오파지

(5) 박테리오파지

① **크기** : 세균의 약 10분의 1 정도
② **대장균을 숙주로 하는 T 계열 파지(T_2, T_4, T_6)의 구조**
  ㉠ **정이십면체형의 두부(head)** : DNA + 캡시드
  ㉡ 미부(tail)
  ㉢ 6개의 꼬리침(spike)이 달린 기부(basal plate)
  ㉣ 꼬리섬유(tail fiber)
③ **독성파지(virulent phage)**
  ㉠ 파지가 숙주 세균에 흡착한 후 DNA가 세포 안
    에 주입되면 세균 세포의 대사계를 이용해서
    수백 개 이상의 새로운 파지를 생합성
  ㉡ 일정 기간이 지난 후 숙주세포를 파열시키면서 새로운 파지가 방출되는 특성을 지님

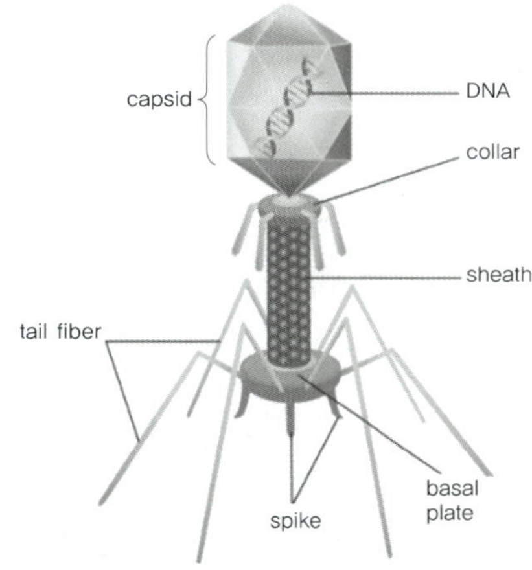

부착
파지의 꼬리섬유가 세균 세포벽의 특정 수용체에 부착하고
기저판(lysozyme 지님)이 세포벽에 결합(docking)

↓

침투
파지 DNA가 세포벽을 통과하여 세균 세포 내로 전달

↓

증식
숙주세포의 대사계를 이용하여 파지의 DNA와 몸체를 구성하는 단백질 성분들을 복제

↓

조립 및 성숙
복제된 DNA와 파지 성분들이 조립되어 수백 개의 파지 입자를 형성하고
세포 밖으로 방출되기 위해서 성숙

↓

방출
숙주세포를 용균(lysis)시키고 밖으로 나옴,
새로운 파지 입자는 또 다른 세균 세포에 감염하여 새로운 용균성 주기를 시작

  ㉢ 세균의 평판계수법과 유사한 방법으로 셀 수 있음
  ㉣ **플라그(plaque)** : 파지에 감염된 한천 평판 배지상에 배양하면 세균이 용해되어 죽은
    부분이 투명한 반점(투명환, clear zone)처럼 나타남
④ **용원파지(lysogenic phage)**
  ㉠ 잠재성 또는 약독성(temperate) 파지
  ㉡ 숙주 세균에 침입한 후 파지를 복제하지 않고 잠복상태로 존재

ⓒ 세균 세포 안으로 들어온 파지 DNA가 숙주세포의 염색체에 삽입되어 염색체의 일부가
됨 → 프로파지(prophage)

ⓔ 자외선 조사 또는 화학물질에 의해 독성 파지로 전환될 수 있음

03 효모

(1) 특징 및 형태

① **특징**

ⓐ 진균류(eumycetes), 진핵세포, 단세포

ⓑ 당분으로부터 발효 시 알코올(alcohol)과 이산화탄소(CO_2) 형성

ⓒ **영양분이 있는 좋은 환경** : 출아법으로 증식

　　영양분이 충분하지 않을 때 : 유성포자 혹은 무성포자 형성

ⓓ 생육 최적 조건 : pH 4 ~ 6, 25 ~ 30℃

ⓔ 통성혐기성균(facultative anaerobe) − 산소농도에 따른 산화적 대사(균체 증식)와 혐
기적 대사(주정, 알코올 발효)를 병행(Pasteur effect)

② **형태**

ⓐ **구형 (torulopsis)** : *Torulopsis versatilis*

ⓑ **달걀형(cerevisiae)** : *Saccharomyces cerevisiae*

ⓒ **타원형(ellipsoideus)** : *Saccharomyces ellipsoideus*

ⓓ **소시지·오이형(pastorianus)** : *Saccharomyces pastorianus*

ⓔ **레몬형·방추형·모자형(apiculatus)** : *Kloeckera* 속

ⓕ **삼각형(trigonopsis)** : *Trigonopsis variabilis*

ⓖ **위균사형(pseudomycellium)** : *Candida* 속

ⓗ **진균사형(mycellium)** : *Endomycopsis*, *Trichosporon* 속

(2) 증식

① **영양증식법**

ⓐ **출아법(budding)**

• 모세포(mother cell) 표면에 작은 아세포(bud cell)가 출아된 후 계속 성장하면서 낭
세포(daughter cell)의 독립적인 세포로 영양증식

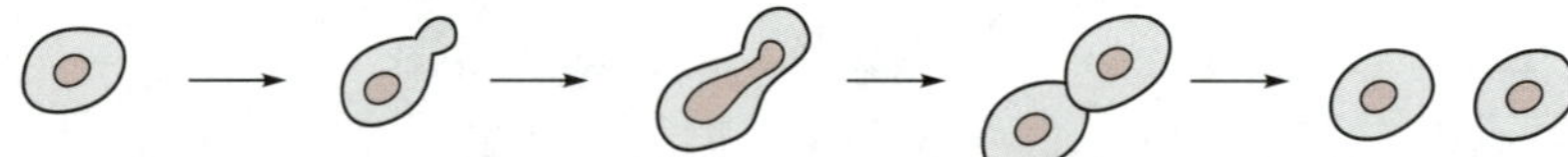

ⓛ **분열법**(fission)
- 세균에서와 같이 중앙에 격벽이 생겨 두 개의 세포로 분열하는 증식법
- *Schizosaccharomyces* 속이 대표적

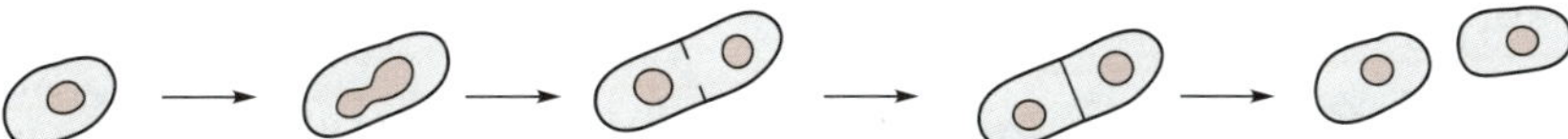

ⓒ **출아분열**(budfission)
- 출아한 다음, 기부가 들어가지 않고 격벽이 생겨 분열하는 증식법(출아와 분열의 중간 형식)
- *Saccharomycodes* 속이 대표적

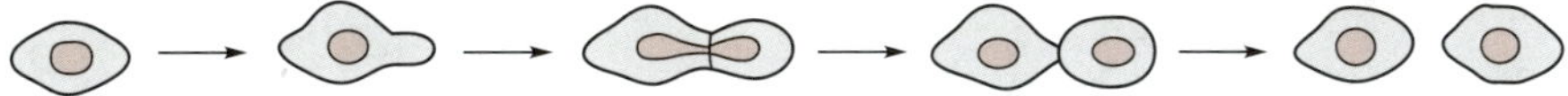

② **포자증식법**

무성포자 형성방법	• 단위생식(parthenogensis) • 위접합(pseudocopulation) • 사출포자(ballistospore) – *Bullera* 속, *Sporobolomyces* 속, *Sporidiobolus* 속 • 분절포자(arthrospore) • 후막포자(chlamydospore)
유성포자 형성방법	• 동태접합 – 동일한 모양 및 크기로 접합(*Schizosaccharomyces*) • 이태접합 – 서로 다른 크기로 접합(*Debaryomyces*, *Nadsonia*)

(3) 생리작용

① **호기적 대사** : 호흡(respiration)

ⓐ 에너지를 획득하여 세포분열을 포함한 1차 대사과정 수행

ⓑ $C_6H_{12}O_6 + 6O_2 \rightarrow 6CO_2 + 6H_2O + 686kcal$ (38 ATP)

② **혐기적 대사** : 발효(fermentation)

ⓐ Neuberg 발효 1형식(알코올 발효)

$$C_6H_{12}O_6 \longrightarrow 2C_2H_5OH + 2CO_2 + 58kcal \text{ (2 ATP)}$$

ⓑ Neuberg 발효 2형식(글리세롤 발효)

$$C_6H_{12}O_6 \xrightarrow[\text{Na}_2\text{SO}_3]{\text{pH } 5\sim6} C_3H_5(OH)_3 + CH_3CHO + CO_2$$

ⓒ Neuberg 발효 3형식(글리세롤 발효)

$$2C_6H_{12}O_6 \xrightarrow[\text{NaHCO}_3,\ \text{Na}_2\text{HPO}_4]{\text{alkali, pH } 8} 2C_3H_5(OH)_3 + CH_3COOH + C_2H_5OH + 2CO_2$$

(4) 분류

① 상면효모와 하면효모

㉠ 상면발효효모(top fermenting yeast)는 액상 배양장치의 상층으로 부유하므로 발효액 혼탁

㉡ 하면발효효모(bottom fermenting yeast)는 저면으로 침전하므로 발효액 투명

항목	상면효모	하면효모
형태	• 원형, 연결세포 많음 • 다당류(polysaccharide) 소량 함유	• 난형·타원형, 연결세포 적음 • 다당류 다량 함유
배양	• 세포의 상층부유(혼탁) • 발효액 중 분산 용이	• 저면침강(투명) • 분산 불가
생리	• 발효작용이 빠름 • 라피노스, 멜리비오스 비발효 • 최적온도 10 ~ 25℃(영국계)	• 발효작용이 늦음 • 라피노스, 멜리비오스 발효 • 5 ~ 10℃(독일계)
균주	*Saccharomyces cerevisiae*	*Saccharomyces carlsbergensis* *Saccharomyces ellipsoideus* *Saccharomyces pastorianus*

② 적색효모와 유지효모

㉠ **적색효모(red yeast)** : 카로티노이드(carotenoid) 색소를 함유하여 적색의 균총 형성 (*Rhodotorula*, *Sporobolomyces*, *Rhodosporidium* 속)

㉡ **유지효모(lipid yeast)** : 세포질에 지방구를 형성(*Lipomyces starkeyi*, *Rhodotorula glutinis*)

㉢ *Rhodotorula glutinis* : 유지효모 + 적색효모

(5) 유포자 효모

① *Saccharomyces* 속

㉠ 효모 중에서 가장 중요한 속 / 대부분 다극성 출아법 증식

㉡ 구형이나 달걀형의 자낭포자(1 ~ 4개) 형성

Sacch. cerevisiae	• 널리 사용되고 가장 많은 연구가 이루어짐, 영국맥주에서 분리한 상면효모 • 달걀형, 무성포자, 다극성 출아, 16개의 크로모솜(chromosome) 지님 • 빵, 알코올 음료 및 다양한 발효주 제조에 사용
Sacch. carlsbergensis	• 덴마크의 칼스버그 맥주공장에서 분리한 하면효모 • 멜리비오스(melibiose)와 라피노스(raffinose)를 발효
Sacch. ellipsoideus	포도 과피에서 분리된 하면효모 / 포도주효모
Sacch. mali Ducleaux	• 사과주에서 분리된 상면효모 • 사과주효모(cider yeast), 좋은 향기를 나타냄
Sacch. mali Risler	• 사과주에서 분리된 하면효모 • 사과주효모(cider yeast), 좋은 맛 부여

Sacch. coreanus	우리나라 탁주효모, 한국 누룩·탁주에서 분리
Sacch. rouxii	• 18% 이상의 고농도 식염이나 고당도 잼에서 증식 가능 • 간장 발효의 후기에 주로 나타나며 독특한 향미를 부여하는 간장·된장효모 **내삼투압성 효모(osmophilic yeast)** ① Saccharomyces rouxii ② Saccharomyces mellis ③ Zygosaccharomyces soya ④ Zygosaccharomyces major
Sacch. mellis	• 간장 맛을 악화시키는 내삼투압성 효모 • 60 ~ 70% 고농도 당액인 벌꿀에서도 증식
Sacch. pastorianus	• 소시지 형태 / 맥주에서 번식하는 야생효모(맥주공장의 오염균) • 맥주에 불쾌한 냄새와 쓴맛 부여, 청징을 나쁘게 함
Sacch. sake	청주 발효 효모

② **Zygosaccharomyces 속**

  ㉠ *Saccharomyces* 속으로부터 분리

  ㉡ 소금이나 당과 같은 높은 삼투압 환경에서 잘 견디는 효모

Z. major, Z. soya, Z. sojae	• 간장 숙성에서 독특한 향미 부여 / 하면 효모 • 내삼투압성 효모(osmophile yeast)로 분류
Z. japonicus, Z. salsus	• 간장 표면에 '곱'이라는 갈색·회백색의 산막을 형성하는 내염성 효모 • 간장에 향미 손상을 유발하는 하면효모

③ **Schizosaccharomyces 속**

  ㉠ 분열법으로 증식

  ㉡ 생육 최적온도 37℃, 열대지방의 과일, 당밀, 토양, 벌꿀 등에서 분리

Schizo. pombe	• fission yeast의 대표 균주 • 옥수수를 주원료로 하는 폼베(pombe)술에서 분리 • 번식방법이 효모 중에서는 고등생물과 유사하여 모델 생물로 유용하게 연구됨 • 3개의 크로모솜(chromosome)을 갖고 있음 • 알코올 발효력이 강함(당의 발효와 관계된 것에서 분리) • 수수를 이용한 맥주생산 및 포도주의 말로락틱 발효에 이용 말로락틱 발효(malolactic fermentation) : 포도주 중 신맛이 강한 말산(malate)을 신맛이 약한 젖산(lactate)으로 변화시키는 발효

④ **Kluyveromyces 속**

  ㉠ 유당분해효소(lactase, β – galactosidase)를 분비하여 유당으로부터 알코올 생산

  ㉡ 케피어(kefir, 코카서스 지방) 및 쿠미스(koumiss, 몽고 지방 말젖을 발효)에서 분리

K. fragilis	kefir에서 분리된 유당발효 효모
K. lactis	우유나 치즈로부터 분리된 유당발효 효모

⑤ *Saccharomycodes* 속

출아분열 방식으로 증식하는 레몬형 효모

Saccharomycodes ludwigii	• 떡갈나무 수액에서 분리 • 포도당과 설탕 발효 / 맥아당 비발효 → 맥아당이 남은 감미가 있는 술을 만들 수 있음

⑥ 산막효모(*Pichia, Debaryomyces, Hansenula*)

Pichia 속	• 다극성 출아, 질산염 자화 못 함, 당 발효력 약함, 알코올을 소비하기도 함 • *P. membranaefaciens*
Debaryomyces 속	• 내염성 산막효모, 다극성 출아, 질산염 자화 못 함 • *D. hansenii*(리보플라빈 생산, 내염성 강함)
Hansenula 속	• 다극성 출아, 질산염 자화, 당발효력 약함, 알코올로부터 에스터 생성 • *H. anomala*(청주발효 후숙 시 에스터의 다양한 향을 생성)

⑦ *Lipomyces* 속

㉠ 건조 균체당 60%의 지방을 축적하는 유지 효모

㉡ *Lipomyces starkeyi*

(6) 무포자 효모

① *Candida* 속

㉠ 위균사(pseudomycelium) 형성

㉡ 단세포 단백질(single-cell protein, SCP)로서 식용·사료 효모

㉢ 배양원으로 석유, 폐당밀, 아황산 폐액, 목재 당화액, 서류, 전분 폐기물 등 다양한 탄소원 이용

㉣ 사람의 피부나 인후점막에 기생하여 칸디다증(candidiasis)을 일으키기도 함

C. versatilis	호염성, 간장의 방향을 생성하는 후숙효모로서 중요한 역할
C. lipolytica	• 라이페이스(lipase) 분비, 마가린, 버터에 번식하는 효모 • 구연산(citric acid) 생산균 • 탄화수소 자화성이 강한 식·사료 효모
C. tropicalis	• *Candida* 속의 대표적인 균 / 식·사료 효모 • 목재의 구성 단당류인 자일로스(xylose) 자화균 • 석유효모(탄화수소 자화성 강함)
C. utilis	• 자일로스(xylose) 자화능 • 아황산 펄프(pulp) 폐액에서 배양하여 얻은 균체를 사료용 효모로 사용
C. albicans	칸디다증(candidiasis)을 유발하는 병원성 효모

② *Rhodotorula* 속

㉠ 구형·타원형·소시지형 / 다극성 출아

㉡ 적색효모, 적색의 카로티노이드(carotenoid) 색소 생성

ⓒ 분홍색의 서양 채소절임(sauerkraut)에 분포

| *R. glutinis* | 유지효모, 건조균체 중량의 60% 지방축적 |

제조방법에 따른 발효주의 종류

발효주		술의 종류	원료	비고
단발효주		포도주, 사과주, 과실주, 마유주	단당류, 이당류	• 전분분해효소 필요없음 • 단당 → 알코올
복발효주	단행복 발효주	맥주	맥아 전분	• 전분분해효소 : 아밀레이스 • 전분 → 전분분해 완료 → 알코올
	병행복 발효주	청주, 탁주	쌀 등 곡식 전분	• 전분분해 작용 : 누룩 • 전분 → 전분분해 시작과 동시에 알코올 발효

04 곰팡이

(1) 특성 및 형태

① **특성**

ㄱ 분류학상 진균류(eumycetes), 다세포

ㄴ 편성호기성, 최적 온도 25 ~ 30℃, 최적 pH 4 ~ 6(pH 2 ~ 8.5의 넓은 범위에서 생육)

ㄷ 세균이나 효모에 비해서 환경에 대한 저항력이 크고 습도가 낮은 곳에서도 잘 생육

② **형태**

ㄱ **균사(hyphae)와 균사체(mycelium)**

- 형태학상 실 모양의 균사를 형성하는 사상균
- 포자가 발아하여 균사가 되고, 균사체를 이룸
- 균사 및 균사체 : 영양섭취 및 발육 담당 기관
- 자실체(fruiting body) : 포자를 형성하는 기관(번식기관)
- 균사체 + 자실체 → 집락(colony, 균총)

ㄴ **균사의 격벽**

- 격벽(septum, 격막)의 유무는 곰팡이의 1차적 분류기준
- 조상균류(phycomycetes) : 균사에 격벽 없음, 다핵체적 특징
- 순정균류(mycomycetes) : 균사에 격벽 있음

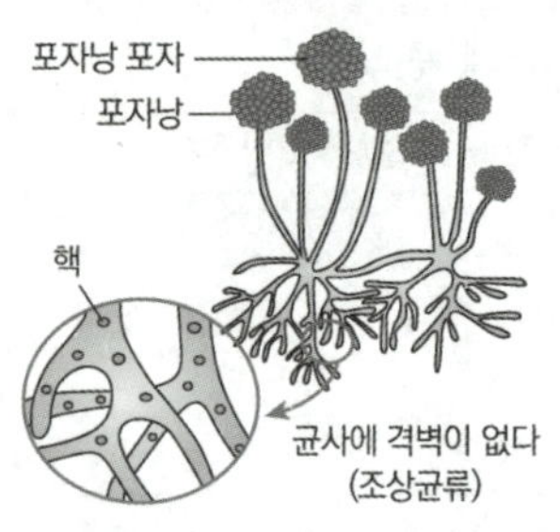

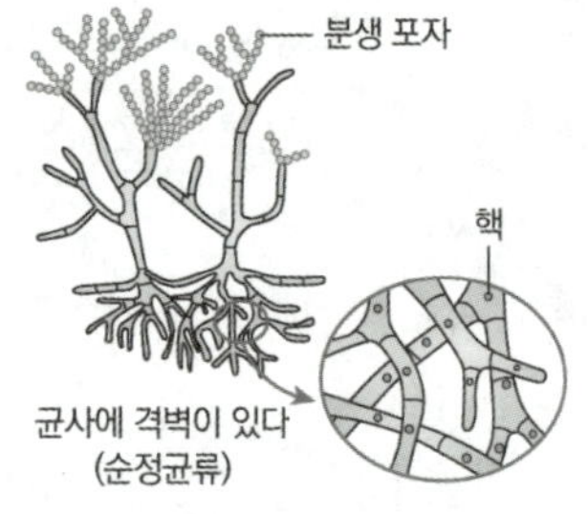

(2) 증식

① 무성포자(asexual spore)

㉠ 세포핵의 융합 없이 분열에 의해서만 무성적으로 형성하는 포자

㉡ **곰팡이의 균총색** : 주로 무성포자의 색

유주자 (zoospore)	• 수생하는 하등균류(난균류)에서 볼 수 있음 • 구형이나 관 모양의 유주자낭 안에 편모를 가지고 자유롭게 물속을 헤엄치기 때문에 유주자라 불리움
포자낭포자 (sporangiospore)	• 접합균류의 무성포자 / 포자낭병의 끝이 팽대하여 포자낭 형성 • *Mucor*, *Rhizopus*, *Absidia* 속 등
분생포자 (conidiospore)	• 자낭균류의 무성포자 / 분생자병 끝에 분생포자(conidiospore) 형성 • *Aspergillus*, *Penicillium* 속
후막포자 (chlamydospore)	• 불완전균류와 일부 접합균류에서 볼 수 있음 • 균사의 여기저기에 영양분을 저장하면서 부풀어오르고, 주위의 세포벽보다 더 두꺼운 벽을 형성하여 내구체인 포자 형성
분열포자 (분절포자, oidium)	• 불완전균류의 무성포자 • 균사에 격벽이 생겨 짧은 조각으로 떨어져 그 상태로 흩어져서 포자 형성
출아포자(발아포자, blastospore)	• 출아에 의해 원심적·순차적으로 형성 • 최하부 : 가장 먼저 만들어진 포자

② 유성포자(sexual spore)

㉠ 배우자의 결합이나 세포핵의 융합을 통해 형성되는 포자

㉡ **형성 과정** : 원형질 융합(plasmogamy) → 핵융합(karyogamy) → 감수분열(meiosis)

접합포자 (zygospore)	• 인접한 두 개의 균사가 서로 접합하여 형성된 접합포자낭 속에 접합포자 형성 • *Mucor*, *Rhizopus*, *Absidia* 속 등
자낭포자 (ascospore)	• 자낭(ascus)이라는 주머니 모양의 세포 속에 여덟 개의 자낭포자 내생 • *Aspergillus*, *Penicillium*, *Monascus* 속 등
담자포자 (basidiospore)	• 균사가 성장하여 나온 담자기상에 만들어진 포자로 외생 • 담자기 끝에 각각 4개의 담자포자 착생
난포자 (oospore)	• 자웅의 분화가 확실 • 장란기(oogonium)와 장정기(antheridium)의 세포융합으로 난포자를 만듦

(3) 접합균류(Zygomycetes)

① **특징**

    ㉠ 조상균류로 균사에 격벽이 없고 다핵체적 세포의 특징 지님

    ㉡ 균사 → 포자낭병 → 중축 → 포자낭 → 포자낭포자

    ㉢ **종류** : *Mucor*속, *Rhizopus*속, *Absidia*속, *Thamnidium*속

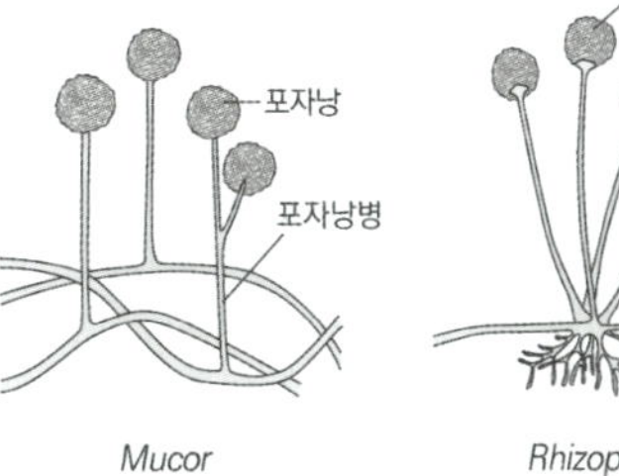
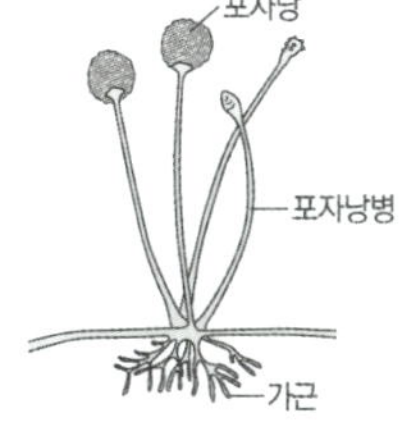

    ㉣ **가근(rhizoid)과 포복지(stolon) 형태에 따른 구분**

      • *Mucor*속 : 가근과 포복지 없이 포자낭병이 나옴

      • *Rhizopus*속 : 가근에서 포자낭병이 나옴

      • *Absidia*속 : 가근과 가근 사이 포복지에서 포자낭병이 나옴

② ***Mucor*속(털곰팡이)**

M. mucedo	Monomucor / 과일, 채소, 마분에 잘 발생하는 마분곰팡이
M. hiemalis	Monomucor / 펙티네이스 분비력이 강하여 과즙 청징에 이용
M. racemosus	• Racemomucor • 과일을 부패시키는 곰팡이, 간장 코지(koji)의 흑변과 나쁜 냄새를 유발
M. pusillus	• Racemomucor • 자연 발열한 고초(마른 풀)에 많이 존재, 생육적온이 40℃로 비교적 높음 • 치즈 제조 시 이용되는 응유효소(rennin, rennet) 생산
M. rouxii	• Cymomucor / 전분 당화력과 알코올 발효력이 강함 • 아밀로법 발효에 이용(최초의 아밀로법균, amylomyces α)
M. javanicus	Cymomucor / 전분 당화력과 알코올 발효력을 지님

③ ***Rhizopus*속(거미줄곰팡이)**

    ㉠ 포자낭병은 가근이 있는 곳에서 뻗어나며 분지하지 않음

    ㉡ 전분 당화력과 유기산 생성능이 강하여 발효공업에 이용

R. nigricans	• *Rhizopus*속의 대표균, 검은곰팡이 • 전분 당화력과 팩틴 분해력 강함 / 알코올 분해력 약함 • 고구마 연부병(soft decay)의 원인균
R. delemar	• 글루코아밀레이스(glucoamylase) 제조에 사용 • 아밀로법 발효에 사용
R. javanicus	• 감자 전분의 당화력이 강한 아밀로(amylo)균 • 생육적온 : 36 ~ 38℃
R. japonicus	• 전분 당화력이 강한 아밀로균 • amylomyces β

| R. tonkinensis | • 아밀로법 발효에 이용
• 라피노스를 발효시키지 못함, 포도당을 발효시켜 젖산과 푸마르산 생성 |
| R. oryzae | R. oligosporus와 함께 템페(tempeh) 제조에 이용 |

(4) 자낭균류(Ascomycetes)

① **특징**

㉠ 균사에 격벽이 있으며 유성생식 시 자낭포자 형성(보통 여덟 개의 자낭포자 형성)

㉡ 무성생식 시 균사에 분생자병을 만들고 그 위에 분생포자 또는 분생자 외생

㉢ **종류** : *Aspergillus*속, *Penicillium*속, *Monascus*속, *Neurospora*속

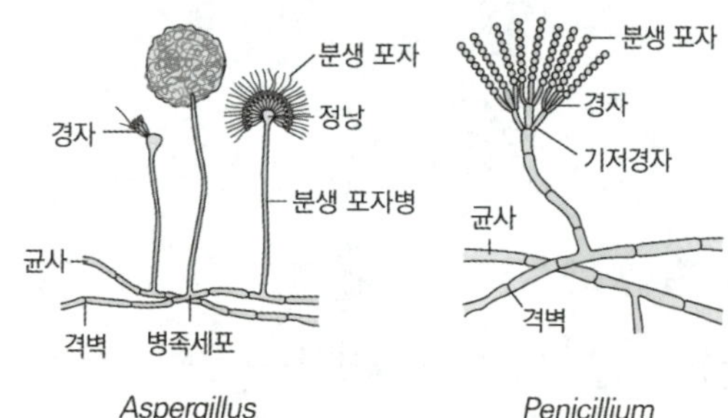

② *Aspergillus* **속(누룩곰팡이)**

㉠ 장류(된장, 간장)와 주류(탁주, 약주) 제조에 널리 사용되는 곰팡이

㉡ 전분 당화력과 단백 분해력이 강함

㉢ 병족세포(foot cell)와 정낭(vesicle)이 존재

Asp. oryzae	• 누룩곰팡이의 대표균, 황국균으로 불리움 • 청주, 된장, 간장을 제조할 때 사용하는 코지균 • 전분 당화력과 단백 분해력이 강함 – 녹말 당화, 대두 분해의 양조공업 및 소화제 제조에 이용
Asp. sojae	단백 분해력이 강하여 간장 양조에 사용하는 장류곰팡이
Asp. flavus, Asp. parasiticus	• 발암성 곰팡이 독소인 aflatoxin 생성균주 • 곡물이나 땅콩 등에 번식
Asp. niger	• 검은색 포자를 형성하는 흑국균 • 전분 당화력 강함, 유기산(옥살산, 구연산, 글루콘산 등) 생성능 높음 • 펙틴 분해력 강해 과일 청징제로 이용 • 2단 경자(기저경자 존재)
Asp. kawachii	백국균 / 탁주 제조에 활용
Asp. glaucus	• 풀색곰팡이 / 삼투압이 높은 곳에서 발육 • 황색의 피자기를 만드는 것이 특징 / 분생자에 가시가 있음

③ *Penicillium* 속(푸른곰팡이)

㉠ 자연계에 널리 분포하며 균총은 청록색

㉡ 분생자병 끝에 정낭을 만들지 않고 직접 분기한 경자가 빗자루나 붓 모양으로 배열하여 추상체(penicillus)를 형성

㉢ 페니실린 생성균주

P. chrysogenum	• 페니실린 생산에 이용되는 균 • 포도당 산화효소(glucose oxidase) 생성
P. notatum	• 1929년 플레밍에 의해 발견된 최초의 페니실린 생산 균주 • notatin 이라는 포도당 산화효소 생성

㉣ 치즈 관련 균주

P. roqueforti	• 로크포르 치즈(roquefort cheese, 블루치즈) 숙성과 향미에 관여 • 카제인을 분해하여 독특한 향기와 맛을 부여 • 치즈에 대리석 같은 청록색 반점 생성
P. camemberti	까망베르 치즈(camembert cheese) 숙성에 관여

㉤ 황변미 원인균

P. toxicarium (P. citreoviride)	citreoviridin(신경독)
P. islandicum	• islanditoxin, cyclochlorotin(수용성, 속효성 간장독) • luteoskyrin(지용성, 지효성 간장독)
P. citrinum	citrinin(신장독)

㉥ 식품의 변패 균주

P. expansum	사과와 배의 푸른곰팡이병 원인균
P. italicum, P. digitatum	감귤류의 푸른곰팡이병 원인균

④ *Monascus* 속[홍국(빨간누룩)곰팡이]

㉠ 분홍색 색소(monascorbin) 생성

㉡ 폐자기 안에 구형이나 타원형의 자낭포자

M. purpureus	홍국을 만들어 홍주 제조 / 균사는 처음에 무색이나 차차 분홍색을 나타냄
M. anka	• 홍국의 종균이나 홍유부 제조 시 사용 • *M. purpureus*와 유사하나 균사의 색이 처음부터 분홍색 • 펙티네이스 분비력이 강해 과일주스의 청징제로 이용

⑤ *Neurospora* 속(붉은빵곰팡이)

　㉠ 고온다습한 여름철 옥수수 속대와 불에 타다 남은 나무에서 번식

　㉡ **무성생식** : 오렌지색, 담홍색의 분생자 생성

　㉢ **유성생식** : 갈색 또는 흑색의 피자기에 자낭을 형성하고, 자낭 내에 4 ~ 8개의 자낭포
　　자를 만듦

N. sitophila	• 포자의 색소에는 β – 카로틴이 다량 함유되어 비타민 A의 원료로 이용 • 온쯤(ontjom) 제조에 이용 ※ 온쯤 : 인도네시아 자바의 템페와 유사한 발효식품으로 땅콩에 *N. sitophila*를 번식 시켜 제조한 과자

05 버섯

(1) 특징

① 분류체계상 균류에 속함

② 곰팡이처럼 균사체와 자실체로 구성된 구조를 지니며, 자실체가 비대해진 형태

③ 유성생식을 하고, 담자균류와 소수의 자낭균류로 분류

(2) 생활사

① 식용부분인 버섯의 갓 부분 밑 주름에는 담자기가 나열되어 있음

② 담자기 안에 핵이 융합한 후 감수분열하여 경자 4개를 형성하고, 각 경자마다 담자포자를
만들어 주름에 붙어있음

③ 담자포자가 뿌려지면 공기 중에 날아다니다가 적당한 환경에서 발아하여 1차 균사를 형성
(균사 세포 하나에 1개의 핵을 지님)

④ 1차 균사와 다른 1차 균사가 만나서 접합하는 경우, 세포질만 융합되고 핵은 융합되지 않
는 상태가 되어 하나의 세포에 2개의 핵이 존재하는 2핵(2차) 균사 상태가 됨. 세포가 분
열될 때 취상돌기(균반, clamp connection)를 형성하여 두 개의 핵이 동시에 분열하기
때문에, 한 개의 세포에 2개의 핵을 가짐

⑤ 두 종류의 서로 다른 핵이 분열된 후에도 새로운 세포 속에 각각 하나씩 분배되도록 분열
하여 균사 마디마다 돌기가 남음(담자균류인 버섯의 특징)

⑥ 2차 균사가 계속 성장하면 어린 버섯의 갓 부분이 형성되는데, 이 시기가 3차 균사의 시작
이며 버섯을 3차 균사라고 함

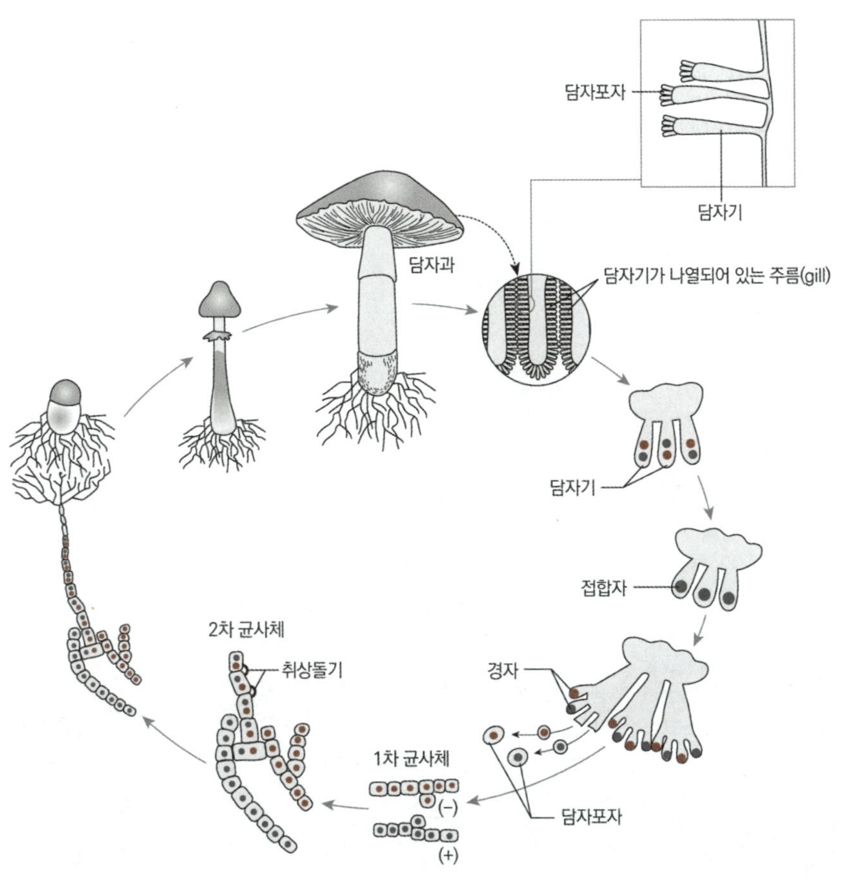

06 조류

(1) 특징

① 주로 수중에서 광합성(photosynthesis)을 하는 독립영양생물
② 단세포 또는 다세포로 구성된 진핵생물
③ 보통 엽록소 a(chlorophyll a)를 가지고 있으나, 종류에 따라 다양한 색소를 지님

(2) 종류

갈조류	• <u>엽록소 a와 c</u>, 잔토필을 지님 • 육안으로 식별 가능한 다세포형 • laminarin, mannitol, algin 등을 함유	다시마, 미역, 톳
홍조류	• <u>엽록소 a와 d</u>, 피코시아닌, 피코에리트린을 지님 / 다세포형 • 한천 : 우뭇가사리 열수 추출액의 응고물인 우무를 얼려 말린 해조가공품	김, 우뭇가사리

녹조류	• <u>엽록소 a와 b</u>를 지님 / 육상식물과 유연관계가 가장 가까움 • 단세포 또는 무리형성, 때로는 사상의 다세포 형태 **클로렐라(*Chlorella*)** • 단세포, 2 ~ 12μm 크기의 구형, 편모 없음 • 분열증식 : 분열에 의하여 한 세포가 4 ~ 8개의 딸세포로 증식 • 구조적으로 크기가 작고 세포벽이 두꺼움 • CO_2를 고정하여 산소를 만들어 냄 • 양질의 단백질 및 비타민을 다량 함유 　– 단백질 40 ~ 50%, 지방 10 ~ 20% 함유 　– 비타민 A와 C를 다량 함유 　– 건물 1g당 5.5kcal의 열량을 지님	청각, 파래, 해캄, 클로렐라, 볼복스 (*Volvox*)
유글레나류	• <u>엽록소 a와 b</u>, 카로티노이드를 지님 • 단세포이며 편모운동을 하고 분열법으로 증식 • 독립영양을 하지만, 빛이 없을 경우 종속영양을 하는 혼합영양생물 • 식물적인 특성(광합성)과 동물적인 특성[빛을 감지하는 안점(eye spot) 　과 삼투압을 조절하는 수축포 지님]을 함께 지님 → 동물과 식물의 중간형	*Euglena*
규조류 (황색식물)	• <u>엽록소 a와 c</u>, 푸코잔틴을 지님 • 단세포 또는 균체 형성, 사상체 • 식물성 플랑크톤의 대부분을 차지 • 세포의 형태는 뚜껑이 있는 상자처럼 2장의 세포벽이 겹쳐 있음 • 규조토 : 규조류의 피각이 해수에 가라앉아 퇴적되어서 화석화 된 것	돌말 (불돌말속, 깃돌말속)
와편모조류 (쌍편모 조류)	• <u>엽록소 a와 c</u>, 잔토필을 지님 • 단세포 또는 균체 형성 • 적조현상을 일으키는 종	*Gymnodinium,* *Ceratium*

07 세균성 식중독

(1) 감염형 식중독

① 살모넬라(*Salmonella*) 식중독

원인세균	• *S. enteritidis, S. typhimurium, S. cholerasuis, S. thompson, S. infantis* 등 • 장내세균과, 그람음성, 무아포 간균, 호기성 또는 통성혐기성, 주모성 편모(활발한 운동성) • 최적 pH 7.0 ~ 8.0 / 최적온도 37℃ / 10℃ ~ 43℃에서 생육 가능 • 60℃에서 20분 가열로 사멸 • 유당 비분해, 트립토판으로부터 인돌을 생성하지 못하고 황화수소를 생산함 • 물, 토양, 동물의 분변, 가금류, 해산물 등에 존재 / 외계에서 생존 강함

감염경로	• 살모넬라균에 오염된 식품을 섭취함으로써 감염 • 대부분 가축이 살모넬라균을 보균하고 있어 배설물이나 오염된 식육, 란(卵), 육즙 등이 중요한 감염원 • 환자의 분변, 쥐에 의한 오염, 위생곤충류(파리, 바퀴 등)에 의한 오염
원인식품	• 다른 식품에 비해 식육이나 달걀에서 자주 발생 • 어패류, 어육연제품, 불고기, 샐러드, 마요네즈, 우유, 유제품, 토마토, 고추
잠복기 및 임상증상	• 잠복기 : 6 ～ 48시간(평균 20시간) • 38 ～ 40℃의 발열, 급성위장염 증상(식욕감퇴, 복통, 설사, 구토 등) • 치사율 : 0.3 ～ 1.0%
발생시기 및 예방	• 연중발생 • 방서 · 방충시설 및 청결 유지(쥐, 파리, 바퀴 등에 의한 감염을 차단) • 오염되기 쉬운 달걀 및 가금육과 그 가공품 주의 • 저온보관(10℃ 이하에서 증식(X)), 식품 섭취 전 반드시 가열

② 장염 비브리오(*Vibrio*) 식중독

원인세균	• *Vibrio parahaemolyticus* • 해수세균(해수온도 15℃ 이상이 되면 급격히 증식), 호염균(최적 식염농도 2 ～ 4%) • 그람음성, 무아포 간균, 통성혐기성,. 단모성 편모 • 민물이나 10% 이상 식염 농도에서 증식하지 못함 • 60℃에서 5분 가열로 사멸하고 냉동 · 냉장 및 담수에서도 서서히 사멸 • 병원성 비브리오균은 특수한 혈액배지에서 투명한 용혈환을 나타냄 – 카나가와 현상
원인식품 및 감염경로	• 어패류(70%), 젓갈류, 생선회나 초밥, 야채샐러드, 2차 오염된 도시락 • 오염된 어패류를 조리한 조리대, 도마, 식칼, 행주 등에 의한 2차 오염
잠복기 및 임상증상	• 잠복기 : 8 ～ 20시간(평균 12시간) • 급성 위장염 증상(37 ～ 38℃의 미열, 복통, 설사, 구토)
발생시기 및 예방	• 5월부터 11월에 걸쳐 발생(특히 7 ～ 9월 많이 발생) • 여름철 어패류의 생식금지, 냉장보관, 담수 세척, 2차오염 방지, 섭취 전 가열

③ 병원성 대장균 식중독

원인 세균	• 병원성 대장균(pathogenic *E. coli*) • 장내세균과, 그람음성, 무포자 간균, 통성혐기성, 주모성 편모, 협막(×) • 최적 발육온도 37℃, 유당 · 과당을 분해하여 산과 가스를 형성 • 일반대장균과 차이점 : 항원성(균체항원 : O항원, 협막항원 : K항원, 편모항원 : H항원)

발병양상에 따른 분류		특성
장관출혈성 대장균 (Enterohemorrhagic *E. coli*, EHEC)	잠복기	3 ～ 8일
	독소	베로독소(verotoxin) – 인체 내에서 생성된 독소에 의해 식중독이 발생 – 이질균(시가적리균)이 생성하는 shiga 독소와 구조상 유사성을 지님 (shiga – like toxin, 시가유사독소)

발병양상에 따른 분류		특성
장관출혈성 대장균 (Enterohemorrhagic *E. coli*, EHEC)	증상	발열이 없으며 혈변, 심한 복통, 용혈성요독증, 신부전증
	특징	• 10 ~ 1,000개/mL의 균량으로 발병 가능, 사람 간 전파 가능 • O157 : H7(소가 중요한 병원소) • 쇠고기 분쇄육(중심온도 74℃, 1분 이상 가열)
장관독소원성 대장균 (Enterotoxigenic *E. coli*, ETEC)	잠복기	10 ~ 12시간
	독소	장관독(enterotoxin) – 이열성 독소(LT) : 60℃, 10분 열처리로 파괴 – 내열성 독소(ST) : 100℃, 30분 열처리에도 파괴되지 않음
	증상	콜레라와 비슷한 설사증, 발열 없거나 미열, 복통, 구토, 피로, 탈수
	특징	여행자 설사증의 원인균
장관침투성 대장균 (Enteroinvasive *E. coli*, EIEC) 장관조직침입성 대장균	잠복기	10 ~ 18시간
	증상	발열과 복통이 주증상, 혈액과 점액이 섞인 설사 (대장점막 상피세포에 침입하여 감염)
	특징	이질(shigella)과 유사함
장관병원성 대장균 (Enteropathogenic *E. coli*, EPEC)	잠복기	9 ~ 12시간
	증상	발열, 복통, 설사, 구토, 대장점막 비침입성
	특징	1세 이하의 신생아(유유아)에서 주로 발생, 오염된 신생아용 분유와 유아 음식

④ **여시니아(*Yersinia*) 식중독**

원인세균	• *Yersinia enterocolitica* • 장내세균과, 그람음성, 무아포 간균, 통성혐기성 • 최적 발육온도 25 ~ 30℃ • 편모유무 : 28 ~ 30℃ 편모 있음(운동성) / 37℃ 편모 없음(비운동성) • 저온세균, 냉장고(0 ~ 5℃)에서도 발육 가능, 진공포장 증식 가능
원인식품 및 감염경로	• 돼지, 소, 조류 등의 동물 및 하천 등 자연계에 넓게 분포 : 음료수나 식품으로 오염 • 오염된 우유, 식육(돼지고기, 닭고기, 쇠고기) 및 먹는 물, 김치
잠복기 및 임상증상	• 잠복기 : 2 ~ 5일 • 급성위장염(복통, 발열, 설사, 두통, 구토), 패혈증, 여시니아증, 맹장염과 유사 (연령이 낮을수록 감수성이 높아 어린아이들에게 감염되기 쉬움)
발생시기 및 예방	• 연중 발생(냉장에서 발육 증식), 저온 보관에 주의할 것 • 도살장의 위생관리(돼지가 주 오염원) • 가열처리 : 75℃에서 3분 이상(63℃ 30분 저온살균에 의해 사멸)

⑤ 캠필로박터(*Campylobacter*) 식중독

원인세균	• *Campylobacter jejuni, Campylobacter coli*(인수공통병원균) • 그람음성, 무아포, 나선상 간균, 미호기성(5 ~ 10% 산소 존재 시), 편모(O) • 최적 발육온도 : 37 ~ 42℃, 30℃ 이하 증식 불가능 • 상온에서 수일 밖에 생존하지 못함, 냉장온도에서 증식은 불가능하지만 생존은 가능 • 소량균주 감염(10^3 이하 가능), 60℃, 30분 가열로 사멸
원인식품 및 감염경로	• 오염된 식수, 살균 처리하지 않은 원유, 오염된 닭고기 등의 가금류 • 주로 개, 돼지, 소 등의 가축 및 가금(닭, 메추리), 인간의 배설물을 통해 감염
잠복기 및 임상증상	• 잠복기 : 2 ~ 7일(다른 식중독에 비해 길다) • 설사, 복통, 발열(38 ~ 39℃), 두통, 근육통 및 구토, 탈수 ※ 드물지만 캠필로박터 발병 후에 길랑바래증후군이 유발되는 경우가 있음
발생시기 및 예방	• 여름철(5 ~ 7월)에 주로 발생, 식육으로부터 2차 오염 방지 • 충분한 가열, 우유 살균, 식육(특히 닭고기)의 생식 금지

⑥ 리스테리아(*Listeria*) 식중독

원인세균	• *Listeria monocytogenes* • 그람양성, 무아포 단간균, 호기성 또는 통성혐기성, 1 ~ 5개의 편모 • 중온균이나 냉장에서 느린 속도로 생육 가능, 혈액배지에서 배양 가능 • 내염성(저산소 환경, 식염 10% 생육 가능, 수분활성도 낮은 곳도 생육 가능) • 인수공통감염(소, 양, 돼지, 조류 : 뇌염, 패혈증 유발 / 양의 유산이나 수막염의 원인) • 소량 감염 가능(수 개 ~ 1,000개 균수로도 가능), 가장 적은 수로 발병 가능
원인식품 및 감염경로	• 오염된 육류, 우유, 치즈, 채소, 아이스크림 등에 의한 경구감염 • 오염된 식품이나 감염된 동물과의 직접적인 접촉에 의해서도 가능
잠복기 및 임상증상	• 잠복기 : 3일 ~ 수 주일 • 건강한 성인은 무증상으로 경과하기도 함(초기에는 인플루엔자와 비슷) • 임산부 : 본인은 무증상이나, 태아감염으로 자연유산, 사산 및 조산을 일으킴 • 신생아 : 패혈증, 수막염을 일으킴 • 리스테리아증(Listeriosis), 치사율 20 ~ 40%
예방	• 우유나 치즈의 철저한 살균, 살균 후 가공 식육제품의 2차 오염 방지 • 냉장 식품의 저장 시 저온관리를 철저히 할 것

(2) 독소형 식중독

① 황색포도상구균 식중독

원인세균	• *Staphylococcus aureus*(포도상구균 중 황색 색소를 생성하는 균주만이 식중독 유발) • 그람양성, 무아포, 포도상구균, 통성혐기성, 비운동성(편모 ×) • 최적 발육온도 30 ~ 37℃(발육 가능 10 ~ 40℃) • 만니톨 분해능, 적혈구 용해작용, 혈장 응고효소(coagulase) 양성 • 80℃ 10분 열처리 시 사멸 • 자연계에 널리 분포하며 건강인의 약 30%가 포도상구균을 보균하고 있음 • 내염성균(최대 15% 식염농도에서 생육, 낮은 A_w에서 생육 가능)

장독소 (엔테로톡신)	• 황색포도상구균만이 enterotoxin을 생성함 • 생성온도 : 균 증식 온도와 일치(저온한계 : 10℃, 고온한계 : 40℃) • 면역학적 특징에 따라 A ~ E형 존재(A형이 가장 독성 강함) • 단순단백질, 단백분해효소(trypsin, chymotrypsin, papain)에 안정 • 내열성 강함(220 ~ 250℃에서 30분간 가열함으로서 파괴)
원인식품 및 감염경로	• 우유, 육제품, 난제품 등 단백질 식품 • 김밥, 도시락, 떡, 빵 등 곡류 및 가공품 • 주로 사람의 화농소, 콧구멍 등에 존재하는 포도상구균이 손, 기침 등을 통해 전파
잠복기 및 임상증상	• 잠복기 : 1 ~ 5시간(평균 3시간), 세균성 식중독 중 가장 짧음 • 발열은 거의 없고, 구토, 설사, 심한 복통, 보통 24 ~ 48시간 이내에 회복 • 치사율 1%(사망하는 일 거의 없음)
발생시기 및 예방	• 연중 발생하지만 5 ~ 9월에 많이 발생 • 식품제조 기구 및 기기는 청결을 유지, 화농소가 있는 조리사 조리 금지 • 조리된 식품은 빠른 시간 내 섭취, 저온(5℃)에서 보관 • 가열에 의한 예방효과 없음 – 독소의 내열성 때문

② **보툴리누스(Botulinus) 식중독**

원인세균	• *Clostridium botulinum* • 그람양성, 내열성 아포 형성, 편성혐기성 간균, 주모성편모 • 혈액 한천배지에서 용혈환 생성 • 사람에게 식중독을 일으키는 것은 주로 A, B, E, F형(A형이 가장 치명적) 표

구분	A형	B형	F형	E형
원인식품	야채, 과일, 육류	사료, 육류	육류	어패류
발육최적온도	37 ~ 39℃			28 ~ 32℃
발육최저온도	10℃			3.3℃
포자 내열성	100℃ 6시간, 120℃ 4분 이상 가열 시 사멸			90℃ 5분, 80℃ 20분
독소(신경독소)	80℃ 20분, 100℃ 1 ~ 2분 이내 불활성화			

신경독소 (뉴로톡신)	• 신경독(neurotoxin), 단순단백질 • 작용기전 : 말초신경의 콜린 작동성 신경접합부에서 acetylcholine의 유리를 저해함으로써 신경전달을 저해, 근육의 마비, 사망 • 세균성 식중독 중 치사율이 가장 높음(50%에 가까움)
원인식품 및 감염경로	• 통조림, 병조림, 레토르트 식품, 식육, 소시지, 생선 • 불충분한 가열 → 포자가 사멸하지 않음 → 혐기적, 포자 발아 및 증식 → 독소 생성
잠복기 및 임상증상	• 잠복기 : 8 ~ 36시간(보통 12 ~ 36시간) • 초기증상은 구토, 복통 등의 소화기 증상 → 특이적인 신경 증상으로 이어짐 • 신경계 마비증상, 시력장애, 복시, 동공산대, 안검하수, 언어장애, 연하곤란, 호흡곤란 • 발열 없음, 사망률 50%
발생시기 및 예방	• 원재료 깨끗한 세척 • 통조림, 병조림 제조 시 포자 완전사멸(120℃, 15분 가열), 섭취 전 가열(독소 불활성화) • 균의 증식 억제 : pH 4.5 이하, A_w 0.94 이하, 냉장・냉동보관, 아질산나트륨 첨가

(3) 감염·독소형 식중독

① 퍼프린젠스 식중독

원인세균	• *Clostridium perfringens*(본래 가스괴저균으로 알려진 균) • 그람양성, 유포자 간균, 편성혐기성, 협막(O), 편모(X) • 최적 발육온도 37 ~ 47℃ • 유당 발효 / 난황, 혈청을 첨가한 배지에서 집락 주위에 혼탁한 환을 형성 • 장관 내 증식 시 독소 생성, 독소 형태에 따라 A ~ F형으로 분류 • 식중독 중 99%가 내열성 포자를 형성하는 A형에 의함
장독소 (엔테로톡신)	• CPE(*C. perfringens* enterotoxin) • 장염의 원인독소, 설사 유발 • 단순단백질, 이열성 장독소(60℃, 4분간 가열로 파괴)
원인식품 및 감염경로	• 육류와 그 가공품, 튀김식품, 동식물성 단백질 식품 • 가열 조리 후 실온에 5시간 이상 방치된 식품(가열 조리 후에도 살아남은 포자가 발아 → 식품 내 다수의 영양세포 → 섭취 → 장관내에서 포자를 형성할 때에 장독소 생성 → 식중독 유발)
잠복기 및 임상증상	• 잠복기 : 8 ~ 20시간(평균 12시간) • 구토와 발열은 거의 볼 수 없음, 설사, 복통 등이 주증상
발생시기 및 예방	• 연중 발생, 대규모 집단발생(음식 대량 조리 후 장시간 방치가 원인) • 혐기적 조건 방지 : 소량용기 사용 및 저온 보관 • 섭취 전 충분한 가열

② 바실러스 세레우스 식중독

원인세균	• *Bacillus cereus* • 그람양성, 통성혐기성, 내열성 포자 형성균, 주모성 편모 • 1950년 노르웨이 ▶ 최초로 바닐라 소스 중 세레우스균 보고
감염경로	• 토양, 오수, 식물 등 자연계에 널리 분포, 조리과정 중 2차 오염 • 소량 섭취에 의해 발병하지 않음[*B. cereus* 10^6cell/g 이상(FDA)]

구분	설사형	구토형
독소	장독소(enterotoxin)	구토독소(emetic toxin, cereulide)
특성	고분자 단백질(단순단백질) – 열에 불안정(이열성, 60℃, 5분 가열로 파괴) – pH에 불안정 – 단백분해효소에 분해	아미노산과 옥시산으로 된 환상의 depsipeptide – 열에 안정(내열성, 126℃, 90분 가열에 안정) – pH에 안정 – 단백분해효소에 분해되지 않음
원인식품	향신료를 사용한 식품, 육류, 채소수프, 푸딩, 바닐라소스	쌀밥, 볶음밥
잠복기	6 ~ 15시간(평균 12시간)	1 ~ 6시간(평균 3시간)
증상	설사, 어지러움, 복통, 구토(X)	메스꺼움, 구토, 심한 복통, 설사
유사점	장관 내 독소 생성(*Cl. perfringens*)	식품 내 독소 생성(*Staph. aureus*)

(1) 세균성 식중독과 바이러스성 식중독 비교

	세균	바이러스
특성	균에 의한 것 또는 균이 생성하는 독소에 의한 식중독 발생	DNA 또는 RNA가 단백질 외피에 둘러싸여 있는 형태
원인체 증식	온도, 습도, 영양성분 등이 적정하면 자체 증식 가능	자체 증식이 불가능하며 반드시 숙주가 존재해야 증식 가능
발병량	일정량 이상의 균이 존재하여야 발병 가능	미량(10 ~ 100) 개체로도 발병 가능
증상	설사, 구토, 복통, 메스꺼움, 발열, 두통 등	설사, 구토, 메스꺼움, 발열, 두통 등
치료	항생제 등을 사용하여 치료 가능하며 일부 균은 백신이 개발되었음	일반적 치료법이나 백신이 없음
2차 감염	2차 감염되는 경우는 거의 없음	대부분 2차 감염됨

(2) 노로바이러스(Norovirus) 식중독

원인 바이러스	• 노로바이러스(노워크바이러스, 캘리시바이러스) • 소형구형 바이러스(SRSV), 껍질이 없는 외가닥 RNA(non-envelop, ssRNA) • 소량균주 감염(10 virion만으로도 발병 가능), 감염력 강함 • −20℃ 이하의 낮은 온도에서도 장기간 생존, 실온에서 안정 • 60℃, 30분 열처리, 냉장, 냉동, 10ppm 이하 염소 → 모두 생존 • 염기서열의 변이가 매우 쉽게 발생 → 강한 면역반응의 유도가 용이하지 않음, 면역지속 기간이 매우 짧은 편 ⇒ 재감염 가능

원인식품 및
감염경로
	• 굴 등 패류, 샐러드, 과일, 냉장식품, 샌드위치, 상추, 냉장 조리 햄, 빙과류나 오염된 물에 주로 발생
	• 다양한 경로를 통해 경구감염
	  − 감염된 식품이나 음용수 섭취
	  − 오염된 물건을 만진 손 / 환자 간호 시 또는 환자와 식품 및 기구 등의 공동 사용
	• 환자의 구토물, 분변 1g당 1억 개 노로바이러스가 존재 ⇒ 구토물의 접촉, 비말감염 가능

잠복기 및 임상증상	• 잠복기 : 24 ~ 48시간 • 구토, 설사, 복통, 근육통, 두통, 발열 • 소아 : 구토 / 노인 : 설사 • 대부분 1 ~ 2일 이내 호전되나, 분변으로 2주까지도 바이러스 배출
예방	• 30초 이상 손 씻기(비누 사용), 조리도구는 끓이거나 염소 소독하기 • 지하수 끓여 마시기, 생식을 삼가고 85℃에서 1분 이상 가열하기 • 화장실, 변기, 문손잡이 등 주변환경 청결히 하기
검사방법	중합효소연쇄반응(PCR), 효소면역법(ELISA), 전자현미경, 면역전자현미경 이용

기출문제

2013년 1회

01

청국장 제조에 많이 이용되는 고초균의 이름과 생육온도를 쓰시오.

모범답안

- 청국장 제조균 : *Bacillus subtilis*, *Bacillus natto*
- 생육온도 : 37 ~ 40℃

2019년 1회, 2008년 3회

02

김치 발효에 관여하는 유산균 3종류를 쓰시오.

모범답안

- *Leuconostoc mesenteroides* (김치 발효 초기)
- *Lactobacillus plantarum*, *Lactobacillus brevis* (김치 발효 후기)

참고

Leuconostoc mesenteroides	*Lactobacillus plantarum*	*Lactobacillus brevis*
• 내염성/ 이상유산발효균 • 김치, 사워크라우트, 피클 등 채소 발효식품의 숙성에 관여 • 김치 발효 초기부터 김치가 가장 맛있다고 느껴지는 숙성 초기까지 주된 역할 • 설탕으로부터 다량의 덱스트란 (dextran) 생산 • 제당공장에서 파이프를 막히게 함 • 인공혈장, 대용혈장으로 이용	• 정상유산발효균 • 김치, 피클, 사워크라우트 등의 채소 발효식품과 사워도우 등에서 가장 흔히 분리되는 균 • 김치의 발효와 숙성에 중요한 역할 • 내산성이 강함 • 식염 내성도 큰 편 • 김치 발효 후기에 많이 검출	• 이상유산발효균 • 이산화탄소를 생성하는 특성 • 김치, 피클, 사워크라우트 등의 발효식품에서 많이 분리 • 내산성이 강함 • 김치 발효 후기에 많이 검출

2006년 1회

03 치즈 스타터(starter)의 개념과 대표적인 스타터 유산균 2가지를 쓰시오.

모범답안

- 치즈 스타터 : 우유에 산(acid)을 생성하는 젖산균으로 우유의 응고(커드)를 형성하기 위해 의도적으로 첨가한다.
- 스타터 유산균 : *Streptococcus lactis*, *S. thermophilus*, *S. cremoris*

2006년 1회

04 요구르트와 쌀코지에 사용되는 스타터(starter)를 두 가지씩 쓰시오.
(1) 요구르트
(2) 쌀코지

모범답안

(1) 요구르트 : *Lactobacillus bulgaricus*, *Streptococcus thermophilus*
(2) 쌀코지 : *Aspergillus oryzae*, *Asp. sojae*, *Asp. niger*

2017년 2회

05 정상젖산발효와 이상젖산발효의 차이점을 생산물 위주로 쓰고, 김치 포장의 팽창 현상을 일으키는 미생물과 원인 물질을 쓰시오.

모범답안

- 정상젖산발효 : 포도당을 발효하여 주로 젖산만을 생성한다.
- 이상젖산발효 : 포도당을 발효하여 젖산, 에탄올, 초산, 이산화탄소 등을 생성한다.
- 김치 포장이 팽창하는 원인
  - 미생물 : *Leuconostoc mesenteroides*
  - 원인 물질 : 발효과정 중 생성되는 이산화탄소(CO_2)

2018년 3회

06 파지(phage) 측정 방법 중 한천중첩법을 사용한 플라크(plaque) 계수법에서 플라크의 정의와 플라크계수법으로 파지를 측정하는 방법을 쓰시오.

- 플라크 : 파지가 숙주세균에서 증식하면서 숙주세포를 용해시켜 생긴 투명 환
- 파지 측정 : 적당히 희석한 파지액에 숙주세균을 접종하여 생긴 플라크 수로부터 원액의 파지 농도를 측정한다.[단위는 PFU(plaque forming unit)/g 사용]

07 간장 제조 시 저장을 잘못하면 흰색의 막이 생기고 맛과 향이 변한다. 이러한 현상을 유발하는 산막효모의 발생원인 3가지를 쓰시오.

- 간장의 농도가 낮을 때
- 간장 가열 온도가 낮을 때
- 숙성이 불충분한 액을 분리했을 때
- 염도가 낮을 때
- 당분함량이 높을 때
- 간장을 담은 용기의 살균이 불충분할 때

08 술을 제법상으로 분류하여 쓰시오.

발효주	단발효주		당화과정 없이 바로 효모에 의해 발효	과실주
	복발효주	단행 복발효주	당화가 완료되고 난 후 발효가 진행	맥주
		병행 복발효주	당화와 발효가 동시에 진행	탁주, 청주
증류주			알코올 발효액을 증류하여 알코올 농도를 높인 술	위스키, 브랜디, 소주 등
혼성주			발효주나 증류주에 감미료, 향료 등을 첨가하여 혼합시킨 술	합성주, 리큐르 인삼주, 매실주

09 포도주 발효 방법 2가지를 쓰시오.

모범답안

- 과실에 부착된 야생 효모를 이용하는 방법
- 과실 원료를 멸균시킨 뒤 순수 배양한 효모(starter)를 이용하는 방법

10 포도주 제조에서 유해 미생물의 증식에 따른 품질 변화를 막기 위해 사용되는 처리법과 약제명 및 사용량을 쓰시오.

모범답안

- 처리법 : 아황산처리법
- 약제명 : 아황산나트륨, 아황산칼륨
- 사용량 : 100 ~ 200ppm

참고

식품첨가물의 기준 및 규격

이산화황(SO_2)을 기준으로 과실주에서 0.350g/kg 이상 남지 아니하도록 사용하여야 한다.

11 와인 제조공정에서 포도의 파쇄 시 아황산을 첨가하는 목적과 최종 제품의 와인에서 아황산이 소실되는 이유를 쓰시오.

모범답안

- 아황산을 첨가하는 목적
  - 유해균 억제
  - 산화효소에 의한 갈변 방지(백포도주)
  - 색소용출 촉진 및 안토시아닌 색소(적색소) 안정화
  - 청징(불필요한 성분이나 침전물 제거)
- 아황산이 소실되는 이유
  - 공기 중으로 휘발되어 소실
  - 와인 내 산화 과정에 참여하여 소실
  - 발효 과정 중 다른 물질과 결합하여 소실

12 발효빵을 37℃에서 배양하였을 때, 생균수가 낮은 이유를 쓰시오.

모범답안

빵 발효에 많이 이용되는 *Saccharomyces cerevisiae*의 경우, 최적 생육온도가 25 ~ 30℃ 정도로 알려져 있다. 따라서 발효빵을 37℃에서 배양하면 배양온도가 높아 효모의 증식이 억제되므로 생균수가 낮아진다.

13 다음 〈보기〉에서 설명하는 곰팡이 속명을 3가지 쓰시오.

〈보기〉

- 균사에는 격벽이 없다.
- 줄기처럼 생긴 포자낭병을 형성한다.
- 유성생식과 무성생식을 하고, 무성포자로 포자낭포자를 형성한다.

모범답안

Mucor 속, *Rhizopus* 속, *Absidia* 속

참고

접합균류

- 균사에 격벽이 없어 다핵체적 세포의 특징 지님
- 균총색 : 회색 또는 회갈색(솜털, 거미줄 모양)
- 무성생식 – 포자낭포자/ 유성생식 – 접합포자
- 균사 → 포자낭병 → 중축 → 포자낭 → 포자낭포자
- *Mucor* 속, *Rhizopus* 속, *Absidia* 속

14 다음은 버섯의 생활사에 대한 설명이다. 빈칸에 알맞은 단어를 쓰시오.

> 버섯의 포자는 발아하여 단핵의 1차 균사를 형성하고, 이는 다른 1차 균사와 세포질이 융합하여 2핵의 2차 균사가 된다. 2핵은 융합을 하지 않고 균사의 생장에 따라 클램프 형성을 한다. 적당한 조건이 되면 2차 균사에서 (가)인 버섯(담자과)을 만드는데, 이 버섯의 균사를 3차 균사라 한다.
> 버섯의 (가)에는 다수의 (나)가 형성된 후 핵융합 및 감수분열이 발생한다. 이후 그 선단에는 보통 4개의 경자를 생성하고 (다)를 1개씩 착생한다.

모범답안

(가) 자실체
(나) 담자기
(다) 담자포자

15 장류제품에 이용되는 쌀코지균 2가지와 어떤 형태의 종국이 우수한 품질인지 그 특성을 쓰시오.

모범답안

- 쌀코지균 : *Aspergillus oryzae*(황국균), *Asp. sojae*, *Asp. niger*(흑국균)
- 특성
  - 코지의 색깔이 황록색을 띠고, 맛과 향이 우수하다.
  - 코지의 낟알이 단단하면서 포자가 많다.
  - 전분과 단백질 분해능이 뛰어나다.

16 장류에서 전분 및 아미노산의 영향 및 역할을 쓰시오.

모범답안

- 전분 : 코지곰팡이, 고초균 등이 생성하는 효소에 의해 분해되어 단맛을 제공한다.
- 아미노산 : 단백질이 분해되어 생성된 것으로 감칠맛과 풍미를 제공한다.

17 된장 발효에 관여하는 곰팡이와 청국장 발효에 관여하는 세균을 하나씩 쓰고, 제조 효소 2개를 쓰시오.

모범답안

- 된장 곰팡이 : *Aspergillus oryzae*
- 청국장 세균 : *Bacillus subtilis(natto)*
- 제조 효소 : amylase, protease

18 녹조류, 갈조류, 홍조류의 색소성분을 1가지씩 쓰시오.

모범답안

- 녹조류 – 클로로필 a, 클로로필 b
- 갈조류 – 클로로필 a, 클로로필 c, 푸코잔틴
- 홍조류 – 클로로필 a, 클로로필 d, 피코시아닌, 피코에리트린

참고

조류(algae)

녹조류	• 엽록소 a와 b를 지님 / 육상식물과 유연관계가 가장 가까움 • 단세포 또는 무리 형성, 때로는 사상의 다세포 형태	청각, 파래, 해캄, 클로렐라, 볼복스
갈조류	• 엽록소 a와 c, 잔토필을 지님 • 육안으로 식별 가능한 다세포형 • laminarin, mannitol, algin 등을 함유	다시마, 미역, 톳
홍조류	• 엽록소 a와 d, 피코시아닌, 피코에리트린을 지님 / 다세포형 • 한천 : 우뭇가사리 열수 추출액의 응고물인 우무를 얼려 말린 해조 가공품	김, 우뭇가사리

19 식중독을 일으키는 균과 원인물질 등을 표 안에 알맞게 쓰시오.

구분	유형	원인균(물질)
세균성 식중독	감염형	①
	독소형	②
	바이러스형	③
자연독 식중독	식물성	④
	동물성	⑤
	곰팡이	⑥
유해 물질	고의 또는 오용으로 첨가되는 유해물질	⑦
	비의도적 혼입·잔류되는 유해물질	⑧
	식품의 제조·가공과정 중에 생성되는 유해물질	⑨
	기구, 용기 또는 포장으로부터 혼입되는 유해물질	⑩

모범답안

원인균(물질)
① 살모넬라, 장염 비브리오, 병원성대장균, 여시니아, 캠필로박터, 리스테리아
② 황색포도상구균, 보툴리누스
③ 노로바이러스, 로타바이러스, 장관 아데노바이러스
④ 솔라닌, 아미그달린, 무스카린, 고시폴, 시큐톡신, 리신 등
⑤ 테트로도톡신, 베네루핀, 삭시톡신, 시구아톡신 등
⑥ 아플라톡신, 오크라톡신, 황변미독, 제랄레논, 푸모니신, 맥각독 등
⑦ 유해 식품첨가물, 동물용 의약품 등
⑧ 농약, 중금속(수은, 카드뮴 등)
⑨ 벤조피렌, 니트로사민, 3 – MCPD, 아크릴아마이드 등
⑩ 비스페놀 A, 프탈레이트

20 식품위생법상 의사나 한의사가 식중독 환자를 진단하였을 때 지체 없이 보고해야 하는 관할 대상을 쓰시오.

모범답안

특별자치시장·시장·군수·구청장

「식품위생법」 제86조(식중독에 관한 조사 보고)

① 다음 각 호의 어느 하나에 해당하는 자는 지체 없이 특별자치시장·시장·군수·구청장에게 보고하여야 한다. 이 경우 의사나 한의사는 대통령령으로 정하는 바에 따라 식중독 환자나 식중독이 의심되는 자의 혈액 또는 배설물을 보관하는 데에 필요한 조치를 하여야 한다.

  1. 식중독 환자나 식중독이 의심되는 자를 진단하였거나 그 사체를 검안(檢案)한 의사 또는 한의사

  2. 집단급식소에서 제공한 식품 등으로 인하여 식중독 환자나 식중독으로 의심되는 증세를 보이는 자를 발견한 집단급식소의 설치·운영자

2024년 2회

21 하절기 어패류 섭취로 인한 장염 비브리오 식중독을 예방하기 위한 방법 3가지를 쓰시오.

모범답안

- 섭취 전 가열
- 담수(수돗물) 세척
- 냉장보관

2024년 3회

22 다음 〈보기〉의 빈칸에 알맞은 말을 쓰시오.

〈보기〉

병원성 대장균에는 장관출혈성(EHEC), 장관독소원성(ETEC), 장관침투성(EIEC), 장관병원성(EPEC) 대장균 등이 있다.
이 중 장관출혈성 대장균은 (①) 독소를 생성하며, 감염될 경우 혈변, 심한 복통 등을 유발한다. 합병증으로 소아와 노인에게는 용혈성 빈혈, 혈소판감소, 신장기능 부전을 일으키는 (②) 등이 유발될 수 있다. 장관출혈성 대장균 중에서도 특히 *E. coli* (③)이 문제가 된다.

모범답안

① 베로(시가)
② 용혈성 요독증
③ O157 : H7

 **참고**

장관출혈성 대장균(Enterohemorrhagic _E. coli_, EHEC)
- 베로독소(verotoxin)
  - 인체 내에서 생성된 독소에 의해 식중독 발생
  - 이질균(시가적리균)이 생성하는 shiga 독소와 구조상 유사성을 지님(shiga-like toxin)
- 증상 : 발열이 없으며 혈변, 심한 복통, 용혈성 요독증, 신부전증
- 10 ~ 1,000개/mL의 균량으로 발병 가능
- _E. coli_ O157 : H7
  - 소고기 분쇄육(소가 중요한 병원소)
  - 분쇄육 중심온도를 74℃, 1분 이상 가열할 것

23

기업체에서 식중독 사고가 발생하여 역학조사를 실시한 결과, 세균성 식중독은 아닌 것으로 판정되었다. 구토, 설사, 두통 증상을 나타내는 RNA 바이러스에 의해 발생된 것으로 추측되며, 잠복기는 12 ~ 48시간으로 예상되었다. 어떤 바이러스의 검사법을 추천하는가?

모범답안

노로바이러스

24

노로바이러스의 감염경로를 쓰고, 원인규명과 감염경로 확인이 어려운 이유를 설명하시오.

모범답안

- 감염경로
  - 오염된 지하수나 음식(굴 등의 패류)에 의한 경구 감염
  - 감염자의 분변 또는 구토물에 의한 감염
  - 오염된 물건, 감염자와의 접촉에 의한 감염
- 원인규명과 감염경로 확인이 어려운 이유
  - 감염경로가 매우 다양하여 어떤 경로를 통해 감염되었는지 확인이 어렵다.
  - 구토나 설사 증상 없이도 바이러스를 배출하는 무증상 감염자가 발생할 수 있다.
  - 바이러스의 특성상 사람의 장내에서만 증식하므로 식품에 오염된 바이러스를 검출하는 것이 어렵다.

25 최근 여러 학교의 식중독 사고 원인으로 노로바이러스가 지목됨에 따라 김치 제조업체의 노로바이러스 오염 여부를 조사하였다. 김치에 넣는 어떤 재료 속에 노로바이러스가 있다고 의심되는지 쓰고, 세균과 바이러스를 비교한 표에 바이러스 특징을 채우시오.

• 의심재료 :

	세균	바이러스
특성	균 또는 균이 생성하는 독소에 의한 식중독 발생	
증식	온도, 습도, 영양성분 등이 적정하면 자체 증식 가능	
발병량	일정량(수백 ~ 수백만) 이상의 균이 존재해야 발병 가능	
증상	설사, 구토, 복통, 메스꺼움, 발열, 두통 등	
치료	항생제 등으로 치료 가능, 일부 균은 백신이 개발됨	
2차 감염	거의 없음	

모범답안

• 의심재료 : 오염된 지하수, 생굴

	바이러스
특성	DNA 또는 RNA가 단백질 외피에 둘러싸여 있음
증식	자체 증식 불가능, 반드시 숙주가 존재해야 함
발병량	미량(10~100) 개체로도 발병 가능
증상	설사, 구토, 메스꺼움, 발열, 두통 등
치료	일반적 치료법이나 백신이 없음
2차 감염	대부분 2차 감염됨

26 노로바이러스의 무증상 작용, 외부환경에서 장기간 생존할 수 있는 이유, 배양하기 어려운 이유를 쓰시오.

모범답안

• 무증상 작용 : 구토나 설사 등의 임상증상 없이도 1주일 이상 바이러스를 배출한다.
• 외부환경에서 장기간 생존할 수 있는 이유 : 가열, 냉장 및 냉동, 염소 등 물리·화학적 처리에 안정하여 장기간 생존이 가능하다.
• 배양하기 어려운 이유 : 숙주인 사람의 장내에서만 증식하므로 배양이 어렵다.

27 미생물의 증식에서 유도 기간의 정의를 쓰고, 괄호 안에 들어갈 말을 쓰시오.

노로바이러스는 (　　　　　)에서만 증식하고, 세균 배양 방법으로는 배양할 수 없다.

모범답안

• 유도 기간 : 미생물이 세포 증식을 위해 새로운 환경에 적응하는 시기
• 노로바이러스는 (장내)에서만 증식하고, 세균 배양 방법으로는 배양할 수 없다.

참고

노로바이러스
• 노워크바이러스, 껍질이 없는 단일가닥 RNA
• 10 virion(완전한 바이러스 입자)만으로도 발병 가능
• −20℃ 이하의 낮은 온도에서도 장기간 생존, 실온에서 안정
• 경구감염[오염된 지하수나 음식(굴 등 패류, 샐러드, 상추 등)]
• 접촉감염, 비말감염, 무증상감염, 재감염
• 60℃, 30분 가열, 염소 10ppm, 냉장, 냉동 – 모두 생존
• 85℃, 1분 이상 가열, 지하수 끓여 마시기, 주변 환경 청결 유지

28 역학조사에서 특정 질병과 일치하는 유행곡선을 분석할 때, 식중독과 감염병의 곡선 차이에 대해서 완만한 형태와 가파른 형태를 구분하여 쓰시오.

모범답안

식중독	감염병
• 잠복기가 짧아 가파른 형태의 곡선 • 2차 감염이 발생하지 않으므로 일정 시기에만 집중적으로 발생 • 최고점이 한 번 나타나는 단일봉 형태	• 잠복기가 길어 완만한 형태의 곡선 • 2차 감염에 의해 다수의 환자가 장기간 발생 • 사람 간 전파가 일어나므로 봉우리가 여러 번 나타날 수 있음

29 다음에서 설명하는 감염병의 명칭을 쓰고, 해당 감염병의 종류를 아래 〈보기〉에서 3가지 고르시오.

> (   )이란 생물테러감염병 또는 치명률이 높거나 집단 발생의 우려가 커서 발생 또는 유행 즉시 신고하여야 하고, 음압 격리와 같은 높은 수준의 격리가 필요한 감염병을 말한다. 다만, 갑작스러운 국내 유입 또는 유행이 예견되어 긴급한 예방·관리가 필요하여 질병관리청장이 보건복지부장관과 협의하여 지정하는 감염병을 포함한다.

> 〈보기〉
> 결핵, 콜레라, 보툴리눔독소증, 야토병, B형간염, 지카 바이러스 감염증, 세균성 이질, 비브리오패혈증, 신종인플루엔자

모범답안

• 명칭 : 1급 법정감염병
• 종류 : 보툴리눔독소증, 야토병, 신종인플루엔자

법정감염병

구분	제1급감염병	제2급감염병	제3급감염병	제4급감염병
특성	생물테러감염병 또는 치명률이 높거나 집단 발생의 우려가 커서 발생 또는 유행 즉시 신고하여야 하고, 음압격리와 같은 높은 수준의 격리가 필요한 감염병	전파가능성을 고려하여 발생 또는 유행 시 24시간 이내에 신고하여야 하고, 격리가 필요한 감염병	그 발생을 계속 감시할 필요가 있어 발생 또는 유행 시 24시간 이내에 신고하여야 하는 감염병	제1급감염병부터 제3급감염병까지의 감염병 외에 유행 여부를 조사하기 위하여 표본감시 활동이 필요한 감염병
종류	① 에볼라바이러스병 ② 마버그열 ③ 라싸열 ④ 크리미안콩고출혈열 ⑤ 남아메리카출혈열 ⑥ 리프트밸리열 ⑦ 두창 ⑧ 페스트 ⑨ 탄저 ⑩ 보툴리눔독소증 ⑪ 야토병 ⑫ 신종감염병증후군 ⑬ 중증급성호흡기증후군(SARS) ⑭ 중동호흡기증후군(MERS) ⑮ 동물인플루엔자인체감염증 ⑯ 신종인플루엔자 ⑰ 디프테리아	① 결핵 ② 수두 ③ 홍역 ④ 콜레라 ⑤ 장티푸스 ⑥ 파라티푸스 ⑦ 세균성이질 ⑧ 장출혈성대장균감염증 ⑨ A형간염 ⑩ 백일해 ⑪ 유행성이하선염 ⑫ 풍진 ⑬ 폴리오 ⑭ 수막구균감염증 ⑮ b형헤모필루스인플루엔자 ⑯ 폐렴구균감염증 ⑰ 한센병 ⑱ 성홍열 ⑲ 반코마이신내성황색포도알균(VRSA) 감염증 ⑳ 카바페넴내성장내세균목(CRE)감염증 ㉑ E형간염	① 파상풍 ② B형간염 ③ 일본뇌염 ④ C형간염 ⑤ 말라리아 ⑥ 레지오넬라증 ⑦ 비브리오패혈증 ⑧ 발진티푸스 ⑨ 발진열 ⑩ 쯔쯔가무시증 ⑪ 렙토스피라증 ⑫ 브루셀라증 ⑬ 공수병 ⑭ 신증후군출혈열 ⑮ 후천성면역결핍증(AIDS) ⑯ 크로이츠펠트 – 야콥병(CJD) 및 변종크로이츠펠트 – 야콥병(vCJD) ⑰ 황열 ⑱ 뎅기열 ⑲ 큐열 ⑳ 웨스트나일열 ㉑ 라임병 ㉒ 진드기매개뇌염 ㉓ 유비저 ㉔ 치쿤구니야열 ㉕ 중증열성혈소판감소증후군(SFTS) ㉖ 지카바이러스감염증 ㉗ 매독	① 인플루엔자 ② 회충증 ③ 편충증 ④ 요충증 ⑤ 간흡충증 ⑥ 폐흡충증 ⑦ 장흡충증 ⑧ 수족구병 ⑨ 임질 ⑩ 클라미디아감염증 ⑪ 연성하감 ⑫ 성기단순포진 ⑬ 첨규콘딜롬 ⑭ 반코마이신내성장알균(VRE)감염증 ⑮ 메티실린내성황색포도알균(MRSA)감염증 ⑯ 다제내성녹농균(MRPA)감염증 ⑰ 다제내성아시네토박터바우마니균(MRAB)감염증 ⑱ 장관감염증 ⑲ 급성호흡기감염증 ⑳ 해외유입기생충감염증 ㉑ 엔테로바이러스감염증 ㉒ 사람유두종바이러스감염증

생육, 환경 및 제어

01 미생물의 증식

(1) 증식곡선

① **유도기(lag phase)**
  ㉠ 세포의 적응기간 또는 증식의 준비단계
  ㉡ RNA 함량 : 증가 / DNA 함량 : 일정
  ㉢ 세포크기가 2 ~ 3배로 성장하는 시기

② **대수기(log phase)**
  ㉠ 세포수가 기하급수적으로 증가
  ㉡ 세포의 증식속도가 세포의 사멸속도보다 빠름
  ㉢ 생리적 활성이 강하고 민감해서 온도, pH, 산소량, 영양성분, 외부 자극(열, 화학약품 등)에 예민
  ㉣ RNA 함량 : 일정 / DNA 함량 : 증가
  ㉤ 세대시간과 세포크기 일정 / 세대시간이 가장 짧음

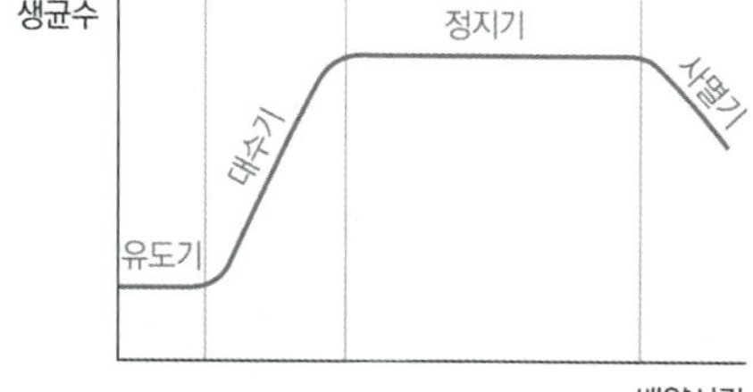

③ **정지기(stationary phase, 정상기)**
  ㉠ 세포수가 최대에 이름 / 생균 수의 변화가 나타나지 않는 시기
  ㉡ 새로 생성된 세포 수와 사멸된 세포 수가 거의 같음
  ㉢ 포자 형성균이 포자를 형성하는 시기
  ㉣ **세포사멸의 원인** : 영양분 고갈, 용존산소량 부족, 대사산물의 축적, 배지의 산성화(낮은 pH)

④ **사멸기(death phase)**
  ㉠ 생균수가 감소하는 시기 / 새로 생성된 세포 수가 사멸된 세포 수보다 적음
  ㉡ 생육에 열악한 환경(영양성분 고갈, 노폐물 증가) → 자기소화(autolysis) → 균체수 감소

(2) 세대시간(generation time)

① 분열 또는 출아에 의해 생긴 한 개의 새로운 미생물 세포가 두 개로 증식하는 데 필요한 시간

② 세대시간 산출

㉠ 총균수(b) = 초기균수(a) $\times 2^n$(n은 세대 수)

㉡ $b = a \times 2^n$

㉢ n세대까지 배양 시 소요된 시간 = t

㉣ 세대시간(g) = 배양시간(t)/세대수(n)

(3) 미생물 증식측정법

① **건조균체량(dry cell weight) 측정법**

㉠ 미생물의 증식도를 측정하는 가장 기본석인 방법

㉡ 곰팡이나 일부 효모처럼 균사의 모습으로 증식하는 미생물은 세포 수의 증가보다는 균체량의 증가를 증식의 의미로 판단할 수 있음

㉢ 배양액의 일정량을 채취하여 원심분리한 후 균체 분리 → 균체 세척 후 건조 → 항량 때까지 칭량하여 균체량 정량

② **균체질소량 측정법**

㉠ 질소량을 정량하여 균체량 환산(단, 균체량의 증가와 질소량의 증가는 비례한다는 전제)

㉡ **단점** : 균체 중의 단백질 함량은 배양 조건이나 균종에 따라 다를 수 있으므로 절대적인 비교는 어려움

③ **균체용적(packed cell volume) 측정법**

㉠ 미생물 배양액을 모세원심분리관에 넣어 원심분리한 후 얻은 균체의 용적을 측정

㉡ 간단하고 빠르나 정확도가 낮음

㉢ 같은 양의 균체라 하더라도 균의 형태나 크기에 따라 용적이 달라짐

④ **광학적 측정법**

㉠ 흡광광도계(spectrophotometer)로 배양액의 탁도(turbidity) 측정

㉡ 세균이나 효모와 같이 균일한 세포집단의 증식을 간단하고 신속하게 측정

⑤ **생균수 측정법**

㉠ 미생물을 배지에 직접 배양하여 얻어진 균수를 측정하는 것

㉡ 평판배양법(주입평판법, 평판도말법), 최확수(MPN)법 및 건조필름법

⑥ **막투과법(박막여과법, membrane filtration method)**

㉠ 미생물이 통과하지 못하는 여과막을 사용하여 균수를 측정하는 방법

㉡ 희석된 시료로서 생균수를 직접 측정할 수 없는 경우에 적용

㉢ 음용수의 일반세균 및 대장균군 검사 등에 사용

⑦ **총균수 측정법**

㉠ 현미경을 이용하여 균체수를 직접 세는 방법

㉡ Thoma의 혈구 계수기(hemocytometer) 또는 Petroff – Hauser 계수반 이용

(1) 환경인자의 구분

① 식품 내 미생물 증식에 영향을 미치는 인자들을 여러 기준으로 구분

② **물리적·화학적·생물학적 인자로 구분하는 경우**

물리적 인자	온도, 압력, 광선, 방사선
화학적 인자	수분, 산소, pH, 산화환원전위, 탄산가스, 염류, 화학약품, 항생물질, 영양성분(탄소원, 질소원, 무기이온, 미량발육인자 등)
생물학적 인자	미생물의 상호작용[미생물총(microflora)에 의한 영양분 및 산소분압의 쟁취, 대사산물 생산]

③ **내적인자와 외적인자로 구분하는 경우**

    ㉠ 내적인자(내적요인, 내인성인자) : 식품 내의 환경(식품의 고유한 특성)

    ㉡ 외적인자(외적요인, 외인성인자) : 식품을 유통·보관하는 외부 환경

내적인자	식품의 영양분 조성, pH, 산화환원전위, 수분활성도, 자연적 항균물질, 미생물의 상호작용, 보존제 등의 화학물질 함유 여부
외적인자	저장온도, 상대습도, 대기의 조성(O_2, CO_2)

(2) 환경인자의 구분

① **수분**

    ㉠ 세포 내 대부분의 생화학적 반응에 관여하여 영양소의 용매로 작용

    ㉡ **자유수(free water)** : 물리적 방법으로 쉽게 제거되어 미생물이 이용 가능

    ㉢ **결합수(bond water)** : 식품의 유효성분과 화학적으로 결합된 수분으로 미생물이 이용할 수 없음

    ㉣ 포자는 거의 결합수로 이루어짐 → 열에 대한 저항성이 강함, 휴면상태에서 잘 견딤

    ㉤ **미생물 생육에 필요한 최저 수분활성도**

미생물	A_w	미생물	A_w
세균	0.91	호염세균	0.75
효모	0.88	내건성 곰팡이	0.65
곰팡이	0.80	내삼투압성효모	0.60

② **온도**

    ㉠ 미생물 생육환경에서 가장 중요한 요인

    ㉡ 미생물의 생육속도, 세포의 크기 및 형태, 영양요구성, 효소반응, 화학적 조성 등에 영향을 미침

    ㉢ **저온균과 고온균의 세포막 특징**

        • 저온균 : 중온균에 비해 불포화지방산 함량이 높아 낮은 온도에서도 유동성 유지

- 고온균 : 세포막에 상대적으로 포화지방산 함량이 높으며, 효소를 포함한 세포 단백질과 리보솜이 열에 안정함

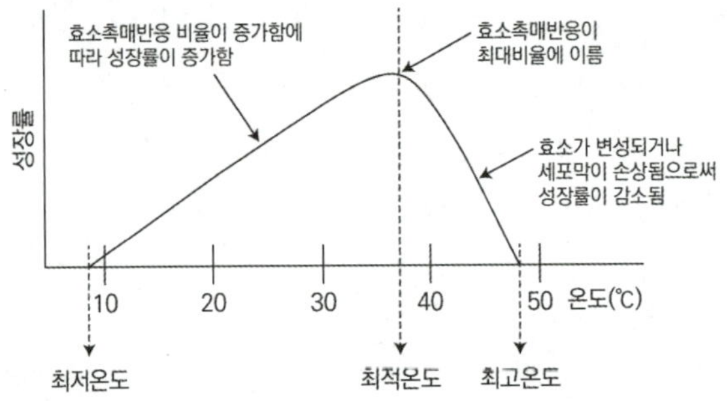

③ 산소(O_2)

　㉠ 산소는 많은 미생물의 생육에 필수적이지만, 어떤 미생물에서는 부분적인 요구도가 있거나 전혀 불필요하기도 함

　㉡ **산소 유무에 따른 미생물의 분류**

편성호기성균 (obligate aerobes)	• 미생물의 생육에 절대적으로 산소를 요구하는 균 • 곰팡이, 산막효모, *Acetobacter*, *Micrococcus*, *Pseudomonas*, *Achromobacter*, *Flavobacerium*, *Brevibacterium*, *Bacillus*
미호기성균 (microaerophilus)	• 산소를 요구하지만 대기압(21%)보다 낮은 산소분압(2 ～ 10%) 요구 • *Campylobacter*
통성혐기성균 (facultative anaerobes)	• 산소 유무와 관계없이 생육이 가능하나, 호기적 환경에서 더욱 빠른 속도로 생육 • 호기성 상태에서는 호흡에 의해서, 혐기성 상태에서는 발효를 통하여 에너지를 획득 • 대부분의 효모와 세균
내기성 혐기성균 (aerotolerant anaerobes)	• 산소를 전자수용체로 사용하지 않기 때문에 혐기환경에서 생육하는 혐기성균이나 산소에 의한 독성에 내성이 있는 균으로 어느 정도 산소가 있는 환경에서도 생육이 가능 • *Clostridium perfringens*
편성혐기성균 (obligate anaerobes)	• 산소 존재 시 과산화수소(H_2O_2)의 유해작용으로 사멸하므로 산소가 없는 환경에서만 생육하는 균 • *Clostridium*, *Desulfotomaculum*, *Bifidobacterium*, *Methanococcus*, 낙산균 등

④ pH

　㉠ 미생물의 증식과 대사는 다른 조건이 일정하다 할지라도 pH에 크게 영향을 받음

　㉡ **곰팡이** : 최적 pH 4 ～ 6(pH 2 ～ 8.5에서 생육 가능)

　㉢ **효모** : 최적 pH 4 ～ 6

　㉣ **세균** : 최적 pH 6.8 ～ 7.2

　　• 일반적으로 pH 4.6 이하에서는 생육이 억제

　　• 예외 : 젖산균, 초산균(pH 3.5에서도 생육 가능)

⑤ **식염농도(삼투압)**

㉠ 미생물은 식염의 농도가 높으면 삼투압 증가나 식염의 독성으로 인해 생육이 저해됨

㉡ 미생물의 종류에 따라 식염에 대한 내성이 다르기 때문에 2%의 식염농도로 생육 유무를 나눔

㉢ **최적 염 농도에 의한 미생물의 분류**

- 호염균 : 성장하기 위해서 최소한의 염분을 필요로 하는 균
- 내염균 : 높은 소금 농도에서 자랄 수 있지만, 소금이 없는 환경에서도 생육이 가능한 균

㉣ **고농도 식염하에서 생육이 저해되는 원인**

- 삼투압이 증가하여 원형질 분리
- 탈수작용에 의한 세포 내 수분의 유실
- 효소의 활성 저해
- 산화환원전위를 낮춰 산소용해도 감소
- 이산화탄소 감수성이 높아짐
- 염소의 살균작용(독작용) $(NaCl \rightarrow Na^+ + Cl^-)$
- 일반적으로 세균의 경우 구균이 간균보다 식염에 대한 내성이 강하고, 병원균 같은 경우 식염에 대한 내성이 약한 편

⑥ **당농도**

㉠ 단당류는 이당류, 올리고당, 다당류보다 세포에 대한 삼투압이 높음

→ 같은 농도일 경우 분자량이 적은 당이 삼투압을 높여 미생물 생육의 저지효과가 큼

㉡ **삼투압의 순서** : 다당류 < 이당류(맥아당, 설탕, 유당) < 단당류(포도당, 과당)

㉢ **미생물의 생육저지 농도** : 설탕 60 ~ 70% / 포도당 45 ~ 50%

⑦ **미생물의 에너지원과 영양요구성**

㉠ **미생물의 에너지 합성과 영양 요구성에 따라 미생물을 분류**

- 독립영양균(무기영양균) : 유기물을 필요로 하지 않고 무기물의 산화나 광합성을 통해 스스로 에너지를 획득하여 생육하는 균
- 종속영양균(유기영양균) : 유기물을 분해하여 발생하는 에너지를 이용하는 균

㉡ **독립영양균**

- 광합성균과 화학합성균으로 나뉨
- 광합성균 : 광합성 색소로 빛에너지를 이용
- 화학합성균 : 무기질의 산화로 균체 합성에 필요한 화학에너지를 획득

> 광합성균 : 빛에너지
> 화학합성균 : 화학에너지

⇓

- $6CO_2 + 12H_2O \longrightarrow C_6H_{12}O_6 + 6O_2 + 6H_2O$

> **보충** 광합성균(녹색황세균, 홍색황세균, 녹색세균, 남세균)
>
> 1) 녹색황세균 : $6CO_2 + 12H_2S \xrightarrow{\text{빛에너지}} C_6H_{12}O_6 + 12S + 6H_2O$
>
> 2) 녹색세균 : $6CO_2 + 12H_2 \xrightarrow{\text{빛에너지}} C_6H_{12}O_6 + 6H_2O$
>
> 3) 남세균 : $6CO_2 + 12H_2O \xrightarrow{\text{빛에너지}} C_6H_{12}O_6 + 6O_2 + 6H_2O$

> **보충** 화학합성균(아질산균, 질산균, 황세균, 철세균, 수소세균, 메탄산화세균)
>
> 1) 아질산균 : $2NH_3 + 3O_2 \rightarrow 2HNO_3 + 2H_2O + $ 화학에너지
> 2) 질산균 : $2HNO_2 + O_2 \rightarrow 2HNO_3 + $ 화학에너지
> 3) 황세균 : $2H_2S + O_2 \rightarrow 2H_2O + 2S + $ 화학에너지
> 4) 철세균 : $4FeCO_3 + O_2 + 6H_2O \rightarrow 4Fe(OH)_3 + 4CO_2 + $ 화학에너지
> 5) 수소세균
> 6) 메탄산화세균

ⓒ **종속영양균**
- 대부분의 식품 미생물은 종속영양균에 해당
- 질소고정균
    - 호기성으로 토양에 존재
    - 공기 중의 유리질소를 고정하여 세포 내 질소화합물을 합성
    - *Azotobacter*(콩과식물 공생), *Rhizobium*(토양 생육), 일부 *Clostridium*
- Nonexacting 균(덜 엄격한 영양요구균)
    - 탄소원으로 유기물을 요구하고 질소원으로 NH_4^+, NO_3^- 등의 무기염을 이용하여 균체 성분을 합성
    - 대장균, *Pseudomonas*, 효모, 곰팡이
- Exacting 균(엄격한 영양요구균)
    - 영양요구성이 까다로움(아미노산 또는 비타민 등 생육인자 요구)
    - 젖산균, *Salmonella typhosa* 등

⑧ **미생물 간의 상호작용**

㉠ **공생(symbiosis)**

상호공생 (mutalism)	서로 다른 미생물이 공존하면서 서로 유리한 영향을 주는 경우 예 콩과식물과 질소고정균, 해조류와 부착세균
편리공생 (metabiosis)	공존 미생물의 어느 한쪽이 다른 한쪽에 유리하게 작용하는 경우 예 편성혐기성균과 호기성균, 섬유소분해균과 비분해균, 단백분해균과 비분해균, 내염성 젖산균과 효모

중립공생 (neutralism)	미생물 간에 서로 상호작용 없이 생육하거나 생존하는 경우
공동작용 (synergism)	두 종류 이상의 미생물이 공존하면서 각자가 가지지 않는 기능을 나타내는 경우 예 *Pseudomonas syncyanea*와 *Streptococcus lactis* *Penicillium verruculosum*과 *Trichoderma*

ⓛ **경합(competition)과 길항(antagonism)**

경합	두 종류 이상의 미생물을 함께 배양하였을 때 영양분, 산소, 생활공간 등을 경쟁해서 차지하므로 서로 불리한 영향을 받는 경우
길항	미생물이 생산하는 대사산물에 의해 다른 미생물의 생육이 억제되는 경우 예 젖산균(젖산)이나 효모(알코올)에 의한 생육 억제

03 식품에서의 미생물 제어

(1) 열처리법

① **일반 열처리**
   ㉠ 식품에 열을 가하여 식품 내 존재하는 미생물을 제어하는 기술로 가장 오래되고 현재까지도 가장 효과적인 식품 보존 방법
   ㉡ 식품 내 미생물을 저해시키는 정도에 따라 '살균'과 '멸균'으로 구분
   ㉢ 살균
     • 멸균에 비해 상대적으로 낮은 온도 또는 단시간 처리
     • 식품에 존재하는 미생물의 양을 감소시키나, 모두 사멸시키는 것은 아님
   ㉣ 멸균
     • 식품에 있는 포자를 포함한 모든 미생물 사멸
     • 저장기간에 미생물 생육이 일어나지 않아 식품을 상온에서도 장기간 보관할 수 있음

② **저항 열처리**
   ㉠ 전도체를 이용해 식품 내로 교차전류가 흐르도록 한 후, 식품의 전기저항 효과를 이용하여 열을 발생시키는 방법
   ㉡ 기존의 열처리 방법에 비해 식품의 온도를 신속하게 높임으로써 식품 내 미생물을 더욱 효과적으로 제어

ⓒ 균일한 열처리에 비해 전도성을 가진 식품에만 처리가 가능하다는 단점을 지님

③ **마이크로파**

㉠ 전기 자기장의 파장을 이용하여 식품에 열을 가하는 방식

㉡ 식품에 포함되어 있는 수분은 쌍극자 특성을 지니므로 높은 파장에 의해서 빠르게 진동하여 열을 발생시킴

㉢ 기존의 열처리 방법에 비해 식품의 온도를 신속하게 높임으로써 미생물을 더욱 효과적으로 제어

㉣ 경제성과 효율성이 높은 반면, 열처리가 균일하지 않다는 단점을 지님

보충 D값과 Z값

(1) D값(D-value)

① 정해진 온도에서 어떠한 미생물을 90%(1 log) 감소시키는 데 걸리는 시간

② D값은 시간을 의미하므로 단위는 초, 분 등의 시간 단위가 됨

③ 동일 온도에서 D값이 크면 클수록 미생물의 사멸에 긴 시간이 소요된다는 의미이므로 해당 미생물이 열에 저항성이 높음을 의미

④ 미생물은 높은 온도에서 열처리 시 사멸이 쉽게 일어나므로 온도가 높아질수록 D값은 감소

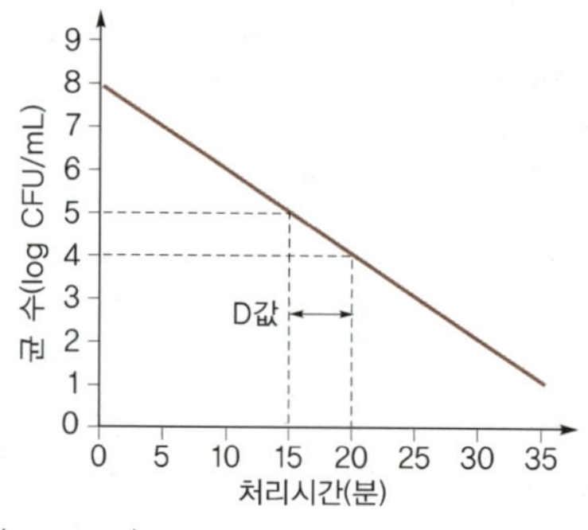

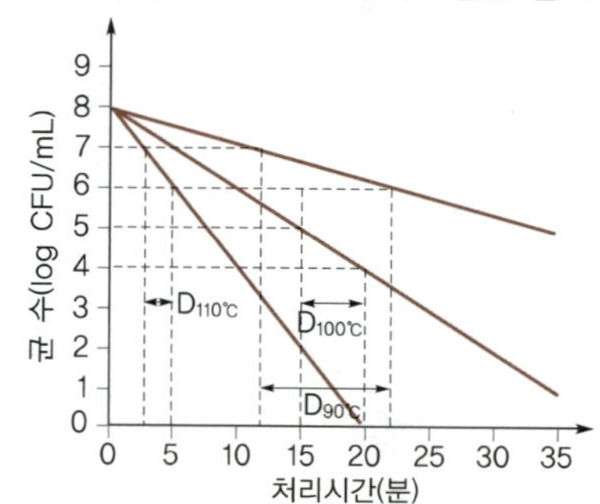

(2) Z값(Z-value)

① D값을 1/10로 감소시키기 위해 필요한 온도 증가 폭

② D값은 단위가 시간인 반면 Z값은 단위가 온도(℃)

③ 처리온도(X축)와 log D값(Y축)의 그래프에서 Y축 log D값을 1 감소시키는 데 필요한 온도의 차이를 말함

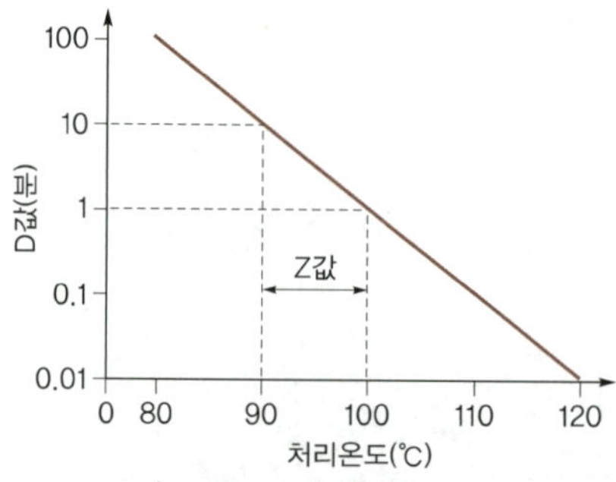

(2) 비열처리법

① **특징**
　　㉠ 열을 사용하지 않는 물리적 처리법
　　㉡ 열처리에 의한 식품의 품질저하를 현저히 감소시킬 수 있음
　　㉢ 기존 열처리에 내성이 생긴 병원성 미생물을 효과적으로 제어할 수 있음

② **초고압처리(high pressure processing, HPP)**
　　㉠ 높은 압력으로 식품 내 미생물을 살균하는 기술
　　㉡ 주로 100 ~ 800MPa(약 1,000 ~ 8,000기압)의 높은 압력을 사용하며, 고압만을 사용하거나 또는 열처리 등과 결합하여 사용될 수 있음
　　㉢ 처리 후 식품의 신선도, 색, 향미, 맛 등의 관능적인 품질을 유지할 수 있음
　　㉣ 식품의 모양과 크기에 상관없이 균일하게 처리할 수 있다는 장점을 지님

③ **펄스전기장(pulsed electric field, PEF)**
　　㉠ 두 개의 전극을 이용하여 높은 볼트의 전기장을 만들어 식품을 살균하는 처리법
　　㉡ 식품의 관능적·물리적 변화를 최소화할 수 있는 방법
　　㉢ 높은 볼트의 충격으로 세포막 안팎의 전위차에 의한 세포막의 파손이 발생함
　　㉣ 주로 과일주스, 우유, 액상달걀 등 액체 식품의 살균에 부분적으로 이용

④ **광펄스**
　　㉠ 적외선에서 자외선까지의 분광을 포함한 넓은 스펙트럼의 강하고 짧은 파의 충격을 이용
　　㉡ 파장이 짧은 자외선을 주로 이용하며, 자외선은 다시 파장의 크기에 따라 구분함
　　㉢ 공기 및 표면 미생물에 대하여 강한 살균력을 지니므로, 식품제조 용수, 생수, 음료 등의 살균 및 식품가공 기계기구의 표면살균, 시설 내 공기살균 등에 널리 활용
　　㉣ 높은 살균력을 지니지만, 표면이나 투명한 액체에서만 효과를 나타낸다는 단점을 지님

⑤ **방사선 조사**
　　㉠ 방사선을 식품에 조사하여 발아억제나 숙도지연을 통해 식품의 보존성을 향상하거나, 기생충 및 해충, 병원성 또는 부패성 미생물을 사멸함으로써 미생물학적 안전성 향상
　　㉡ 식품 등의 발아억제, 살균, 살충 또는 숙도조절을 목적
　　㉢ 식품조사처리에 이용할 수 있는 선종은 감마선, 전자선 또는 엑스선
　　　• 감마선을 방출하는 선원 : ^{60}Co 사용(강력한 투과력)
　　　• 전자선가속기를 이용하여 식품조사처리를 할 경우 : 전자선은 10MeV 이하에서, 엑스선은 5MeV 이하에서 조사처리
　　㉣ 식품조사처리가 허용된 품목별 흡수선량을 초과하지 않도록 하여야 함

품목	조사목적	선량(kGy)
감자, 양파, 마늘	발아억제	0.15 이하
밤	살충·발아억제	0.25 이하
버섯(건조 포함)	살충·숙도조절	1 이하

품목	조사목적	선량(kGy)
난분, 전분	살균	5 이하
곡류(분말 포함), 두류(분말 포함)	살균·살충	5 이하
건조식육, 어류분말, 패류분말, 갑각류분말, 된장분말, 고추장분말, 간장분말, 건조채소류(분말 포함)	살균	7 이하
효모식품, 효소식품, 조류식품, 알로에분말, 인삼(홍삼 포함) 제품류, 조미건어포류	살균	7 이하
건조향신료 및 이들 조제품, 복합조미식품, 소스, 침출차, 분말차, 특수의료용도식품	살균	10 이하

ⓜ 한번 조사처리한 식품은 다시 조사하여서는 안 되며, 조사식품을 원료로 사용하여 제조·가공한 식품도 다시 조사하여서는 안 됨

ⓗ **생물체에 대한 방사선의 감수성 비교**

포유동물 > 뿌리, 줄기 야채류의 발아억제 > 해충, 기생충 사멸 > 대장균, 살모넬라, 이질균, 리스테리아 > 비브리오, 고초균(바실러스), 포도상구균, 탄저균, 연쇄상구균, 곰팡이류 > 포자, 곰팡이독 > 각종 바이러스

라다퍼티제이션 (radappertization)	• 고선량의 방사선을 조사하여 포자형성균인 *Cl. botulinum*의 살균을 목표로 하는 살균처리 • 장기간 상온에서 저장하여도 부패나 독소가 검출되지 않는 상태로 유지될 수 있는 처리법
라디시데이션 (radicidation)	비교적 저선량의 방사선을 조사하여 특정 무포자 병원균을 사멸시키는 살균법
라두리제이션 (radurization)	• 완전살균에 필요한 선량의 1/20 ~ 1/30 정도의 방사선을 식품에 조사 • 특정 미생물의 세균수를 감소시킴으로써 보존성을 높이는 처리

⑥ **자외선 조사**

ⓐ 자외선등(燈)의 살균력이 가장 강한 파장 : 2,537Å(253.7nm)

ⓑ 자외선의 살균기작 : 2,600Å 부근 파장은 핵산 및 단백질의 자외선 최대 흡수파장에 해당하며, 미생물의 핵산(DNA)을 손상시켜 세포를 파괴하고 균주를 사멸시킴

ⓒ 살균력은 균의 종류에 따라 다름, 30분 이상 조사해야 효과적

ⓓ **장단점**

장점	• 사용이 간편 • 모든 균종에 효과적 • 살균효과가 크고 균에 대한 내성을 생기게 하지 않음 • 피조사물의 변화가 거의 없음
단점	• 살균효과가 표면에 한정, 침투력 없음 • 그늘진 부분에 효과 없음 • 유기물(단백질) 공존 시 흡수되어 효과가 현저히 떨어짐 • 잔류효과 없음(조사하는 동안에만 효과적) • 인체 피부 손상(붉은반점, 결막염 등)

2024년 1회, 2022년 2, 3회, 2014년 3회, 2006년 3회

01 미생물의 증식곡선을 그리고, 각 해당 시기를 구분하여 쓰시오.

모범답안

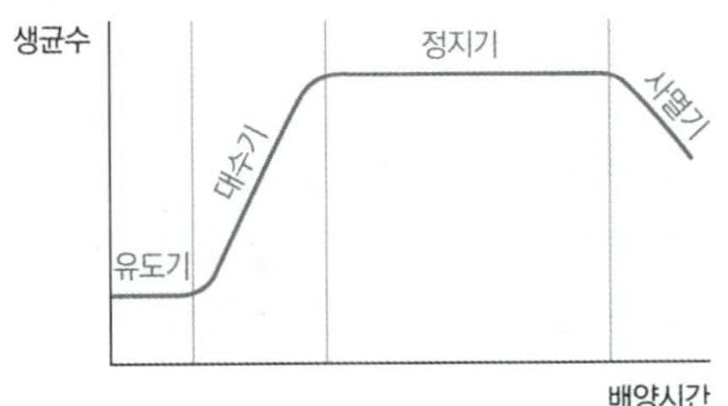

참고

- **유도기(lag phase)**
  - 증식의 준비단계, 미생물이 증식하지 않고, 새로운 환경에 적응하는 시기
  - RNA 함량 : 증가 / DNA 함량 : 일정
  - 세포 크기가 2 ~ 3배로 성장하는 시기
- **대수기(log phase)**
  - 세포수가 대수적 또는 기하급수적으로 증가
  - 세포의 증식속도가 세포의 사멸속도보다 빠름
  - 온도, pH, 산소량, 영양성분, 외부 자극(열, 화학약품 등)에 예민
  - RNA 함량 : 일정 / DNA 함량 : 증가
- **정지기(stationary phase, 정상기)**
  - 세포수가 최대에 이르는 시기(생균수의 증가가 나타나지 않는 시기)
  - 새로 생성된 세포 수와 사멸된 세포 수가 거의 같음
  - 포자 형성균이 포자를 형성하는 시기
  - 세포사멸의 원인 : 영양분 고갈, 용존산소량 부족, 대사산물의 축적, 배지의 산성화(낮은 pH)
- **사멸기(death phase)**
  - 생균수가 감소하는 시기, 새로 생성된 세포 수가 사멸된 세포 수보다 적음
  - 균 자체의 효소작용으로 자가소화(autolysis)가 일어남

02 대장균(*E. coli*) 10개가 10분마다 분열한다면, 2시간 배양 후 총균수는 얼마인가?

모범답안

총균수(b) = 초기균수$(a) \times 2^n$ $(n$ = 세대수$)$

세대수$(n) = \dfrac{\text{배양시간}(t)}{\text{세대시간}(g)}$

$n = \dfrac{120\,\text{분}}{10\,\text{분}} \rightarrow n = 12$

$10 \times 2^{12} = 40{,}960$

03 유당배지에서 *E. coli* 5×10^5을 300분 동안 배양한 결과, 3.5×10^7으로 증가하였고 균체 활성은 대수기였다. 평균 세대시간이 40분일 때, 유도기 시간을 산출하시오.($\log 2$ = 0.3010, $\log 3.5$ = 0.5440, $\log 5$ = 0.6990으로 계산하고, 분 단위에서 소수점 이하를 버리고 답안을 작성한다.)

모범답안

$$b = a \times 2^n \qquad n = \dfrac{t}{40}$$

$$2^n = \dfrac{b}{a} \rightarrow n = \log_2 \dfrac{b}{a} = \dfrac{\log_{10}\dfrac{b}{a}}{\log_{10} 2} = \dfrac{\log b - \log a}{\log 2}$$

$$n = \dfrac{\log b - \log a}{\log 2}$$

$$n = \dfrac{\log(3.5 \times 10^7) - \log(5 \times 10^5)}{0.3010}$$

$$n = \dfrac{(0.5441 + 7) - (0.6990 + 5)}{0.3010} = \dfrac{1.8451}{0.3010} = 6.13$$

$t(\text{대수기}) = n \times 40 = 245.2\text{분}$

유도기 $= 300 - 245.2 = 54.8 = 54\text{분}$

04 10시간을 배양한 결과, 초기 균수가 10^3에서 10^9으로 증가하였다. 이 균의 세대시간(분)을 산출하시오.(단, log 2 = 0.3010)

모범답안

총균수(b) = 초기균수$(a) \times 2^n$ (n = 세대수)

$$2^n = \frac{b}{a}, \quad n = \frac{\log \frac{b}{a}}{\log 2}$$

$$n = \frac{\log 10^9 - \log 10^3}{0.3010} = \frac{6}{0.3010}$$

$$n = 19.9335$$

세대시간(g) = $\dfrac{\text{배양시간}(t)}{\text{세대수}(n)}$

t = 10시간 = 600분, n = 19.9335

$$g = \frac{600분}{19.9335} = 30.10분$$

05 초기 세균 농도가 4×10^5이고, 유도기 없이 6시간 내에 3.68×10^7으로 증식하였지만, 정지기에는 도달하지 못했다. 평균 세대시간(min)을 구하시오.(단, log 2 = 0.3010, log 3.68 = 0.5658, log 4 = 0.6021)

모범답안

$$b = a \times 2^n, \quad n = \frac{\log b - \log a}{\log 2}$$

$$n = \frac{\log(3.68 \times 10^7) - \log(4 \times 10^5)}{0.3010}$$

$$n = \frac{(0.5658 + 7) - (0.6021 + 5)}{0.3010} = \frac{1.9637}{0.3010} = 6.524$$

$$g = \frac{360}{6.524} = 55분$$

06 대장균군 검사가 식품안전도의 지표로 사용되는 이유를 검사결과 양성과 대장균군 생존 특성을 포함하여 설명하고, 이와 관련된 세균속을 3가지 이상 쓰시오.

모범답안

대장균군은 사람과 동물의 장내에서 주로 서식하는 미생물이므로 대장균군 검사가 양성일 경우, 식품이 분변에 오염되었을 확률이 높다. 또한 대장균군 자체는 병원성이 없지만 서식 환경이 비슷한 식중독균이 공존할 가능성이 있다. *Escherichia*, *Enterobacter*, *Citrobacter*, *Klebsiella* 등이 대장균군에 해당한다.

07 혐기성 세균이 산소가 존재하는 환경에서 증식하지 못하는 이유는?

모범답안

혐기성 세균의 경우 산소로 인해 생성되는 독성물질을 분해할 수 있는 효소(SOD, catalase, peroxidase 등)를 생성하지 못하므로 산소가 존재하는 환경에서 결국 사멸하게 된다.

참고

산소에 의해 생성되는 독성물질과 독성물질 제거효소

- 세포가 산소를 흡수할 경우 여러 가지 세포에 독성을 가진 물질이 생산될 수 있으며, 미생물의 종류에 따라 이러한 산소에 의하여 발생되는 독성물질을 제거할 수 있는 효소를 생산할 수 있는 능력이 다르다. 따라서 미생물의 효소를 생산하는 능력에 따라 산소가 있는 환경에서 생육 여부가 결정된다.
- 산소에 의해 생산되는 독성물질
  - superoxide(O_2^-)
  - hydrogen peroxide(H_2O_2)
  - hydroxyl free radical(OH^-)
  - singlet oxygen($O_2^{\cdot}$)
- 산소 독성물질 제거 효소
  - superoxide dismutase(SOD) : $O_2^- + O_2^- + 2H^+ \rightarrow H_2O_2 + O_2$
  - catalase : $H_2O_2 + H_2O_2 \rightarrow 2H_2O + O_2$
  - peroxidase : $H_2O_2 + NADH + H^+ \rightarrow 2H_2O + NAD^+$

08
*Clostridium botulinum*이 통조림 살균의 지표세균으로 사용되는 이유는?

모범답안

*Clostridium botulinum*은 내열성 포자를 형성하는 편성혐기성균이다. 따라서 *Clostridium botulinum*의 포자까지 사멸할 수 있는 온도로 가열 처리한다면, 통조림에서 증식할 수 있는 대부분의 미생물도 사멸이 가능하므로 지표세균으로 사용된다.

09
미생물 내열성에 영향을 미치는 요인을 3가지 이상 쓰시오.

모범답안

pH, 온도, 수분 등

참고

미생물의 내열성
- 동일한 조건하에서는 처리온도가 높을수록 사멸시간이 단축된다.
- 증식곡선의 대수기에 가장 약하고, 미숙한 포자는 성장한 포자보다 내열성이 약하다.
- pH가 중성 부근일 때 내열성이 강하고, 산성 또는 알칼리성일 경우 내열성이 약하다.
- 포자는 영양세포보다 내열성이 강하다. 내생포자가 내열성을 가지는 것은 Ca^{2+}와 dipicolinic acid의 결합체 때문이다.
- 자유수가 적은 건조세포나 포자는 자유수가 많은 영양세포보다 내열성이 강하다.
- 습한 환경보다 건조한 환경에서 내열성이 높아질 수 있다.

10

식품의 저온살균, 고온살균, 상업적 살균의 방법과 특징을 쓰시오.

모범답안

- 저온살균
  - 일반적으로 100℃ 이하로 열처리
  - 병원성 미생물이나 미생물의 영양세포 사멸, 포자 살균 제한
- 고온살균
  - 일반적으로 100℃ 이상으로 열처리
  - 대부분의 미생물 사멸, 포자형성균 사멸 가능
- 상업적 살균
  - 소비자의 건강에 위해를 끼치지 않을 정도까지 미생물의 생존 확률을 낮추기 위한 살균법으로 소비기한 내에 유해균이 생육하지 않도록 가열 처리하는 방법

11

토마토, 배, 사과, 복숭아, 살구 등의 재료를 사용한 식품에서는 100℃ 이하의 살균공정만 거쳐도 식품의 안전성이 확보된다. 그 이유를 쓰시오.

모범답안

미생물의 영양세포나 포자의 경우 pH가 낮은 산성식품에서는 열에 대한 저항력이 약해진다. 따라서 산성식품은 저온살균(100℃ 이하의 가열)으로도 미생물이 쉽게 사멸되어 식품의 안전성을 확보할 수 있다.

12

식품살균 시 D값의 의미를 쓰시오.

모범답안

정해진 온도에서 어떠한 미생물을 90%(1 log) 감소시키는 데 걸리는 시간

13 미생물의 가열살균에 대한 설명이다. 빈칸에 알맞은 말을 채우시오.

> 통조림의 균수가 10^{12}에서 가열살균 후 10^7으로 감소하였다. 이는 (　　　)D(decimal reduction time)만큼의 시간 동안 처리하였다고 볼 수 있다. 이는 $1D$가 미생물이 (　　　)% 사멸할 동안 살균하는 시간이기 때문이다.

모범답안

통조림의 균수가 10^{12}에서 가열살균 후 10^7으로 감소하였다. 이는 (5)D(decimal reduction time)만큼의 시간 동안 처리하였다고 볼 수 있다. 이는 $1D$가 미생물이 (90)% 사멸할 동안 살균하는 시간이기 때문이다.

참고

D값
- 정해진 온도에서 어떠한 미생물을 90%(1 log) 감소시키는 데 걸리는 시간
- D값은 시간을 의미하므로 단위는 초, 분 등의 시간 단위가 됨
- 동일 온도에서 D값이 크면 클수록 미생물의 사멸에 긴 시간이 소요된다는 의미이므로 해당 미생물이 열에 저항성이 높음을 의미

14 $D_{150} = 3$분, $Z = 5$의 의미를 설명하시오.

모범답안

- $D_{150} = 3$분
  : 150℃에서 3분 가열 시 미생물의 90%가 사멸됨
- $Z = 5$
  : D값을 1/10로 감소시키려면 살균 온도를 5℃만큼 더 높여야 함

15

초기농도에서 99.9% 감소하는 데 0.74분이 걸렸다면, 10^{-12}로 감소하는 데 걸리는 시간은?

모범답안

$10^{-3} = 0.74$분 $= 3D$

$10^{-12} = 3D \times 4$

$\qquad = 0.74$분 $\times 4$

$\qquad = 2.96$분

16

클로스트리디움 보툴리늄균이 초기농도에서 99.9% 감소하는 데 0.72분이 걸렸다면, 10^{-12}으로 감소하는 데 걸리는 시간은?

모범답안

$10^{-3} = 0.72$분 $= 3D$

$10^{-12} = 3D \times 4$

$\qquad = 0.72$분 $\times 4$

$\qquad = 2.88$분

17

돈육장조림 통조림을 가열 살균 시 필요한 F_0값은 5.5분이다. 이 통조림을 113℃에서 살균한다면 적합한 가열처리 시간은 얼마인지 구하시오. (단, Z값은 10℃로 가정한다.)

모범답안

$$F_1 = F_0 \times 10^{\left(\frac{T_0 - T_1}{Z}\right)}$$

$$F_1 = 5.5 \times 10^{\left(\frac{121.1 - 113}{10}\right)}$$

$$F_1 = 5.5 \times 10^{0.81} = 5.5 \times 6.4565 \cdots$$

$$F_1 = 35.51$$

F값(F - value)

특정온도(보통 250F, 121.1℃)에서 미생물을 사멸하는 데 필요한 시간

$$F_1 = F_0 \times 10^{\left(\frac{T_0 - T_1}{Z}\right)}$$

F_0 : 121.1℃(T_0)에서 미생물을 사멸하는 데 필요한 시간

F_1 : 주어진 온도(T_1)에서 미생물을 사멸하는 데 필요한 시간

18

균수를 1×10^5 감소시키는 데 121.1℃에서 1.5분 소요되었다면, 해당 온도에서 변패 확률이 1/1,000이 되는 가열시간을 구하시오.

모범답안

$$D = \frac{t}{\log\left(\frac{N_0}{N}\right)}$$

$$D_{121.1} = \frac{1.5}{\log\left(\frac{10^5}{1}\right)} = \frac{1.5}{5} = 0.3$$

$$0.3 = \frac{t}{\log\left(\frac{10^3}{1}\right)}$$

$$t = 0.9$$

19

Clostridium botulinum 포자 현탁액을 121℃에서 열처리하여 초기농도의 99.9999%를 사멸시키는 데 1.5분 걸렸다. 이 포자의 D_{121}을 구하시오.

모범답안

$$D_{121} = \frac{1.5}{\log\left(\frac{10^2}{10^{-4}}\right)} = \frac{1.5}{\log 10^2 - \log 10^{-4}}$$

$$D_{121} = \frac{1.5}{2 - (-4)} = \frac{1.5}{6} = 0.25$$

20 $D_{121} = 0.2$분, $Z = 10℃$일 때, D_{116}의 값을 구하시오.

모범답안

$$Z = \frac{T_1 - T_2}{\log D_{T_2} - \log D_{T_1}} = \frac{T_1 - T_2}{\log\left(\dfrac{D_{T_2}}{D_{T_1}}\right)}$$

$$\log\left(\frac{D_{T_2}}{D_{T_1}}\right) = \frac{T_1 - T_2}{Z}$$

$$\log\left(\frac{D_{116}}{0.2}\right) = \frac{121 - 116}{10} = 0.5$$

$$\frac{D_{116}}{0.2} = 10^{0.5}$$

$$D_{116} = 0.632$$

21   균 초기농도의 1/100,000로 만드는 데 121.1℃에서는 20분이 걸리고, 125℃에서는 5.54분이 걸린다. Z값을 구하시오.

모범답안

$$D_{121.1} = 4분 \,/\, D_{125} = 1.108분$$

$$Z = \frac{T_1 - T_2}{\log\left(\dfrac{D_{T_2}}{D_{T_1}}\right)} = \frac{125 - 121.1}{\log\left(\dfrac{4}{1.108}\right)}$$

$$Z = \frac{3.9}{\log 3.610} = \frac{3.9}{0.5575}$$

$$Z = 6.995℃$$

22

$B.\ stearothermophilus$(Z = 10℃)를 121.1℃에서 가열 처리하여 균의 농도를 1/10,000로 감소시키는 데 15분이 소요되었다. 살균온도를 125℃로 높여 15분간 살균할 때의 치사율(L)을 계산하고, 치사율 값을 121.1℃와 125℃에서의 살균시간 관계로 설명하시오.

모범답안

$$L = 10^{\left(\frac{T_1 - T_2}{Z}\right)} = 10^{\left(\frac{125 - 121.1}{10}\right)}$$

$$L = 10^{0.39}$$

$$L = 2.4547$$

125℃에서 1분간 가열한 것과 121.1℃에서 2.455분 가열한 것이 동일한 살균효과를 지닌다.

23

식품의 품질을 유지하기 위한 비가열살균법 3가지를 쓰시오.

모범답안

- 자외선 살균
- 방사선 조사
- 초고압 처리
- 펄스 전기장
- 막 여과법
- 약제 살균

24

열을 사용하지 않는 식품 살균법(비가열살균법)의 장점과 그 예를 각각 2가지만 쓰시오.

모범답안

- 장점
  - 식품의 열 변성 방지
  - 영양성분, 맛, 색 및 향미 손실 최소화
  - 대량의 냉각수를 필요로 하지 않음

- 상 변화 없이 연속 조작이 가능
  - 열에너지 절약으로 품질향상 및 원가 절감
- 예시
  - 자외선 살균
  - 방사선 조사
  - 초고압 처리
  - 펄스 전기장
  - 막 여과법
  - 약제 살균

2005년 1회

25

방사선 조사 시 저장이나 위생면에서의 장점 또는 효과를 쓰시오.

모범답안

- 발아억제, 숙도조절, 살균 및 살충 등을 통해 식품의 보존성이 향상된다.
- 처리과정에서 온도 상승이 거의 없다.
- 가열살균법과 비교하여 영양성분의 파괴나 관능적 품질변화를 최소화할 수 있다.
- 완전 포장된 상태로 방사선 조사가 가능하므로 2차 오염이나 교차 오염이 방지된다.
- 잔류성분이 남지 않고, 강력한 투과력으로 연속처리 공정이 가능하다.

2022년 3회, 2014년 2회, 2011년 3회, 2008년 3회

26

방사선 조사 시 이용되는 선원, 선종 및 조사목적을 쓰고, 조사도안을 그리시오.

모범답안

- 선원 : 코발트 $-60(^{60}\text{Co})$
- 선종 : 감마선
- 조사목적 : 발아억제, 숙도조절, 살균, 살충
- 조사도안

27 다음 표는 방사선 조사 허용대상 식품별 흡수선량을 나타낸 것이다. 괄호 안에 알맞은 말을 쓰시오.

품목	조사목적	선량(kGy)
감자, 양파, 마늘	(①)	(②)
밤	살충·발아억제	0.25 이하
버섯(건조 포함)	살충·숙도조절	1 이하
난분, 전분	살균	5 이하
곡류(분말 포함), 두류(분말 포함)	살균·살충	5 이하
건조식육, 어류분말, 패류분말, 갑각류분말, 된장분말, 고추장분말, 간장분말, 건조채소류(분말 포함), 효모식품, 효소식품, 조류식품, 알로에분말, 인삼(홍삼포함) 제품류, 조미건어포류	(③)	7 이하
건조향신료및 이들 조제품, 복합조미식품, 소스, 침출차, 분말차, 특수의료용도식품	(④)	10 이하

모범답안

① 발아억제
② 0.15 이하
③ 살균
④ 살균

28 식품공전상 감자, 양파의 발아 억제를 목적으로 시행하는 방사선 조사기준을 쓰시오.

모범답안

^{60}Co 감마선을 이용하여 0.15kGy 이하로 조사

29 방사선 조사가 허용된 식품 3가지를 쓰시오.

모범답안

감자, 양파, 마늘, 밤, 버섯, 곡류, 두류, 건조식육, 건조채소류 등

30 다음 〈보기〉의 빈칸에 알맞은 말을 쓰시오.

〈보기〉
'식품조사(Food Irradiation)처리'란 식품 등의 (   ), (   ), (   ) 또는 숙도조절을 목적으로 감마선 또는 전자선가속기에서 방출되는 에너지를 복사(radiation)의 방식으로 식품에 조사하는 것으로, 선종과 사용목적 또는 처리방식(조사)에 따라 감마선 살균, 전자선 살균, 엑스선 살균, 감마선 살충, 전자선 살충, 엑스선 살충, 감마선 조사, 전자선 조사, 엑스선 조사 등으로 구분하거나, 통칭하여 방사선 살균, 방사선 살충, 방사선 조사 등으로 구분할 수 있다.

모범답안

발아억제, 살균, 살충

31 세균, 곰팡이, 효모를 자외선 실균 시 조사시간이 긴 순서대로 쓰시오.

모범답안

곰팡이 > 효모 > 세균

참고

자외선 조사의 장점과 단점

장점	• 사용이 간편 • 모든 균종에 효과적 • 살균효과가 크고 균에 대한 내성을 생기게 하지 않음 • 피조사물의 변화가 거의 없음
단점	• 살균효과가 표면에 한정, 침투력 없음 • 그늘진 부분에 효과 없음 • 유기물(단백질) 공존 시 흡수되어 효과가 현저히 떨어짐 • 잔류효과 없음(조사하는 동안에만 효과적) • 인체 피부 손상(붉은 반점, 결막염 등)

호흡과 발효

01 호흡

(1) 세포 호흡(산소호흡)

① 산소를 사용하여 유기물을 물과 이산화탄소로 완전히 분해

② $C_6H_{12}O_6 + 6O_2 + 6H_2O \rightarrow 6CO_2 + 12H_2O$

(2) 해당과정(EMP)

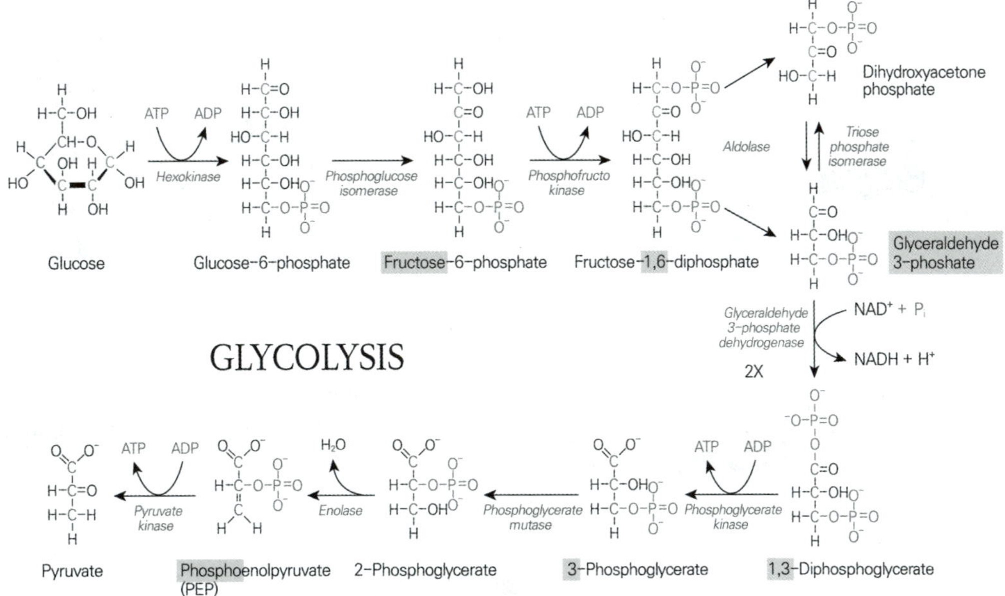

> #### 참고   HMP(hexose monophosphate pathway) Shunt
>
> 1) 해당과정의 측로 : glucose – 6 – phosphate(시작물질)
> 2) 오탄당(pentose)과 육탄당(hexose)의 상호전환이 일어남
> 3) 리보스(ribose) 생산, 지방산 생합성의 에너지원인 $NADPH_2$ 생성
> 4) 미생물의 종류나 배양조건에 따라 EMP : HMP 이용 비율이 다름

(3) TCA(tricarboxylic acid) 회로

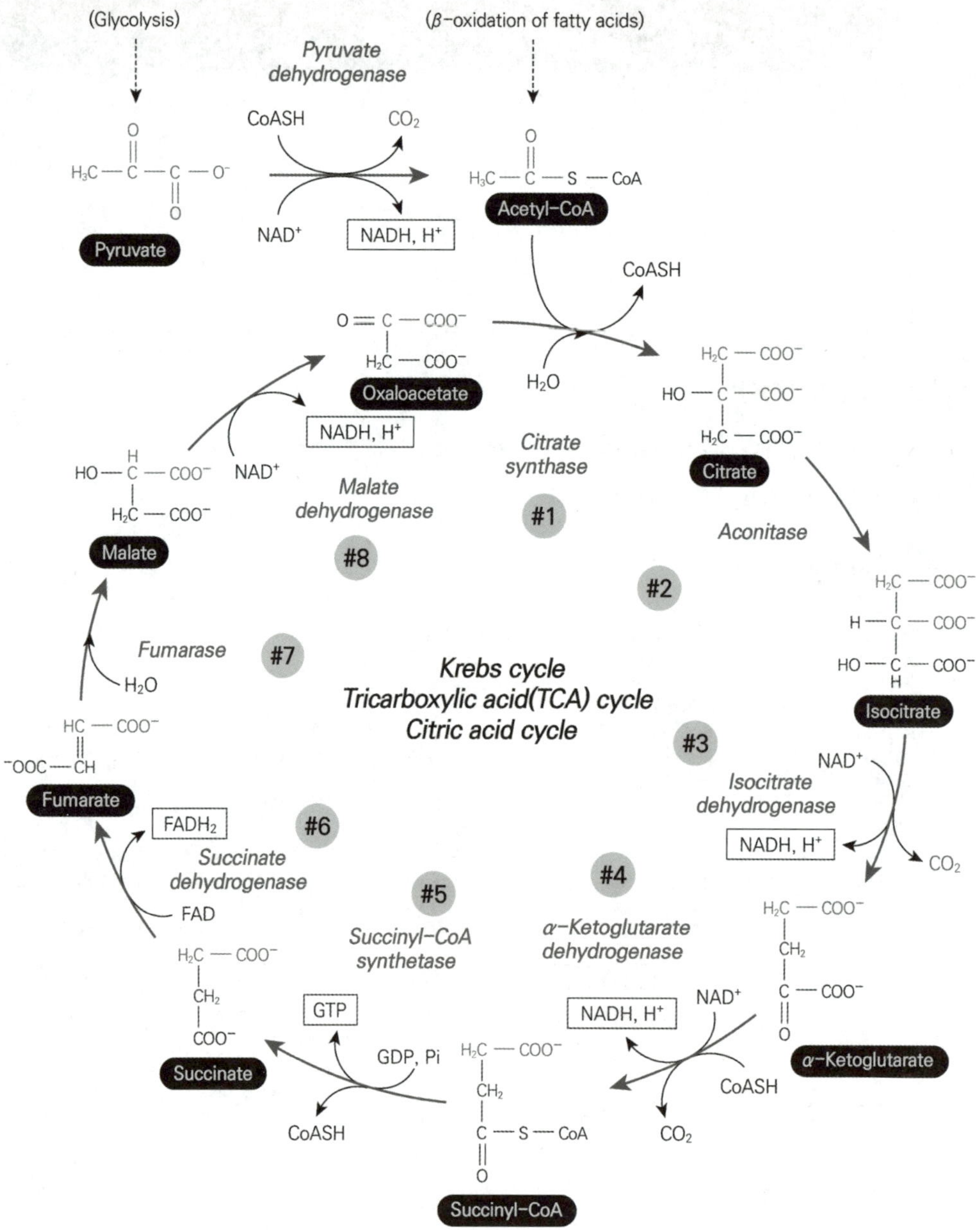

(4) 전자전달계

① **산화적 인산화** : 전자전달계와 화학삼투를 통해서 ATP 생산

② 해당과정과 TCA 회로에서 생성된 NADH와 FADH₂가 가지고 있던 전자가 여러 가지 전자전달 사슬을 거치면서 전자전달효소들의 산화반원 반응에 의해 산소와 결합하여 물이 생성되는 과정

③ **전자전달사슬**

　㉠ **진핵** : 미토콘드리아(내막)

　㉡ **원핵** : 세포막

　㉢ **순서**

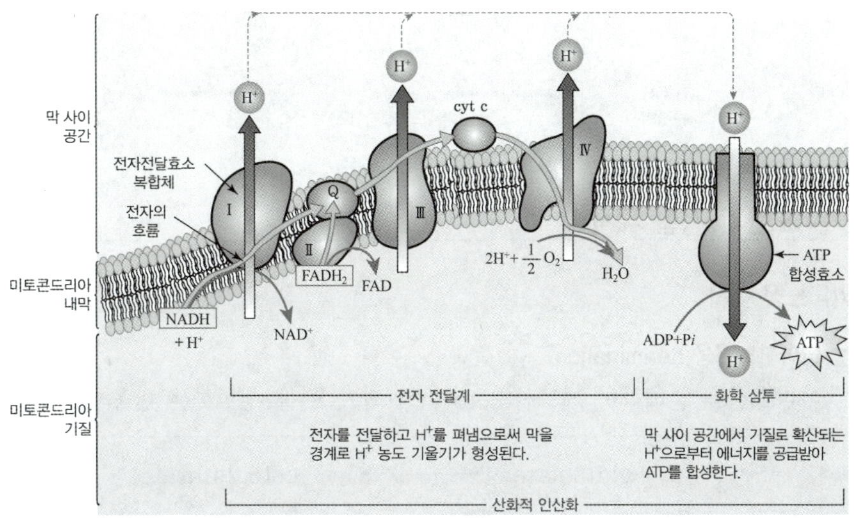

02 발효

(1) 알코올 및 젖산 발효

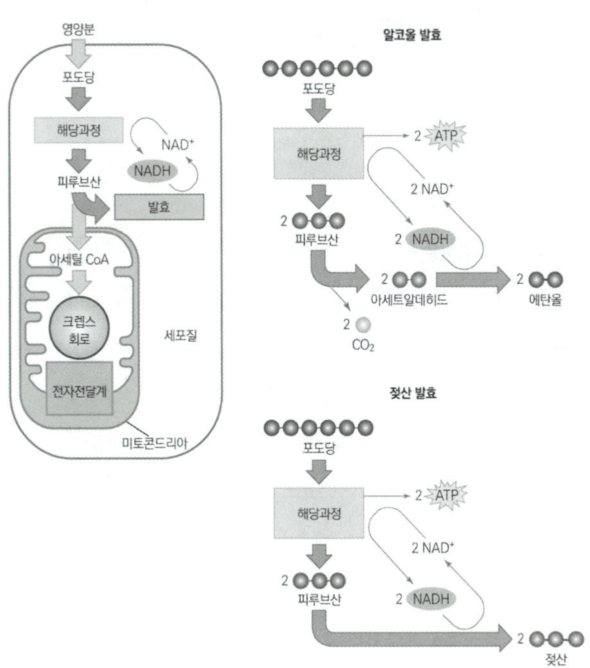

(2) 초산 제조

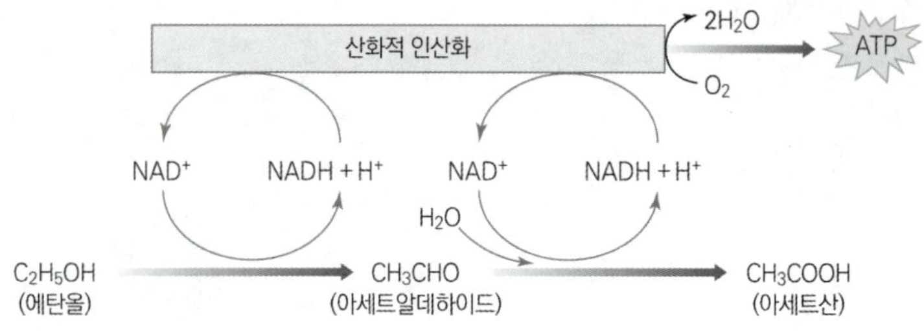

03 아미노산과 지질 대사

(1) 아미노산 대사

① 탈아미노반응(deamination)

아미노산을 분해하여 케토산(keto acid)과 NH_3를 생성하는 반응

$$glutamate \longrightarrow \alpha - ketoglutarate + NH_3$$
$$\uparrow$$
$$glutamate\ dehydrogenase$$

② 아미노기 전이반응(transamination)

아미노산의 아미노기를 α-케토산에 전이하여 다른 아미노산을 생성시키고, 자기 자신은 케토산으로 분해되는 가역반응

$$아미노산 + \alpha - ketoglutarate \xrightarrow[\text{아미노산 전이효소}]{PLP(coenzyme)} 글루탐산 + 케토산$$

③ 탈탄산반응(decarboxylation)

탈탄산효소(decarboxylase)에 의하여 아미노산에서 CO_2가 이탈되고 암모니아 유도체인 1차 아민이 생성되는 반응

❙ 아미노산의 탈탄산반응 생성물 ❙

아미노산	생성물	아미노산	생성물
Histidine	Histamine	Serine	Ethanolamine
Tyrosine	Tyramine	Lysine	Cadaverine
Tryptophan	Tryptamine	Ornithine	Putrescine

(2) 지질 대사

① 지방산과 글리세롤(glycerol)로 분해
② 글리세롤은 글리세롤 인산화효소(glycerol kinase)에 의해 글리세롤 – 3 – 인산(glycerol – 3 – phosphate)이 되어 EMP 경로로 대사
③ 지방산은 β – 산화 과정을 거쳐 아세틸 – CoA 분자가 연속적으로 탄소를 두 개씩 집합시켜 형성

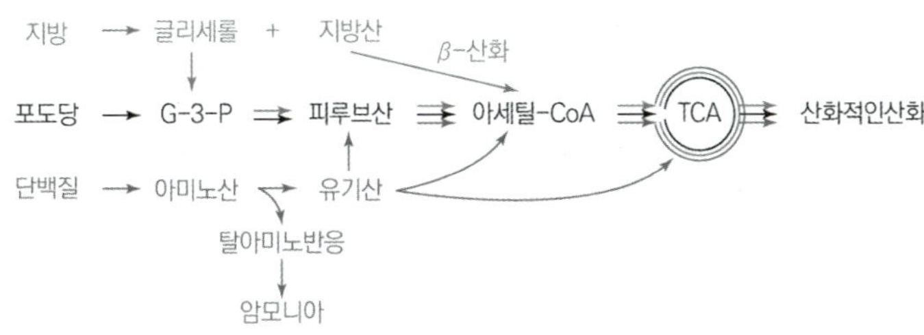

[포도당, 지방, 단백질의 대사경로]

2017년 2회

01 해당과정의 전 과정을 쓰시오. 단 효소의 이름을 쓰지 말고, 드나드는 물질만 쓰시오.

모범답안

포도당
↓
포도당 – 6 – 인산
↓
과당 – 6 – 인산
↓
과당 – 1,6 – 2인산
↓
디하이드로아세톤인산 ↔ 글리세르알데하이드인산
↓
1,3 – 다이포스포글리세르산
↓
3 – 포스포글리세르산
↓
2 – 포스포글리세르산
↓
포스포엔올 피루브산
↓
피루브산

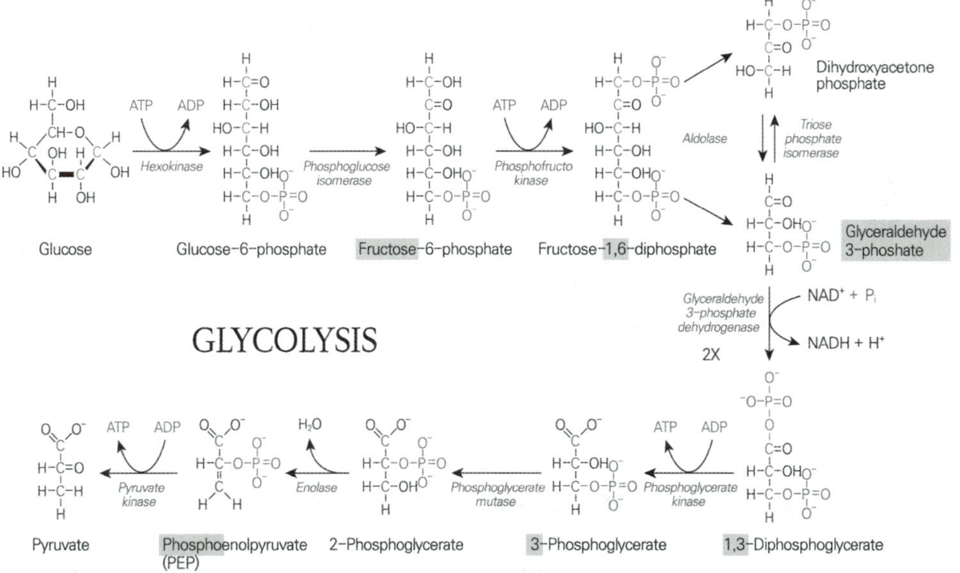

2021년 2회

02 다음 〈보기〉 중에서 괄호 안에 들어갈 말을 고르시오.

glucose는 주로 혐기적 분해에 의한 (①) 경로와 호기적 분해에 의한 (②) 경로로 대사가 진행되며, 이로 인해 피루브산이 생성된다. 피루브산은 호기적 대사 경로인 (③) 회로를 거쳐 에너지를 생성한다.

〈보기〉
EMP, HMP, TCA

모범답안

① EMP

② HMP

③ TCA

03 glucose 한 분자가 완전히 산화되었을 때 해당작용에서 ATP, NADH 생성개수, 피루브산에서 acetyl－CoA까지의 NADH 생성개수, acetyl－CoA에서부터 TCA 회로까지 ATP, NADH, $FADH_2$ 생성 개수를 쓰시오.

모범답안

(1) 해당작용 : ATP － 2분자, NADH － 2분자
(2) 피루브산에서 acetyl－CoA : NADH － 2분자
(3) TCA 회로 : ATP(GTP) － 2분자, NADH － 6분자, $FADH_2$ － 2분자

04 초산 발효공정에서 주의해야 할 점과 포도당이 1kg일 때 생성되는 초산의 양을 계산하시오.

모범답안

• 주의점 : 초산 발효에 이용되는 초산균의 생육을 위해 지속적인 산소공급(무균공기)이 필요함
• 초산 생성량 : 0.667kg

➕ 해설

초산 생성량 산출

1단계 : 포도당 → 2 에탄올 생성 [$C_6H_{12}O_6 → 2C_2H_5OH + 2CO_2$]
2단계 : 2 에탄올 → 2 초산 생성 [$2C_2H_5OH → 2CH_3COOH + 2H_2O$]
∴ 포도당 1몰당 초산 2몰 생성(포도당 분자량 180, 초산 분자량 60)
  $180 : (60 × 2) = 1kg : x$
  $x = 0.667kg$

05 효모에 의한 알코올 발효의 반응식(Gay－Lussac)을 쓰고 포도당 100kg으로부터 이론상 몇 kg의 에틸알코올이 생성되는지 계산하시오.

- Gay - Lussac 반응식 : $C_6H_{12}O_6 \rightarrow 2C_2H_5OH + 2CO_2$
- 이론상 알코올 생성량

  포도당($C_6H_{12}O_6$)의 분자량 : 180, 에틸알코올(C_2H_5OH)의 분자량 : 46

  $100kg : 180 = x : 2 \times 46$

  $x = 51.11\,kg$

06 L - 글루탐산나트륨을 발효하는 미생물 속명을 라틴어로 쓰고, L - 글루탐산나트륨의 제조과정에서 페니실린을 첨가하는 이유를 쓰시오.

모범답안

- 글루탐산 생성균
  - *Corynebacterium glutamicum*
  - *Brevibacterium lactofermentum*
- 균체 내에 합성된 글루탐산의 막투과성을 높여 균체 밖으로 분비되도록 하기 위해서 페니실린을 첨가한다.

참고

발효균은 영양원으로 비오틴(biotin)을 반드시 필요로 한다. 하지만, 탄소원으로 당밀을 이용하면 당밀 중에 비오틴이 너무 많아 발효균이 균체 내에서 합성한 글루탐산을 체외로 배출시키지 못한다. 따라서 페니실린을 첨가해 균의 생육을 조절하면서 회수율(막투과성)도 높여 대량의 글루탐산을 얻기 위함이다.

07 아미노산을 하루에 50ton 생산하고자 할 때, $100m^3$ 발효조를 몇 개 사용해야 하는지 계산하시오. (단, 발효되는 정도는 60%, 최종농도 100g/L, cycle 30시간)

모범답안

발효조 1개당 아미노산의 생성량 $\times$ 필요한 발효조 개수 = 1일 아미노산의 목표 생산량

$$\frac{100,000L \times 60/100 \times 100g/L}{1.25\,day} \times 발효조\,개수\,(x) = \frac{50,000,000g}{day}$$

$4,800,000g/day \times x = 50,000,000g/day$

$$x = \frac{50,000,000}{4,800,000} = 10.42\,대 = 11\,대$$

단위 변환

- 50ton = 50,000kg = 50,000,000g
- $100m^3$ = 100,000L
- 30시간(h) = 1.25day (1 day = 24시간)

2005년 1회

08 전통적인 미생물 발효조에서는 교반과 통기가 필요하다. 발효조의 필수장치 3가지를 쓰시오.

모범답안

- 교반기(impeller)
- 공기분사장치(sparger)
- 방해판(baffle)

➕ 참고

발효조

- 미생물을 배양하여 목적하는 미생물 균체, 단백질, 효소 등을 대량 생산하기 위한 장비
- 발효조 제작 시 고려사항
  - 장시간 무균 유지 가능
  - 온도 제어 및 pH 조절 가능
  - 유지 보수 용이
- 구성장치
  - 교반기 : 주입된 공기를 효과적으로 혼합해주고, 발효조 내 액체 조성을 균일한 상태로 유지
  - 공기분사장치 : 발효조에 공기를 주입하는 장치
  - 방해판 : 배양액 교반 시 와류를 일으켜 균일 혼합 및 교반효과를 높이는 장치
  - 냉각 및 가열장치

유전자 구조와 기능

01 핵산과 유전자

(1) 핵산

① DNA(deoxyribonucleic acid)와 RNA(ribonucleic acid)가 존재
  ㉠ DNA : 유전정보의 저장소 역할
  ㉡ RNA : 유전정보의 발현과정인 단백질 합성에서 여러 기능을 나타냄
② 고분자물질, 폴리뉴클레오티드(polynucleotides)라는 뉴클레오티드의 중합체로 존재
③ **뉴클레오티드(nucleotide)** : 당(pentose) + 염기(base) + 인산(phosphate)

(2) 오탄당

① DNA의 데옥시리보스(deoxyribose)는 RNA의 리보스(ribose)의 2번 탄소 −OH가 −H로 교체된 것
② 3번 탄소는 인접한 5번 탄소와 인산 1분자로 연결
③ 1번 탄소에 염기가 연결

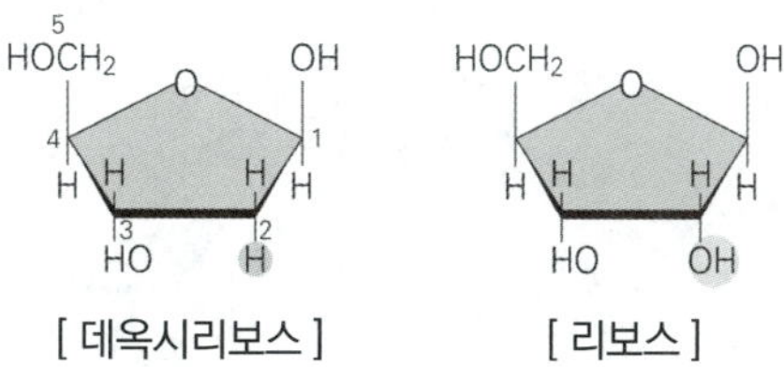

(3) 염기

① **퓨린(purine) 염기와 피리미딘(pyrimidine) 염기로 분류**
  ㉠ **퓨린** : adenine(A), guanine(G)
  ㉡ **피리미딘** : cytosine(C), thymine(T), uracil(U)
② **DNA** : 아데닌, 구아닌, 시토신, 티민
③ **RNA** : 아데닌, 구아닌, 시토신, 우라실

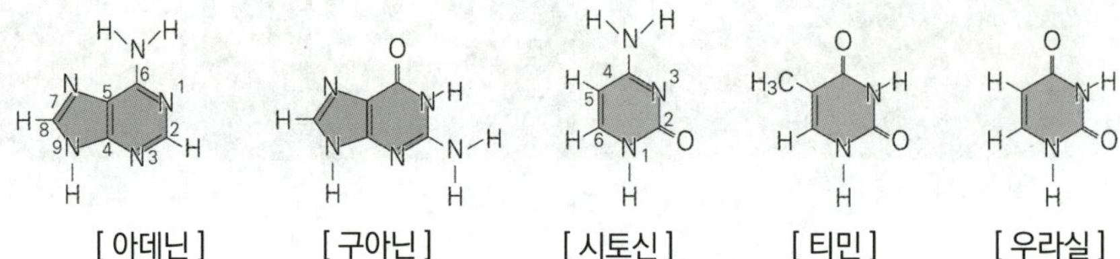

(4) 인산

① 오탄당의 5번 탄소와 3번 탄소 사이에 인산이 phosphodiester 결합으로 연결
② **뉴클레오시드(nucleoside)** : 오탄당 + 염기
③ **뉴클레오티드(nucleotide)** : 뉴클레오시드 + 인산

> 예 아데노신 1인산(adenosine monophosphate, AMP) : 오탄당 + 아데닌(A) + 1인산
> 　아데노신 2인산(adenosine diphosphate, ADP) : 오탄당 + 아데닌(A) + 2인산
> 　아데노신 3인산(adenosine triphosphate, ATP) : 오탄당 + 아데닌(A) + 3인산

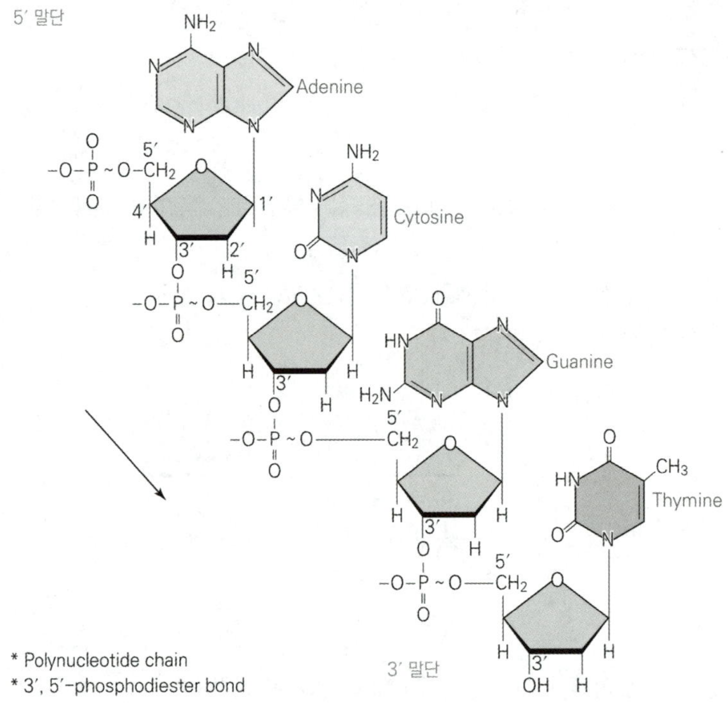

[핵산의 구조]

종류	DNA(데옥시리보핵산)	RNA(리보핵산)
염기	A(아데닌), G(구아닌), C(시토신), T(티민)	A(아데닌), G(구아닌), C(시토신), U(우라실)
당	데옥시리보스(deoxyribose)	리보스(ribose)
인산	1분자	1분자
기능	유전자 본체	단백질 합성에 관여

02 DNA의 구조와 복제

(1) DNA의 구조

① 단위체들이 인산다이에스테르 결합으로 연결된 한 가닥이 상보적인 또 다른 한 가닥과의 나선형 이중구조로 감겨져 있는 형태

② 각 사슬의 골격은 데옥시리보스의 오탄당과 인산으로 이루어짐

③ 소수성이 강한 염기는 이중나선의 두 가닥 안쪽으로 들어가면서 수소결합을 통하여 상보적인 염기쌍을 형성

④ DNA 합성은 항상 $5' \rightarrow 3'$ 방향으로 진행

⑤ 두 가닥이 서로 반대방향으로 배치되어 역평형(antiparallel)이면서 상보적으로 수소결합에 의하여 독특한 염기쌍(base pair, 퓨린과 피리미딘)을 이룸

　㉠ $G \equiv C$(세 개의 수소결합으로 염기쌍을 이룸)

　㉡ $A = T$(두 개의 수소결합으로 염기쌍을 이룸)

(2) DNA의 반보존적 복제

① **반보존적 복제**

　㉠ 원래 있던 두 가닥이 모두 주형가닥

　㉡ 두 가닥의 새로운 DNA 중 한 가닥은 원래 존재하던 가닥이고, 다른 한 가닥은 새로 합성된 가닥

　㉢ 두 개의 가닥이 동시에 $5' \rightarrow 3'$ 방향으로 진행(양쪽 방향성)

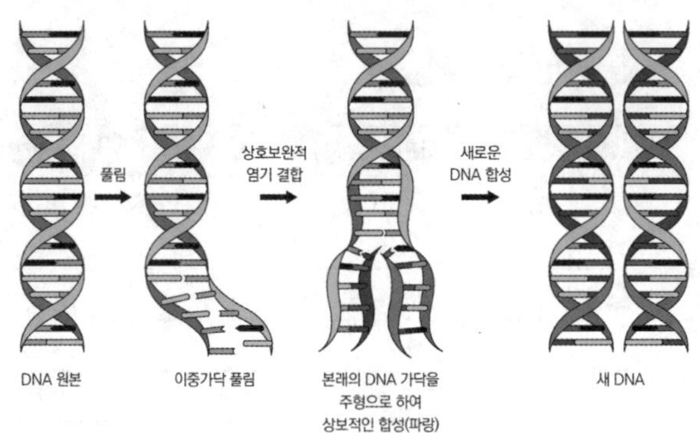

 ㉣ 복제 개시점은 한 개 또는 여러 개 존재
 ㉤ **원핵생물과 진핵생물의 DNA 복제 차이점**
  • **원핵생물** : 고리형(circular) DNA, 유전자와 리보솜 모두 세포질에 존재

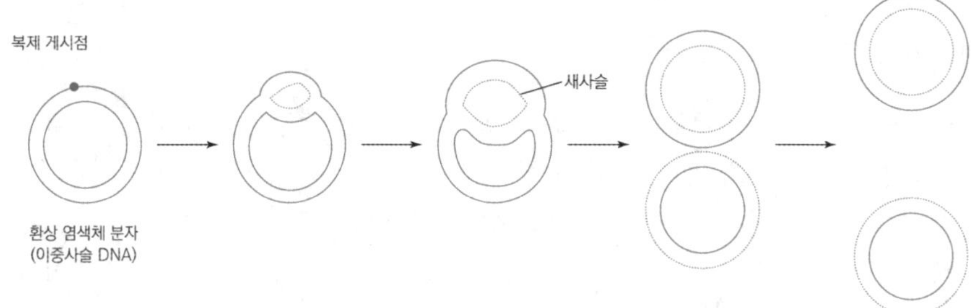

  • **진핵생물** : 여러 개의 선형(linear) DNA, 유전자는 핵에 존재하고 리보솜은 세포질에
   존재

② **DNA 복제 과정(원핵생물)**
 ㉠ DNA 이중나선구조를 헬리케이스(helicase)가 풀어줌
 ㉡ 단일가닥결합단백질(single – strand binding protein)은 풀린 가닥이 다시 꼬이지 못
  하도록 수소결합을 방해
 ㉢ 선도가닥은 5′→3′ 방향으로 뉴클레오티드를 상보적으로 결합시켜 합성
 ㉣ 지연가닥은 프리메이스(primase)가 짧은 RNA 프라이머(RNA primer)를 만들고(복제
  개시점 역할), 여기에 DNA polymerase Ⅲ가 5′→3′ 방향으로 수많은 조각을 형성(오
  카자키단편)
 ㉤ 지연가닥이 전부 합성되면 exonuclease가 프라이머 제거
 ㉥ 프라이머가 있던 자리에 DNA polymerase Ⅰ 작용으로 자리를 메움
 ㉦ 여러 개의 오카자키 조각은 DNA 연결효소(DNA ligase)에 의해 연결되어 완전한 지연
  가닥의 DNA를 생성

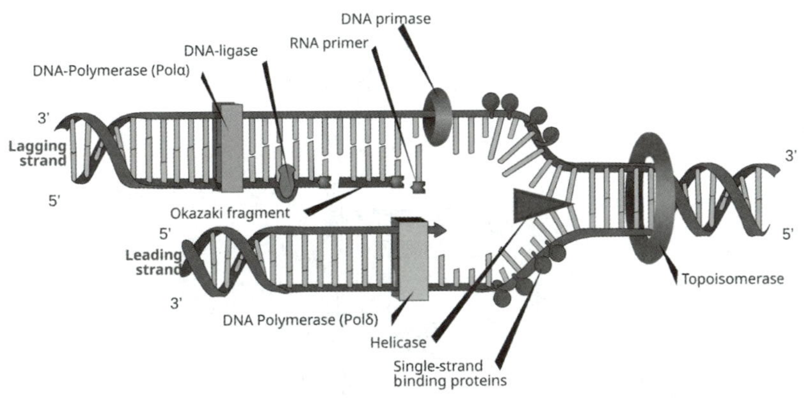

03 RNA 종류와 전사

(1) 종류

① DNA 유전정보(암호)를 전사(transcription)하는 전령 RNA(messenger RNA, mRNA)
② 리보솜을 구성하는 리보솜 RNA(ribosomal RNA, rRNA)
③ 단백질 합성 시 아미노산을 운반하는 운반 RNA(transfer RNA, tRNA)

(2) mRNA

① 단백질 합성의 주형 역할, 아미노산의 배열순서 결정
② 구조는 단일 가닥으로 진핵세포(핵막 내)와 원핵세포(세포질)에 분포
③ **유전암호**
    ㉠ 한 개의 암호단위인 코돈(codon)은 핵산 세 개의 염기로 구성
    ㉡ 세 개의 염기 조합(4 × 4 × 4 = 64개)에서 아미노산에 대응하는 61개의 암호 코돈(sense codon)과 어느 아미노산에도 대응하지 않는 세 개의 비암호 코돈(nonsense codon)으로 구성
    ㉢ **개시코돈** : AUG(메티오닌) / **정지코돈** : UAG, UAA, UGA

(3) tRNA

① 아미노산 운반체 역할
② 3′ 말단은 CCA로 되어있고, 마지막 A의 리보스에 아미노산을 결합시켜 운반
③ 자신이 운반하는 아미노산의 코돈에 반대하는 역코돈(anticodon)을 갖고 있음

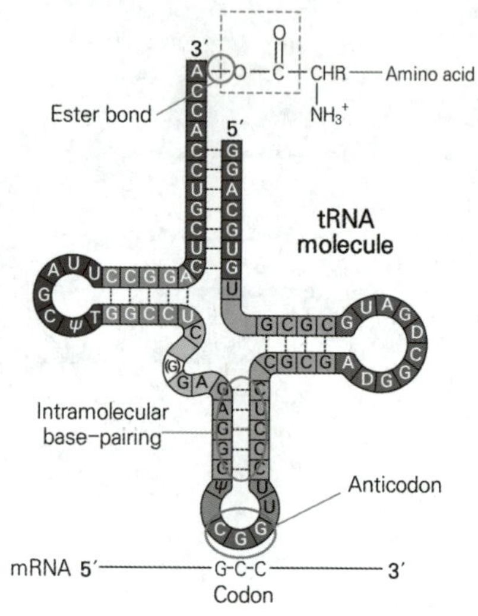

(4) rRNA

단백질 합성 장소인 리보솜 구성성분

04 유전자와 정보흐름의 단계

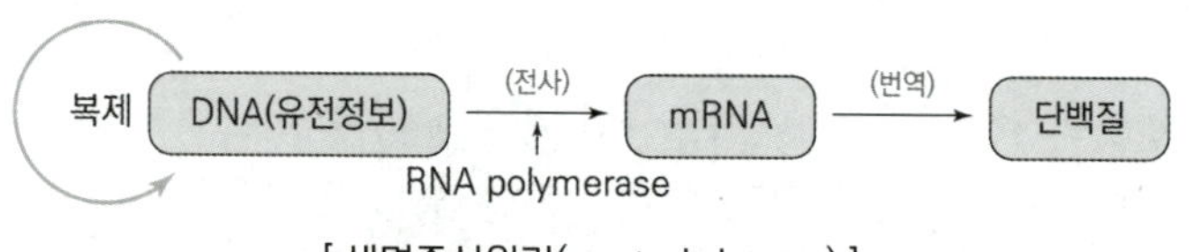

(1) 전사(transcription)

① 주형 DNA로부터 mRNA를 합성함으로써 유전정보가 전달
② RNA 중합효소(RNA polymerase)에 의해 일어남

(2) 번역(translation)

① mRNA의 염기배열에 따라 아미노산을 차례로 결합시켜 단백질 합성
② 단백질 생합성 과정
　㉠ 아미노산의 활성화
　　• 아미노산을 tRNA가 리보솜으로 운반하려면 아미노산이 ATP와 반응하여 활성화되어야 함
　　• 활성화된 아미노산은 tRNA에 전달되어 아미노산이 부착된 tRNA가 됨

ⓛ **개시반응**

mRNA + 소단위(30S) 리보솜 + 개시 아미노산(Met)이 결합된 tRNA → 큰 소단위 (50S) 리보솜 → 번역 개시 복합체 형성(GTP 소모)

ⓒ **연장반응**

아미노산이 연속적으로 펩타이드 결합하여 길이 연장

ⓔ **종결반응**

합성이 끝나면 종결코돈(UAA, UAG, UGA)을 식별하여 합성 중지

ⓜ **변형(접힘과 처리과정)**

- 단백질의 N – 말단 아미노산인 합성개시 아미노산(메티오닌)을 가수분해하여 제거
- 단백질은 접힘 과정을 거치며 3차 구조 형성

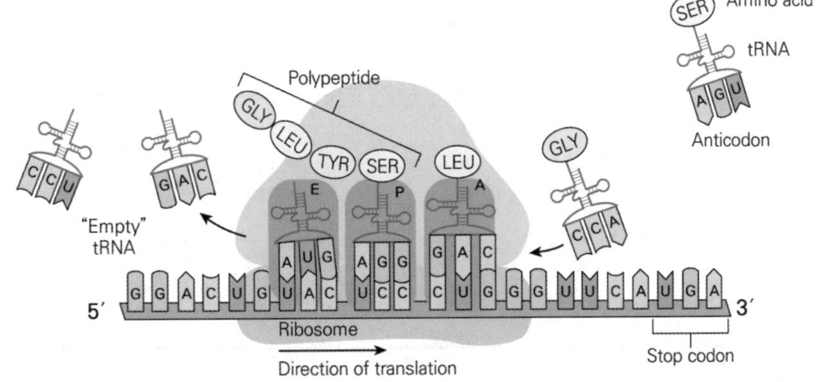

2023년 3회

01 다음은 mRNA, rRNA, tRNA에 관한 설명이다. 가 ~ 다의 설명과 알맞은 것을 [보기]에서 고르시오.

> 가. 핵 안에 존재하는 DNA 정보를 읽어 세포질로 나오는 역할을 하며, DNA의 유전정보를 전달받는다.
> 나. 단백질 합성 주형에 따라 아미노산을 순서대로 결합시키기 위해 20가지 아미노산을 리보솜이 있는 장소로 운반한다.
> 다. 리보솜에서 단백질 합성에 관여한다.

> 〈보기〉
> ㉠ mRNA, ㉡ tRNA, ㉢ rRNA

모범답안

- 가 – ㉠ mRNA
- 나 – ㉡ tRNA
- 다 – ㉢ rRNA

2022년 2회

02 〈보기〉에 제시된 미생물 접종도구를 사용 용도에 맞게 쓰시오.

> 〈보기〉
> 백금선, 백금이, 백금구

- 액체 및 고체 평판 배지에 미생물을 이식하거나 도말할 때 사용 : (①)
- 혐기적 미생물을 천자배양 시 사용 : (②)
- 곰팡이 포자의 채취 및 이식 시 사용 : (③)

① 백금이
② 백금선
③ 백금구

2015년 3회

03

혐기성균 배양방법 3가지를 쓰시오.

- 진공배양법
- 산소흡수법 또는 수소치환법
- 혐기성 챔버(anaerobic chamber)법
- 가스팩(gas-pak)법

2021년 1회, 2016년 2회

04

홀 슬라이드 글라스(hole slide glass) 사용 시 실험 명칭과 목적을 쓰시오.

- 실험 명칭 : 현적 배양법(hanging-drop culture)
- 목적 : 한 방울의 배양액에서 미생물이나 조직을 현미경으로 관찰하면서 배양하는 것으로서, 살아있는 미생물의 발육상황, 구조, 크기, 운동성 등을 관찰하기 위함이다.

현적배양(hanging-drop culture)
- hole slide glass 사용 / 조직배양법
- 세포액 방울이 배양접시 위에 위치한 배양판에 매달린 채로 방울 내부의 세포들이 중력에 의해 아래에 응집하여 조직을 형성하게 되는 원리

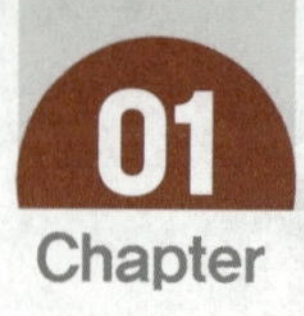

식품의 기준 및 규격

01 총칙

(1) 일반원칙

이 고시에서 따로 규정한 것 이외에는 아래의 총칙에 따른다.

① 이 고시의 수록범위는 다음과 같다.

1	식품위생법 제7조제1항의 규정에 따른 식품의 원료에 관한 기준, 식품의 제조·가공·사용·조리 및 보존방법에 관한 기준, 식품의 성분에 관한 규격과 기준·규격에 대한 시험법
2	「식품 등의 표시·광고에 관한 법률」 제4조제1항의 규정에 따른 식품·식품첨가물 또는 축산물과 기구 또는 용기·포장 및 「식품위생법」 제12조2의 제1항에 따른 유전자변형식품 등의 표시기준
3	축산물 위생관리법 제4조제2항의 규정에 따른 축산물의 가공·포장·보존 및 유통의 방법에 관한 기준, 축산물의 성분에 관한 규격, 축산물의 위생등급에 관한 기준

② 이 고시에서는 가공식품에 대하여 다음과 같이 식품군(대분류), 식품종(중분류), 식품유형 (소분류)으로 분류한다.

식품군	'제5. 식품별 기준 및 규격'에서 대분류하고 있는 음료류, 조미식품 등을 말한다.
식품종	식품군에서 분류하고 있는 다류, 과일·채소류음료, 식초, 햄류 등을 말한다.
식품유형	식품종에서 분류하고 있는 농축과·채즙, 과·채주스, 발효식초, 희석초산 등을 말한다.

③ 이 고시의 개별 식품유형에서 정하고 있는 정의는 해당 식품의 일반적인 특징을 설명한 것으로, 새로운 제조기술의 사용 등으로 제조방법, 사용된 원료 등이 이 고시에서 정하는 식품유형의 정의와 일치하지 않더라도 제조된 식품이 어느 식품유형의 제품과 동일한 경우 해당 식품유형으로 분류할 수 있다.

④ 이 고시에 정하여진 기준 및 규격에 대한 적·부판정은 이 고시에서 규정한 시험방법으로 실시하여 판정하는 것을 원칙으로 한다. 다만, 이 고시에서 규정한 시험방법보다 더 정밀 ·정확하다고 인정된 방법을 사용할 수 있고 미생물 및 독소 등에 대한 시험에는 상품화된 키트(kit) 또는 장비를 사용할 수 있으나, 그 결과에 대하여 의문이 있다고 인정될 때에는 규정한 방법에 의하여 시험하고 판정하여야 한다.

⑤ 이 고시에서 기준 및 규격이 정하여지지 아니한 것은 잠정적으로 식품의약품안전처장이 해당 물질에 대한 국제식품규격위원회(Codex Alimentarius Commission, CAC)규정 또는

주요외국의 기준·규격과 일일섭취허용량(Acceptable Daily Intake, ADI), 해당 식품의 섭취량 등 해당물질별 관련 자료를 종합적으로 검토하여 적·부를 판정할 수 있다.

⑥ 이 고시의 '제5. 식품별 기준 및 규격'에서 따로 정하여진 시험방법이 없는 경우에는 '제8. 일반시험법'의 해당 시험방법에 따르고, 이 고시에서 기준·규격이 정하여지지 아니하였거나 기준·규격이 정하여져 있어도 시험방법이 수재되어 있지 아니한 경우에는 식품의약품안전처장이 인정한 시험방법, 국제식품규격위원회(Codex Alimentarius Commission, CAC) 규정, 국제분석화학회(Association of Official Analytical Chemists, AOAC), 국제표준화기구(International Standard Organization, ISO), 농약분석메뉴얼(Pesticide Analytical Manual, PAM) 등의 시험방법에 따라 시험할 수 있다. 만약, 상기 시험방법에도 없는 경우에는 다른 법령에 정해져 있는 시험방법, 국제적으로 통용되는 공인시험방법에 따라 시험할 수 있으며 그 시험방법을 제시하여야 한다.

⑦ 계량 등의 단위는 국제 단위계를 사용한 아래의 약호를 쓴다.

길이	m, cm, mm, μm, nm
용량	L, mL, μL
중량	kg, g, mg, μg, ng, pg
넓이	cm^2
열량	kcal, kj
압착강도	N(Newton)
온도	℃

⑧ 표준온도는 20℃, 상온은 15~25℃, 실온은 1~35℃, 미온은 30~40℃로 한다.

⑨ 중량백분율을 표시할 때에는 %의 기호를 쓴다. 다만, 용액 100mL 중의 물질함량(g)을 표시할 때에는 w/v%로, 용액 100mL 중의 물질함량(mL)을 표시할 때에는 v/v%의 기호를 쓴다. 중량백만분율을 표시할 때에는 mg/kg의 약호를 사용하고 ppm의 약호를 쓸 수 있으며, mg/L도 사용할 수 있다. 중량 10억분율을 표시할 때에는 μg/kg의 약호를 사용하고 ppb의 약호를 쓸 수 있으며, μg/L도 사용할 수 있다.

⑩ 방사성물질 누출사고 발생 시 관리해야 할 방사성 핵종(核種)은 다음의 원칙에 따라 선정한다.

1	대표적 오염 지표물질인 방사성 요오드와 세슘에 대하여 우선 선정하고, 방사능 방출사고의 유형에 따라 방출된 핵종을 선정한다.
2	방사성 요오드나 세슘이 검출될 경우 플루토늄, 스트론튬 등 그 밖의(이하 '기타'라고 한다.) 핵종에 의한 오염 여부를 추가적으로 확인할 수 있으며, 기타 핵종은 환경 등에 방출 여부, 반감기, 인체 유해성 등을 종합 검토하여 전부 또는 일부 핵종을 선별하여 적용할 수 있다.
3	기타 핵종에 대한 기준은 해당 사고로 인한 방사성 물질 누출이 더 이상 되지 않는 사고 종료 시점으로부터 1년이 경과할 때까지를 적용한다.
4	기타 핵종에 대한 정밀검사가 어려운 경우에는 방사성 물질 누출 사고 발생국가의 비오염 증명서로 갈음할 수 있다.

⑪ 식품 중 농약 또는 동물용의약품의 잔류허용기준을 신설, 변경 또는 면제하려는 자는「식품 중 농약 및 동물용의약품의 잔류허용기준 설정 지침」에 따라 신청하여야 한다.

⑫ 유해오염물질의 기준설정은 식품 중 유해오염물질의 오염도와 섭취량에 따른 인체 노출량, 위해수준, 노출 점유율을 고려하여 최소량의 원칙(As Low As Reasonably Achievable, ALARA)에 따라 설정함을 원칙으로 한다.

⑬ 이 고시에서 정하여진 시험은 별도의 규정이 없는 경우 다음의 원칙을 따른다.

1	원자량 및 분자량은 최신 국제원자량표에 따라 계산한다.
2	따로 규정이 없는 한 찬물은 15℃ 이하, 온탕 60 ~ 70℃, 열탕은 약 100℃의 물을 말한다.
3	"물 또는 물속에서 가열한다."라 함은 따로 규정이 없는 한 그 가열온도를 약 100℃로 하되, 물 대신 약 100℃ 증기를 사용할 수 있다.
4	시험에 쓰는 물은 따로 규정이 없는 한 증류수 또는 정제수로 한다.
5	용액이라 기재하고 그 용매를 표시하지 아니하는 것은 물에 녹인 것을 말한다.
6	감압은 따로 규정이 없는 한 15mmHg 이하로 한다.
7	pH를 산성, 알카리성 또는 중성으로 표시한 것은 따로 규정이 없는 한 리트머스지 또는 pH 미터기(유리전극)를 써서 시험한다. 또한, 강산성은 pH 3.0 미만, 약산성은 pH 3.0 이상 5.0 미만, 미산성은 pH 5.0 이상 6.5 미만, 중성은 pH 6.5 이상 7.5 미만, 미알카리성은 pH 7.5 이상 9.0 미만, 약알카리성은 pH 9.0 이상 11.0 미만, 강알카리성은 pH 11.0 이상을 말한다.
8	용액의 농도를 (1 → 5), (1 → 10), (1 → 100) 등으로 나타낸 것은 고체시약 1g 또는 액체시약 1mL를 용매에 녹여 전량을 각각 5mL, 10mL, 100mL 등으로 하는 것을 말한다. 또한 (1+1), (1+5) 등으로 기재한 것은 고체시약 1g 또는 액체시약 1mL에 용매 1mL 또는 5mL 혼합하는 비율을 나타낸다. 용매는 따로 표시되어 있지 않으면 물을 써서 희석한다.
9	혼합액을 (1 : 1), (4 : 2 : 1) 등으로 나타낸 것은 액체시약의 혼합용량비 또는 고체시약의 혼합중량비를 말한다.
10	방울수(滴水)를 측정할 때에는 20℃에서 증류수 20방울을 떨어뜨릴 때 그 무게가 0.90 ~ 1.10g이 되는 기구를 쓴다.
11	네슬러관은 안지름 20mm, 바깥지름 24mm, 밑에서부터 마개의 밑까지의 길이가 20cm의 무색유리로 만든 바닥이 평평한 시험관으로서 50mL의 것을 쓴다. 또한 각 관의 눈금의 높이의 차는 2mm 이하로 한다.
12	데시케이터의 건조제는 따로 규정이 없는 한 실리카겔(이산화규소)로 한다.
13	시험은 따로 규정이 없는 한 상온에서 실시하고 조작 후 30초 이내에 관찰한다. 다만, 온도의 영향이 있는 것에 대하여는 표준온도에서 행한다.
14	무게를 "정밀히 단다"라 함은 달아야 할 최소단위를 고려하여 0.1mg, 0.01mg 또는 0.001mg까지 다는 것을 말한다. 또 무게를 "정확히 단다"라 함은 규정된 수치의 무게를 그 자리수까지 다는 것을 말한다.
15	검체를 취하는 양에 "약"이라고 한 것은 따로 규정이 없는 한 기재량의 90 ~ 110%의 범위 내에서 취하는 것을 말한다.
16	건조 또는 강열할 때 "항량"이라고 기재한 것은 다시 계속하여 1시간 더 건조 혹은 강열할 때에 전후의 칭량차가 이전에 측정한 무게의 0.1% 이하임을 말한다.

(2) 기준 및 규격의 적용

이 고시에 수재된 식품, 식품첨가물(이하 "식품 등"이라 한다.)에 대하여 다음과 같이 기준
및 규격을 적용한다.

1	'제5. 식품별 기준 및 규격'에서 개별로 정하고 있는 식품은 그 기준 및 규격을 우선 적용하여야 한다. 다만, 식품 중 식품첨가물의 사용기준은 「식품첨가물의 기준 및 규격」을 우선 적용한다.
2	식품 등은 '제2. 식품일반에 대한 공통기준 및 규격'에 적합하여야 한다. 다만, 식품 등의 특성을 고려할 때 그 필요성이 희박하거나 실효성이 적은 경우 그 중요도에 따라 선별 적용할 수 있다.
3	영·유아용, 고령자용 또는 대체식품으로 표시하여 판매하는 식품과 장기보존식품은 1에서 정하는 기준 및 규격과 함께 각각 '제3. 영·유아용, 고령자용 또는 대체식품으로 표시하여 판매하는 식품의 기준 및 규격'과 '제4. 장기보존식품의 기준 및 규격'에서 정하는 기준 및 규격을 동시에 적용하여야 하며, 기준 및 규격 항목이 중복될 경우에는 강화된 기준 및 규격 항목을 적용하여야 한다.
4	'정의'는 해당 개별 식품을 규정하는 것으로 '식품유형'에 분류되지 않은 식품도 '정의'에 적합한 경우는 해당 개별식품의 기준 및 규격을 적용할 수 있다. 다만, 별도의 개별기준 및 규격이 정하여져 있는 경우는 그 기준 및 규격을 우선적으로 적용하여야 한다.
5	규격치가 a ~ b라고 기재된 것은 a 이상 b 이하임을 말한다.
6	규정된 값(규격치라 한다.)과 시험에서 얻은 값(실험치라 한다.)을 비교하여 적부판정을 할 때에, 실험치는 규격치보다 한자리수까지 더 구하여 더 구한 한자리수를 반올림해서 규격치와 비교 판정한다.
7	고시에 정하고 있는 식품 중 잔류농약 및 동물용의약품 등 정량한계가 정해져 있는 시험법에서 정량한계 미만은 불검출로 처리한다.
8	이 고시의 '제7. 검체의 채취 및 취급방법'에 따라 같은 조건에서 여러 개의 시험검체가 의뢰된 경우, 그중 하나 이상 부적합이면 검사대상 전체를 부적합으로 처리한다.
9	이 고시에서 정하고 있는 "타르색소"란 식용색소녹색제3호 및 그 알루미늄레이크, 식용색소적색제2호 및 그 알루미늄레이크, 식용색소적색제3호, 식용색소적색제40호 및 그 알루미늄레이크, 식용색소적색제102호, 식용색소청색제1호 및 그 알루미늄레이크, 식용색소청색제2호 및 그 알루미늄레이크, 식용색소황색제4호 및 그 알루미늄레이크, 식용색소황색제5호 및 그 알루미늄레이크를 말한다.
10	이 고시에서 정하고 있는 "허용외 타르색소"란 상기 9에서 정한 타르색소 중 「식품첨가물의 기준 및 규격」에서 해당 식품유형에 허용되지 않은 타르색소를 말한다.
11	이 고시에서 정하고 있는 "보존료"란 "데히드로초산나트륨, 소브산 및 그 염류(칼륨, 칼슘), 안식향산 및 그 염류(나트륨, 칼륨, 칼슘), 파라옥시안식향산류(메틸, 에틸), 프로피온산 및 그 염류(나트륨, 칼슘)"를 말한다.
12	이 고시에서 정하고 있는 "산화방지제"라 함은 "디부틸히드록시톨루엔, 부틸히드록시아니솔, 터셔리부틸히드로퀴논, 몰식자산프로필, 이·디·티·에이·이나트륨, 이·디·티·에이·칼슘이나트륨"을 말한다.
13	과일·채소류음료의 100% 착즙액 기준당도(Brix°)는 다음과 같다. ① 망고 : 13° 이상 ② 파인애플 : 12° 이상 ③ 포도, 오렌지, 서양배 : 11° 이상 ④ 사과, 라임 : 10° 이상 ⑤ 귤, 자몽, 파파야 : 9° 이상 ⑥ 배, 수박, 구아바 : 8° 이상

| 13 | ⑦ 복숭아, 살구, 딸기, 레몬 : 7° 이상
⑧ 자두, 멜론, 매실 : 6° 이상
⑨ 토마토 : 5° 이상
⑩ 기타 : 근거문헌에 의함 |

(3) 용어의 풀이

1	'식품유형'은 제품의 원료, 제조방법, 용도, 섭취형태, 성상 등 제품의 특성을 고려하여 제조 및 보존·유통과정에서 식품의 안전과 품질 확보를 위해 필요한 공통 사항을 정하고 제품에 대한 정보 제공을 용이하게 하기 위하여 유사한 특성의 식품끼리 묶은 것을 말한다.
2	'A, B, C, …… 등'은 예시 개념으로 일반적으로 많이 사용하는 것을 기재하고 그 외에 관련된 것을 포괄하는 개념이다.
3	'A 또는 B'는 'A와 B', 'A나 B', 'A 단독' 또는 'B 단독'으로 해석할 수 있으며, 'A, B, C 또는 D' 역시 그러하다.
4	'A 및 B'는 A와 B를 동시에 만족하여야 한다.
5	'적절한 ○○과정(공정)'은 식품의 제조·가공에 필요한 과정(공정)을 말하며 식품의 안전성, 건전성을 얻으며 일반적으로 널리 통용되는 방법이나 과학적으로 충분히 입증된 방법을 말한다.
6	'식품 및 식품첨가물은 그 기준 및 규격에 적합하여야 한다'는 해당되는 기준 및 규격에 적합하여야 함을 말한다.
7	'보관하여야 한다'는 원료 및 제품의 특성을 고려하여 그 품질이 최대로 유지될 수 있는 방법으로 보관하여야 함을 말한다.
8	'가능한 한', '권장한다'와 '할 수 있다'는 위생수준과 품질 향상을 유도하기 위하여 설정하는 것으로 권고사항을 뜻한다.
9	'이와 동등 이상의 효력을 가지는 방법'은 기술된 방법 이외에 일반적으로 널리 통용되는 방법이나 과학적으로 충분히 입증된 것으로 위생학적, 영양학적, 관능적 품질의 유지가 가능한 방법을 말한다.
10	정의 또는 식품유형에서 '○○%, ○○% 이상, 이하, 미만' 등으로 명시되어 있는 것은 원료 또는 성분 배합 시의 기준을 말한다.
11	'건조물(고형물)'은 원료를 건조하여 남은 고형물로서 별도의 규격이 정하여지지 않은 한, 수분함량이 15% 이하인 것을 말한다.
12	'고체식품'이라 함은 외형이 일정한 모양과 부피를 가진 식품을 말한다.
13	'액체 또는 액상식품'이라 함은 유동성이 있는 상태의 것 또는 액체상태의 것을 그대로 농축한 것을 말한다.
14	'환(pill)'이라 함은 식품을 작고 둥글게 만든 것을 말한다.
15	'과립(granule)'이라 함은 식품을 잔 알갱이 형태로 만든 것을 말한다.
16	'분말(powder)'이라 함은 입자의 크기가 과립형태보다 작은 것을 말한다.
17	'유탕 또는 유처리'라 함은 식품의 제조공정상 식용유지로 튀기거나 제품을 성형한 후 식용유지를 분사하는 등의 방법으로 제조·가공하는 것을 말한다.
18	'주정처리'라 함은 살균을 목적으로 식품의 제조공정상 주정을 사용하여 제품을 침지하거나 분사하는 등의 방법을 말한다.

19	'소비기한'이라 함은 식품에 표시된 보관방법을 준수할 경우 섭취하여도 안전에 이상이 없는 기한을 말한다.
20	'최종제품'이란 가공 및 포장이 완료되어 유통 판매가 가능한 제품을 말한다.
21	'규격'은 최종제품에 대한 규격을 말한다.
22	'검출되어서는 아니 된다'라 함은 이 고시에 규정하고 있는 방법으로 시험하여 검출되지 않는 것을 말한다.
23	'원료'는 식품제조에 투입되는 물질로서 식용이 가능한 동물, 식물 등이나 이를 가공 처리한 것,「식품첨가물의 기준 및 규격」에 허용된 식품첨가물, 그리고 또 다른 식품의 제조에 사용되는 가공식품 등을 말한다.
24	'주원료'는 해당 개별식품의 주용도, 제품의 특성 등을 고려하여 다른 식품과 구별, 특정짓게 하기 위하여 사용되는 원료를 말한다.
25	'단순추출물'이라 함은 원료를 물리적으로 또는 용매(물, 주정, 이산화탄소)를 사용하여 추출한 것으로, 특정한 성분이 제거되거나 분리되지 않은 추출물(착즙 포함)을 말한다.
26	'식품에 제한적으로 사용할 수 있는 원료'란 식품 사용에 조건이 있는 식품의 원료를 말한다.
27	'식품에 사용할 수 없는 원료'란 식품의 제조·가공·조리에 사용할 수 없는 것으로, 제2. 1. 2)의 (6), (7) 및 (8)에서 정한 것 이외의 원료를 말한다.
28	'원료에서 유래되는'은 해당 기준 및 규격에 적합하거나 품질이 양호한 원료에서 불가피하게 유래된 것을 말하는 것으로, 공인된 자료나 문헌으로 입증할 경우 인정할 수 있다.
29	원료의 '품질과 선도가 양호'라 함은 농·임·축·수산물 및 가공식품의 경우 이 고시에서 규정하고 있는 기준과 규격에 적합한 것을 말한다. 또한, 농·임산물의 경우 고유의 형태와 색택을 가지고 이미·이취가 없어야 하나, 멍들거나 손상된 부위를 제거하여 식용에 적합하도록 한 것을 포함하며, 해조류의 경우 외형상 그 종류를 알아볼 수 있을 정도로 모양과 색깔이 손상되지 않은 것을 말한다.
30	원료의 '부패·변질'이라 함은 미생물 등에 의해 단백질, 지방 등이 분해되어 악취와 유해성 물질이 생성되거나, 식품 고유의 냄새, 빛깔, 외관 또는 조직이 변하는 것을 말한다.
31	'비가식부분'이라 함은 통상적으로 식용으로 섭취하지 않는 원료의 특정 부위를 말하며, 가식부분 중에 손상되거나 병충해를 입은 부분 등 고유의 품질이 변질되었거나 제조공정 중 부적절한 가공처리로 손상된 부분을 포함한다.
32	'이물'이라 함은 정상 식품의 성분이 아닌 물질을 말하며 동물성으로 절지동물 및 그 알, 유충과 배설물, 설치류 및 곤충의 흔적물, 동물의 털, 배설물, 기생충 및 그 알 등이 있고, 식물성으로 종류가 다른 식물 및 그 종자, 곰팡이, 짚, 겨 등이 있으며, 광물성으로 흙, 모래, 유리, 금속, 도자기파편 등이 있다.
33	'이매패류'라 함은 두 장의 껍데기를 가진 조개류로 대합, 굴, 진주담치, 가리비, 홍합, 피조개, 키조개, 새조개, 개량조개, 동죽, 맛조개, 재첩류, 바지락, 개조개 등을 말한다.
34	'냉장' 또는 '냉동' 이라 함은 이 고시에서 따로 정하여진 것을 제외하고는 냉장은 0~10℃, 냉동은 −18℃ 이하를 말한다.
35	'차고 어두운 곳' 또는 '냉암소'라 함은 따로 규정이 없는 한 0~15℃의 빛이 차단된 장소를 말한다.
36	'냉장·냉동 온도측정값'이라 함은 냉장·냉동고 또는 냉장·냉동설비 등의 내부온도를 측정한 값 중 가장 높은 값을 말한다.
37	'살균'이라 함은 따로 규정이 없는 한 세균, 효모, 곰팡이 등 미생물의 영양 세포를 불활성화시켜 감소시키는 것을 말한다.
38	'멸균'이라 함은 따로 규정이 없는 한 미생물의 영양세포 및 포자를 사멸시키는 것을 말한다.

39	'밀봉'이라 함은 용기 또는 포장 내외부의 공기유통을 막는 것을 말한다.
40	'초임계추출'이라 함은 임계온도와 임계압력 이상의 상태에 있는 이산화탄소를 이용하여 식품원료 또는 식품으로부터 식용성분을 추출하는 것을 말한다.
41	'심해'란 태양광선이 도달하지 않는 수심이 200m 이상 되는 바다를 말한다.
42	'가공식품'이라 함은 식품원료(농, 임, 축, 수산물 등)에 식품 또는 식품첨가물을 가하거나, 그 원형을 알아볼 수 없을 정도로 변형(분쇄, 절단 등)시키거나 이와 같이 변형시킨 것을 서로 혼합 또는 이 혼합물에 식품 또는 식품첨가물을 사용하여 제조·가공·포장한 식품을 말한다. 다만, 식품첨가물이나 다른 원료를 사용하지 아니하고 원형을 알아볼 수 있는 정도로 농·임·축·수산물을 단순히 자르거나 껍질을 벗기거나 소금에 절이거나 숙성하거나 가열(살균의 목적 또는 성분의 현격한 변화를 유발하는 경우를 제외한다.) 등의 처리과정 중 위생상 위해 발생의 우려가 없고 식품의 상태를 관능으로 확인할 수 있도록 단순처리한 것은 제외한다.
43	'식품조사(Food Irradiation)처리'란 식품 등의 발아억제, 살균, 살충 또는 숙도조절을 목적으로 감마선 또는 전자선가속기에서 방출되는 에너지를 복사(radiation)의 방식으로 식품에 조사하는 것으로, 선종과 사용목적 또는 처리방식(조사)에 따라 감마선 살균, 전자선 살균, 엑스선 살균, 감마선 살충, 전자선 살충, 엑스선 살충, 감마선 조사, 전자선 조사, 엑스선 조사 등으로 구분하거나, 통칭하여 방사선 살균, 방사선 살충, 방사선 조사 등으로 구분할 수 있다. 다만, 검사를 목적으로 엑스선이 사용되는 경우는 제외한다.
44	'식육'이라 함은 식용을 목적으로 하는 동물성원료의 지육, 정육, 내장, 그 밖의 부분을 말하며, '지육'은 머리, 꼬리, 발 및 내장 등을 제거한 도체(carcass)를, '정육'은 지육으로부터 뼈를 분리한 고기를, '내장'은 식용을 목적으로 처리된 간, 폐, 심장, 위, 췌장, 비장, 신장, 소장 및 대장 등을, '그 밖의 부분'은 식용을 목적으로 도축된 동물성원료로부터 채취, 생산된 동물의 머리, 꼬리, 발, 껍질, 혈액 등 식용이 가능한 부위를 말한다.
45	'장기보존식품'이라 함은 장기간 유통 또는 보존이 가능하도록 제조·가공된 통·병조림식품, 레토르트식품, 냉동식품을 말한다.
46	'식품용수'라 함은 식품의 제조, 가공 및 조리 시에 사용하는 물을 말한다.
47	'인삼', '홍삼' 또는 '흑삼'은 「인삼산업법」에, '산양삼'은 「임업 및 산촌진흥 촉진에 관한 법률」에서 정하고 있는 것을 말한다.
48	'한과'라 함은 주로 곡물류나 과일, 견과류 등에 꿀, 엿, 설탕 등을 입혀 만든 것으로 유과, 약과, 정과 등을 말한다.
49	'슬러쉬'라 함은 청량음료 등 완전 포장된 음료나, 물, 분말주스 등의 원료를 직접 혼합하여 얼음을 분쇄한 것과 같은 상태로 만들거나 아이스크림을 만드는 기계 등을 이용하여 반 얼음상태로 얼려 만든 음료를 말한다.
50	'코코아고형분'이라 함은 코코아매스, 코코아버터 또는 코코아분말을 말하며, '무지방코코아고형분'이라 함은 코코아고형분에서 지방을 제외한 분말을 말한다.
51	'유고형분'이라 함은 유지방분과 무지유고형분을 합한 것이다.
52	'유지방'은 우유로부터 얻은 지방을 말한다.
53	'혈액이 함유된 알'이라 함은 알 내용물에 혈액이 퍼져 있는 알을 말한다.
54	'혈반'이란 난황이 방출될 때 파열된 난소의 작은 혈관에 의해 발생된 혈액 반점을 말한다.
55	'육반'이란 혈반이 특징적인 붉은 색을 잃어버렸거나 산란기관의 작은 체조직 조각을 말한다.
56	'실금란'이란 난각이 깨어지거나 금이 갔지만 난각막은 손상되지 않아 내용물이 누출되지 않은 알을 말한다.

57	'오염란'이란 난각의 손상은 없으나 표면에 분변·혈액·알내용물·깃털 등 이물질이나 현저한 얼룩이 묻어 있는 알을 말한다.
58	'연각란'이란 난각막은 파손되지 않았지만 난각이 얇게 축적되어 형태를 견고하게 유지될 수 없는 알을 말한다.
59	'냉동식용어류머리'란 대구(*Gadus morhua*, *Gadus ogac*, *Gadus macrocephalus*), 은민대구(*Merluccius australis*), 다랑어류 및 이빨고기(*Dissostichus eleginoides*, *Dissostichus mawsoni*)의 머리를 가슴지느러미와 배지느러미 부위가 붙어 있는 상태로 절단한 것과 식용 가능한 모든 어종(복어류 제외)의 머리 중 가식부를 분리해 낸 것을 중심부 온도가 −18℃ 이하가 되도록 급속냉동한 것으로서 식용에 적합하게 처리된 것을 말한다.
60	'냉동식용어류내장'이란 식용 가능한 어류의 알(복어알은 제외), 창난, 이리(곤이), 오징어 난포선 등을 분리하여 중심부 온도가 −18℃ 이하가 되도록 급속냉동한 것으로서 식용에 적합하게 처리된 것을 말한다.
61	'생식용 굴'이란 소비자가 날로 섭취할 수 있는 전각굴, 반각굴, 탈각굴로서 포장한 것을 말한다(냉동굴을 포함한다.).
62	미생물 규격에서 사용하는 용어(n, c, m, M)는 다음과 같다. ① n : 검사하기 위한 시료의 수 ② c : 최대허용시료수, 허용기준치(m)를 초과하고 최대허용한계치(M) 이하인 시료의 수로서 결과가 m을 초과하고 M 이하인 시료의 수가 c 이하일 경우에는 적합으로 판정 ③ m : 미생물 허용기준치로서 결과가 모두 m 이하인 경우 적합으로 판정 ④ M : 미생물 최대허용한계치로서 결과가 하나라도 M을 초과하는 경우는 부적합으로 판정 ※ m, M에 특별한 언급이 없는 한 1g 또는 1mL당의 집락수(Colony Forming Unit, CFU)이다.
63	'영아'라 함은 생후 12개월 미만인 사람을 말한다.
64	'유아'라 함은 생후 12개월부터 36개월까지인 사람을 말한다.

02 식품일반에 대한 공통기준 및 규격

(1) 성상

제품은 고유의 형태, 색택을 가지고 이미·이취가 없어야 한다.

(2) 이물

① 식품은 다음의 이물을 함유하여서는 아니된다.

　㉠ 원료의 처리과정에서 그 이상 제거되지 아니하는 정도 이상의 이물

　㉡ 오염된 비위생적인 이물

　㉢ 인체에 위해를 끼치는 단단하거나 날카로운 이물. 다만, 다른 식물이나 원료식물의 표피 또는 토사, 원료육의 털, 뼈 등과 같이 실제에 있어 정상적인 제조·가공상 완전히 제거되지 아니하고 잔존하는 경우의 이물로서 그 양이 적고 위해 가능성이 낮은 경우는 제외한다.

② 금속성 이물로서 쇳가루는 제8. 1.2.1 마. 금속성이물(쇳가루)에 따라 시험하였을 때 식품 중 10.0mg/kg 이상 검출되어서는 아니 되며, 또한 금속이물은 2mm 이상인 금속성 이물이 검출되어서는 아니 된다.

(3) 식품첨가물

어떤 식품에 사용할 수 없는 식품첨가물이 그 식품첨가물을 사용할 수 있는 원료로부터 유래된 것이라면 원료로부터 이행된 범위 안에서 식품첨가물 사용기준의 제한을 받지 아니할 수 있다.

(4) 식중독균

① 식중독균은 식품의 특성에 따라 다음과 같이 적용한다.

㉠ 살모넬라(*Salmonella* spp.), 장염비브리오(*Vibrio parahaemolyticus*), 리스테리아 모노사이토제네스(*Listeria monocytogenes*), 장출혈성 대장균(*Enterohemorrhagic Escherichia coli*), 캠필로박터 제주니/콜리(*Campylobacter jejuni/coli*), 여시니아 엔테로콜리티카(*Yersinia enterocolitica*)

대상식품	규격
식육(제조, 가공용 원료는 제외한다.), 살균 또는 멸균처리하였거나 더 이상의 가공, 가열조리를 하지 않고 그대로 섭취하는 가공식품	n = 5, c = 0, m = 0/25g

㉡ 바실루스 세레우스(*Bacillus cereus*)

대상식품	규격
① ㉠의 대상식품 중 장류(메주 제외) 및 소스, 복합조미식품, 김치류, 젓갈류, 절임류, 조림류	g당 10,000 이하 (멸균제품은 음성이어야 한다.)
② 위 ①을 제외한 ㉠의 대상식품	g당 1,000 이하 (멸균제품은 음성이어야 한다.)

㉢ 클로스트리디움 퍼프린젠스(*Clostridium perfringens*)

대상식품	규격
① ㉠의 대상식품 중 햄류, 소시지류, 식육추출가공품, 알가공품	n = 5, c = 1, m = 10, M = 100 (멸균제품은 n = 5, c = 0, m = 0/25g)
② ㉠의 대상식품 중 생햄, 발효소시지, 치즈, 가공치즈	n = 5, c = 2, m = 10, M = 100 (멸균제품은 n = 5, c = 0, m = 0/25g)
③ ㉠의 대상식품 중 장류(메주 제외), 젓갈류, 고춧가루 또는 실고추, 향신료가공품, 김치류, 절임류, 조림류, 복합조미식품, 식초, 카레분 및 카레(액상제품 제외)	n = 5, c = 2, m = 100, M = 1,000 (멸균제품은 n = 5, c = 0, m = 0/25g)
④ 위 ①, ②, ③을 제외한 ㉠의 대상식품	n = 5, c = 0, m = 0/25g

ⓔ 황색포도상구균(*Staphylococcus aureus*)

대상식품	규격
① ㉠의 대상식품 중 햄류, 소시지류, 식육추출가공품, 건포류	n = 5, c = 1, m = 10, M = 100 (멸균제품은 n = 5, c = 0, m = 0/25g)
② ㉠의 대상식품 중 생햄, 발효소시지, 치즈, 가공치즈	n = 5, c = 2, m = 10, M = 100 (멸균제품은 n = 5, c = 0, m = 0/25g)
③ 위 ①, ②를 제외한 ㉠의 대상식품	n = 5, c = 0, m = 0/25g

② 기타 식육 및 기타 동물성가공식품은 결핵균, 탄저균, 브루셀라균이 음성이어야 한다.

③ 더 이상의 가열조리를 하지 않고 섭취할 수 있도록 비가식부위(비늘, 아가미, 내장 등) 제거, 세척 등 위생처리한 수산물은 살모넬라(*Salmonella* spp.), 리스테리아 모노사이토제네스(*Listeria monocytogenes*), 비브리오 패혈증균(*Vibrio vulnificus*), 비브리오 콜레라(*Vibrio cholerae*)가 n = 5, c = 0, m = 0/25g, 장염비브리오(*Vibrio parahaemolyticus*) 및 황색포도상구균(*Staphylococcus aureus*)은 g당 100 이하이어야 한다.

④ 가공·가열처리하지 아니하고 그대로 사람이 섭취하는 용도의 식용란에서는 살모넬라균(*Salmonella* Enteritidis, *Salmonella* Typhimurium, *Salmonella* Thompson)이 검출되어서는 아니 된다.

⑤ 식육(분쇄육에 한함) 및 판매를 목적으로 식육을 절단(세절 또는 분쇄를 포함)하여 포장한 상태로 냉장 또는 냉동한 것으로서 화학적 합성품 등 첨가물 또는 다른 식품을 첨가하지 아니한 포장육(육함량 100%, 다만, 분쇄에 한함)에서는 장출혈성 대장균이 n = 5, c = 0, m = 0/25g이어야 한다.

⑥ 식품자동판매기에서 판매하는 식품(식품자동판매기에 넣어 최종제품 그대로 판매하는 가공식품과 음료류는 제외)은 살모넬라(*Salmonella* spp.), 황색포도상구균(*Staphylococcus aureus*), 리스테리아 모노사이토제네스(*Listeria monocytogenes*), 장출혈성 대장균(*Enterohemorrhagic Escherichia coli*), 캠필로박터 제주니/콜리(*Campylobacter jejuni/coli*), 여시니아 엔테로콜리티카(*Yersinia enterocolitica*), 비브리오 패혈증균(*Vibrio vulnificus*), 비브리오 콜레라(*Vibrio cholerae*) 등 식중독균이 음성이어야 하며, 장염비브리오(*Vibrio parahaemolyticus*), 클로스트리디움 퍼프린젠스(*Clostridium perfringens*) g당 100 이하, 바실루스 세레우스(*Bacillus cereus*) g당 10,000 이하이어야 한다. 다만, 혼합·처리과정 중 가열처리를 하지 않거나 가열 후 혼합·처리한 식품의 경우 황색포도상구균(*Staphylococcus aureus*)은 g당 100 이하이어야 한다.

⑦ 식품접객업소 등의 노로바이러스 기준식품접객업소, 집단급식소, 식품제조·가공업소 등에서 식재료 및 식기 등의 세척, 식품의 조리 및 제조·가공, 먹는 물 등으로 사용하는 물 : 불검출(다만, 식품접객업소, 집단급식소 등에서 먹는 물로 제공되는 수돗물은 먹는 물관리법에서 규정하고 있는 먹는물 수질기준에 의한다.)

(5) 보존 및 유통 기준

① **일반기준**

  ㉠ 모든 식품(식품제조에 사용되는 원료 포함)은 위생적으로 취급하여 보존 및 유통하여야 하며, 그 보존 및 유통 장소가 불결한 곳에 위치하여서는 아니 된다.

  ㉡ 식품을 보존 및 유통하는 장소는 방서 및 방충관리를 철저히 하여야 한다.

  ㉢ 식품은 직사광선이나 비·눈 등으로부터 보호될 수 있고, 외부로부터의 오염을 방지할 수 있는 취급장소에서 유해물질, 협잡물, 이물(곰팡이 등 포함) 등이 혼입 또는 오염되지 않도록 적절한 관리를 하여야 한다.

  ㉣ 식품은 인체에 유해한 화공약품, 농약, 독극물 등과 함께 보존 및 유통하지 말아야 한다.

  ㉤ 식품은 제품의 풍미에 영향을 줄 수 있는 다른 식품 또는 식품첨가물이나 식품을 오염시키거나 품질에 영향을 미칠 수 있는 물품 등과는 분리하여 보존 및 유통하여야 한다.

② **보존 및 유통 온도**

  ㉠ 식품은 정해진 보존 및 유통 온도를 준수하여야 하며, 따로 보존 및 유통 온도를 정하고 있지 않은 경우 직사광선을 피한 실온에서 보존 및 유통하여야 한다.

  ㉡ 상온에서 7일 이상 보존성이 없는 식품은 가능한 한 냉장 또는 냉동시설에서 보존 및 유통하여야 한다.

  ㉢ 이 고시에서 별도로 보존 및 유통 온도를 정하고 있지 않은 경우, 실온제품은 1 ~ 35℃, 상온제품은 15 ~ 25℃, 냉장제품은 0 ~ 10℃, 냉동제품은 −18℃ 이하, 온장제품은 60℃ 이상에서 보존 및 유통하여야 한다. 다만 아래의 경우 그러하지 않을 수 있다.

   • 냉동제품을 소비자(영업을 목적으로 해당 제품을 사용하기 위한 경우는 제외한다.)에게 운반하는 경우 −18℃를 초과할 수 있으나 이 경우라도 냉동제품은 어느 일부라도 녹아있는 부분이 없어야 한다.

   • 염수로 냉동된 통조림제조용 어류에 한해서는 −9℃ 이하에서 운반할 수 있으나, 운반 시에는 위생적인 운반용기, 운반덮개 등을 사용하여 −9℃ 이하의 온도를 유지하여야 한다.

  ㉣ 아래에서 보존 및 유통 온도를 규정하고 있는 제품은 규정된 온도에서 보존 및 유통하여야 한다.

구분	식품의 종류	보존 및 유통 온도
1	㉮ 원유 ㉯ 우유류·가공유류·산양유·버터유·농축유류·유청류의 살균제품 ㉰ 두부 및 묵류(밀봉 포장한 두부, 묵류는 제외) ㉱ 물로 세척한 달걀	냉장

구분	식품의 종류	보존 및 유통 온도
2	㉮ 양념젓갈류 ㉯ 가공두부(멸균제품 또는 수분함량이 15% 이하인 제품 제외) ㉰ 두유류 중 살균제품(pH 4.6 이하의 살균제품 제외) ㉱ 어육가공품류(멸균제품 또는 기타 어육가공품 중 굽거나 튀겨 수분함량이 15% 이하인 제품은 제외) ㉲ 알가공품(액란제품 제외) ㉳ 발효유류 ㉴ 치즈류 ㉵ 버터류 ㉶ 생식용 굴 ㉷ 원료육 및 제품 원료로 사용되는 동물성 수산물 ㉸ 신선편의식품(샐러드 제품 제외) ㉹ 간편조리세트(특수의료용도식품 중 간편조리세트형 제품 포함) 중 식육, 기타 식육 또는 수산물을 구성재료로 포함하는 제품	냉장 또는 냉동
3	㉮ 식육(분쇄육, 가금육 제외) ㉯ 포장육(분쇄육 또는 가금육의 포장육 제외) ㉰ 식육가공품(분쇄가공육제품 제외) ㉱ 기타식육	냉장(−2 ~ 10℃) 또는 냉동
4	㉮ 식육(분쇄육, 가금육에 한함) ㉯ 포장육(분쇄육 또는 가금육의 포장육에 한함) ㉰ 분쇄가공육제품	냉장(−2 ~ 5℃) 또는 냉동
5	㉮ 신선편의식품(샐러드 제품에 한함) ㉯ 훈제연어 ㉰ 알가공품(액란제품에 한함)	냉장(0 ~ 5℃) 또는 냉동
6	㉮ 압착올리브유용 올리브과육 등 변질되기 쉬운 원료 ㉯ 얼음류	−10℃ 이하

03 장기보존식품의 기준 및 규격

(1) 통·병조림식품

① "통·병조림식품"이라 함은 제조·가공 또는 위생처리된 식품을 12개월을 초과하여 실온에서 보존 및 유통할 목적으로 식품을 통 또는 병에 넣어 탈기와 밀봉 및 살균 또는 멸균한 것을 말한다.

② **제조·가공기준**

㉠ 멸균은 제품의 중심온도가 120℃ 이상에서 4분 이상 열처리하거나 또는 이와 동등 이상의 효력이 있는 방법으로 열처리하여야 한다.

㉡ pH 4.6을 초과하는 저산성식품(low acid food)은 제품의 내용물, 가공장소, 제조일자를 확인할 수 있는 기호를 표시하고 멸균공정 작업에 대한 기록을 보관하여야 한다.

ⓒ pH가 4.6 이하인 산성식품은 가열 등의 방법으로 살균처리할 수 있다.

ⓔ 제품은 저장성을 가질 수 있도록 그 특성에 따라 적절한 방법으로 살균 또는 멸균 처리 하여야 하며 내용물의 변색이 방지되고 호열성 세균의 증식이 억제될 수 있도록 적절한 방법으로 냉각하여야 한다.

③ **규격**

성상	관 또는 병 뚜껑이 팽창 또는 변형되지 아니하고, 내용물은 고유의 색택을 가지고 이미·이취가 없어야 한다.
주석(mg/kg)	150 이하(알루미늄 캔을 제외한 캔제품에 한하며, 산성 통조림은 200 이하이어야 한다.)
세균발육	음성이어야 한다.

(2) 레토르트식품

① "레토르트(retort)식품"이라 함은 제조·가공 또는 위생처리된 식품을 12개월을 초과하여 실온에서 보존 및 유통할 목적으로 단층 플라스틱필름이나 금속박 또는 이를 여러 층으로 접착하여, 파우치와 기타 모양으로 성형한 용기에 제조·가공 또는 조리한 식품을 충전하고 밀봉하여 가열살균 또는 멸균한 것을 말한다.

② **제조·가공기준**

㉠ 멸균은 제품의 중심온도가 120℃ 이상에서 4분 이상 열처리하거나 또는 이와 동등 이상의 효력이 있는 방법으로 열처리하여야 한다.

㉡ pH 4.6을 초과하는 저산성식품(low acid food)은 제품의 내용물, 가공장소, 제조일자를 확인할 수 있는 기호를 표시하고 멸균공정 작업에 대한 기록을 보관하여야 한다.

㉢ pH가 4.6 이하인 산성식품은 가열 등의 방법으로 살균처리할 수 있다.

㉣ 제품은 저장성을 가질 수 있도록 그 특성에 따라 적절한 방법으로 살균 또는 멸균 처리 하여야 하며 내용물의 변색이 방지되고 호열성 세균의 증식이 억제될 수 있도록 적절한 방법으로 냉각시켜야 한다.

㉤ 보존료는 일절 사용하여서는 아니 된다.

③ **규격**

성상	외형이 팽창, 변형되지 아니하고, 내용물은 고유의 향미, 색택, 물성을 가지고 이미·이취가 없어야 한다.
세균발육	음성이어야 한다.
타르색소	검출되어서는 아니 된다.

(3) 냉동식품

① "냉동식품"이라 함은 제조·가공 또는 조리한 식품을 장기보존할 목적으로 냉동처리, 냉동보관하는 것으로서 용기·포장에 넣은 식품을 말한다.

② **구분**
  ㉠ **가열하지 않고 섭취하는 냉동식품** : 별도의 가열과정 없이 그대로 섭취할 수 있는 냉동 식품을 말한다.
  ㉡ **가열하여 섭취하는 냉동식품** : 섭취 시 별도의 가열과정을 거쳐야만 하는 냉동식품을 말한다.
③ **제조·가공기준**
  살균제품은 그 중심부의 온도를 63℃ 이상에서 30분 가열하거나 이와 같은 수준 이상의 효력이 있는 방법으로 가열 살균하여야 한다.
④ **규격[식육, 포장육, 축산물가공품, 식육함유가공품(비살균제품), 어육가공품류(비살균제품), 기타 동물성가공식품(비살균제품)은 제외]**
  ㉠ **가열하지 않고 섭취하는 냉동식품**

세균수	$n=5$, $c=2$, $m=100,000$, $M=500,000$(다만, 발효제품, 발효제품 첨가 또는 유산균 첨가제품은 제외한다.)
대장균군	$n=5$, $c=2$, $m=10$, $M=100$(살균제품에 해당된다.)
대장균	$n=5$, $c=2$, $m=0$, $M=10$(다만, 살균제품은 제외한다.)
유산균수	표시량 이상(유산균 첨가제품에 해당된다.)

  ㉡ **가열하여 섭취하는 냉동식품**[*]

세균수	• 살균제품 : $n=5$, $c=2$, $m=100,000$, $M=500,000$ • 비살균제품 : $n=5$, $c=2$, $m=1,000,000$, $M=5,000,000$ • 다만, 발효제품, 발효제품 첨가 또는 유산균 첨가제품은 제외한다.
대장균군	$n=5$, $c=2$, $m=10$, $M=100$(살균제품에 해당된다.)
대장균	$n=5$, $c=2$, $m=0$, $M=10$(다만, 살균제품은 제외한다.)
유산균수	표시량 이상(유산균 첨가제품에 해당된다.)

* 간편조리세트(특수의료용도식품 중 간편조리세트형 제품 포함)는 가열조리하여 섭취하는 재료 중 다른 재료와 교차오염되지 않도록 구분 포장된 농·축·수산물 재료를 제외하고, 나머지 구성 재료를 모두 혼합하여 규격을 적용

04 식품별 기준 및 규격

(1) 정의

과자류, 빵류 또는 떡류	과자류, 빵류 또는 떡류라 함은 곡분, 설탕, 달걀, 유제품 등을 주원료로 하여 가공한 과자, 캔디류, 추잉껌, 빵류, 떡류를 말한다.
빙과류	빙과류라 함은 원유, 유가공품, 먹는 물에 다른 식품 또는 식품첨가물 등을 가한 후 냉동하여 섭취하는 아이스크림류, 빙과, 아이스크림믹스류, 식용얼음을 말한다.

코코아가공품류 또는 초콜릿류	코코아가공품류 또는 초콜릿류라 함은 테오브로마 카카오(Theobroma cacao)의 씨앗으로부터 얻은 코코아매스, 코코아버터, 코코아분말과 이에 식품 또는 식품첨가물을 가하여 가공한 기타 코코아가공품, 초콜릿, 밀크초콜릿, 화이트초콜릿, 준초콜릿, 초콜릿가공품을 말한다.
당류	당류라 함은 전분질원료나 당액을 가공하여 얻은 설탕류, 당시럽류, 올리고당류, 포도당, 과당류, 엿류 또는 이를 가공한 당류가공품을 말한다.
잼류	잼류라 함은 과일류, 채소류, 유가공품 등을 당류 등과 함께 젤리화 또는 시럽화한 것으로 잼, 기타 잼을 말한다.
두부류 또는 묵류	두부류라 함은 두류를 주원료로 하여 얻은 두유액을 응고시켜 제조·가공한 것으로 두부, 유바, 가공두부를 말하며, 묵류라 함은 전분질이나 다당류를 주원료로 하여 제조한 것을 말한다.
식용유지류	식용유지류라 함은 유지를 함유한 원료로부터 얻은 원료 유지를 식용에 적합하도록 제조·가공한 것 또는 이에 식품 또는 식품첨가물을 가한 것으로 식물성유지류, 동물성유지류, 식용유지가공품을 말한다.
면류	면류라 함은 곡분 또는 전분 등을 주원료로 하여 성형, 열처리, 건조 등을 한 것으로 생면, 숙면, 건면, 유탕면을 말한다.
음료류	음료류라 함은 다류, 커피, 과일·채소류음료, 탄산음료류, 두유류, 발효음료류, 인삼·홍삼음료 등 음용을 목적으로 하는 것을 말한다.
특수영양식품	특수영양식품이라 함은 영·유아, 비만자 또는 임산·수유부 등 특별한 영양관리가 필요한 특정 대상을 위하여 식품과 영양성분을 배합하는 등의 방법으로 제조·가공한 것으로 조제유류, 영아용 조제식, 성장기용 조제식, 영·유아용 이유식, 체중조절용 조제식품, 임산·수유부용 식품, 고령자용 영양조제식품을 말한다.
특수의료용도식품	특수의료용도식품이라 함은 정상적으로 섭취, 소화, 흡수 또는 대사할 수 있는 능력이 제한되거나 질병, 수술 등의 임상적 상태로 인하여 일반인과 생리적으로 특별히 다른 영양요구량을 가지고 있어 충분한 영양공급이 필요하거나 일부영양성분의 제한 또는 보충이 필요한 사람에게 식사의 일부 또는 전부를 대신할 목적으로 경구 또는 경관급식을 통하여 공급할 수 있도록 제조·가공된 식품을 말한다.
장류	장류라 함은 동·식물성 원료에 누룩균 등을 배양하거나 메주 등을 주원료로 하여 식염 등을 섞어 발효·숙성시킨 것을 제조·가공한 것으로 한식메주, 개량메주, 한식간장, 양조간장, 산분해간장, 효소분해간장, 혼합간장, 한식된장, 된장, 고추장, 춘장, 청국장, 혼합장 등을 말한다.
조미식품	조미식품이라 함은 식품을 제조·가공·조리함에 있어 풍미를 돋우기 위한 목적으로 사용되는 것으로 식초, 소스류, 카레, 고춧가루 또는 실고추, 향신료가공품, 식염을 말한다.
절임류 또는 조림류	절임류 또는 조림류라 함은 동·식물성 원료에 식염, 식초, 당류 또는 장류를 가하여 절이거나 가열한 것으로 김치류, 절임류, 조림류를 말한다.
주류	주류라 함은 곡류 등의 전분질원료나 과실 등의 당질원료를 주된 원료로 하여 발효, 증류 등의 방법으로 제조·가공한 발효주류, 증류주류, 기타주류, 주정 등 주세법에서 규정한 주류를 말한다.
농산가공식품류	농산가공식품류라 함은 농산물을 주원료로 하여 가공한 전분류, 밀가루류, 땅콩 또는 견과류가공품류, 시리얼류, 찐쌀, 효소식품 등을 말한다. 다만, 따로 기준 및 규격이 정하여진 것은 제외한다.

식육가공품류 및 포장육	식육가공품류 및 포장육이라 함은 「축산물 위생관리법」에 따른 식육 또는 식육가공품을 주원료로 하여 가공한 햄류, 소시지류, 베이컨류, 건조저장육류, 양념육류, 식육추출가공품, 식육간편조리세트, 식육함유가공품, 포장육을 말한다.
알가공품류	알가공품류라 함은 「축산물 위생관리법」에 따른 식용란을 주원료로 하여 가공한 알가공품과 알함유가공품을 말한다.
유가공품류	유가공품류라 함은 「축산물 위생관리법」에 따른 원유를 주원료로 하여 가공한 우유류, 가공유류, 산양유, 발효유류, 버터유, 농축유류, 유크림류, 버터류, 치즈류, 분유류, 유청류, 유당, 유단백가수분해식품, 유함유가공품을 말한다. 다만, 커피고형분이 0.5% 이상 함유된 음용을 목적으로 하는 제품은 제외한다.
수산가공식품류	수산가공식품류라 함은 수산물을 주원료로 분쇄, 건조 등의 공정을 거치거나 이에 식품 또는 식품첨가물을 가하여 제조·가공한 것으로 어육가공품류, 젓갈류, 건포류, 조미김 등을 말한다.
동물성가공식품류	동물성가공식품류라 함은 「축산물 위생관리법」에서 정하고 있는 가축 이외 동물의 식육, 알 또는 동물성 원료를 주원료로 하여 가공한 기타식육 또는 기타알제품, 곤충가공식품, 자라가공식품, 추출가공식품 등을 말한다. 다만, 따로 기준 및 규격이 정하여진 것은 제외한다.
벌꿀 및 화분가공품류	벌꿀 및 화분가공품류라 함은 꿀벌들이 채집하여 벌집에 저장한 자연물 또는 이를 가공한 것으로 벌꿀류, 로열젤리류, 화분가공식품을 말한다.
즉석식품류	즉석식품류라 함은 바로 섭취하거나 가열 등 간단한 조리과정을 거쳐 섭취하는 것으로 생식류, 만두, 즉석섭취·편의식품류를 말한다. 다만, 따로 기준 및 규격이 정하여져 있는 것은 제외한다.
기타식품류 — 효모식품	효모식품이라 함은 식용효모를 분리, 정제하여 건조하거나 이를 가공한 것 또는 식용효모균주를 분리, 정제한 후 자가소화, 효소분해, 열수추출 등의 방법에 의해 추출한 식용효모추출물을 주원료로 하여 제조한 것을 말한다.
기타식품류 — 기타가공품	식품별 기준 및 규격 중 과자류, 빵류 또는 떡류 내지 즉석식품류에 해당되지 않는 식품으로서, 해당 식품의 정의, 제조·가공기준, 주원료, 성상, 제품명 및 용도 등이 개별 기준 및 규격에 부적합한 제품은 제외한다.

(2) 주요 식품 유형

① 음료류 중 다류

ㄱ 다류라 함은 식물성 원료를 주원료로 하여 제조·가공한 기호성 식품으로서 침출차, 액상차, 고형차를 말한다.

ㄴ 제조·가공기준

- 원료를 추출할 경우에는 물, 주정 또는 이산화탄소를 용제로 사용하여 원료의 특성에 따라 냉침, 온침 등 적절한 방법을 사용하여야 하며, 카페인 제거 목적으로 초산에틸을 사용할 수 있다.
- 쌍화차는 백작약, 숙지황, 황기, 당귀, 천궁, 계피, 감초를 추출 여과한 가용성 추출물을 원료로 하여 제조하여야 하며 이때 생강, 대추, 잣 등을 넣을 수 있다.

ⓒ 식품유형

침출차	식물의 어린 싹이나 잎, 꽃, 줄기, 뿌리, 열매 또는 곡류 등을 주원료로 하여 가공한 것으로서 물에 침출하여 그 여액을 음용하는 기호성 식품
액상차	식물성 원료를 주원료로 하여 추출 등의 방법으로 가공한 것이거나 이에 식품 또는 식품첨가물을 가한 시럽상 또는 액상의 기호성 식품
고형차	식물성 원료를 주원료로 하여 가공한 것으로 분말 등 고형의 기호성 식품

② **장류**

㉠ 제조·가공기준

- 발효 또는 중화가 끝난 간장원액은 여과하여 간장박 등을 제거하여야 한다.
- 여과된 간장원액과 조미원료, 식품첨가물 등을 혼합한 후 곰팡이 등의 위해가 발생되지 않도록 하여야 한다.
- 제조공정상 알코올 성분을 제품의 맛, 향의 보조, 냄새 제거 등의 목적으로 사용할 수 있다.
- 고추장 제조 시 홍국색소를 사용할 수 없으며 또한 시트리닌이 검출되어서는 아니 된다.

㉡ 식품유형

1	한식메주	대두를 주원료로 하여 찌거나 삶아 성형하여 발효시킨 것
2	개량메주	대두를 주원료로 하여 원료를 찌거나 삶은 후 선별된 종균을 이용하여 발효시킨 것
3	한식간장	메주를 주원료로 하여 식염수 등을 섞어 발효·숙성시킨 후 그 여액을 가공한 것
4	양조간장	대두, 탈지대두 또는 곡류 등에 누룩균 등을 배양하여 식염수 등을 섞어 발효·숙성시킨 후 그 여액을 가공한 것
5	산분해간장	단백질을 함유한 원료를 산으로 가수분해한 후 그 여액을 가공한 것
6	효소분해간장	단백질을 함유한 원료를 효소로 가수분해한 후 그 여액을 가공한 것
7	혼합간장	한식간장 또는 양조간장에 산분해간장 또는 효소분해간장을 혼합하여 가공한 것이나 산분해간장 원액에 단백질 또는 탄수화물 원료를 가하여 발효·숙성시킨 여액을 가공한 것 또는 이의 원액에 양조간장 원액이나 산분해간장 원액 등을 혼합하여 가공한 것
8	한식된장	한식메주에 식염수를 가하여 발효한 후 여액을 분리한 것
9	된장	대두, 쌀, 보리, 밀 또는 탈지대두 등을 주원료로 하여 누룩균 등을 배양한 후 식염을 혼합하여 발효·숙성시킨 것 또는 메주를 식염수에 담가 발효하고 여액을 분리하여 가공한 것
10	고추장	두류 또는 곡류 등을 주원료로 하여 누룩균 등을 배양한 후 고춧가루(6% 이상), 식염 등을 가하여 발효·숙성하거나 숙성 후 고춧가루(6% 이상), 식염 등을 가한 것
11	춘장	대두, 쌀, 보리, 밀 또는 탈지대두 등을 주원료로 하여 누룩균 등을 배양한 후 식염, 카라멜색소 등을 가하여 발효·숙성하거나 숙성 후 식염, 카라멜색소 등을 가한 것

12	청국장	두류를 주원료로 하여 바실루스(Bacillus)속균으로 발효시켜 제조한 것이거나, 이를 고춧가루, 마늘 등으로 조미한 것으로 페이스트, 환, 분말 등
13	혼합장	간장, 된장, 고추장, 춘장 또는 청국장 등을 주원료로 하거나 이에 식품 또는 식품첨가물을 혼합하여 제조·가공한 것으로 조미된장, 조미고추장 또는 그 외 혼합하여 가공된 장류(장류 50% 이상이어야 한다.)
14	기타장류	식품유형 3 ~ 10에 해당하지 아니하는 간장, 된장, 고추장

③ **조미식품 중 식초류**

㉠ 식초라 함은 곡류, 과실류, 주류 등을 주원료로 하여 초산발효하거나 이에 곡물당화액, 과실착즙액 등을 혼합하여 숙성하는 등의 공정을 거쳐 제조한 발효식초와 빙초산 또는 초산을 주원료로 하여 먹는물로 희석하는 등의 방법으로 제조한 희석초산을 말한다.

㉡ **제조·가공기준** : 발효식초와 희석초산은 서로 혼합하여서는 아니 된다.

㉢ **식품유형**

| 1 | 발효식초 | • 과실·곡물술덧(주요), 과실주, 과실착즙액, 곡물주, 곡물당화액, 주정 또는 당류 등을 원료로 하여 초산발효하거나 이에 과실착즙액 또는 곡물당화액 등을 혼합하여 숙성하는 등의 공정을 거쳐 제조한 것을 말한다.
• 이 중 감을 초산발효하여 제조한 것을 감식초라 한다. |
| 2 | 희석초산 | 빙초산 또는 초산을 주원료로 하여 먹는물로 희석하는 등의 방법으로 제조한 것을 말한다. |

④ **조미식품 중 향신료가공품**

㉠ 향신료가공품이라 함은 향신식물(고추, 마늘, 생강 포함)의 잎, 줄기, 열매, 뿌리 등을 단순가공한 것이거나 이에 식품 또는 식품첨가물을 혼합하여 가공한 것으로 다른 식품의 풍미를 높이기 위하여 사용하는 것을 말한다. 다만, 카레(커리) 및 고춧가루 또는 실고추에 해당하는 것은 제외한다.

㉡ **제조·가공기준**

• 천연향신료는 향신식물 이외의 다른 식품이나 식품첨가물 등을 일체 혼합하여서는 아니 된다.

• 고추 또는 고춧가루를 함유한 향신료조제품 제조 시 홍국색소를 사용할 수 없으며 또한 시트리닌이 검출되어서는 아니 된다.

㉢ **식품유형**

| 1 | 천연향신료 | 향신식물을 분말 등으로 가공한 것을 말한다. |
| 2 | 향신료조제품 | 천연향신료에 식품 또는 식품첨가물을 혼합하여 가공한 것을 말한다. |

⑤ **농산가공식품류 중 밀가루류**

㉠ 밀가루류라 함은 밀을 선별, 가수, 분쇄, 분리 등의 과정을 거쳐 얻은 분말 또는 이에 영양강화의 목적으로 식품 또는 식품첨가물을 가한 것을 말한다.

ⓛ **식품유형**

1	밀가루	밀을 선별, 가수, 분쇄, 분리 등의 과정을 거쳐 얻은 분말로 전립밀가루, 혼합밀가루, 세몰리나 등의 밀가루를 포함한다.
2	영양강화 밀가루	밀가루에 영양강화의 목적으로 식품 또는 식품첨가물을 가한 밀가루를 말한다.

기출문제

2021년 3회, 2020년 4, 5회

01

식품의 기준 및 규격의 일반원칙에 따라 가공식품에 대하여 다음과 같이 대분류, 중분류, 소분류로 분류하고 있다. A ～ C에 알맞은 단어를 쓰시오.

- (A)(대분류) : 식품공전의 '제5. 식품별 기준 및 규격'에서 대분류하고 있는 음료수, 조미식품 등을 말한다.
- (B)(중분류) : (A)에서 분류하고 있는 다류, 과일·채소류, 음료, 식초 등을 말한다.
- (C)(소분류) : (B)에서 분류하고 있는 농축과·채즙, 과·채주스, 발효식초, 희석초산 등을 말한다.

모범답안

A : 식품군

B : 식품종

C : 식품유형

 **참고**

식품공전 > 제1. 총칙 > 1. 일반원칙

2021년 1회, 2012년 1회

02

식품공전상 온도를 표시하는 방법 4가지를 쓰시오.

모범답안

- 표준온도 : 20℃
- 상온 : 15 ～ 25℃
- 실온 : 1 ～ 35℃
- 미온 : 30 ～ 40℃

참고

식품공전 > 제1. 총칙 > 1. 일반원칙

03 식품공전에 따른 무게 관련 용어의 정의에 대해 쓰시오.
(1) 무게를 "정밀히 단다"
(2) 무게를 "정확히 단다"
(3) 검체를 취하는 양에 "약"
(4) 건조 또는 강열할 때 "항량"

모범답안

(1) 무게를 "정밀히 단다"라 함은 달아야 할 최소단위를 고려하여 0.1mg, 0.01mg 또는 0.01mg 까지 다는 것을 말한다.

(2) 무게를 "정확히 단다"라 함은 규정된 수치의 무게를 그 자리수까지 다는 것을 말한다.

(3) 검체를 취하는 양에 "약"이라고 한 것은 따로 규정이 없는 한 기재량의 90 ~ 110%의 범위 내에서 취하는 것을 말한다.

(4) 건조 또는 강열할 때 "항량"이라고 기재한 것은 다시 계속하여 1시간 더 건조 혹은 강열할 때에 전후의 칭량차가 이전에 측정한 무게의 0.1% 이하임을 말한다.

참고

식품공전 > 제1. 총칙 > 1. 일반원칙

04 식품공전에 따른 항량의 정의 중 A ~ C에 알맞은 단어를 쓰시오.

> 건조 또는 강열할 때 '항량'이라고 기재한 것은 다시 계속하여 (A) 더 건조 혹은 강열할 때에 전후의 (B)가 이전에 측정한 무게의 (C) 이하임을 말한다.

모범답안

A : 1시간
B : 칭량차
C : 0.1%

참고

식품공전 > 제1. 총칙 > 1. 일반원칙

05 다음 빈칸에 들어갈 말을 〈보기〉에서 고르시오.

〈보기〉
한자리수, 두자리수, 세자리수, 반올림, 올림, 내림

규정된 값(규격치라 한다.)과 시험에서 얻은 값 (실험치라 한다.)을 비교하여 적부판정을 할 때에, 실험치는 규격치보다 (①)까지 더 구하여 (①)만큼 (②)해서 규격치와 비교 판정한다.

모범답안

① 한자리수

② 반올림

참고

식품공전 > 제1. 총칙 > 2. 기준 및 규격의 적용

06 식품공전에 따라 어떤 미생물을 'n = 5, c = 1, m = 0, M = 10'으로 표기하였다. 이때 n, c, m, M의 정의를 각각 적으시오.

모범답안

- n : 검사하기 위한 시료의 수
- c : 최대허용시료수, 허용기준치(m)를 초과하고 최대허용한계치(M) 이하인 시료의 수가 c 이하일 경우에는 적합으로 판정
- m : 미생물 허용기준치로서 결과가 모두 m 이하인 경우 적합으로 판정
- M : 미생물 최대허용한계치로서 결과가 하나라도 M을 초과하는 경우는 부적합으로 판정

참고

식품공전 > 제1. 총칙 > 3. 용어의 풀이

07 식육(제조, 가공용원료는 제외한다.), 살균 또는 멸균처리하였거나 더 이상의 가공, 가열조리를 하지 않고 그대로 섭취하는 가공식품에서 검출되지 않아야 하는 식중독균 중 4가지를 쓰시오.(단, 한글 종명 또는 종속명, 이탤릭체 종명 또는 종속명 전부 답으로 처리한다.)

모범답안

- 살모넬라(*Salmonella* spp.)
- 장염비브리오(*Vibrio parahaemolyticus*)
- 리스테리아 모노사이토제네스(*Listeria monocytogenes*)
- 장출혈성 대장균(*Enterohemorrhagic Escherichia coli*)
- 캠필로박터 제주니/콜리(*Campylobacter jejuni/coli*)
- 여시니아 엔테로콜리티카(*Yersinia enterocolitica*)

참고

식품공전 > 제2. 식품일반에 대한 공통기준 및 규격 > 3. 식품일반의 기준 및 규격 > 4) 위생지표균 및 식중독균 > (2) 식중독균

08 식품공전의 보존 및 유통온도기준에서 정하는 냉장 및 냉동온도의 범위를 쓰고, 가금육의 보존 및 유통온도, 훈제연어의 보존 및 유통온도를 쓰시오.
(1) 냉장 및 냉동온도의 범위
(2) 가금육의 보존 및 유통온도
(3) 훈제연어의 보존 및 유통온도

모범답안

(1) 냉장온도 : 0 ~ 10℃, 냉동온도 : −18℃ 이하
(2) 가금육의 보존 및 유통온도 : 냉장(−2 ~ 5℃) 또는 냉동
(3) 훈제연어의 보존 및 유통온도 : 냉장(0 ~ 5℃) 또는 냉동

참고

식품공전 > 제2. 식품일반에 대한 공통기준 및 규격 > 4. 보존 및 유통 기준 > 2) 보존 및 유통온도
(3) 이 고시에서 별도로 보존 및 유통온도를 정하고 있지 않은 경우, 실온제품은 1 ~ 35℃, 상온제품은 15 ~ 25℃, 냉장제품은 0 ~ 10℃, 냉동제품은 −18℃ 이하, 온장제품은 60℃ 이상에서 보존 및 유통하여야 한다. 다만 아래의 경우 그러하지 않을 수 있다.

① 냉동제품을 소비자(영업을 목적으로 해당 제품을 사용하기 위한 경우는 제외한다)에게 운반하는 경우 −18℃를 초과할 수 있으나 이 경우라도 냉동제품은 어느 일부라도 녹아 있는 부분이 없어야 한다.

② 염수로 냉동된 통조림제조용 어류에 한해서는 −9℃ 이하에서 운반할 수 있으나, 운반시에는 위생적인 운반용기, 운반덮개 등을 사용하여 −9℃ 이하의 온도를 유지하여야 한다.

(4) 아래에서 보존 및 유통 온도를 규정하고 있는 제품은 규정된 온도에서 보존 및 유통 하여야 한다.

	식품의 종류	보존 및 유통 온도
③	㉮ 식육(분쇄육, 가금육 제외) ㉯ 포장육(분쇄육 또는 가금육의 포장육 제외) ㉰ 식육가공품(분쇄가공육제품 제외) ㉱ 기타식육	냉장(−2 ~ 10℃) 또는 냉동
④	㉮ 식육(분쇄육, 가금육에 한함) ㉯ 포장육(분쇄육 또는 가금육의 포장육에 한함) ㉰ 분쇄가공육제품	냉장(−2 ~ 5℃) 또는 냉동
⑤	㉮ 신선편의식품(샐러드 제품에 한함) ㉯ 훈제연어 ㉰ 알가공품(액란제품에 한함)	냉장(0 ~ 5℃) 또는 냉동

2025년 2회

09 빈칸에 들어갈 말을 채우시오.

식품의 저장 유통 온도는 다음과 같다.
- 냉장식품의 저장 유통 온도는 (ㄱ)℃이다.
  훈제연어는 (ㄴ)℃ 이하이며, 이와 같이 개별 기준 규격이 있는 것은 이에 따른다.
- 식육 냉장 시 저장 유통 온도는 (ㄷ)℃이다.
  가금육은 (ㄹ)℃이며, 이와 같이 개별 기준 규격이 있는 것은 이에 따른다.
- 냉동 저장 및 유통 온도는 (ㅁ)℃ 이하이다.

모범답안

ㄱ : 0 ~ 10

ㄴ : 0 ~ 5

ㄷ : −2 ~ 10

ㄹ : −2 ~ 5

ㅁ : −18

참고

식품공전 > 제2. 식품일반에 대한 공통기준 및 규격 > 4. 보존 및 유통기준 > 2) 보존 및 유통 온도

2007년 1회

10 플라스틱 필름 및 알루미늄 호일을 적층한 필름용기에 조리·가공한 식품을 충진·밀봉한 후 가압·가열·살균 냉각한 파우치 식품을 무엇이라 하는지 쓰시오.

모범답안

레토르트식품

2021년 3회, 2017년 3회

11 레토르트식품의 제조 및 가공기준을 쓰시오.

모범답안

- 멸균은 제품의 중심온도가 120℃ 이상에서 4분 이상 열처리하거나 또는 이와 동등 이상의 효력이 있는 방법으로 열처리하여야 한다.
- pH 4.6을 초과하는 저산성식품(low acid food)은 제품의 내용물, 가공장소, 제조일자를 확인할 수 있는 기호를 표시하고 멸균공정 작업에 대한 기록을 보관하여야 한다.
- pH가 4.6 이하인 산성식품은 가열 등의 방법으로 살균처리할 수 있다.
- 제품은 저장성을 가질 수 있도록 그 특성에 따라 적절한 방법으로 살균 또는 멸균 처리하여야 하며 내용물의 변색이 방지되고 호열성 세균의 증식이 억제될 수 있도록 적절한 방법으로 냉각시켜야 한다.
- 보존료는 일절 사용하여서는 아니 된다.

참고

식품공전 > 제4. 장기보존식품의 기준 및 규격 > 2. 레토르트식품

2008년 1회

12 레토르트식품의 기준 및 규격 중 아래 항목에 대해 쓰시오.
- 보존료 사용기준 :
- 타르색소 사용기준 :

모범답안

- 보존료 사용기준 : 일절 사용하여서는 아니 된다.
- 타르색소 사용기준 : 검출되어서는 아니 된다.

참고

식품공전 > 제4. 장기보존식품의 기준 및 규격 > 2. 레토르트식품

13 장기보존식품의 기준 및 규격에 해당하는 식품 3가지를 〈보기〉에서 고르시오.

> 〈보기〉
> 냉동식품, 레토르트식품, 통·병조림 식품, 초콜릿, 식초, 주정

모범답안

냉동식품, 레토르트식품, 통·병조림 식품

14 제조, 가공 또는 조리 후 장기간 보존을 위한 냉동식품을 2가지로 분류하시오.

모범답안

- 가열하지 않고 섭취하는 냉동식품
- 가열하여 섭취하는 냉동식품

참고

식품공전 > 제4. 장기보존식품의 기준 및 규격 > 3. 냉동식품

15 정상적으로 섭취, 소화, 흡수 또는 대사할 수 있는 능력이 제한되거나 질병, 수술 등의 임상적 상태로 인하여 일반인과 생리적으로 특별히 다른 영양요구량을 가지고 있어 충분한 영양공급이 필요하거나 일부영양성분의 제한 또는 보충이 필요한 사람에게 식사의 일부 또는 전부를 대신할 목적으로 경구 또는 경관급식을 통하여 공급할 수 있도록 제조·가공된 식품을 무엇이라 하는가?

모범답안

특수의료용도식품

참고

식품공전 > 제4. 장기보존식품의 기준 및 규격 > 2. 레토르트식품

16 수입다대기에서 홍국색소가 검출되어 회수조치되었다. 홍국색소는 홍국균의 배양물을 에 탄올로 추출하여 얻어진 색소이며, 식품에 사용이 허용된 식품첨가물이다. 그럼에도 다 대기가 회수조치된 이유를 설명하시오.

모범답안

다대기는 향신료가공품에 해당한다. 식품공전상 향신료가공품의 제조·가공기준에 따르면 고추 또는 고춧가루를 함유한 향신료조제품 제조 시 홍국색소의 사용이 금지되어 있다.

참고

• 식품공전 > 제5. 식품별 기준 및 규격 > 13. 조미식품 > 13-5 향신료가공품
• 식품첨가물 공전상 홍국색소의 사용기준에서도 '향신료가공품(고추 또는 고춧가루 함유 제품에 한함)에 사용하여서는 아니 된다'라고 고시되어 있다. 따라서 다대기 사용 시 홍국색소를 사용할 경우 회수조치 및 각종 행정처분이 취해질 수 있다.

17 식품공전에 나온 간장의 종류에 따른 정의를 쓰시오.

모범답안

• 한식간장 : 메주를 주원료로 하여 식염수 등을 섞어 발효·숙성시킨 후 그 여액을 가공한 것을 말한다.
• 양조간장 : 대두, 탈지대두 또는 곡류 등에 누룩균 등을 배양하여 식염수 등을 섞어 발효·숙성 시킨 후 그 여액을 가공한 것을 말한다.
• 산분해간장 : 단백질을 함유한 원료를 산으로 가수분해한 후 그 여액을 가공한 것을 말한다.
• 효소분해간장 : 단백질을 함유한 원료를 효소로 가수분해한 후 그 여액을 가공한 것을 말한다.
• 혼합간장 : 한식간장 또는 양조간장에 산분해간장 또는 효소분해간장을 혼합하여 가공한 것이나 산분해간장 원액에 단백질 또는 탄수화물 원료를 가하여 발효·숙성시킨 여액을 가공한 것 또는 이의 원액에 양조간장 원액이나 산분해간장 원액 등을 혼합하여 가공한 것을 말한다.

참고

식품공전 > 제5. 식품별 기준 및 규격 > 12. 장류 > 4) 식품유형

18 식품공전상 식초의 정의와 종류를 쓰시오.

모범답안

- 정의 : 식초라 함은 곡류, 과실류, 주류 등을 주원료로 하여 초산발효하거나 이에 곡물당화액, 과실착즙액 등을 혼합하여 숙성하는 등의 공정을 거쳐 제조한 발효식초와 빙초산 또는 초산을 주원료로 하여 먹는 물로 희석하는 등의 방법으로 제조한 희석초산을 말한다.
- 종류(식품유형) : 발효식초, 희석초산

참고

식품공전 > 제5. 식품별 기준 및 규격 > 13. 조미식품 > 13-1 식초류

19 아래 형태의 식품유형을 쓰시오.

> (1) 밀가루 99.99%, 니코틴산, 환원철, 비타민 C 등이 첨가된 식품유형
> (2) 옥수수, 보리차 등 티백 포장된 형태의 식품유형

모범답안

(1) 영양강화밀가루
(2) 침출차

참고

- 식품공전 > 제5. 식품별 기준 및 규격 > 9. 음료류 > 9-1 다류
- 식품공전 > 제5. 식품별 기준 및 규격 > 16. 농산가공식품류 > 16-2 밀가루류

20 산분해간장의 장점과 단점을 쓰시오.

모범답안

- 장점 : 단시간에 대량생산이 가능하고 생산단가가 낮다.
- 단점 : 발효간장에 비해 풍미가 떨어지고, 3-MCPD가 생성될 수 있다.

21 특수영양식품이란 무엇인지 그 정의와 예시 2가지를 쓰시오.

모범답안

- 정의 : 영·유아, 비만자 또는 임산·수유부 등 특별한 영양관리가 필요한 특정 대상을 위하여 식품과 영양성분을 배합하는 등의 방법으로 제조·가공한 것
- 예시 : 조제유류, 영아용 조제식, 성장기용 조제식, 영·유아용 이유식, 체중조절용 조제식품, 임산·수유부용 식품, 고령자용 영양조제식품

참고

식품공전 > 제5. 식품별 기준 및 규격 > 10. 특수영양식품

식품첨가물의 기준 및 규격

01 식품첨가물의 정의

(1) 「식품위생법」

식품첨가물이란 식품을 제조·가공·조리 또는 보존하는 과정에서 감미(甘味), 착색(着色), 표백(漂白) 또는 산화방지 등을 목적으로 식품에 사용되는 물질을 말한다. 이 경우 기구(器具)·용기·포장을 살균·소독하는 데에 사용되어 간접적으로 식품으로 옮아갈 수 있는 물질을 포함한다.

(2) FAO/WHO 합동 식품첨가물 전문가위원회(JECFA)

식품의 외관, 향미, 조직 또는 저장성을 향상시킬 목적으로 식품에 의도적으로 보통 미량으로 첨가되는 비영양성 물질

(3) CODEX

'식품첨가물'이란, 식품의 일반적인 구성성분이 아니고, 그 자체를 식품원료로 사용하지 않으며, 영양가와 상관없이 식품의 저장, 수송, 포장, 충진, 조제, 가공에 기술적인 목적을 가지고 식품에 의도적으로 첨가하는 물질

02 용어의 정의

(1) 일반식품첨가물

식품첨가물 중 "가공보조제", "영양강화제", "혼합제제류", "기구등의 살균·소독제"를 제외한 식품첨가물을 말한다.

감미료	식품에 단맛을 부여하는 식품첨가물
고결방지제	식품의 입자 등이 서로 부착되어 고형화되는 것을 감소시키는 식품첨가물
거품제거제	식품의 거품 생성을 방지하거나 감소시키는 식품첨가물

껌기초제	적당한 점성과 탄력성을 갖는 비영양성의 씹는 물질로서 껌 제조의 기초 원료가 되는 식품첨가물
밀가루개량제	밀가루나 반죽에 첨가되어 제빵 품질이나 색을 증진시키는 식품첨가물
발색제	식품의 색을 안정화시키거나, 유지 또는 강화시키는 식품첨가물
보존료	미생물에 의한 품질 저하를 방지하여 식품의 보존기간을 연장시키는 식품첨가물
분사제	용기에서 식품을 방출시키는 가스 식품첨가물
산도조절제	식품의 산도 또는 알칼리도를 조절하는 식품첨가물
산화방지제	산화에 의한 식품의 품질 저하를 방지하는 식품첨가물
습윤제	식품이 건조되는 것을 방지하는 식품첨가물
안정제	두 가지 또는 그 이상의 성분을 일정한 분산 형태로 유지시키는 식품첨가물
유화제	물과 기름 등 섞이지 않는 두 가지 또는 그 이상의 상(phases)을 균질하게 섞어주거나 유지시키는 식품첨가물
응고제	식품 성분을 결착 또는 응고시키거나, 과일 및 채소류의 조직을 단단하거나 바삭하게 유지시키는 식품첨가물
젤형성제	젤을 형성하여 식품에 물성을 부여하는 식품첨가물
증점제	식품의 점도를 증가시키는 식품첨가물
착색료	식품에 색을 부여하거나 복원시키는 식품첨가물
충전제	산화나 부패로부터 식품을 보호하기 위해 식품의 제조 시 포장 용기에 의도적으로 주입시키는 가스 식품첨가물
팽창제	가스를 방출하여 반죽의 부피를 증가시키는 식품첨가물
표백제	식품의 색을 제거하기 위해 사용되는 식품첨가물
표면처리제	식품의 표면을 매끄럽게 하거나 정돈하기 위해 사용되는 식품첨가물
피막제	식품의 표면에 광택을 내거나 보호막을 형성하는 식품첨가물
향미증진제	식품의 맛 또는 향미를 증진시키는 식품첨가물
향료	식품에 특유한 향을 부여하거나 제조공정 중 손실된 식품 본래의 향을 보강시키는 식품첨가물

(2) 가공보조제

식품의 제조 과정에서 기술적 목적을 달성하기 위하여 의도적으로 사용되고 최종 제품 완성 전 분해, 제거되어 잔류하지 않거나 비의도적으로 미량 잔류할 수 있는 식품첨가물을 말한다. 식품첨가물의 용도 중 '살균제', '여과보조제', '이형제', '제조용제', '청관제', '추출용제', '효소제'가 가공보조제에 해당된다.

살균제	식품 표면의 미생물을 단시간 내에 사멸시키는 작용을 하는 식품첨가물
여과보조제	불순물 또는 미세한 입자를 흡착하여 제거하기 위해 사용되는 식품첨가물
이형제	식품의 형태를 유지하기 위해 원료가 용기에 붙는 것을 방지하여 분리하기 쉽도록 하는 식품첨가물
제조용제	식품의 제조·가공 시 촉매, 침전, 분해, 청징 등의 역할을 하는 보조제 식품첨가물

청관제	식품에 직접 접촉하는 스팀을 생산하는 보일러 내부의 결석, 물 때 형성, 부식 등을 방지하기 위하여 투입하는 식품첨가물
추출용제	유용한 성분 등을 추출하거나 용해시키는 식품첨가물
효소제	특정한 생화학 반응의 촉매 작용을 하는 식품첨가물

(3) "영양강화제"란 식품의 영양학적 품질을 유지하기 위해 제조공정 중 손실된 영양소를 복원하거나, 결핍되면 건강상 문제를 발생시키는 영양소를 보충하기 위해 사용되는 식품첨가물을 말한다.

(4) "기구등의 살균·소독제"란 기구 및 용기·포장(이하 "기구등"이라 한다)을 살균·소독하는 데에 사용되어 간접적으로 식품으로 옮아갈 수 있는 물질을 말한다.

03 식품첨가물 일반 기준 및 규격

(1) 일반제조기준

① 식품첨가물은 식품원료와 동일한 방법으로 취급되어야 하며, 제조된 식품첨가물은 개별 품목별 성분규격에 적합하여야 한다.

② 식품첨가물을 제조 또는 가공할 때에는, 그 제조 또는 가공에 필요불가결한 경우 이외에는 산성백토, 백도토, 벤토나이트, 탤크, 모래, 규조토, 탄산마그네슘 또는 이와 유사한 불용성의 광물성물질을 사용하여서는 아니 된다.

③ 식품첨가물의 제조 또는 가공할 때에 사용하는 용수는 「먹는물 관리법」에 따른 먹는물 수질기준에 적합한 것이어야 한다.

④ 유전자변형기술에 의해 얻어진 미생물을 이용하여 제조한 식품첨가물은 「식품위생법」제18조에 따른 「유전자변형식품등의 안전성 심사에 관한 규정」(식품의약품안전처 고시)에 따라 승인된 것으로서 품목별 기준 및 규격에 적합한 것이어야 한다.

⑤ 키틴, 키토산, 글루코사민, 카라기난, 알긴산 및 코치닐추출색소(카민 포함) 등의 제조 원료는 수집·보관·운송 과정에서 위생적으로 취급되어야 한다.

⑥ 별도의 규정이 없는 한, 동물, 식물, 광물 등을 원료로 하여 제조되는 식품첨가물에 사용되는 추출용매는 물, 주정과 「식품첨가물의 기준 및 규격」에 수재된 것으로서 개별규격에 적합한 것이나, 삼염화에틸렌, 염화메틸렌으로서 「식품첨가물의 기준 및 규격」 [별표 5]의 품목별 규격에 적합한 것이어야 한다. 다만, 사용된 용매(물, 주정 제외)는 최종 제품 완성 전에 제거하여야 한다.

⑦ 1-하이드록시에틸리덴-1,1-디포스포닌산은 과산화초산의 제조에 한하여 사용되어야 하고, 「식품첨가물의 기준 및 규격」 [별표 5]의 성분규격에 적합한 것이어야 한다.

⑧ 「식품첨가물의 기준 및 규격」에 수재된 품목 중 제조장치로부터 제조되는 식품첨가물의 경우 이들 품목의 제조장치는 「전기용품 및 생활용품 안전관리법」, 「산업표준화법」 등 관련 법령에 적합한 기계장치 또는 부품을 사용하여 제조·조립·구성되어야 하고, 생성된 최종 식품첨가물이 직접 접촉하는 부품의 재질은 「기구 및 용기·포장의 기준 및 규격」(식품의약품안전처 고시)에 적합한 것이어야 한다.

(2) 일반사용기준

① 식품 중에 첨가되는 식품첨가물의 양은 물리적, 영양학적 또는 기타 기술적 효과를 달성하는데 필요한 최소량으로 사용하여야 한다.

② 식품첨가물은 식품 제조·가공 과정 중 결함있는 원재료나 비위생적인 제조방법을 은폐하기 위하여 사용되어서는 아니 된다.

③ 식품첨가물은 식품을 제조·가공·조리 또는 보존하는 과정에 사용하여야 하며, 그 자체로 직접 섭취하거나 흡입하는 목적으로 사용하여서는 아니 된다.

④ 식용을 목적으로 하는 미생물 등의 배양에 사용하는 식품첨가물은 이 고시에서 정하고 있는 품목 또는 국제식품규격위원회(Codex Alimentarius Commission)에서 미생물 영양원으로 등재된 것으로 최종식품에 잔류하여서는 아니 된다. 다만, 불가피하게 잔류할 경우에는 품목별 사용기준에 적합하여야 한다.

⑤ 「식품첨가물의 기준 및 규격」에서 품목별로 정하여진 주용도 이외에 국제적으로 다른 용도로서 기술적 효과가 입증되어 사용의 정당성이 인정되는 경우, 해당 용도로 사용할 수 있다.

⑥ 「대외무역관리규정」(산업통상자원부 고시)에 따른 외화획득용 원료 및 제품(주식회사 한국관광용품센터에서 수입하는 식품 제외), 「관세법」 제143조에 따라 세관장의 허가를 받아 외국으로 왕래하는 선박 또는 항공기 안에서 소비되는 식품 및 선천성대사이상질환자용 식품을 제조·가공·수입함에 있어 사용되는 식품첨가물은 「식품위생법」 제6조 및 이 기준·규격의 적용을 받지 아니할 수 있다.

⑦ 자사제품 제조용 원료(「수입식품안전관리 특별법 시행규칙」 별표 9 제2호가목2)에서 규정하고 있는 원료를 말한다)로 수입신고되는 식품의 경우, 「식품첨가물의 기준 및 규격」 III. 품목별 사용기준을 적용하지 아니할 수 있다. 다만, 이를 사용하여 제조한 최종식품은 「식품첨가물의 기준 및 규격」 III. 품목별 사용기준에 적합하여야 한다.

구분	식품첨가물	주용도
1	감초추출물, 네오탐, D – 리보오스, 이소말트, D – 자일로오스, 토마틴	감미료
2	과산화수소	살균제, 제조용제
3	과산화초산	살균제
4	과산화벤조일(희석), 과황산암모늄, 아조디카르본아미드, 염소	밀가루개량제
5	L–글루탐산나트륨, L–글루탐산암모늄, L–글루탐산칼륨, 카페인	향미증진제
6	구연산, 구연산이수소칼륨, 구연산일나트륨	산도조절제
7	구연산망간, 구연산제일철나트륨, 구연산철, 구연산철암모늄	영양강화제
8	구연산삼나트륨, 구연산칼륨, 구연산칼슘	산도조절제, 영양강화제
9	규산마그네슘, 규산칼슘	고결방지제, 여과보조제
10	규소수지	거품제거제
11	규조토, 메타규산나트륨, 백도토, 벤토나이트, 산성백토, 퍼라이트, 폴리비닐폴리피로리돈, 활성탄	여과보조제
12	글리실리진산이나트륨	감미료
13	메타인산나트륨, 메타인산칼륨	산도조절제, 팽창제
14	메틸알코올, 부탄, 아세톤, 헥산	추출용제
15	무수아황산, 메타중아황산칼륨, 산성아황산나트륨, 아황산나트륨, 차아황산나트륨	표백제, 보존료, 산화방지제
16	메타중아황산나트륨	표백제, 보존료, 산화방지제, 밀가루개량제
17	부틸히드록시아니솔, 디부틸히드록시톨루엔, 몰식자산프로필, 이.디.티.에이.이나트륨, 이.디.티.에이.칼슘이나트륨, 터셔리부틸히드로퀴논	산화방지제
18	비타민 K_1, 비타민K_2	영양강화제
19	사카린나트륨, 아스파탐, 아세설팜칼륨	감미료
20	산화철	착색료
21	D–소비톨, D–소비톨액, 자일리톨	감미료, 습윤제
22	소브산, 소브산칼륨, 소브산칼슘	보존료
23	수크랄로스	감미료
24	L– 시스테인염산염	밀가루개량제, 영양강화제, 향료
25	식용색소청색2호, 식용색소청색2호알루미늄레이크	착색료
26	아질산나트륨, 질산나트륨, 질산칼륨	발색제, 보존료
27	안식향산, 안식향산나트륨, 안식향산칼륨, 안식향산칼슘	보존료
28	에리스리톨	향미증진제, 감미료, 습윤제
29	에리토브산, 에리토브산나트륨	산화방지제
30	오존수, 차아염소산나트륨, 차아염소산수, 차아염소산칼슘	살균제

구분	식품첨가물	주용도
31	요오드산칼륨, 요오드칼륨	영양강화제, 밀가루개량제
32	유동파라핀, 피마자유	이형제, 피막제
33	이산화규소	고결방지제, 여과보조제, 거품제거제
34	이산화염소(수)	밀가루개량제, 살균제
35	이산화탄소	분사제, 충전제
36	이소프로필알코올	제조용제, 추출용제, 향료
37	DL-주석산, L-주석산, DL-주석산나트륨, 주석산칼륨나트륨	산도조절제
38	L-주석산나트륨	산도조절제, 영양강화제
39	DL-주석산수소칼륨, L-주석산수소칼륨	산도조절제, 팽창제
40	질소	분사제, 충전제, 제조용제

기출문제

02 Chapter

2018년 2회, 2015년 2회, 2013년 1회, 2009년 3회, 2008년 2회

01

식품첨가물 codex 규격을 결정하는 국제기구 2가지를 쓰시오.

모범답안

- 국제식품규격위원회(CAC)
- FAO/WHO 합동 식품첨가물전문가위원회(JECFA)

➕ 해설

CODEX

- 정의 : 국제식품규격위원회(CODEX)는 1962년에 설립되어 188개 회원국과 1개(EU)의회원 기구가 가입되어 있는 정부 간 기구로 식품안전 및 교역 관련 국제 기준 규격을 설정하고 마련한다.
- 역할 : CODEX 기준·규격은 국가 간 식품 교역에서 유일한 기준·규격으로, 이를 통해 소비자가 품질 및 안전이 보장된 식품을 섭취할 수 있고, 무역 시 원활한 국제 간 식품 교역 도모에 활용되고 있으며, FTA 체결 확대에 따라 그 중요성이 더욱 강조되고 있다.
- 조직도

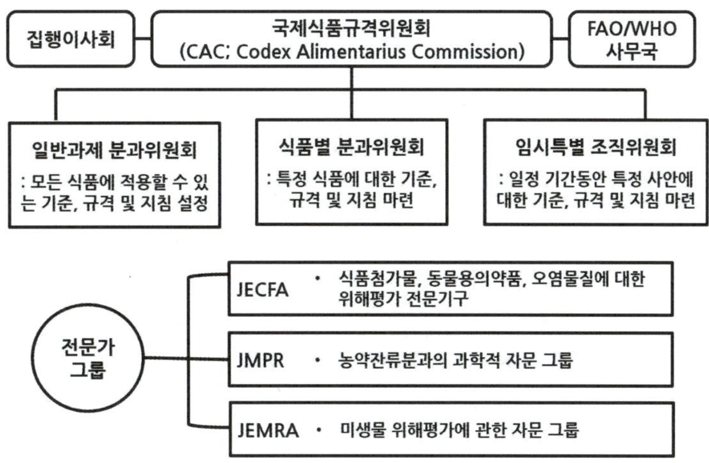

※ 전문가 그룹 : FAO/WHO의 과학적 자문 전문가위원회로, 식품의 기준·규격 설정 시 과학적 근거를 토대로 식품첨가물, 농약 잔류물질, 미생물 등과 관련된 위해 분석 및 평가를 수행하는 전문가 그룹
 - JECFA(Joint FAO/WHO Expert Committee on Food Additives) : 식품첨가물, 동물용의약품, 오염물질에 대한 위해평가 전문기구로, 식품 중 첨가물 오염물질, 동물용의약품 잔류물질의 위해평가에 관한 사항 수행

– JMPR(Joint FAO/WHO Meetings on Pesticide Residues) : 농약잔류분과의 과학적 자문 그룹으로, 농약에 대한 독성 평가, 식품에 대한 잔류농약 허용기준 제안에 관한 사항 수행
– JEMRA(Joint FAO/WHO Expert Meetings on Microbiological Risk Assessment) : 미생물 위해평가에 관한 자문 그룹으로, 미생물에 대한 자문 제공 및 특정 미생물 위해평가에 관한 사항 수행

02 다음 내용을 읽고 알맞은 것을 고르시오.

> (1) 식품 중에 첨가되는 식품첨가물의 양은 물리적, 영양학적 또는 기타 가술적 효과를 달성하는 데 필요한 (최소량/최대량)으로 사용하여야 한다.
> (2) 식품첨가물은 식품 제조 · 가공과정 중 결함 있는 원재료나 비위생적인 제조방법을 (은폐/교정)하기 위하여 사용되어서는 아니 된다.
> (3) 식품 중에 첨가되는 (영양강화제/품질안정제)는 식품의 영양학적 품질을 유지하거나 개선시키는 데 사용되어야 하며, 영양소의 과잉 섭취 또는 불균형한 섭취를 유발해서는 아니 된다.

모범답안

(1) 최소량
(2) 은폐
(3) 영양강화제

참고

식품첨가물공전 > Ⅱ. 일반 기준 및 규격 > 2. 일반사용기준

03 다음 〈보기〉를 보고 빈칸을 채우시오.

> 〈보기〉
> 착색, 감미, 희석, 용해, 분리, 분산, 보존, 개량, 강화, 알칼리화, 중화, 산성화, 유화
>
> 혼합제제류에는 별도의 규정이 없는 한 식품첨가물의 취급, 사용을 용이하게 하기 위하여 식품성분인 희석제를 첨가할 수 있다. 이 경우 희석제는 식품첨가물을 (   ), (   ), (   )시키는 목적으로 사용하여야 하며 식품첨가물의 기능에 변화를 주어서는 아니 된다.

혼합제제류에는 별도의 규정이 없는 한 식품첨가물의 취급, 사용을 용이하게 하기 위하여 식품성분인 희석제를 첨가할 수 있다. 이 경우 희석제는 식품첨가물을 (**용해**), (**희석**), (**분산**)시키는 목적으로 사용하여야 하며 식품첨가물의 기능에 변화를 주어서는 아니 된다.

참고

식품첨가물공전 > Ⅲ. 품목별 사용기준 > 4. 혼합제제류 > 1) 공통기준
(3) 혼합제제류에는 별도의 규정이 없는 한 식품첨가물의 취급, 사용을 용이하게 하기 위하여 식품성분인 희석제를 첨가할 수 있다. 이 경우 희석제는 식품첨가물을 용해, 희석, 분산시키는 목적으로 사용하여야 하며 식품첨가물의 기능에 변화를 주어서는 아니 된다.

2012년 3회

04 식품첨가물공전에 따른 주요 용도를 쓰시오.
- 보존료
- 감미료
- 거품제거제

- 보존료 : 미생물에 의한 품질 저하를 방지하여 식품의 보존기간을 연장시키는 식품첨가물
- 감미료 : 식품에 단맛을 부여하는 식품첨가물
- 거품제거제 : 식품의 거품 생성을 방지하거나 감소시키는 식품첨가물

참고

식품첨가물공전 > Ⅰ. 총칙 > 2. 용어의 정의

2023년 3회, 2007년 1회

05 식육가공품 제조 시 첨가하는 아질산나트륨의 화학식과 식품첨가물로서의 주용도를 쓰시오.

- 화학식 : $NaNO_2$
- 주용도 : 발색제, 보존료

발색제 화학식

- 아질산나트륨 : $NaNO_2$
- 질산나트륨 : $NaNO_3$
- 질산칼륨 : KNO_3

2022년 2회, 2017년 1회

06

식품첨가물의 사용 용도를 쓰시오.
(1) 구연산
(2) 자일리톨
(3) 무수아황산
(4) 사카린나트륨
(5) 메틸알코올
(6) 부틸히드록시아니솔

모범답안

(1) 산도조절제
(2) 감미료
(3) 보존료, 산화방지제, 표백제
(4) 감미료
(5) 추출용제
(6) 산화방지제

2025년 3회, 2020년 2회

07

식품첨가물의 사용 용도를 쓰시오.
(1) 수크랄로스
(2) 소브산
(3) 카페인
(4) 부틸히드록시아니솔
(5) 식용색소청색제2호

(1) 감미료

(2) 보존료

(3) 향미증진제

(4) 산화방지제

(5) 착색료

2010년 2회

08

식품첨가물의 사용 용도를 쓰시오.
(1) 안식향산나트륨
(2) 차아염소산나트륨
(3) 에리토브산나트륨
(4) 구연산

(1) 보존료

(2) 살균제

(3) 산화방지제

(4) 산도조절제

2015년 3회, 2007년 1회

09

식품첨가물공전상 헥산(hexane)의 정의와 용도에 대해 쓰시오.

- 정의 : 석유 성분 중에서 n-헥산의 비점 부근에서 증류하여 얻어진 것
- 용도 : 추출용제

참고

식품첨가물공전 > Ⅳ. 품목별 성분규격 > 1. 일반식품첨가물/가공보조제/영양강화제
헥산(hexane)
정의 : 이 품목은 석유 성분 중에서 n-헥산의 비점 부근에서 증류하여 얻어진 것이다.
성상 : 이 품목은 무색 투명한 휘발성의 액체로서 특이한 냄새가 있다.

10 발색제 자체 색의 특성을 쓰고, 착색료와 비교되는 발색제의 특성을 쓰시오.

모범답안

- 발색제 자체 색 : 전반적으로 백색
- 착색료와 비교되는 발색제의 특성 : 착색료는 식품에 색을 부여하거나 복원시키는 식품첨가물이고 발색제는 식품의 색을 안정화시키거나 유지 또는 강화시키는 식품첨가물이다. 식품에 색을 입히는 착색제와는 달리 발색제는 식품 본래의 색을 선명하게 유지시키는 기능을 한다.

11 블루베리롤빵의 표시사항에 표시된 저지방마가린의 조지방규격(%), 잼의 주석산칼륨나트륨의 역할, 혼합제제의 정의, D-소비톨의 역할과 맛에 대해 쓰시오.
(1) 저지방마가린 조지방규격(%)
(2) 주석산칼륨나트륨
(3) 혼합제제
(4) D-소비톨

모범답안

(1) 조지방 10% 이상 80% 미만
(2) 산도조절제
(3) 식품첨가물을 2종 이상 혼합하거나, 1종 또는 2종 이상 혼합한 것을 희석제와 혼합 또는 희석한 것
(4) 감미료, 단맛

12 식품첨가물공전상 보존료의 정의와 탄산음료에 사용 가능한 보존료 예시 2가지를 쓰시오.

모범답안

- 보존료 : 미생물에 의한 품질 저하를 방지하여 식품의 보존기간을 연장시키는 식품첨가물
- 탄산음료에 사용 가능한 보존료 : 소브산, 안식향산

식품첨가물공전 > Ⅲ. 품목별 사용기준 > 1. 일반식품첨가물

- 소브산, 소브산칼륨, 소브산칼슘
  7. 탄산음료 : 0.5g/kg 이하(안식향산, 안식향산나트륨, 안식향산칼륨 또는 안식향산칼슘과 병용할 때에는 소브산으로서 사용량과 안식향산으로서 사용량의 합계가 0.6g/kg 이하, 그중 소브산으로서의 사용량은 0.5g/kg 이하)
- 안식향산, 안식향산나트륨, 안식향산칼륨, 안식향산칼슘
  2. 탄산음료 : 0.6g/kg 이하(소브산, 소브산칼륨 또는 소브산칼슘과 병용할 때에는 안식향산으로서 사용량과 소브산으로서 사용량의 합계 가 0.6g/kg 이하, 그중 소브산으로서의 사용량은 0.5g/kg 이하)

2009년 2회

13 숯과 활성탄의 원료와 제조방법, 식용 가능 여부, 식품첨가물 등재 여부, 사용기준에 대해 쓰시오.(단, 등재되어 있지 않다면 - 로 표시하시오.)

구분	숯	활성탄
제조방법		
식용 가능 여부		
식품첨가물 등재 여부		
사용기준		

모범답안

구분	숯	활성탄
제조방법	나무를 탄화	톱밥, 목편, 야자나무껍질의 식물성 섬유질이나 아탄 또는 석유 등의 함탄소 물질을 탄화시킨 다음 활성화
식용 가능 여부	식용 불가	식용 불가
식품첨가물 등재 여부	-	등재
사용기준	-	• 식품의 제조 또는 가공상 여과보조제 목적에 한하여 사용 • 최종식품 완성 전에 제거해야 함 • 식품 중의 잔존량은 0.5% 이하여야 함

14 메타인산염을 육류, 과실 및 면류에 사용하였을 때의 효과를 쓰시오.

모범답안

- 육류 : 산도조절제로서 식품의 산도 또는 알칼리도를 조절
- 과실 : 산도조절제로서 식품의 산도 또는 알칼리도를 조절
- 면류 : 팽창제로서 가스를 방출하여 반죽의 부피를 증가

➕ 해설

메타인산염의 식품첨가물공전상 주용도
- 메타인산나트륨 : 산도조절제, 팽창제
- 메타인산칼륨 : 산도조절제, 팽창제

15 기구 및 용기·포장 공전의 일부이다. A, B에 해당하는 용어를 〈보기〉에서 골라 쓰시오.

〈보기〉
잔류, 용출, 표준, 정량, 추출, 농축

1-8 염화비닐계
 가. 폴리염화비닐(poly(vinyl chloride) : PVC)
 1) 정의
   폴리염화비닐이란 기본 중합체(base polymer) 중 염화비닐의 함유율이 50% 이상인 합성수지제를 말한다.
 2) (A)규격

항목	규격(mg/kg)
염화비닐	1 이하
디부틸주석화합물 (이염화디부틸주석으로서)	50 이하
크레졸인산에스테르	1,000 이하

3) (　B　)규격

항목	규격(mg/L)
납	1 이하
과망간산칼륨소비량	10 이하
총용출량	30 이하 (다만, 침출용액이 n-헵탄인 경우 150 이하)
디부틸프탈레이트	0.3 이하
벤질부틸프탈레이트	30 이하
디에틸헥실프탈레이트	1.5 이하
디-n-옥틸프탈레이트	5 이하
디이소노닐프탈레이트 및 디이소데실프탈레이트	9 이하(합계로서)
디에틸헥실아디페이트	18 이하

4) 시험방법
　가) 염화비닐 : Ⅳ. 2. 2-16 염화비닐 시험법 가. 잔류시험
　나) 디부틸주석화합물 : Ⅳ. 2. 2-17 디부틸주석화합물 시험법
　다) 크레졸인산에스테르 : Ⅳ. 2. 2-18 크레졸인산에스테르 시험법
　라) 납 : Ⅳ. 2. 2-1 납 시험법 나. 용출시험
　마) 과망간산칼륨소비량 : Ⅳ. 2. 2-7 과망간산칼륨소비량 시험법
　바) 총용출량 : Ⅳ. 2. 2-8 총용출량 시험법
　사) 디부틸프탈레이트, 벤질부틸프탈레이트, 디에틸헥실프탈레이트, 디-n-옥틸프탈
　　레이트, 디이소노닐프탈레이트, 디이소데실프탈레이트 및 디에틸헥실아디페이트
　　: Ⅳ. 2. 2-19 디부틸프탈레이트, 벤질부틸프탈레이트, 디에틸헥실프탈레이트,
　　디-n-옥틸프탈레이트, 디이소노닐프탈레이트, 디이소데실프탈레이트 및 디에틸
　　헥실아디페이트 시험법

모범답안

A : 잔류

B : 용출

참고

기구 및 용기·포장의 기준 및 규격 > Ⅲ. 재질별 규격 > 1. 합성수지제 > 1-8 염화비닐계 > 가. 폴리염화비닐(poly(vinyl chloride) : PVC)

1) 정의
　폴리염화비닐이란 기본 중합체(base polymer) 중 염화비닐의 함유율이 50% 이상인 합성수지제를 말한다.

2) 잔류규격

항목	규격(mg/kg)
염화비닐	1 이하
디부틸주석화합물 (이염화디부틸주석으로서)	50 이하
크레졸인산에스테르	1,000 이하

3) 용출규격

항목	규격(mg/L)
납	1 이하
과망간산칼륨소비량	10 이하
총용출량	30 이하 (다만, 침출용액이 n-헵탄인 경우 150 이하)
디부틸프탈레이트	0.3 이하
벤질부틸프탈레이트	30 이하
디에틸헥실프탈레이트	1.5 이하
디-n-옥틸프탈레이트	5 이하
디이소노닐프탈레이트 및 디이소데실프탈레이트	9 이하(합계로서)
디에틸헥실아디페이트	18 이하

4) 시험방법

가) 염화비닐 : Ⅳ. 2. 2-16 염화비닐 시험법 가. 잔류시험

나) 디부틸주석화합물 : Ⅳ. 2. 2-17 디부틸주석화합물 시험법

다) 크레졸인산에스테르 : Ⅳ. 2. 2-18 크레졸인산에스테르 시험법

라) 납 : Ⅳ. 2. 2-1 납 시험법 나. 용출시험

마) 과망간산칼륨소비량 : Ⅳ. 2. 2-7 과망간산칼륨소비량 시험법

바) 총용출량 : Ⅳ. 2. 2-8 총용출량 시험법

사) 디부틸프탈레이트, 벤질부틸프탈레이트, 디에틸헥실프탈레이트, 디-n-옥틸프탈레이트, 디이소노닐프탈레이트, 디이소데실프탈레이트 및 디에틸헥실아디페이트 : Ⅳ. 2. 2-19 디부틸프탈레이트, 벤질부틸프탈레이트, 디에틸헥실프탈레이트, 디-n-옥틸프탈레이트, 디이소노닐프탈레이트, 디이소데실프탈레이트 및 디에틸헥실아디페이트 시험법

식품위생법

01 용어의 정의

(1) 제2조(정의)

① "식품"이란 모든 음식물(의약으로 섭취하는 것은 제외한다.)을 말한다.

② "식품첨가물"이란 식품을 제조·가공·조리 또는 보존하는 과정에서 감미(甘味), 착색(着色), 표백(漂白) 또는 산화방지 등을 목적으로 식품에 사용되는 물질을 말한다. 이 경우 기구(器具)·용기·포장을 살균·소독하는 데에 사용되어 간접적으로 식품으로 옮아갈 수 있는 물질을 포함한다.

③ "화학적 합성품"이란 화학적 수단으로 원소(元素) 또는 화합물에 분해 반응 외의 화학 반응을 일으켜서 얻은 물질을 말한다.

④ "기구"란 다음의 어느 하나에 해당하는 것으로서 식품 또는 식품첨가물에 직접 닿는 기계·기구나 그 밖의 물건(농업과 수산업에서 식품을 채취하는 데에 쓰는 기계·기구나 그 밖의 물건 및 「위생용품 관리법」 제2조제1호에 따른 위생용품은 제외한다.)을 말한다.

　㉠ 음식을 먹을 때 사용하거나 담는 것

　㉡ 식품 또는 식품첨가물을 채취·제조·가공·조리·저장·소분[(小分) : 완제품을 나누어 유통을 목적으로 재포장하는 것을 말한다. 이하 같다]·운반·진열할 때 사용하는 것

⑤ "용기·포장"이란 식품 또는 식품첨가물을 넣거나 싸는 것으로서 식품 또는 식품첨가물을 주고받을 때 함께 건네는 물품을 말한다.

⑥ "공유주방"이란 식품의 제조·가공·조리·저장·소분·운반에 필요한 시설 또는 기계·기구 등을 여러 영업자가 함께 사용하거나, 동일한 영업자가 여러 종류의 영업에 사용할 수 있는 시설 또는 기계·기구 등이 갖춰진 장소를 말한다.

⑦ "위해"란 식품, 식품첨가물, 기구 또는 용기·포장에 존재하는 위험요소로서 인체의 건강을 해치거나 해칠 우려가 있는 것을 말한다.

⑧ "영업"이란 식품 또는 식품첨가물을 채취·제조·가공·조리·저장·소분·운반 또는 판매하거나 기구 또는 용기·포장을 제조·운반·판매하는 업(농업과 수산업에 속하는 식품 채취업은 제외한다. 이하 "식품제조업등"이라 한다.)을 말한다. 이 경우 공유주방을 운영하는 업과 공유주방에서 식품제조업등을 영위하는 업을 포함한다.

⑨ "영업자"란 제37조제1항에 따라 영업허가를 받은 자나 같은 조 제4항에 따라 영업신고를 한 자 또는 같은 조 제5항에 따라 영업등록을 한 자를 말한다.

⑩ "식품위생"이란 식품, 식품첨가물, 기구 또는 용기·포장을 대상으로 하는 음식에 관한 위생을 말한다.

⑪ "집단급식소"란 영리를 목적으로 하지 아니하면서 특정 다수인에게 계속하여 음식물을 공급하는 다음의 어느 하나에 해당하는 곳의 급식시설로서 대통령령으로 정하는 시설을 말한다.

　㉠ 기숙사

　㉡ 학교, 유치원, 어린이집

　㉢ 병원

　㉣ 「사회복지사업법」 제2조제4호의 사회복지시설

　㉤ 산업체

　㉥ 국가, 지방자치단체 및 「공공기관의 운영에 관한 법률」 제4조제1항에 따른 공공기관

　㉦ 그 밖의 후생기관 등

⑫ "식품이력추적관리"란 식품을 제조·가공단계부터 판매단계까지 각 단계별로 정보를 기록·관리하여 그 식품의 안전성 등에 문제가 발생할 경우 그 식품을 추적하여 원인을 규명하고 필요한 조치를 할 수 있도록 관리하는 것을 말한다.

⑬ "식중독"이란 식품 섭취로 인하여 인체에 유해한 미생물 또는 유독물질에 의하여 발생하였거나 발생한 것으로 판단되는 감염성 질환 또는 독소형 질환을 말한다.

⑭ "집단급식소에서의 식단"이란 급식대상 집단의 영양섭취기준에 따라 음식명, 식재료, 영양성분, 조리방법, 조리인력 등을 고려하여 작성한 급식계획서를 말한다.

02 판매 등 금지

(1) 제4조(위해식품등의 판매 등 금지)

누구든지 다음의 어느 하나에 해당하는 식품등을 판매하거나 판매할 목적으로 채취·제조·수입·가공·사용·조리·저장·소분·운반 또는 진열하여서는 아니 된다.

① 썩거나 상하거나 설익어서 인체의 건강을 해칠 우려가 있는 것

② 유독·유해물질이 들어 있거나 묻어 있는 것 또는 그러할 염려가 있는 것. 다만, 식품의약품안전처장이 인체의 건강을 해칠 우려가 없다고 인정하는 것은 제외한다.

③ 병(病)을 일으키는 미생물에 오염되었거나 그러할 염려가 있어 인체의 건강을 해칠 우려가 있는 것

④ 불결하거나 다른 물질이 섞이거나 첨가(添加)된 것 또는 그 밖의 사유로 인체의 건강을 해칠 우려가 있는 것

⑤ 제18조에 따른 안전성 심사 대상인 농·축·수산물 등 가운데 안전성 심사를 받지 아니하였거나 안전성 심사에서 식용(食用)으로 부적합하다고 인정된 것

⑥ 수입이 금지된 것 또는 「수입식품안전관리 특별법」 제20조제1항에 따른 수입신고를 하지
  아니하고 수입한 것
⑦ 영업자가 아닌 자가 제조·가공·소분한 것

(2) 제5조(병든 동물 고기 등의 판매 등 금지)

누구든지 총리령으로 정하는 질병에 걸렸거나 걸렸을 염려가 있는 동물이나 그 질병에 걸려
죽은 동물의 고기·뼈·젖·장기 또는 혈액을 식품으로 판매하거나 판매할 목적으로 채취·수
입·가공·사용·조리·저장·소분 또는 운반하거나 진열하여서는 아니 된다.

(3) 제6조(기준·규격이 정하여지지 아니한 화학적 합성품 등의 판매 등 금지)

누구든지 다음의 어느 하나에 해당하는 행위를 하여서는 아니 된다. 다만, 식품의약품안전처
장이 제57조에 따른 식품위생심의위원회(이하 "심의위원회"라 한다.)의 심의를 거쳐 인체의
건강을 해칠 우려가 없다고 인정하는 경우에는 그러하지 아니하다.
① 제7조 ① 및 ②에 따라 기준·규격이 정하여지지 아니한 화학적 합성품인 첨가물과 이를
  함유한 물질을 식품첨가물로 사용하는 행위
② ①에 따른 식품첨가물이 함유된 식품을 판매하거나 판매할 목적으로 제조·수입·가공·
  사용·조리·저장·소분·운반 또는 진열하는 행위

(4) 제8조(유독기구 등의 판매·사용 금지)

유독·유해물질이 들어 있거나 묻어 있어 인체의 건강을 해칠 우려가 있는 기구 및 용기·포장
과 식품 또는 식품첨가물에 직접 닿으면 해로운 영향을 끼쳐 인체의 건강을 해칠 우려가 있는
기구 및 용기·포장을 판매하거나 판매할 목적으로 제조·수입·저장·운반·진열하거나 영업
에 사용하여서는 아니 된다.

03 한시적 규격 인정

(1) 제7조(식품 또는 식품첨가물에 관한 기준 및 규격)

① 식품의약품안전처장은 국민 건강을 보호·증진하기 위하여 필요하면 판매를 목적으로 하
  는 식품 또는 식품첨가물에 관한 다음의 사항을 정하여 고시한다.
  ㉠ 제조·가공·사용·조리·보존 방법에 관한 기준
  ㉡ 성분에 관한 규격
② 식품의약품안전처장은 ①에 따라 기준과 규격이 고시되지 아니한 식품 또는 식품첨가물의
  기준과 규격을 인정받으려는 자에게 ①의 ㉠ 및 ㉡의 사항을 제출하게 하여 「식품·의약품
  분야 시험·검사 등에 관한 법률」 제6조제3항제1호에 따라 식품의약품안전처장이 지정한

식품전문 시험·검사기관 또는 같은 조 제4항 단서에 따라 총리령으로 정하는 시험·검사기관의 검토를 거쳐 제1항에 따른 기준과 규격이 고시될 때까지 그 식품 또는 식품첨가물의 기준과 규격으로 인정할 수 있다.

③ 수출할 식품 또는 식품첨가물의 기준과 규격은 ① 및 ②에도 불구하고 수입자가 요구하는 기준과 규격을 따를 수 있다.

④ ① 및 ②에 따라 기준과 규격이 정하여진 식품 또는 식품첨가물은 그 기준에 따라 제조·수입·가공·사용·조리·보존하여야 하며, 그 기준과 규격에 맞지 아니하는 식품 또는 식품첨가물은 판매하거나 판매할 목적으로 제조·수입·가공·사용·조리·저장·소분·운반·보존 또는 진열하여서는 아니 된다.

⑤ 식품의약품안전처장은 거짓이나 그 밖의 부정한 방법으로 ②에 따른 기준 및 규격의 인정을 받은 자에 대하여 그 인정을 취소하여야 한다.

(2) 제9조(기구 및 용기·포장에 관한 기준 및 규격)

① 식품의약품안전처장은 국민보건을 위하여 필요한 경우에는 판매하거나 영업에 사용하는 기구 및 용기·포장에 관하여 다음의 사항을 정하여 고시한다.
㉠ 제조 방법에 관한 기준
㉡ 기구 및 용기·포장과 그 원재료에 관한 규격

② 식품의약품안전처장은 ①에 따라 기준과 규격이 고시되지 아니한 기구 및 용기·포장의 기준과 규격을 인정받으려는 자에게 ①의 ㉠ 및 ㉡의 사항을 제출하게 하여 「식품·의약품분야 시험·검사 등에 관한 법률」 제6조제3항제1호에 따라 식품의약품안전처장이 지정한 식품전문 시험·검사기관 또는 같은 조 제4항 단서에 따라 총리령으로 정하는 시험·검사기관의 검토를 거쳐 ①에 따라 기준과 규격이 고시될 때까지 해당 기구 및 용기·포장의 기준과 규격으로 인정할 수 있다.

③ 수출할 기구 및 용기·포장과 그 원재료에 관한 기준과 규격은 ① 및 ②에도 불구하고 수입자가 요구하는 기준과 규격을 따를 수 있다.

④ ① 및 ②에 따라 기준과 규격이 정하여진 기구 및 용기·포장은 그 기준에 따라 제조하여야 하며, 그 기준과 규격에 맞지 아니한 기구 및 용기·포장은 판매하거나 판매할 목적으로 제조·수입·저장·운반·진열하거나 영업에 사용하여서는 아니 된다.

⑤ 식품의약품안전처장은 거짓이나 그 밖의 부정한 방법으로 ②에 따른 기준 및 규격의 인정을 받은 자에 대하여 그 인정을 취소하여야 한다.

> **식품등의 한시적 기준 및 규격 인정 기준**
> **제2조(인정대상)**
> 「식품위생법 시행규칙」 제5조제1항 및 「축산물 위생관리법 시행규칙」 제3조제1항에 따른 식품등 한시적 기준 및 규격의 인정 대상 제품의 범위는 다음 각 호와 같다.

1. 식품(원료로 사용되는 경우만 해당한다. 이하 "식품원료"라 한다.)
   가. 국내에서 새로 원료로 사용하려는 농산물·축산물·수산물 및 미생물 등
   나. 농산물·축산물·수산물·미생물 등으로부터 추출·농축·분리·배양 등의 방법으로 얻은 것으로서 식품으로 사용하려는 원료
   다. 세포·미생물 배양 등 새로운 기술을 이용하여 얻은 것으로서 식품으로 사용하려는 원료
      1) 세포배양 기술을 이용한 식품원료(이하 "세포배양식품원료"라 한다.)
      2) 유전자변형 미생물을 이용하여 제조·가공되었으나 유전자변형 미생물을 포함하지 않는 식품원료(이하 "유전자변형 미생물 유래 식품원료"라 한다.)로서 최초로 수입하거나 개발 또는 생산하는 것
      3) 1)과 2) 외의 식품원료
2. 식품첨가물
   가. 「식품위생법」 제7조제1항의 규정에 따라 개별기준 및 규격이 고시되지 아니한 식품첨가물
   나. 가목 중 유전자변형 미생물을 이용하여 제조·가공되었으나 유전자변형 미생물을 포함하지 않는 식품첨가물(이하 "유전자변형 미생물 유래 식품첨가물"이라 한다.)로서 최초로 수입하거나 개발 또는 생산하는 것. 다만, 분리정제된 비단백질성 아미노산류, 비타민류 및 핵산류(5'-구아닐산, 5'-시티딜산, 5'-아데닐산, 5'-우리딜산, 5'-이노신산 및 이들의 염류)는 제외한다.
3. 「식품위생법」 제7조제1항에 따라 식품의약품안전처장이 고시한 성분으로 제조한 것으로서 기구 또는 용기·포장을 살균·소독할 목적으로 사용되는 식품첨가물(이하 "기구 등의 살균·소독제"라 한다.)
4. 「식품위생법」 제9조제1항에 따라 개별 기준 및 규격이 고시되지 아니한 기구 및 용기·포장
5. 「축산물 위생관리법」 제4조제2항에 따라 가공기준 및 성분규격이 정하여지지 아니한 축산물(이하 "축산물"이라 한다.)

제3조(식품등 한시적 기준 및 규격의 신청)
① 식품등 한시적 기준 및 규격을 인정받고자 하는 경우에는 다음 각 호에 따른 한시적 기준 및 규격 인정 신청서(전자문서로 된 신청서를 포함한다.)를 작성하여 식품의약품안전처장에게 신청하여야 한다.
   1. 식품원료 : 별지 제1호서식(유전자변형 미생물 유래 식품원료의 경우 별지 제6호서식 및 별지 제7호서식도 포함), 별지 제2호서식(제2조제1호다목1)에 한함)

[별표 1] 식품원료 제출자료의 범위 및 작성요령(제3조 관련)
1. 제출자료의 범위
   가. 제출자료의 요약본
   나. 원료명
   다. 기원 및 개발경위, 국내·외 인정, 사용현황 등에 관한 자료
   라. 제조방법에 관한 자료
   마. 원료의 특성에 관한 자료
   바. 안전성에 관한 자료

2. 식품첨가물 : 별지 제3호서식(유전자변형 미생물 유래 식품첨가물의 경우 별지 제6호서식 및 별지 제7호서식도 포함)

3. 기구등의 살균·소독제 : 별지 제4호서식

4. 기구 및 용기·포장 : 별지 제5호서식

5. 축산물 : 별지 제8호서식

② 제1항의 신청서에 첨부하여야 하는 제출자료의 범위 및 작성요령은 다음 각 호와 같다.

1. 식품원료 : 별표 1(유전자변형 미생물 유래 식품원료의 경우 별표 6도 포함), 별표 2(제2조제1호다목1)에 한함)

2. 식품첨가물 : 별표 3(유전자변형 미생물 유래 식품첨가물의 경우 별표 6도 포함)

3. 기구등의 살균·소독제 : 별표 4

4. 기구 및 용기·포장 : 별표 5

5. 축산물 : 별표 7

③ 제2항의 제출자료 작성에서 사용하는 용어·단위 및 형식 등은 원칙적으로 「식품의 기준 및 규격」(식품의약품안전처 고시), 「식품첨가물의 기준 및 규격」(식품의약품안전처 고시), 「기구 및 용기·포장의 기준 및 규격」(식품의약품안전처 고시) 및 「유전자변형식품등의 안전성 심사 등에 관한 규정」(식품의약품안전처 고시)을 준용하고, 외국의 자료는 한글요약문(주요사항 발췌) 및 원문을 제출하여야 하며, 필요한 경우에 한하여 전체 번역문을 제출하게 할 수 있다.

④ 제2항의 자료를 검토함에 있어 필요한 경우에는 관계문헌, 상용표준품, 제품에 사용된 성분, 시험에 필요한 특수시약, 기구, 균주, 배지 등의 제출을 요구할 수 있다.

제4조(식품등 한시적 기준 및 규격의 인정)

① 식품의약품안전처장은 제3조에 따른 신청서를 접수받은 때에는 기술검토를 하여 한시적으로 기준 및 규격을 인정할 수 있다.

② 식품의약품안전처장은 제출된 자료의 검토 및 인정을 위하여 필요한 경우 「식품위생법」 제57조에 따른 식품위생심의위원회 및 「축산물 위생관리법」 제3조의2에 따른 축산물위생심의위원회에 심의를 요청할 수 있다.

③ 식품의약품안전처장은 유전자변형 미생물 유래 식품원료 또는 식품첨가물의 안전성 심사를 위하여 「식품위생법」 제18조제2항에 따른 유전자변형식품등 안전성 심사 위원회에 심사를 요청하여야 하며, 안전성 심사와 관련하여 이 고시에서 별도로 정하지 아니한 사항은 「유전자변형식품등의 안전성 심사 등에 관한 규정」에 따른다.

④ 식품의약품안전처장은 한시적 기준 및 규격 인정 신청서를 접수한 날로부터 다음 각 호에 따른 기간 내에 처리하여야 한다.

　　1. 식품원료
　　　　가. 제2조제1호가목 및 나목 : 120일
　　　　나. 제2조제1호다목2) : 180일
　　　　다. 제2조제1호다목1) 및 3) : 270일
　　2. 식품첨가물(유전자변형 미생물 유래 식품첨가물 포함) : 180일
　　3. 기구등의 살균·소독제, 기구 및 용기·포장 : 14일
　　4. 축산물 : 30일

⑤ 제1항에 따라 식품등 한시적 기준 및 규격을 인정한 경우에는 신청인에게 다음 각 호에 따른 한시적 기준 및 규격 인정서 및 유전자변형 미생물 유래 식품원료 또는 식품첨가물의 안전성 심사 결과 통보서를 교부하여야 한다.

　　1. 식품원료 : 별지 제9호서식[유전자변형 미생물 유래 식품원료의 경우 별지 제14호서식도 포함), 별지 제10호서식(제2조제1호다목1)에 한함]
　　2. 식품첨가물 : 별지 제11호서식(유전자변형 미생물 유래 식품첨가물의 경우 별지 제14호서식도 포함)
　　3. 기구등의 살균·소독제 : 별지 제12호서식
　　4. 기구 및 용기·포장 : 별지 제13호서식
　　5. 축산물 : 별지 제15호서식

제5조(식품등 한시적 기준 및 규격의 변경)

① 제4조에 따라 인정받은 식품등 한시적 기준 및 규격을 변경하고자 하는 경우에는 다음 각 호에 따른 한시적 기준 및 규격 인정사항 변경신청서(전자문서로 된 신청서를 포함한다.)를 작성하여 식품의약품안전처장에게 제출하여야 한다.

　　1. 식품원료 : 별지 제16호서식[유전자변형 미생물 유래 식품원료의 경우 별지 제21호서식도 포함), 별지 제17호서식(제2조제1호다목1)에 한함]
　　2. 식품첨가물 : 별지 제18호서식(유전자변형 미생물 유래 식품첨가물의 경우 별지 제21호서식도 포함)
　　3. 기구등의 살균·소독제 : 별지 제19호서식
　　4. 기구 및 용기·포장 : 별지 제20호서식
　　5. 축산물 : 별지 제22호서식

1. 용어의 정의
① "유전자변형"이란 인위적으로 유전자를 재조합하거나 유전자를 구성하는 핵산을 세포 또는 세포 내 소기관으로 직접 주입하는 기술, 분류학에 의한 과의 범위를 넘는 세포융합기술 등 현대 생명공학기술을 이용 또는 활용하여 농산물·축산물·수산물·미생물의 유전자를 변형시킨 것을 말한다.
② "유전자변형농축수산물"이란 제1호와 같이 유전자변형된 농축수산물을 재배·육성·생산한 것을 말한다.
③ "유전자변형식품"이란 유전자변형농축수산물을 원재료로 하거나 또는 이용하여 제조·가공된 식품(건강기능식품을 포함한다. 이하 같다.) 또는 식품첨가물을 말한다.
④ "유전자변형식품등"이란 2.와 3.을 통칭하는 명칭을 말한다.
⑤ "숙주"는 유전자변형기술을 통하여 DNA가 도입되는 농축수산물을 말한다.
⑥ "벡터"는 유전자변형기술을 통하여 숙주에 이종의 유전자를 운반하는 DNA를 말한다.
⑦ "삽입유전자"는 벡터에 삽입되는 이종의 유전자를 말한다.
⑧ "공여체"는 벡터에 삽입하려고 하는 DNA를 제공하는 농축수산물을 말한다. RNA를 주형으로 하여 합성된 DNA를 벡터에 삽입하는 경우에는 RNA를 제공하는 것도 포함한다.
⑨ "유전자산물"은 유전자변형기술등에 의해 만들어지는 핵산 및 단백질 등을 말한다.
⑩ "모품목"은 가계도에서 유전적인 특성을 전달해주는 상위 품목을 말한다.
⑪ "후대교배종"은 안전성심사를 거쳐 승인받은 유전자변형농축수산물끼리 교배하여 얻은 것을 말한다.
⑫ "Living Modified Organism, LMO"란 현대 생명공학기술을 이용하여 얻어진 새로운 유전물질의 조합을 포함하고 있는 모든 살아 있는 생물체를 말한다.
⑬ "생물체"란 무균 생물체, 바이러스, 바이로이드를 포함하여 유전물질을 전달하거나 복제할 수 있는 모든 생물학적 존재를 말한다.
⑭ "현대 생명공학기술"이란 다음 기술의 적용을 말한다.
　㉠ 데옥시리보핵산(DNA) 재조합 및 핵산을 세포 또는 세포 내 소기관으로 직접주입하는 기술을 포함하는 시험관 내 핵산기술
　㉡ 분류학적인 과의 범위를 넘는 세포의 융합으로, 자연의 생리적 번식 또는 재조합 장벽을 극복한, 전통적인 육종과 선발에서 사용되지 않는 기술

2. 실질적 동등성(substantial equivalence)
① 국제식품규격위원회(CODEX)에서 제안
② 유전자변형 농·수·축산물등 유래 식품과 기존 농·수·축산물등 유래 식품을 비교하여 차이점(새로운 단백질 출현, 영양소 및 독소의 증가 및 감소)을 찾아내고 차이 나는 물질에 대한 독성, 알레르기성, 영양성 등을 심사하여 문제 없음이 확인되면 기존 농·수·축산물과 안전성·영양성 측면에서 동일한 것으로 간주
③ 유럽연합, 일본, 미국 등 세계 각국이 동일한 기준으로 심사
④ 즉, 유전자변형식품과 기존 식품의 독성, 알레르기성, 영양성 등을 비교·평가하여 차이가 없으면 안전하다고 판단하는 것

(1) 제12조의2(유전자변형식품등의 표시)

① 다음의 어느 하나에 해당하는 생명공학기술을 활용하여 재배·육성된 농산물·축산물·수산물 등을 원재료로 하여 제조·가공한 식품 또는 식품첨가물(이하 "유전자변형식품등"이

라 한다.)은 유전자변형식품임을 표시하여야 한다. 다만, 제조·가공 후에 유전자변형 디엔에이(DNA, Deoxyribonucleic acid) 또는 유전자변형 단백질이 남아 있는 유전자변형식품등에 한정한다.

   ㉠ 인위적으로 유전자를 재조합하거나 유전자를 구성하는 핵산을 세포 또는 세포 내 소기관으로 직접 주입하는 기술

   ㉡ 분류학에 따른 과(科)의 범위를 넘는 세포융합기술

② ①에 따라 표시하여야 하는 유전자변형식품등은 표시가 없으면 판매하거나 판매할 목적으로 수입·진열·운반하거나 영업에 사용하여서는 아니 된다.

③ ①에 따른 표시의무자, 표시대상 및 표시방법 등에 필요한 사항은 식품의약품안전처장이 정한다.

(2) 제18조(유전자변형식품등의 안전성 심사 등)

① 유전자변형식품등을 식용(食用)으로 수입·개발·생산하는 자는 최초로 유전자변형식품등을 수입하는 경우 등 대통령령으로 정하는 경우에는 식품의약품안전처장에게 해당 식품등에 대한 안전성 심사를 받아야 한다.

② 식품의약품안전처장은 ①에 따른 유전자변형식품등의 안전성 심사를 위하여 식품의약품안전처에 유전자변형식품등 안전성심사위원회(이하 "안전성심사위원회"라 한다.)를 둔다.

③ 안전성심사위원회는 위원장 1명을 포함한 20명 이내의 위원으로 구성한다. 이 경우 공무원이 아닌 위원이 전체 위원의 과반수가 되도록 하여야 한다.

④ 안전성심사위원회의 위원은 유전자변형식품등에 관한 학식과 경험이 풍부한 사람으로서 다음의 어느 하나에 해당하는 사람 중에서 식품의약품안전처장이 위촉하거나 임명한다.

   ㉠ 유전자변형식품 관련 학회 또는 「고등교육법」 제2조제1호 및 제2호에 따른 대학 또는 산업대학의 추천을 받은 사람

   ㉡ 「비영리민간단체 지원법」 제2조에 따른 비영리민간단체의 추천을 받은 사람

   ㉢ 식품위생 관계 공무원

⑤ 안전성심사위원회의 위원장은 위원 중에서 호선한다.

⑥ 위원의 임기는 2년으로 한다. 다만, 공무원인 위원의 임기는 해당 직(職)에 재직하는 기간으로 한다.

⑦ 식품의약품안전처장은 거짓이나 그 밖의 부정한 방법으로 ①에 따른 안전성 심사를 받은 자에 대하여 그 심사에 따른 안전성 승인을 취소하여야 한다.

⑧ ②부터 ⑥까지에서 규정한 사항 외에 안전성심사위원회의 구성·기능·운영에 필요한 사항은 대통령령으로 정한다.

⑨ ①에 따른 안전성 심사의 대상, 안전성 심사를 위한 자료제출의 범위 및 심사절차 등에 관하여는 식품의약품안전처장이 정하여 고시한다.

식품위생법 시행령
제9조(유전자변형식품등의 안전성 심사)
법 제18조제1항에서 "최초로 유전자변형식품등을 수입하는 경우 등 대통령령으로 정하는 경우"란 다음 각 호의 어느 하나에 해당하는 경우를 말한다.
1. 최초로 유전자변형식품등[인위적으로 유전자를 재조합하거나 유전자를 구성하는 핵산을 세포나 세포 내 소기관으로 직접 주입하는 기술 또는 분류학에 따른 과(科)의 범위를 넘는 세포융합기술에 해당하는 생명공학기술을 활용하여 재배·육성된 농산물·축산물·수산물 등을 원재료로 하여 제조·가공한 식품 또는 식품첨가물을 말한다. 이하 이 조에서 같다.]을 수입하거나 개발 또는 생산하는 경우
2. 법 제18조에 따른 안전성 심사를 받은 후 10년이 지난 유전자변형식품등으로서 시중에 유통되어 판매되고 있는 경우
3. 그 밖에 법 제18조에 따른 안전성 심사를 받은 후 10년이 지나지 아니한 유전자변형식품등으로서 식품의약품안전처장이 새로운 위해요소가 발견되었다는 등의 사유로 인체의 건강을 해칠 우려가 있다고 인정하여 심의위원회의 심의를 거쳐 고시하는 경우

05 영업, 자가품질검사

(1) 「식품위생법 시행령」 영업 관련 조항

식품위생법 시행령
제21조(영업의 종류)
법 제36조제1항 각 호에 따른 영업의 세부 종류와 그 범위는 다음 각 호와 같다.
1. 식품제조·가공업 : 식품을 제조·가공하는 영업
2. 즉석판매제조·가공업 : 총리령으로 정하는 식품을 제조·가공업소에서 직접 최종소비자에게 판매하는 영업
3. 식품첨가물제조업
   가. 감미료·착색료·표백제 등의 화학적 합성품을 제조·가공하는 영업
   나. 천연 물질로부터 유용한 성분을 추출하는 등의 방법으로 얻은 물질을 제조·가공하는 영업
   다. 식품첨가물의 혼합제재를 제조·가공하는 영업
   라. 기구 및 용기·포장을 살균·소독할 목적으로 사용되어 간접적으로 식품에 이행(移行)될 수 있는 물질을 제조·가공하는 영업
4. 식품운반업 : 직접 마실 수 있는 유산균음료(살균유산균음료를 포함한다.)나 어류·조개류 및 그 가공품 등 부패·변질되기 쉬운 식품을 전문적으로 운반하는 영업. 다만,

해당 영업자의 영업소에서 판매할 목적으로 식품을 운반하는 경우와 해당 영업자가
제조·가공한 식품을 운반하는 경우는 제외한다.

5. 식품소분·판매업

　가. 식품소분업 : 총리령으로 정하는 식품 또는 식품첨가물의 완제품을 나누어 유통할
　　목적으로 재포장·판매하는 영업

　나. 식품판매업

　　1) 식용얼음판매업 : 식용얼음을 전문적으로 판매하는 영업

　　2) 식품자동판매기영업 : 식품을 자동판매기에 넣어 그대로 판매하거나 내부에서
　　　의 자동적인 혼합·처리과정을 거친 식품을 판매하는 영업. 다만, 소비기한이
　　　1개월 이상인 완제품만을 자동판매기에 넣어 판매하는 경우는 제외한다.

　　3) 유통전문판매업 : 식품 또는 식품첨가물을 스스로 제조·가공하지 아니하고 제1호
　　　의 식품제조·가공업자 또는 제3호의 식품첨가물제조업자에게 의뢰하여 제조·가
　　　공한 식품 또는 식품첨가물을 자신의 상표로 유통·판매하는 영업

　　4) 집단급식소 식품판매업 : 집단급식소에 식품을 판매하는 영업

　　5) 기타 식품판매업 : 1)부터 4)까지를 제외한 영업으로서 총리령으로 정하는 일
　　　정 규모 이상의 백화점, 슈퍼마켓, 연쇄점 등에서 식품을 판매하는 영업

6. 식품보존업

　가. 식품조사처리업 : 방사선을 쬐어 식품의 보존성을 물리적으로 높이는 것을 업(業)
　　으로 하는 영업

　나. 식품냉동·냉장업 : 식품을 얼리거나 차게 하여 보존하는 영업. 다만, 수산물의 냉
　　동·냉장은 제외한다.

7. 용기·포장류제조업

　가. 용기·포장지제조업 : 식품 또는 식품첨가물을 넣거나 싸는 물품으로서 식품 또는
　　식품첨가물에 직접 접촉되는 용기(옹기류는 제외한다.)·포장지를 제조하는 영업

　나. 옹기류제조업 : 식품을 제조·조리·저장할 목적으로 사용되는 독, 항아리, 뚝배기
　　등을 제조하는 영업

8. 식품접객업

　가. 휴게음식점영업 : 주로 다류(茶類), 아이스크림류 등을 조리·판매하거나 패스트
　　푸드점, 분식점 형태의 영업 등 음식류를 조리·판매하는 영업으로서 음주행위가
　　허용되지 아니하는 영업. 다만, 편의점, 슈퍼마켓, 휴게소, 그 밖에 음식류를 판매
　　하는 장소(만화가게 및 「게임산업진흥에 관한 법률」 제2조제7호에 따른 인터넷컴
　　퓨터게임시설제공업을 하는 영업소 등 음식류를 부수적으로 판매하는 장소를 포
　　함한다.)에서 컵라면, 일회용 다류 또는 그 밖의 음식류에 물을 부어 주는 경우는
　　제외한다.

나. 일반음식점영업 : 음식류를 조리·판매하는 영업으로서 식사와 함께 부수적으로 음주행위가 허용되는 영업

다. 단란주점영업 : 주로 주류를 조리·판매하는 영업으로서 손님이 노래를 부르는 행위가 허용되는 영업

라. 유흥주점영업 : 주로 주류를 조리·판매하는 영업으로서 유흥종사자를 두거나 유흥시설을 설치할 수 있고 손님이 노래를 부르거나 춤을 추는 행위가 허용되는 영업

마. 위탁급식영업 : 집단급식소를 설치·운영하는 자와의 계약에 따라 그 집단급식소에서 음식류를 조리하여 제공하는 영업

바. 제과점영업 : 주로 빵, 떡, 과자 등을 제조·판매하는 영업으로서 음주행위가 허용되지 아니하는 영업

9. 공유주방 운영업 : 여러 영업자가 함께 사용하는 공유주방을 운영하는 영업

제23조(허가를 받아야 하는 영업 및 허가관청)

법 제37조제1항 전단에 따라 허가를 받아야 하는 영업 및 해당 허가관청은 다음 각 호와 같다.

1. 제21조제6호가목의 식품조사처리업 : 식품의약품안전처장
2. 제21조제8호다목의 단란주점영업과 같은 호 라목의 유흥주점영업 : 특별자치시장·특별자치도지사 또는 시장·군수·구청장

제26조의2(등록하여야 하는 영업)

① 법 제37조제5항 본문에 따라 특별자치시장·특별자치도지사 또는 시장·군수·구청장에게 등록하여야 하는 영업은 다음 각 호와 같다. 다만, 제1호에 따른 식품제조·가공업 중「주세법」제2조제1호의 주류를 제조하는 경우에는 식품의약품안전처장에게 등록하여야 한다.

1. 제21조제1호의 식품제조·가공업
2. 제21조제3호의 식품첨가물제조업
3. 제21조제9호의 공유주방 운영업

(2) 제40조(건강진단)

① 총리령으로 정하는 영업자 및 그 종업원은 건강진단을 받아야 한다. 다만, 다른 법령에 따라 같은 내용의 건강진단을 받는 경우에는 이 법에 따른 건강진단을 받은 것으로 본다.

② ①에 따라 건강진단을 받은 결과 타인에게 위해를 끼칠 우려가 있는 질병이 있다고 인정된 자는 그 영업에 종사하지 못한다.

③ 영업자는 ①을 위반하여 건강진단을 받지 아니한 자나 ②에 따른 건강진단 결과 타인에게 위해를 끼칠 우려가 있는 질병이 있는 자를 그 영업에 종사시키지 못한다.

④ ①에 따른 건강진단의 실시방법 등과 ② 및 ③에 따른 타인에게 위해를 끼칠 우려가 있는 질병의 종류는 총리령으로 정한다.

식품위생법 시행규칙

제49조(건강진단 대상자)

① 법 제40조제1항 본문에 따라 건강진단을 받아야 하는 사람은 식품 또는 식품첨가물(화학적 합성품 또는 기구등의 살균·소독제는 제외한다.)을 채취·제조·가공·조리·저장·운반 또는 판매하는 일에 직접 종사하는 영업자 및 종업원으로 한다. 다만, 완전 포장된 식품 또는 식품첨가물을 운반하거나 판매하는 일에 종사하는 사람은 제외한다.

② 제1항에 따라 건강진단을 받아야 하는 영업자 및 그 종업원은 영업 시작 전 또는 영업에 종사하기 전에 미리 건강진단을 받아야 한다.

③ 제1항에 따른 건강진단은 「식품위생 분야 종사자의 건강진단 규칙」에서 정하는 바에 따른다.

식품위생 분야 종사자의 건강진단 규칙

제2조(건강진단 항목 등)

① 「식품위생법」(이하 "법"이라 한다.) 제40조제1항 본문에 따른 건강진단(이하 "건강진단"이라 한다.)의 항목은 다음 각 호와 같다.

1. 장티푸스
2. 파라티푸스
3. 폐결핵

② 법 제40조제1항 본문 및 같은 법 시행규칙 제49조제1항 본문에 따른 영업자 및 그 종업원은 매 1년마다 건강진단을 받아야 한다.

③ 건강진단의 유효기간은 1년으로 하며, 직전 건강진단의 유효기간이 만료되는 날의 다음 날부터 기산한다.

④ 건강진단은 건강진단의 유효기간 만료일 전후 각각 30일 이내에 실시해야 한다. 다만, 식품의약품안전처장 또는 특별자치시장·특별자치도지사·시장·군수·구청장은 천재지변, 사고, 질병 등의 사유로 건강진단 대상자가 건강진단 실시기간 이내에 건강진단을 받을 수 없다고 인정하는 경우에는 1회에 한하여 1개월 이내의 범위에서 그 기한을 연장할 수 있다.

⑤ 제4항에도 불구하고 식품의약품안전처장이 「감염병의 예방 및 관리에 관한 법률」에 따른 감염병의 유행으로 인하여 제3조에 따른 실시 기관에서 정상적으로 건강진단을 받을 수 없다고 인정하는 경우에는 해당 사유가 해소될 때까지 건강진단을 유예할 수 있다.

⑥ 제5항에 따른 건강진단의 유예기간 및 방법 등에 관하여 필요한 사항은 식품의약품안전처장이 정하여 공고한다.

제50조(영업에 종사하지 못하는 질병의 종류)

법 제40조제4항에 따라 영업에 종사하지 못하는 사람은 다음의 질병에 걸린 사람으로 한다.

1. 「감염병의 예방 및 관리에 관한 법률」 제2조제3호가목에 따른 결핵(비감염성인 경우는 제외한다.)
2. 「감염병의 예방 및 관리에 관한 법률 시행규칙」 제33조제1항 각 호의 어느 하나에 해당하는 감염병

> **감염병의 예방 및 관리에 관한 법률 시행규칙**
> **제33조(업무 종사의 일시 제한)**
> ① 법 제45조제1항에 따라 일시적으로 업무 종사의 제한을 받는 감염병환자등은 다음 각 호의 감염병에 해당하는 감염병환자등으로 하고, 그 제한 기간은 감염력이 소멸되는 날까지로 한다.
> 1. 콜레라
> 2. 장티푸스
> 3. 파라티푸스
> 4. 세균성이질
> 5. 장출혈성대장균감염증
> 6. A형간염

3. 피부병 또는 그 밖의 고름형성(화농성) 질환
4. 후천성면역결핍증(「감염병의 예방 및 관리에 관한 법률」 제19조에 따라 성매개감염병에 관한 건강진단을 받아야 하는 영업에 종사하는 사람만 해당한다.)

(3) 제31조(자가품질검사 의무)

① 식품등을 제조·가공하는 영업자는 총리령으로 정하는 바에 따라 제조·가공하는 식품등이 제7조 또는 제9조에 따른 기준과 규격에 맞는지를 검사하여야 한다.

② 식품등을 제조·가공하는 영업자는 ①에 따른 검사를 「식품·의약품분야 시험·검사 등에 관한 법률」 제6조제3항제2호에 따른 자가품질위탁 시험·검사기관에 위탁하여 실시할 수 있다.

③ ①에 따른 검사를 직접 행하는 영업자는 ①에 따른 검사 결과 해당 식품등이 제4조부터 제6조까지, 제7조제4항, 제8조, 제9조제4항 또는 제9조의3을 위반하여 국민 건강에 위해가 발생하거나 발생할 우려가 있는 경우에는 지체 없이 식품의약품안전처장에게 보고하여야 한다.

④ ①에 따른 검사의 항목·절차, 그 밖에 검사에 필요한 사항은 총리령으로 정한다.

식품위생법 시행규칙

제31조의2(자가품질검사의무의 면제)

법 제31조의2제2호에 따라 식품안전관리인증기준적용업소의 자가품질검사 의무를 면제하는 경우는 해당 식품안전관리인증기준적용업소에 대하여 제66조제1항에 따른 조사·평가를 한 결과가 만점의 90퍼센트 이상인 경우로 한다.

■ **식품위생법 시행규칙 [별표 12]**

자가품질검사기준(제31조제1항 관련)

1. 식품등에 대한 자가품질검사는 판매를 목적으로 제조·가공하는 품목별로 실시하여야 한다. 다만, 식품공전에서 정한 동일한 검사항목을 적용받은 품목을 제조·가공하는 경우에는 식품유형별로 이를 실시할 수 있다.
2. 기구 및 용기·포장의 경우 동일한 재질의 제품으로 크기나 형태가 다를 경우에는 재질별로 자가품질검사를 실시할 수 있다.
3. 자가품질검사주기는 처음으로 제품을 제조한 날을 기준으로 산정한다. 다만, 「수입식품안전관리 특별법」 제18조제2항에 따른 주문자상표부착식품등과 식품제조·가공업자가 자신의 제품을 만들기 위하여 수입한 용기·포장은 「관세법」 제248조에 따라 관할 세관장이 신고필증을 발급한 날을 기준으로 산정한다.
   가. 식품제조·가공업
      1) 과자류, 빵류 또는 떡류(과자, 캔디류, 추잉껌 및 떡류만 해당한다.), 코코아가공품류, 초콜릿류, 잼류, 당류, 음료류[다류(茶類) 및 커피류만 해당한다.], 절임류 또는 조림류, 수산가공식품류(젓갈류, 건포류, 조미김, 기타 수산물가공품만 해당한다.), 두부류 또는 묵류, 면류, 조미식품(고춧가루, 실고추 및 향신료가공품, 식염만 해당한다.), 즉석식품류(만두류, 즉석섭취식품, 즉석조리식품만 해당한다.), 장류, 농산가공식품류(전분류, 밀가루, 기타농산가공품류 중 곡류가공품, 두류가공품, 서류가공품, 기타 농산가공품만 해당한다.), 식용유지가공품(모조치즈, 식물성크림, 기타 식용유지가공품만 해당한다.), 동물성가공식품류(추출가공식품만 해당한다.), 기타가공품, 선박에서 통·병조림을 제조하는 경우 및 단순가공품(자연산물을 그 원형을 알아볼 수 없도록 분해·절단 등의 방법으로 변형시키거나 1차 가공처리한 식품원료를 식품첨가물을 사용하지 아니하고 단순히 서로 혼합만 하여 가공한 제품이거나 이 제품에 식품제조·가공업의 허가를 받아 제조·포장된 조미식품을 포장된 상태 그대로 첨부한 것을 말한다.)만을 가공하는 경우 : 3개월마다 1회 이상 식품의약품안전처장이

정하여 고시하는 식품유형별 검사항목

2) 식품제조·가공업자가 자신의 제품을 만들기 위하여 수입한 용기·포장 : 동일 재질별로 6개월마다 1회 이상 재질별 성분에 관한 규격

3) 빵류, 식육함유가공품, 알함유가공품, 동물성가공식품류(기타식육 또는 기타알제품), 음료류(과일·채소류음료, 탄산음료류, 두유류, 발효음료류, 인삼·홍삼음료, 기타음료만 해당한다, 비가열음료는 제외한다.), 식용유지류(들기름, 추출들깨유만 해당한다.) : 2개월마다 1회 이상 식품의약품안전처장이 정하여 고시하는 식품유형별 검사항목

4) 1)부터 3)까지의 규정 외의 식품 : 1개월(주류의 경우에는 6개월)마다 1회 이상 식품의약품안전처장이 정하여 고시하는 식품유형별 검사항목

5) 법 제48조제8항에 따른 전년도의 조사·평가 결과가 만점의 90퍼센트 이상인 식품 : 1)·3)·4)에도 불구하고 6개월마다 1회 이상 식품의약품안전처장이 정하여 고시하는 식품유형별 검사항목

6) 식품의약품안전처장이 식중독 발생위험이 높다고 인정하여 지정·고시한 기간에는 1) 및 2)에 해당하는 식품은 1개월마다 1회 이상, 3)에 해당하는 식품은 15일마다 1회 이상, 4)에 해당하는 식품은 1주일마다 1회 이상 실시하여야 한다.

7) 「주류 면허 등에 관한 법률」 제29조에 따른 검사 결과 적합 판정을 받은 주류는 자가품질검사를 실시하지 않을 수 있다. 이 경우 해당 검사는 제4호에 따른 주류의 자가품질검사 항목에 대한 검사를 포함해야 한다.

나. 즉석판매제조·가공업

1) 과자(크림을 위에 바르거나 안에 채워 넣은 후 가열살균하지 않고 그대로 섭취하는 것만 해당한다.), 빵류(크림을 위에 바르거나 안에 채워 넣은 후 가열살균하지 않고 그대로 섭취하는 것만 해당한다.), 당류(설탕류, 포도당, 과당류, 올리고당류만 해당한다.), 식육함유가공품, 어육가공품류(연육, 어묵, 어육소시지 및 기타 어육가공품만 해당한다.), 두부류 또는 묵류, 식용유지류(압착식용유만 해당한다.), 특수용도식품, 소스, 음료류(커피, 과일·채소류음료, 탄산음료류, 두유류, 발효음료류, 인삼·홍삼음료, 기타음료만 해당한다.), 동물성가공식품류(추출가공식품만 해당한다.), 빙과류, 즉석섭취식품(도시락, 김밥류, 햄버거류 및 샌드위치류만 해당한다.), 즉석조리식품(순대류만 해당한다.), 신선편의식품, 간편조리세트, 「축산물 위생관리법」 제2조제2호에 따른 유가공품, 식육가공품 및 알가공품 : 9개월마다 1회 이상 식품의약품안전처장이 정하여 고시하는 식품 및 축산물가공품 유형별 검사항목

(1) 제45조(위해식품등의 회수)

① 판매의 목적으로 식품등을 제조·가공·소분·수입 또는 판매한 영업자(「수입식품안전관리 특별법」 제15조에 따라 등록한 수입식품등 수입·판매업자를 포함한다. 이하 이 조에서 같다.)는 해당 식품등이 제4조부터 제6조까지, 제7조제4항, 제8조, 제9조제4항, 제9조의3 또는 제12조의2제2항을 위반한 사실(식품등의 위해와 관련이 없는 위반사항을 제외한다.)을 알게 된 경우에는 지체 없이 유통 중인 해당 식품등을 회수하거나 회수하는 데에 필요한 조치를 하여야 한다. 이 경우 영업자는 회수계획을 식품의약품안전처장, 시·도지사 또는 는 시장·군수·구청장에게 미리 보고하여야 하며, 회수결과를 보고받은 시·도지사 또는 시장·군수·구청장은 이를 지체 없이 식품의약품안전처장에게 통보하여야 한다. 다만, 해당 식품등이 「수입식품안전관리 특별법」에 따라 수입한 식품등이고, 보고의무자가 해당 식품등을 수입한 자인 경우에는 식품의약품안전처장에게 보고하여야 한다.

② 식품의약품안전처장, 시·도지사 또는 시장·군수·구청장은 ①에 따른 회수에 필요한 조치를 성실히 이행한 영업자에 대하여 해당 식품등으로 인하여 받게 되는 제75조 또는 제76조에 따른 행정처분을 대통령령으로 정하는 바에 따라 감면할 수 있다.

③ ①에 따른 회수대상 식품등·회수계획·회수절차 및 회수결과 보고 등에 관하여 필요한 사항은 총리령으로 정한다.

(2) 제72조(폐기처분 등)

① 식품의약품안전처장, 시·도지사 또는 시장·군수·구청장은 영업자(「수입식품안전관리 특별법」 제15조에 따라 등록한 수입식품등 수입·판매업자를 포함한다. 이하 이 조에서 같다.)가 제4조부터 제6조까지, 제7조제4항, 제8조, 제9조제4항, 제9조의3, 제12조의2제2항 또는 제44조제1항제3호를 위반한 경우에는 관계 공무원에게 그 식품등을 압류 또는 폐기하게 하거나 용도·처리방법 등을 정하여 영업자에게 위해를 없애는 조치를 하도록 명하여야 한다.

② 식품의약품안전처장, 시·도지사 또는 시장·군수·구청장은 제37조제1항, 제4항 또는 제5항을 위반하여 허가받지 아니하거나 신고 또는 등록하지 아니하고 제조·가공·조리한 식품 또는 식품첨가물이나 여기에 사용한 기구 또는 용기·포장 등을 관계 공무원에게 압류하거나 폐기하게 할 수 있다.

③ 식품의약품안전처장, 시·도지사 또는 시장·군수·구청장은 식품위생상의 위해가 발생하였거나 발생할 우려가 있는 경우에는 영업자에게 유통 중인 해당 식품등을 회수·폐기하게 하거나 해당 식품등의 원료, 제조 방법, 성분 또는 그 배합 비율을 변경할 것을 명할 수 있다.

④ ① 및 ②에 따른 압류나 폐기를 하는 공무원은 그 권한을 표시하는 증표 및 조사기간, 조사 범위, 조사담당자, 관계 법령 등 대통령령으로 정하는 사항이 기재된 서류를 지니고 이를 관계인에게 내보여야 한다.

⑤ ① 및 ②에 따른 압류 또는 폐기에 필요한 사항과 ③에 따른 회수·폐기 대상 식품등의 기준 등은 총리령으로 정한다.

⑥ 식품의약품안전처장, 시·도지사 및 시장·군수·구청장은 ①에 따라 폐기처분명령을 받은 자가 그 명령을 이행하지 아니하는 경우에는 「행정대집행법」에 따라 대집행을 하고 그 비용을 명령위반자로부터 징수할 수 있다.

■ **식품위생법 시행규칙 [별표 18]**

회수대상이 되는 식품등의 기준(제58조제1항 관련)

1. 법 제4조, 제5조, 제6조 또는 제8조를 위반한 경우
2. 법 제7조에 따라 식품의약품안전처장이 정한 식품, 식품첨가물의 기준 및 규격을 위반한 것으로서 다음 각 목의 어느 하나에 해당하는 경우
    가. 비소·카드뮴·납·수은·메틸수은·무기비소 등 중금속, 메탄올 또는 시안화물의 기준을 위반한 경우
    나. 바륨, 포름알데히드 o-톨루엔설폰아미드, 다이옥신 또는 폴리옥시에틸렌의 기준을 위반한 경우
    다. 방사능 기준을 위반한 경우
    라. 농산물의 농약잔류허용기준을 위반한 경우
    마. 곰팡이독소 기준을 위반한 경우
    바. 패독소 기준을 위반한 경우
    사. 동물용의약품의 잔류허용기준을 위반한 경우
    아. 식중독균 기준을 위반한 경우
    자. 주석, 포스파타제, 암모니아성질소, 아질산이온, 형광증백제 또는 프탈레이트 기준을 위반한 경우
    차. 식품조사처리기준을 위반한 경우
    카. 식품등에서 금속성 이물, 유리조각 등 인체에 직접적인 손상을 줄 수 있는 재질이나 크기의 이물, 위생동물의 사체 등 심한 혐오감을 줄 수 있는 이물 또는 위생해충, 기생충 및 그 알이 혼입된 경우(이물의 혼입 원인이 객관적으로 밝혀져 다른 제품에서 더 이상 동일한 이물이 발견될 가능성이 없다고 식품의약품안전처장이 인정하는 경우에는 그렇지 않다.)
    타. 부정물질 기준을 위반한 경우
    파. 대장균, 대장균군, 세균수 또는 세균발육 기준을 위반한 경우

하. 소비기한 경과 제품 또는 식품에 사용할 수 없는 원료가 사용되어 식품 원료 기준을 위반한 경우

거. 셀레늄, 방향족탄화수소(벤조피렌 등), 폴리염화비페닐(PCBs), 멜라민, 3-MCPD (3-Monochloropropane −1,2-diol), 테트라하이드로칸나비놀(THC) 또는 칸나비디올(CBD) 기준을 위반한 경우

너. 수산물의 잔류물질 잔류허용기준을 위반한 경우

더. 식품첨가물의 사용 및 허용 기준을 위반한 경우(사용 또는 허용량 기준을 10% 미만 초과한 것은 제외한다.)

러. 에틸렌옥사이드 또는 2-클로로에탄올 기준을 위반한 경우

3. 법 제9조에 따라 식품의약품안전처장이 정한 기구 또는 용기·포장의 기준 및 규격을 위반한 것으로서 유독·유해물질이 검출된 경우

4. 국제기구 및 외국의 정부 등에서 위생상 위해 우려를 제기하여 식품의약품안전처장이 사용금지한 원료·성분이 검출된 경우

5. 그 밖에 섭취함으로써 인체의 건강을 해치거나 해칠 우려가 있다고 식품의약품안전처장이 정하는 경우

위해식품등 회수지침
제2장 회수의 종류, 대상 및 등급

1. 회수의 종류

의무회수	「식품위생법」 제45조 및 제72조, 「식품 등의 표시·광고에 관한 법률」 제15조에 근거한 회수
자율회수	의무회수 이외의 위생상 위해 우려가 의심되거나, 품질 결함 등의 이유로 영업자가 스스로 실시하는 회수

2. 회수대상 식품등

「식품위생법」 제45조(위해식품등의 회수)제1항 및 제72조(폐기처분등)제3항, 「식품 등의 표시·광고에 관한 법률」제15조(위해 식품등의 회수 및 폐기처분 등)제1항 및 제3항의 규정에 따라 식품위생상의 위해가 발생하였거나 발생할 우려가 있다고 인정되는 식품등으로서 다음 각 항목에 해당하는 경우

가. 「식품위생법」 제4조(위해식품등의 판매 등 금지), 제5조(병든 동물 고기 등의 판매 등 금지), 제6조(기준·규격이 정하여지지 아니한 화학적 합성품 등의 판매 등 금지), 제8조(유독기구 등의 판매·사용 금지) 또는 제9조의3(인정받지 않은 재생원료의 기구 및 용기·포장에의 사용 등 금지) 규정을 위반한 식품등

나. 「식품위생법」 제7조(식품 또는 식품첨가물에 관한 기준 및 규격)제4항 또는 제9조(기구 및 용기·포장에 관한 기준 및 규격)제4항의 기준·규격을 위반한 식품등으로서 각 회수등급별 위반사항에 해당되는 경우

다. 「식품위생법」 제12조의2(유전자변형식품등의 표시)제2항, 제37조(영업허가 등) 또는 「식품 등의 표시·광고에 관한 법률」 제4조(표시의 기준)제3항 및 제8조(부당한 표시 또는 광고행위의 금지)제1항 규정을 위반한 식품등으로서 각 회수등급별 위반사항에 해당되는 경우

라. 기타 인체의 건강에 위해를 가할 가능성이 있어 식품의약품안전처장이 회수하여야 한다고 인정하는 경우

3. 회수등급

회수등급은 위해요소의 종류, 인체건강에 영향을 미치는 위해의 정도, 위반행위의 경중 등을 고려하여 1, 2, 3등급으로 분류한다. 다만, 위해물질 등이 기준을 초과한 정도, 사회적 여건 등을 종합적으로 고려하여 필요하다고 판단되는 경우에는 회수등급을 조정할 수 있다.

1등급	식품등의 섭취 또는 사용으로 인해 인체건강에 미치는 위해영향이 매우 크거나 중대한 위반행위인 경우
2등급	식품등의 섭취 또는 사용으로 인해 인체건강에 미치는 위해영향이 크거나 일시적인 경우
3등급	식품등의 섭취 또는 사용으로 인해 인체의 건강에 미치는 위해 영향이 비교적 적은 경우

07 식품이력추적관리

1. 식품이력추적관리란?

식품을 제조·가공단계부터 판매단계까지 각 단계별로 이력추적정보를 기록·관리하여 소비자에게 제공함으로써 안전한 식품 선택을 위한 '소비자의 알권리'를 보장하고, 해당 식품의 안전성 등에 문제가 발생할 경우, 신속한 유통차단과 회수조치를 할 수 있도록 관리하는 제도

2. 식품이력추적관리 정보 확인

식품이력추적관리 등록제품은 다음의 정보를 식품이력관리시스템에서 조회할 수 있음

국내식품	수입식품
• 식품이력추적관리번호 • 제조업소 명칭 및 소재지 • 제조일자 • 소비기한 또는 품질유지기한 • 제품 원재료 관련 정보[원재료명 또는 성분명, 원산지(국가명), 유전자재조합식품 여부] • 기능성 내용(건강기능식품에 한함) • 출고일자 • 회수대상 여부 및 회수사유	• 수입식품등의 유통이력추적관리번호 • 수입업소 명칭 및 소재지 • 제조국 • 제조회사 명칭 및 소재지 • 유전자재조합식품표시 • 제조일자 • 소비기한 또는 품질유지기한 • 수입일자 • 원재료명 또는 성분명 • 기능성 내용(건강기능식품에 한함) • 회수대상 여부 및 회수사유

(1) 제49조(식품이력추적관리 등록기준 등)

① 식품을 제조·가공 또는 판매하는 자 중 식품이력추적관리를 하려는 자는 총리령으로 정하는 등록기준을 갖추어 해당 식품을 식품의약품안전처장에게 등록할 수 있다. 다만, 영유아식 제조·가공업자, 일정 매출액·매장면적 이상의 식품판매업자 등 총리령으로 정하는 자는 식품의약품안전처장에게 등록하여야 한다.

② ①에 따라 등록한 식품을 제조·가공 또는 판매하는 자는 식품이력추적관리에 필요한 기록의 작성·보관 및 관리 등에 관하여 식품의약품안전처장이 정하여 고시하는 기준(이하 "식품이력추적관리기준"이라 한다.)을 지켜야 한다.

③ ①에 따라 등록을 한 자는 등록사항이 변경된 경우 변경사유가 발생한 날부터 1개월 이내에 식품의약품안전처장에게 신고하여야 한다.

④ ①에 따라 등록한 식품에는 식품의약품안전처장이 정하여 고시하는 바에 따라 식품이력추적관리의 표시를 할 수 있다.

⑤ 식품의약품안전처장은 ①에 따라 등록한 식품을 제조·가공 또는 판매하는 자에 대하여 식품이력추적관리기준의 준수 여부 등을 3년마다 조사·평가하여야 한다. 다만, ① 단서에 따라 등록한 식품을 제조·가공 또는 판매하는 자에 대하여는 2년마다 조사·평가하여야 한다.

⑥ 식품의약품안전처장은 ①에 따라 등록을 한 자에게 예산의 범위에서 식품이력추적관리에 필요한 자금을 지원할 수 있다.

⑦ 식품의약품안전처장은 ①에 따라 등록을 한 자가 식품이력추적관리기준을 지키지 아니하면 그 등록을 취소하거나 시정을 명할 수 있다.

⑧ 식품의약품안전처장은 ①에 따른 등록의 신청을 받은 날부터 40일 이내에, ③에 따른 변경신고를 받은 날부터 15일 이내에 등록 여부 또는 신고수리 여부를 신청인 또는 신고인에게 통지하여야 한다.

⑨ 식품의약품안전처장이 ⑧에서 정한 기간 내에 등록 여부, 신고수리 여부 또는 민원 처리 관련 법령에 따른 처리기간의 연장을 신청인 또는 신고인에게 통지하지 아니하면 그 기간(민원 처리 관련 법령에 따라 처리기간이 연장 또는 재연장된 경우에는 해당 처리기간을 말한다.)이 끝난 날의 다음 날에 등록을 하거나 신고를 수리한 것으로 본다.

⑩ 식품이력추적관리의 등록절차, 등록사항, 등록취소 등의 기준 및 조사·평가, 그 밖에 등록에 필요한 사항은 총리령으로 정한다.

(2) 제49조의2(식품이력추적관리정보의 기록·보관 등)

① 제49조 ①에 따라 등록한 자(이하 이 조에서 "등록자"라 한다.)는 식품이력추적관리기준에 따른 식품이력추적관리정보를 총리령으로 정하는 바에 따라 전산기록장치에 기록·보관하여야 한다.

② 등록자는 ①에 따른 식품이력추적관리정보의 기록을 해당 제품의 소비기한 등이 경과한 날부터 2년 이상 보관하여야 한다.

③ 등록자는 ①에 따라 기록·보관된 정보가 제49조의3 ①에 따른 식품이력추적관리시스템에 연계되도록 협조하여야 한다.

(3) 제49조의3(식품이력추적관리시스템의 구축 등)

① 식품의약품안전처장은 식품이력추적관리시스템을 구축·운영하고, 식품이력추적관리시스템과 제49조의2 ①에 따른 식품이력추적관리정보가 연계되도록 하여야 한다.

② 식품의약품안전처장은 ①에 따라 식품이력추적관리시스템에 연계된 정보 중 총리령으로 정하는 정보는 소비자 등이 인터넷 홈페이지를 통하여 쉽게 확인할 수 있도록 하여야 한다.

③ ②에 따른 정보는 해당 제품의 소비기한 또는 품질유지기한이 경과한 날부터 1년 이상 확인할 수 있도록 하여야 한다.

④ 누구든지 ①에 따라 연계된 정보를 식품이력추적관리 목적 외에 사용하여서는 아니 된다.

식품위생법 시행규칙

제74조의4(식품이력추적관리 시스템에 연계된 정보의 공개)

법 제49조의3제2항에서 "총리령으로 정하는 정보"란 다음 각 호의 구분에 따른 정보를 말한다.

1. 국내식품의 경우 : 다음 각 목의 정보
    가. 식품이력추적관리번호
    나. 제조업소의 명칭 및 소재지
    다. 제조일
    라. 소비기한 또는 품질유지기한
    마. 원재료명 또는 성분명
    바. 원재료의 원산지 국가명
    사. 유전자변형식품[인위적으로 유전자를 재조합하거나 유전자를 구성하는 핵산을 세포나 세포 내 소기관으로 직접 주입하는 기술 또는 분류학에 따른 과(科)의 범위를 넘는 세포융합기술에 해당하는 생명공학기술을 활용하여 재배·육성된 농산물·축산물·수산물 등을 원재료로 하여 제조·가공한 식품 또는 식품첨가물을 말한다. 이하 같다.] 여부
    아. 출고일
    자. 법 제45조제1항 또는 제72조제3항에 따른 회수대상 여부 및 회수사유
2. 수입식품의 경우 : 다음 각 목의 정보
    가. 식품이력추적관리번호
    나. 수입업소 명칭 및 소재지

다. 제조국

라. 제조업소의 명칭 및 소재지

마. 제조일

바. 유전자변형식품 여부

사. 수입일

아. 소비기한 또는 품질유지기한

자. 원재료명 또는 성분명

차. 법 제45조제1항 또는 제72조제3항에 따른 회수대상 여부 및 회수사유

식품 등 이력추적관리기준

제1조(목적)

이 고시는 「식품위생법」 제49조제2항, 「축산물 위생관리법」 제31조의4제5항, 「건강기능
식품에 관한 법률」 제22조의2제2항 및 「수입식품안전관리특별법」 제23조제2항에 따라 식
품, 축산물가공품 및 건강기능식품이력추적관리 또는 수입식품등의 유통이력추적관리를
위하여 필요한 기준을 정함으로써 해당 식품, 축산물가공품, 건강기능식품 및 수입식품등
의 추적·회수 등의 조치를 취하여 식품 및 수입식품등의 안전성을 제고하고 소비자가 정
확한 정보를 제공받을 수 있도록 하는 것을 목적으로 한다.

제6조(식품이력추적관리 표시기준)

등록자는 「식품위생법」 제49조제4항, 「축산물 위생관리법」 제31조의4제2항, 「건강기능식
품에 관한 법률」 제22조의2제4항 또는 「수입식품안전관리특별법 시행규칙」 제35조제3항
에 따라 식품이력추적관리품목 또는 유통이력추적관리등록 수입식품등임을 표시하고자
하는 경우 별표 4의 식품이력추적관리 또는 수입식품등의 유통이력추적관리 표시기준에
따른다.

[별표 4] 식품이력추적관리 또는 수입식품등의 유통이력추적관리의 표시기준

1. 표지도표

2. **표시방법** : 식품이력추적관리 표지도표는 제품 및 업소 현판 등의 크기, 포장 재질,
디자인 등을 고려하여 색상 및 크기를 조정할 수 있으나, 디자인은 1호와 같아야 한다.

3. 표지도표 바로 아래 또는 바로 옆에는 "www.tfood.go.kr"에서 식품이력추적관리
번호(또는 수입식품등의 유통이력추적관리번호)를 입력하시면 식품(또는 건강기능
식품 또는 수입식품등)의 정보를 확인하실 수 있습니다."라는 문구를 병행하여 표시
할 수 있다.
예시)

"www.tfood.go.kr"에서   건강기능식품이력추적
관리번호를 입력하시면 건강기능식품의 정보
를 확인하실 수 있습니다.

"www.tfood.go.kr"에서 수입식품등의유통이력추
적관리번호를 입력하시면 수입식품등의 정보
를 확인하실 수 있습니다.

* 제품에 따라 식품(건강기능식품)이력추적관리번호 또는 수입식품등의유통이력추적관리번호 및 식품,
건강기능식품 또는 수입식품등을 선택 표시

제8조(식품이력추적관리정보의 연계)

① 등록자는 「식품위생법 시행규칙」 제74조의4, 「축산물 위생관리법 시행규칙」 제51조의
13, 「건강기능식품에 관한 법률 시행규칙」 제29조의2제6항 또는 「수입식품안전관리특
별법 시행규칙」 제41조제1항에 따라 별표 6에서 정한 식품이력추적관리에 관한 정보
사항을 식품의약품안전처장이 운영하는 식품이력추적관리시스템에 전자기록으로 연
계하여야 한다. 이 경우 품목별 정보 연계 시기는 해당 제품의 입·출고 후 5일 이내
(토요일 및 공휴일은 산입하지 아니한다.)로 한다.

제9조(식품이력추적관리정보의 확인 등)

① 식품의약품안전처장은제8조에 따른 식품이력추적관리시스템 연계사항 중 다음 각 호
에 해당하는 정보를 소비자 등이 인터넷 홈페이지 등을 통해 쉽게 확인할 수 있도록
하여야 한다.
1. 국내식품의 경우
가. 식품이력추적관리번호
나. 제조업소 명칭 및 소재지
다. 제조일자
라. 소비기한 또는 품질유지기한

마. 제품 원재료 관련 정보 – 원재료명 또는 성분명, 원산지(국가명), 유전자변형
　식품 여부
바. 기능성 내용(건강기능식품에 한함)
사. 출고일자
아. 회수대상 여부 및 회수사유
2. 수입식품등의 경우
가. 수입식품등의 유통이력추적관리번호
나. 수입업소 명칭 및 소재지
다. 제조국
라. 제조회사 명칭 및 소재지
마. 유전자변형식품표시
바. 제조일자
사. 소비기한 또는 품질유지기한
아. 수입일자
자. 원재료명 또는 성분명
차. 기능성 내용(건강기능식품에 한함)
카. 회수대상 여부 및 회수사유

② 제1항에 따른 정보 확인 기간은 해당 제품의 소비기한 또는 품질유지기한(이하 "소비기한 등"이라 한다.)이 경과한 날부터 1년 이상 확인할 수 있도록 하여야 한다.

③ 누구든지 제1항에 따라 연계된 정보사항은 식품이력추적관리 이외의 목적에 사용하여서는 아니 된다.

④ 지방식품의약품안전청이나 지방자치단체는 식품사고가 발생한 때 식품안전정보원에 식품이력추적관리정보를 요청할 수 있다. 이 경우 식품안전정보원은 「식품위생법」 제68조제1항제5호에 따라 특별한 사유가 없으면 이에 따라야 한다.

기출문제

2024년 2회

01 다음 괄호를 보고 빈칸에 알맞은 말을 쓰시오.

> 누구든지 다음 각 호의 어느 하나에 해당하는 식품등을 판매하거나 판매할 목적으로 채취·제조·수입·가공·사용·조리·저장·소분·운반 또는 진열하여서는 아니 된다.
> 1. (①) 상하거나 설익어서 인체의 건강을 해칠 우려가 있는 것
> 2. 유독, 유해물질이 들어있거나 묻어있는 것. 또는 그러할 염려가 있는 것. 다만 (②)(이)가 인체의 건강을 해칠 우려가 없다고 인정하는 것은 제외한다.
> 3. 병을 일으키는 (③)에 오염되었거나 그러할 염려가 있어 건강을 해칠 우려가 있는 것

모범답안

① 썩거나
② 식품의약품안전처장
③ 미생물

➕ 해설

「식품위생법」 제4조(위해식품등의 판매 등 금지)

누구든지 다음 각 호의 어느 하나에 해당하는 식품등을 판매하거나 판매할 목적으로 채취·제조·수입·가공·사용·조리·저장·소분·운반 또는 진열하여서는 아니 된다.

1. 썩거나 상하거나 설익어서 인체의 건강을 해칠 우려가 있는 것

2. 유독·유해물질이 들어 있거나 묻어 있는 것 또는 그러할 염려가 있는 것. 다만, 식품의약품안전처장이 인체의 건강을 해칠 우려가 없다고 인정하는 것은 제외한다.

3. 병(病)을 일으키는 미생물에 오염되었거나 그러할 염려가 있어 인체의 건강을 해칠 우려가 있는 것

4. 불결하거나 다른 물질이 섞이거나 첨가(添加)된 것 또는 그 밖의 사유로 인체의 건강을 해칠 우려가 있는 것

5. 제18조에 따른 안전성 심사 대상인 농·축·수산물 등 가운데 안전성 심사를 받지 아니하였거나 안전성 심사에서 식용(食用)으로 부적합하다고 인정된 것

6. 수입이 금지된 것 또는 「수입식품안전관리 특별법」 제20조제1항에 따른 수입신고를 하지 아니하고 수입한 것

7. 영업자가 아닌 자가 제조·가공·소분한 것

02 새로운 추출물을 사용하고자 할 때 관련된 고시명과 기관을 포함하여 서술하시오.(단, 외국에서는 이미 사용된 원료이며 국내에서 사용된 사례가 없고, 처음으로 국내에서 사용하고자 할 때이다.)

모범답안

- 고시명 : 「식품등의 한시적 기준 및 규격 인정 기준」
- 기관 : 식품의약품안전처
- 식품등의 한시적 기준 및 규격을 인정받고자 하는 경우에는 한시적 기준 및 규격 인정 신청서(전자문서로 된 신청서를 포함한다.)를 작성하여 식품의약품안전처장에게 신청하여야 한다.
- 신청서에 첨부하여야 하는 제출자료
  - 제출자료의 요약본
  - 원료명
  - 기원 및 개발경위, 국내·외 인정, 사용현황 등에 관한 자료
  - 제조방법에 관한 자료
  - 원료의 특성에 관한 자료
  - 안전성에 관한 자료 등

03 LMO(living modified organism)의 정의를 쓰시오.

모범답안

LMO란 현대 생명공학기술을 이용하여 얻어진 새로운 유전물질의 조합을 포함하고 있는 모든 살아 있는 생물체를 말한다.

참고

- "Living Modified Organism, LMO"란 현대 생명공학기술을 이용하여 얻어진 새로운 유전물질의 조합을 포함하고 있는 모든 살아 있는 생물체를 말한다.
- "생물체"란 무균 생물체, 바이러스, 바이로이드를 포함하여 유전물질을 전달하거나 복제할 수 있는 모든 생물학적 존재를 말한다.
- "현대 생명공학기술"이란 다음 기술의 적용을 말한다.
  - 데옥시리보핵산(DNA) 재조합 및 핵산을 세포 또는 세포 내 소기관으로 직접 주입하는 기술을 포함하는 시험관 내 핵산기술
  - 분류학적인 과의 범위를 넘는 세포의 융합으로, 자연의 생리적 번식 또는 재조합 장벽을 극복한, 전통적인 육종과 선발에서 사용되지 않는 기술

04 GMO(유전자변형식품)의 안전성검사에서 실질적 동등성의 의미와 안전성 평가항목 3가지를 쓰시오.

모범답안

- 실질적 동등성이란 유전자변형식품과 기존 식품의 독성, 알레르기성, 영양성 등을 비교·평가하여 차이가 없으면 안전하다고 판단하는 것을 의미한다.
- 평가 항목 : 독성, 알레르기성, 영양성

+ 해설

실질적 동등성(substantial equivalence)

- 국제식품규격위원회(CODEX)에서 제안
- 유전자변형 농·수·축산물등 유래 식품과 기존 농·수·축산물등 유래 식품을 비교하여 차이점(새로운 단백질 출현, 영양소 및 독소의 증가 및 감소)을 찾아내고 차이 나는 물질에 대한 독성, 알레르기성, 영양성 등을 심사하여 문제 없음이 확인되면 기존 농·수·축산물과 안전성·영양성 측면에서 동일한 것으로 간주
- 유럽연합, 일본, 미국 등 세계 각국이 동일한 기준으로 심사
- 즉, 유전자변형식품과 기존 식품의 독성, 알레르기성, 영양성 등을 비교·평가하여 차이가 없으면 안전하다고 판단하는 것

05 유전자변형식품등의 안전성 심사에 대한 내용 중 일부이다. 빈칸을 알맞게 채우시오.

> 유전자변형식품등을 식용으로 (A)·(B)·(C)하는 자는 최초로 유전자변형식품등을 수입하는 경우, 안전성 심사를 받은 후 (D)이 지난 유전자변형식품등으로서 시중에 유통되어 판매되고 있는 경우는 안전성 심사를 받아야 한다.

모범답안

A : 수입
B : 개발
C : 생산
D : 10년

06

다음은 식품위생분야종사자의 위생조건 중 영업에 종사하지 못하는 질병의 종류이다.
빈칸을 채우시오.

> • 「감염병의 예방 및 관리에 관한 법률」 제2조제3가목에 따른 (A)(비감염성인 경우는 제
>   외한다.)
> • 「감염병의 예방 및 관리에 관한 법률 시행규칙」 제33조제1항 각 호의 어느 하나에 해당하
>   는 감염병
> • (B) 또는 그 밖의 (C)질환
> • 후천석면역결핍증(「감염병의 예방 및 관리에 관한 법률」 제19조에 따라 성매개감염병에
>   관한 건강진단을 받아야 하는 영업에 종사하는 사람만 해당한다.)

모범답안

A : 결핵

B : 피부병

C : 고름형성(화농성)

07

식품위생법상 허가를 받아야 하는 영업을 3가지 쓰시오.

모범답안

• 식품조사처리업
• 단란주점영업
• 유흥주점영업

08 식품제조·가공의 빵류, 즉석판매 및 제조가공(크림빵)의 자가품질검사 주기를 쓰시오.

모범답안

- 식품제조·가공업의 빵류 : 2개월마다 1회 이상
- 즉석판매제조·가공업의 크림빵 : 9개월마다 1회 이상

➕ 해설

「식품위생법 시행규칙」[별표 12] 자가품질검사기준(제31조제1항 관련)

6. 식품등의 자가품질검사는 다음의 구분에 따라 실시하여야 한다.

　가. 식품제조·가공업

　　3) 빵류, 식육함유가공품, 알함유가공품, 동물성가공식품류(기타식육 또는 기타알제품), 음료류(과일·채소류음료, 탄산음료류, 두유류, 발효음료류, 인삼·홍삼음료, 기타음료만 해당한다, 비가열음료는 제외한다.), 식용유지류(들기름, 추출들깨유만 해당한다.) : 2개월마다 1회 이상 식품의약품안전처장이 정하여 고시하는 식품유형별 검사항목

　나. 즉석판매제조·가공업

　　1) 과자(크림을 위에 바르거나 안에 채워 넣은 후 가열살균하지 않고 그대로 섭취하는 것만 해당한다.), 빵류(크림을 위에 바르거나 안에 채워 넣은 후 가열살균하지 않고 그대로 섭취하는 것만 해당한다.), 당류(설탕류, 포도당, 과당류, 올리고당류만 해당한다.), 식육함유가공품, 어육가공품류(연육, 어묵, 어육소시지 및 기타 어육가공품만 해당한다.), 두부류 또는 묵류, 식용유지류(압착식용유만 해당한다.), 특수용도식품, 소스, 음료류(커피, 과일·채소류음료, 탄산음료류, 두유류, 발효음료류, 인삼·홍삼음료, 기타음료만 해당한다.), 동물성가공식품류(추출가공식품만 해당한다.), 빙과류, 즉석섭취식품(도시락, 김밥류, 햄버거류 및 샌드위치류만 해당한다.), 즉석조리식품(순대류만 해당한다.), 신선편의식품, 간편조리세트, 「축산물 위생관리법」 제2조제2호에 따른 유가공품, 식육가공품 및 알가공품 : 9개월마다 1회 이상 식품의약품안전처장이 정하여 고시하는 식품 및 축산물가공품 유형별 검사항목

09 다음은 식품의 자가품질검사 항목을 나타낸 표이다. 빈칸을 채우시오.

구분	중분류	식품유형	항목
과자류, 빵류 또는 떡류		과자	허용 외 타르색소
		빵류	허용 외 타르색소, 보존료
		떡류	대장균, 보존료
빙과류	얼음류	식용얼음	( )
		어업용얼음	세균수, 대장균군
당류	설탕류	설탕	납, 이산화황
		기타설탕	납, 이산화황
	올리고당류	올리고당	납
		올리고당 가공품	납
	과당류	과당	납
		기타과당	납
식용유지류	식물성 유지류	참기름	( )
		들기름	벤조피렌, 산화방지제

모범답안

• 식용얼음 : 세균수, 대장균군
• 참기름 : 벤조피렌

참고

「식품등의 자가품질 검사항목 지정」 > [별표 1] 식품유형별 검사항목

10 식품위생법에 따른 위해식품등의 회수계획 및 절차에서 회수계획에 포함되어야 할 사항을 3가지 쓰시오.

모범답안

• 제품명, 제조연월일, 소비기한
• 회수계획량
• 회수 사유
• 회수방법
• 회수기간 및 예상 소요기간

- 회수되는 식품등의 폐기 등 처리방법
- 회수 사실을 국민에게 알리는 방법

「식품위생법 시행규칙」 제59조(위해식품등의 회수계획 및 절차 등)

① 법 제45조제1항에 따른 회수계획에 포함되어야 할 사항은 다음 각 호와 같다.

　1. 제품명, 제조연월일, 소비기한

　2. 회수계획량(위해식품등으로 판명 당시 해당 식품등의 소비량 및 소비기한 등을 고려하여 산출하여야 한다)

　3. 회수 사유

　4. 회수방법

　5. 회수기간 및 예상 소요기간

　6. 회수되는 식품등의 폐기 등 처리방법

　7. 회수 사실을 국민에게 알리는 방법

2008년 2회

11

관리 지자체에서 식품 회수명령 시 고려해야 할 3가지 요소에 대해 쓰시오.

모범답안

- 위해요소의 종류
- 인체건강에 영향을 미치는 위해의 정도
- 위반행위의 경중

해설

식품 회수명령 시 회수등급에 대해 고려하여야 하며, 회수등급은 위해요소의 종류, 인체건강에 영향을 미치는 위해의 정도, 위반행위의 경중 등을 고려하여 1, 2, 3등급으로 분류한다.

1등급	식품등의 섭취 또는 사용으로 인해 인체건강에 미치는 위해영향이 매우 크거나 중대한 위반행위
2등급	식품등의 섭취 또는 사용으로 인해 인체건강에 미치는 위해영향이 크거나 일시적인 경우
3등급	식품등의 섭취 또는 사용으로 인해 인체의 건강에 미치는 위해 영향이 비교적 적은 경우

12 식품위생법령상 '회수대상이 되는 식품 등의 기준'에서 회수대상인 식중독균 4가지를 쓰시오.

모범답안

- 살모넬라(*Salmonella* spp.)
- 장염비브리오(*Vibrio parahaemolyticus*)
- 리스테리아 모노사이토네제스(*Listeria monocytogenes*)
- 장출혈성 대장균(*Enterohemorrhagic Escherichia coli*)
- 캠필로박터 제주니/콜리(*Campylobacter jejuni/coli*)
- 여시니아 엔테로콜리티카(*Yersinia enterocolitica*)
- 바실루스 세레우스(*Bacillus cereus*)
- 클로스트리디움 퍼프린젠스(*Clostridium perfringens*)
- 황색포도상구균(*Staphylococcus aureus*)

해설

- 식품위생법 시행규칙 [별표 18]에 따라 식품의약품안전처장이 정한 식품의 기준 및 규격의 식중독균 기준을 위반할 경우 회수대상이 된다.
- 식품공전 > 제2. 식품일반에 대한 공통기준 및 규격 > 3. 식품일반의 기준 및 규격 > 4) 위생지표균 및 식중독균

(2) 식중독균

　　가. 식중독균은 식품의 특성에 따라 다음과 같이 적용한다.

　　　　가) 살모넬라(*Salmonella* spp.), 장염비브리오(*Vibrio parahaemolyticus*), 리스테리아 모노사이토제네스(*Listeria monocytogenes*), 장출혈성 대장균(*Enterohemorrhagic Escherichia coli*), 캠필로박터 제주니/콜리(*Campylobacter jejuni/coli*), 여시니아 엔테로콜리티카(*Yersinia enterocolitica*)

대상식품	규격
식육(제조, 가공용원료는 제외한다.), 살균 또는 멸균처리하였거나 더 이상의 가공, 가열조리를 하지 않고 그대로 섭취하는 가공식품	$n = 5$, $c = 0$, $m = 0/25g$

　　　　나) 바실루스 세레우스(*Bacillus cereus*)

대상식품	규격
① 가)의 대상식품 중 장류(메주 제외) 및 소스, 복합조미식품, 김치류, 젓갈류, 절임류, 조림류	g당 10,000 이하 (멸균제품은 음성이어야 한다.)
② 위 ①을 제외한 가)의 대상식품	g당 1,000 이하 (멸균제품은 음성이어야 한다.)

다) 클로스트리디움 퍼프린젠스(*Clostridium perfringens*)

대상식품	규격
① 가)의 대상식품 중 햄류, 소시지류, 식육추출가공품, 알가공품	n = 5, c = 1, m = 10, M = 100 (멸균제품은 n = 5, c = 0, m = 0/25g)
② 가)의 대상식품 중 생햄, 발효소시지, 치즈, 가공치즈	n = 5, c = 2, m = 10, M = 100 (멸균제품은 n = 5, c = 0, m = 0/25g)
③ 가)의 대상식품 중 장류(메주 제외), 젓갈류, 고춧가루 또는 실고추, 향신료가공품, 김치류, 절임류, 조림류, 복합조미식품, 식초, 카레분 및 카레(액상제품 제외)	n = 5, c = 2, m = 100, M = 1,000 (멸균제품은 n = 5, c = 0, m = 0/25g)
④ 위 ①, ②, ③을 제외한 가)의 대상식품	n = 5, c = 0, m = 0/25g

라) 황색포도상구균(*Staphylococcus aureus*)

대상식품	규격
① 가)의 대상식품 중 햄류, 소시지류, 식육추출가공품, 건포류	n = 5, c = 1, m = 10, M = 100 (멸균제품은 n = 5, c = 0, m = 0/25g)
② 가)의 대상식품 중 생햄, 발효소시지, 치즈, 가공치즈	n = 5, c = 2, m = 10, M = 100 (멸균제품은 n = 5, c = 0, m = 0/25g)
③ 위 ①, ②를 제외한 가)의 대상식품	n = 5, c = 0, m = 0/25g

13 이력추적제도 마크를 그리시오.

모범답안

14 수입식품의 이력추적관리를 위해 표기해야 할 사항 중 3가지를 쓰시오.

모범답안

- 수입식품등의 유통이력추적관리번호
- 수입업소 명칭 및 소재지
- 제조국
- 제조회사 명칭 및 소재지
- 유전자변형식품표시
- 제조일자
- 소비기한 또는 품질유지기한
- 수입일자
- 원재료명 또는 성분명
- 기능성 내용(건강기능식품에 한함)
- 회수 대상 여부 및 회수사유

식품등의 표시·광고

01 식품등의 표시기준

(1) 용어의 정의

① "제품명"이라 함은 개개의 제품을 나타내는 고유의 명칭을 말한다.

② "식품유형"이라 함은 「식품위생법」 제7조제1항 및 「축산물 위생관리법」 제4조제2항에 따른 「식품의 기준 및 규격」의 최소분류단위를 말한다.

③ "제조연월일"이라 함은 포장을 제외한 더 이상의 제조나 가공이 필요하지 아니한 시점(포장 후 멸균 및 살균 등과 같이 별도의 제조공정을 거치는 제품은 최종공정을 마친 시점)을 말한다. 다만, 캡셀제품은 충전·성형완료시점으로, 소분판매하는 제품은 소분용 원료제품의 제조연월일로, 포장육은 원료포장육의 제조연월일로, 식육즉석판매가공업 영업자가 식육가공품을 다시 나누어 판매하는 경우는 원료제품에 표시된 제조연월일로, 원료제품의 저장성이 변하지 않는 단순 가공처리만을 하는 제품은 원료제품의 포장시점으로 한다.[제조연월일의 영문명 및 약자 예시 : Date of Manufacture, Manufacturing Date, MFG, M, PRO(P), PROD, PRD]

④ "소비기한"이라 함은 식품등에 표시된 보관방법을 준수할 경우 섭취하여도 안전에 이상이 없는 기한을 말한다.(소비기한 영문명 및 약자 예시 : Use by date, Expiration date, EXP, E)

⑤ "품질유지기한"이라 함은 식품의 특성에 맞는 적절한 보존방법이나 기준에 따라 보관할 경우 해당식품 고유의 품질이 유지될 수 있는 기한을 말한다.(품질유지기한 영문명 및 약자 예시 : Best before date, Date of Minimum Durability, Best before, BBE, BE)

⑥ "원재료"는 식품 또는 식품첨가물의 처리·제조·가공 또는 조리에 사용되는 물질로서 최종제품 내에 들어있는 것을 말한다.

⑦ "성분"이라 함은 제품에 따로 첨가한 영양성분 또는 비영양성분이거나 원재료를 구성하는 단일물질로서 최종제품에 함유되어 있는 것을 말한다.

⑧ "영양성분"이라 함은 식품에 함유된 성분으로서 에너지를 공급하거나 신체의 성장, 발달, 유지에 필요한 것 또는 결핍시 특별한 생화학적, 생리적 변화가 일어나게 하는 것을 말한다.

⑨ "당류"라 함은 「식품 등의 표시·광고에 관한 법률 시행규칙」(이하 "규칙"이라 한다.) 제6조제2항제4호에 따른 당류로서 당류 함량은 모든 단당류와 이당류의 합을 말한다.

⑩ "트랜스지방"이라 함은 트랜스구조를 1개 이상 가지고 있는 비공액형의 모든 불포화지방을 말한다.

⑪ "1회 섭취참고량"은 만 3세 이상 소비계층이 통상적으로 소비하는 식품별 1회 섭취량과 시장조사 결과 등을 바탕으로 설정한 값을 말한다. 이 경우 1회 섭취참고량은 표 3과 같다.

⑫ "영양성분표시"라 함은 제품의 일정량에 함유된 영양성분의 함량을 표시하는 것을 말한다.

⑬ "영양강조표시"라 함은 제품에 함유된 영양성분의 함유사실 또는 함유정도를 "무", "저", "고", "강화", "첨가", "감소"등의 특정한 용어를 사용하여 표시하는 것으로서 다음의 것을 말한다.

  ㉠ "영양성분 함량강조표시" : 영양성분의 함유사실 또는 함유정도를 "무○○", "저○○", "고○○", "○○함유"등과 같은 표현으로 그 영양성분의 함량을 강조하여 표시하는 것을 말한다.

  ㉡ "영양성분 비교강조표시" : 영양성분의 함유사실 또는 함유정도를 "덜", "더", "강화", "첨가"등과 같은 표현으로 같은 유형의 제품과 비교하여 표시하는 것을 말한다.

⑭ "1일 영양성분 기준치"라 함은 소비자가 하루의 식사 중 해당식품이 차지하는 영양적 가치를 보다 잘 이해하고, 식품 간의 영양성분을 쉽게 비교할 수 있도록 식품표시에서 사용하는 영양성분의 평균적인 1일 섭취 기준량을 말하며, 이 경우 1일 영양성분 기준치는 규칙 제6조 관련 별표 5에 따른다.

⑮ "주표시면"이라 함은 용기·포장의 표시면 중 상표, 로고 등이 인쇄되어 있어 소비자가 식품 또는 식품첨가물을 구매할 때 통상적으로 소비자에게 보여지는 면으로서 도 1에 따른 면을 말한다.

⑯ "정보표시면"이라 함은 용기·포장의 표시면 중 소비자가 쉽게 알아 볼 수 있도록 표시사항을 모아서 표시하는 면으로서 도 1에 따른 면을 말한다.

⑰ "복합원재료"라 함은 2종류 이상의 원재료 또는 성분으로 제조·가공하여 다른 식품의 원료로 사용되는 것으로서 행정관청에 품목제조보고되거나 수입신고된 식품을 말한다.

⑱ "통·병조림식품"은 통 또는 병에 넣어 탈기와 밀봉 및 살균 또는 멸균한 것을 말한다.

⑲ "레토르트(retort)식품"은 제조·가공 또는 위생처리된 식품을 12개월을 초과하여 실온에서 보존 및 유통할 목적으로 단층 플라스틱필름이나 금속박 또는 이를 여러 층으로 접착하여 파우치와 기타 모양으로 성형한 용기에 제조·가공 또는 조리한 식품을 충전하고 밀봉하여 가열살균 또는 멸균한 것을 말한다.

⑳ "냉동식품"은 제조·가공 또는 조리한 식품을 장기 보존할 목적으로 냉동처리, 냉동보관하는 것으로서 용기·포장에 넣은 식품을 말한다.

㉑ "품목보고번호"라 함은 「식품위생법」 제37조에 따라 제조·가공업 영업자 또는 「축산물 위생관리법」 제25조에 따라 축산물가공업, 식육포장처리업 영업자가 관할기관에 품목제조를 보고할 때 부여되는 번호를 말한다.

㉒ "표시사항"이란 제품명, 식품유형, 영업소(장)의 명칭(상호) 및 소재지, 제조연월일, 소비기한 또는 품질유지기한, 내용량 및 내용량에 해당하는 열량, 원재료명, 성분명 및 함량, 영양성분 등 Ⅲ. 개별표시사항 및 표시기준에서 식품등에 표시하도록 규정한 사항을 말한다.

㉓ "기계발골육"이라 함은 살코기를 발라내고 남은 뼈에 붙은 살코기를 기계를 이용하여 분리한 식육을 말한다.

㉔ "산란일"이란 닭이 알을 낳은 날을 말한다.

㉕ "얼음막"이란 수산물을 동결하는 과정에서 수산물의 표면에 얼음으로 막을 씌우는 것을 말한다.

㉖ "포인트"란 한국산업표준 KS A 0201(활자의 기준 치수)이 정하는 바에 따라 활자의 크기를 표시하는 단위를 말한다.

(2) 공통표시기준 - 표시방법

① 주표시면에는 제품명, 내용량 및 내용량에 해당하는 열량(단, 열량은 내용량 뒤에 괄호로 표시하되, 규칙 제6조 관련 별표 4 영양표시 대상 식품등만 해당한다.)을 표시하여야 한다. 다만, 주표시면에 제품명과 내용량 및 내용량에 해당하는 열량 이외의 사항을 표시한 경우 정보표시면에는 그 표시사항을 생략할 수 있다.

② 정보표시면에는 식품유형, 영업소(장)의 명칭(상호) 및 소재지, 소비기한(제조연월일 또는 품질유지기한), 원재료명, 주의사항 등을 표시사항 별로 표 또는 단락 등으로 나누어 표시하되, 정보표시면 면적이 $100cm^2$ 미만인 경우에는 표 또는 단락으로 표시하지 아니할 수 있다.

(3) 개별표시사항

① **과자류, 빵류 또는 떡류** : 소비기한

② **빙과류** : 소비기한(아이스크림류, 빙과, 식용얼음은 제조연월일. 단, 아이스크림류, 빙과는 "제조연월"만을 표시할 수 있다.)

③ **코코아가공품류 또는 초콜릿류** : 소비기한

④ **당류** : 소비기한 또는 품질유지기한(단, 설탕류는 제조연월일, 당류가공품은 소비기한)

⑤ **잼류** : 소비기한 또는 품질유지기한

⑥ **두부류 또는 묵류** : 소비기한

⑦ **식용유지류** : 소비기한

⑧ **면류** : 소비기한

⑨ **음료류** : 소비기한[고체식품(다류 및 커피에 한함) 및 멸균한 액상제품은 소비기한 또는 품질유지기한, 침출차 중 발효과정을 거치는 차의 경우 소비기한 또는 제조연월일로 표시할 수 있다.]

⑩ **특수영양식품** : 소비기한

⑪ **특수의료용도식품** : 소비기한

⑫ **장류** : 소비기한 또는 품질유지기한(메주는 소비기한)

⑬ **조미식품** : 소비기한[식초류 및 멸균한 카레(커리)제품은 소비기한 또는 품질유지기한, 식염은 제조연월일]

⑭ **절임류 또는 조림류** : 소비기한 또는 품질유지기한(조림식품 중 멸균하지 아니한 제품은 소비기한)

⑮ **주류** : 제조연월일(탁주 및 약주는 소비기한, 맥주는 소비기한 또는 품질유지기한). 다만, 제조번호 또는 병입연월일을 표시한 경우에는 제조연월일을 생략할 수 있다.

⑯ **농산가공식품류** : 소비기한(전분·밀가루류는 소비기한 또는 품질유지기한)

⑰ **식육가공품 및 포장육** : 소비기한(다만, 원료제품의 포장을 제거한 후 저장성이 변하지 않는 단순 가공처리만을 하여 재포장하는 경우, 식육즉석판매가공업 영업자가 식육가공품을 다시 나누어 재포장하는 경우, 포장육을 재포장하는 경우, 그 제품에 재포장일자를 표시하고자 하면 제조연월일 및 소비기한)

⑱ **알가공품류** : 소비기한

⑲ **유가공품류** : 소비기한

⑳ **수산가공식품류** : 소비기한(젓갈류는 소비기한 또는 품질유지기한)

㉑ **동물성가공식품류** : 소비기한

㉒ **벌꿀 및 화분가공품류** : 소비기한

㉓ **즉석식품류** : 소비기한(즉석섭취식품 중 도시락·김밥·햄버거·샌드위치·초밥은 제조연월일 및 소비기한)(즉석섭취식품 중 도시락, 김밥, 햄버거, 샌드위치, 초밥의 제조연월일 표시는 제조일과 제조시간을 함께 표시하여야 하며, 소비기한 표시는 "○○월○○일○○시까지", "○○일○○시까지" 또는 "○○.○○.○○ 00:00까지"로 표시하여야 한다.)

㉔ **기타식품류** : 소비기한

㉕ **식용란(수입식용란을 포함한다)** : 소비기한

㉖ **닭·오리의 식육** : 소비기한

㉗ **자연상태 식품** : 생산연도, 생산연월일(채취·수확·어획·도축한 연도 또는 연월일) 또는 포장일

(4) [별지 1] 표시사항별 세부표시기준 – 식품 – 영양성분 등 표시방법

① 공통사항

㉠ 영양성분 표시대상 식품은 열량, 나트륨, 탄수화물, 당류, 지방, 트랜스지방, 포화지방, 콜레스테롤 및 단백질에 대하여 그 명칭, 함량 및 규칙 제6조 관련 별표 5의 1일 영양성분 기준치에 대한 비율(%)을 표시하여야 한다. 다만, 열량, 트랜스지방에 대하여는 1일 영양성분 기준치에 대한 비율(%) 표시를 제외한다.

ⓛ 영양성분 함량이 없는 경우(영양성분별 세부표시방법에 따라 "0"으로 표시하는 경우는 제외한다.)에는 그 영양성분의 명칭과 함량을 표시하지 않거나, 영양성분 함량을 "없음" 또는 "-"로 표시하여야 한다.

ⓒ 영양성분 함량을 두 가지 이상의 표시단위로 병행 표기하는 경우, 총 내용량당 영양성분 함량이 "0"으로 표시되지 않으면, 다른 표시단위의 영양성분 함량도 "0"으로 표시할 수 없다. 이 경우 실제함량을 그대로 표시하거나 "○○g 미만"으로 표시한다. 다만, "○○g 미만"은 영양성분별 세부표시방법에 따라 "0"으로 표시할 수 있는 규정에 한하여 표시할 수 있다.(예시 : 총 내용량당 당류 함량이 "1g"이고 1회 섭취참고량당 함량이 "0.3g"인 경우 1회 섭취참고량당 당류 함량은 "0.3g" 또는 "0.5g 미만"으로 표시)

ⓔ 규칙 제6조 관련 별표 5의 1일 영양성분 기준치에 대한 비율(%)은 각 영양성분의 표시함량을 사용하여 1일 영양성분 기준치에 대한 비율(%)을 산출한 후 이를 반올림하여 정수로 표시하여야 한다. 다만 함량이 "○○g 미만"으로 표시되어 있는 경우에는 그 실제함량을 그대로 사용하여 1일 영양성분 기준치에 대한 비율(%)을 산출하여야 한다.

ⓜ 영양성분 표시는 소비자가 알아보기 쉽도록 바탕색과 구분되는 색상으로 다음의 기준에 따라 도 3 표시서식도안을 사용하여 표시하여야 한다.

- 중량(g) 또는 용량(ml)을 표시함에 있어 10g(ml) 미만은 그 값에 가까운 0.1g(ml) 단위로, 10g(ml) 이상은 그 값에 가까운 1g(ml) 단위로 표시하여야 한다.

ⓗ 영양성분을 주표시면에 표시하려는 경우에는 다음의 기준에 따라 도 4 표시서식도안을 사용하여 표시하여야 한다.

- 영양성분 표시는 도 4 표시서식 도안의 형태를 유지하는 범위에서 변형할 수 있다. 이 경우 특정 영양성분을 강조하여서는 아니 된다.
- 도 4에 따라 표시된 열량이 내용량에 해당하는 열량이 되는 경우에는 내용량에 해당하는 열량의 표시는 생략할 수 있다.
- 주표시면에 도 4를 표시한 경우에는 정보표시면의 영양성분 표시를 생략할 수 있다.
- 그 밖에 표시방법은 ㉠부터 ⓜ을 준용한다.

② **영양성분별 세부표시방법**

열량	• 열량의 단위는 킬로칼로리(kcal)로 표시하되, 그 값을 그대로 표시하거나 그 값에 가장 가까운 5kcal 단위로 표시하여야 한다. 이 경우 5kcal 미만은 "0"으로 표시할 수 있다.
	• 열량의 산출기준은 다음과 같다.
	  – 영양성분의 표시함량을 사용("○○g 미만"으로 표시되어 있는 경우에는 그 실제 값을 그대로 사용한다.)하여 열량을 계산함에 있어 탄수화물은 1g당 4kcal를, 단백질은 1g당 4kcal를, 지방은 1g당 9kcal를 각각 곱한 값의 합으로 산출하고, 알코올 및 유기산의 경우에는 알코올은 1g당 7kcal를, 유기산은 1g당 3kcal를 각각 곱한 값의 합으로 한다.
	  – 탄수화물 중 당알코올 및 식이섬유 등의 함량을 별도로 표시하는 경우의 탄수화물에 대한 열량 산출은 당알코올은 1g당 2.4kcal(에리스리톨은 0kcal), 식이섬유는 1g당 2kcal, 타가토스는 1g당 1.5kcal, 알룰로오스는 1g당 0kcal, 그 밖의 탄수화물은 1g당 4kcal를 각각 곱한 값의 합으로 한다.

나트륨	나트륨의 단위는 밀리그램(mg)으로 표시하되, 그 값을 그대로 표시하거나, 120mg 이하인 경우에는 그 값에 가장 가까운 5mg 단위로, 120mg을 초과하는 경우에는 그 값에 가장 가까운 10mg 단위로 표시하여야 한다. 이 경우 5mg 미만은 "0"으로 표시할 수 있다.
탄수화물 및 당류	• 탄수화물에는 당류를 구분하여 표시하여야 한다. • 탄수화물의 단위는 그램(g)으로 표시하되, 그 값을 그대로 표시하거나 그 값에 가장 가까운 1g 단위로 표시하여야 한다. 이 경우 1g 미만은 "1g 미만"으로, 0.5g 미만은 "0"으로 표시할 수 있다. • 탄수화물의 함량은 식품 중량에서 단백질, 지방, 수분 및 회분의 함량을 뺀 값을 말한다.
지방, 트랜스지방, 포화지방	• 지방에는 트랜스지방 및 포화지방을 구분하여 표시하여야 한다. • 지방의 단위는 그램(g)으로 표시하되, 그 값을 그대로 표시하거나 5g 이하는 그 값에 가장 가까운 0.1g 단위로, 5g을 초과한 경우에는 그 값에 가장 가까운 1g 단위로 표시하여야 한다. 이 경우(트랜스지방은 제외) 0.5g 미만은 "0"으로 표시할 수 있다. • 트랜스지방은 0.5g 미만은 "0.5g 미만"으로 표시할 수 있으며, 0.2g 미만은 "0"으로 표시할 수 있다. 다만, 식용유지류 제품은 100g당 2g 미만일 경우 "0"으로 표시할 수 있다.
콜레스테롤	콜레스테롤의 단위는 밀리그램(mg)으로 표시하되, 그 값을 그대로 표시하거나, 그 값에 가장 가까운 5mg 단위로 표시하여야 한다. 이 경우 5mg 미만은 "5mg 미만"으로, 2mg 미만은 "0"으로 표시할 수 있다.
단백질	단백질의 단위는 그램(g)으로 표시하되, 그 값을 그대로 표시하거나, 그 값에 가장 가까운 1g 단위로 표시하여야 한다. 이 경우 1g 미만은 "1g 미만"으로, 0.5g 미만은 "0"으로 표시할 수 있다.
그 밖에 영양성분에 대한 표시	(가) 규칙 제6조 관련 별표 5 1일 영양성분 기준치의 비타민과 무기질(나트륨은 제외한다.)을 표시하거나 강조표시 하는 경우에는 해당 영양성분의 명칭, 함량 및 규칙 제6조 관련 별표 5의 1일 영양성분 기준치에 대한 비율(%)을 표시하여야 한다. (나) 비타민과 무기질의 명칭 및 단위는 규칙 제6조 관련 별표 5의 1일 영양성분 기준치에 따라 표시하며, 1일 영양성분 기준치의 2% 미만은 "0"으로 표시할 수 있다. (다) 1일 영양성분 기준치가 설정되지 아니한 지방산류 및 아미노산류 등을 표시하거나 영양강조표시를 하는 때에는 그 영양성분의 명칭 및 함량을 표시하여야 한다. (라) 영·유아, 임신·수유부, 환자 등 특정 집단을 대상으로 하는 특수용도영양식품 및 특수의료용도식품에 대하여 열량부터 단백질 또는 (가)부터 (다)까지의 규정에 의한 영양성분 표시를 하는 때에는 규칙 제6조 관련 별표 5의 1일 영양성분 기준치에 대한 비율(%)로 표시하거나 표 2의 한국인 영양섭취기준 중 해당 집단의 권장섭취량 또는 충분섭취량을 기준치로 하여 기준치에 대한 비율(%)로 표시할 수 있다. 다만, 해당 집단의 권장섭취량 또는 충분 섭취량을 기준치로 사용할 경우에는 영양성분표 하단에 별도로 "1일 영양성분 기준치에 대한 비율(%)"이 특정 해당 집단의 섭취기준에 대한 비율(%)임을 명시하여야 한다. 예 도 3 표시서식도안 가목의 도안일 경우 * 1일 영양성분 기준치에 대한 비율(%) : 한국인 성인 남자(19~64세) 영양섭취기준에 대한 비율

③ **영양강조 표시기준**

가) "저", "무", "고(또는 풍부)" 또는 "함유(또는 급원)" 용어사용

    ㉠ 일반기준 : "무" 또는 "저"의 강조표시는 ㉡의 규정에 따른 영양성분 함량 강조표시 세부기준에 적합하게 제조·가공과정을 통하여 해당 영양성분의 함량을 낮추거나 제거한 경우에만 사용할 수 있다. 다만, 영양성분 함량강조표시 중 "저지방"에 대한 표시조건은「축산물 위생관리법」제4조제2항에 따른「식품의 기준 및 규격」에서 정한 기준을 적용할 수 있다.

    ㉡ 영양성분 함량강조표시 세부기준

영양성분	강조표시	표시조건
열량	저	식품 100g당 40kcal 미만 또는 식품 100mL당 20kcal 미만일 때
	무	식품 100mL당 4kcal 미만일 때
나트륨/ 소금(염)	저	식품 100g당 120mg 미만일 때 * 소금(염)은 식품 100g당 305mg 미만일 때
	무	식품 100g당 5mg 미만일 때 * 소금(염)은 식품 100g당 13mg 미만일 때
당류	저	식품 100g당 5g 미만 또는 식품 100mL당 2.5g 미만일 때
	무	식품 100g당 또는 식품 100mL당 0.5g 미만일 때
지방	저	식품 100g당 3g 미만 또는 식품 100mL당 1.5g 미만일 때
	무	식품 100g당 또는 식품 100mL당 0.5g 미만일 때
트랜스지방	저	식품 100g당 0.5g 미만일 때
포화지방	저	식품 100g당 1.5g 미만 또는 식품 100mL당 0.75g 미만이고, 열량의 10% 미만일 때
	무	식품 100g당 0.1g 미만 또는 식품 100mL당 0.1g 미만일 때
콜레스테롤	저	식품 100g당 20mg 미만 또는 식품 100mL당 10mg 미만이고, 포화지방이 식품 100g당 1.5g 미만 또는 식품 100mL당 0.75g 미만이며, 포화지방이 열량의 10% 미만일 때
	무	식품 100g당 5mg 미만 또는 식품 100mL당 5mg 미만이고, 포화지방이 식품 100g당 1.5g 또는 식품 100mL당 0.75g 미만이며 포화지방이 열량의 10% 미만일 때
식이섬유	함유 또는 급원	식품 100g당 3g 이상, 식품 100kcal당 1.5g 이상일 때 또는 1회 섭취참고량당 1일 영양성분기준치의 10% 이상일 때
	고 또는 풍부	함유 또는 급원 기준의 2배

영양성분	강조표시	표시조건
단백질	함유 또는 급원	식품 100g당 1일 영양성분 기준치의 10% 이상, 식품 100mL당 1일 영양성분 기준치의 5% 이상, 식품 100kcal당 1일 영양성분 기준치의 5% 이상일 때 또는 1회 섭취참고량당 1일 영양성분기준치의 10% 이상일 때
	고 또는 풍부	함유 또는 급원 기준의 2배
비타민 또는 무기질	함유 또는 급원	식품 100g당 1일 영양성분 기준치의 15% 이상, 식품 100mL당 1일 영양성분 기준치의 7.5% 이상, 식품 100kcal당 1일 영양성분기준치의 5% 이상일 때 또는 1회 섭취참고량당 1일 영양성분기준치의 15% 이상일 때
	고 또는 풍부	함유 또는 급원 기준의 2배

나) "덜", "더", "감소 또는 라이트", "낮춘", "줄인", "강화", "첨가" 용어사용

   ㉠ 영양성분 함량의 차이를 다른 제품의 표준값과 비교하여 백분율 또는 절대값으로 표시할 수 있다. 이 경우 다른 제품의 표준값은 동일한 식품유형 중 시장점유율이 높은 3개 이상의 유사식품을 대상으로 산출하여야 한다.

   ㉡ 영양성분 함량의 차이가 다른 제품의 표준값과 비교하여 열량, 나트륨, 탄수화물, 당류, 식이섬유, 지방, 트랜스지방, 포화지방, 콜레스테롤, 단백질의 경우는 최소 25% 이상의 차이가 있어야 하고, 나트륨을 제외한 규칙 제6조 관련 별표 5 1일 영양성분 기준치에서 정한 비타민 및 무기질의 경우는 1일 영양성분 기준치의 10% 이상의 차이가 있어야 한다.

   ㉢ ㉡에 해당하는 제품 중 "덜, 라이트, 감소"를 사용하고자 하는 경우에는 해당 영양성분의 함량 차이의 절대값이 가)의 규정에 따른 "저"의 기준값보다 커야 하고, "더, 강화, 첨가"를 사용하고자 하는 경우에는 해당 영양성분의 함량 차이의 절대값이 가)의 규정에 따른 "함유"의 기준값보다 커야 한다.

   ㉣ ㉠ ~ ㉢ 규정에도 불구하고 특정 영양성분과 식품유형에 대해서는 영양성분 비교강조표시 기준 등을 별도로 정할 수 있다.

다) 다음의 모두에 해당하는 경우 "설탕 무첨가", "무가당"을 표시할 수 있다.

   ㉠ 당류를 첨가하지 않은 제품

   ㉡ 당류를 기능적으로 대체하는 원재료(꿀, 당시럽, 올리고당, 당류가공품 등. 다만, 당류에 해당하지 않는 식품첨가물은 제외)를 사용하지 않은 제품

   ㉢ 당류가 첨가된 원재료(잼·젤리·감미과일 등)를 사용하지 않은 제품

   ㉣ 농축, 건조 등으로 당함량이 높아진 원재료(말린과일페이스트, 농축과일주스 등)를 사용하지 않은 제품

   ㉤ 효소분해 등으로 식품의 당함량이 높아지지 않은 제품

라) 다음의 ㉠부터 ㉢까지 모두에 해당하는 경우 "나트륨 무첨가" 또는 "무가염"을 표시할 수 있다. 다만, 해당 제품이 가) ㉠ 및 ㉡에 따른 나트륨/소금(염)의 "무" 강조표시 조

건에 적합하지 않은 경우에는 "무염 제품이 아님" 또는 "나트륨 함유 제품임"을 해당 강조표시 근처에 함께 표시하여야 한다.

ⓐ 염화나트륨, 삼인산나트륨 등 나트륨염을 첨가하지 않은 제품

ⓑ 나트륨염을 첨가한 원재료(젓갈류, 소금에 절인 생선 등)를 사용하지 않은 제품

ⓒ 나트륨염을 기능적으로 대체하기 위하여 사용하는 원재료(건조 해조류, 건조 해산물 등)를 사용하지 않은 제품

마) 가) ⓐ 및 ⓑ에 따른 '무당', 다)에 따른 '무가당' 및 이와 동일한 표현으로 당류에 대해 강조하는 경우에는 다음을 추가로 표시해야 한다.

ⓐ 감미료(감미료를 원새료로 사용한 식품 포함)를 사용하는 경우에는 '감미료 함유'를 해당 강조표시 주위(강조표시의 인접한 둘레)에 14포인트 이상 활자 크기(강조표시가 14포인트 미만인 경우 해당 강조표시와 동일한 활자 크기)로 표시해야 한다. 다만, 당알코올인 감미료를 사용하는 경우에는 '감미료 함유' 대신 '당알코올 함유'로도 표시할 수 있다.

ⓑ 가) ⓐ 및 ⓑ 중 '저열량' 또는 나) ⓐ부터 ⓒ에 따른 '열량 감소' 등의 기준에 적합하지 않은 경우에는 '총 내용량에 해당하는 열량'을 해당 강조표시 주위(강조표시의 인접한 둘레)에 14포인트 이상 활자 크기(강조표시가 14포인트 미만인 경우 해당 강조표시와 동일한 활자 크기)로 표시해야 하며, 해당 강조표시가 주표시면에 있는 경우 내용량 뒤에 괄호로 표시하는 열량은 생략할 수 있다. 다만, '총 내용량에 해당하는 열량' 표시를 대신하여 '저열량 제품이 아님' 또는 '열량을 낮춘 제품이 아님'을 해당 강조표시 주위(강조표시의 인접한 둘레)에 14포인트 이상 활자 크기(강조표시가 14포인트 미만인 경우 해당 강조표시와 동일한 활자 크기)로 표시할 수 있으며, 이 경우 내용량 뒤에 괄호로 표시하는 열량을 생략해서는 안 된다.

ⓒ '무당', '무가당' 및 이와 동일한 강조표시가 주표시면에 2회 이상 반복되어 있는 제품은 소비자가 정확하게 알 수 있도록 주표시면에 가장 큰 강조표시 주위(강조표시의 인접한 둘레)에 ⓐ, ⓑ을 표시해야 하며, 그 외의 강조표시 주위(강조표시의 인접한 둘레)에는 ⓐ, ⓑ에 따른 표시를 생략할 수 있다.

(5) 영양성분 표시량과 실제 측정값의 허용오차 범위

① 열량, 나트륨, 당류, 지방, 트랜스지방, 포화지방 및 콜레스테롤의 실제 측정값은 표시량의 120% 미만이어야 한다. 다만, 배추김치의 경우 나트륨의 실제 측정값은 표시량의 130% 미만이어야 한다.

② ① 본문에도 불구하고 식품 내에 함유량이 다음 구분에 해당하는 영양성분의 경우에는 표시량과 실제 측정값의 허용오차 범위는 다음 구분에 따른 값과 같다.

ⓐ 100g(mL)당 25mg 미만의 나트륨 : +5mg 미만

ⓑ 100g(mL)당 2.5g 미만의 당류 : +0.5g 미만

ⓒ 100g(mL)당 4g 미만의 포화지방 : +0.8g 미만

ⓡ 100g(mL)당 25mg 미만의 콜레스테롤 : +5mg 미만

③ 탄수화물, 식이섬유, 단백질, 비타민, 무기질, 필수지방산(리놀레산, 알파-리놀렌산, EPA와 DHA의 합)의 실제 측정값은 표시량의 80% 이상이어야 한다.

④ ①부터 ③까지 규정에도 불구하고 「식품위생법」 제7조 및 「축산물 위생관리법」 제4조의 규정에 따른 「식품의 기준 및 규격」의 성분규격이 "표시량 이상"으로 되어 있는 경우에는 실제 측정값은 표시량 이상이어야 하고, 성분규격이 "표시량 이하"로 되어 있는 경우에는 표시량 이하이어야 한다.

■ **식품등의 표시·광고에 관한 법률 시행규칙 [별표 5]**

1일 영양성분 기준치(제6조제2항 및 제3항 관련)

영양성분	기준치(단위)	영양성분	기준치(단위)	영양성분	기준치(단위)
탄수화물	324g	비타민E	11mgα-TE	인	700mg
당류	100g	비타민K	70μg	나트륨	2,000mg
식이섬유	25g	비타민C	100mg	칼륨	3,500mg
단백질	55g	비타민B1	1.2mg	마그네슘	315mg
지방	54g	비타민B2	1.4mg	철분	12mg
리놀레산	10g	나이아신	15mg NE	아연	8.5mg
알파-리놀렌산	1.3g	비타민B6	1.5mg	구리	0.8mg
EPA와 DHA의 합	330mg	엽산	400μg DFE	망간	3.0mg
포화지방	15g	비타민B12	2.4μg	요오드	150μg
콜레스테롤	300mg	판토텐산	5mg	셀레늄	55μg
비타민A	700μg RAE	바이오틴	30μg	몰리브덴	25μg
비타민D	10μg	칼슘	700mg	크롬	30μg

비고

1. 비타민 A, 비타민 D 및 비타민E는 위 표에 따른 단위로 표시하되, 괄호를 하여 IU(국제단위) 단위를 병기할 수 있다.
2. 위 표에도 불구하고 영유아(만 2세 이하의 사람을 말한다. 이하 같다.)용으로 표시된 식품등의 1일 영양성분 기준치에 대해서는 「국민영양관리법」 제14조제1항의 영양소 섭취기준에 따른다. 다만, 만 1세 이상 2세 이하 영유아의 탄수화물, 당류, 단백질 및 지방의 1일 영양성분 기준치에 대해서는 탄수화물 150g, 당류 50g, 단백질 35g 및 지방 30g을 적용한다.

(1) 제8조(부당한 표시 또는 광고행위의 금지)

① 누구든지 식품등의 명칭·제조방법·성분 등 대통령령으로 정하는 사항에 관하여 다음의 어느 하나에 해당하는 표시 또는 광고를 하여서는 아니 된다.

㉠ 질병의 예방·치료에 효능이 있는 것으로 인식할 우려가 있는 표시 또는 광고

㉡ 식품등을 의약품으로 인식할 우려가 있는 표시 또는 광고

㉢ 건강기능식품이 아닌 것을 건강기능식품으로 인식할 우려가 있는 표시 또는 광고

㉣ 거짓·과장된 표시 또는 광고

㉤ 소비자를 기만하는 표시 또는 광고

㉥ 다른 업체나 다른 업체의 제품을 비방하는 표시 또는 광고

㉦ 객관적인 근거 없이 자기 또는 자기의 식품등을 다른 영업자나 다른 영업자의 식품등과 부당하게 비교하는 표시 또는 광고

㉧ 사행심을 조장하거나 음란한 표현을 사용하여 공중도덕이나 사회윤리를 현저하게 침해하는 표시 또는 광고

㉨ 총리령으로 정하는 식품등이 아닌 물품의 상호, 상표 또는 용기·포장 등과 동일하거나 유사한 것을 사용하여 해당 물품으로 오인·혼동할 수 있는 표시 또는 광고

㉩ 제10조제1항에 따라 심의를 받지 아니하거나 같은 조 제4항을 위반하여 심의 결과에 따르지 아니한 표시 또는 광고

② ㉠~㉩의 표시 또는 광고의 구체적인 내용과 그 밖에 필요한 사항은 대통령령으로 정한다.

■ **식품등의 표시·광고에 관한 법률 시행령 [별표 1]**
부당한 표시 또는 광고의 내용(제3조제1항 관련)

1. 질병의 예방·치료에 효능이 있는 것으로 인식할 우려가 있는 다음 각 목의 표시 또는 광고

　가. 질병 또는 질병군(疾病群)의 발생을 예방한다는 내용의 표시·광고. 다만, 다음의 어느 하나에 해당하는 경우는 제외한다.

　　1) 특수의료용도식품(정상적으로 섭취, 소화, 흡수 또는 대사할 수 있는 능력이 제한되거나 질병 또는 수술 등의 임상적 상태로 인하여 일반인과 생리적으로 특별히 다른 영양요구량을 가지고 있어, 충분한 영양공급이 필요하거나 일부 영양성분의 제한 또는 보충이 필요한 사람에게 식사의 일부 또는 전부를 대신할 목적으로 직접 먹거나 튜브를 통해 공급할 수 있도록 제조·가공한 식품을 말한다. 이하 같다.)에 섭취대상자의 질병명 및 "영양조절"을 위한 식품임을 표시·광고하는 경우

---

2) 건강기능식품에 기능성을 인정받은 사항을 표시·광고하는 경우
나. 질병 또는 질병군에 치료 효과가 있다는 내용의 표시·광고
다. 질병의 특징적인 징후 또는 증상에 예방·치료 효과가 있다는 내용의 표시·광고
라. 질병 및 그 징후 또는 증상과 관련된 제품명, 학술자료, 사진 등(이하 이 목에서 "질병정보"라 한다.)을 활용하여 질병과의 연관성을 암시하는 표시·광고. 다만, 건강기능식품의 경우 다음의 어느 하나에 해당하는 표시·광고는 제외한다.
  1) 「건강기능식품에 관한 법률」 제15조에 따라 식품의약품안전처장이 고시하거나 안전성 및 기능성을 인정한 건강기능식품의 원료 또는 성분으로서 질병의 발생 위험을 감소시키는 데 도움이 된다는 내용의 표시·광고
  2) 질병정보를 제품의 기능성 표시·광고와 명확하게 구분하고, "해당 질병정보는 제품과 직접적인 관련이 없습니다"라는 표현을 병기한 표시·광고

2. 식품등을 의약품으로 인식할 우려가 있는 다음 각 목의 표시 또는 광고
가. 의약품에만 사용되는 명칭(한약의 처방명을 포함한다.)을 사용하는 표시·광고
나. 의약품에 포함된다는 내용의 표시·광고
다. 의약품을 대체할 수 있다는 내용의 표시·광고
라. 의약품의 효능 또는 질병 치료의 효과를 증대시킨다는 내용의 표시·광고

3. 건강기능식품이 아닌 것을 건강기능식품으로 인식할 우려가 있는 표시 또는 광고 : 「건강기능식품에 관한 법률」 제3조제2호에 따른 기능성이 있는 것으로 표현하는 표시·광고. 다만, 다음 각 목의 어느 하나에 해당하는 표시·광고는 제외한다.
가. 「건강기능식품에 관한 법률」 제14조에 따른 건강기능식품의 기준 및 규격에서 정한 영양성분의 기능 및 함량을 나타내는 표시·광고
나. 제품에 함유된 영양성분이나 원재료가 신체조직과 기능의 증진에 도움을 줄 수 있다는 내용으로서 식품의약품안전처장이 정하여 고시하는 내용의 표시·광고
다. 특수영양식품(영아·유아, 비만자 또는 임산부·수유부 등 특별한 영양관리가 필요한 대상을 위하여 식품과 영양성분을 배합하는 등의 방법으로 제조·가공한 식품을 말한다.) 및 특수의료용도식품으로 임산부·수유부·노약자, 질병 후 회복 중인 사람 또는 환자의 영양보급 등에 도움을 준다는 내용의 표시·광고
라. 해당 제품이 발육기, 성장기, 임신수유기, 갱년기 등에 있는 사람의 영양보급을 목적으로 개발된 제품이라는 내용의 표시·광고

4. 거짓·과장된 다음 각 목의 표시 또는 광고
가. 다음의 어느 하나에 따라 허가받거나 등록·신고 또는 보고한 사항과 다르게 표현하는 표시·광고
  1) 「식품위생법」 제37조
  2) 「건강기능식품에 관한 법률」 제5조부터 제7조까지

3) 「축산물 위생관리법」 제22조, 제24조 및 제25조

4) 「수입식품안전관리 특별법」 제5조, 제15조 및 제20조

　　나. 건강기능식품의 경우 식품의약품안전처장이 인정하지 않은 기능성을 나타내는 내용의 표시·광고

　　다. 제2조 각 호의 사항을 표시·광고할 때 사실과 다른 내용으로 표현하는 표시·광고

　　라. 제2조 각 호의 사항을 표시·광고할 때 신체의 일부 또는 신체조직의 기능·작용·효과·효능에 관하여 표현하는 표시·광고

　　마. 정부 또는 관련 공인기관의 수상(受賞)·인증·보증·선정·특허와 관련하여 사실과 다른 내용으로 표현하는 표시·광고

5. 소비자를 기만하는 다음 각 목의 표시 또는 광고

　가. 식품학·영양학·축산가공학·수의공중보건학 등의 분야에서 공인되지 않은 제조방법에 관한 연구나 발견한 사실을 인용하거나 명시하는 표시·광고. 다만, 식품학 등 해당 분야의 문헌을 인용하여 내용을 정확히 표시하고, 연구자의 성명, 문헌명, 발표 연월일을 명시하는 표시·광고는 제외한다.

　나. 가축이 먹는 사료나 물에 첨가한 성분의 효능·효과 또는 식품등을 가공할 때 사용한 원재료나 성분의 효능·효과를 해당 식품등의 효능·효과로 오인 또는 혼동하게 할 우려가 있는 표시·광고

　다. 각종 감사장 또는 체험기 등을 이용하거나 "한방(韓方)", "특수제법", "주문쇄도", "단체추천" 또는 이와 유사한 표현으로 소비자를 현혹하는 표시·광고

　라. 의사, 치과의사, 한의사, 수의사, 약사, 한약사, 대학교수 또는 그 밖의 사람이 제품의 기능성을 보증하거나, 제품을 지정·공인·추천·지도 또는 사용하고 있다는 내용의 표시·광고. 다만, 의사 등이 해당 제품의 연구·개발에 직접 참여한 사실만을 나타내는 표시·광고는 제외한다.

　마. 외국어의 남용 등으로 인하여 외국 제품 또는 외국과 기술 제휴한 것으로 혼동하게 할 우려가 있는 내용의 표시·광고

　바. 조제유류(調製乳類)의 용기 또는 포장에 유아·여성의 사진 또는 그림 등을 사용한 표시·광고

　사. 조제유류가 모유와 같거나 모유보다 좋은 것으로 소비자를 오인 또는 혼동하게 할 수 있는 표시·광고

　아. 「건강기능식품에 관한 법률」 제15조제2항 본문에 따라 식품의약품안전처장이 인정한 사항의 일부 내용을 삭제하거나 변경하여 표현함으로써 해당 건강기능식품의 기능 또는 효과에 대하여 소비자를 오인하게 하거나 기만하는 표시·광고

자. 「건강기능식품에 관한 법률」 제15조제2항 단서에 따라 기능성이 인정되지 않는 사항에 대하여 기능성이 인정되는 것처럼 표현하는 표시·광고

차. 이온수, 생명수, 약수 등 과학적 근거가 없는 추상적인 용어로 표현하는 표시·광고

카. 해당 제품에 사용이 금지된 식품첨가물이 함유되지 않았다는 내용을 강조함으로써 소비자로 하여금 해당 제품만 금지된 식품첨가물이 함유되지 않은 것으로 오인하게 할 수 있는 표시·광고

6. 다른 업체나 다른 업체의 제품을 비방하는 표시 또는 광고 : 비교하는 표현을 사용하여 다른 업체의 제품을 간접적으로 비방하거나 다른 업체의 제품보다 우수한 것으로 인식될 수 있는 표시·광고

7. 객관적인 근거 없이 자기 또는 자기의 식품등을 다른 영업자나 다른 영업자의 식품등과 부당하게 비교하는 다음 각 목의 표시 또는 광고

가. 비교표시·광고의 경우 그 비교대상 및 비교기준이 명확하지 않거나 비교내용 및 비교방법이 적정하지 않은 내용의 표시·광고

나. 제품의 제조방법·품질·영양가·원재료·성분 또는 효과와 직접적인 관련이 적은 내용이나 사용하지 않은 원재료 또는 성분을 강조함으로써 다른 업소의 제품을 간접적으로 다르게 인식하게 하는 내용의 표시·광고. 다만, 식품의약품안전처장이 소비자의 판단에 도움을 주기 위하여 표시·광고할 필요가 있다고 인정하여 고시하는 원재료 또는 성분을 사용하지 않았다는 표시·광고는 제외한다.

8. 사행심을 조장하거나 음란한 표현을 사용하여 공중도덕이나 사회윤리를 현저하게 침해하는 다음 각 목의 표시 또는 광고

가. 판매 사례품이나 경품의 제공 등 사행심을 조장하는 내용의 표시·광고(「독점규제 및 공정거래에 관한 법률」에 따라 허용되는 경우는 제외한다.)

나. 미풍양속을 해치거나 해칠 우려가 있는 저속한 도안, 사진 또는 음향 등을 사용하는 표시·광고

■ 식품등의 표시·광고에 관한 법률 시행규칙 [별표 2]
소비자 안전을 위한 표시사항(제5조제1항 관련)

Ⅰ. 공통사항

1. 알레르기 유발물질 표시

식품등에 알레르기를 유발할 수 있는 원재료가 포함된 경우 그 원재료명을 표시해야 하며, 알레르기 유발물질, 표시 대상 및 표시방법은 다음 각 목과 같다.

가. 알레르기 유발물질

알류(가금류만 해당한다.), 우유, 메밀, 땅콩, 대두, 밀, 고등어, 게, 새우, 돼지고기, 복숭아, 토마토, 아황산류(이를 첨가하여 최종 제품에 이산화황이 1킬로그램당 10밀리그램 이상 함유된 경우만 해당한다.), 호두, 닭고기, 쇠고기, 오징어, 조개류(굴, 전복, 홍합을 포함한다.), 잣

나. 표시 대상

1) 가목의 알레르기 유발물질을 원재료로 사용한 식품등
2) 1)의 식품등으로부터 추출 등의 방법으로 얻은 성분을 원재료로 사용한 식품등
3) 1) 및 2)를 함유한 식품등을 원재료로 사용한 식품등

다. 표시방법

원재료명 표시란 근처에 바탕색과 구분되도록 알레르기 표시란을 마련하고, 제품에 함유된 알레르기 유발물질의 양과 관계없이 원재료로 사용된 모든 알레르기 유발물질을 표시해야 한다. 다만, 단일 원재료로 제조·가공한 식품이나 포장육 및 수입 식육의 제품명이 알레르기 표시 대상 원재료명과 동일한 경우에는 알레르기 유발물질 표시를 생략할 수 있다.

(예시)

달걀, 우유, 새우, 이산화황, 조개류(굴) 함유

2. 혼입(混入)될 우려가 있는 알레르기 유발물질 표시

알레르기 유발물질을 사용한 제품과 사용하지 않은 제품을 같은 제조 과정(작업자, 기구, 제조라인, 원재료보관 등 모든 제조과정을 포함한다.)을 통해 생산하여 불가피하게 혼입될 우려가 있는 경우 "이 제품은 알레르기 발생 가능성이 있는 메밀을 사용한 제품과 같은 제조 시설에서 제조하고 있습니다", "메밀 혼입 가능성 있음", "메밀 혼입 가능" 등의 주의사항 문구를 표시해야 한다. 다만, 제품의 원재료가 제1호가목에 따른 알레르기 유발물질인 경우에는 표시하지 않는다.

3. 무(無) 글루텐의 표시

다음 각 목의 어느 하나에 해당하는 경우 "무 글루텐"의 표시를 할 수 있다.

가. 밀, 호밀, 보리, 귀리 또는 이들의 교배종을 원재료로 사용하지 않고 총 글루텐 함량이 1킬로그램당 20밀리그램 이하인 식품등

나. 밀, 호밀, 보리, 귀리 또는 이들의 교배종에서 글루텐을 제거한 원재료를 사용하여 총 글루텐 함량이 1킬로그램당 20밀리그램 이하인 식품등

4. 고카페인의 함유 표시

가. 표시대상

1) 1밀리리터당 0.15밀리그램 이상의 카페인을 함유한 액체 식품등

2) 과라나를 원재료로 사용한 1그램당 0.15밀리그램 이상의 카페인을 함유한 고체 식품등

나. 표시방법

1) 주표시면(식품등의 표시면 중 상표 또는 로고 등이 인쇄되어 있어 소비자가 식품등을 구매할 때 통상적으로 보이는 면을 말한다. 이하 같다.)에 다음의 구분에 따른 문구를 표시할 것

가) 액체 식품등 : "고카페인 함유" 및 "총카페인 함량 ○○○밀리그램"

나) 고체 식품등 : "고카페인 함유" 및 "총카페인 함량 ○○○밀리그램" 또는 "제품의 1회 섭취량당 카페인 함량 ○○○밀리그램". 이 경우 카페인 함량 분석이 어려운 품목은 사용한 원재료의 카페인 함량을 기준으로 표시할 수 있다.

2) "어린이, 임산부 및 카페인에 민감한 사람은 섭취에 주의해 주시기 바랍니다" 등의 문구를 표시할 것

다. 총카페인 함량 및 1회 섭취량당 카페인 함량의 허용오차

실제 총카페인 함량 및 1회 섭취량당 카페인 함량은 주표시면에 표시된 총카페인 함량 및 1회 섭취량당 카페인 함량의 90퍼센트 이상 110퍼센트 이하의 범위에 있을 것. 다만, 커피, 다류(茶類) 또는 커피·다류를 원료로 한 액체 식품등의 경우에는 주표시면에 표시된 총카페인 함량의 120퍼센트 미만의 범위에 있어야 한다.

Ⅱ. 식품등의 주의사항 표시

1. 식품, 축산물

가. 냉동제품에는 "이미 냉동되었으니 해동 후 다시 냉동하지 마십시오" 등의 표시를 해야 한다. 다만, 「식품위생법」 제7조제1항 및 「축산물 위생관리법」 제4조제2항에 따라 기준 및 규격이 고시된 빙과류 중 빙과, 아이스크림류 또는 얼음류는 제외한다.

나. 과일·채소류 음료, 우유류 등 개봉 후 부패·변질될 우려가 높은 제품에는 "개봉 후 냉장보관하거나 빨리 드시기 바랍니다" 등의 표시를 해야 한다.

다. "음주전후, 숙취해소" 등의 표시를 하는 제품에는 "과다한 음주는 건강을 해칩니다" 등의 표시를 해야 한다.

라. 아스파탐(aspatame, 감미료)을 첨가 사용한 제품에는 "페닐알라닌 함유"라는 내용을 표시해야 한다.

마. 당알코올류(락티톨, 만니톨, D-말티톨, D-소비톨, 에리스리톨, 이소말트, 자일리톨, 폴리글리시톨액, 말티톨액, D-소비톨액 등을 말한다.)를 10퍼센트 이상(폴리글리시톨액, 말티톨액, D-소비톨액의 경우에는 말티톨과 소비톨의 실제 함량 기준을 말한다.) 함유한 제품에는 "당알코올"을 표시하고, 괄호로 당알코올의 종류 및 함량을 표시하여야 하며, 원재료명 표시란 근처에 바탕색과 구분되도록 "당알코올 함유 제품으로 과량 섭취 시 설사를 일으킬 수 있습니다" 등의 표시를 해야 한다.

　(예시) 당알코올(D-말티톨 10%, D-소비톨 4%), "당알코올 함유 제품으로 과량 섭취 시 설사를 일으킬 수 있습니다"

바. 별도 포장하여 넣은 신선도 유지제에는 "습기방지제", "습기제거제" 등 소비자가 그 용도를 쉽게 알 수 있게 표시하고, "먹어서는 안 됩니다" 등의 주의문구도 함께 표시해야 한다. 다만, 정보표시면(용기·포장의 표시면 중 소비자가 쉽게 알아볼 수 있게 표시사항을 모아서 표시하는 면을 말한다. 이하 같다.) 등에 표시하기 어려운 경우에는 신선도 유지제에 직접 표시할 수 있다.

사. 식품 및 축산물에 대한 불만이나 소비자의 피해가 있는 경우에는 신속하게 신고할 수 있도록 "부정·불량식품 신고는 국번 없이 1399" 등의 표시를 해야 한다.

아. 삭제

자. 보존성을 증진시키기 위해 용기 또는 포장 등에 질소가스 등을 충전한 경우에는 "질소가스 충전" 등으로 그 사실을 표시해야 한다.

차. 원터치캔(한 번 조작으로 열리는 캔) 통조림 제품에는 "캔 절단 부분이 날카로우므로 개봉, 보관 및 폐기 시 주의하십시오" 등의 표시를 해야 한다.

카. 아마씨(아마씨유는 제외한다.)를 원재료로 사용한 제품에는 "아마씨를 섭취할 때에는 일일섭취량이 16그램을 초과하지 않아야 하며, 1회 섭취량은 4그램을 초과하지 않도록 주의하십시오" 등의 표시를 해야 한다.

2. 식품첨가물

수산화암모늄, 초산, 빙초산, 염산, 황산, 수산화나트륨, 수산화칼륨, 차아염소산나트륨, 차아염소산칼슘, 액체 질소, 액체 이산화탄소, 드라이아이스, 아산화질소, 아질산나트륨에는 "어린이 등의 손에 닿지 않는 곳에 보관하십시오", "직접 먹거나 마시지 마십시오”, “눈·피부에 닿거나 마실 경우 인체에 치명적인 손상을 입힐 수 있습니다” 등의 취급상 주의문구를 표시해야 한다.

3. 기구 또는 용기·포장

가. 식품포장용 랩을 사용할 때에는 섭씨 100도를 초과하지 않은 상태에서만 사용하도록 표시해야 한다.

나. 식품포장용 랩은 지방성분이 많은 식품 및 주류에는 직접 접촉되지 않게 사용하도록 표시해야 한다.

다. 유리제 가열조리용 기구에는 “표시된 사용 용도 외에는 사용하지 마십시오” 등을 표시하고, 가열조리용이 아닌 유리제 기구에는 “가열조리용으로 사용하지 마십시오” 등의 표시를 해야 한다.

4. 건강기능식품

가. “음주전후, 숙취해소” 등의 표시를 하려는 경우에는 “과다한 음주는 건강을 해칩니다” 등의 표시를 해야 한다.

나. 아스파탐을 첨가 사용한 제품에는 “페닐알라닌 함유”라는 표시를 해야 한다.

다. 별도 포장하여 넣은 신선도 유지제에는 “습기방지제”, “습기제거제” 등 소비자가 그 용도를 쉽게 알 수 있도록 표시하고, “먹어서는 안 됩니다” 등의 주의문구도 함께 표시해야 한다. 다만, 정보표시면 등에 표시하기 어려운 경우에는 신선도 유지제에 직접 표시할 수 있다.

라. 삭제

마. 건강기능식품의 섭취로 인하여 구토, 두드러기, 설사 등의 이상 증상이 의심되는 경우에는 신속하게 신고할 수 있도록 제품의 용기·포장에 “이상 사례 신고는 1577-2488”의 표시를 해야 한다.

2025년 2회, 2023년 2회, 2019년 3회, 2009년 3회

01 식품의 소비기한, 품질유지기한의 정의를 쓰시오.

모범답안

- 소비기한 : "소비기한"이라 함은 식품등에 표시된 보관방법을 준수할 경우 섭취하여도 안전에 이상이 없는 기한을 말한다.(소비기한 영문명 및 약자 예시 : Use by date, Expiration date, EXP, E)
- 품질유지기한 : "품질유지기한"이라 함은 식품의 특성에 맞는 적절한 보존 방법이나 기준에 따라 보관할 경우 해당식품 고유의 품질이 유지될 수 있는 기한을 말한다.(품질유지기한 영문명 및 약자 예시 : Best before date, Date of Minimum Durability, Best before, BBE, BE)

2008년 1회

02 식품등의 표시기준에 의한 표시사항 3가지를 쓰시오.

모범답안

- 제품명
- 식품유형
- 영업소(장)의 명칭(상호) 및 소재지
- 제조연월일
- 소비기한 또는 품질유지기한
- 내용량 및 내용량에 해당하는 열량
- 원재료명
- 성분명 및 함량
- 영양성분

「식품등의 표시기준」 > 3. 용어의 정의

어. "표시사항"이란 제품명, 식품유형, 영업소(장)의 명칭(상호) 및 소재지, 제조연월일, 소비기한 또는 품질유지기한, 내용량 및 내용량에 해당하는 열량, 원재료명, 성분명 및 함량, 영양성분 등 Ⅲ. 개별표시사항 및 표시기준에서 식품등에 표시하도록 규정한 사항을 말한다.

2023년 1회, 2019년 3회, 2016년 2회, 2013년 2회

03

다음 A~C에 알맞은 단어를 쓰시오.

> 카페인 함량을 (A)퍼센트(%) 이상 제거한 제품은 "탈카페인(디카페인) 제품"으로 표시할 수 있다. 카페인을 1밀리리터당 (B)밀리그램 이상 함유한 액체 식품(커피 및 다류)에 총 카페인 함량, 주의문구("어린이, 임산부, 카페인민감자는 섭취에 주의해 주시기 바랍니다" 등), "(C)"표시를 해야 한다.

모범답안

A : 90

B : 0.15

C : 고카페인 함유

2020년 4, 5회

04

품질유지기한 표시대상 식품유형을 5가지 쓰시오.

모범답안

- 통·병조림 식품
- 레토르트식품
- 당류(설탕류, 당류가공품 제외)
- 잼류
- 장류(메주 제외)
- 절임류 또는 조림류(조림식품 중 멸균하지 아니한 제품 제외)
- 다류, 커피 및 멸균한 액상제품
- 식초류 및 멸균한 카레(커리)제품
- 전분·밀가루류
- 젓갈류
- 맥주

소비기한/품질유지기한 등 표시대상별 분류

① 소비기한

- 과자류, 빵류 또는 떡류
- 빙과류(아이스크림류, 빙과, 식용얼음은 제조연월일. 단, 아이스크림류, 빙과는 "제조연월" 만을 표시할 수 있다.)
- 코코아가공품류 또는 초콜릿류
- 두부류 또는 묵류
- 식용유지류
- 면류
- 음료류[고체식품(다류 및 커피에 한함) 및 멸균한 액상제품은 소비기한 또는 품질유지기한, 침출차 중 발효과정을 거치는 차의 경우 소비기한 또는 제조연월일로 표시할 수 있다.]
- 특수영양식품
- 특수의료용도식품
- 조미식품(식초류 및 멸균한 카레(커리)제품은 소비기한 또는 품질유지기한, 식염은 제조연월일)
- 농산가공식품류(전분·밀가루류는 소비기한 또는 품질유지기한)
- 식육가공품 및 포장육(다만, 원료제품의 포장을 제거한 후 저장성이 변하지 않는 단순 가공 처리만을 하여 재포장하는 경우, 식육즉석판매가공업 영업자가 식육가공품을 다시 나누어 재포장하는 경우, 포장육을 재포장하는 경우, 그 제품에 재포장일자를 표시하고자 하면 제조 연월일 및 소비기한)
- 알가공품류
- 유가공품류
- 수산가공식품류(젓갈류는 소비기한 또는 품질유지기한)
- 동물성가공식품류
- 벌꿀 및 화분가공품류
- 즉석식품류(즉석섭취식품 중 도시락·김밥·햄버거·샌드위치·초밥은 제조연월일 및 소비기한)(즉석섭취식품 중 도시락, 김밥, 햄버거, 샌드위치, 초밥의 제조연월일 표시는 제조일과 제조시간을 함께 표시하여야 하며, 소비기한 표시는 "○○월○○일○○시까지", "○○일○○시까지" 또는 "○○.○○.○○ 00 : 00까지"로 표시하여야 한다.)
- 기타식품류
- 식용란(수입식용란을 포함한다.)
- 닭·오리의 식육

② 소비기한 또는 품질유지기한

- 통·병조림
- 레토르트식품
- 당류(단, 설탕류는 제조연월일, 당류가공품은 소비기한)

• 잼류

• 장류(메주는 소비기한)

• 절임류 또는 조림류(조림식품 중 멸균하지 아니한 제품은 소비기한)

③ **제조연월일**

주류(탁주 및 약주는 소비기한, 맥주는 소비기한 또는 품질유지기한). 다만, 제조번호 또는 병입연월일을 표시한 경우에는 제조연월일을 생략할 수 있다.

④ **생산연도, 생산연월일(채취ㆍ수확ㆍ어획ㆍ도축한 연도 또는 연월일) 또는 포장일**

자연상태 식품

05 「식품등의 표시기준」에서 탄수화물 및 당류에 대한 내용이다. 빈칸에 알맞은 말을 쓰시오.

> • 당류 함량은 모든 (①)와 (②)의 합을 말한다.
> • 탄수화물에는 당류를 구분하여 표시하여야 한다.
> • 탄수화물 및 당류의 단위는 그램(g)으로 표시하되, 그 값을 그대로 표시하거나 그 값에 가장 가까운 1g 단위로 표시하여야 한다. 이 경우 1g 미만은 "1g 미만"으로, 0.5g 미만은 "(③)"으로 표시할 수 있다.
> • 탄수화물의 함량은 식품 중량에서 (④), (⑤), (⑥) 및 (⑦)의 함량을 뺀 값을 말한다.

모범답안

① 단당류

② 이당류

③ 0

④ 단백질

⑤ 지방

⑥ 수분

⑦ 회분

06 트랜스지방과 나트륨의 표시기준이다. A ~ E를 알맞게 채우시오.

> (1) 트랜스지방 0.5g 미만은 "(A) 미만"으로 표시할 수 있으며, (B) 미만은 "0"으로 표시할 수 있다.
> (2) 나트륨 120mg 이하인 경우에는 그 값에 가장 가까운 (C) 단위로, 120mg을 초과하는 경우에는 그 값에 가장 가까운 (D) 단위로 표시하여야 한다. 이 경우 (E) 미만은 "0"으로 표시할 수 있다.

모범답안

A : 0.5g

B : 0.2g

C : 5mg

D : 10mg

E : 5mg

07 「식품등의 표시기준」 중 콜레스테롤에 관한 내용을 발췌한 것이다. A, B에 알맞은 말을 쓰시오.

> (5) 콜레스테롤
>   (가) 콜레스테롤의 단위는 미리그램(mg)으로 표시하되, 그 값을 그대로 표시하거나, 그 값에 가장 가까운 5mg 단위로 표시하여야 한다. 이 경우 5mg 미만은 "(A)"으로, 2mg 미만은 "(B)"으로 표시할 수 있다.

모범답안

A : 5mg 미만

B : 0

08 「식품등의 표시기준」의 영양소 함량 강조 표시에 따라 빈칸을 채우시오.

영양성분	강조표시	표시조건
열량	저	식품 100g 당 (　　) 미만 또는 식품 100mL당 (　　) 미만일 때
열량	무	식품 100mL당 (　　) 미만일 때
트랜스지방	저	식품 100g당 (　　) 미만일 때

모범답안

영양성분	강조표시	표시조건
열량	저	식품 100g 당 (40kcal) 미만 또는 식품 100mL당 (20kcal) 미만일 때
열량	무	식품 100mL당 (4kcal) 미만일 때
트랜스지방	저	식품 100g당 (0.5g) 미만일 때

09 영양성분 표시량과 실제 측정값의 허용오차 범위에 대한 설명이다. 빈칸에 알맞은 말을 쓰시오.

열량, 나트륨, 당류, 지방, 트랜스지방, 포화지방 및 콜레스테롤의 실제 측정값은 표시량의 (　　　) 미만이어야 한다. 탄수화물 식이섬유, 단백질, 비타민, 무기질의 실제 측정값은 표시량의 (　　　) 이상이어야 한다.

모범답안

열량, 나트륨, 당류, 지방, 트랜스지방, 포화지방 및 콜레스테롤의 실제 측정값은 표시량의 (120%) 미만이어야 한다. 탄수화물 식이섬유, 단백질, 비타민, 무기질의 실제 측정값은 표시량의 (80%) 이상이어야 한다.

10 다음 영양성분표에서 (1) 총열량, (2) 탄수화물의 % 영양소 기준치를 계산하고, (3) 식품의 영양강조 표시 기준 중 저지방의 정의 및 기준을 쓰시오.

1회 제공량당 함량		% 영양소 기준치		구분	1g당 열량
열량	( )kcal			탄수화물	4
탄수화물	46g	( )%		단백질	4
당류	23g	–		지방	9
에리스리톨	1g	–		알코올	7
식이섬유	5g	20%		유기산	3
단백질	5g	8%		당알코올	2.4
지방	9g	18%		에리스리톨	0
				식이섬유	2

모범답안

(1) 총열량 : 271kcal

(2) 탄수화물의 % 영양소 기준치 : 14%

(3) 저지방의 정의 및 기준 : 식품 100g당 3g 미만 또는 식품 100mL당 1.5g 미만일 때

➕ 해설

(1) **총열량 구하기**

① 탄수화물의 열량 = [탄수화물g − (식이섬유g + 에리스리톨g)] × 4kcal
                 = [46g − (5g + 1g)] × 4kcal = 160kcal

② 에리스리톨의 열량 = (에리스리톨g × 0kcal) = 0kcal

③ 식이섬유의 열량 = (식이섬유g × 2kcal) = 5g × 2kcal = 10kcal

④ 단백질의 열량 = (단백질g × 4kcal) = 5g × 4kcal = 20kcal

⑤ 지방의 열량 = (지방g × 9kcal) = 9g × 9kcal = 81kcal

→ 총열량 = ① + ② + ③ + ④ + ⑤ = 160kcal + 0kcal + 10kcal + 20kcal + 81kcal = 271kcal

(2) **탄수화물의 % 기준치 구하기**

「식품등의 표시·광고에 관한 법률 시행규칙」에 따른 탄수화물의 1일 영양성분 기준치 = 324g

$$\frac{46g}{324g} \times 100 = 14.19g$$

∴ 탄수화물의 % 영양소 기준치는 14%

11 기준에 적합하지 않은 허위표시나 과대광고의 예를 3가지 쓰시오.

모범답안

- 질병의 예방·치료에 효능이 있는 것으로 인식할 우려가 있는 표시 또는 광고
- 식품등을 의약품으로 인식할 우려가 있는 표시 또는 광고
- 건강기능식품이 아닌 것을 건강기능식품으로 인식할 우려가 있는 표시 또는 광고
- 거짓·과장된 표시 또는 광고
- 소비자를 기만하는 표시 또는 광고
- 다른 업체나 다른 업체의 제품을 비방하는 표시 또는 광고
- 객관적인 근거 없이 자기 또는 자기의 식품등을 다른 영업자나 다른 영업자의 식품등과 부당하게 비교하는 표시 또는 광고
- 사행심을 조장하거나 음란한 표현을 사용하여 공중도덕이나 사회윤리를 현저하게 침해하는 표시 또는 광고
- 총리령으로 정하는 식품등이 아닌 물품의 상호, 상표 또는 용기·포장 등과 동일하거나 유사한 것을 사용하여 해당 물품으로 오인·혼동할 수 있는 표시 또는 광고
- 심의를 받지 아니하거나 같은 조 제4항을 위반하여 심의 결과에 따르지 아니한 표시 또는 광고

12 다음의 이유를 고시명을 포함하여 서술하시오.
(1) 면류, 김치 및 만두피 등에 "보존료 무첨가" 등의 표시 금지
(2) 라면의 MSG 표시 금지

모범답안

(1) 식품의약품안전처장이 고시한 「식품첨가물의 기준 및 규격」에서 해당 식품등에 사용하지 못하도록 정한 보존료가 없거나 사용하지 않았다는 표시·광고로서 부당한 표시 또는 광고에 해당한다.
(2) 식품의약품안전처장이 고시한 「식품첨가물의 기준 및 규격」에서 규정하고 있지 않는 명칭을 사용한 표시·광고로서 부당한 표시 또는 광고에 해당한다.

13

특히 한국인이 소화하기 힘든 알레르기의 원인과 대표식품 3가지를 쓰시오.

모범답안

- 알레르기의 원인 : 특정 음식에 들어있는 성분에 면역체계가 과민하게 반응하여 발생
- 알류(가금류만 해당한다.), 우유, 메밀, 땅콩, 대두, 밀, 고등어, 게, 새우, 돼지고기, 복숭아, 토마토, 아황산류(이를 첨가하여 최종 제품에 이산화황이 1킬로그램당 10밀리그램 이상 함유된 경우만 해당한다.), 호두, 닭고기, 쇠고기, 오징어, 조개류(굴, 전복, 홍합을 포함한다.), 잣

건강기능식품

01 개요

(1) 건강기능식품 vs 의약품

① **「식품위생법」에 따른 식품의 정의** : "식품"이란 모든 음식물(의약으로 섭취하는 것은 제외한다.)을 말한다.

② **건강기능식품의 정의**

    ㉠ **「건강기능식품에 관한 법률」**

        "건강기능식품"이란 인체에 유용한 기능성을 가진 원료나 성분을 사용하여 제조(가공을 포함한다. 이하 같다.)한 식품을 말한다.

        "맞춤형건강기능식품"이란 제조 또는 수입된 한 종류 이상의 건강기능식품을 개인의 필요 등에 따라 소분·조합한 것을 말한다.

    ㉡ **식품의약품안전처**

        "건강기능식품"은 일상 식사에서 결핍되기 쉬운 영양소 또는 인체에 유용한 기능을 가진 원료나 성분을 사용하여 제조한 식품으로 건강을 유지하는 데 도움을 주는 식품입니다. 식품의약품안전처는 동물시험, 인체적용시험 등 과학적 근거를 평가하여 기능성원료를 인정하고 있으며 이런 기능성원료를 가지고 만든 제품이 '건강기능식품'입니다.

③ **「약사법」에 따른 의약품의 정의** : "의약품"이란 다음의 어느 하나에 해당하는 물품을 말한다.

    ㉠ 대한민국약전(大韓民國藥典)에 실린 물품 중 의약외품이 아닌 것

    ㉡ 사람이나 동물의 질병을 진단·치료·경감·처치 또는 예방할 목적으로 사용하는 물품 중 기구·기계 또는 장치가 아닌 것

    ㉢ 사람이나 동물의 구조와 기능에 약리학적(藥理學的) 영향을 줄 목적으로 사용하는 물품 중 기구·기계 또는 장치가 아닌 것

④ **건강기능식품과 의약품**

    '건강기능식품'의 기능성은 의약품과 같이 질병의 직접적인 치료나 예방을 하는 것이 아니라 인체의 정상적인 기능을 유지하거나 생리기능 활성화를 통하여 건강을 유지하고 개선하는 것

(2) 기능성

① 식품의 기능

1차 기능	생명 및 건강 유지와 관련되는 영양 기능
2차 기능	맛, 냄새, 색 등의 감각적, 기호적인 기능
3차 기능	건강유지 및 증진에 도움이 되는 생체조절기능

* 건강기능식품은 생체조절기능(3차조절기능)에 초점을 맞춘 식품

② 건강기능식품의 기능성

"기능성"이란 인체의 구조 및 기능에 대하여 영양소를 조절하거나 생리학적 작용 등과 같은 보건 용도에 유용한 효과를 얻는 것을 말한다.

영양소 기능	인체의 성장·증진 및 정상적인 기능에 대한 영양소의 생리학적 작용
생리활성 기능	인체의 정상 기능이나 생물학적 활동에 특별한 효과가 있어 건강상의 기여나 기능 향상 또는 건강유지·개선 기능
질병발생위험 감소 기능	식품의 섭취가 질병의 발생 또는 건강상태의 위험을 감소하는 기능

02 「건강기능식품의 기준 및 규격」

(1) 제품 형태에 관한 정의

① 정제(tablet)라 함은 일정한 형상으로 압축된 것을 말한다.

② 캡슐(capsule)이라 함은 캡슐기제에 충전 또는 피포한 것을 말하며, 경질캡슐과 연질캡슐 두 종류가 있다.

③ 환(pill)이라 함은 구상(球狀)으로 만든 것을 말한다.

④ 과립(granule)이라 함은 입자 형태로 만든 것을 말한다.

⑤ 액체 또는 액상(liquid)이라 함은 유동성이 있는 액체 상태의 것 또는 액체 상태의 것을 그대로 농축한 것을 말한다.

⑥ 분말(powder)이라 함은 입자의 크기가 과립제품보다 작은 것을 말한다.

⑦ 편상(flake)이라 함은 얇고 편편한 조각상태의 것을 말한다.

⑧ 페이스트(paste)라 함은 고체와 액체의 중간 상태로 점성이 강한 유동성의 반 고상의 것을 말한다.

⑨ 시럽(syrup)이라 함은 고체와 액체의 중간 상태로 점성이 약한 유동성의 반 액상의 것을 말한다.

⑩ 겔(gel)이라 함은 액상에 펙틴, 젤라틴, 한천 등 겔화제를 첨가하여 만든 유동성이 있는 고체나 반고체 상태의 것을 말한다.

⑪ 젤리(jelly)라 함은 액상에 펙틴, 젤라틴, 한천 등 겔화제를 첨가하여 만든 유동성이 없는 고체나 반고체 상태의 것을 말한다.

⑫ 바(bar)라 함은 막대 형태의 것을 말한다.
⑬ 필름(film)이라 함은 얇은 막 형태로 만든 것을 말한다.

(2) 건강기능식품의 제조에 사용되는 원료

1	기능성 원료	① "기능성 원료"라 함은 건강기능식품의 제조에 사용되는 기능성을 가진 물질로서 다음 각 호에 해당되어야 한다. ㉠ 동물·식물·미생물·물(水) 등 기원의 원재료를 그대로 가공한 것 ㉡ ㉠의 추출물·정제물 ㉢ ㉡정제물의 합성물 ㉣ ㉠부터 ㉢까지의 복합물 ② 기능성 원료의 범위는 다음과 같다. ㉠ 이 공전의 개별 기준 및 규격에서 정한 것 ㉡「건강기능식품에 관한 법률」제15조와「건강기능식품 기능성 원료 및 기준·규격 인정에 관한 규정」에 따라 인정된 것. 다만, 이 경우는 인정서가 발급된 자에 한하여 사용할 수 있음
2	영양성분	"영양성분"이라 함은 비타민·무기질, 식이섬유, 단백질, 필수지방산 등을 말한다.
3	기타원료	① "기타원료"라 함은 별도의 규격을 설정하지 않고 건강기능식품의 제조에 사용할 수 있는 원료 또는 성분을 말한다. ② 기타원료의 범위는 다음과 같다. ㉠「식품의 기준 및 규격」에 적합한 것 ㉡「식품첨가물의 기준 및 규격」에 적합한 것 ㉢ 1. 기능성 원료, 2. 영양성분. 다만 이때에는 섭취 시 주의사항을 반드시 고려하고, 식품의약품안전처장이 정한 일일섭취량 미만으로 사용하여야 한다. 또한 1. ②. ㉡에 해당하는 기능성 원료는 인정서가 발급된 자에 한하여 사용할 수 있다.
4	원재료	① "원재료"라 함은 원료를 제조하기 위하여 사용되는 기원물질을 말한다. ② 원재료의 구비요건은 다음과 같아야 한다. ㉠ 품질과 선도가 양호하고 부패·변질되지 아니하여야 함 ㉡ 중금속, 식중독균, 곰팡이독소, 방사능 등의 유해한 오염물질과 농약, 동물용의약품 등의 잔류물질 및 이물 등은「식품의 기준 및 규격」제2. 식품일반에 대한 공통기준 및 규격, 제3. 식품일반의 기준 및 규격에 적합하여야 함 ㉢ 사용되는 원재료는 흙, 모래, 티끌 등과 같은 이물을 충분히 제거하고 먹는 물로 깨끗이 씻어야 하며, 비가식 부분을 충분히 제거하여야 함 ㉣ 건강기능식품에 사용하는 주정은「주세법」에 따른 품질기준에, 원료소금 및 수처리제 등은「식품의 기준 및 규격」에, 축산물 및 그 가공품은「축산물위생관리법」에 적합한 것이어야 함

(3) 기능성 원료

① '건강기능식품'은 기능성원료를 사용하여 제조가공한 제품으로, 기능성원료는 식품의약품안전처에서「건강기능식품의 기준 및 규격」에 기준 및 규격을 고시하여 누구나 사용할 수

있는 고시된 원료와 개별적으로 식품의약품안전처의 심사를 거쳐 인정받은 영업자만이 사용할 수 있는 개별인정 원료로 나눌 수 있다.

고시형 원료	「건강기능식품의 기준 및 규격」에 등재되어 있는 기능성 원료를 말한다. 공전에서 정하고 있는 제조기준, 규격, 최종제품의 요건에 적합할 경우 별도의 인정절차가 필요하지 않고 누구나 사용 가능
개별인정형 원료	「건강기능식품의 기준 및 규격」에 등재되지 않은 원료로, 식품의약품안전처장이 개별적으로 인정한 원료. 이 경우, 영업자가 원료의 안전성, 기능성, 기준 및 규격 등의 자료를 제출하여 관련 규정에 따른 평가를 통해 기능성 원료로 인정을 받아야 하며 인정받은 업체만이 동 원료를 제조 또는 판매할 수 있음.

② **원료별 기준 및 규격의 추가 등재**

　㉠ 「건강기능식품 기능성 원료 및 기준·규격 인정에 관한 규정」에 따라 인정된 기능성 원료는 인정받은 일로부터 6년이 경과하고, 품목제조신고 50건 이상(생산실적이 있는 경우에 한함)인 경우 「건강기능식품의 기준 및 규격」 제3. 개별 기준 및 규격에 추가로 등재할 수 있다.

　㉡ 「건강기능식품 기능성 원료 및 기준·규격 인정에 관한 규정」 제10조제2항에 따른 기능성 내용의 추가, 섭취량 또는 제조기준의 변경은 최초로 인정받은 영업자의 인정일을 기준으로 3년이 경과한 경우 「건강기능식품의 기준 및 규격」에 추가 등재한다(다만, 인정받은 자가 「건강기능식품의 기준 및 규격」에 등재를 요청하는 경우는 제외).

③ **「건강기능식품의 기준 및 규격」에 등재되어 있는 기능성 원료 및 기능성 내용**

구분	기능성 원료	기능성 내용
1	인삼	(가) 면역력 증진·피로개선·뼈 건강에 도움을 줄 수 있음 (나) 간 건강에 도움을 줄 수 있음
2	홍삼	면역력 증진·피로개선·혈소판 응집억제를 통한 혈액흐름·기억력 개선·항산화·갱년기 여성의 건강에 도움을 줄 수 있음
3	엽록소 함유 식물	피부건강·항산화에 도움을 줄 수 있음
4	클로렐라	피부건강·항산화·면역력 증진·혈중 콜레스테롤 개선에 도움을 줄 수 있음
5	스피루리나	항산화·혈중 콜레스테롤 개선에 도움을 줄 수 있음
6	녹차 추출물	항산화·체지방 감소·혈중 콜레스테롤 개선에 도움을 줄 수 있음
8	프로폴리스 추출물	항산화·구강에서의 항균작용에 도움을 줄 수 있음 ※ 구강에서의 항균작용은 구강에 직접 접촉할 수 있는 형태에 한하며, 섭취량을 적용하지 않음
9	코엔자임Q10	항산화·높은 혈압 감소에 도움을 줄 수 있음
10	대두이소플라본	뼈 건강에 도움을 줄 수 있음
11	구아바잎 추출물	식후 혈당상승 억제에 도움을 줄 수 있음
12	바나바잎 추출물	식후 혈당상승 억제에 도움을 줄 수 있음
13	은행잎 추출물	기억력 개선·혈행 개선에 도움을 줄 수 있음

구분	기능성 원료	기능성 내용
14	밀크씨슬 추출물	간 건강에 도움을 줄 수 있음
15	달맞이꽃종자 추출물	식후 혈당상승 억제에 도움을 줄 수 있음
16	EPA 및 DHA 함유 유지	혈중 중성지질 개선·혈행 개선·기억력 개선·건조한 눈을 개선하여 눈 건강에 도움을 줄 수 있음
17	감마리놀렌산 함유 유지	혈중 콜레스테롤 개선·혈행개선·월경전 변화에 의한 불편한 상태 개선·면역과민반응에 의한 피부상태 개선에 도움을 줄 수 있음
18	레시틴	혈중 콜레스테롤 개선에 도움을 줄 수 있음
19	스쿠알렌	항산화에 도움을 줄 수 있음
20	식물스테롤, 식물스테롤에스테르	혈중 콜레스테롤 개선에 도움을 줄 수 있음
21	알콕시글리세롤 함유 상어간유	면역력 증진에 도움을 줄 수 있음
22	옥타코사놀 함유 유지	지구력 증진에 도움을 줄 수 있음
23	매실추출물	피로 개선에 도움을 줄 수 있음
24	공액리놀레산	과체중인 성인의 체지방 감소에 도움을 줄 수 있음
25	가르시니아캄보지아 추출물	탄수화물이 지방으로 합성되는 것을 억제하여 체지방 감소에 도움을 줄 수 있음
26	마리골드꽃추출물	노화로 인해 감소될 수 있는 황반색소밀도를 유지하여 눈 건강에 도움을 줄 수 있음
27	헤마토코쿠스 추출물	눈의 피로도 개선에 도움을 줄 수 있음
28	쏘팔메토 열매 추출물	전립선 건강의 유지에 도움을 줄 수 있음
29	포스파티딜세린	노화로 인해 저하된 인지력 개선·자외선에 의한 피부 손상으로부터 피부 건강 유지·피부보습에 도움을 줄 수 있음
30	글루코사민	관절 및 연골 건강에 도움을 줄 수 있음
31	NAG	관절 및 연골 건강·피부보습에 도움을 줄 수 있음
32	뮤코다당·단백	관절 및 연골 건강에 도움을 줄 수 있음
33	구아검/구아검가수분해물	혈중 콜레스테롤 개선·식후 혈당상승 억제·장내 유익균 증식·배변활동 원활에 도움을 줄 수 있음
34	글루코만난	혈중 콜레스테롤 개선·배변활동 원활에 도움을 줄 수 있음
35	귀리식이섬유	혈중 콜레스테롤 개선·식후 혈당상승 억제에 도움을 줄 수 있음
36	난소화성말토덱스트린	식후 혈당상승 억제·혈중 중성지질 개선·배변활동 원활에 도움을 줄 수 있음
37	대두식이섬유	혈중 콜레스테롤 개선·식후 혈당상승 억제·배변활동 원활에 도움을 줄 수 있음
38	목이버섯식이섬유	배변활동 원활에 도움을 줄 수 있음
39	밀식이섬유	식후 혈당상승 억제·배변활동 원활에 도움을 줄 수 있음
40	보리식이섬유	배변활동 원활에 도움을 줄 수 있음
41	아라비아검	배변활동 원활에 도움을 줄 수 있음

구분	기능성 원료	기능성 내용
42	옥수수겨식이섬유	혈중 콜레스테롤 개선·식후 혈당상승 억제에 도움을 줄 수 있음
43	이눌린/치커리 추출물	혈중 콜레스테롤 개선·식후 혈당상승 억제·배변활동 원활에 도움을 줄 수 있음
44	차전자피식이섬유	혈중 콜레스테롤 개선·배변활동 원활에 도움을 줄 수 있음
45	폴리덱스트로스	배변활동 원활에 도움을 줄 수 있음
46	호로파종자식이섬유	식후 혈당상승 억제에 도움을 줄 수 있음
47	알로에 겔	피부건강·장 건강·면역력 증진에 도움을 줄 수 있음
48	영지버섯 자실체 추출물	혈행 개선에 도움을 줄 수 있음
49	키토산/키토올리고당	혈중 콜레스테롤 개선·체지방 감소에 도움을 줄 수 있음
50	프락토올리고당	장내 유익균 증식 및 배변활동 원활에 도움을 줄 수 있음
51	프로바이오틱스	유산균 증식 및 유해균 억제·배변활동 원활·장 건강에 도움을 줄 수 있음
52	홍국	혈중 콜레스테롤 개선에 도움을 줄 수 있음
53	대두단백	혈중 콜레스테롤 개선에 도움을 줄 수 있음
54	테아닌	스트레스로 인한 긴장 완화에 도움을 줄 수 있음
55	엠에스엠	관절 및 연골 건강에 도움을 줄 수 있음
56	폴리감마글루탐산	체내 칼슘흡수 촉진에 도움을 줄 수 있음
57	히알루론산	피부보습·자외선에 의한 피부손상으로부터 피부건강 유지에 도움을 줄 수 있음
58	홍경천 추출물	스트레스로 인한 피로 개선에 도움을 줄 수 있음
59	빌베리 추출물	눈의 피로 개선에 도움을 줄 수 있음
60	마늘	혈중 콜레스테롤 개선·혈압조절에 도움을 줄 수 있음
61	라피노스	(가) 장내 유익균의 증식과 유해균의 억제에 도움을 줄 수 있음 (나) 배변활동을 원활히 하는 데 도움을 줄 수 있음
62	분말한천	배변활동에 도움을 줄 수 있음
63	크레아틴	근력 운동 시에 운동수행능력 향상에 도움을 줄 수 있음
64	유단백가수분해물	스트레스로 인한 긴장 완화에 도움을 줄 수 있음
65	상황버섯 추출물	면역기능 개선에 도움을 줄 수 있음
66	토마토 추출물	항산화에 도움을 줄 수 있음
67	곤약감자 추출물	피부 보습에 도움을 줄 수 있음
68	회화나무열매 추출물	갱년기 여성의 건강에 도움을 줄 수 있음
69	콜레우스포스콜리 추출물	체지방 감소에 도움을 줄 수 있음

(4) 「건강기능식품 기능성 원료 및 기준·규격 인정에 관한 규정」 제5조(인정신청)

① 법 제14조제2항 및 법 제15조제2항에 따라 기능성 원료 또는 건강기능식품으로 인정받으려는 자는 별지 제1호 서식 또는 별지 제2호 서식의 인정 신청서(전자문서로 된 신청서를 포함한다.)에 다음의 자료(전자문서를 포함한다.)를 첨부하여 식품의약품안전처장에게 제출하여야 한다.

    ㉠ 제12조제1항 또는 제17조에서 정하는 제출자료 1부

제12조(제출자료의 범위)

① 기능성 원료로 인정받기 위한 제출자료는 다음 각 호와 같다.

  1. 제출자료 전체의 총괄 요약본

  2. 기원, 개발경위, 국내·외 인정 및 사용현황 등에 관한 자료

  3. 제조방법에 관한 자료

  4. 원료의 특성에 관한 자료

  5. 기능성분(또는 지표성분)에 대한 규격 및 시험방법에 관한 자료 및 시험성적서

  6. 유해물질에 대한 규격 및 시험방법에 관한 자료

  7. 안전성에 관한 자료

  8. 기능성 내용에 관한 자료

  9. 섭취량, 섭취 시 주의사항 및 그 설정에 관한 자료

제17조(제출자료)

제3조제2항에 따른 건강기능식품으로 인정받기 위한 제출자료는 다음 각 호와 같다.

1. 제출자료 전체의 총괄 요약본

2. 식품의 유형에 관한 자료

3. 배합원료의 명칭 및 함량에 관한 자료

4. 제조방법에 관한 자료

5. 기준 및 규격에 관한 자료

6. 안전성에 관한 자료

7. 기능성 내용에 관한 자료

8. 영양성분에 관한 자료

    ㉡ 제출자료를 수록한 저장매체(CD 등) 1개

    ㉢ **다음에 따른 원료, 제품 또는 시제품**

      가. 국내 제조되는 기능성 원료 및 건강기능식품의 경우에는 법 제4조 및 같은 법 시행령 제2조에 따른 건강기능식품전문제조업소에서 3롯트 이상을 제조한 제품 중 무작위로 제출하여야 한다.

나. 수입되는 기능성 원료 및 건강기능식품인 경우에는 「수입식품안전관리 특별법」에 따라 국내 유통·판매를 목적으로 수입된 식품, 식품첨가물, 건강기능식품 또는 연구·조사에 사용하는 건강기능식품(건강기능식품이나 원료 또는 성분으로 인정받기 위한 연구·조사용 제품을 포함한다.)으로 수입된 것이어야 한다.

ㄹ 표준품(기능성분 또는 지표성분)

ㅁ 「식품·의약품분야 시험·검사 등에 관한 법률」 제6조제3항제1호에 따른 식품의약품안전처장이 지정한 식품전문 시험·검사기관 또는 같은 법 제8조에 따른 국외시험·검사기관에서 검사를 받은 기능성 성분, 원재료의 기준 및 규격 등 시험성적서 또는 검사성적서(다만, 기능성분 또는 지표성분의 규격에 대하여는 건강기능식품 검사업무를 수행하는 시험·검사기관에서 발행한 것으로 한다.)

기출문제

2013년 3회

01 의약품과 건강기능식품의 차이에 대해 쓰시오.

모범답안

의약품은 「약사법」에 근거하여 사람이나 동물의 질병을 진단, 치료, 경감, 처치 또는 예방할 목적으로 사용하는 물품 중 기구, 기계 또는 장치가 아닌 것을 말하고, 건강기능식품은 「건강기능식품에 관한 법률」에 근거하여 인체에 유용한 기능성을 가진 원료나 성분을 사용하여 제조, 가공한 식품을 말한다.
건강기능식품의 기능성은 의약품과 같이 질병의 직접적인 치료나 예방을 하는 것이 아니라 인체의 정상적인 기능을 유지하거나 생리기능 활성화를 통하여 건강을 유지하고 개선하는 것이다.

2017년 1회

02 건강기능식품의 영양성분 3가지를 쓰시오.(단, 비타민, 무기질 제외)

모범답안

식이섬유, 단백질, 필수지방산

2023년 3회

03 「건강기능식품의 기준 및 규격」에서 건강기능식품의 제조에 사용되는 원료 중 영양성분에 대한 정의이다. A ~ E에 들어갈 말로 알맞은 것을 쓰시오.

> 제2. 공통 기준 및 규격
>   1. 건강기능식품의 제조에 사용되는 원료
>   1) 기능성 원료
>   2) 영양성분
>   "영양성분"이라 함은 (A)·(B), (C), (D), (E) 등을 말한다.

모범답안

A : 비타민
B : 무기질
C : 식이섬유
D : 단백질
E : 필수지방산

04 건강기능식품에서 기능성의 정의와 관련하여 빈칸을 채우시오.

기능성은 의약품과 같이 질병의 직접적인 치료나 예방을 하는 것이 아니라 인체의 정상적인 기능을 유지하거나 생리기능 활성화를 통하여 건강을 유지하고 개선하는 것을 말하는 것으로, (   ), (   ) 및 (   )이 있습니다. (   )은 인체의 성장·증진 및 정상적인 기능에 대한 영양소의 생리학적 작용이고, (   )은 인체의 정상기능이나 생물학적 활동에 특별한 효과가 있어 건강상의 기여나 기능 향상 또는 건강유지·개선 기능을 말합니다. 또한 (   )은 식품의 섭취가 질병의 발생 또는 건강상태의 위험을 감소하는 기능입니다.

모범답안

기능성은 의약품과 같이 질병의 직접적인 치료나 예방을 하는 것이 아니라 인체의 정상적인 기능을 유지하거나 생리기능 활성화를 통하여 건강을 유지하고 개선하는 것을 말하는 것으로, (**영양소 기능**), (**생리활성 기능**) 및 (**질병발생위험 감소 기능**)이 있습니다. (**영양소 기능**)은 인체의 성장·증진 및 정상적인 기능에 대한 영양소의 생리학적 작용이고, (**생리활성 기능**)은 인체의 정상기능이나 생물학적 활동에 특별한 효과가 있어 건강상의 기여나 기능 향상 또는 건강유지·개선 기능을 말합니다. 또한 (**질병발생위험 감소 기능**)은 식품의 섭취가 질병의 발생 또는 건강상태의 위험을 감소하는 기능입니다.

05 건강기능식품의 고시형 원료와 개별인정형 원료의 의미와 차이점 및 인정절차에 대해 쓰시오.

모범답안

- 고시형 원료는 「건강기능식품의 기준 및 규격」에 등재되어 있는 영양성분과 기능성 원료로, 공전에서 정하는 제조기준, 규격 등 요건에 적합하다면 별도의 인정절차를 필요로 하지 않고 누구나 사용할 수 있는 원료이다.

- 개별인정형 원료는 「건강기능식품의 기준 및 규격」에 등재되지 않은 원료를 영업자가 별도의 인정절차를 거쳐 식품의약품안전처장에게 개별적으로 인정받은 원료로, 영업자가 원료의 안전성, 기능성, 기준, 규격 등의 자료를 제출할 경우 식품의약품안전처장이 검토 및 자문을 거쳐 인정 여부를 결정하게 된다. 개별인정형 원료는 고시형 원료와 달리 인정받은 영업자만 사용할 수 있는 원료이다.

해설

구분	건강기능식품 공전 등재 여부	별도의 인정절차	사용범위
고시형 원료	O	X	요건이 적합할 경우 누구나 사용 가능
개별인정형 원료	X	O	인정받은 영업자만 사용 가능

2024년 2회

06 건강기능식품 고시형 원료 중 하나인 녹차추출물의 기능성과 기능성분을 1가지씩 쓰시오.

모범답안

- 기능성 : 항산화·체지방 감소·혈중 콜레스테롤 개선에 도움을 줄 수 있음
- 기능성분 : 카테킨

해설

건강기능식품공전 > 3. 개별 기준 및 규격 > 2. 기능성 원료 > 2-6 녹차추출물

1) 제조기준

  (1) 원재료 : 녹차(*Camellia sinensis*, *Thea sinensis*) 잎

  (2) 제조방법 : 상기 (1)의 원재료를 물 또는 주정(물·주정 혼합물 포함), 초산에틸로 추출 후 여과하여 제조하여야 함

  (3) 기능성분(또는 지표성분)의 함량 : 카테킨을 200mg/g 이상 함유하고 있어야 함

3) 최종제품의 요건

  (1) 기능성 내용 : 항산화·체지방 감소·혈중 콜레스테롤 개선에 도움을 줄 수 있음

  (2) 일일섭취량 : 카테킨으로서 0.3 ~ 1g

07 피부건강에 도움을 주는 건강기능식품이 지니는 효능(기능성)과 고시형 또는 개별인정형 건강기능식품 원료 3가지를 쓰시오.

모범답안

- 효능
  - 피부건강에 도움을 줄 수 있음
  - 면역과민반응에 의한 피부상태 개선에 도움을 줄 수 있음
  - 자외선에 의한 피부 손상으로부터 피부건강 유지에 도움을 줄 수 있음
  - 피부보습에 도움을 줄 수 있음
- 원료 : 엽록소 함유 식물, 클로렐라, 감마리놀렌산 함유 유지, 포스파티딜세린, NAG, 알로에겔, 히알루론산, 곤약감자 추출물

08 다음 기능성 식품 원료의 공통적인 기능은 무엇인지 쓰시오.

> 인삼, 홍삼, 알로에겔, 알콕시글리세롤 함유 상어간유

모범답안

면역력 증진에 도움을 줄 수 있다.

➕ 해설

기능성 원료	기능성 내용
인삼	• 면역력 증진·피로개선·뼈 건강에 도움을 줄 수 있음 • 간 건강에 도움을 줄 수 있음
홍삼	면역력 증진·피로개선·혈소판 응집억제를 통한 혈액흐름·기억력 개선·항산화·갱년기 여성의 건강에 도움을 줄 수 있음
알로에겔	피부건강·장 건강·면역력 증진에 도움을 줄 수 있음
알콕시글리세롤 함유 상어간유	면역력 증진에 도움을 줄 수 있음

09 홍삼정, 홍삼캔디, 홍삼음료 등에 '기타가공품'으로 표시되어 있다. 이는 건강기능식품과 무엇이 다른지 쓰시오.

모범답안

홍삼정, 홍삼캔디, 홍삼음료 등에 함유된 성분 중 건강기능식품 공전에 등재된 홍삼 기능성분의 함량이 기준에 미치지 못할 경우 건강기능식품에 해당하지 않으며, 식품공전상 기타가공품으로 분류된다.

10 특수의료용도식품의 정의를 쓰고, 특정 영양소(비타민, 무기질)의 섭취나 생리활성기능 증진의 목적이라면 이 식품을 특수의료용도식품이라 말할 수 있는지의 여부 및 이유를 쓰시오.

모범답안

- 특수의료용도식품이라 함은 정상적으로 섭취, 소화, 흡수 또는 대사할 수 있는 능력이 제한되거나 질병, 수술 등의 임상적 상태로 인하여 일반인과 생리적으로 특별히 다른 영양요구량을 가지고 있어 충분한 영양공급이 필요하거나 일부영양성분의 제한 또는 보충이 필요한 사람에게 식사의 일부 또는 전부를 대신할 목적으로 경구 또는 경관급식을 통하여 공급할 수 있도록 제조·가공된 식품을 말한다.
- 특정 영양소의 섭취나 생리활성기능 증진이 목적인 것은 건강기능식품이기 때문에 특수의료용도식품이라 볼 수 없다.

참고

식품공전 > 제5. 식품별 기준 및 규격 > 11. 특수의료용도식품
특수의료용도식품이라 함은 정상적으로 섭취, 소화, 흡수 또는 대사할 수 있는 능력이 제한되거나 질병, 수술 등의 임상적 상태로 인하여 일반인과 생리적으로 특별히 다른 영양요구량을 가지고 있어 충분한 영양공급이 필요하거나 일부영양성분의 제한 또는 보충이 필요한 사람에게 식사의 일부 또는 전부를 대신할 목적으로 경구 또는 경관급식을 통하여 공급할 수 있도록 제조·가공된 식품을 말한다.

소비기한

01 「식품, 식품첨가물, 축산물 및 건강기능식품의 소비기한 설정기준」

(1) 용어의 정의

① "품질안전한계기간"이라 함은 식품에 표시된 보관방법을 준수할 경우 특정한 품질의 변화 없이 섭취가 가능한 최대 기간으로서 소비기한 설정실험 등을 통해 산출된 기간을 말한다.

② "소비기한"이라 함은 식품에 표시된 보관방법을 준수할 경우 섭취하여도 안전에 이상이 없는 기한을 말한다.

③ "권장소비기한"이라 함은 영업자 등이 소비기한 설정 시 참고할 수 있도록 제시하는 섭취하여도 안전에 이상이 없는 기한을 말한다.

④ "주문자상표부착수입식품"이라 함은 주문자상표부착방식으로 수출국에 제조·가공을 위탁한 수입식품등을 말한다.

(2) 소비기한 설정 영업자 등

① 식품, 식품첨가물, 축산물 및 건강기능식품의 소비기한을 설정하는 영업자는 다음과 같다.
   ⊙「식품위생법 시행령」제21조에 따른 식품제조·가공업자 및 식품첨가물제조업자(단, 식품첨가물은 소비기한을 표시하는 경우에 한함)
   ⓒ「수입식품안전관리 특별법」제2조에 따른 수입식품등 수입·판매업자(주문자상표부착수입식품등을 수입·판매하는 경우에 한함)
   ⓒ「축산물 위생관리법 시행령」제21조에 따른 축산물가공업자, 식육포장처리업자
   ⓔ「건강기능식품에 관한 법률 시행령」제2조에 따른 건강기능식품제조업자

② ① 외의 영업자 중 소비기한을 설정하고자 하는 경우 이 고시를 참고할 수 있다.

(3) 소비기한 설정실험

1. 소비기한 설정실험을 수행해야 하는 경우
   ① 새로운 제품의 개발 시
   ② 제품 배합비율 변경 시
   ③ 제품의 가공공정의 변경 시

④ 제품의 포장재질 및 포장방법의 변경 시
⑤ 소매포장 변경 시
2. 소비기한 설정을 위해 요구되는 사항
① 소비기한 설정실험을 위한 실험시설
② 소비기한 실험계획, 소비기한 실험결과 분석 및 해석이 가능한 전문인력
③ 소비기한 설정실험 업무의 체계적 수행을 위한 관리체계
3. 설정실험의 종류
① 실측실험
1) 제조사가 의도하는 소비기한의 약 1.3 ∼ 2배 기간 동안 실제 보관 또는 유통조건으로 저장하면서 선정한 설정실험 지표가 품질한계에 이를 때까지 일정 간격으로 실험을 진행하여 얻은 결과로부터 소비기한을 설정
2) 제품의 소비기한을 가장 정확하게 설정할 수 있는 원칙적인 방법
3) 별도의 통계처리가 필요하지 않아 초보자도 쉽게 접근할 수 있으며 시간, 비용 등 경제적인 측면에서 3개월 이내의 비교적 소비기한이 짧고 유통조건이 단순한 제품에 효율적
② 가속실험
1) 실제 보관 또는 유통 조건보다 가혹한 조건에서 실험하여 단기간에 제품의 소비기한을 예측하는 것
2) 온도가 물질의 화학적, 생화학적, 물리학적 반응과 부패 속도에 미치는 영향을 이용하여 실제 보관 또는 유통 온도와 최소 2개 이상의 비교 온도에 저장하면서 선정한 설정실험 지표가 품질안전한계에 이를 때까지 일정 간격으로 실험을 진행시켜 얻은 결과를 아레니우스방정식을 사용하여 실제 보관 및 유통 온도로 외삽한 후 소비기한을 예측하여 설정
3) 계산과정이 어렵고 복잡하여 초보자의 접근이 쉽지 않음
4) 시간, 비용 등 경제적인 측면에서 3개월 이상의 비교적 소비기한이 길고 유통조건이 복잡한 제품에 효율적
③ 실측실험과 가속실험의 선택범위
1) 소비기한 3개월 미만의 식품, 축산물 및 건강기능식품 : 실측실험(검체특성에 따라 가속실험 검토)
2) 소비기한 3개월 이상의 식품, 출산물 및 건강기능식품 : 가속실험(검체특성에 따라 실측실험 검토)
※ 식품, 축산물, 건강기능식품의 소비기한 설정실험은 원칙적으로 실측실험이 우선이다. 그러나 제품의 특성, 출시일정, 경제성 등 효율적인 측면에서 가속실험을 선택하여 소비기한을 설정하였다면, 반드시 실측실험을 통해 가속실험으로부터 예측한 결과가 정확한 것인지 확인할 필요가 있다.
4. 안전계수의 산정
① 안전계수
1) 제조사 등이 제품의 사용 조건을 정할 때, 이론값이나 실험값의 안전한 사용을 위해 제품의 실제 보관·유통 환경에서 예상치 않게 나타날 수 있는 품질 변화를 고려하기 위해 설정하는 상한치에 대한 비율(1.00 미만)
2) 소비기한 = 품질안전한계기간 × 안전계수
3) 일반적으로 0.8에서 0.9 사이 값을 안전계수로 적용
② 적용 : 소비기한은 '품질안전한계기간'에 대해 영업자가 산정한 1.00 미만의 보정값(안전계수)을 적용하여 소비기한 설정실험을 통해 얻은 '품질안전한계기간'보다 상대적으로 짧은 기간이 설정됨

① **실험계획**

소비기한 설정실험을 수행하기 위해서는 해당 제품의 특성을 충분히 반영하여 제품의 소비기한을 객관적으로 나타낼 수 있는 식품, 식품첨가물, 축산물 및 건강기능식품의 지표(실험항목), 실험 시 저장조건, 검체 채취방법 및 소비기한 예측방법 등을 선정하여야 한다.

② **설정실험 지표 등**

㉠ 소비기한 설정실험 지표는 이화학적, 미생물학적 및 관능적 지표로 구분할 수 있다.

㉡ 식품, 축산물의 경우 별표 2의 식품유형별 지표 및 제조·가공특성별 지표를 참고하여 식품의 특성을 잘 반영할 수 있는 지표를 선정하도록 하며, 필요시 「식품의 기준 및 규격」의 기준·규격을 지표로 하며, 안전성과 품질 유지에 필요하다고 판단되는 지표를 추가할 수 있다. 식품첨가물 및 건강기능식품의 경우 해당 품목의 기준 및 규격(공통 규격을 포함한다.)을 참고하여 지표를 선정하도록 하며, 안전성과 품질 유지에 필요하다고 판단되는 지표를 추가할 수 있다.(예 유지함유제품의 경우 산가, 과산화물가 등)

㉢ 선정된 지표에 대한 "한계"를 각각 설정하여야 하고 한계는 수치로 나타낼 수 있다.

㉣ 제품이 별도로 포장된 두 가지 이상의 식품 또는 축산물로 구성되어 있는 경우, 구성된 각각의 식품 또는 축산물에 대한 적합한 지표를 선정하여야 한다.

③ **설정실험 시 저장조건 등**

㉠ 국내 환경과 유통조건, 보존방법, 제품 특성을 종합적으로 고려하여 "설정실험 시 저장조건"을 선정하여야 한다.

㉡ 저장온도는 제품의 실제 보존 유통조건을 따른다.

실온유통제품	실온이라 함은 1 ~ 35℃를 말하며, 35℃를 포함하되 제품의 특성에 따라 봄, 가을, 여름, 겨울을 고려하여 선정하여야 한다.
상온유통제품	상온이라 함은 15 ~ 25℃를 말하며, 25℃를 포함하여 선정하여야 한다.
냉장유통제품	냉장이라 함은 0 ~ 10℃를 말하며, 10℃를 포함한 냉장온도를 선정하여야 한다. 다만, 「식품의 기준 및 규격」에 따로 정하여진 경우 그 조건을 따른다.
냉동유통제품	냉동이라 함은 -18℃ 이하를 말하며 품질변화가 최소화될 수 있도록 냉동온도를 선정하여야 한다. 다만, 「식품의 기준 및 규격」에 따로 정하여진 경우 그 조건을 따른다.

가속실험을 행하는 경우는 앞에서 정하는 유통조건 이외의 온도를 선정할 수 있다.

㉢ 온도 이외의 습도, 광선 등의 저장조건에 대해서는 통상적으로 사용되는 조건을 선정할 수 있다.

㉣ 저장기간은 설정하고자 하는 소비기한 이상 또는 이와 동등 이상의 가속실험기간으로 하여야 한다.

(4) 소비기한 설정실험을 생략할 수 있는 경우

① 소비기한 설정실험 생략 등

제4조에도 불구하고 식품, 식품첨가물, 축산물 및 건강기능식품 중 소비기한 설정실험을 생략할 수 있는 경우는 다음과 같다. 이 경우 별지 제3호 서식 소비기한 설정사유서 중 소비기한 설정 근거란에 제품의 원료, 보존특성을 기재하고 소비기한 설정실험 생략사유 및 그 근거를 제시하여야 한다(다만, 소비기한 표시를 생략할 수 있는 식품과 품질유지기한 표시 대상 식품은 제외).

㉠ **식품**

　가. 식품의 권장소비기한 이내로 소비기한을 설정하는 경우

　나. 소비기한 표시를 생략할 수 있는 식품 또는 품질유지기한 표시 대상 식품에 해당하는 경우(다만, 식품 제조·가공업자가 소비기한을 표시하고자 하는 경우에는 제외)

　다. 소비기한이 설정된 제품과 다음 각 항목 모두가 일치하는 제품의 소비기한을 이미 설정된 소비기한 이내로 하는 경우

　　1) 식품유형(「식품의 기준 및 규격」 제4. 식품별 기준 및 규격 중 식품유형 정의에 구체적인 식품종류가 나열되어 있는 경우에는 식품종류까지 동일하여야 함 **예** 과자류 – 과자 – 비스킷)

　　2) 성상(**예** 분말, 건조물, 고체식품, 페이스트상, 시럽상, 액상식품 등)

　　3) 포장재질(**예** 종이제, 합성수지제, 유리제, 금속제 등) 및 포장방법(**예** 진공포장, 밀봉포장 등)

　　4) 보존 및 유통 온도

　　5) 보존료 사용 여부

　　6) 유탕·유처리 여부

　　7) 살균(주정처리, 산처리 포함) 또는 멸균 방법

　라. 소비기한 설정과 관련한 국내·외 식품 관련 학술지 등재 논문, 정부기관 또는 정부 출연기관의 연구보고서, 한국식품산업협회 및 동업자조합에서 발간한 보고서를 인용하여 소비기한을 설정하는 경우

㉡ **식품첨가물**

　가. 소비기한이 설정된 제품과 다음 각 항목의 모두가 일치하는 제품의 소비기한을 이미 설정된 소비기한 이내로 하는 경우

　　1) 「식품첨가물의 기준 및 규격」으로 고시한 품목명(혼합제제의 경우에는 원료성분명) 및 성상

　　2) 포장재질 및 포장방법

　　3) 보존 및 유통온도

㉢ **축산물**

　가. 소비기한이 설정된 제품과 다음 각 항목 모두가 일치하는 제품의 소비기한을 이미 설정된 소비기한 이내로 하는 경우

　　1) 축산물의 유형(「식품의 기준 및 규격」 제4. 식품별 기준 및 규격 중 식품유형 정의에 구체적인 식품종류가 나열되어 있는 경우에는 식품종류까지 동일하여야 함 **예** 식육가공품 – 분쇄가공육제품 – 햄버거패티)

　　2) 성상(**예** 분말, 건조물, 고체식품, 페이스트상, 시럽상, 액상식품 등)

　　3) 포장재질(**예** 종이제, 합성수지제, 유리제, 금속제 등) 및 포장방법(**예** 진공포장, 밀봉포장 등)

4) 보존 및 유통 온도

5) 보존료 사용 여부

6) 유탕·유처리 여부

7) 살균(주정처리, 산처리 포함) 또는 멸균 방법

나. 소비기한 설정과 관련한 국내·외 식품·축산물 관련 학술지 등재 논문, 정부기관 또는 정부출연기관의 연구보고서, 관련 조합, 협회 등에서 발간한 보고서를 인용하여 소비기한을 설정하는 경우

② 건강기능식품

가. 소비기한이 설정된 제품과 다음 각 항목의 모두가 일치하는 제품의 소비기한을 이미 설정된 소비기한 이내로 하는 경우

1) 다음의 어느 하나에 해당하는 기능성 원료 등
- 「건강기능식품의 기준 및 규격」에 따른 영양성분 또는 기능성 원료
- 「건강기능식품 기능성 원료 및 기준·규격 인정에 관한 규정」에 따른 기능성 원료 또는 기능성 원료와 식품유형이 동일한 건강기능식품

2) 제품의 형태(예 캡슐, 정제, 분말, 과립, 액상, 환, 편상, 페이스트상, 시럽, 겔, 젤리, 바, 필름)

3) 포장재질(예 종이제, 합성수지제, 유리제, 금속제 등) 및 포장방법(예 진공포장, 밀봉포장 등)

4) 보존 및 유통 온도

5) 보존료 사용 여부

6) 유탕·유처리 여부

7) 살균 또는 멸균 방법

나. 소비기한 설정과 관련한 국내·외 식품 관련 학술지 등재 논문, 정부기관 또는 정부출연기관의 연구보고서, 한국식품산업협회, 한국건강기능식품협회 및 동업자조합에서 발간한 보고서를 인용하여 소비기한을 설정하는 경우

(5) [별표 2] 식품의 소비기한 설정실험 지표

① 식품유형별 지표

식품종류		설정실험 지표		
식품군	식품종 또는 유형	이화학적	미생물학적	관능적
1. 과자류, 빵류 또는 떡류	과자	수분 산가(유탕·유처리식품)	세균수(발효제품 또는 유산균함유제품 제외) 유산균수(유산균함유제품 한함)	성상 물성 곰팡이

<table>
<tr><th colspan="2">식품종류</th><th colspan="3">설정실험 지표</th></tr>
<tr><th>식품군</th><th>식품종 또는
유형</th><th>이화학적</th><th>미생물학적</th><th>관능적</th></tr>
<tr><td rowspan="3">1.
과자류,
빵류
또는
떡류</td><td>캔디류</td><td>산가
수분</td><td>세균수(발효제품 또는 유산
균함유 제품 제외)
유산균수(유산균함유제품
한함)</td><td>성상
표면균열
곰팡이</td></tr>
<tr><td>추잉껌</td><td>수분</td><td>–</td><td>성상
경도</td></tr>
<tr><td>빵류, 떡류</td><td>산가(유탕처리식품)
수분
휘발성염기질소(식육, 어육 함유
제품)
TBA가(식육, 어육 함유 제품)</td><td>세균수(발효제품 또는 유산
균함유제품 제외)
황색포도상구균(크림빵)</td><td>성상
물성
곰팡이</td></tr>
<tr><td rowspan="8">12.
조미
식품</td><td colspan="2">12-1 식초</td><td>총산
알코올함량
산도</td><td>–</td><td>성상
침전물</td></tr>
<tr><td rowspan="4">12-2
소
스
류</td><td>소스</td><td>색도
총산</td><td>세균수
바실러스 세레우스</td><td>성상
점성
곰팡이</td></tr>
<tr><td>마요네즈</td><td>pH
산가</td><td>세균수</td><td>성상
분리상태</td></tr>
<tr><td>토마토
케첩</td><td>pH
총산</td><td>세균수
곰팡이수
바실러스 세레우스</td><td>성상</td></tr>
<tr><td>복합
조미식품</td><td>수분</td><td>세균수
곰팡이수
바실러스 세레우스</td><td>성상
곰팡이</td></tr>
<tr><td colspan="2">12-3카레</td><td>수분
산도</td><td>세균수
대장균군
바실러스 세레우스</td><td>성상
케이킹</td></tr>
<tr><td colspan="2">12-4 고춧가루
또는 실고추</td><td>수분
색도</td><td>세균수
곰팡이수
바실러스 세레우스</td><td>성상</td></tr>
<tr><td colspan="2">12-5
향신료가공품</td><td>수분
색도</td><td>세균수
대장균
대장균군
곰팡이수
바실러스 세레우스</td><td>성상
곰팡이</td></tr>
<tr><td colspan="2">12-6 식염</td><td>수분</td><td>–</td><td>성상</td></tr>
</table>

기출문제

01 다음은 소비기한에 대한 설명이다. 맞는 것은 ○, 틀린 것은 ×로 표시하시오.

(1) 소비기한은 품질안전한계기간의 50%로 설정한 것이고, 유통기한은 품질안전한계기간의 80~90%로 설정한 것이다. (○ / ×)
(2) 품질안전한계기간은 다양한 변수로 인해 이상적인 조건을 유지하기 어려우므로 이를 고려하여 1 이상의 안전계수를 적용하여 소비기한을 설정한다. (○ / ×)

모범답안

(1) 소비기한은 품질안전한계기간의 50%로 설정한 것이고, 유통기한은 품질안전한계기간의 80~90%로 설정한 것이다. (×)
(2) 품질안전한계기간은 다양한 변수로 인해 이상적인 조건을 유지하기 어려우므로 이를 고려하여 1 이상의 안전계수를 적용하여 소비기한을 설정한다. (×)

+ 해설

(1) 소비기한은 품질안전한계기간의 80 ~ 90%로 설정한 것이고, 유통기한은 품질안전한계기간의 60 ~ 70%로 설정한 것이다.
(2) 품질안전한계기간은 다양한 변수로 인해 이상적인 조건을 유지하기 어려우므로 이를 고려하여 1 미만의 안전계수를 적용하여 소비기한을 설정한다.

02 식품의 소비기한 설정시험의 지표 3가지를 쓰시오.

식품종류		설정실험 지표		
식품군	식품종 또는 유형	(A)	(B)	(C)
1. 과자류, 빵류 또는 떡류	과자	수분 산가(유탕·유처 리식품)	세균수(발효제품 또는 유산균함유제 품 제외) 유산균수(유산균함유제품 한함)	성상 물성 곰팡이
	캔디류	산가 수분	세균수(발효제품 또는 유산균함유제 품 제외) 유산균수(유산균함유제품 한함)	성상 표면균열 곰팡이

모범답안

A : 이화학적

B : 미생물학적

C : 관능적

03 소비기한 가속실험이 무엇인지 쓰시오.

모범답안

소비기한 가속실험이란 실제 보관 또는 유통 조건보다 가혹한 조건에서 실험하여 단기간에 제품의 소비기한을 예측하는 것이다.

04 소비기한 가속실험의 설정조건(온도)과 소비기한 조건을 〈보기〉에서 골라 쓰시오.
(1) 설정조건(온도) :
(2) 소비기한이 (   )인 식품

> 〈보기〉
> 1개월 미만, 1개월 이상, 3개월 미만, 3개월 이상

(1) 실제 보관 또는 유통 온도와 최소 2개 이상의 비교 온도
(2) 3개월 이상

05 식품, 식품첨가물, 건강기능식품의 소비기한 설정기준에 의거하여 식품의 소비기한 설정 실험을 생략할 수 있는 근거 2가지를 쓰시오.

- 식품의 권장소비기한 이내로 소비기한을 설정하는 경우
- 소비기한 표시를 생략할 수 있는 식품 또는 품질유지기한 표시 대상 식품에 해당하는 경우
- 소비기한이 설정된 제품과 다음 각 항목 모두가 일치하는 제품의 소비기한을 이미 설정된 소비기한 이내로 하는 경우

1) 식품유형	2) 성상
3) 포장재질	4) 보존 및 유통 온도
5) 보존료 사용 여부	6) 유탕·유처리 여부
7) 살균 또는 멸균 방법	

- 소비기한 설정과 관련한 국내·외 식품 관련 학술지 등재 논문, 정부기관 또는 정부출연기관의 연구보고서, 한국식품산업협회 및 동업자조합에서 발간한 보고서를 인용하여 소비기한을 설정하는 경우

유기가공식품

> 1. 유기가공식품이란 유기 농산물·축산물·수산물을 원료 또는 재료로 하여 제조·가공·유통되는 식품을 말한다.
>   예 유기농 콩으로 제조한 두부·된장, 유기농 채소로 제조한 녹즙, 유기농 우유로 제조한 치즈·발효유 등
>   * 「친환경농어업 육성 및 유기식품 등의 관리·지원에 관한 법률」 제2조제4호 "유기식품"이란 「농업·농촌 및 식품산업 기본법」 제3조제7호의 식품과 「수산식품산업의 육성 및 지원에 관한 법률」 제2조제3호의 수산식품 중에서 유기적인 방법으로 생산된 유기농수산물과 유기가공식품(유기농수산물을 원료 또는 재료로 하여 제조·가공·유통되는 식품 및 수산식품을 말한다. 이하 같다.)을 말한다.
> 2. 유기가공식품 제조 시 사용 가능한 원재료
>   ① 유기가공에 사용할 수 있는 원료, 식품첨가물, 가공보조제 등은 모두 유기적으로 생산된 것으로, 다음의 어느 하나에 해당
>   ㉠ 친환경농어업법에 따라 인증을 받은 유기 농산물·축산물·수산물, 유기가공식품
>   ㉡ 우리나라와 동등성 인정 협정을 체결한 국가로부터 수입된 유기가공식품
>   ② 다만, 유기원료를 상업적으로 조달할 수 없는 경우에 한해 비유기원료와 친환경농어업법령에서 허용하고 있는 허용물질(식품첨가물 및 가공보조제)을 제품 중량의 5% 비율 내에서 사용할 수 있음

(1) 「유기식품 및 무농약농산물 등의 인증에 관한 세부실시 요령」 [별표 4] 유기가공식품 제조·가공에 필요한 인증기준 – 가공원료

① 유기가공에 사용할 수 있는 원료, 식품첨가물, 가공보조제 등은 모두 유기적으로 생산된 것으로 다음의 어느 하나에 해당되어야 한다.
　㉠ 법 제19조제1항에 따라 인증을 받은 유기식품
　㉡ 법 제25조에 따라 동등성 인정을 받은 유기가공식품
② ①에도 불구하고 다음의 요건에 따라 비유기원료를 사용할 수 있다. 다만, 유기원료와 같은 품목의 비유기원료는 사용할 수 없다.
　㉠ 95% 유기가공식품 : 상업적으로 유기원료를 조달할 수 없는 경우 제품에 인위적으로 첨가하는 소금과 물을 제외한 제품 중량의 5% 비율 내에서 비유기 원료(규칙 별표 1 제1호다목에 따른 식품첨가물을 포함함)의 사용
　㉡ 70% 유기가공식품 : 제품에 인위적으로 첨가하는 물과 소금을 제외한 제품 중량의 30% 비율 내에서 비유기원료(규칙 별표 1 제1호다목에 따른 식품첨가물을 포함함)의 사용

③ ②의 단서 부분에 '유기원료와 같은 품목의 비유기원료로 판단하는 기준은 아래와 같다.
　㉠ 가공되지 않은 원료에 대해서는 명칭이 같으면 동일한 종류의 원료로 판단할 수 있다.
　㉡ 단순 가공된 원료에 대해서는 해당 원료의 가공에 사용된 원료가 동일하면 명칭이 다르더라도 동일한 원료로 판단할 수 있다. 예를 들면, 옥수수분말과 옥수수전분, 토마토퓨레와 토마토페이스트는 동일한 원료로 볼 수 있다.
　㉢ 실제 사용되는 유기원료와 비유기원료의 동일성 여부는 인증기관의 판단에 따른다.
④ 유기원료의 비율을 계산할 때에는 다음에 따른다.
　㉠ 원료별로 단위가 달라 중량과 부피가 병존하는 때에는 최종 제품의 단위로 통일하여 계산한다.
　㉡ 유기가공식품 인증을 받은 식품첨가물은 유기원료에 포함시켜 계산한다.
　㉢ 계산 시 제외되는 물과 소금은 의도적으로 투입되는 것에 한하며, 가공되지 않은 원료에 원래 포함되어 있는 물과 소금은 함량 계산에 포함한다.
　㉣ 농축, 희석 등 가공된 원료 또는 첨가물은 가공 이전의 상태로 환원한 중량 또는 부피로 계산한다.
　㉤ 비유기원료 또는 식품첨가물이 포함된 유기가공식품을 원료로 사용하였을 때에는 해당 가공식품 중의 유기 비율만큼만 유기원료로 인정하여 계산한다.
⑤ 유전자변형생물체 및 유전자변형생물체 유래의 원료를 사용할 수 없으며, 원료 또는 제품 및 시제품에 대한 검정결과 유전자변형생물체 성분이 검출되지 않아야 한다.
⑥ 유기가공식품 제조·가공에 사용된 원료가 '유전자변형생물체 또는 유전자변형생물체 유래의 원료가 아니라는 것은 해당 가공원료의 공급자로부터 받은 다음 사항이 기재된 증빙서류로 확인한다.
　㉠ 거래당사자, 품목, 거래량, 제조단위번호(인증품 관리번호)
　㉡ 유전자변형생물체 또는 유전자변형생물체 유래의 원료가 아니라는 사실
⑦ 물과 소금을 사용할 수 있으며, 최종 제품의 유기성분 비율 산정 시 제외한다. 다만,「먹는물관리법」제5조에 의한 '먹는물 수질 및 검사 등에 관한 규칙' 제2조 관련 별표 1의 수질기준 및 「식품위생법」제7조에 따른 소금(식염)의 규격에 맞아야 한다.
⑧ ①에도 불구하고 규칙 별표 1 제1호다목의 허용물질을 식품첨가물 및 가공보조제로 사용할 수 있다. 다만, 그 사용이 불가피한 경우에 한하여 최소량을 사용하여야 한다.
⑨ 가공원료의 적합성 여부를 정기적으로 관리하고, 가공원료에 대한 납품서, 거래인증서, 보증서 또는 검사성적서 등 기준 적합성 확인에 필요한 증빙자료를 사업장 내에 비치·보관하여야 한다.
⑩ 사용원료 관리를 위해 주기적인 잔류물질 검사계획을 세우고 이를 이행하여야 하며, 인증기준에 부적합한 것으로 확인된 원료를 사용하여서는 아니 된다.

(2) 표시의 기준

구분	인증품	비인증품(제한적 유기 표시 제품)	
	유기농 함량 95% 이상	유기농 함량 70% 이상	유기농 함량 70% 미만 (특정 원료)
유기가공식품으로 표시, 인증로고 표시	○	X	X
제품명 또는 제품명의 일부로 유기농 표시	○	X	X
주표시면에 유기농 표시	○	X	X
주표시면 이외의 표시면에 유기농 표시	○	○	X
원재료명 및 함량 난에 유기농 표시	○	○	○

(3) 표시도안

■ 농림축산식품 소관 친환경농어업 육성 및 유기식품 등의 관리·지원에 관한 법률 시행규칙 [별표 6]

유기식품등의 유기표시 기준(제21조제1항 관련)

1. 유기표시 도형

가. 유기농산물, 유기축산물, 유기임산물, 유기가공식품 및 비식용유기가공품에 다음의 도형을 표시하되, 별표 4 제5호나목2)에 따른 유기 70퍼센트로 표시하는 제품에는 다음의 유기표시 도형을 사용할 수 없다.

나. 제1호가목의 표시 도형 내부의 "유기"의 글자는 품목에 따라 "유기식품", "유기농", "유기농산물", "유기축산물", "유기가공식품", "유기사료", "비식용유기가공품"으로 표기할 수 있다.

다. 작도법

1) 도형 표시방법

가) 표시 도형의 가로 길이(사각형의 왼쪽 끝과 오른쪽 끝의 폭 : W)를 기준으로 세로 길이는 0.95×W의 비율로 한다.

나) 표시 도형의 흰색 모양과 바깥 테두리(좌우 및 상단부 부분으로 한정한다.)의 간격은 0.1×W로 한다.

다) 표시 도형의 흰색 모양 하단부 왼쪽 태극의 시작점은 상단부에서 0.55×W 아래가 되는 지점으로 하고, 오른쪽 태극의 끝점은 상단부에서 0.75×W 아래가 되는 지점으로 한다.

2) 표시 도형의 국문 및 영문 모두 활자체는 고딕체로 하고, 글자 크기는 표시 도형의 크기에 따라 조정한다.

3) 표시 도형의 색상은 녹색을 기본 색상으로 하되, 포장재의 색깔 등을 고려하여 파란색, 빨간색 또는 검은색으로 할 수 있다.

4) 표시 도형 내부에 적힌 "유기", "(ORGANIC)", "ORGANIC"의 글자 색상은 표시 도형 색상과 같게 하고, 하단의 "농림축산식품부"와 "MAFRA KOREA"의 글자는 흰색으로 한다.

5) 배색 비율은 녹색 C80+Y100, 파란색 C100+M70, 빨간색 M100+Y100+K10, 검은색 C20+K100으로 한다.

6) 표시 도형의 크기는 포장재의 크기에 따라 조정할 수 있다.

7) 표시 도형의 위치는 포장재 주 표시면의 옆면에 표시하되, 포장재 구조상 옆면 표시가 어려운 경우에는 표시 위치를 변경할 수 있다.

8) 표시 도형 밑 또는 좌우 옆면에 인증번호를 표시한다.

2. 유기표시 글자

구 분	표시 글자
가. 유기농축산물	1) 유기, 유기농산물, 유기축산물, 유기임산물, 유기식품, 유기재배농산물 또는 유기농 2) 유기재배○○(○○은 농산물의 일반적 명칭으로 한다. 이하 이 표에서 같다), 유기축산○○, 유기○○ 또는 유기농○○
나. 유기가공식품	1) 유기가공식품, 유기농 또는 유기식품 2) 유기농○○ 또는 유기○○
다. 비식용유기가공품	1) 유기사료 또는 유기농 사료 2) 유기농○○ 또는 유기○○(○○은 사료의 일반적 명칭으로 한다). 다만, "식품"이 들어가는 단어는 사용할 수 없다.

3. 유기가공식품·비식용유기가공품 중 별표 4 제5호나목2)에 따라 비유기 원료를 사용한 제품의 표시 기준

가. 원재료명 표시란에 유기농축산물의 총함량 또는 원료·재료별 함량을 백분율(%)로 표시한다.

나. 비유기 원료를 제품 명칭으로 사용할 수 없다.

다. 유기 70퍼센트로 표시하는 제품은 주 표시면에 "유기 70%" 또는 이와 같은 의미
　　의 문구를 소비자가 알아보기 쉽게 표시해야 하며, 이 경우 제품명 또는 제품명의
　　일부에 유기 또는 이와 같은 의미의 글자를 표시할 수 없다.
4. 제1호부터 제3호까지의 규정에 따른 유기표시의 표시방법 및 세부 표시사항 등은 국립
　농산물품질관리원장이 정하여 고시한다.

(4) 유기가공식품 동등성 인정

① 외국에서 시행하고 있는 유기식품 인증제도가 우리나라와 같은 수준의 원칙과 기준을 적
　용함으로써 우리나라의 인증과 동등하거나 그 이상의 인증제도를 운영하고 있다고 검증되
　면, 양국의 정부가 상호주의 원칙을 적용하여 상대국의 유기가공식품 인증이 자국과 동등
　하다는 것을 공식적으로 인정하는 것
② 즉, 동등성 인정 협정 체결 상대국에서 생산된 유기가공식품은 자국의 인증을 받은 것과 동
　일한 것으로 간주되어 별도의 추가 인증절차 없이 유기가공식품으로 표시·수입이 가능
③ 동등성 인정 협정이 체결되면 농림축산식품부 및 국립농산물품질관리원 홈페이지에 동등
　성 인정 국가명, 인정범위, 유효기간, 제한조건 등을 게시함
④ 현재 미국, EU, 영국, 캐나다와 동등성 인정 협정 체결

2009년 1회

01 유기가공식품은 식품 등의 표시기준상 식품의 제조·가공에 사용한 원재료의 몇 % 이상이 어떤 법에 의해 유기농·유기임산물 및 유기축산물의 인증을 받아야 하는지 쓰시오.

모범답안

- 원재료 함량 기준 : 95% 이상
- 법령 : 친환경농어업 육성 및 유기식품 등의 관리·지원에 관한 법률

2009년 3회

02 다음은 유기가공식품 인증기준에 관한 설명이다. 빈칸을 채우시오.

> 유기식품에는 원료, 식품첨가물, 보조제를 모두 유기적으로 생산 및 취급한 것을 사용하되, 원료를 상업적으로 조달할 수 없는 경우 물과 소금을 제외한 제품 중량의 (   ) 비율 내에서 비유기원료를 사용할 수 있다.
> (   )과 (   )은 첨가할 수 있으며, 최종 계산 시 첨가한 양은 제외한다. (   ) 생물체 원료는 사용할 수 없다.

모범답안

유기식품에는 원료, 식품첨가물, 보조제를 모두 유기적으로 생산 및 취급한 것을 사용하되, 원료를 상업적으로 조달할 수 없는 경우 물과 소금을 제외한 제품 중량의 (5%) 비율 내에서 비유기원료를 사용할 수 있다.
(물)과 (소금)은 첨가할 수 있으며, 최종 계산 시 첨가한 양은 제외한다. (**유전자 변형**) 생물체 원료는 사용할 수 없다.

식품시험법

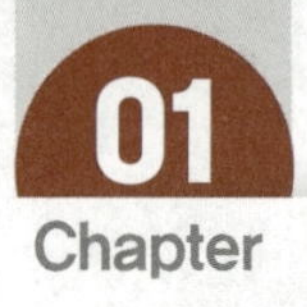

안전성 평가

01 용어 정리

LD$_{50}$	• Lethal Dose 50 • 반수치사량 • 시험물질을 실험동물에 투여했을 때 실험동물의 50%가 사망하는 독성물질의 양
LC$_{50}$	• Lethal Concentration 50 • 반수치사농도 • 시험물질을 실험동물에 투여했을 때 실험동물의 50%가 사망하는 독성물질의 농도
TLM	• Tolerance Limit Median • 한계치사농도 • 일정 시간 동안 해당 물질이 포함된 물속에서 어류를 사육하여 50%가 살아남을 수 있는 농도
NOEL	• No Observed Effect Level • 무영향량 • 시험물질을 실험동물에 투여했을 때 어떠한 영향도 나타내지 않는 최대용량
NOAEL	• No Observed Adverse Effect Level • 최대무작용량 • 시험물질을 실험동물에 투여했을 때 독성이 나타나지 않은 최대용량
ADI	• Acceptable Daily Intake • 1일 섭취허용량 • 인간이 일생 동안 매일 섭취하여도 인체에 유해한 영향을 주지 않는 것으로 생각되는 1일 섭취량 • 식품첨가물 등 의도적으로 사용하는 화학물질에 대하여 사람이 평생 동안 매일 먹더라도 건강에 유해한 영향을 미치지 않는 화학물질의 1일 섭취허용량 ※ 계산하기 − ADI = 최대무작용량 ÷ 안전계수 − 안전계수: 통상 100으로 사용하거나 제시해 줌 − MPI = ADI × 체중(kg) − MRL = $\dfrac{\text{MPI}}{\text{식품계수}}$
TMDI	• Theoretical Maximum Daily Intake • 농약잔류허용기준 및 동물용의약품 허용기준에 해당 식품들의 섭취량을 곱하여 합산한 이론적 1일 최대섭취량

MPI	• Maximum Permissible Intake • 1일 최대 섭취허용량
MRL	• Maximum Residue Limit • 최대 잔류허용기준 • 잔류가 허용되는 농약, 동물용의약품, 사료첨가물 등의 최대농도
LOD	• Limit Of Detection • 검출한계 • 검체 중에 존재하는 분석대상물질의 검출 가능한 최소량
LOQ	• Limit Of Quantitation • 정량한계 • 적절한 정밀성과 정확성을 가진 정량값으로 표현할 수 있는 검체 중 분석대상물질의 최소량

02 독성시험

(1) 일반독성시험

① 급성독성시험

㉠ 시험물질을 실험동물에게 저농도에서 고농도로 단 1회만 경구투여 후 1 ~ 2주일 정도 치사 여부, 체중 변화 등 독성의 영향을 관찰하는 시험

㉡ LD_{50}이 작을수록 독성이 강함

② 아급성독성시험

㉠ 치사량 이하의 여러 용량을 단기간 투여했을 때 생체에 미치는 작용을 관찰하는 시험

㉡ 실험동물 수명의 1/10 정도의 기간에 걸쳐 연속 경구투여

㉢ 만성독성시험에 투여하는 양을 결정하는 자료를 얻는 것이 목적

③ 만성독성시험

㉠ 단기간 투여에는 아무런 장애가 나타나지 않으나, 소량씩 장기간 투여했을 때 일어나는 증상을 관찰

㉡ 최대무작용량을 판정하는 것이 목적

(2) 특수독성시험

① **변이원성시험** : 시험물질이 세포의 유전물질(DNA)에 직접 또는 간접적으로 영향을 끼쳐 돌연변이를 유발하는지를 조사하는 시험

② **발암성시험** : 시험물질을 만성독성시험보다 오랜 기간 투여하여 암(종양)의 생성 여부를 관찰

③ **최기형성시험** : 태자의 기관형성기 동안 임신 모체에 약물을 투여하여 태자의 기형유발 여부 및 차세대의 신체발달, 반사기능, 학습기능 발달 등의 이상 유무를 확인하기 위한 시험

④ **번식시험** : 시험물질의 생식선 기능, 발정주기, 교배, 임신, 출산, 수유, 이유 및 태아의 성장에 미치는 작용정보를 얻기 위한 시험

(1) 정의

① 인체가 식품 등에 존재하는 위험요소에 노출되었을 때 발생할 수 있는 유해영향과 발생확률을 과학적으로 예측하는 일련의 과정
② 위험성확인, 위험성결정, 노출평가, 위해도결정 등의 4단계로 구성

(2) 위해평가의 4단계

① **위험성확인(Hazard Identification)**

독성실험 및 역학연구 등을 활용하여 화학적·미생물적·물리적 위해요인의 유해성, 독성 및 그 정도와 영향 등을 파악하고 확인하는 과정

② **위험성결정(Hazard Characterization)**

위해요소의 노출량과 유해영향 발생과의 관계를 정량적으로 규명하는 단계로 동물실험 등의 불확실성 등을 고려하여 인체안전기준을 결정

③ **노출평가(Exposure Assessment)**

식품 등을 통하여 사람이 섭취하는 위해요소의 양 또는 수준을 정량적 및(또는) 정성적으로 산출하는 과정

④ **위해도결정(Risk Characterization)**

위험성확인, 위험성결정 및 노출평가 결과를 근거로 하여 평가대상 위해요인이 인체건강에 미치는 유해영향 발생과 위해정도를 정량적 또는 정성적으로 예측하는 과정

2023년 1회, 2021년 1회

01

ADI와 TMDI의 정의를 설명하시오.

모범답안

- ADI(Acceptable Daily Intake) : 식품첨가물 등 의도적으로 사용하는 화학물질에 대하여 사람이 평생 동안 매일 먹더라도 건강에 유해한 영향을 미치지 않는 화학물질의 1일 섭취허용량
- TMDI(Theoretical Maximum Daily Intake) : 농약잔류허용기준 및 동물용의약품 허용기준에 해당 식품들의 섭취량을 곱하여 합산한 이론적 1일 최대섭취량

2020년 3회, 2015년 1회

02

LOD, LOQ의 정의를 쓰시오

모범답안

- LOD(Limit Of Detection) : 검출한계, 검체 중에 존재하는 분석대상물질의 검출 가능한 최소량
- LOQ(Limit Of Quantitation) : 정량한계, 적절한 정밀성과 정확성을 가진 정량값으로 표현할 수 있는 검체 중 분석대상물질의 최소량

2019년 2회

03

동물의 반수치사량 용어와 어류의 반수치사농도 용어에 대해 쓰시오.

모범답안

- 동물의 반수치사량 : LD_{50}(Lethal Dose 50)은 시험물질을 실험동물에 투여했을 때 실험동물의 50%가 사망하는 투여량이다.
- 어류의 반수치사농도 : LC_{50}(Lethal Concentration 50)은 시험물질을 실험동물에 투여했을 때 실험동물의 50%가 사망하는 독성물질의 농도이다.

04 ADI의 정의를 설명하고 다음을 계산하시오.

> 대상 : 체중 30kg인 어린이
> 최대무작용량 : 1mg/kg/day
> 과자 30g 섭취 시 ADI

모범답안

- ADI의 정의 : 식품첨가물 등 의도적으로 사용하는 화학물질에 대하여 사람이 평생 동안 매일 먹더라도 건강에 유해한 영향을 미치지 않는 화학물질의 1일 섭취허용량
- 과자 30g 섭취 시 ADI = 1mg/kg/day × 1/100 × 30kg = 0.3mg/day

05 어떤 식품첨가물의 ADI를 구하기 위하여 동물(쥐)실험을 한 결과 NOAEL이 250mg/kg/day였다면 안전계수 1/100로 하여 60kg인 사람의 ADI를 구하시오.

모범답안

ADI = 250mg/kg/day × 1/100 × 60kg = 150mg/day

06 어떤 식품첨가물의 1일 섭취 허용량(ADI)을 구하기 위하여 동물(쥐)실험을 한 결과 NOAEL이 230mg/kg/day였다면 안전계수 1/100로 하여 체중 50kg인 사람의 ADI를 구하시오.

모범답안

ADI = 230mg/kg/day × 1/100 × 50kg = 115mg/day

07 어떤 물질에 대해 쥐의 NOAEL이 150mg/kg/day이고, 안전계수가 1/100일 때, 60kg인 성인의 ADI를 구하시오.

모범답안

ADI = 150mg/kg/day × 1/100 × 60kg = 90mg/day

08

NOAEL 350mg/kg/day, 안전계수 100, 식품계수 0.1kg/day일 때 아래의 내용을 구하시오.
(1) ADI(mg/kg/day)
(2) 60kg인 사람의 MPI(mg/day)
(3) MRL(mg/kg 또는 ppm)

모범답안

(1) $ADI = 350mg/kg/day \times 1/100 = 3.5mg/kg/day$

(2) $60kg인 사람의 MPI = 3.5mg/kg/day \times 60 = 210mg/day$

(3) $MRL = \dfrac{210mg/day}{0.1kg/day} = 2,100mg/kg = 2,100ppm$

09

식품의 안전성 검사 중 하나인 에임스법(ames test)에 이용하는 미생물의 이름과 배지에서 제외된 성분, 시험 목적을 쓰시오.

모범답안

- 미생물의 이름 : 병원성이 없는 *Salmonella typhimurium* 변이균주
- 배지에서 제외된 성분 : 히스티딘(histidine)
- 시험 목적 : 시험물질의 돌연변이 유발성 조사

참고

에임스법(ames test)
- 변이원성시험
- 히스티딘 합성능력에 결함이 있는 유전자를 가지는 *Salmonella*균을 사용하여 그 균이 시험물질의 작용으로 히스티딘의 합성능력이 회복되는지의 여부를 조사하는 방법

식품공전 일반시험법

01 일반이물시험법

체분별법	• 시험법 적용범위 : 검체가 분말이거나 여과법의 여과지를 통과하지 않는 액체 • 분석원리 : 검체를 체(망이 고르며 평직으로 짜여진 스테인레스 재질의 금속망체, ISO 및 KS 금속망체 참고)로 쳐서 이물을 체 위에 모아 육안으로 확인하고, 필요시 현미경 등으로 확대하여 관찰한다.
여과법	• 시험법 적용범위 : 검체가 액체일 때 또는 물에 용해하여 액체로 할 수 있을 때 적용한다. • 분석원리 : 액체 상태 또는 물에 용해하여 액체로 할 수 있는 식품에 혼입된 이물을 신속여과지(cellulose 재질, 습윤강화성, pore size 20 ~ 30um, 진공여과 시 찢어지지 않는 두께)로 여과하여 분리하는 원리이다.
와일드만 플라스크법	• 시험법 적용범위 : 곤충 및 동물의 털과 같이 물에 잘 젖지 아니하는 가벼운 이물 검출에 적용한다. • 분석원리 : 식품을 함유한 용액에 소량의 미네랄오일, 피마자유 등 물과 섞이지 않는 포집액을 넣고 세게 교반하면 물에 잘 젖지 않는 가벼운 이물이 미세한 방울이 된 포집액에 포집되어 물보다 밀도가 가벼운 부유포집액층(유층)으로 모이게 하여 이물을 분리·포집하는 원리이다.
침강법	• 시험법 적용범위 : 쥐똥, 토사 등의 비교적 무거운 이물의 검사에 적용한다. • 분석원리 : 검체에 비중이 큰 액체를 가하여 교반한 후 그 액체보다 비중이 큰 것은 바닥에 가라앉고 이보다 비중이 작은 식품의 조직 등은 위에 떠오르므로, 상층액을 버린 후 바닥의 이물을 검사한다.
금속성이물 (쇳가루)	• 시험법 적용범위 : 분말제품[침출차 티백(tea bag) 제품 포함], 환제품, 액상 및 페이스트제품, 코코아가공품류 및 초콜릿류 중 혼입된 쇳가루 검출에 적용한다.(분쇄공정을 거친 원료를 사용하거나 분쇄공정을 거친 제품에 한한다.) • 분석원리 : 쇳가루가 자석에 붙는 성질을 이용하여 식품 중 쇳가루를 검사한다.
김치 중 기생충(란)	장치 – 광학 현미경(100배 ~ 400배 검경 가능한 것) – 원심분리기(swinging bucket rotor가 장착된 것)

02 식품성분시험법

(1) 일반성분시험법

① 일반적으로 함유되어 있는 성분에 관한 시험법
② 식품의 규격, 순도의 검사 및 영양가를 평가하기 위한 시험방법과 열량계산법에 대하여 기재

③ 보통 일반시험으로는 외관, 취미, 수분, 회분, 조단백질, 조지방 및 조섬유에 대하여 시험하고, 특별한 경우에는 비중, 아미노산성질소, 각종 당류 및 지질 등에 대하여 시험할 필요가 있음

④ 일반적으로 당질은 검체 100g 중에서 수분, 조단백질, 조지방 및 회분의 양을 감하여 얻은 양으로서 표시하고 음식물 중의 일반성분의 시험결과는 보통 백분율로 표시

수분	건조감량법, 증류법 및 칼피셔(Karl – Fisher)법
회분	검체를 도가니에 넣고 직접 550 ~ 600℃의 온도에서 완전히 회화하여 분석
총질소 및 조단백질	세미마이크로 킬달법, 단백질 분석기 이용
아미노산질소	반슬라이크법, 홀몰적정법(Sörensen법)
아미노산	아미노산 자동분석기에 의한 정성 및 정량, 액체 크로마토그래프에 의한 정성 및 정량
탄수화물	일반적으로 탄수화물은 검체 100g 중에서 수분, 조단백질, 조지방 및 회분의 양을 감하여 얻은 양으로서 표시하고 식품 중의 일반성분의 시험결과는 보통 백분율로 표시한다.
환원당	벨트란(Bertrand)법, 소모기(Somogyi)법, 레인·에이논(Lane – Eynone)법
자당	벨트란(Bertrand)법, 소모기(Somogyi)법, 선광도측정법, 레인·에이논(Lane – Eynone)법
조지방	에테르추출법(속슬렛법), 산분해법, 뢰제·고트리브(Roese – Gottlieb)법, 바브콕(Babcock)법
지질의 물리적 시험	비중, 굴절률
지질의 화학적 시험	산가, 비누화가, 요오드가, 비비누화물, 과산화물가
조섬유	헨네베르크·스토만개량법(Henneberg – Stohmann method)에 의한 정량, 쾨니히(König)법에 의한 정량

(2) 주요 일반성분시험법

① 세미마이크로 킬달법

㉠ **분석원리** : 질소를 함유한 유기물을 촉매의 존재하에서 황산으로 가열분해하면, 질소는 황산암모늄으로 변함(분해). 황산암모늄에 NaOH를 가하여 알카리성으로 하고, 유리된 NH_3를 수증기 증류하여 희황산으로 포집(증류). 이 포집액을 NaOH로 적정하여 질소의 양을 구하고(적정), 이에 질소계수를 곱하여 조단백의 양을 산출

보충 단계별 화학식

분해	시료 중 $N + H_2SO_4 \rightarrow (NH_4)_2SO_4 + CO_2 + H_2O + SO_2$
증류	$(NH_4)_2SO_4 + 2NaOH \rightarrow Na_2SO_4 + 2H_2O + 2NH_3$
중화	$2NH_3 + H_2SO_4 \rightarrow (NH_4)_2SO_4$
적정	$H_2SO_4 + 2NaOH \rightarrow Na_2SO_4 + 2H_2O$

ㄴ 계산방법

$$총질소(\%) = 0.7003 \times (a - b) \times \frac{100}{검체의\ 채취량(mg)}$$

a : 공시험에서 중화에 소요된 0.05N 수산화나트륨액의 mL수
b : 본시험에서 중화에 소요된 0.05N 수산화나트륨액의 mL수

- 계산식은 검체의 분해액을 전부 사용해서 적정했을 때의 식이므로 분해액의 일부를 사용할 때는 그 계수를 곱함
- 여기서 얻은 질소량에 다음 표에 의한 질소계수를 곱하여 조단백질의 양으로 함

$$조단백질(\%) = N(\%) \times 질소계수$$

ㄷ 조단백질을 산출하는 질소계수

식품명	질소계수
소맥분(중등질·경질·연질·수득률(100 ~ 94%))	5.83
소맥분(중등질·수득률(93 ~ 83%)또는 그 이하)	5.70
쌀	5.95
보리·호밀·귀리	5.83
메밀	6.31
국수·마카로니·스파게티	5.70
낙화생	5.46
콩 및 콩제품	5.71
밤·호도·깨	5.30
호박·수박 및 해바라기의 씨	5.40
원유, 유가공품, 마아가린	6.38
식육, 식육가공품, 알가공품 및 위 이외의 모든 식품	6.25

ㄹ 세미마이크로 킬달 장치

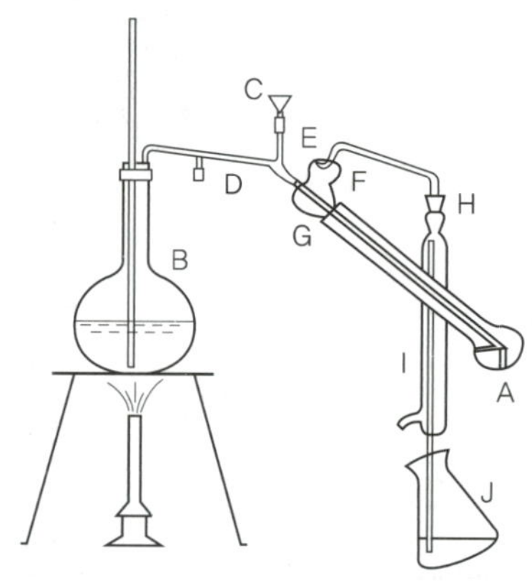

A : 킬달 플라스크
B : 수증기 발생기로서 황산 2 ~ 3방울을 넣은 물을 넣고 갑자기 끓는 것을 피하기 위하여 비등석을 넣는다.
C : 알칼리용액을 넣는 깔때기
D : 수증기 유도관
E : 내용물이 튀어 올라오는 것을 막는다.
F : 작은 구멍(관의 안지름과 거의 같다.)
G, H : 갈아 맞춘 접속부위
I : 냉각기(바깥지름 200mm, 안지름 350mm, 아래 끝은 약 5mm)
J : 흡수용 플라스크

② 헨네베르크·스토만 개량법

㉠ **분석원리** : 식품을 묽은 산, 묽은 알칼리, 알코올 및 에테르로 처리한 후 남은 불용성잔사(residue)의 양에서 불용성잔사의 회분량을 빼서 조섬유량을 구함

ⓛ **장치**

- 여과관 : 그림과 같이 여과면에 구리망을 씌운 다음 그 위에 린넨(linnen)을 평평하게 덮고 끈으로 묶어 여과관을 만듦

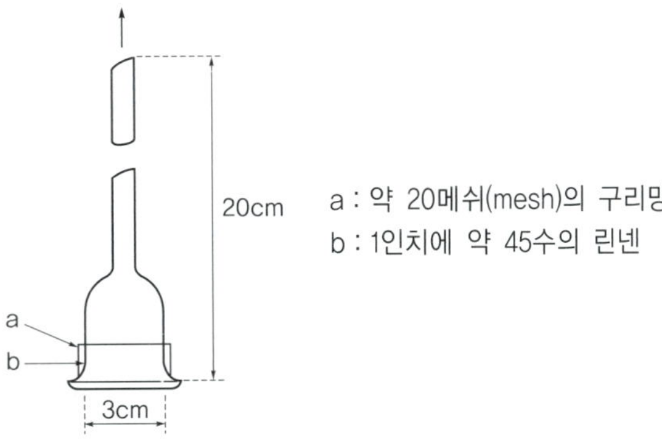

ⓒ **시험방법**

검체 2 ~ 5g을 정밀히 달아 에테르로 5 ~ 6회 씻어 탈지하고(조지방 정량 후의 탈지검체를 이 시험에 사용하여도 무방하다) 500mL의 플라스크에 넣고 석면 약 0.5g을 가한다. 뜨거운 1.25% 황산 200mL를 넣고 즉시 환류냉각기를 달아 1분 이내에 끓기 시작하도록 가열한다. 끓기 시작하면 조용히 끓도록 버너를 조절한다. 때때로 플라스크를 흔들고 기포가 심하게 일어나면 아밀알코올(amyl alcohol) 0.5mL를 냉각기의 상부로부터 가한다. 정확히 30분간 끓인 다음 냉각기를 떼어 내고 플라스크에 여과관을 넣어 흡인여과한다. 열탕으로 세액이 산성을 나타내지 않을 때까지 플라스크와 잔류물을 4 ~ 5회 씻는다. 다음 뜨거운 1.25% 수산화나트륨용액 200mL를 사용하여 잔류물을 500mL의 플라스크에 씻어 넣고 3분 후에 끓기 시작하도록 가열한다. 끓기 시작하면 조용히 끓도록 버너를 조절하고 정확히 30분이 되면 유리여과기(1G-3)를 사용하여 흡인여과한다. 세액이 알칼리성을 나타내지 아니할 때까지 4 ~ 5회 열탕으로 씻은 다음 에탄올 15mL로 씻고 110℃의 건조기에서 건조하여 에테르로 씻은 다음 항량이 될 때까지 다시 건조하여(약 1시간) 데시케이터에서 식히고 칭량한다. 다음 450 ~ 500℃의 전기로 중에서 항량이 될 때까지 가열하고(약 1시간) 식힌 후 칭량하여 다음 식에 따라 조섬유의 양을 구한다.

ⓓ **계산방법**

$$조섬유(\%) = \frac{W_1 - W_2}{S} \times 10$$

W_1 : 유리여과기를 110℃로 건조하여 항량이 되었을 때의 무게(g)

W_2 : 전기로에서 가열하여 항량이 되었을 때의 무게(g)

S : 검체의 채취량(g)

③ **속슬렛법**

　㉠ **시험법 적용범위** : 식용유 등 주로 중성지질로 구성된 식품 및 식육에 적용한다. 다만, 가열·조리 등의 가공과정을 거치지 않은 식품에 적용

　㉡ **분석원리** : 속슬렛추출장치로 에테르를 순환시켜 검체 중의 지방을 추출하여 정량

　㉢ **속슬렛 추출장치**

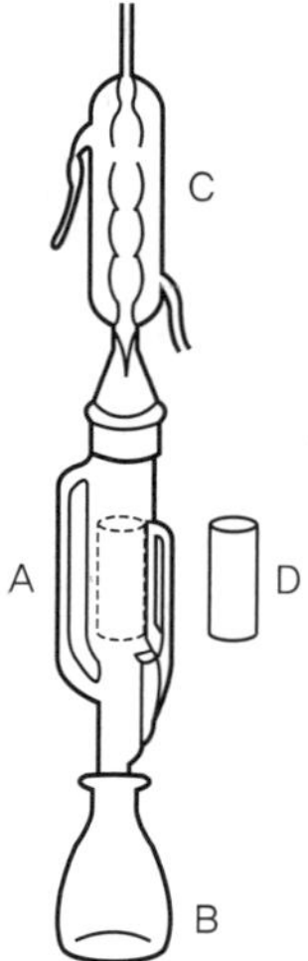

　㉣ **시험방법**

　　미세한 분말로 한(필요한 경우) 검체 2 ~ 10g을 달아 원통여과지에 넣고 검체 위에 탈지면을 가볍게 충전하여 이를 적당한 용기에 담아 100 ~ 105℃의 건조기에서 2 ~ 3시간 건조한 후, 데시케이터에서 식히고 속슬렛 추출장치의 추출관에 넣는다. 추출 플라스크에 무수에테르 약 1/2 용량을 넣어 추출관 및 냉각관을 연결하여 50 ~ 60℃의 수욕상에서 8 ~ 16시간 추출한다. 추출이 끝난 후, 냉각기를 떼고 추출관 속의 원통여과지를 핀셋으로 꺼내고 다시 냉각기를 모두 추출관에 연결하여 수욕상에서 가온하여 추출 플라스크 중의 에테르가 전부 추출관에 옮겨지면 추출 플라스크를 떼어 수욕중에서 에테르를 완전히 증발시킨다.

　㉤ **조지방 계산식**

$$조지방(\%) = \frac{W_1 - W_2}{S} \times 100$$

　　W_0 : 추출 플라스크의 무게(g)
　　W_1 : 조지방을 추출하여 건조시킨 추출 플라스크의 무게(g)
　　S : 검체의 채취량(g)

④ **산가**

　㉠ **시험법 적용범위** : 식용유지류, 과자류, 조미김, 유탕·유처리식품, 튀김식품, 식용유지가공품, 참깨분, 대두분, 식용번데기가공품 등에 적용

ⓛ **분석원리** : 산가라 함은 지질 1g을 중화하는 데 필요한 수산화칼륨의 mg 수를 말하며, 산가는 지방산이 glyceride로서 결합형태로 있지 않은 유리지방산의 양

ⓒ **시험방법**

검체 5 ~ 10g을 정밀히 달아 마개 달린 삼각플라스크에 넣고 중성의 에탄올·에테르혼액(1 : 2) 100mL를 넣어 녹인다. 이를 페놀프탈레인시액을 지시약으로 하여 명확한 색변화가 30초간 지속할 때까지 0.1N 에탄올성수산화칼륨용액으로 적정한다(다만, 검체가 착색되어 있을 때는 지시약은 티몰프탈레인시액이나 알칼리블루 – 6B시액을 사용하던지 또는 검체를 소량으로 하여 중성의 에탄올·에테르혼액(1 : 2)을 증량하여 시험한다. 감마오리자놀이 함유된 미강유 등은 알칼리블루 – 6B시액을 사용한다.)

ⓔ **계산방법**

$$산가(\text{mg KOH/g}) = \frac{5.611 \times (a-b) \times f}{S}$$

S : 검체의 채취량(g)
a : 검체에 대한 0.1N 에탄올성 수산화칼륨용액의 소비량(mL)
b : 공시험(에탄올·에테르혼액(1 : 2) 100mL)에 대한 0.1N 에탄올성 수산화칼륨용액의 소비량(mL)
f : 0.1 N 에탄올성 수산화칼륨용액의 역가

⑤ **과산화물가**

㉠ **시험법 적용범위** : 식용유지류, 조미김, 튀김식품, 유탕·유처리식품, 식용번데기가공품 등에 적용

ⓛ **분석원리** : 과산화물가라 함은 규정의 방법에 따라 측정하였을 때 유지 1kg에 의하여 요오드화칼륨에서 유리되는 요오드의 밀리당량수

ⓒ **시험방법**

검체 약 1 ~ 5g을 달아 초산·클로로포름(3 : 2) 25mL에 필요하면 약간 가온하여 녹이고 쓸 때에 만든 포화요오드화칼륨용액 1mL를 가볍게 흔들어 섞은 다음 어두운 곳에 10분간 방치하고 물 30mL를 가하여 세게 흔들어 섞은 다음 전분시액 1mL를 지시약으로 하여 0.01N 티오황산나트륨액으로 적정한다. 따로 공시험을 하여 보정한다.

ⓔ **계산방법**

$$과산화물가(\text{meq/kg}) = \frac{(a-b) \times f}{검체의\ 채취량(g)} \times 10$$

a : 0.01N 티오황산나트륨액의 적정수(mL)
b : 공시험에서의 0.01N 티오황산나트륨액의 소비량(mL)
f : 0.01N 티오황산나트륨액의 역가

(3) 주요 미량 영양성분 시험법

① 과망간산칼륨 용량법

㉠ 영아용 조제식, 성장기용 조제식, 조제유류 등에 적용하는 Ca 정량법

ⓛ **분석원리** : 과망간산칼륨 용량법은 Ca를 함유하는 용액에 수산염을 첨가해두고, 물에 매우 난용성인 수산칼슘 $CaC_2O_4 \cdot H_2O$로서 침전시키고 이 침전을 H_2SO_4에 녹여 용액 내의 수산을 $KMnO_4$ 용액으로 적정하여 정량하는 방법

ⓒ **시험방법**

무기질 시험용액 조제에서 얻은 시험용액 중에 40mL(Ca 1 ~ 12mg에 대응하는 양)를 200mL의 비커에 취하여 메틸레드시액 수 방울 및 수산암모늄용액 10mL를 가한 다음 요소 2 ~ 5g을 가해 녹인다. 비커를 시계접시로 덮고 약하게 가열을 계속시킨다. 메틸레드시액을 색이 적색에서 등황색으로(pH 약 5.6) 되었을 때 가열을 중지하고 방냉한다. 이를 2시간 이상(침전이 적을 때는 하룻밤) 실온으로 방치한다. 이때의 액량은 약 20 ~ 30mL 정도이다. 충분히 침전을 형성시킨 후 석출된 수산칼슘 결정을 유리여과기 (15AG-4)로 흡입여과하고 세척용 암모니아수 30 ~ 40mL를 수 회 나누어 침전과 여과지를 잘 씻는다. 세척이 끝나면 침전 생성에 사용한 비커를 앞의 유리여과기의 밑에 놓고 여과에 사용한 유리봉을 유리여과기에 넣어 미리 70℃ 이상으로 가온한 황산용액 (1→25)을 유리여과기에 주입한다. 유리봉으로 교반하여 잠시 방치하고 수산칼슘을 용해한 다음 흡입한다. 다음 흡입을 그치고 가온한 황산용액(1→25) 약 5 ~ 7mL를 유리여과기에 주입하고 유리봉으로 교반하여 내벽을 씻고 흡입한다. 이 조작을 2회 반복한다. 비커를 여과장치에서 들어내고 65 ~ 80℃로 가열하여 0.02N 과망간산칼륨용액으로 적정한다. 공시험에 대하여도 같은 조작을 한다.

ⓔ **계산방법**

$$\text{칼슘(mg/100kg)} = \frac{(b-a) \times 0.4008 \times F \times V \times 100}{S}$$

a : 공시험에 대한 0.02N 과망간산칼륨용액의 소비 mL 수
b : 검액에 대한 0.02N 과망간산칼륨용액의 소비 mL 수
F : 0.02N 과망간산칼륨용액의 역가
V : 시험용액의 희석배수
S : 검체의 채취량(g)

② **식염 정량**

㉠ **회화법**

- 분석원리 : 전처리한 검체용액을 비커에 넣고 크롬산칼륨(K_2CrO_4)시액 몇 방울 가한 후 뷰렛 등으로 질산은($AgNO_3$) 표준용액을 적하하면 Cl^-은 전부 AgCl의 백색침전으로 되고 또 K_2CrO_4와 반응하여 크롬산은(Ag_2CrO_4)의 적갈색침전이 생기기 시작하므로 완전히 적갈색으로 변하는데 소비되는 $AgNO_3$액의 양으로 정량하는 방법이다.
- 시험방법 : 식염 약 1g을 함유하는 양의 검체를 취하여 필요한 경우 수욕상에서 증발건고한 후 회화시켜 이를 물에 녹이고 다시 물을 가하여 500mL로 한 후 여과하고 여액 10mL에 크롬산칼륨시액 2 ~ 3방울을 가하고 0.02N 질산은 액으로 적정한다.

• 계산방법

$$식염 = \frac{b}{a} \times f \times 5.85\,(\mathrm{w/w\%,\ w/v\%})$$

a : 검체 채취량(g, mL)
b : 적정에 소비된 0.02N 질산은액의 양(mL)
f : 0.02N 질산은 액의 역가

ⓒ **직접법** : 회화법에 따라 취하여 물로 희석하여 500mL로 한 후 그 10mL를 취하여 회화법에 따라 적정

③ **비타민 C**

㉠ **2.4 – 디니트로페닐하이드라진(Dinitrophenyl hydrazine, DNPH)에 의한 정량법**

• 분석원리

식품 중의 비타민 C를 메타인산용액으로 추출한 환원형 비타민 C(AA)를 2,6-dichlorophenol –indophenol(DCP)로 산화시켜 산화형(DHAA)으로 만든 다음 2,4-DNPH(dinitrophenyl hydrazine)를 가해 적색의 오사존(osazone)을 형성시킨 후 황산(H_2SO_4)을 가해 탈수시키면 등적색의 무수물 bis–2,4-dintrophenylhydrazine으로 전환되어 안정된 정색반응을 나타내는데, 이를 파장 520nm에서 표준용액과의 흡광도를 측정하여 정량하는 방법이다.

• 시험방법
    – 기기 측정조건

산화	시험용액 2 mL를 시험관 T_1, T_2 및 T_3에 취해 T_1에 인도페놀용액 1방울을 혼합해서 이것이 적색을 나타내는지 확인하고, T_1, T_2 및 T_3에 메타인산-티오요소용액 2mL씩을 가함
오사존의 생성	시험관 T_1 및 T_2에 디니트로페닐하이드라진용액 1mL씩을 가해 37℃(±0.5℃) 항온수욕중에서 정확히 3시간 방치하고 T_3와 함께 얼음물 중에 침지
오사존의 용해	얼음물 중에서 냉각하면서 T_1, T_2 및 T_3에 85% 황산용액 5mL를 조금씩 적가해서 1분간 얼음물 중에서 내용액을 잘 혼합 냉각한다. 다음에 차가운 상태에서 T_3에 디니트로페닐하이드라진용액 1mL를 혼합한다. T_1, T_2 및 T_3의 내용액을 재차 혼합한 후 얼음물로부터 꺼내서 실온에서 30 ~ 40분간 방치
비색	T_1 및 T_2의 내용액에 대해서 510 ~ 540nm에서 흡광도를 측정하고 T_1 및 T_2로 하며, 대조액은 T_3로 함

    – 검량선의 작성 : 비타민 C 표준용액의 각 2mL씩을 시험관에 취하고 위의 시험방법에 따라서 조작. 각각 흡광도를 구하고 검량선을 그림

• 계산

시험용액 2mL 중의 총 비타민 C량 및 산화형 비타민 C량을 각각의 환원형 비타민 C량(μg)으로 나타낸 수치를 검량선에서 찾아서 T_1 및 T_2에 대응하는 점으로부터 구하여 C_1 및 C_2로 한다. 검체 중의 비타민 C 함량은 다음 식으로 구한다.

$$\text{총 비타민 } C(mg/100g) = \frac{C_1}{1,000} \times 50 \times \frac{\text{검체채취량} \times 2}{W} \times \frac{100}{\text{검체채취량}(g)}$$

$$\text{산화형 비타민 } C(mg/100g) = \frac{C_2}{1,000} \times 50 \times \frac{\text{검체채취량} \times 2}{W} \times \frac{100}{\text{검체채취량}(g)}$$

$$\text{환원형 비타민 } C(mg/100g) = \text{총 비타민 } C(mg/100g) - \text{산화형 비타민 } C(mg/100g)$$

ⓒ **인도페놀적정법에 의한 정량**

- 분석원리

  식품 중 비타민 C가 산성 수용액 중에서 2,6-dichlorophenol-indophenol(DCP)를 환원시켜 탈색하는 것에 기초한 환원형 비타민 C 정량법

- 시험방법 : 조작은 모두 신속히 행한다.
  - 표정

    비타민 C 표준품 100mg을 정밀히 달아서 500mL의 메스플라스크에 넣어 묽은 메타인산 - 초산용액으로 500mL로 한다. 그 5mL를 정밀히 취하여 묽은메타인산 - 초산용액 5mL를 가하고 인도페놀용액으로 액이 적어도 5초간 적색이 지속될 때까지 적정한다. 여기에 적정된 인도페놀용액의 소비량을 TmL로 한다.
  - 환원형 비타민 C의 적정

    2,4-디니트로페닐하이드라진법에서 조제한 시험용액 10mL를 삼각플라스크에 정확히 취하여 즉시 인도페놀용액으로 액이 적어도 5초간 적색이 지속될 때까지 적정한다. 이때 적정된 인도페놀용액의 소비량을 SmL로 한다.
- 계산 : 검체 중의 환원형 비타민 C는 다음 식에 의해 구한다.

$$\text{환원형 비타민 } C(mg/100g) = A\text{mg} \times \frac{S}{T} \times 10 \frac{\text{검체채취량} \times 2}{W} \times \frac{100}{\text{검체채취량}(g)}$$

Amg : 인도페놀용액 TmL에 대응하는 아스코르빈산량

03 원유 · 우유 시험법

(1) 관능검사

원유에 대한 관능검사는 원유를 충분히 잘 교반한 후 청결한 시험관에 10mL 정도의 시료를 취하여, 밝고 냄새가 없는 장소에서 실시. 검사 결과 우유 고유의 색이 아닌 적색·청색·황색 등의 이상유이거나 이상한 맛·냄새·색택 등이 나타난 경우에는 부적합한 원유로 판정

(2) 이화학적 시험법

① **수분** : 시료 약 5mL을 정밀히 취하여 2. 식품성분시험법의 수분 측정법(건조감량법, 증류법, 칼피셔법)에 따라 시험

② **지방** : 유지방(Gerber법), 뢰제·고트리브(Roese – Gottlieb)법 또는 바브콕(Babock)법에 따라 시험

③ **단백질** : 시료 약 5mL를 정밀히 취하여 세미마이크로 킬달법에 준하여 시험하고 전 질소량에 6.38을 곱하여 단백질량으로 함

④ **신선도 시험법**

    ㉠ **알코올법** : 시료 2mL를 시험관 또는 알코올 시험관에 취하고 70%(v/v)에탄올 동량을 가하여 수회 잘 혼합한 후 응고여부를 관찰한다. 이때 응고물이 생성되면 신선하지 않은 것으로 판정

    ㉡ **자비법** : 시료 10 ~ 20mL를 시험관에 취하여 끓인 후 동량의 증류수를 가하여 희석하였을 때 응고물의 생성 여부를 검사한다. 이때 응고물이 생성되면 신선하지 않은 것으로 판정

⑤ **산도검사** : 검사시료 10mL에 탄산가스를 함유하지 않은 물 10mL를 가하고 페놀프탈레인 시액 0.5mL를 가하여 0.1N 수산화나트륨액으로 30초간 홍색이 지속할 때까지 적정

$$산도(젖산\%) = \frac{a \times f \times 0.009}{10 \times 검사시료의\ 비중} \times 100$$

    a : 0.1N 수산화나트륨액의 소비량(mL)
    f : 0.1N 수산화나트륨액의 역가

⑥ **비중** : 검사시료를 잘 섞어 실린더에 넣고 잠시 정치하여 기포가 없어졌을 때, 부평비중계로 측정. 15℃ 이외의 온도(10 ~ 20℃)에서 측정했을 때에는 우유비중 보정표와 탈지우유 비중 보정표에 따라 보정

⑦ **진애검사** : 진애검사기(sediment tester)에 소정의 진애 시험용 여과지를 부착하여 시료 500mL를 여과한 후 식품의약품안저처장이 지정한 표준판과 비교. 생유의 경우는 진애량이 2.0mg 이하이어야 함

(3) 세균학적 시험법

① **시료채취 및 방법** : 멸균 교반용기로서 거품이 생기지 않게 주의하면서 충분히 시료를 교반하고 멸균시료 채취관(50mL)을 삽입하여 밑바닥까지 도달하게 하여 표면까지 끌어 올린다. 이 조작을 2 ~ 3회 반복하여 시료(25mL 이상)를 멸균 시료병에 옮겨 4.4℃ 이하로 유지하면서 실험실로 운반

② **시험용액의 준비** : 채취된 시료를 강하게 진탕하여 혼합한 것을 시험용액으로 하며, 멸균생리식염수 등의 희석액을 이용하여 필요에 따라 10배, 100배, 1,000배⋯ 등 희석액을 만들어 사용

③ **일반세균수** : 원유 중의 일반세균수는 30±1℃에서 72시간(또는 35±1℃에서 48시간) 배양한 후 계수한다. 시험방법은 일반세균수 시험법에 따라 시험한다. 다만, 이 방법과 95% 이상의 상관관계를 나타내는 기기이용법을 적용할 수도 있다.

(4) 우유

① **살균 여부** : 포스파타제 시험
② **가수 여부** : 비중검사, Gerber법, Babcock법

보충	원유 수유검사

① 원유를 유제품 공장에 입하할 때 실시하는 품질검사
② 관능검사, 비중검사, 산도검사, 알코올검사, 진애검사 등

기출문제

2025년 2회, 2022년 3회, 2014년 2회

01

식품공전에서 규정한 식품이물시험법 3가지를 쓰시오.

모범답안

- 체분별법
- 여과법
- 와일드만 플라스크법
- 침강법
- 금속성이물(쇳가루)
- 김치 중 기생충(란)

참고

식품공전 > 제8. 일반시험법 > 1. 식품일반시험법 > 1.2 이물

2020년 2회

02

식품성분시험법의 일반시험법에서 외관과 취미를 제외한 5개를 적으시오.

모범답안

- 수분
- 회분
- 조단백질
- 조지방
- 조섬유

참고

식품공전 > 제8. 일반시험법 > 2. 식품성분시험법 > 2.1 일반성분시험법

03 조지방의 정량방법 4가지를 고르시오.

① 속슬렛법   ⑤ 세미마이크로 킬달법
② 산분해법   ⑥ 반슬라이크법
③ 뢰제 – 고트리브법   ⑦ 벨트란법
④ 바브콕법

모범답안

① 속슬렛법, ② 산분해법, ③ 뢰제 – 고트리브법, ④ 바브콕법

참고

식품공전 > 제8. 일반시험법 > 2. 식품성분시험법 > 2.1 일반성분시험법

04 다음 빈칸에 각각 해당하는 내용을 쓰시오.

일반적으로 식품의 단백질에서 질소는 (ㄱ)%의 비율로 존재한다. 그렇기 때문에 식품의 질소량을 구한 뒤 (ㄴ)를 곱해주어 총 단백질량을 계산할 수 있다.
이러한 단백질 분석방법 중 널리 이용되는 것은 (ㄷ) 분석이며, 해당 방법은 황산을 사용하여 (ㄹ), 증류, (ㅁ), 적정하는 방법이다.

모범답안

ㄱ : 16

ㄴ : 6.25

ㄷ : 세미마이크로 킬달

ㄹ : 분해

ㅁ : 중화

참고

식품공전 > 제8. 일반시험법 > 2. 식품성분시험법 > 2.1 일반성분시험법 > 2.1.3 질소화합물

05 총질소 및 조단백질 정량에 사용하는 세미마이크로 킬달법에서의 각 단계별 분석 원리
를 쓰시오.
- 분해 :
- 증류 :
- 적정 :
- 산출 :

모범답안

- 분해 : 질소를 함유한 유기물을 촉매의 존재하에서 황산으로 가열분해하면 질소는 황산암모늄으
  로 변함
- 증류 : 황산암모늄에 NaOH를 가하여 알카리성으로 하고, 유리된 NH_3를 수증기 증류하여 희황
  산으로 포집
- 적정 : 포집액을 NaOH로 적정하여 질소의 양을 구함
- 산출 : 구해진 질소의 양에 질소 계수를 곱하여 조단백의 양을 산출

참고

식품공전 > 제8. 일반시험법 > 2. 식품성분시험법 > 2.1 일반성분 시험법 > 2.1.3 질소화합물
> 2.1.3.1 총질소 및 조단백질

가. 세미마이크로 킬달법

1) 분석원리

  질소를 함유한 유기물을 촉매의 존재하에서 황산으로 가열분해하면, 질소는 황산암모늄으로
  변한다(분해). 황산암모늄에 NaOH를 가하여 알카리성으로 하고, 유리된 NH_3를 수증기 증류
  하여 희황산으로 포집한다(증류). 이 포집액을 NaOH로 적정하여 질소의 양을 구하고(적정),
  이에 질소 계수를 곱하여 조단백의 양을 산출한다.

06 다음의 실험방법 중 틀린 것을 1가지 고르시오.

① 몰농도는 용액 1L에 녹아있는 용질의 몰수로 나타내는 농도이며, 몰랄농도는 용매 1kg
  에 녹아있는 용질의 몰수로 나타낸 농도를 말한다.
② 조단백질 계산 시 질소량에 질소계수를 나누어 조단백질의 양으로 한다.
③ 칼피셔(Karl Fisher)법에 의한 수분정량은 메탄올의 존재하에 수분을 정량하는 방법이다.
④ 소모기법은 환원당 정량법 중 구리 시약을 사용하는 용량분석법이다.
⑤ 산가는 유리지방산의 양을 측정하는 것이고, 아이오딘가는 유지의 불포화도를 측정하
  는 것이다.

- ②번
- 조단백질 계산 시 질소량에 질소계수를 곱하여 조단백질의 양으로 한다.

07 다음은 세미마이크로 킬달법에 대하여 기록한 것이다. 빈칸을 채우시오.

> 질소를 함유한 유기물을 촉매의 존재하에서 (A)으로 가열분해하면, 질소는 (B)으로 변한다(분해). (B)에 NaOH를 가하여 알카리성으로 하고, 유리된 (C)를 수증기 증류하여 희황산으로 포집한다(증류). 이 포집액을 NaOH로 적정하여 질소의 양을 구하고(적정), 이에 (D)를 곱하여 조단백의 양을 산출한다.
>
> $$총질소(\%) = 0.7003 \times (a-b) \times \frac{100}{검체의\ 채취량(mg)}$$
>
> a : (E)에서 중화에 소요된 0.05N 수산화나트륨액의 mL 수
> b : (F)에서 중화에 소요된 0.05N 수산화나트륨액의 mL 수
>
> 계산식은 검체의 분해액을 전부 사용해서 적정했을 때의 식이므로 분해액의 일부를 사용할 때는 그 계수를 곱한다.
> 여기서 얻은 질소량에 다음 표에 의한 (D)를 곱하여 조단백질의 양으로 한다.
> $$조단백질(\%) = N(\%) \times (D)$$

A : 황산
B : 황산암모늄
C : 암모니아
D : 질소계수
E : 공시험
F : 본시험

참고

식품공전 > 제8. 일반시험법 > 2. 식품성분시험법 > 2.1 일반성분시험법 > 2.1.3 질소화합물

08 쌀, 메밀, 밤 등 시료 3가지가 있을 때 총질소함량을 이용하여 조단백을 구하는 식을 적고, 각 질소계수가 5.95, 6.31, 5.30일 때 어떤 시료에 질소가 더 많이 함유된 아미노산이 있는지 쓰고 그 이유를 쓰시오.

• 질소가 더 많이 함유된 아미노산이 있는 시료 : 밤
• 이유 : 질소계수가 낮을수록 단백질 내 질소 함량이 크기 때문이다.

2020년 4, 5회

09 밀가루 2g의 질소함량을 측정하였더니 40mg이었다. 이때 시료 내에 함유되어 있는 단백질함량을 구하시오.(질소계수 : 6.25)

$$질소함량(\%) = \frac{40mg}{2,000mg} \times 100 = 2\%$$

$$단백질함량(\%) = 2\% \times 6.25 = 12.5\%$$

2014년 3회

10 킬달 질소정량법은 분해, 증류, 중화, 적정의 단계를 거친다. 다음은 증류 화학식을 나타낸 것이다. 빈칸을 채우시오.

$$(NH_4)_2SO_4 + (\qquad) \rightarrow (\qquad) + (\qquad) + 2H_2O$$

$$(NH_4)_2SO_4 + (\ 2NaOH\ ) \rightarrow (\ 2NH_3\ ) + (\ Na_2SO_4\ ) + 2H_2O$$

2008년 2회

11 역적정의 정의와 예를 2가지 쓰시오.

• 정의 : 시료에 과량의 표준용액을 가하여 충분히 반응시킨 후, 남아있는 과잉의 표준용액을 또다른 표준용액으로 적정하여 시료와 반응한 표준용액의 양을 역산하는 적정법
• 예시 : 칼피셔법, 세미마이크로 킬달법 등

역적정

- 시료에 과량의 표준용액을 가하여 충분히 반응시킨 후, 남아있는 과잉의 표준용액을 또 다른 표준용액으로 적정하여 시료와 반응한 표준용액의 양을 역산하는 적정법
- 적정실험을 반대로 수행하는 것
- 과량의 시약 사용 → 잔여량 측정
- 반응속도가 매우 느리거나 반응의 종말점 판단이 어려운 경우 등 직접적정이 곤란한 경우 사용
- 예시 : 칼피셔법, 세미마이크로 킬달법 등

2011년 3회

12

탄수화물 30%, 단백질 15%, 조섬유 6%, 수분 및 기타 14%로 구성되어 있는 식품을 조섬유 분석하고자 한다. 다음의 질문에 답하시오.

> (1) 조섬유 분석 전 어떤 성분을 별도 분리하고 어떻게 분해하는지 쓰시오.
> (2) 조섬유 분해 시 사용하는 불용성 잔사 시약 3가지를 쓰시오.
> (3) 거품이 많이 발생할 때 어떤 처리를 해야 하는지 쓰시오.

모범답안

(1) 탄수화물, 단백질, 수분 등은 묽은산, 묽은 알칼리, 알코올 및 에테르로 처리한 후 분해한다.
(2) 황산, 수산화니트륨용액, 에탄올, 에테르
(3) 아밀알코올을 냉각기의 상부로부터 가한다.

참고

식품공전 > 제8. 일반시험법 > 2. 식품성분시험법 > 2.1 일반성분시험법 > 2.1.4 탄수화물 > 2.1.4.2 조섬유

2012년 3회

13

시료의 양이 5.00g, 용해 후 여과기 항량이 10.80g, 건조 후 여과기 항량이 10.40g일 때 조섬유 함량을 계산하시오.

모범답안

$$\frac{10.80 - 10.40}{5.00} \times 100 = 8\%$$

식품공전 > 제8. 일반시험법 > 2. 식품성분시험법 > 2.1 일반성분시험법 > 2.1.4 탄수화물 > 2.1.4.2 조섬유

14 회분 측정 시 직접회화법을 실시하면 실제 회분의 함량과 차이가 발생하여 조회분 함량 이라 한다. 그 이유는 무엇인가?

모범답안

일부의 식품에서는 무기질의 염소이온(Cl^-)등 휘발성 무기물은 휘산되기도 하고, 양이온의 일부는 공존하는 음이온과 반응하여 인산염, 황산염 등으로 되기도 하며, 유기물 기원의 탄산염으로 되기 때문에 조회분(租灰分, crude ash)이라고 한다.

참고

식품공전 > 제8. 일반시험법 > 2. 식품성분시험법 > 2.1 일반성분시험법 > 2.1.2 회분

15 soxhlet 추출법은 무엇을 분석하기 위한 것이며, 지방을 녹이기 위한 추출용매로 사용되는 용매는 무엇인지 쓰시오.

모범답안

- 조지방 정량
- 지방 추출 용매 : 에테르

참고

식품공전 > 제8. 일반시험법 > 2. 식품성분시험법 > 2.1 일반성분시험법 > 2.1.5 지질 > 2.1.5.1 조지방 > 2.1.5.1.1 에테르 추출법

16 soxhlet 추출로 조지방을 정량하는 원리에 대해 쓰시오.

모범답안

속슬렛 추출장치로 에테르를 순환시켜 검체 중의 지방을 추출하여 정량한다.

식품공전 > 제8. 일반시험법 > 2. 식품성분시험법 > 2.1 일반성분시험법 > 2.1.5 지질 > 2.1.5.1 조지방 > 2.1.5.1.1 에테르 추출법

2025년 1회, 2021년 3회, 2018년 3회

17 다음 〈보기〉를 보고 조지방의 계산식을 쓰시오.

〈보기〉

W_0 : 추출 플라스크의 무게(g)
W_1 : 조지방을 추출하여 건조시킨 추출 플라스크의 무게(g)
S : 검체의 채취량(g)

모범답안

$$조지방(\%) = \frac{W_1 - W_2}{S} \times 100$$

참고

식품공전 > 제8. 일반시험법 > 2. 식품성분시험법 > 2.1 일반성분시험법 > 2.1.5 지질 > 2.1.5.1 조지방 > 2.1.5.1.1 에테르 추출법

2024년 3회

18 시료 4.1020g을 속슬렛법을 이용하여 조지방 추출하였다. 추출 전 플라스크의 무게가 29.0522g, 추출 후 플라스크의 무게가 30.0325g일 때 조지방함량을 구하여라.

모범답안

$$조지방(\%) = \frac{W_1 - W_0}{S} \times 100$$

$$= \frac{30.0325g - 29.0522g}{4.1020g} \times 100$$

$$= 23.898\cdots$$

$$= 23.90\%$$

참고

식품공전 > 제8. 일반시험법 > 2. 식품성분시험법 > 2.1 일반성분시험법 > 2.1.5 지질 > 2.1.5.1 조지방 > 2.1.5.1.1 에테르 추출법

19 식품 100g 중 트랜스지방의 함량(g/식품 100g)을 계산하시오. 단, 지방 4.0g(g/식품 100g), 트랜스지방 함량은 0.3g(g/지방산 100g)

모범답안

$$식품\ 100g\ 중\ 트랜스지방의\ 함량 = \frac{(식품\ 100g\ 중\ 지방의\ g\ 수) \times (지방산\ 100g\ 중\ 트랜스지방\ g\ 수)}{100}$$

$$= 0.012g$$

20 유지시료 5.6g의 산가를 측정할 때 0.1N KOH 소비량은 1.1mL, 대조군에서 0.1N KOH 소비량은 1.0mL이다. 이때 0.1N KOH를 표정하기 위해 안식향산 0.244g을 취해 에테르-에탄올에 녹여 적정하는 데 20mL이 소비되었다. 0.1N KOH의 factor 값을 구하고 산가를 계산하시오.(안식향산 분자량 : 122.13)

모범답안

$NFV = N`F`V` = eq$

안식향산 당량 = 수산화칼륨 당량

안식향산 : 1가산, $N = M$

사용한 안식향산은 0.244g, 20mL

$$\frac{0.244g}{0.02L} = 0.1N\ (실험)$$

이론상 0.1N 안식향산을 만들기 위한 식

$$\frac{0.24426g}{0.02L}$$

$$factor = \frac{실험치}{이론치} = \frac{\dfrac{0.244g}{0.02L}}{\dfrac{0.24426}{0.02L}}$$

$$\frac{0.244g}{0.24426g} = 0.998$$

소수 셋째 자리에서 반올림하면 1.00

안식향산 N : 0.1, V : 0.02L, F : 1.00

수산화칼륨 N : 0.1, V : 0.02L 이므로

수산화칼륨의 F = 1.00

$\therefore$ factor : 1.00

$$산가(mg/g) = \frac{5.611 \times (a-b) \times f}{S}$$

S : 검체의 채취량(g)

a : 검체에 대한 0.1N 에탄올성 수산화칼륨용액의 소비량(mL)

b : 공시험(에탄올·에테르혼액(1 : 2) 100mL)에 대한 0.1N 에탄올성 수산화칼륨용액의 소비량(mL)

f : 0.1N 에탄올성 수산화칼륨용액의 역가

$$\frac{5.611 \times (1.1 - 1.0) \times 1.00}{5.6} = 0.100$$

소수 셋째 자리에서 반올림하면 0.10

$\therefore$ 산가 : 0.10mg KOH/g

- factor : 1.00
- 산가 : 0.10mg/g

🔍 참고

식품공전 > 제8. 일반시험법 > 2. 식품성분시험법 > 2.1 일반성분시험법 > 2.1.5 지질 > 2.1.5.3 화학적 실험 > 2.1.5.3.1 산가

2024년 1회

21

> 트리스테아린(tristearin, 분자량 : 890g/mol)의 비누화가를 구하시오.(단, KOH의 분자량은 56.1g/mol이다.)

모범답안

트리스테아린을 비누화하기 위해서는 3mol의 KOH 필요

트리스테아린 1mol = 890g

KOH 3mol = 168.3g

식품공전 상 비누화가의 정의는 지질 1g 중의 유리산의 중화 및 에스테르의 검화에 필요한 수산화칼륨의 mg 수이므로, KOH 단위 환산 = 168,300mg

$$\text{지질 1g 중의 KOH의 mg 수} = \frac{\text{KOH의 mg 수}}{\text{지질 1g}}$$

$$\frac{\text{KOH 3mol}}{\text{트리스테아린 1mol}} = \frac{168{,}300\text{mg}}{890\text{g}} = 189.1011\dots\text{mg/g}$$

$$\therefore\ 189.1011\cdots$$

문제에 별다른 요구가 없었으므로 소수점 셋째 자리에서 반올림하여 둘째 자리까지 나타내면 189.10mg/g

참고

식품공전 > 제8. 일반시험법 > 2. 식품성분시험법 > 2.1 일반성분시험법 > 2.1.5 지질 > 2.1.5.3. 화학적 실험 > 2.1.5.3.2 비누화가

22 시료 0.816g, 0.01N 티오황산나트륨 용액(역가 : 1.02)의 본시험 소비량이 14.7mL, 공시험 소비량이 0.18mL인 경우 과산화물가를 계산하시오.

모범답안

$$\frac{(14.7 - 0.18) \times 1.02}{0.816} \times 10 = 181.5\text{meq/kg}$$

참고

식품공전 > 제8. 일반시험법 > 2. 식품성분시험법 > 2.1 일반성분시험법 > 2.1.5 지질 > 2.1.5.3 화학적 실험 > 2.1.5.3.5 과산화물가

23

칼슘은 과망간산칼륨($KMnO_4$) 용량법으로 정량한다. 시료용액에 함유되어 있는 칼슘이온은 암모니아성 내지 미산성에서 수산기와 반응하여 난용성인 수산칼슘 침전을 생성한다. 이 침전을 모액에서 분리하여 황산에 녹여 수산이온을 0.02N 과망간산칼륨으로 정량한다. 반응식과 정량식은 다음과 같다. 여기에서 0.4008이 무엇을 의미하는지 쓰시오.(단 칼슘의 원자량은 40.08이다.)

- 반응식 : $5H_2C_2O_4 + 2KMnO_4 + 3H_2SO_4 \rightarrow 2MnSO_4 + K_2SO_4 + 10CO_2 + 8H_2O$
- 정량시 : 칼슘$(mg/100g) = \dfrac{(b-a) \times 0.4008 \times F \times V \times 100}{S}$

a : 공시험에 대한 0.02N 과망간산칼륨용액의 소비 mL 수
b : 검액에 대한 0.02N 과망간산칼륨용액의 소비 mL 수
F : 0.02N 과망간산칼륨용액의 역가
V : 시험용액의 희석배수
S : 검체의 채취량(g)

모범답안

0.01N 과망간산칼륨 용액 1mL에 반응하는 칼슘의 질량(mg)

해설

시료 내 함유된 Ca^{2+}의 양만큼 CaC_2O_4 생성
H_2SO_4에 녹였을 때 CaC_2O_4의 양만큼 $C_2O_4^{2-}$ 생성
$C_2O_4^{2-}$의 양만큼 $KMnO_4$ 소비

$5H_2C_2O_4 + 2KMnO_4 + 3H_2SO_4 \rightarrow 2MnSO_4 + K_2SO_4 + 10CO_2 + 8H_2O$를 봤을 때
$5H_2C_2O_4$와 $2KMnO_4$의 반응하는 몰수 비 = 5 : 2

$KMnO_4$ 2mol 반응 : $H_2C_2O_4$ 5mol 반응 = Ca 5mol 반응
$KMnO_4$ 1mol 반응 = Ca 2.5mol 반응 (100.2g)
$KMnO_4$의 당량수 : 5eq이므로
$KMnO_4$ 5eq 반응 = Ca 100.2g 반응
$KMnO_4$ 1eq 반응 = Ca 20.04g 반응

$1N = \dfrac{1eq}{1L}$ 라 가정하면 $1eq = 1N \times 1L$

$KMnO_4$ $1N \times 1L$ 반응 = Ca 20.04g 반응
사용한 $KMnO_4$의 농도가 0.02N이므로 $1eq = 1N \times 1L$의 양변에 0.02를 곱하면
$KMnO_4$ $0.02N \times 1L$ 반응 = Ca 0.4008g 반응
정량식 내 용액의 단위 = mL, Ca의 단위mg/100g이므로 양 변에 단위 환산
$KMnO_4$ $0.02N \times 1mL$ 반응 = Ca 0.4008mg 반응

∴ 0.4008은 0.02N 과망간산칼륨용액 1mL에 반응하는 칼슘의 질량(mg)이다.

식품공전 > 제8. 일반시험법 > 2. 식품성분시험법 > 2.2 미량영양성분시험법 > 2.2.1 무기질 > 2.2.1.5 식염

2022년 1회

24 다음은 식염정량을 위한 Mohr법의 과정, 반응식 및 계산식이다. 계산식의 5.85가 산출된 이유를 설명하시오.

> • 실험과정
> 식염 약 1g을 함유하는 양의 검체를 취하여 필요한 경우 수욕상에서 증발건고한 후 회화시켜 이를 물에 녹이고 다시 물을 가하여 500mL로 한 후 여과하고 여액 10mL에 크롬산칼륨시액 2 ~ 3방울을 가하고 0.02N 질산은액으로 적정한다.(단 $AgNO_3$의 분자량은 169.87, NaCl의 분자량은 58.5)
>
> • 반응식
> $AgNO_3 + NaCl \rightarrow AgCl\downarrow + NaNO_3$
> $2AgNO_3 + K_2CrO_4 \rightarrow Ag_2CrO_4\downarrow + 2KNO_3$
>
> • 계산식
> $$식염 = \frac{b}{a} \times f \times 5.85(\text{w/w\%, w/v\%})$$
> a : 검체 채취량(g, mL)
> b : 적정에 소비된 0.02N 질산은액의 양(mL)
> f : 0.02N 질산은 액의 역가

모범답안

5.85는 0.02N $AgNO_3$ 용액 1mL에 해당하는 NaCl의 양 × 50(희석배수) × 100을 적용한 값이다.

해설

검체 내 NaCl의 질량을 x라 하면

$$\frac{x}{58.5\text{g/eq}} = 0.02\text{N} AgNO_3 \text{ 용액의 } F \times 0.02\text{N} \times b \times \frac{1\text{L}}{1,000\text{mL}}$$

$$x = F \times 0.02\text{N} \times b \times 58.5\text{g/eq} \times \frac{1\text{L}}{1,000\text{mL}}$$

양 변을 검체 a로 나누면

$$\frac{x}{a} = \frac{F \times 0.02\text{N} \times b \times 58.5\text{g/eq}}{a} \times \frac{1\text{L}}{1,000\text{mL}}$$

$$= \frac{b}{a} \times F \times 0.02\text{N} \times 58.5\text{g/eq} \times \frac{1\text{L}}{1,000\text{mL}}$$

$0.02N = 0.02eq/L$이므로

$$\frac{b}{a} \times F \times 0.02eq/L \times 58.5g/eq \times \frac{1L}{1,000mL}$$

$$\frac{b}{a} \times F \times 0.00117g/mL$$

$0.00117 = 0.02N$ AgNO$_3$ 용액 1mL에 해당하는 AgCl의 양(g) = NaCl의 양(g)

시료를 500mL로 한 다음 10mL 사용 → 희석배수 50

양 변에 희석배수 및 식염의 단위가 w/w%, w/v%이므로 백분율 처리

$$\frac{b}{a} \times F \times 0.00117g/mL \times 50 \times 100$$

$$= \frac{b}{a} \times F \times 5.85(w/w\%,\ w/v\%)$$

∴ 5.85는 0.02N AgNO$_3$ 용액 1mL에 해당하는 NaCl의 양 × 50(희석배수) × 100을 적용한 값이다.

📖 참고

식품공전 > 제8. 일반시험법 > 2. 식품성분시험법 > 2.2 미량영양성분시험법 > 2.2.1 무기질 > 2.2.1.5 식염

25

Indophenol 적정법에 의한 환원형 비타민 C 정량 원리를 설명하시오.

모범답안

식품 중 비타민 C가 산성 수용액 중에서 2,6-DCP를 환원시켜 탈색하는 것에 기초한 환원형 비타민 C 정량법이다.

📖 참고

식품공전 > 제8. 일반시험법 > 2. 식품성분시험법 > 2.2 미량영양성분시험법 > 2.2.2 비타민류 > 2.2.2.4 비타민C

26 다음을 읽고 빈칸을 채우시오.

> 비타민 C 정량 시 환원형인 (①)와 산화형인 (②)를 함께 정량, 탈수제로 (③)를 넣으면 적색이 되어서 520nm에서 확인이 가능하다.

모범답안

① AA

② DHAA

③ 황산(H_2SO_4)

참고

식품공전 > 제8. 일반시험법 > 2. 식품성분시험법 > 2.2 미량영양성분시험법 > 2.2.2 비타민류 > 2.2.2.4 비타민C

27 우유의 신선도 판정시험 중 산도측정을 하는 이유를 쓰시오.

모범답안

우유 저장 시 시간이 지날수록 미생물이 증식함에 따라 젖산이 생성되기 때문에 젖산의 함량을 측정하면 우유의 신선도를 알 수 있기 때문이다.

참고

식품공전 > 제8. 일반시험법 > 6. 식품별 규격 확인 시험법 > 6.10 유가공품 > 6.10.1 우유류

28 다음 글을 읽고 빈칸을 채우시오.

> 〈우유 알코올 실험〉
> 알코올의 (　　　)작용으로 인해 (　　　)가 높은 우유는 카제인이 (　　　)된다.

모범답안

알코올의 (**탈수**)작용으로 인해 (**산도**)가 높은 우유는 카제인이 (**응고**)된다.

식품공전 > 제8. 일반시험법 > 5. 원유·식육·식용란의 시험법 > 5.1 원유의 시험법 > 5.1.2. 이화학적 시험법 > 나. 시험법 > 9) 신선도시험법 > 가) 알코올법

29

우유의 품질관리 시험법 중 phosphatase 검사의 목적과 원리를 쓰시오.

모범답안

- 목적 : 우유의 살균처리 및 원유 혼입 여부 확인
- 원리 : phosphatase는 62 ~ 63℃에서 30분간 가열 시 불활성화되는 인산가수분해효소이다. 저온장시간(60 ~ 65℃, 30분) 가열 및 고온단시간(72 ~ 75℃, 15 ~ 20초) 가열하는 것은 phosphatase의 불활성화 조건과 일치하기 때문에 충분한 저온장시간 또는 고온단시간 살균이 이루어졌는지의 여부나 살균된 후 원유가 혼입되지는 않았는지를 판단할 수 있는 지표가 될 수 있다.

30

원유 수유검사 4가지를 쓰시오.

모범답안

- 관능검사
- 비중검사
- 산도검사
- 알코올검사
- 진애검사

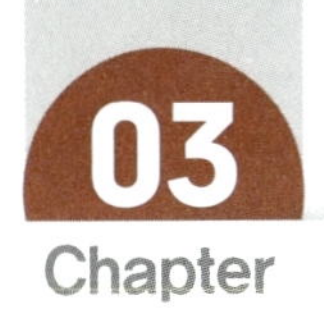

Chapter 03

금속 관련 시험법

01 중금속 시험법

(1) 대상

Pb, Cd, As, Hg, Sn, Cu, Zn, Mn, Ni, Fe, Be, V, Se, Cr, Sb 등

(2) 시험시료

시험시료는 검체에서 가식부위를 사용함을 원칙으로 함

(3) 시험용액의 조제

① **습식분해법**

㉠ **질산분해법**

시료 1 ~ 20g(건조물 1 ~ 5g, 생물 20g)을 플라스크 등에 취해 질산 50 ~ 100mL을 넣고 충분히 습윤되도록 한다. 가열판에서 서서히 가열하면서 격렬한 반응이 끝나고 암색이 되면 내용물이 줄지 않도록 질산 2 ~ 3mL씩 넣으며 가열을 계속한다. 과산화수소를 5 ~ 10mL 천천히 주입하며 가열을 계속하고 내용물이 미황색 ~ 무색이 되었을 때 분해가 끝난 것으로 한다. 분해물을 가열판에서 최소량으로 휘산 – 농축시킨 후 물을 넣어 적절하게 희석하여 시험용액으로 한다. 이때, 최종 시험용액의 질산농도는 10% 이하가 되게 한다. 공시험용액에 대해서도 같은 조작을 하여 시험용액을 보정한다.

㉡ **마이크로웨이브법**

시료 일정량(0.1 ~ 0.5g에 한함. 수분함량이 높은 시료의 경우 1 ~ 3g)을 microwave digestion system에 넣고 질산 등으로 처리하여 분해한다. 이후 분해물을 heat block 등을 이용하여 최소량으로 휘산 – 농축시킨 후 물을 넣어 적절하게 희석하여 시험용액으로 한다. 이때, 최종 시험용액의 질산농도는 10% 이하가 되게 한다.

② **건식회화법**

시료(5 ~ 20g)를 도가니, 백금접시에 취해 건조하여 탄화시킨 다음 450℃에서 회화한다. 회화가 잘 되지 않으면 일단 식혀 질산(1+1) 또는 50% 질산마그네슘용액 또는 질산알루미늄 40g 및 질산칼륨 20g을 물 100mL에 녹인 액 2 ~ 5mL로 적시고 건조한 다음 회화를 계속한다. 회화가 불충분할 때는 위의 조작을 1회 되풀이하고 필요하면 마지막으로 질산 (1+1) 2 ~ 5mL를 가하여 완전하게 회화를 한다. 회화가 끝나면 회분을 희석된 질산으로 일정량으로 하여 시험용액으로 한다.

③ **용매추출법 – 시약**

ㄱ MIBK(Methyl Iso-Buthyl Ketone) 또는 클로로포름

ㄴ DDTC(Diethyl dithocatbamic acid), silver를 포함하지 않은 것

(4) 측정

① **유도결합플라즈마 – 질량분석법(Inductively Coupled Plasma Mass Spectrometry, ICP – MS)** : 아르곤 가스에 고주파를 유도결합방법으로 걸어 방전되어 얻어진 아르곤 플라즈마에 시험용액을 주입하여 분석원소의 질량값에 대한 분석강도를 측정하여 시험용액 중의 분석원소의 농도를 구하는 방법이다.

② **유도결합플라즈마 – 발광광도법(Inductively Coupled Plasma Optical Emission Spectrometry, ICP – OES)** : 아르곤 가스에 고주파를 유도결합방법으로 걸어 방전되어 얻어진 아르곤 플라즈마에 시험용액을 주입하여 분석원소의 원자선 및 이온선의 발광광도를 측정하여 시험용액 중의 분석원소의 농도를 구하는 방법이다.

③ **원자흡광광도법(Atomic Absorption Spectrometry, AAS)** : 시험용액 중의 금속원소를 적당한 방법으로 해리시켜 원자증기화하여 생성한 기저상태의 원자가 그 원자증기를 통과하는 빛으로부터 측정파장의 빛을 흡수하는 현상을 이용하여 광전측정 등에 따라 목적원소의 특정파장에 있어서 흡광도를 측정하고 시험용액 중의 목적원소의 농도를 구하는 방법이다.

02 물의 경도 측정

(1) 경도

① **정의**

ㄱ 물에 존재하는 칼슘(Ca^{2+})과 마그네슘(Mg^{2+})의 함량을 탄산칼슘($CaCO_3$)의 농도(mg/L)로 나타낸 값

ㄴ 통상적으로 0 ~ 60mg/L이면 연수, 60 ~ 120mg/L이면 중연수, 120 ~ 180mg/L이면 경수, 180mg/L 이상이면 고경수로 구분

② **시험방법 : EDTA적정법**

ㄱ **목적** : 이 시험법은 먹는 물 중에 경도를 측정하는 방법으로서 시료에 암모니아 완충용액을 넣어 pH 10으로 조절한 다음 적정에 의해 소비된 EDTA 용액으로부터 탄산칼슘의 양으로 환산하여 경도(mg/L)를 구함

ⓛ 적용범위
- 이 시험기준은 먹는 물의 경도 측정에 적용함
- 이 시험기준은 높은 농도의 경도를 측정하는 데에도 적용할 수 있으나 과다한 적정용액의 사용을 피하기 위해 경도 100mg/L 이하에서 사용하는 것이 좋음. 경도가 높은 물은 시료를 묽혀 사용
- 이 시험기준은 금속류나 폴리인산염(polyphosphate)의 농도가 [표 2]의 농도 이하일 때 사용할 수 있고 정량한계는 1mg/L임
- 자동화된 적정장치를 사용할 수도 있음

ⓒ 간섭물질
- 일부의 중금속은 종말점의 색 변화를 분명치 않게 하거나 EDTA의 정량적인 반응을 간섭할 수 있음
- [표 2]의 간섭물질의 한계농도 이내일 때에는 시안화칼륨용액이나 황화나트륨용액을 사용하여 제거

[표 2] 경도물질을 간섭하는 중금속이나 폴리인산염(polyphosphate)의 최대 허용 농도 및 제거물질

간섭화합물	농도(mg/L)	
	시안화칼륨용액[1]	황화나트륨용액[1]
알루미늄(Aluminium)	20	20
바륨(Barium)	†	†
카드뮴	†	20
코발트	20	0.3
구리(동)	30	20
철	30	5
납	†	20
망간(Mn^{2+})	†	1
니켈	20	0.3
스트론듐	†	†
아연	†	200
폴리인산염(polyphosphate)	–	10

[1] 간섭 제거물질, † : 경도에 포함, – : 사용안함

ⓡ EDTA 용액(0.01M)
- 에틸렌디아민테트라아세트산이나트륨 (EDTA, ethylenediaminetetraacetic acid disodium salt, $C_{10}H_{14}Na_2N_2O_8 \cdot 2H_2O$, 분자량 : 372.26) 3.722g을 정제수에 녹여 1L로 한 후 갈색 병에 넣어 보존(이 용액 1mL는 탄산칼슘으로서 1mg을 함유하는 양에 해당)

- 농도결정
  - EDTA용액(0.01M) 10.0mL를 삼각플라스크에 넣고 정제수를 가하여 100mL로 만든 다음 암모니아 완충용액 2mL 및 EBT용액 3방울을 넣은 후 용액의 색이 엷은 붉은색이 될 때까지 염화마그네슘용액(0.01M)을 가함
  - 이에 소비된 염화마그네슘용액(0.01M)의 mL 수(a)를 구하여 다음 식에 따라 EDTA(0.01M)의 농도계수(F)를 구함

$$F = \frac{a}{10}$$

여기서, a : 소비된 염화마그네슘용액(0.01M)의 mL 수
F : 농도계수

ⓜ **시료채취 및 관리**
  - 시료는 유리병 또는 폴리에틸렌병에 채취
  - 시료를 질산으로 pH 2 이하가 되도록 조절하여 1~5℃에서 보존

ⓗ **분석절차**
  - 전처리 : 먹는 물 시료에서는 전처리가 필요하지 않음
  - 시료측정
    - 시료 100mL(탄산칼슘이 10mg 이하로 함유되도록 시료에 물을 넣어 100mL로 한 것)를 삼각플라스크에 넣고, 시안화칼륨용액 수 방울, 염화마그네슘용액 1mL 및 암모니아 완충용액 2mL를 넣음
      [주 2] 시안화칼륨용액 대신 황화나트륨용액을 사용할 수 있는데 사용하는 양은 1mL
    - EBT용액 수 방울을 지시약으로 하여 EDTA 용액(0.01M)으로 시료가 적자색으로부터 청색이 될 때까지 적정
    - 이 때 EDTA용액(0.01M)의 소비량(mL)을 구함
    - 시료를 적정하는 데 소요되는 시간은 완충용액을 첨가한 후 5분 이내가 바람직

ⓢ **계산** : 소비된 EDTA 용액(0.01M)의 부피(a)로부터 다음 식에 따라 시료의 탄산칼슘 양으로서 경도(mg/L)를 구함

$$경도(mg/L) = (aF - 1) \times \frac{1,000}{시료량(mL)}$$

여기서, a : 적정에 소비된 EDTA용액의 부피(mL)
F : 4.2.2.2에서 구한 EDTA용액(0.01M)의 농도계수

③ **제거방법**
  ㉠ 정수처리과정에서 pH와 알칼리도 적정으로 조절
  ㉡ 자비법(Process of boiling)
  ㉢ 석회-소다 법(Lime-Soda Ash Process)
  ㉣ 이온교환법(Ion Exchange Process)

2020년 1회

01 유해 중금속(납, 카드뮴)의 검출방법 2가지를 쓰시오.

모범답안

- 유도결합플라즈마–질량분석법
- 유도결합플라즈마–발광광도법
- 원자흡광광도법

참고

식품공전 > 제8. 일반시험법 > 9. 식품 중 유해물질 시험법 > 9.1 중금속

2015년 1회

02 식품 중 중금속 성분의 정량분석 과정이다. 괄호를 채우고 중금속 시험법을 5가지 쓰시오.

> 분석시료의 매질 고려 – (   ) – 시험용액의 조제 – 기기분석

모범답안

분석시료의 매질 고려 – (**분석 대상 원소 고려**) – 시험용액의 조제 – 기기분석
- 시험법 : 질산분해법, 마이크로웨이브법, 건식회화법, 용매추출법, ISP–MS, ISP–OES, AAS

03 중금속의 건식회화법에 대하여 괄호를 채우시오.

> 시료 5~20g를 도가니, 백금접시에 취해 건조하여 (A)시킨 다음 450℃에서 (B)한다.
> (B)가 잘 되지 않으면 일단 식혀 질산(1+1) 또는 50% 질산마그네슘용액 또는 질산알루
> 미늄 40g 및 질산칼륨 20g을 물 100mL에 녹인 액 2~5mL로 적시고 건조한 다음 회화를
> 계속한다. 회화가 불충분할 때는 위의 조작을 1회 되풀이하고 필요하면 마지막으로 질산
> (1+1) 2~5mL를 가하여 완전하게 회화를 한다. 회화가 끝나면 (C)을 희석된 (D)으로
> 일정량으로 하여 시험용액으로 한다.

모범답안

A : 탄화

B : 회화

C : 회분

D : 질산

참고

식품공전 > 제8. 일반시험법 > 9. 식품 중 유해물질 시험법 > 9.1 중금속

04 납(Pb)의 정성시험 중 시험용액에 크롬산칼륨 몇 방울을 가하였다. 이때 납이 용출되면 어떤 반응이 일어나는지 쓰시오.

모범답안

황색 침전 또는 혼탁 현상이 일어난다.

참고

납(Pb)과 크롬산칼륨(K_2CrO_4)의 반응식

- $Pb^{2+}(aq) + K_2CrO_4(aq) \rightarrow PbCrO_4(s)\ 2K^+(aq)$
- 알짜반응 : $Pb^{2+}(aq) + CrO_4(aq) \rightarrow PbCrO_4(s)$
- $PbCrO_4(s)$: 황색 침전 형성

05 물의 경도 측정방법에서 빈칸을 채우시오.

> 물속의 (   )과 (   )의 양을 (   )ppm으로 환산하면 총경도이다.
> 이를 측정하려면 pH를 (   )으로 조절하고, (   ) 표준용액으로 적정한다.

모범답안

물속의 (**칼슘**)과 (**마그네슘**)의 양을 (**탄산칼슘**)ppm으로 환산하면 총경도이다.
이를 측정하려면 pH를 (10)으로 조절하고, (EDTA) 표준용액으로 적정한다.

관능검사

01 개요

(1) 정의

① 사람의 시각, 청각, 미각, 촉각 및 후각을 이용하여 식품을 평가
② 식품의 관능적 품질특성인 외관, 향미 및 조직감 등을 평가

(2) 목적

① 신제품 개발
② 기존 제품의 품질관리
③ 소비자 기호도 측정
④ 제품의 소비기한 설정
⑤ 패널 선정

(3) 관능평가에 영향을 끼치는 요인

① 생리적 요인

순응	지속적인 자극에 노출됨으로써 감수성이 저하 혹은 변화되는 현상
강화	하나의 물질이 단독으로 있을 때보다 다른 물질과 섞여 있을 때 강도가 더 높아지는 현상
억제	어떤 물질이 단독으로 존재할 때 보다 다른 물질과 혼합되어 존재할 때 강도가 약해지는 현상
상승	두 물질이 단독으로 존재 시보다 섞여 있을 때 인지 강도가 더 높아지는 현상

② 심리적 요인

기대오차	평가자가 시료에 대한 어떤 정보를 알고 있을 때 선입견을 갖게 되는 경우
자극오차	평가한 항목과 전혀 상관없는 특성들, 즉 용기의 형태나 색 등이 평가에 영향을 끼치는 경우
논리오차	관능검사자가 시료의 특성 간에 어떤 연관이 있다고 생각할 때 일어나는 오차
후광효과	어떤 대상의 한 가지 또는 일부에 대한 평가가 그의 또 다른 일부 또는 나머지 전부의 평가에 대해 영향을 미치는 현상

(4) 척도

명목척도	어떤 특성을 단지 범주나 이름을 붙여 구분할 수 있도록 하는 것
서수척도	서열을 순서대로 나열하는 것, 특성의 강도는 알 수 있으나 수치 간의 비율은 의미가 없음
간격척도	측정하고자 하는 특성의 강도를 일정한 간격으로 구분해놓고 각 시료들의 구간을 판단하는 것
비율척도	기준시료의 어떤 특성 강도와 비교하여 측정시료의 강도가 얼마나 더 강하거나 약한지를 비율로 나타낸 것

(5) 관능검사의 종류

삼점검사	시료 세 가지 제공, 세 개 중 두 개는 같은 시료이고 한 개는 다른 시료임을 패널에게 알리고 어느 것이 다른가를 평가
일-이점 검사	시료 세 가지 제공, 하나의 표준시료를 제시한 뒤 나머지 두 시료 중 같은 것을 찾게 하는 검사
단순차이검사	시료 두 가지 제공, 제시된 두 시료가 같은지 다른지를 검사
시간-강도 분석	시간에 따른 특성 강도의 변화를 고려하여 시료의 관능적 특성을 시간의 연속성하에서 검사

02 관능검사의 성상

(1) 「식품의 기준 및 규격」 제8. 일반시험법

① 성상(관능시험)

㉠ **시험법 적용범위** : 성상을 검사하고자 하는 모든 식품에 적용

㉡ **분석원리** : 성상시험은 식품의 특성을 시각, 후각, 미각, 촉각 및 청각으로 감지되는 반응을 측정하여 시험

㉢ **시험조작** : 식품 고유의 색깔, 풍미, 조직감 및 외관을 다음의 채점기준에 따라 채점한 결과가 평균 3점 이상이고 1점 항목이 없어야 함

항목	채점 기준
색깔	1. 색깔이 양호한 것은 5점으로 한다. 2. 색깔이 대체로 양호한 것은 그 정도에 따라 4점 또는 3점으로 한다. 3. 색깔이 나쁜 것은 2점으로 한다. 4. 색깔이 현저히 나쁜 것은 1점으로 한다.
풍미	1. 풍미가 양호한 것은 5점으로 한다. 2. 풍미가 대체로 양호한 것은 그 정도에 따라 4점 또는 3점으로 한다. 3. 풍미가 나쁜 것은 2점으로 한다. 4. 풍미가 현저히 나쁘거나 이미·이취가 있는 것은 1점으로 한다.

항목	채점 기준
조직감	1. 조직감이 양호한 것은 5점으로 한다. 2. 조직감이 대체로 양호한 것은 그 정도에 따라 4점 또는 3점으로 한다. 3. 조직감이 나쁜 것은 2점으로 한다. 4. 조직감이 현저히 나쁜 것은 1점으로 한다.
외관	1. 병충해를 입은 흔적 및 불가식부분 제거, 제품의 균질 및 성형상태와 포장상태 등 외형이 양호한 것은 5점으로 한다. 2. 제품의 제조·가공상태 및 외형이 비교적 양호한 것은 그 정도에 따라 4점 또는 3점으로 한다. 3. 제품의 제조·가공상태 및 외형이 나쁜 것은 2점으로 한다. 4. 제품의 제조·가공상태 및 외형이 현저히 나쁜 것은 1점으로 한다.

04 Chapter — 기출문제

01

식품공장에서 관능검사를 실시하는 목적 5가지를 쓰시오.

모범답안

- 신제품 개발
- 기존 제품의 품질관리
- 소비자 기호도 측정
- 제품의 소비기한 설정
- 패널의 선정

02

「식품의 기준 및 규격」에 의하여 성상(관능평가)의 분석 시 이용되는 감각 5가지와 시험 조작항목 4가지를 쓰고 항목별 공통으로 적용되는 기준을 쓰시오.

모범답안

- 5가지 감각 : 시각, 청각, 후각, 미각, 촉각
- 시험조작 항목 : 색깔, 풍미, 조직감, 외관
- 공통 기준 : 성상 기준에 따라 채점한 결과가 평균 3점 이상이고 1점 항목이 없어야 한다.

참고

식품공전 > 제8. 일반시험법 > 1. 식품일반시험법 > 1.1 성상(관능시험)

03 관능검사 중 후광효과의 개념과 방지법을 설명하시오.

모범답안

- 개념 : 한 가지 특성이 전체적인 평가나 다른 세부 항목의 평가에 영향을 미치는 것
- 방지법 : 중요한 변인의 특성은 분리하여 독립적, 개별적으로 검사한다.

04 식품관능검사에서 시료를 패널에게 제시할 때 용기, 시료의 양과 크기 조건을 한 가지씩 쓰시오.

모범답안

- 용기 : 용기의 크기, 모양, 색이 일정하도록 제공
- 시료의 양과 크기 : 한입 크기로 먹기 좋게 제공

05 관능검사의 척도 4가지를 쓰시오.

모범답안

- 명목척도
- 서수척도
- 간격척도
- 비율척도

06 관능검사 시 아래 문항에 해당하는 각각의 척도를 쓰시오.
(1) 과일을 종류별로 분류했다.
(2) 토스트를 구운 색이 진한 순서대로 늘어놓았다.
(3) 설탕물 한 곳에서 농도가 더 높았다.
(4) 커피 한쪽에서 휘발성분이 2배가 높았다.

(1) 명목척도
(2) 서수척도
(3) 간격척도
(4) 비율척도

07 다음 자료가 관능검사 중 어떤 검사법인지 쓰고, 목적과 최소 패널수를 쓰시오.

> [설문지]
>
> 시료 R을 먼저 맛본 후 두 시료를 오른쪽에서 왼쪽 순으로 드신 후
> 다음 질문에 답하시기 바랍니다.
>
> 1. 기준 검사물 R과 같다고 생각되는 것에 V표 해주시기 바랍니다.
>
> 317   941
> (   )   (   )

- 검사법 : 일 – 이점 검사
- 목적 : 기준 검체와 제공된 검체 간의 차이 또는 유사성 여부 파악
- 최소 패널 수 : 12명

08 식품의 관능평가 방법 중 시간 – 강도 분석이 실시되는 목적은 무엇인지 쓰시오.

식품의 관능적 특성은 시간이 경과함에 따라 그 강도가 변할 수 있기 때문에 시간에 따른 특성 강도의 변화를 고려하여, 시료의 관능적 특성을 시간의 연속성하에서 검사한다.

09 제시된 5개 문항 중 잘못된 문항을 고르고 이유를 서술하시오.

(1) 원래 감자 전분을 이용하던 식품에 감자 전분 대신 타피오카 전분을 다양한 비율로 섞어 제조한 후, 관능평가를 실시하였다.
(2) 실험 결과는 일원분산분석을 이용하여 분석하였다.
(3) 결과 분석 후 다중회귀분석법을 이용하였다.
(4) 귀무가설은 유의확률을 역환산한 값이다. 분석 결과 유의확률이 0.05 이하이면 귀무가설을 기각할 수 있다.
(5) 분석 결과 유의수준 0.05, 유의확률이 0.042가 나와 타피오카 전분이 들어간 제품과 감자 전분이 들어간 제품이 유사하여 맛의 차이가 없다고 볼 수 있어 귀무가설을 기각하지 못하였다.

모범답안

- 잘못된 문항 : (5)번
- 유의확률(0.042)이 유의수준(0.05) 이하이므로 타피오카 전분이 들어간 제품과 감자 전분이 들어간 제품 간 유의미한 차이가 존재한다고 볼 수 있다. 따라서 귀무가설을 기각할 수 있다.

10 3가지의 제품 201, 656, 786에 대하여 18명의 패널들이 0~9점으로 평가하였다. 시료 간 자유도와 패널 간 자유도, Total 자유도 및 수정계수를 구하시오.

구분	201	656	786	합
1번	6	5	9	20
2번	7	9	5	21
중략				
17번	8	6	8	22
18번	9	10	6	25
	90	101	98	289

모범답안

- 시료 간 자유도 : $3 - 1 = 2$
- 패널 간 자유도 : $18 - 1 = 17$
- Total 자유도 : $18 \times 3 - 1 = 53$
- 수정계수 : $\dfrac{289^2}{18 \times 3} = 1,546.685 = 1,546.69$

미생물 시험법

01 검체의 채취

(1) 검체의 채취 요령

① 검체 채취기구는 미리 핀셋, 시약스푼 등을 몇 개씩 건열 및 화염멸균을 한 다음 검체 1건마다 바꾸어 가면서 사용하여야 한다.

② 검체가 균질한 상태일 때에는 어느 일부분을 채취하여도 무방하나 불균질한 상태일 때에는 여러 부위에서 일반적으로 많은 양의 검체를 채취하여야 한다.

③ 미생물학적 검사를 하는 검체는 잘 섞어도 균질하게 되지 않을 수 있기 때문에 실제와는 다른 검사 결과를 가져올 경우가 많다.

④ 미생물학적 검사를 위한 검체의 채취는 반드시 무균적으로 행하여야 한다.

⑤ 미생물 규격이 n, c, m, M으로 표현된 경우, 정하여진 시료수(n)만큼 검체를 채취하여 각각을 시험한다.

⑥ 검체를 채취·운송·보관하는 때에는 채취 당시의 상태를 유지할 수 있도록 밀폐되는 용기·포장 등을 사용하여야 한다.

⑦ 미생물학적 검사를 위한 검체는 가능한 미생물에 오염되지 않도록 단위포장상태 그대로 수거하도록 하며, 검체를 소분 채취할 경우에는 멸균된 기구·용기 등을 사용하여 무균적으로 행하여야 한다.

⑧ 검체는 부득이한 경우를 제외하고는 정상적인 방법으로 보관·유통 중에 있는 것을 채취하여야 한다.

⑨ 검체는 관련 정보 및 특별수거계획에 따른 경우와 식품접객업소의 조리식품 등을 제외하고는 완전 포장된 것에서 채취하여야 한다.

(2) 검체의 운반 요령

① 채취된 검체는 오염, 파손, 손상, 해동, 변형 등이 되지 않도록 주의하여 검사실로 운반하여야 한다.

② 검체가 장거리로 운송되거나 대중교통으로 운송되는 경우에는 손상되지 않도록 특히 주의하여 포장한다.

③ **냉동 검체의 운반**

　㉠ 냉동 검체는 냉동 상태에서 운반하여야 한다.

　㉡ 냉동 장비를 이용할 수 없는 경우에는 드라이아이스 등으로 냉동상태를 유지하여 운반할 수 있다.

④ **냉장 검체의 운반**

냉장 검체는 온도를 유지하면서 운반하여야 한다. 얼음 등을 사용하여 냉장온도를 유지하는 때에는 얼음 녹은 물이 검체에 오염되지 않도록 주의하여야 하며 드라이아이스 사용 시 검체가 냉동되지 않도록 주의하여야 한다.

⑤ **미생물 검사용 검체의 운반**

　㉠ **부패·변질 우려가 있는 검체**

　　미생물학적인 검사를 하는 검체는 멸균용기에 무균적으로 채취하여 저온(5℃±3 이하)을 유지시키면서 24시간 이내에 검사기관에 운반하여야 한다. 부득이한 사정으로 이 규정에 따라 검체를 운반하지 못한 경우에는 재수거하거나 채취일시 및 그 상태를 기록하여 식품 등 시험·검사기관 또는 축산물 시험·검사기관에 검사 의뢰한다.

　㉡ **부패·변질의 우려가 없는 검체**

　　미생물 검사용 검체일지라도 운반과정 중 부패·변질 우려가 없는 검체는 반드시 냉장온도에서 운반할 필요는 없으나 오염, 검체 및 포장의 파손 등에 주의하여야 한다.

　㉢ **얼음 등을 사용할 때의 주의사항**

　　얼음 등을 사용할 때에는 얼음 녹은 물이 검체에 오염되지 않도록 주의하여야 한다.

⑥ **기체를 발생하는 검체의 운반**

소분 채취한 검체의 경우에는 적절하게 냉장 또는 냉동한 상태로 운반하여야 한다.

(3) 기구 및 재료

1	무균대(Clean bench)	13	집락계산기(Colony Counter)
2	고압멸균기(Autoclave)	14	수소이온농도측정기(pH meter)
3	원심분리기(Centrifuger)	15	피펫(1mL, 5mL, 10mL 등)
4	교반기(Stirrer)	16	시험관(Test Tube, 18×170mm 등)
5	건조기(Dry Oven)	17	발효관(Durham tube, Smith tube)
6	배양기(Incubator)	18	페트리접시(Petridish)
7	CO_2 배양기	19	광학현미경(Optical microscope)
8	혐기배양 Jar	20	슬라이드 / 커버 글라스
9	항온수조(Water Bath)	21	알콜램프
10	균질기(Stomacher 또는 Homogenizer)	22	백금이, 백금선 등
11	냉동 및 냉장고(−70℃ Freezer 포함)	23	표준항혈청(대장균, 살모넬라, 리스테리아 등)
12	초순수 제조장치(Ultra Pure Water System)	24	Guinea pig(250 ~ 300g), 마우스(12 ~ 15g)

(4) 시험용액의 제조

① 미생물검사용 시료는 25g(mL)을 대상으로 검사함을 원칙으로 한다. 다만 시료량이 적은 불가피한 경우 그 이하의 양으로 검사할 수도 있다.

② 미생물 정성시험에서 5개 시료를 검사하는 경우, 5개 시료에서 25g(mL)씩 채취하여 각각 검사한다. 다만, 시료에 직접 증균배지를 가하여 배양하는 경우는 5개 시료에서 25g(mL)씩 채취하여 섞은(pooling) 125g(mL)을 검사할 수 있다.

③ 채취한 검체는 희석액을 이용하여 필요에 따라 10배, 100배, 1,000배 등 단계별 희석용액을 만들어 사용할 수 있다. 다만, 제조된 시험용액과 단계별 희석액은 즉시 실험에 사용하여야 한다.

④ 희석액은 멸균생리식염수, 멸균인산완충액 등을 사용할 수 있다. 단, 별도의 시험용액 제조법이 제시되는 경우 그에 따른다.

⑤ 검체를 용기 포장한 대로 채취할 때에는 그 외부를 물로 씻고 자연 건조시킨 다음 마개 및 그 하부 5 ~ 10cm의 부근까지 70% 알코올탈지면으로 닦고, 멸균한 기구로 개봉, 또는 개관하여 2차 오염을 방지하여야 한다.

⑥ 지방분이 많은 검체의 경우는 Tween 80과 같은 세균에 독성이 없는 계면활성제를 첨가할 수 있다.

⑦ 실험을 실시하기 직전에 잘 균질화하고 검사검체에 따라 다음과 같이 시험용액을 제조한다.

액상검체	채취된 검체를 강하게 진탕하여 혼합한 것
반유동상검체	채취된 검체를 멸균 유리봉 또는 시약스푼 등으로 잘 혼합한 후 그 일정량[10 ~ 25g(mL)]을 멸균용기에 취해 9배 양의 희석액과 혼합한 것
고체검체	채취된 검체의 일정량(10 ~ 25g)을 멸균된 가위와 칼 등으로 잘게 자른 후 희석액을 가해 균질기를 이용해서 가능한 한 저온으로 균질화 → 여기에 희석액을 가해서 일정량(100 ~ 250mL)으로 한 것
고체표면검체	검체표면의 일정면적(보통 100cm^2)을 일정량(1 ~ 5mL)의 희석액으로 적신 멸균거즈와 면봉 등으로 닦아내어 일정량(10 ~ 100mL)의 희석액을 넣고 강하게 진탕하여 부착균의 현탁액을 조제
분말상검체	검체를 멸균 유리봉과 멸균 시약스푼 등으로 잘 혼합한 후 그 일정량(10 ~ 25g)을 멸균용기에 취해 9배 양의 희석액과 혼합한 것
버터와 아이스크림류	검체 일정량(10 ~ 25g)을 멸균용기에 취해 40℃ 이하의 온탕에서 15분 내에 용해시킨 후 희석액을 가하여 100 ~ 250mL로 한 것
캡슐제품류	캡슐을 포함하여 검체의 일정량(10 ~ 25g)을 취한 후 9배 양의 희석액을 가해 균질기 등을 이용하여 균질화한 것
냉동식품류	냉동상태의 검체를 포장된 상태 그대로 40℃ 이하에서 될 수 있는 대로 단시간에 녹여 용기, 포장의 표면을 70% 알코올솜으로 잘 닦은 후 상기 ① ~ ⑦의 방법대로 시험용액 조제
칼 · 도마 및 식기류	멸균한 탈지면에 희석액을 적셔, 검사하고자 하는 기구의 표면을 완전히 닦아낸 탈지면을 멸균용기에 넣고 적당량의 희석액과 혼합한 것

(1) 일반세균수

① 표준평판법

㉠ 표준한천배지에 검체를 혼합 응고시켜 배양 후 발생한 세균 집락수를 계수하여 검체 중의 생균수를 산출하는 방법

㉡ **시험방법**

시험용액 1mL와 10배 단계 희석액 1mL씩을 멸균 페트리접시 2매 이상씩에 무균적으로 취하여 약 43 ~ 45℃로 유지한 표준한천배지 약 15mL를 무균적으로 분주하고 페트리접시 뚜껑에 부착하지 않도록 주의하면서 조용히 회전하여 좌우로 기울이면서 검체와 배지를 잘 혼합하여 응고시킨다.

확산집락의 발생을 억제하기 위하여 다시 표준한천배지 3 ~ 5mL를 가하여 중첩시킨다. 이 경우 검체를 취하여 배지를 가할 때까지의 시간은 20분 이상 경과하여서는 아니 된다. 응고시킨 페트리접시는 뒤집어 35±1℃에서 48±2시간 배양한다. 집락수의 계산은 확산집락이 없고 1개의 평판당 15 ~ 300개의 집락을 생성한 평판을 택하여 집락수를 계산하는 것을 원칙으로 한다. 시험용액을 가하지 아니한 동일 희석액 1mL를 대조시험액으로 하여 시험조작의 무균 여부를 확인한다.

㉢ **집락수 산정**

배양 후 생성된 집락수를 신속히 계산한다. 집락수의 계산은 확산집락이 없고 1개의 평판당 15 ~ 300개의 집락을 생성한 평판을 택하여 집락수를 계산하는 것을 원칙으로 한다. 전 평판에 300개 초과 집락이 발생한 경우 300에 가까운 평판에 대하여 밀집평판 측정법에 따라 계산한다. 전 평판에 15개 미만의 집락만을 얻었을 경우에는 가장 희석배수가 낮은 것을 측정한다.

ⓐ 15 ~ 300CFU/plate인 경우

$$N = \frac{\sum C}{\{(1 \times n1) + (0.1 \times n2)\} \times (d)}$$

N = 식육 g 또는 mL당 세균 집락수
$\sum C$ = 모든 평판에 계산된 집락수의 합
n1 = 첫 번째 희석배수에서 계산된 평판수
n2 = 두 번째 희석배수에서 계산된 평판수
d = 첫 번째 희석배수에서 계산된 평판의 희석배수

구분	희석배수		CFU/g(mL)
	1 : 100	1 : 1,000	
집락수	232 244	33 28	24,000

$$N = \frac{(232 + 244 + 33 + 28)}{\{(1 \times 2) + (0.1 \times 2)\} \times 10^{-2}} = 537/0.022 = 24,409 = 24,000$$

② 15CFU/plate 미만인 경우

구분	희석배수		CFU/g(mL)
	1 : 10	1 : 100	
집락수	14	2	120
	10	1	

$$N = \frac{(14 + 10)}{(1 \times 2) \times 10^{-1}} = 24/0.2 = 120$$

② **건조필름법**

㉠ **시험방법**

시험용액 1mL와 각 10배 단계 희석액 1mL를 세균수 건조필름배지에 각 2매 이상씩 접종한 후 잘 흡수시키고 35±1℃에서 48±2시간 배양한다. 시험용액을 가하지 아니한 동일 희석액 1mL를 대조시험액으로 하여 시험조작의 무균 여부를 확인한다.

㉡ 집락수 계산은 생성된 붉은 집락수를 계산하고 그 평균 집락수에 희석배수를 곱하여 일반세균수로 하거나, (1) 일반세균수에 따라 한다.(검체에 따라 결과에 의심이 있을 경우에는 표준평판법에 따라 실시한다.)

(2) 총균수

① 주로 원유 중 오염된 세균을 측정하기 위하여 일정량의 원유를 슬라이드그라스 위에 일정 면적으로 도말하고 건조시켜 염색한 후 현미경으로 검경하고 염색된 세균수를 측정한다.

② 측정된 세균수를 현미경 시야 면적과의 관계에 따라 검체 중에 존재하는 세균수를 측정하는 방법(직접현미경법 : Breed method)이다.

03 세균발육시험

(1) 목적

장기보존식품 중 통·병조림식품, 레토르트식품에서 세균의 발육유무를 확인하기 위한 것이다.

(2) 가온보존시험

시료 5개를 개봉하지 않은 용기·포장 그대로 배양기에서 35 ~ 37℃에서 10일간 보존한 후, 상온에서 1일간 추가로 방치한 후 관찰하여 용기·포장이 팽창 또는 새는 것은 세균발육 양성으로 하고 가온보존시험에서 음성인 것은 다음의 세균시험을 한다.

(3) 세균시험

① 세균시험은 가온보존 시험한 검체 5관에 대해 각각 시험한다.

② **시험용액의 조제**

검체 5관(또는 병)의 개봉부의 표면을 70% 알코올탈지면으로 잘 닦고 개봉하여 검체 25g을 희석액 225mL에 가하여 균질화시킨다. 이 액의 1mL를 멸균시험관에 채취하고 희석액 9mL에 가하여 잘 혼합한 것을 시험용액으로 한다.

③ **시험법**

시험용액을 1mL씩 5개의 티오글리콜린산염 배지에 접종하여 35 ~ 37℃에서 48±3시간 배양한 후, 5관 중 어느 하나라도 세균 증식이 확인되면 세균발육 양성으로 한다. 시험용액을 가하지 아니한 동일 희석액 1mL를 대조시험액으로 하여 시험조작의 무균 여부를 확인한다.

04 대장균군

(1) 정성시험

① **유당배지법**

유당배지를 이용한 대장균군의 정성시험은 추정시험, 확정시험, 완전시험의 3단계로 나눈다. 시험용액 10mL를 2배 농도의 유당배지에, 시험용액 1mL 및 0.1mL를 유당배지에 각각 3개 이상씩 가한다. 시험용액을 가하지 아니한 동일 희석액 1mL을 각각 대조시험액으로 하여 시험조작의 무균 여부를 확인한다.

㉠ **추정시험**

시험용액을 접종한 유당배지를 35 ~ 37℃에서 24±2시간 배양한 후 발효관 내에 가스가 발생하면 추정시험 양성이다. 24±2시간 내에 가스가 발생하지 아니하였을 때에 배양을 계속하여 48±3시간까지 관찰한다. 이때까지 가스가 발생하지 않았을 때에는 추정시험 음성이고 가스발생이 있을 때에는 추정시험 양성이며 다음의 확정시험을 실시한다.

㉡ **확정시험**

추정시험에서 가스 발생한 유당배지발효관으로부터 BGLB 배지에 접종하여 35 ~ 37℃에서 24±2시간 동안 배양한 후 가스발생 여부를 확인하고 가스가 발생하지 아니하였을 때에는 배양을 계속하여 48±3시간까지 관찰한다. 가스발생을 보인 BGLB 배지로부터 Endo 한천배지 또는 EMB 한천배지에 분리 배양한다. 35 ~ 37℃에서 24±2시간 배양 후 전형적인 집락이 발생되면 확정시험 양성으로 한다. BGLB 배지에서 35 ~ 37℃로 48±3시간 동안 배양하였을 때 배지의 색이 갈색으로 되었을 때에는 가스생성 여부와 관계없이 반드시 완전시험을 실시한다.

ⓒ 완전시험

확정시험의 Endo 한천배지나 EMB 한천배지에서 전형적인 집락 1개 또는 비전형적인 집락 2개 이상을 보통한천배지 또는 Tryptic Soy 한천배지에 접종하여 35 ~ 37℃에서 24±2시간 동안 배양한다. 보통한천배지 또는 Tryptic Soy 한천배지의 집락에 대하여 그람음성, 무아포성 간균이 증명되면 완전시험은 양성이며 대장균군 양성으로 판정한다.

② BGLB 배지법

시험용액 1mL와 0.1mL를 2개씩 BGLB 배지에 가한다. 시험용액을 가하지 아니한 동일 희석액 1mL을 대조시험액으로 하여 시험조작의 무균 여부를 확인한다. 대량의 시험용액을 가할 필요가 있을 때에는 대량의 배지를 넣은 발효관을 사용한다.

시험용액을 넣은 BGLB 배지를 35 ~ 37℃에서 48±3시간 배양한 후 가스 발생을 인정하였을 때에는(배지를 흔들 때 거품 모양의 가스의 존재를 인정하였을 때에도) Endo 한천배지 또는 EMB 한천배지에 분리 배양한다. 이하의 조작은 ① 유당배지법의 확정시험 또는 완전시험 때와 같이 행하여 대장균군의 유무를 확인한다.

③ 데스옥시콜레이트 유당한천 배지법

시험용액 1mL와 10배 단계 희석액 1mL씩을 멸균 페트리접시 2매 이상씩에 무균적으로 취하고 약 43 ~ 45℃로 유지한 데스옥시콜레이트 유당한천배지 또는 VRBA 평판배지 약 15mL를 무균적으로 분주하고 페트리접시 뚜껑에 부착하지 않도록 주의하면서 회전하여 검체와 배지를 잘 혼합한 후 응고시킨다. 그리고 그 표면에 동일한 배지 또는 보통한천배지를 3 ~ 5mL를 가하여 중첩시킨다. 시험용액을 가하지 아니한 동일 희석액 1mL를 대조시험액으로 하여 시험조작의 무균 여부를 확인한다. 이것을 35 ~ 37℃에서 24±2시간 배양한 후 전형적인 암적색의 집락을 인정하였을 때에는 1개 이상의 집락을, 의심스러운 집락일 경우에는 2개 이상을 Endo 한천배지 또는 EMB 한천배지 또는 MacConkey 배지에서 분리 배양한다. 이하의 조작은 ① 유당배지법의 확정시험 또는 완전시험 때와 같이 행하고 대장균군의 유무를 시험한다.

(2) 정량시험

① 최확수법

최확수란 이론상 가장 가능한 수치를 말하여 동일 희석배수의 시험용액을 배지에 접종하여 대장균군의 존재 여부를 시험하고 그 결과로부터 확률론적인 대장균군의 수치를 산출하여 이것을 최확수(MPN)로 표시하는 방법이다. 최확수는 연속한 3단계 이상의 희석시료 (10, 1, 0.1 또는 1, 0.1, 0.01 또는 0.1, 0.01, 0.001)를 각각 5개씩 또는 3개씩 발효관에 가하여 배양 후 얻은 결과에 의하여 검체 1mL 중 또는 1g 중에 존재하는 대장균군수를 표시하는 것이다.

예로 검체 또는 희석검체의 각각의 발효관을 5개씩 사용하여 다음과 같은 결과를 얻었다면 최확수표에 의하여 시험검체 1mL 중의 MPN은 70으로 된다. 이때 접종량이 1, 0.1, 0.01mL일 때에는 70/10 = 7로 한다. 10, 1, 0.1mL일 때에는 70/100 = 0.7로 한다.

시험용액 접종량	0.1mL	0.01mL	0.001mL	MPN
가스발생양성관수	5 개	2 개	1 개	70

㉠ 유당배지법

연속한 3단계 이상의 희석시료(10, 1, 0.1 또는 1, 0.1, 0.01 또는 0.1, 0.01, 0.001)를 5개 또는 3개씩의 유당배지에 접종한다. 단, 10mL를 접종할 때에는 2배 농도 유당 배지를 사용하고 0.1mL 이하를 접종할 필요가 있을 때에는 10배 희석단계액을 각각 1mL씩 사용한다. 시험용액을 가하지 아니한 동일 희석액을 대조시험액으로 하여 시험조작의 무균 여부를 확인한다. 가스발생 발효관 각각에 대하여 추정, 확정, 완전시험을 행하고 대장균군의 유무를 확인한 다음 최확수표로부터 검체 1mL 또는 1g 중의 대장균군수를 구한다. 이때 시험용액을 가한 배지의 전부 또는 대부분에서 가스발생이 인정되거나 또 최소량을 가한 배지의 전부 또는 대부분이 가스가 발생되지 않도록 접종량과 희석도를 고려하여야 한다.

㉡ BGLB 배지법

연속한 3단계 이상의 희석시료(10, 1, 0.1 또는 1, 0.1, 0.01 또는 0.1, 0.01, 0.001)를 5개 또는 3개씩 BGLB 배지에 각각 접종한다. 단, 10mL를 접종할 때에는 2배 농도 BGLB 배지를 사용하고 0.1mL 이하를 접종할 필요가 있을 때에는 10배 희석단계액을 각각 1mL씩 사용한다. 시험용액을 가하지 아니한 동일 희석액을 대조시험액으로 하여 시험조작의 무균 여부를 확인한다. 이때 시험용액을 가한 배지의 전부 또는 대부분에서 가스발생이 인정되거나 또 최소량을 가한 배지의 전부 또는 대부분이 가스가 발생되지 않도록 접종량과 희석도를 고려하여야 한다. 이하의 조작은 각 발효관에 대하여 BGLB 배지에 의한 정성시험법에 따라 하고 대장균군의 유무를 확인한 다음 최확수표로부터 검체 1mL 또는 1g 중의 대장균군수를 산출한다.

② 데스옥시콜레이트 유당한천배지법

시험용액 1mL와 각 10배 단계 희석액 1mL에 대하여 이 배지에 의한 정성시험법과 같은 조작으로 35 ~ 37℃에서 24±2시간 배양한 후 생성된 집락 중 전형적인 집락 또는 의심스러운 집락에 대하여 정성시험 때와 같은 조작으로 대장균군의 유무를 결정한다. 시험용액을 가하지 아니한 동일 희석액 1mL를 대조시험액으로 하여 시험조작의 무균여부를 확인한다. 균수 산출은 **02** – (1) 일반세균수에 따라 한다.

③ 건조필름법

시험용액 1mL와 각 10배 단계 희석액 1mL를 2매 이상씩 대장균군 건조필름배지Ⅰ 또는 대장균군 건조필름배지Ⅱ에 접종한 후, 35±1℃에서 24±2시간 배양한다. 시험용액을 가하지 아니한 동일 희석액 1mL를 대조시험액으로 하여 시험조작의 무균 여부를 확인한다. 대장균군 건조필름배지Ⅰ에서는 붉은 집락 중 주위에 기포를 형성한 집락수를 계산하고, 대장균군 건조필름배지Ⅱ에서는 청색 및 청녹색의 집락수를 계산하여 그 평균집락수에 희석배수를 곱하여 대장균군 수를 산출하거나 **02** – (1) 일반세균수에 따라 한다.

(1) 정성시험

① 한도시험

시험용액 1mL를 3개의 EC 배지에 접종하고 $44\pm1℃$에서 24 ± 2시간 배양 후 가스발생을 인정한 발효관은 추정시험 양성으로 하고 가스발생이 인정되지 않을 때에는 추정시험 음성으로 한다. 시험용액을 가하지 아니한 동일 희석액 1mL를 대조시험액으로 하여 시험조작의 무균 여부를 확인한다.

추정시험이 양성일 때에는 해당 EC 발효관으로부터 EMB 한천배지에 접종하여 $35\sim37℃$에서 24 ± 2시간 배양한 후 전형적인 집락을 보통한천배지 또는 Tryptic Soy 한천배지에 접종하여 $35\sim37℃$에서 24 ± 2시간 배양한다. 보통한천배지 또는 Tryptic Soy 한천배지에서 배양된 집락을 취하여 그람염색을 실시하여 그람음성, 무아포성 간균을 확인한 후 IMViC시험(Indole test, Methyl red test, VP test, Citrate test) 등 생화학 시험을 실시하여 대장균 양성으로 판정한다.

보충 | IMViC 시험

Indole	• tryptophan을 분해하는 효소(tryptophanase) 의 생성 여부 확인 • 판독결과 : 양성(붉은색 띠)
Methyl red	• glucose 대사과정 중 pyruvate로부터 여러 유기산(lactic acid 등) 생성 여부 확인 • 판독결과 : 양성(붉은색)
Voges – Proskauer	• glucose 대사과정 중 pyruvate로부터 최종산물인 2,3 – butanediol 로 대사되고 있는지 여부를 확인하는 시험으로써 중간산물인 acetoin 생성 여부를 통해 검출 • 판독결과 : 양성(붉은색)
Citrate	• citrate를 탄소원으로, ammonium phosphate를 질소원으로 이용하는지 여부 확인 • 판독결과 : 양성(파란색)

(2) 정량시험

① 최확수법

연속한 3단계 이상의 희석시료(10, 1, 0.1 또는 1, 0.1, 0.01 또는 0.1, 0.01, 0.001)를 각각 5개 또는 3개의 EC 배지 발효관에 접종한 다음 $44\pm1℃$에서 24 ± 2시간 배양한다. 단, 10mL를 접종할 때에는 2배 농도 EC 배지를 사용하고 0.1mL 이하를 접종할 필요가 있을 때에는 10배 희석단계액을 각각 1mL씩 사용한다. 시험용액을 가하지 아니한 동일 희석액을 대조시험액으로 하여 시험조작의 무균 여부를 확인한다. 가스발생을 인정한 발효관에 대하여 (1) 정성시험 ① 한도시험에서 추정시험 양성일 때와 같이 행하여 대장균의 유무를 확인한 다음 최확수표로부터 검체 1mL 또는 1g 중의 대장균수를 산출한다.

② **건조필름법**

시험용액 1mL와 각 단계 희석액 1mL를 2매 이상씩 대장균 건조필름배지Ⅰ 또는 대장균 건조필름배지Ⅱ에 접종한 후, 35±1℃에서 24 ~ 48시간 배양한다. 시험용액을 가하지 아니한 동일 희석액 1mL를 대조시험액으로 하여 시험조작의 무균 여부를 확인한다. 대장균 건조필름배지Ⅰ에서는 푸른 집락 중 주위에 기포를 형성한 집락수를 계산하고, 대장균 건조필름배지Ⅱ에서는 남색 및 보라색의 집락수를 계산하여 그 평균집락수에 희석배수를 곱하여 대장균수를 산출하거나 **02** – (1) 일반세균수에 따라 한다.

06 진균수(효모 및 사상균수)

(1) 측정방법

포테이토 덱스트로오즈 한천배지, DRBC 한천배지 또는 DG18 한천배지를 사용하여 진균의 집락을 계수한다. 시험용액을 적절한 단계로 희석하여 시험용액과 각 단계 희석액 0.1mL씩을 한천배지 2매 이상에 접종하여 도말한다. 25℃에서 3일간 배양한 후 발생한 집락수를 계산하고, 집락이 없거나 집락이 너무 작아 판정이 어려운 경우 2일 이내의 기간 동안 추가 배양한다. 검액을 가하지 아니한 동일 희석액 0.1mL를 대조시험액으로 하여 시험조작의 무균 여부를 확인한다.

(2) 집락수 계산

1개의 평판당 10개 ~ 150개의 집락을 생성한 평판을 택하여 계산하는 것을 원칙으로 하며, 전 평판에 10개 미만의 집락을 얻었을 경우에는 가장 희석수가 낮은 것을 측정한다. 평균집락수를 산출하고, 이에 희석배수를 곱하여 진균수로 한다. 숫자는 높은 단위로부터 3단계에서 반올림하여 유효숫자를 2단계로 끊어 이하를 0으로 한다.

07 식중독균

(1) 살모넬라(*Salmonella* spp.)

① **증균배양**

시료 25mL(g)에 225mL의 펩톤식염완충액(Buffered Peptone Water)을 첨가하여 36±1℃에서 18 ~ 24시간 배양한 후 이 배양액을 2종류의 증균배지, 즉 10mL의 Tetrathionate 배지에 1mL를 첨가함과 동시에 10mL의 RV 배지 또는 RVS 배지에 0.1mL를 첨가하여 각각 36±1℃(Tetrathionate 배지) 및 41.5±1℃(RV 배지 또는 RVS 배지)에서 20 ~ 24시간 동안 증균배양한다. 시료를 가하지 아니한 동일 펩톤식염완충액을 대조시험액으로 하여 시험조작의 무균 여부를 확인한다.

② **분리배양**

각각의 증균배양액을 XLD Agar와 동시에 BG Sulfa 한천배지, Bismuth Sulfite 한천배지, Desoxycholate Citrate 한천배지, HE 한천배지 또는 XLT4 한천배지에 도말한 후 36±1℃에서 20 ~ 24시간 배양한다. 의심집락은 5개 이상 취하여 확인시험을 실시한다.

③ **확인시험**

㉠ **생화학적 확인시험**

의심스러운 집락에 대해 TSI Agar 또는 LIA 사면배지에 천자하여 37±1℃에서 20 ~ 24시간 배양한다. TSI 및 LIA 검사결과 살모넬라균으로 추정되는 균에 대해서는 그람음성의 간균임을 확인하고, Indol(−), MR(+), VP(−), Citrate(+), Urease(−), Lysine(+), KCN(−), malonate(−) 시험 등의 생화학적 검사를 실시하여 살모넬라 양성유무를 판정한다.

㉡ **응집시험**

균종 확인이 필요한 경우 살모넬라진단용 항혈청을 사용한 응집반응 결과에 따라 균종을 결정한다. 먼저 살모넬라 O혼합혈청 시험으로서 다가 O항혈청을 사용하여 슬라이드 응집반응검사를 실시한 후 살모넬라 O인자 혈청시험 즉 A, B, C, D, E군 등의 인자 항혈청으로 슬라이드 응집반응을 실시하여 O혈청형을 결정한다. H인자 혈청시험은 편모(H)항혈청 즉 a, b, c, d, e, h, g, k, l , r, y, 1.2, 1.3, 1.5, 1.6 등에 대해 시험관 응집반응을 실시하여 결정한다.

(2) 황색포도상구균(*Staphylococcus aureus*)

① **정성시험**

㉠ **증균배양**

검체 25g 또는 25mL를 취하여 225mL의 10% NaCl을 첨가한 TSB 배지에 가한 후 35 ~ 37℃에서 18 ~ 24시간 증균배양한다. 검체를 가하지 아니한 10% NaCl을 첨가한 동일 TSB배지를 대조시험액으로 하여 시험조작의 무균 여부를 확인한다.

㉡ **분리배양**

증균 배양액을 난황첨가 만니톨 식염한천배지 또는 Baird – Parker 한천배지 또는 Baird – Parker(RPF) 한천배지에 접종하여 35 ~ 37℃에서 18 ~ 24시간 배양한다. 배양결과 난황첨가만니톨 식염한천배지에서 황색불투명 집락을 나타내고 주변에 혼탁한 백색환이 있는 집락 또는 Baird – Parker 한천배지에서 투명한 띠로 둘러싸인 광택이 있는 검정색 집락 또는 Baird – Parker(RPF) 한천배지에서 불투명한 환으로 둘러싸인 검정색 집락은 확인시험을 실시한다.

㉢ **확인시험**

분리배양된 평판배지상의 집락을 보통한천배지 또는 Tryptic Soy 한천배지에 옮겨 35 ~ 37℃에서 18 ~ 24시간 배양한 후 그람염색을 실시하여 포도상의 배열을 갖는 그람양성 구균을 확인한 후 coagulase 시험을 실시하며 24시간 이내에 응고유무를 판정한다. Baird – Parker(RPF) 한천배지에서 전형적인 집락으로 확인된 것은 coagulase 시험을 생략할 수 있다. Coagulase 양성으로 확인된 것은 생화학 시험을 실시하여 판정한다.

② **정량시험**

㉠ **균수측정**

검체 25g 또는 25mL를 취한 후, 225mL의 희석액을 가하여 2분간 고속으로 균질화하여 시험용액으로 하여 10배 단계 희석액을 만든 다음 각 단계별 희석액을 Baird – Parker 한천배지 3장에 0.3mL, 0.4mL, 0.3mL씩 총 접종액이 1mL이 되게 도말한다. 사용된 배지는 완전히 건조시켜 사용하고 접종액이 배지에 완전히 흡수되도록 도말한 후 10분간 실내에서 방치시킨 후 35 ~ 37℃에서 48±3시간 배양한 다음 투명한 띠로 둘러싸인 광택의 검정색 집락을 계수한다. 검체를 가하지 아니한 동일 희석액을 대조시험액으로 하여 시험조작의 무균 여부를 확인한다.

㉡ **확인시험**

계수한 평판에서 5개 이상의 전형적인 집락을 선별하여 보통한천배지 또는 Tryptic Soy 한천배지에 접종하고 35 ~ 37℃에서 18 ~ 24시간 배양한 후 ① 정성시험, ㉢ 확인시험에 따라 시험을 실시한다.

㉢ **균수계산**

확인 동정된 균수에 희석배수를 곱하여 계산한다. 예를 들어 10^{-1} 희석용액을 0.3mL, 0.3mL, 0.4mL씩 3장의 선택배지에 도말 배양하고, 3장의 집락을 합한 결과 100개의 전형적인 집락이 계수되었고 5개의 집락을 확인한 결과 3개의 집락이 황색포도상구균으로 확인되었을 경우 시험용액 1mL에는 황색포도상구균의 수는 $10 \times 100 \times (3/5) = 600$으로 계산한다.

(3) 장염비브리오(*Vibrio parahaemolyticus*)

① **정성시험**

㉠ **증균배양**

검체 25g 또는 25mL를 취하여 225mL의 Alkaline 펩톤수를 가한 후 35 ~ 37℃에서 18 ~ 24시간 증균배양한다. 검체를 가하지 아니한 동일 Alkaline 펩톤수를 대조시험액으로 하여 시험조작의 무균 여부를 확인한다.

㉡ **분리배양**

증균배양액을 TCBS 한천배지에 접종하여 35 ~ 37℃에서 18 ~ 24시간 배양한다. 배양결과 직경 2 ~ 4mm인 청록색의 서당(sucrose) 비분해 집락에 대하여 확인시험을 실시한다.

ⓒ 확인시험

분리배양된 평판배지상의 집락을 LIM 반유동배지, 2% NaCl을 첨가한 보통한천배지 또는 Tryptic Soy 한천배지에 각각 접종한 후 35 ~ 37℃에서 18 ~ 24시간 배양한다. 배양 후 그람염색을 실시하여 그람음성간균을 확인한다. 장염비브리오는 LIM배지에서 Lysine Decarboxylase 양성, Indole 생성, 운동성 양성이다. 장염비브리오로 추정된 균은 Oxidase 시험, 0, 6, 및 10% NaCl을 포함한 Alkaline 펩톤수에 의한 내염성시험, Arginine 분해시험(1% Arginine 첨가), ONPG 시험을 실시한다. 장염비브리오는 0% 및 10% NaCl 포함한 배지에서 발육 음성, 6% NaCl을 포함한 배지에서는 발육 양성, Arginine 분해 음성, ONPG 시험 음성이다.

② **정량시험**

㉠ **균수측정**

검체 25g 또는 25mL를 취한 후, 225mL의 희석액을 가하여 2분간 고속으로 균질화하여 시험용액으로 하여 10배 단계 희석액을 만든 다음 각 단계별 희석액을 TCBS 한천배지 3장에 0.3mL, 0.4mL, 0.3mL씩 총 접종액이 1mL이 되게 도말한다. 검체를 가하지 아니한 동일 희석액을 대조시험액으로 하여 시험조작의 무균 여부를 확인한다. 사용된 배지는 완전히 건조시켜 사용하고 접종액이 배지에 완전히 흡수되도록 도말한 후 10분간 실내에서 방치시킨 후 35 ~ 37℃ 에서 18 ~ 24시간 배양한 다음 청록색의 서당(sucrose) 비분해 집락을 계수한다.

㉡ **확인시험**

계수한 평판에서 5개 이상의 전형적인 집락을 선별하여 2% NaCl을 첨가한 보통한천배지 또는 Tryptic Soy 한천배지에 접종하고 35 ~ 37℃에서 18 ~ 24시간 배양한 후 ① 정성시험, ⓒ 확인시험에 따라 시험을 실시한다.

㉢ **균수계산**

확인 동정된 균수에 희석배수를 곱하여 계산한다. 예를들어 10^{-1} 희석용액을 0.3mL, 0.3mL, 0.4mL씩 3장의 선택배지에 도말 배양하고, 3장의 집락을 합한 결과 50개의 전형적인 집락이 계수되었고 5개의 집락을 확인한 결과 4개의 집락이 장염비브리오로 동정되었을 경우 시험용액 1mL에 장염비브리오의 수는 $50 \times (4/5) \times 10 = 400$으로 계산한다.

(4) 클로스트리디움 퍼프린젠스(Clostridium perfringens)

① **정성시험**

㉠ **증균배양**

시험용액 1mL를 Cooked Meat 배지의 아랫부분에 접종하여 35 ~ 37℃에서 18 ~ 24시간 동안 혐기배양한다. 시험용액을 가하지 아니한 동일 희석액 1mL를 대조시험액으로 하여 시험조작의 무균 여부를 확인한다.

ⓛ **분리배양**

Clostridium perfringens 한천배지 또는 TSC 한천배지에 증균배양액을 접종하여 35 ~ 37℃에서 18 ~ 24시간 혐기배양한 결과 *Clostridium perfringens* 한천배지에서 직경 2mm 정도의 약간 돌기된 유황색으로 주변에 불투명한 백색환이 있는 집락 또는 TSC 한천배지에서 불투명한 환을 가지는 황회색 집락은 확인시험을 실시한다.

ⓒ **확인시험**

분리배양된 평판배지상의 집락을 보통한천배지 또는 Tryptic Soy 한천배지에 옮겨 35 ~ 37℃에서 18 ~ 24시간 혐기 배양한 후 그람염색을 실시한다. 또 동시에 보통한천배지 또는 Tryptic Soy 한천배지를 35 ~ 37℃에서 18 ~ 24시간 호기 배양하여 균의 비발육을 확인한다. 그람양성간균으로 확인된 집락은 glucose, lactose, inositol, raffinose를 1% 가한 4종의 GAM 배지에 옮겨 35 ~ 37℃에서 3일간 배양 후 BTB-MR 지시약을 가해서 붉은 색으로 변하는 것을 양성으로 판정한다. 운동성은 GAM 배지에서 35 ~ 37℃에서 1 ~ 2일간 배양하여 운동성의 유무를 관찰한다. Glucose, lactose, inositol과 raffinose를 분해하며 운동성이 없는 것을 확인하면 Lecithinase 억제시험을 실시한다. TSC 한천배지에 접종하여 35 ~ 37℃에서 24시간 혐기 배양한 후 2 ~ 4mm의 불투명한 환을 가지는 황회색 집락을 양성으로 판정한다.

② **정량시험**

㉠ **균수측정**

검체 25g 또는 25mL를 취하여 225mL의 희석액을 가한 후 1 ~ 2분간 저속으로 균질화한 후 10배 단계 희석액을 만든다. 시험용액 및 단계별 희석액 1mL씩을 2매 이상의 멸균 페트리접시에 무균적으로 분주하고, 43 ~ 45℃로 유지한 TSC 한천배지 10 ~ 15mL를 가하여 좌우로 돌리면서 잘 혼합한 후 응고시킨다. 응고된 배지 위에 다시 동일한 배지 10mL를 가하여 중첩시킨 후 35 ~ 37℃에서 24±2시간 혐기 배양한다. 검체를 가하지 아니한 동일 희석액 1mL을 대조시험액으로 하여 시험조작의 무균 여부를 확인한다. 150개 이하의 전형적인 검은색 집락이 확인된 평판을 선별하여 각 집락수를 계수한다.

ⓛ **확인시험**

계수한 평판에서 5개 이상의 전형적인 집락을 선별하여 보통한천배지 또는 Tryptic Soy 한천배지에 접종하고 35 ~ 37℃에서 18 ~ 24시간 혐기 배양한 후 ① 정성시험, ⓒ 확인시험에 따라 실시한다.

ⓒ **균수계산**

확인 동정된 균수에 희석배수를 곱하여 계산한다. 예로 10^{-4}에서 평균집락수가 85개이었고, 이 중 5개의 집락을 확인한 결과 4개의 집락이 클로스트리디움 퍼프린젠스로 동정되었을 경우 $85 \times (4/5) \times 10,000 = 680,000$으로 계산한다.

(5) 리스테리아 모노사이토제네스(*Listeria monocytogenes*)

① 증균배양

가공식품 및 수산물에 대해서는 증균배지로 Listeria 증균배지를 사용하며, 검체 25g
(mL)를 취하여 225mL의 Listeria 증균배지를 가한 후 30℃에서 48시간 배양한다. 유가
공품류(유함유가공품 제외), 식육가공품, 알가공품류(알함유가공품 제외), 식육 및 가금류
는 25g(mL)을 Listeria 증균배지, PALCAM 배지, UVM-modified Listeria 증균배지
또는 Half Fraser 배지 225mL에 접종하여 30℃에서 24±2시간 동안 증균 배양한 후,
배양액 0.1mL을 10mL의 Fraser 배지에 접종하여 35 ~ 37℃에서 24 ~ 48시간 2차 증
균을 실시한다. 모든 시험에서는 검체를 가하지 아니한 동일 증균배지를 대조시험액으로
하여 시험조작의 무균 여부를 확인한다.

② 분리배양

증균배양액을 Oxford 한천배지 또는 LPM 한천배지 또는 PALCAM 한천배지 또는
ALOA 한천배지에 접종하여 35 ~ 37℃에서 24 ~ 48시간 배양한다. 의심집락이 확인되면
이를 0.6% yeast extract가 포함된 Tryptic soy 한천배지에 접종하여 30℃에서 24 ~ 48
시간 배양한다.

③ 확인시험

그람염색 후 그람양성간균이 확인되면 hemolysis, motility, catalase, mannitol,
rhamnose, xylose의 당분해시험, Phosphatidylinositol phospholipase C(PI-PLC) 반
응시험을 실시한다. 이 결과 β-hemolysis를 나타내고 catalase 양성, motility 양성을
나타내며, 당분해시험 결과 mannitol 비분해, rhamnose 분해, xylose 비분해, PI-PLC
반응시험 시 집락 주위에 불투명한 환이 보일 경우 *Listeria monocytogenes* 양성으로
판정한다. Hemolysis에 대한 부가 시험으로 CAMP test를 할 수 있으며, 그 결과
Staphylococcus aureus(ATCC 25923)에서 양성, *Rhodococcus equi*(ATCC 6939)에서
음성으로 나타나는 경우 *Listeria monocytogenes* 양성으로 판정한다.

(6) 장출혈성 대장균

본 시험법은 대장균 O157 : H7과 대장균 O157 : H7이 아닌 시가독소(동의어 : 베로독소) 생성 대장균(STEC,
Shiga toxin producing *E. coli*)을 모두 검출하는 시험법이다. 장출혈성 대장균의 낮은 최소 감염량을 고려하
여 검출 민감도 증가와 신속 검사를 위한 스크리닝 목적으로 증균 배양 후 배양액(1 ~ 2mL)을 취한 후, 10분
간 끓여 원심분리하고, 상등액 10 ~ 20μL를 취하여 시료로 사용한다. 추출한 유전자를 이용하여 시가독소
유전자 확인시험을 우선 실시한다.

① 증균배양

검체 25g(25mL)을 취하여 225mL mTSB를 가한 후 35 ~ 37℃에서 24시간 증균 배양한

다. 검체를 가하지 아니한 동일 mTSB를 대조시험액으로 하여 시험조작의 무균 여부를
확인한다.

② **분리배양**

장출혈성 대장균의 분리를 위해 TC – SMAC 배지와 BCIG 한천배지에 각각 접종하여 35 ~
37℃에서 18 ~ 24시간 배양한다.

③ **확인시험**

TC – SMAC배지에서는 sorbitol을 분해하지 않은 무색집락을, BCIG 한천배지에서는 청
록색 집락 각 5개 이상을 취하여 보통한천배지 또는 Tryptic Soy 한천배지에 옮겨 35 ~
37℃에서 18 ~ 24시간 배양한다. 전형적인 집락이 5개 이하일 경우 취할 수 있는 모든
집락에 대하여 확인시험을 실시한다. 배양 후 집락에 대하여 다음의 시가독소 유전자 확인
시험을 수행한 후 시가독소 양성 집락을 대상으로 그람음성간균을 확인하고 생화학시험을
실시하여 대장균으로 확인된 경우 장출혈성 대장균으로 판정한다.

④ **시가독소 유전자 확인시험**

시가독소 유전자는 PCR법 또는 Real – time PCR법에 따라 실시한다.

(7) 여시니아 엔테로콜리티카(*Yersinia enterocolitica*)

① **증균배양**

검체 25g 또는 25mL를 취하여 PSBB 배지 225mL을 가하고, 동시에 PSBB 배지를 가한
시험용액 10mL를 취해 ITC 배지 90mL에 가한다. 각각의 시험용액을 25℃에서 48시간
배양한다. 검체를 가하지 아니하고 동일한 방법으로 제조한 ITC 배지를 대조시험액으로
하여 시험조작의 무균 여부를 확인한다.

② **분리배양**

각각의 증균배양액 0.1mL를 0.5% KOH가 함유된 0.5% 식염수 1mL에 가하여 수 초간
섞는다. 이 용액을 MacConkey 한천배지와 CIN 한천배지에 각각 접종하여 30℃에서
24±2시간 배양한다.

③ **확인시험**

MacConkey 한천배지에서 유당을 비분해하는 집락이나 CIN 한천배지에서 중심부가 짙은
적색을 보이는 집락을 골라 각각 TSI 사면배지의 사면과 고층부에 접종하여, 35 ~ 37℃에
서 18 ~ 24시간 배양 후 고층부와 사면이 노랗고 가스와 황화수소가 발생하지 않은 균주
를 선택하여 25℃, 37℃에서 운동성 시험 및 urea, citrate 시험 등을 한다. 이때 여시니
아 엔테로콜리티카는 37℃에서는 운동성을 나타내지 않고 25℃에서 운동성을 가지는 특
성이 있다. 또한 urea 시험 양성, citrate 시험 음성이며 그람음성간균일 때 양성으로 판정
한다.

(8) 바실루스 세레우스(*Bacillus cereus*)

① 정성시험

㉠ 분리배양

검체 25g 또는 25mL를 취하여 225mL의 희석액을 가하여 균질화한 시험용액을 MYP 한천배지에 접종하여 30℃, 24시간 배양하거나 PEMBA 한천배지에 접종하여 37℃에서 24시간 배양한다. 검체를 가하지 아니한 동일 희석액을 대조시험액으로 하여 시험조작의 무균 여부를 확인한다. 배양 후 MYP 한천배지에서는 혼탁한 환을 갖는 분홍색 집락 또는 PEMBA 한천배지에서는 혼탁한 환을 갖는 청녹색 집락을 선별한다. 이때 명확하지 않을 경우 24시간 더 배양하여 관찰한다.

㉡ 확인시험

각 배지에서 전형적인 집락을 선별하여 보통한천배지 또는 Tryptic Soy 한천배지에 접종하고 30℃에서 24시간 배양한다. 배양 후 그람염색을 실시하여 포자를 갖는 그람양성간균을 확인하고, 확인된 균은 nitrate 환원능, VP, β-hemolysis, tyrosine 분해능, 혐기배양시의 포도당 이용 등의 생화학시험을 실시하며, 추가로 30℃, 24시간 그리고 상온, 2 ~ 3일 추가 배양하여 곤충독소단백질(Insecticidal crystal protein) 생성 확인시험도 실시한다.

② 정량시험

㉠ 균수측정

검체 25g 또는 25mL를 취한 후, 225mL의 희석액을 가하여 2분간 고속으로 균질화하여 시험용액으로 한다. 희석액을 사용하여 10배 단계 희석액을 만든다. MYP 한천평판배지에 단계별 희석용액 총 접종액이 1mL이 되도록 3 ~ 5장을 도말하여 30℃에서 24±2시간 배양한 후 집락 주변에 lecithinase를 생성하는 혼탁한 환이 있는 분홍색 집락을 계수한다. 검체를 가하지 아니한 동일 희석액을 대조시험액으로 하여 시험조작의 무균 여부를 확인한다.

㉡ 확인시험

계수한 평판에서 5개 이상의 전형적인 집락을 선별하여 보통한천배지 또는 Tryptic Soy 한천배지에 접종하고 30℃에서 18 ~ 24시간 배양한 후 ① 정성시험 ㉡ 확인시험에 따라 확인시험을 실시한다.

㉢ 균수계산

확인 동정된 균수에 희석배수를 곱하여 계산한다. 예로 10^{-1} 희석용액을 0.2mL씩 5장 도말 배양하여 5장의 집락을 합한 결과 100개의 전형적인 집락이 계수되었고 5개의 집락을 확인한 결과 3개의 집락이 바실루스 세레우스로 확인되었을 경우 $100 \times (3/5) \times 10 = 600$으로 계산한다.

기출문제

2021년 1회, 2018년 3회

01 미생물 검체채취 후 운반 시 드라이아이스를 사용하면 안 되는 이유를 쓰시오.

모범답안

검체가 드라이아이스로 인해 냉동될 가능성이 있고, 이 경우 미생물 실험 결과에 영향을 줄 수 있기 때문이다.

참고

식품공전 > 제7. 검체의 채취 및 취급방법 > 4. 검체의 채취 및 취급요령 > 4) 검체의 운반 요령

2010년 3회

02 다음은 부패·변질의 우려가 있는 미생물 검사용 검체의 운반에 대한 설명이다. 빈칸에 알맞은 말을 쓰시오.

> 미생물학적인 검사를 하는 검체는 멸균 용기에 무균적으로 채취하여 저온(①)을 유지시키면서 (②)시간 이내에 검사기관에 운반하여야 한다. 부득이한 사정으로 이 규정에 따라 검체를 운반하지 못한 경우에는 재수거하거나 채취일시 및 그 상태를 기록하여 식품 등 시험·검사기관 또는 축산물 시험·검사기관에 검사 의뢰한다.

모범답안

① 5℃±3 이하

② 24

참고

식품공전 > 제7. 검체의 채취 및 취급방법 > 4. 검체의 채취 및 취급요령 > 4) 검체의 운반 요령 > (5) 미생물 검사용 검체의 운반

※ 부패·변질의 우려가 있는 미생물 검사용 검체의 운반

　미생물학적인 검사를 하는 검체는 멸균용기에 무균적으로 채취하여 저온(5℃±3 이하)을 유지시키면서 24시간 이내에 검사기관에 운반하여야 한다. 부득이한 사정으로 이 규정에 따라 검

체를 운반하지 못한 경우에는 재수거하거나 채취일시 및 그 상태를 기록하여 식품 등 시험·
검사기관 또는 축산물 시험·검사기관에 검사 의뢰한다.

03 소시지를 검체로 미생물 검사를 시행하고자 할 때, 시험용액 제조방법(검체 채취량 및
사용 시액 이름 포함)을 쓰시오.

모범답안

채취된 검체(소시지)의 일정량(10 ~ 25g)을 멸균된 가위와 칼 등으로 잘게 자른 후 희석액(멸균생
리식염수 또는 멸균인산완충액)을 가해 균질기를 이용해서 가능한 한 저온으로 균질화한다. 여기
에 희석액을 가해서 일정량(100 ~ 250mL)으로 한 것을 시험용액으로 한다.

참고

식품공전 > 제8. 일반시험법 > 4. 미생물시험법 > 4.3 시험용액의 제조

4.3 시험용액의 제조

가. 미생물검사용 시료는 25g(mL)을 대상으로 검사함을 원칙으로 한다. 다만 시료량이 적은 불
가피한 경우 그 이하의 양으로 검사할 수도 있다.

나. 미생물 정성시험에서 5개 시료를 검사하는 경우, 5개 시료에서 25g(mL)씩 채취하여 각각
검사한다. 다만, 시료에 직접 증균배지를 가하여 배양하는 경우는 5개 시료에서 25g(mL)씩
채취하여 섞은(pooling) 125g(mL)을 검사할 수 있다.

다. 채취한 검체는 희석액을 이용하여 필요에 따라 10배, 100배, 1,000배 등 단계별 희석용액을
만들어 사용할 수 있다. 다만, 제조된 시험용액과 단계별 희석액은 즉시 실험에 사용하여야
한다.

라. 희석액은 멸균생리식염수, 멸균인산완충액 등을 사용할 수 있다. 단, 별도의 시험용액 제조
법이 제시되는 경우 그에 따른다.

마. 검체를 용기 포장한 대로 채취할 때에는 그 외부를 물로 씻고 자연 건조시킨 다음 마개 및
그 하부 5 ~ 10cm의 부근까지 70% 알코올탈지면으로 닦고, 멸균한 기구로 개봉, 또는 개관
하여 2차 오염을 방지하여야 한다.

바. 지방분이 많은 검체의 경우는 Tween 80과 같은 세균에 독성이 없는 계면활성제를 첨가할
수 있다.

사. 실험을 실시하기 직전에 잘 균질화하고 검사검체에 따라 다음과 같이 시험용액을 제조한다.

　1) 액상검체 : 채취된 검체를 강하게 진탕하여 혼합한 것을 시험용액으로 한다.

　2) 반유동상검체 : 채취된 검체를 멸균 유리봉 또는 시약스푼 등으로 잘 혼합한 후 그 일정량
[10 ~ 25g(mL)]을 멸균용기에 취해 9배 양의 희석액과 혼합한 것을 시험용액으로 한다.

　3) 고체검체 : 채취된 검체의 일정량(10 ~ 25g)을 멸균된 가위와 칼 등으로 잘게 자른 후 희
석액을 가해 균질기를 이용해서 가능한 한 저온으로 균질화한다. 여기에 희석액을 가해서
일정량(100 ~ 250mL)으로 한 것을 시험용액으로 한다.

4) 고체표면검체 : 검체표면의 일정면적(보통 100cm^2)을 일정량(1 ~ 5mL)의 희석액으로 적신 멸균거즈와 면봉 등으로 닦아내어 일정량(10 ~ 100mL)의 희석액을 넣고 강하게 진탕하여 부착균의 현탁액을 조제하여 시험용액으로 한다.

5) 분말상검체 : 검체를 멸균 유리봉과 멸균 시약스푼 등으로 잘 혼합한 후 그 일정량(10 ~ 25g)을 멸균용기에 취해 9배 양의 희석액과 혼합한 것을 시험용액으로 한다.

6) 버터와 아이스크림류 : 검체 일정량(10 ~ 25g)을 멸균용기에 취해 40℃ 이하의 온탕에서 15분 내에 용해시킨 후 희석액을 가하여 100 ~ 250mL로 한 것을 시험용액으로 한다.

7) 캡슐제품류 : 캡슐을 포함하여 검체의 일정량(10 ~ 25g)을 취한 후 9배 양의 희석액을 가해 균질기 등을 이용하여 균질화한 것을 시험용액으로 한다.

8) 냉동식품류 : 냉동상태의 검체를 포장된 상태 그대로 40℃ 이하에서 될 수 있는 대로 단시간에 녹여 용기, 포장의 표면을 70% 알코올솜으로 잘 닦은 후 상기 가. ~ 사.의 방법으로 시험용액을 조제한다.

9) 칼·도마 및 식기류 : 멸균한 탈지면에 희석액을 적셔, 검사하고자 하는 기구의 표면을 완전히 닦아낸 탈지면을 멸균용기에 넣고 적당량의 희석액과 혼합한 것을 시험용액으로 사용한다.

04

식품의 미생물 시험법 중 고체 표면 검사 시, 희석액으로 적신 멸균거즈나 면봉 등으로 닦아내는 면적이 몇 cm^{2}인지 쓰시오.

모범답안

100cm^2

참고

식품공전 > 제8. 일반시험법 > 4. 미생물시험법 > 4.3 시험용액의 제조

05

미생물 시험에서 검체를 희석할 때 사용하는 용액 2가지와 지방이 많은 검체에 첨가하는 화학첨가물을 쓰시오.

모범답안

- 미생물 시험용 희석액 : 멸균생리식염수, 멸균인산완충액
- 화학첨가물 : Tween 80과 같은 세균에 독성이 없는 계면활성제

2007년 3회

06 식품의 생물학적 검사방법을 4가지 작성하시오.

모범답안

- 세균수(일반세균수, 총균수) 검사
- 대장균군 및 대장균 검사
- 식중독균 검사
- 감염병균 검사

2010년 1회

07 식품오염 미생물 검사 중 생균수와 총균수를 분류하여 검사할 때, 생균수와 총균수의 차이를 설명하시오.

모범답안

- 생균수검사 : 살아있는 균(생균)을 측정하는 검사로 균배양에 긴 시간이 요구된다.
- 총균수검사 : 생균과 사균을 모두 측정하는 검사이며, 현미경을 통해 균을 직접 계수하므로 단시간에 측정이 가능하다.

2025년 3회

08 세균수 측정법 중 표준평판법을 시행할 때, 시험용액 1mL와 10배 단계 희석액 1mL씩을 멸균 페트리접시 2매 이상씩에 무균적으로 취하여 분주하고 검체와 배지를 잘 혼합하여 응고시킨다. 이후 다시 표준한천 배지 3 ~ 5mL를 가하여 중첩시키는데, 그 이유를 쓰시오.

모범답안

확산집락의 발생을 방지하기 위해 배지를 중첩해 준다.

09 다음은 일반세균수를 측정한 결과이다. 검체 g당 균수를 계산하시오.

집락수	희석배수		CFU/g(mL)
	1 : 100	1 : 1000	
	232	33	
	244	28	

모범답안

24,000CFU/g(mL)

해설

식품공전 > 제8. 일반시험법 > 4. 미생물시험법 > 4.5 세균수 > 4.5.1 일반세균수

집락수 산정(15 ~ 300CFU/plate인 경우)

$$N = \frac{\Sigma C}{\{(1 \times n1) + (0.1 \times n2)\} \times (d)}$$

N = 식육 g 또는 mL 당 세균 집락수

ΣC = 모든 평판에 계산된 집락수의 합

n1 = 첫 번째 희석배수에서 계산된 평판수

n2 = 두 번째 희석배수에서 계산된 평판수

d = 첫 번째 희석배수에서 계산된 평판의 희석배수

구분	희석배수		CFU/g(mL)
	1 : 100	1 : 1,000	
집락수	232	33	24,000
	244	28	

$$N = \frac{(232 + 244 + 33 + 28)}{\{(1 \times 2) + (0.1 \times 2)\} \times 10^{-2}} = 537/0.022 = 24,409 = 24,000$$

10 다음은 일반세균수를 측정한 결과이다. 검체 g당 균수를 계산하시오.

집락수	희석배수		CFU/g(mL)
	1 : 10	1 : 100	
	14	2	
	10	1	

120CFU/g(mL)

식품공전 > 제8. 일반시험법 > 4. 미생물시험법 > 4.5 세균수 > 4.5.1 일반세균수

집락수 산정(15CFU/plate 미만인 경우)

구분	희석배수		CFU/g(mL)
	1 : 10	1 : 100	
집락수	14 10	2 1	120

$$N = \frac{(14+10)}{(1 \times 2) \times 10^{-1}} = 24/0.2 = 120$$

11 검체 중 세균수의 기재보고 시 g(mL)당 단위와 그 의미를 쓰시오.

- 단위 : CFU(colony forming unit)
- 의미 : 세균의 집락(colony) 1개를 하나의 균(단위)으로 정의한다.

12 식품공전 미생물 시험법 중 세균발육시험은 어떤 제품을 검사하기 위한 방법인지 쓰시오.

장기보존식품 중 통·병조림식품, 레토르트식품에서 세균의 발육 유무를 확인하기 위한 것이다.

13 다음은 식품공전에 기재된 세균발육시험에 대한 내용이다. 빈칸에 양성, 음성 중 알맞은 말을 쓰시오.

> 가. 가온보존시험
>   시료 5개를 개봉하지 않은 용기·포장 그대로 배양기에서 35 ~ 37℃에서 10일간 보존한 후, 상온에서 1일간 추가로 방치한 후 관찰하여 용기·포장이 팽창 또는 새는 것은 세균발육 (㉠)으로 하고 가온보존시험에서 (㉡)인 것은 다음의 세균시험을 한다.
> 나. 세균시험
>   세균시험은 가온보존 시험한 검체 5관에 대해 각각 시험한다.
>   1) 시험용액의 조제
>   검체 5관(또는 병)의 개봉부의 표면을 70% 알코올탈지면으로 잘 닦고 개봉하여 검체 25g을 희석액 225mL에 가하여 균질화시킨다. 이 액의 1mL를 멸균시험관에 채취하고 희석액 9mL에 가하여 잘 혼합한 것을 시험용액으로 한다.
>   2) 시험법
>   시험용액을 1mL씩 5개의 티오글리콜린산염 배지(배지 13)에 접종하여 35 ~ 37℃에서 48±3시간 배양한 후, 5관 중 어느 하나라도 세균증식이 확인되면 세균발육 양성으로 한다. 시험용액을 가하지 아니한 동일 희석액 1mL를 대조시험액으로 하여 시험조작의 무균 여부를 확인한다.

모범답안

㉠ 양성

㉡ 음성

참고

식품공전 > 제8. 일반시험법 > 4. 미생물시험법 > 4.6 세균발육시험

14 대장균군 및 대장균 시험에서 가스 발생 여부를 확인하기 위해 시험관에 넣는 기구는 무엇인가?

모범답안

듀람관(durham tube)

15 다음은 유당배지를 이용한 대장균군 정성시험을 3단계로 정리한 표이다. 각 단계의 명칭과 사용되는 배지를 쓰시오.

구분	시험	배지
1단계		
2단계		
3단계		

모범답안

구분	시험	배지
1단계	추정시험	유당배지
2단계	확정시험	BGLB 배지, Endo 한천배지 또는 EMB 한천배지
3단계	완전시험	보통한천배지 또는 Tryptic soy 한천배지

참고

식품공전 > 제8. 일반시험법 > 4. 미생물시험법 > 4.7 대장균군 > 4.7.1 정성시험

가. 유당배지법

유당배지를 이용한 대장균군의 정성시험은 추정시험, 확정시험, 완전시험의 3단계로 나눈다. 4.3 제조법에 따른 시험용액 10mL를 2배 농도의 유당배지에, 시험용액 1mL 및 0.1mL를 유당배지에 각각 3개 이상씩 가한다. 시험용액을 가하지 아니한 동일 희석액 1mL을 각각 대조시험액으로 하여 시험조작의 무균 여부를 확인한다.

1) 추정시험

시험용액을 접종한 유당배지를 35 ~ 37℃에서 24±2시간 배양한 후 발효관 내에 가스가 발생하면 추정시험 양성이다. 24±2시간 내에 가스가 발생하지 아니하였을 때에 배양을 계속하여 48±3시간까지 관찰한다. 이때까지 가스가 발생하지 않았을 때에는 추정시험 음성이고 가스발생이 있을 때에는 추정시험 양성이며 다음의 확정시험을 실시한다.

2) 확정시험

추정시험에서 가스 발생한 유당배지발효관으로부터 BGLB 배지에 접종하여 35 ~ 37℃에서 24±2시간 동안 배양한 후 가스발생 여부를 확인하고 가스가 발생하지 아니하였을 때에는 배양을 계속하여 48±3시간까지 관찰한다. 가스발생을 보인 BGLB 배지로부터 Endo 한천배지 또는 EMB 한천배지에 분리 배양한다. 35 ~ 37℃에서 24±2시간 배양 후 전형적인 집락이 발생되면 확정시험 양성으로 한다. BGLB 배지에서 35 ~ 37℃로 48±3시간 동안 배양하였을 때 배지의 색이 갈색으로 되었을 때에는 가스생성 여부와 관계없이 반드시 완전시험을 실시한다.

3) 완전시험

확정시험의 Endo 한천배지나 EMB 한천배지에서 전형적인 집락 1개 또는 비전형적인 집락 2개 이상을 보통한천배지 또는 Tryptic Soy 한천배지에 접종하여 35 ~ 37℃에서 24±2시간 동안 배양한다. 보통한천배지 또는 Tryptic Soy 한천배지의 집락에 대하여 그람음성, 무아포성 간균이 증명되면 완전시험은 양성이며 대장균군 양성으로 판정한다.

2023년 3회

16

대장균군 정량시험방법으로 이론상 가장 가능한 수치를 말하며, 동일 희석배수의 시험용액을 배지에 접종하여 대장균군 존재 여부를 시험하고 그 결과로부터 확률론적인 수치를 산출하여 표시하는 방법이 무엇인지 쓰시오.

모범답안

최확수법(MPN)

2020년 4, 5회

17

최확수법의 의미와 표시방법을 쓰시오.

모범답안

• 의미 : 이론상 가장 가능한 수치를 말한다.
• 표시방법 : 검체 1mL 중 또는 1g 중에 존재하는 균수로 표시(MPN/mL 또는 MPN/g)한다.

참고

식품공전 > 제8. 일반시험법 > 4. 미생물시험법 > 4.7 대장균군 > 4.7.2 정량시험 > 가. 최확수법

최확수(most probable number, MPN)란 이론상 가장 가능한 수치를 말하여 동일 희석배수의 시험용액을 배지에 접종하여 대장균군의 존재 여부를 시험하고 그 결과로부터 확률론적인 대장균군의 수치를 산출하여 이것을 최확수(MPN)로 표시하는 방법이다. 최확수는 연속한 3단계 이상의 희석시료(10, 1, 0.1 또는 1, 0.1, 0.01 또는 0.1, 0.01, 0.001)를 각각 5개씩 또는 3개씩 발효관에 가하여 배양 후 얻은 결과에 의하여 검체 1mL 중 또는 1g 중에 존재하는 대장균군수를 표시하는 것이다.

18 다음은 대장균 확인시험의 일부이다. 대장균의 IMViC 시험 결과를 양성(+), 음성(−)으로 나타내시오.

> 최확수법에서 가스생성과 형광이 관찰된 것은 대장균 추정시험 양성으로 판정하고 대장균의 확인시험은 추정시험 양성으로 판정된 시험관으로부터 EMB 한천배지 또는 MacConkey 한천배지에 접종하여 37℃에서 24시간 배양하여 전형적인 집락을 관찰하고 그람염색, MUG 시험, IMViC 시험 등을 검사하여 최종 확인한다. 대장균은 MUG 시험에서 형광이 관찰되며, 가스생성, 그람음성의 무아포간균이며, IMViC 시험에서 "(①), (②), (③), (④)"의 결과를 나타내는 것은 대장균(*E. coli*) biotype 1로 규정한다.

모범답안

① (+)
② (+)
③ (−)
④ (−)

참고

식품공전 > 제8. 일반시험법 > 4. 미생물시험법 > 4.8 대장균 > 4.8.2 정량시험 > 가. 최확수법 > 3) 제3법(유가공품, 식육가공품, 알가공품) > 나) 대장균 확인시험

19 식품공전의 미생물 시험법 중 진균수 측정에 대한 내용이다. 다음 질문에 답하시오.
(1) 측정 시 사용되는 배지
(2) 집락수의 계산은 1개의 평판당 (　　)개 ~ (　　)개의 집락을 생성한 평판을 택하여 계산하는 것을 원칙으로 한다.

모범답안

(1) 포테이토 덱스트로오즈 한천배지, DRBC 한천배지, DG18 한천배지
(2) 10개 ~ 150개

20 TSI 사면배지에 살모넬라(*Salmonella*)균 접종 시 붉은색의 결과가 나오는 이유를 쓰시오.

모범답안

3개의 당(포도당, 서당, 유당) 분해능을 확인할 수 있는 TSI 배지는 적색을 나타내며, 사면부는 서당과 유당의 분해능을 확인할 수 있다. 살모넬라의 경우, 서당과 유당을 분해하지 못해 산을 생성하지 않으므로 황색이 아닌 적색을 그대로 유지한다.

참고

TSI(triple sugar iron) 배지
- 호기성 및 혐기성조건에서 유당(lactose), 서당(sucrose), 포도당(dextrose)의 분해능과 가스 생성 여부, 황화수소(H_2S) 생성능의 확인 가능
- 접종 : 천자(수직), 사면(획선) 배양
- TSI 사면배지(적색)에 배양 후
  - 사면부가 적색인 경우 : 유당, 서당 비분해
  - 고층부가 황색인 경우 : 포도당 발효
  - 전체가 황색인 경우 : 유당, 서당, 포도당 모두 발효
  - 고층부가 검은색인 경우 : 황화수소 생성(ferric ion과 Sodium thiosulfate가 배지에 있기 때문에 균이 자라면 반응하여 배지가 검게 변함)

21 식품공전의 미생물 시험법에 따라 황색포도상구균(*Staphylococcus aureus*) 정량 시험을 실시하였다. 10^{-1} 희석 용액을 0.3mL, 0.3mL, 0.4mL씩 3장의 선택배지에 도말하여 배양한 결과, 100개의 전형적인 집락이 확인되었다. 이 중 5개의 집락을 확인한 결과 3개의 집락이 황색포도상구균으로 확인되었다면, 시험 용액 1mL에 존재하는 황색포도상구균의 수를 계산하시오.

모범답안

$10 \times 100 \times (3/5) = 600$

참고

식품공전 > 제8. 일반시험법 > 4. 미생물시험법 > 4.12 황색포도상구균 > 4.12.2 정량시험
다. 균수계산

　　확인 동정된 균수에 희석배수를 곱하여 계산한다. 예를 들어 10^{-1} 희석용액을 0.3mL, 0.3mL, 0.4mL씩 3장의 선택배지에 도말 배양하고, 3장의 집락을 합한 결과 100개의 전형적

인 집락이 계수되었고 5개의 집락을 확인한 결과 3개의 집락이 황색포도상구균으로 확인되었을 경우 시험용액 1mL에는 황색포도상구균의 수는 $10 \times 100 \times (3/5) = 600$으로 계산한다.

22 샌드위치 식빵에서 황색포도상구균 검출이 의심되는 상황이다. 황색포도상구균의 정성시험과 정량시험 중 확인시험 방법을 서술하시오.

모범답안

분리배양된 평판 배지상의 집락을 보통한천배지 또는 Tryptic Soy 한천배지에 옮겨 35 ~ 37℃에서 18 ~ 24시간 배양한 후 그람염색을 실시하여 포도상의 배열을 갖는 그람양성, 구균을 확인한 후 coagulase 시험을 실시하며 24시간 이내에 응고유무를 판정한다. Baird – Parker(RPF) 한천배지에서 전형적인 집락으로 확인된 것은 coagulase 시험을 생략할 수 있다. Coagulase 양성으로 확인된 것은 생화학 시험을 실시하여 판정한다.

참고

식품 공전 > 제8. 일반시험법 > 4. 미생물시험법 > 4.12 황색포도상구균 > 4.12.1 정성시험 > 4.12.2 정량시험

23 다음은 식품공전 중 식중독균 시험법의 일부이다. 제시된 내용을 보고 식중독균명, 가열 시 특성, 예방대책 1가지를 쓰시오.

> 분리배양된 평판배지상의 집락을 보통한천배지 또는 Tryptic Soy 한천배지에 옮겨 35 ~ 37℃에서 18 ~ 24시간 배양한 후 그람염색을 실시하여 포도상의 배열을 갖는 그람양성 구균을 확인한 후 coagulase 시험을 실시하며 24시간 이내에 응고유무를 판정한다. Baird – Parker(RPF) 한천배지에서 전형적인 집락으로 확인된 것은 coagulase 시험을 생략할 수 있다. Coagulase 양성으로 확인된 것은 생화학 시험을 실시하여 판정한다.

식중독균명	
가열 시 특징	
예방대책	

식중독균명	황색포도상구균(*Staphylococcus aureus*)
가열 시 특징	• 균(영양세포) : 열에 약하여 80℃, 10분 가열로 사멸 • 장독소(enterotoxin) : 내열성이 강해 120℃에서 20분간 가열해도 완전히 파괴되지 않고, 220 ~ 250℃에서 30분간 가열함으로써 활성을 잃음
예방대책	• 조리된 식품은 빠른 시간 내 섭취하고, 남은 식품은 저온(5℃)에서 보관 • 식품취급자는 손을 청결히 하며, 손에 상처가 있거나 화농소가 있는 조리사는 조리하지 않아야 함

2020년 2회

24 다음은 식품공전 중 장출혈성 대장균 시험법에 대한 내용이다. 빈칸에 알맞은 내용을 쓰시오.

> 본 시험법은 대장균 (㉠)과 대장균 (㉡)이 아닌 (㉢) 생성 대장균을 모두 검출하는 시험법이다. 장출혈성 대장균의 낮은 최소 감염량을 고려하여 검출 민감도 증가와 신속 검사를 위한 스크리닝 목적으로 증균 배양 후 배양액(1 ~ 2mL)을 취한 후, 10분간 끓여 원심분리하고, 상등액 10 ~ 20µL를 취하여 시료로 사용한다. 추출한 유전자를 이용하여 (㉢) 유전자 확인시험을 우선 실시한다. (㉢) 유전자가 확인되지 않을 경우 불검출로 판정할 수 있다. 다만, (㉢) 유전자가 확인된 경우에는 반드시 순수 분리하여 분리된 균의 (㉢) 유전자 보유 유무를 재확인한다. (㉢)가 확인된 집락에 대하여 생화학적 검사 등을 통하여 대장균으로 동정된 경우 장출혈성대장균으로 판정한다.

모범답안

㉠ O157 : H7
㉡ O157 : H7
㉢ 시가독소(동의어 : 베로독소)

참고

식품 공전 > 제8. 일반시험법 > 4. 미생물시험법 > 4.16 장출혈성대장균

25 다음은 바실루스 세레우스(*B. cereus*) 정성 시험에 대한 내용이다. 빈칸에 알맞은 내용을 쓰시오.

> 검체 25g 또는 25mL를 취하여 225mL의 희석액을 가하여 균질화한 시험용액을 (㉠) 한천배지에 접종하여 30℃, 24시간 배양한다. 검체를 가하지 아니한 동일 희석액을 대조 시험액으로 하여 시험조작의 무균 여부를 확인한다. 배양 후 배지에서는 혼탁한 환을 갖는 (㉡) 집락을 선별한다. 이때 명확하지 않을 경우 24시간 더 배양하여 관찰한다.

모범답안

㉠ MYP 또는 PEMBA
㉡ 분홍색 또는 청녹색

참고

식품 공전 > 제8. 일반시험법 > 4. 미생물시험법 > 4.18 바실루스 세레우스 > 4.18.1 정성시험

가. 분리배양

검체 25g 또는 25mL를 취하여 225mL의 희석액을 가하여 균질화한 시험용액을 MYP 한천배지에 접종하여 30℃, 24시간 배양하거나 PEMBA 한천배지에 접종하여 37℃에서 24시간 배양한다. 검체를 가하지 아니한 동일 희석액을 대조시험액으로 하여 시험조작의 무균 여부를 확인한다. 배양 후 MYP 한천배지에서는 혼탁한 환을 갖는 분홍색 집락 또는 PEMBA 한천배지에서는 혼탁한 환을 갖는 청녹색 집락을 선별한다. 이때 명확하지 않을 경우 24시간 더 배양하여 관찰한다.

Memo

◆ 최신 개정법령 및 식약처 고시 완벽 반영 ◆

식품안전기사 실기

2026. 1. 21. 초 판 1쇄 인쇄
2026. 1. 28. 초 판 1쇄 발행

지은이 │ 장미, 김도희, 김병일
펴낸이 │ 이종춘
펴낸곳 │ BM ㈜도서출판 **성안당**
주소 │ 04032 서울시 마포구 양화로 127 첨단빌딩 3층(출판기획 R&D 센터)
　　　 10881 경기도 파주시 문발로 112 파주 출판 문화도시(제작 및 물류)
전화 │ 02) 3142-0036
　　　 031) 950-6300
팩스 │ 031) 955-0510
등록 │ 1973. 2. 1. 제406-2005-000046호
출판사 홈페이지 │ **www.cyber.co.kr**
ISBN │ **978-89-315-1371-4 (13570)**
정가 │ **35,000원**

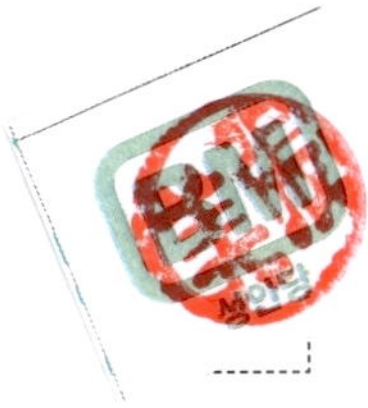

이 책을 만든 사람들

책임 │ 최옥현
진행 │ 김원갑
교정·교열 │ 김지민
전산편집 │ 송은정
표지 디자인 │ 박현정
홍보 │ 김계향, 임진성, 김주승, 최정민
국제부 │ 이선민, 조혜란
마케팅 │ 구본철, 차정욱, 오영일, 나진호, 강호묵
마케팅 지원 │ 장상범
제작 │ 김유석